"十二五"职业教育国家规划教材
经全国职业教育教材审定委员会审定
普通高等教育"十一五"国家级规划教材
机械工业出版社精品教材

冲压与塑料成型设备

第3版

主编　范有发
参编　陈　胤　范新凤
主审　张磊明　翁其金

机械工业出版社

本书为“十二五”职业教育国家规划教材，经全国职业教育教材审定委员会审定。

本书是在上一版的基础上，根据目前新技术、新工艺、新装备的发展和普通高等教育人才培养的要求修订而成的。全书共八章，主要论述曲柄压力机、双动拉深压力机、螺旋压力机、精冲压力机、高速压力机、数控转塔冲床、数控折弯机、伺服压力机、液压机、塑料挤出机、塑料注射机、塑料压延机、塑料中空吹塑成型机和压铸机等设备的工作原理、结构、特点及应用，对曲柄压力机、数控冲压与塑料成型设备进行了较具体的叙述，同时对镁合金压铸机及其附属设备也做了简要的介绍。力求突出内容的系统性、实用性和先进性。

本书为普通高等教育材料成型及控制工程专业（模具技术方向）、高等职业教育模具设计与制造专业的规划教材，同时也可作为材料成型加工类、机械设备与控制类专业本专科和成人教育的教材，还可供从事金属与塑料成型加工的工程技术人员参考。

本书第1版获得机械工业出版社精品教材和2004—2007年度畅销教材荣誉称号。第2版为普通高等教育“十一五”国家级规划教材，获得机械工业出版社精品教材称号。

本书配套电子课件，凡选用本书作为教材的教师可登录机械工业出版社教育服务网 www.cmpedu.com，注册后免费下载。咨询电话：010-88379375。

图书在版编目（CIP）数据

冲压与塑料成型设备/范有发主编. —3版. —北京：机械工业出版社，2017.7（2018.7重印）

“十二五”职业教育国家规划教材．经全国职业教育教材审定委员会审定 普通高等教育“十一五”国家级规划教材

ISBN 978-7-111-56860-5

Ⅰ.①冲… Ⅱ.①范… Ⅲ.①冲压机-高等职业教育-教材②塑料成型加工设备-高等职业教育-教材 Ⅳ.①TG385.1②TQ320.5

中国版本图书馆CIP数据核字（2017）第110093号

机械工业出版社（北京市百万庄大街22号 邮政编码100037）
策划编辑：于奇慧 责任编辑：于奇慧
责任校对：张晓蓉 封面设计：马精明
责任印制：李 昂
河北鑫兆源印刷有限公司印刷
2018年7月第3版第2次印刷
184mm×260mm·20.75印张·512千字
标准书号：ISBN 978-7-111-56860-5
定价：49.00元

凡购本书，如有缺页、倒页、脱页，由本社发行部调换

电话服务	网络服务
服务咨询热线：010-88379833	机 工 官 网：www.cmpbook.com
读者购书热线：010-88379649	机 工 官 博：weibo.com/cmp1952
	教育服务网：www.cmpedu.com
封面无防伪标均为盗版	金 书 网：www.golden-book.com

前　言

随着材料成型加工领域的技术发展，材料成型设备的种类和技术均有了较大变化，为了适应新的高等教育人才培养要求，在2001年第1版和2010年第2版的基础上，对《冲压与塑料成型设备》规划教材进行重新修订。

本书修订时，在板料冲压设备方面，删减了实际应用较少、技术相对落后的部分内容，对新型冲压设备进行补充和完善；在塑料成型设备方面，增加了中空吹塑成型设备，对原有塑料成型设备各章节内容进行了补充和修正。全书增加了部分设备的实物照片，有利于学生更直观了解设备的形貌和特征。此外，还对之前版本中存在的小错误和部分插图进行了相应的修正和更新。修订后的教材（第3版）更注重内容的实用性和先进性，与现有生产工艺、设备和新技术的距离靠得更近，更有利于高等教育应用型人才的培养，有利于提高学生的工程实践能力的培养。

本书参考教学时数为50~70学时，可根据各院校、各专业的实际情况对教学内容进行一定取舍，每章节后附有一定量的复习思考题，以便对课程内容进行及时的复习巩固。

本书由福建工程学院范有发主编，深圳市信息职业技术学院张磊明和福建工程学院翁其金教授主审。全书共8章，其中范有发编写第1章、第4章、第6章、第7章、第8章和第2章的2.7~2.8节、第3章的3.6节，福建工程学院陈胤编写第2章的2.1~2.6节、第3章的3.1~3.5节，福建工程学院范新凤编写第5章。张磊明和翁其金两位教授在审稿过程中对本书提出了许多宝贵意见，在此表示衷心的感谢。此外，在第1版、第2版教材的使用过程中，许多读者也对本书提出了许多宝贵意见和建议，还有许多设备生产厂家和企业网站为本书的编写提供了大量的参考资料，对本书的编写很有帮助，在此一并表示衷心的感谢。

由于修订时间紧迫，加之编者水平有限，错误之处在所难免，恳切希望广大读者批评指正。并希望采用本书作为教材的教师，通过Email告知姓名、院校及通信地址，以便进行交流。作者Email：youfa_ fan@163. com。

编　者

目　　录

第1章 概述

1.1 冲压与塑料成型在工业生产中的地位

1.1.1 冲压成形在工业中的地位

冲压是利用压力机和冲模对材料施加压力，使其分离或产生塑性变形，以获得一定形状和尺寸的制品的一种少无切削加工工艺。通常该加工方法在常温下进行，主要用于金属板料成形加工，故又称冷冲压或板料成形。冲压成形在较大批量生产条件下，虽然设备和模具资金投入大，生产要求高，但与其他加工方法（如锻造、铸造、焊接、机械切削加工等）相比较，具有以下优点：

1）生产效率高，制品的再现性好，而且质量稳定。

2）可实现少无切削加工。冲压件一般不需经机械加工即可进行表面处理或直接用于装配产品。

3）材料利用率高。在节省原材料消耗的情况下，能获得强度高、刚度好、重量轻的制品。

4）可生产其他加工方法难以实现的复杂零件。如计算机机箱结构件、汽车覆盖件以及飞机、导弹、枪弹、炮弹等航空国防工业产品。

因此，冲压生产在现代汽车、计算机与信息、家用电器、电机、仪器仪表、电子和国防工业等领域均得到广泛的应用。冲压已成为现代工业的先进加工方法之一，工业越发达的国家，其冲压技术的应用和研究也越深入和普遍，并以较高的速度发展。

1.1.2 塑料成型在工业中的地位

塑料工业是新兴产业之一，从第一次人工成功合成酚醛塑料算起，不过几十年的历史，然而它的发展速度却十分惊人，无论是在塑料材料的消耗量上，还是塑料品种的研究、开发应用上都相当迅猛。相对于金属、石材、木材，塑料具有成本低、可塑性强等优点，在国民经济中应用广泛，塑料工业在当今世界上占有极为重要的地位，多年来塑料制品的生产在世界各地高速发展。中国塑料制品产量在世界排名中始终位于前列，其中多种塑料制品产量已经位于全球首位，中国已步入世界塑料生产大国、消费大国、进出口大国的行列。近几年中国塑料制品产量保持快速发展，年均增幅维持在15%以上，远远高于世界塑料行业4%的平均增长速度。2014年，中国塑料制品产量达7387.78万吨，与上年同期相比增长了19.38%。

塑料工业的发展之所以如此迅速，主要原因在于塑料材料具有优异的使用性能和成型性能，能够适应各种环境和性能要求，塑料成型加工技术不断获得突破和应用，具体如下：

1）塑料质轻，比强度和比刚度高。用于各种机械、车辆、船舶、飞机、航天器，可大大减轻制件重量。

2）塑料的化学稳定性好。塑料对酸、碱、盐、气体和蒸汽具有良好的耐蚀作用，新型工程塑料和塑料合金不但能耐受各种溶剂的腐蚀，还能在极端的环境中使用（如聚苯硫醚塑料可在250℃高温和高湿条件下长期使用），可广泛用于制造化工设备和其他腐蚀条件下工作的零部件。

3）塑料的绝缘、绝热、隔声性能好。塑料可用于电机、电器和电子工业中的结构零件和绝缘材料。

4）塑料的耐磨性和自润滑性好，摩擦因数小。塑料可替代非铁金属制造轴承、轴瓦，或用于制造齿轮、凸轮等机器零件，还可用作精密机床的导轨等。

5）塑料的成型性、黏结性、着色性能好，同时还具有多种防护性能。可用各种不同的成型方法制造不同的制品，如包装业用的薄膜、泡沫塑料，汽车工业的各种结构件和内饰件，计算机、信息产品和便携式电子产品，日用工业的各种管道、容器，家电工业的机壳、结构件，各种防水、防潮、防辐射制品等。

由于塑料的优良特性，使它的应用领域不断扩大，在汽车、计算机、信息、电子、机电、仪器仪表、医疗、纺织、轻工、建筑、国防和航空航天以及日用工业等许多行业均获得广泛的应用。

塑料工业包括塑料原材料生产和塑料制品生产两个部分。塑料制品生产过程通常包括五大工序，即塑料预处理（原料的预压、预热和干燥，添加剂的预混等）、成型（注射、挤出、压缩模塑成型，中空成型等）、机械加工（如车、铣、钻孔等）、修饰（抛光、喷涂、电镀等）和装配。其中塑料成型工序是必不可少的工艺过程，而其他过程则可根据塑料的性质和制品的工艺要求的不同加以取舍。显然，塑料成型在塑料工业乃至整个工业生产中的地位和作用都是十分重要的。

1.2 冲压生产基本工序和塑料成型主要方法

机械设备是为工艺服务的，它要满足产品生产过程的工艺要求，设备与工艺两者是相互促进，共同发展的。在介绍机械设备之前，有必要对冲压生产的基本工序和塑料成型的主要方法作一简单介绍。

1.2.1 冲压生产基本工序

由于冲压件的形状、尺寸、精度要求、生产批量和所选用的材料性质等的不同，所采用的工艺也不同，但它的基本工序可以分为两大类，即分离和成形工序（见表1-1）。

表1-1 冲压基本工序

分离工序								成形工序															复合工序		
普通冲裁							精密冲裁	弯曲			拉深		成形										复合冲压	连续冲压	连续复合冲压
落料	冲孔	切边	切断	切口	剖切	整修		压弯	卷边	扭曲	普通拉深	变薄拉深	压凹	翻边	胀形	缩径	整形	校正	压印	冷镦	冷挤压	热挤压			

分离工序是指在外力作用下，使材料沿一定的轮廓形状剪切破裂而分离的冲压工序，通

常称为冲裁。普通冲裁获得的零件断面质量较差，误差大，只能满足一般要求不高的产品需要，或为后续工序提供毛坯。若要获得断面质量好、尺寸精度高的冲裁件，则必须采用精密冲裁。它与普通冲裁的机理不同，普通冲裁是以剪切撕裂形式实现材料分离的，而精密冲裁则是以挤压变形实现材料分离的。

成形是指坯料在外力作用下，应力超过材料的屈服极限，经过塑性变形而得到一定形状和尺寸的零件的冲压工序。

此外，大批量生产中，为了提高生产效率，结合零件的结构特点和工艺要求，有时将两个或两个以上不同的冲压工序复合在一起同时冲压成形，称之为复合工序。如落料-冲孔、落料-拉深-切边、落料-冲孔-翻边复合等。

1.2.2 塑料成型的主要方法

塑料的成型加工是使塑料原料转变为制品的重要环节。塑料材料虽然历史不长，但因其具有优良的特性和广泛的用途，在传统的压缩、传递、注射模塑、挤出、压延、搪塑和滚塑成型基础上，又发展了许多新的成型加工方法，如中空吹塑成型、多层复合挤出成型、发泡成型、反应注射成型、精密注射成型、气体辅助注射成型、热流道注射成型、双色或多色注射成型、叠层注射与多模注射成型、微孔塑料注射成型等一系列新工艺。同时塑料制品还可进行二次加工，如车、铣、钻等机械加工，喷涂、浸渍、黏结、电镀等表面装饰处理，还可将塑料覆盖在金属或非金属的基体上，或是在塑料表面镀覆金属等。就塑料成型加工而言，最常用的是注射成型、挤出成型、吹塑成型、压缩成型和热成型，尤其是注射成型和挤出成型，其制品约占整个塑料制品的80%。

1.3 冲压与塑料成型设备的发展概况

1.3.1 冲压成形设备发展概况

冲压设备的类型很多，以适应不同的冲压工艺要求，在我国锻压机械的八大类中，它就占了一半以上。为了表述得简明和系统，现将我国锻压机械的分类和代号列于表1-2中，以供参考。实际生产中，应用最广泛的是曲柄压力机、摩擦压力机和液压机。

表1-2 锻压机械分类和代号

序号	类别名称	字母代号	序号	类别名称	字母代号
1	机械压力机	J	5	锻机	D
2	液压机	Y	6	剪切机	Q
3	自动锻压机	Z	7	弯曲校正机	W
4	锤	C	8	其他	T

由于采用现代化的冲压工艺生产产品具有效率高、质量好、能量省和成本低等特点，所以，少无切削加工的冲压工艺越来越多地代替切削、焊接和其他工艺，冲压设备在机床中所占的比例也越来越大。据资料介绍，冲压设备不仅向大型化、自动化发展，而且向高速化、精密化、数控智能化、微型化和“宜人化”方向发展。所谓宜人化，指机器不但易控、易修和安全，而且噪声低，振动小，造型和谐，色彩宜人等。

冲压设备是金属制品生产的主要设备，在航空航天、汽车制造、交通运输、电子信息、仪器仪表、家用电器、日用五金等领域得到广泛应用。尤其是近年来，以汽车为龙头的制造业的飞速发展，要求生产规模化、车型个性化和覆盖件大型一体化，面对这一形势，我国的板材加工工艺及相应的冲压设备都有了长足的进步。国产大型精密高效的成套设备、自动化生产线、FMC、FMS等高新技术，以及高附加值的冲压设备正在装备着我国的制造业。冲压设备的发展概况主要体现在如下几个方面。

1. 重型机械压力机冲压生产线、大型多工位压力机

汽车覆盖件是标志汽车质量和制造水平的最重要钣金零件，是典型的大型冲压件，它可采用配有自动化机械手的多台重型机械压力机，组成自动化柔性冲压生产线进行生产，也可采用大型多工位压力机生产。

（1）单机连线自动化冲压生产线　为满足自动化冲压生产线的需要，国内知名压力机生产企业在20世纪末期就大力进行高性能单机连线压力机的研制生产。先后研制了J47-1250/2000型闭式四点双动拉深压力机、S3P-630型闭式四点压力机、PE4-HH-600-2TS四点单动压力机、PD4-HH-800/600-2TS四点双动压力机、30000kN闭式双点汽车大梁压力机、多连杆传动单动压力机系列，以及其他规格的大型双动拉深压力机。由它们组成的自动化冲压生产线具有大吨位、大行程、大台面的特点，同时配备大吨位气垫、机械手自动上下料系统、全自动换模系统和功能完善的触摸屏监控系统，这类生产线充分满足了汽车快速、高精度及高效的生产要求。这些单机连线已先后装备了国内多家汽车制造企业的多条大型自动化冲压生产线，并正在向更多的汽车厂家和国外公司扩展。

（2）大型多工位压力机　在覆盖件冲压领域，大型多工位压力机是当今世界汽车制造业首选的最先进的冲压设备，是高效、高自动化、高柔性化的典型代表。在大型压力机方面，美国的克利林公司（Clearing）最先研制成功公称压力为60000kN的闭式双点压力机，用于汽车零件的生产。目前大型多工位压力机的公称压力已达95000kN，它通常由拆垛机、大型压力机、三坐标工件传送系统和码垛工位等组成。生产节拍可达16～25次/min，是手工送料流水线的4～5倍，是单机连线自动化生产线的2～3倍。我国从20世纪末到21世纪初开始研制大型多工位压力机，并取得了成功。我国企业最早与德国公司合作制造了两台20000kN大型机械多工位压力机，之后又与世界最大的汽车零部件供应商签订了供货合同，为其提供公称压力达50000kN的重型多工位压力机，并采用电控同步、电子伺服三坐标送料、多连杆、全自动换模、模具保护及现场总线控制等多项国际先进技术，具有远程诊断、远程控制和网络通信等多种自动化功能，用于汽车制造中的薄板件的拉深、弯曲、冲裁和成形等冲压工艺。

2. 数控板料冲、剪、折机床及柔性加工生产线

（1）数控转塔冲床　数控转塔冲床是小批量、多品种、柔性化生产钣金制品的主要设备。日本会田公司生产的2000kN“冲压中心”采用CNC控制，只需5min就可完成自动换模、换料和调整工艺参数等工作。日本AMADA新型AC双伺服直接驱动的EM-NT系列数控转塔冲床搭载有ID模具和MPT攻螺纹装置，能实现凸台成形、寸动折弯、高速刻印和攻螺纹等加工。我国的数控冲（剪、折）机床从20世纪80年代开始研制，目前已经达到4轴联动控制、辅助功能增多、模位数达32个并带两个自转模位，之后进一步发展为液压驱动4、5轴联动控制，采用双电伺服控制，甚至能达到7轴联动控制，具有常啮合旋转模位、浮动式气动高强度夹钳、标准毛刷衬钢球工作台，模位数增至70个，具有板材变形监测装置、下模快速装卸、夹钳意外松动报警、夹钳自动移动与保护功能、滚轮功能、液压冲头过载保护功能，冲孔精度达±0.1mm，空载最高冲次1750次/min，最高冲孔频率小步距（1mm步距、6mm冲程）达690次/min，大步距（25.4mm步距、6mm冲程）达330次/min，现在又出现了网络式数控转塔冲床。目前在数控转塔冲床的生产方面，国内已有多家公司颇具国际竞争实力。

数控转塔冲床的先进特点有：采用高性能伺服液压驱动的专用液压系统；步冲次数高（步距0.5mm时，频率600～1000次/min），冲压稳定性好；采用智能夹钳减小冲裁死区；采用毛刷型工作台确保板材表面质量和减小噪声；工作台移动速度高（轴向80m/min，合成120m/min）；设有2～4个自动分度工位（大直径冲模设置其上，减小转塔换模惯性）；采用开放式数控系统，用户界面友好，可扩展性高，并配有高效自动编程软件。主要用于带多种尺寸规格、孔型的板冲件加工，在大型电气控制柜加工行业有着广泛的应用，也可用于其他大批量钣金件的加工。

（2）数控冲剪复合机及柔性加工线　目前，许多用户都趋向使用数控复合冲剪机（可组成数控冲剪复合柔性加工线）。数控冲剪复合机是由数控冲和数控角剪组合而成，可一次性完成板料的冲孔、成形和剪切工艺，最适合后续有弯折工序的钣金件加工。多工序共用一套数控系统、液压系统和送料机械手，与数控冲和角剪机单机连线比较，不仅可以降低设备投资，节省占地面积，减少故障率，而且还可以作为主机组成冲剪复合柔性加工线。

国产的先进数控冲剪复合柔性加工线有：CI型柔性加工线，它由PS31250型数控冲剪复合机、板材立体仓库、吸盘式送料机、码垛分选装置及控制系统组成，复合机的公称力（冲/剪）为300/280kN，加工板材尺寸达1250mm×5000mm，机器5轴联动控制，整线生产率（钢板）为8张/h；APSS型柔性加工线，由一台冲剪复合机、定位台和自动上料机械手组成，公称力为300kN，加工板材尺寸达1250mm×2500mm。两种柔性加工线均达到国际先进水平。

（3）数控折弯机　数控板料折弯机普遍选用Bosch/Hoerbiger等公司的数字闭路液压系统和Delem、Cybelec等公司的专用数控系统；成熟的工艺软件、自动编程功能及彩屏显示，可实现多种折弯工件的工艺存储及轮番生产；采用动态压力补偿系统、侧梁变形补偿系统、厚度及回弹在线检测及修正系统、温度补偿系统，提高了工作台与滑块相对位置的精确度；采用数控轴数4、6、8轴后定位机构，保证了板料的精确送进（江苏金方园PR系列数控折弯机的数控轴最多可扩展至10+1轴）；滑块的空行程速度为100mm/s，工作速度为10mm/s；重复定位精度为±0.01mm，可加工各种带有多规格弯曲角度的复杂盒形零件。国内的代表性产品有：PPH35/13型数控板料折弯机、EB3512型数控板料折弯机、ME50/2550型机械电子伺服数控板料折弯机、PR6C225×3100型数控板料折弯机和公称力达2000～30000kN的大型数控板料折弯机等。

（4）数控框架板料冲压液压机　冲压生产所用的液压机公称力在100000kN以上的设备有许多，其控制系统和控制精度得到了很大的提升，众多液压机增加了触摸（调控）彩色显示屏、二通逻辑插装阀、可编程序控制器、高灵敏度压力传感器、微米级磁栅尺和无级调控比例控制阀等多项先进技术。这类液压机设有调整、无压力下行与半自动工作方式，还配有自驱动移动工作台、液压大打料缸、电液连锁双安全栓、液压油温控系统、程控16点导轨润滑系统、双侧缓冲液压缸和电动同步螺杆行程调节机构，其滑块不仅能实现压力成形及冲裁工艺的定压定程，而且液压垫可在拉深工艺的行程内设置分段调压；并且具有薄板冲裁、落料、弯曲、翻边及拉深成形等多种功能。这类代表性设备有 RZU500HD 框架式快速薄板深拉深液压机，以及公称力达 20MN 的彩屏框架式液压机。

3. 无模多点成形压力机

多点成形是将柔性成形技术和计算机技术结合为一体的先进技术。它利用多点成形装备的柔性与数字化制造特点，无须换模就可完成板材不同曲面的成形，从而实现无模、快速和低成本生产。该工艺目前已在高速列车流线型车头制作、船舶外板成形、建筑物内外饰板成形及医学工程等领域得到广泛应用。多点成形压力机按冲头基本体调形分为逐点调形式和快速调形式；按机身结构形式分为开式、三梁四柱式和框架式；按加工板材有厚板和薄板之分。目前，代表性产品主要有我国自行研发的 2000kN 逐点调形式多点成形压力机、200kN 快速调形式多点成形压力机及 YAM 系列薄板用多点成形压力机。

4. 高速压力机

随着电子工业的发展，小型电子零件的需求日趋高涨，促进了高精度、高效率的高速压力机的发展。高速压力机行程次数为 500～1100 次/min 的已普遍应用，美国明斯特（Minster）公司、瑞士博瑞达（Bruderer）公司已生产出 2000 次/min 的高速压力机；目前日本已占据高速压力机技术的领军地位，生产的高速压力机在 100kN 压力、8mm 冲程下，滑块速度可达 4000 次/min，成为瑞士、美国等发达国家高速压力机领域强劲的对手。我国有多家公司均能提供高速压力机产品，现已开发出了速度达 1200 次/min 的 SH 系列 SH-25 开式高速精密压力机，以及 VH 开式、JF75G 闭式系列高速压力机，这些压力机广泛应用于电子和微电子行业，全面提高了行业技术装备水平，替代了大量的进口机床。

5. 精冲压力机

世界上生产精冲压力机的公司主要集中在瑞士、西德和英国。精密冲裁可以部分代替铣削、滚齿、钻孔和铰孔等工序，特别是机械手表的精密齿轮，精冲后可直接使用。目前精冲压力机公称力可达 25000kN，精冲最大板厚为 25mm，尺寸公差等级相当于 IT6～IT8，冲切面粗糙度 Ra 值达 0.20～16μm，垂直度误差小于 30′，毛刺高度小于 0.03mm。随着精密仪器仪表、微电子产品的不断发展，精密冲裁技术和设备也获得了更快的发展。

6. 数控激光切割机

激光切割加工的成本主要为气体、电力损耗和设备折旧维修费。它不需要模具，适合小批量、复杂零件的冲压加工，其运行成本低于数控冲床。当今的数控激光切割机普遍采用全飞行光路技术，动态加速性能优良；具有高性能数控系统和内置激光切割专用工艺软件，机床自动处于最佳运行状态；利用封闭式防护舱防止辐射泄漏，机床安全性强；造型宜人化、用户界面人性化，体现了以人为本；机床采用网络连接控制技术等。

除上述各类高端板材冲压加工设备外，目前，在各工业领域还大量使用通用中小规格油压机、通用曲柄压力机、卷板机和剪板机等普通冲压设备。随着我国航空、电力、石化、汽车工业的快速发展，锻压装备的研发取得突破性进展，特别是在超大型模锻液压机方面尤其突出，为我国大型、重要装备制造业奠定了坚实的基础。

超大型模锻液压机是象征重工业实力的国宝级战略装备，世界上能研制的国家屈指可数。目前世界上拥有 4 万吨级以上模锻压机的国家，只有中国、美国、俄罗斯和法国。这些重型锻压设备是生产航空铝合金、钛合金等大型模锻件不可缺少的装备。

国际标准化组织（ISO）推荐的噪声标准，要求连续工作 8h 的工作环境中，操作者感受到的噪声声压级不得超过 85～90dB，大部分国家规定为 90dB，瑞典等少数国家甚至规定为 85dB。因此许多国家冲压机械制造厂家都十分重视解决噪声问题，有效促进了绿色、宜人化设备的开发研究。

1.3.2 塑料成型设备发展概况

根据塑料制品的生产过程，塑料设备可分为塑料配混设备、塑料成型设备、塑料二次加工设备和塑料加工辅助设备或装置四大类。塑料配混设备用于各种形式的塑料配混料的制造，包括捏合机、炼塑机（开炼机和密炼机）、切粒机、筛选机、破碎机和研磨机等。塑料成型设备又称塑料一次加工设备，用于塑料半成品或制品的成型，包括塑料制品液压机、塑料注射机、挤出机、吹塑机、压延机、滚塑机、发泡机等。塑料二次加工设备用于塑料半成品或制品的再加工和后处理，包括热成型机、焊接机、热合机、烫印机、真空蒸镀机、植绒机、印刷机等。金属加工机床也常用于塑料的二次加工。塑料加工辅助设备或装置用以实现塑料加工过程的合理化，包括自动计量供料装置、边角料自动回收装置、注塑制品自动取出装置、注塑模具快速更换装置、注塑模具冷却机、自动测厚装置以及原材料输送和贮存设备等。这类辅助设备或装置，已成为现代化塑料加工过程自动化不可缺少的部分。

近年来，世界各国塑料成型设备的发展正向大型、高速、高效、精密、特殊用途、自动化和智能化、网络化与虚拟化，以及小型和超小型化（指注射机）方向发展。目前，日本生产的 SN120P 塑料注射机的注射压力高达 460MPa，制品公差可控制为 0.02～0.03mm。用全电动注射机生产精密塑件，制品精度可达微米级，重复精度可达 0.1%。制品质量为 10^{-4}g的塑料微型注射机，直径为 1mm 的塑料管挤出生产设备和 3mL 的中空吹塑机等均已投入实际生产。用于大型塑料制品生产的塑料注射机一次注射量最大可达 51kg，锁模力达 36MN。德国生产的大型造粒用单螺杆挤出机，螺杆直径达 700mm，产量达 36t/h。直径为 3000mm 的塑料管、宽 10m 的片材和 5000L 的中空容器等大型塑料制品的生产设备也已商业化。如今大型塑料造粒机组要求生产能力达到 50t/h 以上，设计和制造难度很大，目前国际上只有日本、美国等少数公司拥有大型塑料造粒机组的设计、制造和安装调试技术。螺杆是标志单螺杆挤出机发展水平的关键零件，近几年已开发出近百种新型螺杆，常用的有分离型、剪切型、屏障型、分流型与波状型等螺杆。塑料制品重量为 10^{-5}g 的注射成型加工装备，用于替代人体血管的直径小于 0.5mm 的塑料管生产设备，工业用各种大型塑料制品（如小型快艇、运动艇）、洲际长途输液输气用的超大直径塑料管、10000L 甚至更大容积的塑料储装容器等的生产设备将陆续开发并投入生产。

我国塑料机械行业经过多年的发展，形成了 10 多个以专业生产塑料注射机、挤出生产线、中空吹塑成型机等为特色的产业集群，主要分布在环渤海、长三角和珠三角三大区域。产业由“低、小、散”向“园区化”和“集群化”转变，正在形成特色发展、协同配套、生产规模大、科技含量高、竞争能力强的新优势。塑料机械工业成为全国增长最快的产业之一，主要经济指标位居全国机械工业的前列。2014 年全国塑料加工专用设备产量共计 35.81 万台，出口塑料机械 23.05 万台，同比增长 70.4%，出口金额 18.43 亿美元，同比增长 6.8%；进口塑料机械 2.2 万台，同比增长 122.2%，进口金额 20.03 亿美元，同比增长 10.7%。

目前，我国已能生产管径达 3000mm 的中空壁缠绕管；通过引进、消化、吸收德国关键技术制造的大型多层共挤复合膜机组，吹塑薄膜单幅宽可达20m。各种系列的塑料注射机已具备数字化闭环控制功能、自我诊断故障功能、多重安全保护功能、高精度行程控制（精确度可达±0.1mm）和工艺参数控制，利用闭环控制系统实现伺服节能控制和超精密成型。国产中空成型机也已形成了自己的系列，已开发出数控多坐标中空成型机、高效双模注拉吹中空成型机、直接调温式注拉吹中空成型机等设备，可生产单层壁、多层壁、容积为1～5000L的容器；塑料中空成型机的研制正向“三化一低”，即自动化、高速化、多层化及低噪声方向发展。塑料成型设备中的三大类产品（挤出机、注射机和吹塑机）已取得重大突破，塑料机械行业实现了“十一五”既定目标，掌握了一批拥有自主知识产权的核心技术，开发了一批技术水平国内领先国际先进的重点产品，提升了一批具有特色和知名品牌的产业集群，培育了一批具有行业带动力和国际竞争力的大企业，基本实现塑料机械行业由大变强的转变。

第 2 章

曲柄压力机

2.1 概述

2.1.1 曲柄压力机的用途和分类

压力机是用来为模具中的材料实现压力加工提供动力和运动的设备。曲柄压力机属于机械传动类压力机，是重要的压力加工设备，能进行各种冲压工艺加工，直接生产出半成品或制品。因此，曲柄压力机在汽车、农用机械、电机电器、仪表、电子、医疗机械、国防、航空航天以及日用品等领域得到了广泛的应用。

生产中为适应不同零件的工艺要求，采用各种不同类型的曲柄压力机，这些压力机都有自己独特的结构形式和作用特点。通常可根据曲柄压力机的工艺用途及结构特点进行分类。

按工艺用途不同，曲柄压力机可分为通用压力机和专用压力机两大类。通用压力机适用于多种工艺用途，如冲裁、弯曲、成形、浅拉深等。而专用压力机用途较单一，如拉深压力机、板料折弯机、剪板机、冷镦自动机、高速压力机、精冲压力机、热模锻压力机等，都属于专用压力机。

按机身结构形式不同，曲柄压力机可分为开式压力机和闭式压力机。开式压力机的机身形状类似于英文字母 C，如图 2-1 所示，其机身工作区域三面敞开，操作空间大，但机身刚度差，压力机在工作负荷下会产生角变形，影响精度。所以，这类压力机的吨位比较小，一般在 2000kN 以下。开式压力机又可分为单柱和双柱压力机两种，图 2-2 所示为单柱升降台式压力机，其机身工作区域也是前面及左右三面敞开，但后壁无开口。图 2-1 所示的双柱压力机，其机身后壁有开口，形成两个立柱，故称双柱压力机。双柱式压力机可实现前后送料和左右送料两种操作方式。此外，开式压力机按照工作台的结构不同可分为可倾式压力机（图2-1）、固定台式压力机（图 2-3）、升降台式压力机（图 2-2）。

图 2-1　开式双柱可倾式压力机

闭式压力机机身采用框架式结构，机身左右两侧是封闭的，如图 2-4a、b 所示，只能从前后两个方向接近模具，操作空间较小，操作不太方便。但因机身形状组成一个框架，刚度好，压力机精度高。所以，压力超过 2500kN 的中、大型压力机，几乎都采用此种结构形式。为了便于从机身侧面观察冲压生产情况，或是在机身侧面增设辅助操作装置，目前部分闭式压力机会在机身两个侧面分别开出一定尺寸的窗口，如图2-4c所示，以满足用户的实际生产要求，这类闭式压力机通常被称为半封闭式压力机。

图2-2 单柱升降台式压力机

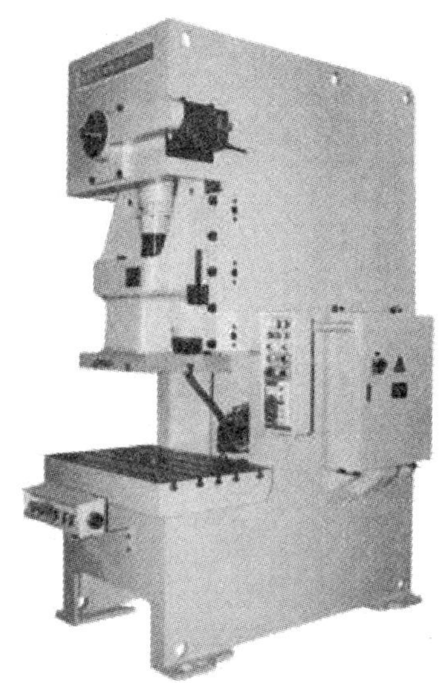

图2-3 双柱固定台式压力机

a)

b)

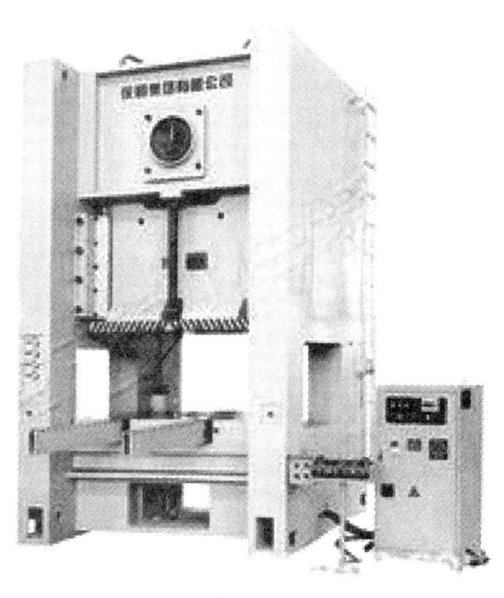

c)

图2-4 闭式压力机

按运动滑块的数量，曲柄压力机可分为单动、双动和三动压力机，如图2-5所示。目前使用最多的是单动压力机，双动和三动压力机主要用于拉深工艺。

按连接曲柄和滑块的连杆数，曲柄压力机可分为单点、双点和四点压力机，如图2-6所示。曲柄连杆数的设置主要根据滑块面积的大小和吨位而定。点数越多，滑块承受偏心负荷的能力越大。

2.1.2 曲柄压力机的工作原理与结构组成

尽管曲柄压力机类型众多，但其工作原理和基本组成是相同的，本章主要介绍常用曲柄

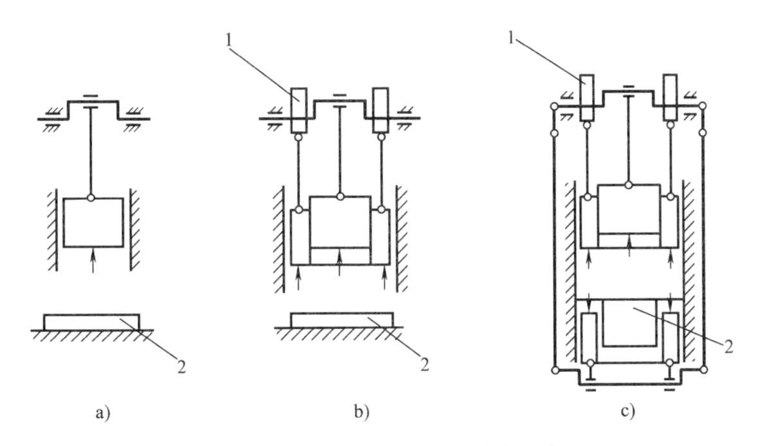

图 2-5　压力机按运动滑块数分类示意图

a）单动压力机　b）双动压力机　c）三动压力机

1—凸轮　2—工作台

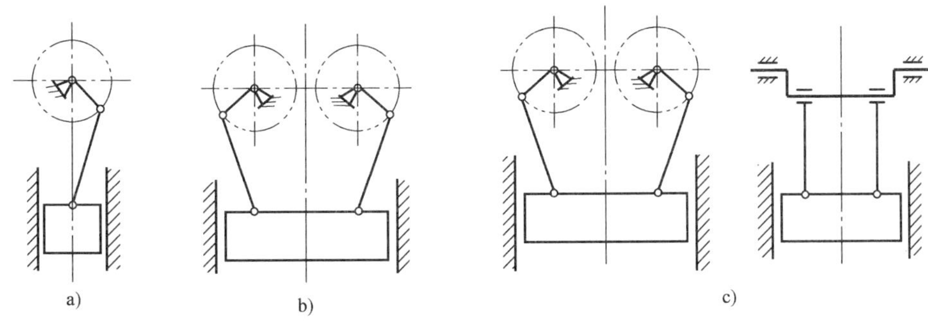

图 2-6　压力机按连杆数分类示意图

a）单点压力机　b）双点压力机　c）四点压力机

压力机的工作原理和结构组成。图 2-1 所示的开式双柱可倾式压力机（JC 23-63）的运动原理如图 2-7 所示。其工作原理如下：电动机 1 的能量和运动通过带传动传递给中间传动轴 4，再由齿轮传动给曲轴 9，经连杆 11 带动滑块 12 做上下直线移动。因此，曲轴的旋转运动通过连杆变为滑块的往复直线运动。将上模 13 固定于滑块上，下模 14 固定于工作台垫板 15 上，压力机便能对置于上、下模间的材料加压，依靠模具将其制成工件，实现压力加工。由于工艺需要，曲轴两端分别装有离合器 7 和制动器 10，以实现滑块的间歇运动或连续运动。压力机在整个工作周期内有负荷的工作时间很短，大部分时间为空程运动。为了使电动机的负荷较均匀，有效地利用能量，因而装有飞轮，起到储能作用。该机上，大带轮 3 和大齿轮 6 均起飞轮的作用。

从上述工作原理可以看出，曲柄压力机一般由以下几个部分组成：

（1）工作机构　工作机构一般为曲柄滑块机构，由曲轴、连杆、滑块、导轨等零件组成。其作用是将传动系统的旋转运动变换为滑块的往复直线运动；承受和传递工作压力；在滑块上安装模具。

（2）传动系统　传动系统包括带传动和齿轮传动等机构。它将电动机的能量和运动传递给工作机构；并对电动机的转速进行减速，获得所需的行程次数。

（3）操纵系统　如离合器、制动器及其控制装置。用来控制压力机安全、准确地运转。

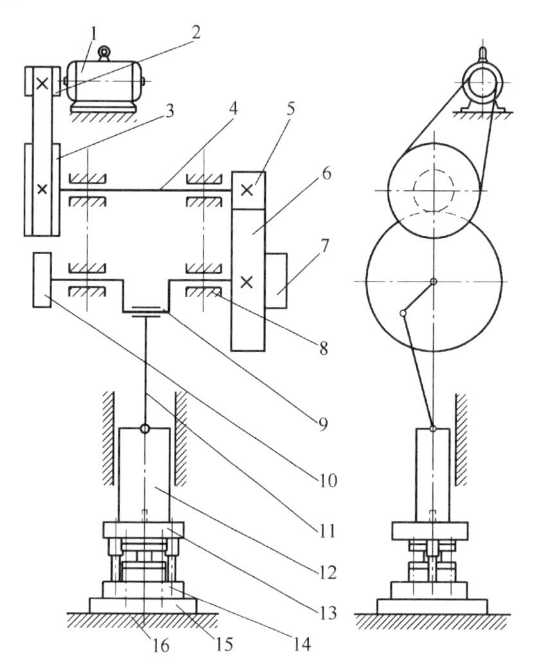

图 2-7 JC23-63 压力机运动原理图
1—电动机 2—小带轮 3—大带轮
4—中间传动轴 5—小齿轮 6—大齿轮
7—离合器 8—机身 9—曲轴
10—制动器 11—连杆 12—滑块
13—上模 14—下模
15—垫板 16—工作台

（4）能源系统 如电动机和飞轮。飞轮能将电动机空程运转时的能量储存起来，在冲压时再释放出来。

（5）支承部件 如机身，把压力机所有的机构连接起来，承受全部工作变形力和各种装置各个部件的重力，并保证整机所要求的精度和强度。

此外，还有各种辅助系统和附属装置，如润滑系统、顶件装置、保护装置、滑块平衡装置、安全装置等。

闭式压力机的外形（图 2-4）与开式压力机有很大差别，但它们的工作原理和结构组成是相同的。图 2-8 所示为 J31-315 型闭式压力机的运动原理图，与图 2-7 相比较，只是在传动系统中多了一级齿轮传动；工作机构中曲柄的具体形式是偏心齿轮式，而不是曲轴式，即由偏心齿轮 9 带动连杆摆动，使滑块做往复直线运动；此外，该压力机工作台下装有液压气垫 18，用于拉深时压料及顶出工件。

2.1.3 曲柄压力机的主要技术参数

曲柄压力机的技术参数反映了压力机的性能指标。现分述如下：

1. 公称力 F_g 及公称力行程 S_g

曲柄压力机的公称力（或称额定压力）就是滑块所允许承受的最大作用力；而滑块必须在到达下死点前某一特定距离之内允许承受公称力，这一特定距离称为公称力行程（或额定压力行程）S_g；公称力行程所对应的曲柄转角称为公称压力角（或额定压力角）α_g。例如 JC23-63 压力机的公称力为 630kN，公称力行程为 8mm，即指该压力机的滑块在离下死点前 8mm 之内，允许承受的最大压力为 630kN。

公称力是压力机的主参数，我国生产的压力机公称力已系列化，如 160kN、200kN、250kN、315kN、400kN、500kN、630kN、800kN、1000kN、1600kN、2500kN、3150kN、4000kN、6300kN 等。

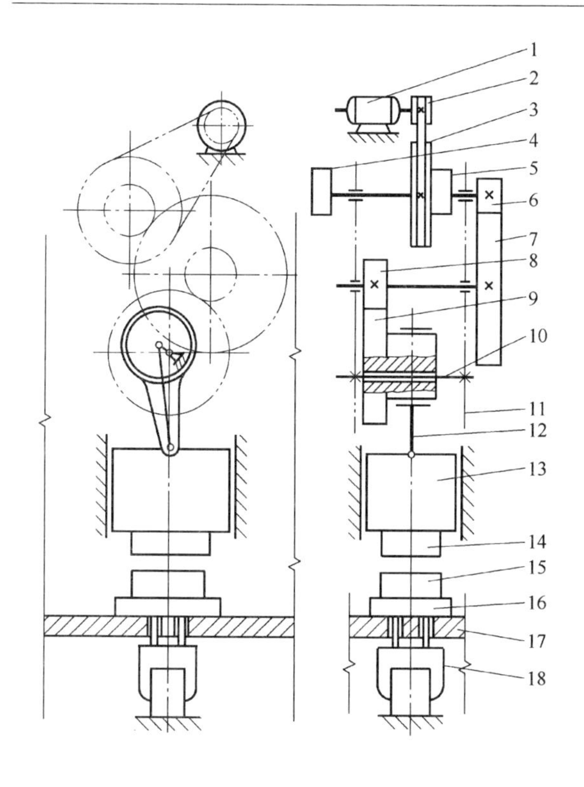

图2-8　J31-315型闭式压力机运动原理图
1—电动机　2—小带轮　3—大带轮
4—制动器　5—离合器　6、8—小齿轮
7—大齿轮　9—偏心齿轮　10—心轴
11—机身　12—连杆　13—滑块
14—上模　15—下模　16—垫板
17—工作台　18—液压气垫

2. 滑块行程

如图2-9中的S，它是指滑块从上死点到下死点所经过的距离，它等于曲柄半径的2倍。它的大小反映出压力机的工作范围，行程长，则能生产高度较高的零件，但压力机的曲柄尺寸应加大，其他部分的尺寸也要相应增大，设备的造价增加。因此，滑块行程并非越大越好，应根据设备规格大小兼顾冲压生产时的送料、取件及模具使用寿命等因素综合考虑选取。为满足生产实际需要，有些压力机的滑块行程做成可调节的。如J11-500压力机的滑块行程可在10～90mm之间调节，J23-100A、J23-100B压力机的滑块行程均可在16～140mm之间调节。

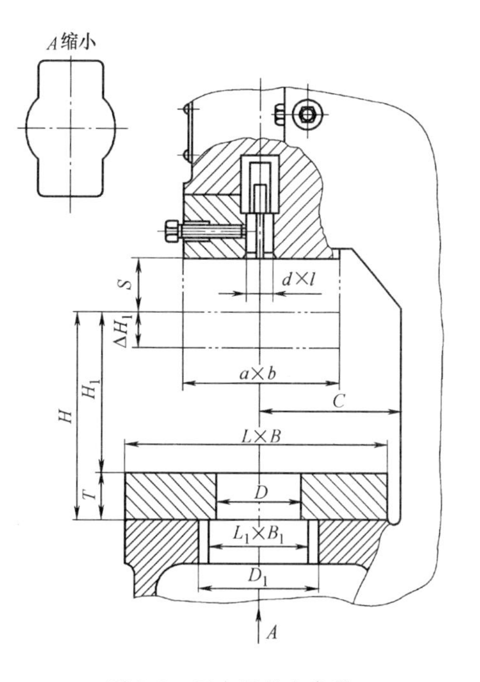

图2-9　压力机基本参数

3. 滑块行程次数 *n*

它是指滑块每分钟往复运动的次数。如果是连续作业，它就是每分钟生产工件的个数。所以，行程次数越多，生产率就越高。当采用手动连续作业时，由于受送料时间的限制，即送料在整个冲压过程中所占时间的比例很大，即使行程数再多，生产率也不可能很高，比如小件加工最多也不过60～100次/min。所以行程次数超过一定数值后，必须配备自动送料装置，否则不可能实现高生产率。

拉深加工时，行程次数越多，材料变形速度也越快，容易造成材料破裂报废。因此选择行程次数不能单纯追求高生产率。目前，实现自动化的压力机多采用可调行程次数，以期达到最佳工作状态。

4. 最大装模高度 H_1 及装模高度调节量 ΔH_1

装模高度是指滑块在下死点时，滑块下表面到工作台垫板上表面的距离。当装模高度调节装置将滑块调整到最高位置时，装模高度达最大值，称为最大装模高度（图2-9中的 H_1）。将滑块调整到最低位置时，得到最小装模高度。与装模高度并行的参数尚有封闭高度。所谓封闭高度是指滑块在下死点时，滑块下表面到工作台上表面的距离，它和装模高度之差等于工作台垫板的厚度 T。图2-9中的 H 是最大封闭高度。装模高度和封闭高度均表示压力机所能使用的模具高度。模具的闭合高度应小于压力机的最大装模高度或最大封闭高度。装模高度调节装置所能调节的距离，称为装模高度调节量 ΔH_1。装模高度及其调节量越大，对模具的适应性也越大，但装模高度大，压力机也随之增高，且安装高度较小的模具时，需附加垫板，给使用带来不便。同时，装模高度调节量越大，连杆长度越长，刚度会下降。因此，只要满足使用要求，没有必要使装模高度及其调节量过大。

5. 工作台板及滑块底面尺寸

它是指压力机工作空间的平面尺寸。工作台板（垫板）的上平面，用“左右×前后”的尺寸表示，如图2-9中的 $L \times B$。滑块下平面，也用“左右×前后”的尺寸表示，如图2-9中的 $a \times b$。对于闭式压力机，其滑块尺寸和工作台板的尺寸大致相同，而开式压力机滑块下平面尺寸小于工作台板尺寸。所以，开式压力机所用模具的上模外形尺寸不宜大于滑块下平面尺寸，否则，当滑块在上死点时，可能造成上模与压力机导轨干涉。

6. 工作台孔尺寸

工作台孔尺寸 $L_1 \times B_1$（左右×前后）、D_1（直径），如图2-9所示，表示向下出料或安装顶出装置的空间。

7. 立柱间距和喉深 C

立柱间距是指双柱式压力机立柱内侧面之间的距离。对于开式压力机，其值主要关系到向后侧送料或出件机构的安装。对于闭式压力机，其值直接限制了模具和加工板料的最宽尺寸。

喉深是开式压力机特有的参数，它是指滑块中心线至机身的前后方向的距离，如图2-9中的 C。喉深直接限制加工件的尺寸，也与压力机机身的刚度有关。

8. 模柄孔尺寸

模柄孔尺寸 $d \times l$ 即“直径×孔深”，冲模模柄尺寸应和模柄孔尺寸相适应。大型压力机没有模柄孔，而是开设T形槽，以T形槽螺钉紧固上模。

表2-1、表2-2是我国生产的部分通用压力机的主要技术参数。

表2-1　部分开式压力机的主要技术参数

压力机型号	J23-3.15	J23-6.3	J23-10	J23-16F	JH23-25	JH23-40	JC23-63	J11-50	J11-100	JA11-250	JH21-80	JA21-160	J21-400A
公称力/kN	31.5	63	100	160	250	400	630	500	1000	2500	800	1600	4000
滑块行程/mm	25	35	45	70	75	80	120	10~90	20~100	120	160	160	200
滑块行程次数/(次/min)	200	170	145	120	80	55	50	90	65	37	40~75	40	25

（续）

压力机型号		J23-3.15	J23-6.3	J23-10	J23-16F	JH23-25	JH23-40	JC23-63	J11-50	J11-100	JA11-250	JH21-80	JA21-160	J21-400A
最大封闭高度/mm		120	150	180	205	260	330	360	270	420	450	320	450	550
封闭高度调节量/mm		25	35	35	45	55	65	80	75	85	80	80	130	150
立柱间距/mm		120	150	180	220	270	340	350					530	896
喉深/mm		90	110	130	160	200	250	260	235	340	325	310	380	480
工作台尺寸/mm	前后	160	200	240	300	370	460	480	450	600	630	600	710	900
	左右	250	310	370	450	560	700	710	650	800	1100	950	1120	1400
垫板尺寸/mm	厚度	30	30	35	40	50	65	90	80	100	150		130	170
	孔径	φ110	φ140	φ170	φ210	φ260	φ320	φ250	φ130	φ160				φ300
模柄孔尺寸/mm	直径	φ25	φ30		φ40		φ50			φ60	φ70	φ50	φ70	φ100
	深度	40	55		60		70	80			90	60	80	120
最大倾斜角		45°		35°		30°								
电动机功率/kW		0.55	0.75	1.1	1.5	2.2	5.5			7	18.1	7.5	11.1	32.5
备注						需压缩空气						需压缩空气		

表 2-2 部分闭式压力机的主要技术参数

压力机型号		J31-100	JA31-160B	J31-250	J31-315	J31-400	JA31-630	J31-800	J31-1250	J36-160	J36-250	J36-400	J36-630
公称力/kN		1000	1600	2500	3150	4000	6300	8000	12500	1600	2500	4000	6300
公称力行程/mm			8.16	10.4	10.5	13.2	13	13	13	10.8	11	13.7	26
滑块行程/mm		165	160	315	315	400	400	500	500	315	400	400	500
滑块行程次数/(次/min)		35	32	20	20	16	12	10	10	20	17	16	9
最大装模高度/mm		445	375	490	490	710	700	700	830	670	590	730	810
装模高度调节量/mm		100	120	200	200	250	250	315	250	250	250	315	340
导轨间距离/mm		405	590	900	930	850	1480	1680	1520	1840	2640	2640	3270
退料杆导程/mm				150	160	150	250						
工作台尺寸/mm	前后	620	790	950	1100	1200	1500	1600	1900	1250	1250	1600	1500
	左右	620	710	1000	1100	1250	1700	1900	1800	2000	2780	2780	3450
滑块底面尺寸/mm	前后	300	560	850	960	1000	1400	1500	1560	1050	1000	1250	1270
	左右	360		980	910	1230				1980	2540	2550	3200
模柄孔尺寸/mm	直径	φ65	φ75										
	深度	120											
工作台孔尺寸		φ250mm	430mm×430mm			630mm×630mm							
垫板厚度/mm		125	105	140	140	160	200			130	160	185	190
备注			需压缩空气			备气垫							

2.1.4　曲柄压力机的型号

按照锻压机械型号编制方法（JB/T 9965—1999）的规定，曲柄压力机的型号由汉语拼音正楷大写字母和阿拉伯数字组成，型号中的汉语拼音字母按其名称读音。例如 JC23-63A 型号的意义是：

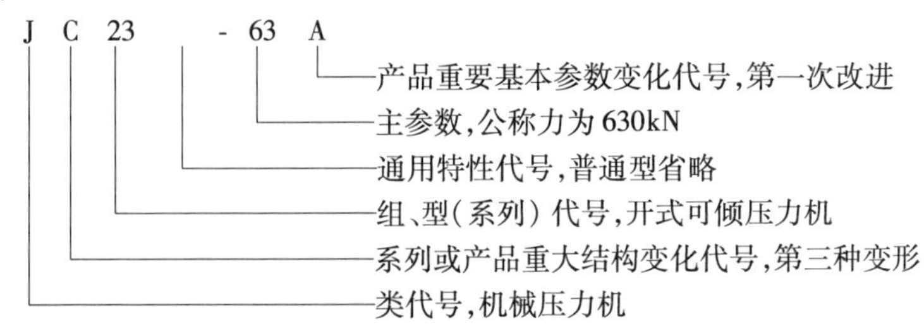

型号表示方法说明如下：

第一个字母为类代号，用汉语拼音字母表示。在 JB/T 9965—1999 中将锻压机械分为八类（见表 1-2）。

第二个字母代表系列或产品重大结构变化代号。凡属产品重大结构变化和主要结构不同者分别用正楷大写字母 A、B、C…加以区别。

第三、第四个数字分别为组、型代号。前面一个数字代表“组”，后一数字代表“型”。在型谱表中，每类锻压设备分为 10 组，每组分为 10 型（系列）。

在组、型（系列）代号之后是通用特性代号，用“K”代表数字控制或计算机控制（含微机），“Z”代表自动（带自动送卸料装置），“Y”代表液压传动（指主传动），“Q”代表气动（指主传动），“G”代表高速，“M”代表精密，普通型锻压机械的通用特性代号可省略。

横线后面的数字代表主参数。一般用压力机公称力（kN）数值的 1/10 作为主参数。

最后一个字母代表产品重要基本参数变化代号，凡是主参数相同而重要的基本参数不同者用字母 A、B、C…加以区别。

通用曲柄压力机型号见表 2-3。

表 2-3　通用曲柄压力机型号

组		型号	名　称	组		型号	名　称
特征	号			特征	号		
开式单柱	1	1	单柱固定台压力机	闭式	3		
		2	单柱活动台压力机			1	闭式单点压力机
		3	单柱柱形台压力机			2	闭式单点切边压力机
开式双柱	2	1	开式固定台压力机			3	闭式侧滑块压力机
		2	开式活动台压力机			6	闭式双点压力机
		3	开式可倾压力机			7	闭式双点切边压力机
		5	开式双点压力机			9	闭式四点压力机
		9	开式底传动压力机				

注：从 10～39 型号中，凡未列出的序号均留作待发展的型号使用。

2.2　曲柄滑块机构

曲柄滑块机构是曲柄压力机的工作执行机构，其承载能力及运动规律很大程度上决定了曲柄压力机所具备的工作特性。

2.2.1　曲柄滑块机构的运动规律

图 2-10 所示为曲柄滑块机构的运动简图。根据滑块与连杆的连接点 B 的运动轨迹是否

位于曲柄旋转中心 O 和连接点 B 的连线上，将曲柄滑块机构分为结点正置（图2-10a）和结点偏置两种，而结点偏置又有正偏置与负偏置之分。当结点 B 的运动轨迹偏离 OB 连线位于曲柄上行侧时，称为结点正偏置（图2-10b）；反之，称为结点负偏置（图2-10c）。它们的受力状态和运动特性是有差异的，结点偏置机构主要用于改善压力机的受力状态和运动特性，从而适应工艺要求。如负偏置机构，滑块有急回特性，其工作行程速度较小，回程速度较大，有利于冷挤压工艺，常在冷挤压机中采用。对于正偏置机构，滑块有急进特性，常在平锻机中采用。下面讨论常见结点正置曲柄滑块机构的运动规律（图2-11）。

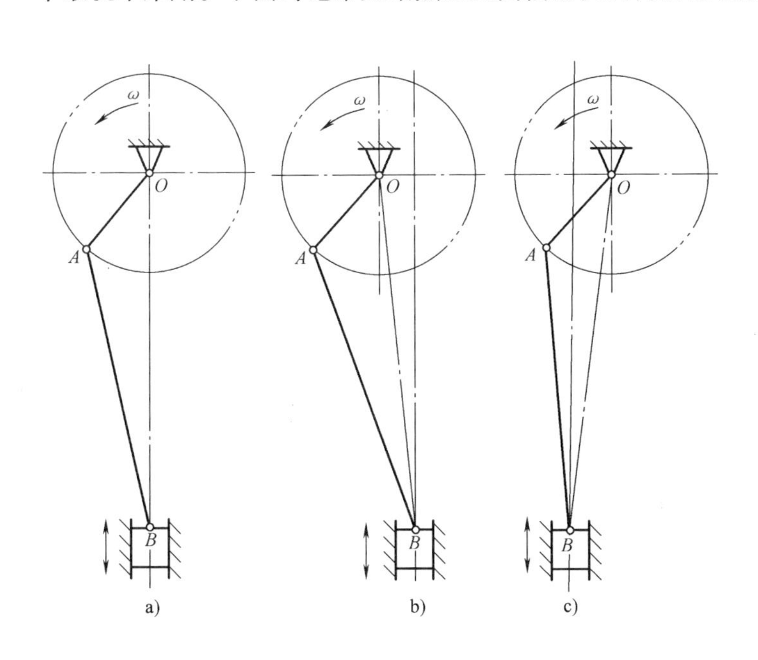

图2-10　曲柄滑块机构的运动简图

a）结点正置　b）结点正偏置　c）结点负偏置

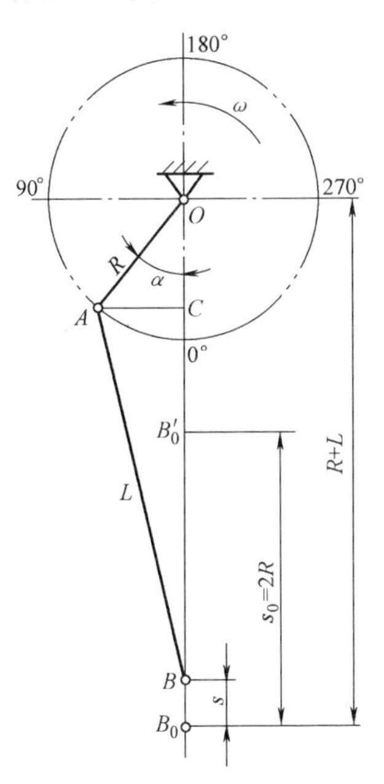

图2-11　结点正置曲柄滑块机构的运动关系计算图

当曲柄以角速度 ω 等速转动时，滑块的位移 s、速度 v、加速度 a 是随曲柄的转角 α 的变化而改变的。由图2-11所示的几何关系，可以导出滑块位移 s 与曲柄转角 α 之间的关系，即

$$OB = OC + CB = R\cos\alpha + \sqrt{L^2 - (R\sin\alpha)^2} = R\cos\alpha + L\sqrt{1 - \left(\frac{R\sin\alpha}{L}\right)^2} \tag{2-1}$$

$$s = R + L - OB$$

将式（2-1）代入整理得

$$s = R(1 - \cos\alpha) + L\left[1 - \sqrt{1 - \left(\frac{R\sin\alpha}{L}\right)^2}\right] \tag{2-2}$$

一般 $R/L \leqslant 1/3$，对于通用压力机，R/L 一般在0.1～0.2范围内，这时式（2-2）中根号部分可作如下近似

$$\sqrt{1-\left(\frac{R\sin\alpha}{L}\right)^2}\approx 1-\frac{1}{2}\left(\frac{R\sin\alpha}{L}\right)^2$$

故式（2-2）变为

$$s=R\left(1-\cos\alpha+\frac{R}{2L}\sin^2\alpha\right) \tag{2-3}$$

式中，s 是滑块位移，从下死点算起，向上方向为正；α 是曲柄转角，从下死点算起，与曲柄旋转方向相反为正，以下相同；R 是曲柄半径；L 是连杆长度（当连杆长度可调时，取最小值）。

将式（2-3）对时间求导数，即可得到滑块的速度公式

$$v=\frac{\mathrm{d}s}{\mathrm{d}t}=\frac{\mathrm{d}s}{\mathrm{d}\alpha}\cdot\frac{\mathrm{d}\alpha}{\mathrm{d}t}=\frac{\mathrm{d}}{\mathrm{d}\alpha}\left[R\left(1-\cos\alpha+\frac{R}{2L}\sin^2\alpha\right)\right]\frac{\mathrm{d}\alpha}{\mathrm{d}t}$$

而

$$\frac{\mathrm{d}\alpha}{\mathrm{d}t}=\omega$$

所以

$$v=\omega R\left(\sin\alpha+\frac{R}{2L}\sin 2\alpha\right) \tag{2-4}$$

式中，v 是滑块速度，向下方向为正（m/s）；ω 是曲柄角速度（rad/s），$\omega=\frac{2\pi n}{60}$；n 是曲柄转速，即滑块行程次数（次/min）；其余符号同式（2-3）。

将式（2-4）对时间求导数，即可得到滑块的加速度公式

$$a=\frac{\mathrm{d}v}{\mathrm{d}t}=-\frac{\mathrm{d}v}{\mathrm{d}\alpha}\cdot\frac{\mathrm{d}\alpha}{\mathrm{d}t}=-\frac{\mathrm{d}}{\mathrm{d}\alpha}\left[\omega R\left(\sin\alpha+\frac{R}{2L}\sin 2\alpha\right)\right]\omega$$

所以

$$a=-\omega^2 R\left(\cos\alpha+\frac{R}{L}\cos 2\alpha\right) \tag{2-5}$$

式中，a 是滑块加速度，向下方向为正（m/s^2）；其余符号同式（2-3）和式（2-4）；式（2-5）中前边的负号是因为坐标的关系而加上去的。

根据式（2-3）、式（2-4）、式（2-5）做出滑块的位移 s、速度 v、加速度 a 随曲柄转角 α 变化的曲线，称为曲柄滑块机构的运动线图，如图 2-12 所示，它可以清楚地表明曲柄滑块机构的运动规律。由图可以看出，尽管曲柄做匀速转动，但滑块在其行程中各点的运动速度是不相同的。滑块在上死点（$\alpha=180°$）和下死点（$\alpha=0°$）时，其运动速度为零，即 $v=0$；而滑块在行程中点（$\alpha=75°\sim90°$ 和 $\alpha=270°\sim285°$）时，其运动速度为最大，近似取 $\alpha=90°$ 和 $\alpha=270°$ 时的滑块速度，作为滑块的最大速度 v_{max}，则由式（2-4）可得

$$v_{max}=\pm\omega R=\pm\frac{2\pi nR}{60}=\pm\frac{\pi ns}{60} \tag{2-6}$$

式（2-6）表明滑块的最大速度约等于连杆与曲柄的连接点（即 A 点）的线速度，并与滑块行程次数和滑块行程的乘积成正比。

滑块的速度直接影响加工的变形速度和生产率，因而它也受工艺的合理速度的限制。例如，对于拉深工艺，若速度过高，则会引起工件破裂。表 2-4 为不同材料拉深工艺的合理速度范围，进行拉深工艺时，所用压力机的滑块速度不应超过表中的数值。

滑块的速度也受压力机自身机械机构的限制。但为了提高生产率，现今压力机有提高滑块行程次数即提高滑块速度的趋势。我国现有的通用压力机滑块最大速度已达 0. 63m/s。

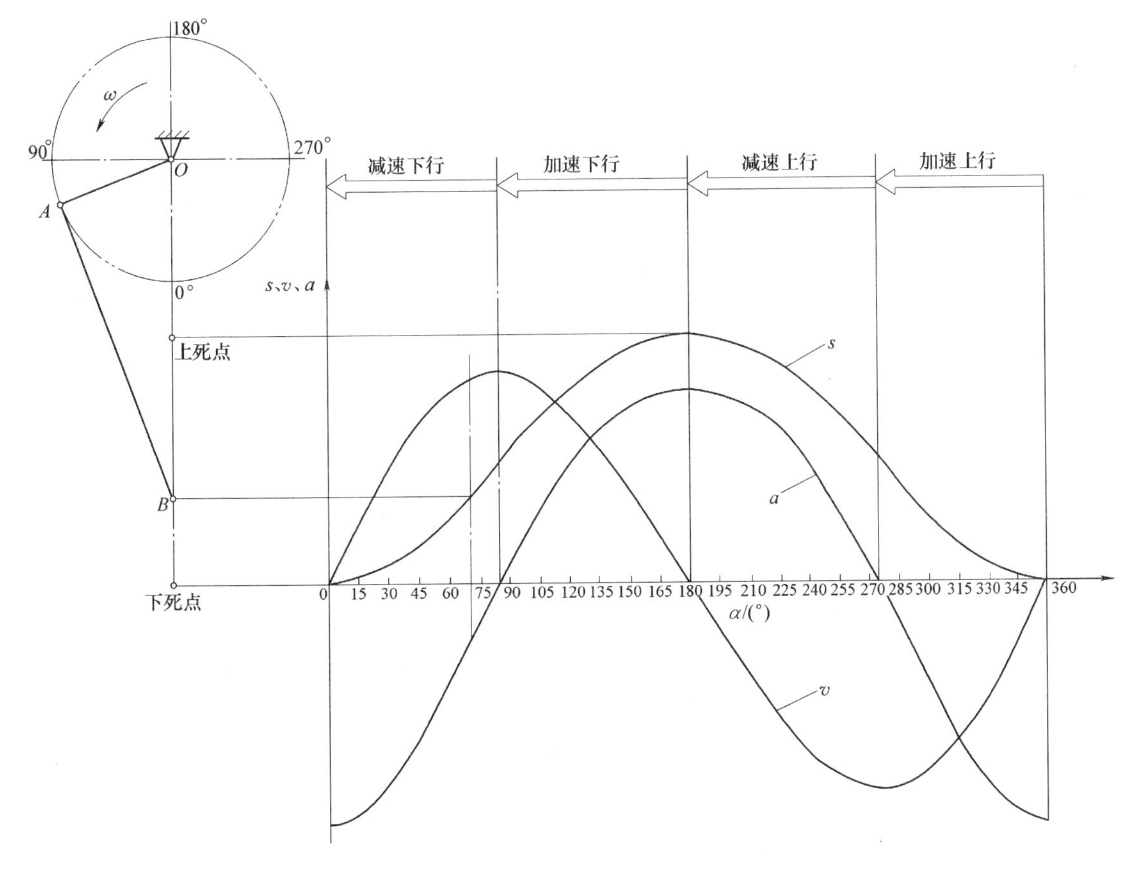

图 2-12　曲柄滑块机构运动线图

表 2-4　不同材料拉深工艺的合理速度范围

材料名称	钢	不锈钢	铝	硬铝	黄铜	铜	锌
最大拉深速度/(m/s)	0.40	0.18	0.89	0.20	1.02	0.76	0.76

2.2.2　曲柄压力机滑块许用负荷图

从强度的观点来看，作用在滑块上的允许工作压力［F］是随着曲柄转角 α 而改变的，如图 2-13 所示。为了不使压力机超载，规定了曲柄压力机滑块许用负荷图，它表明某台压力机在满足强度要求的前提下，滑块允许承受的载荷与行程 s（或曲柄转角 α）之间的关系。实际上，曲柄压力机的许用负荷图是综合考虑曲柄支承颈扭曲强度限制、曲柄颈弯曲强度（或弯扭联合）限制及齿轮弯曲强度和齿面接触强度限制等确定的。图 2-14 所示是 630kN 曲柄压力机滑块许用负荷图。使用压力机时要注意曲柄的工作角度，应使工作压力落在安全区内，以保证曲柄及齿轮不致发生强度破坏。

曲轴一般用 45 钢锻制而成，有些中大型压力机的曲轴用合金钢锻制，如 40Cr、37SiMn2MoV、18CrMnMoB 等，锻制的曲轴加工后应进行调质处理。有些小型压力机的曲轴则用球墨铸铁 QT500-7 铸造。

2.2.3　曲柄滑块机构的结构

1. 曲柄滑块机构的驱动形式

常见的驱动形式如图 2-15 所示。

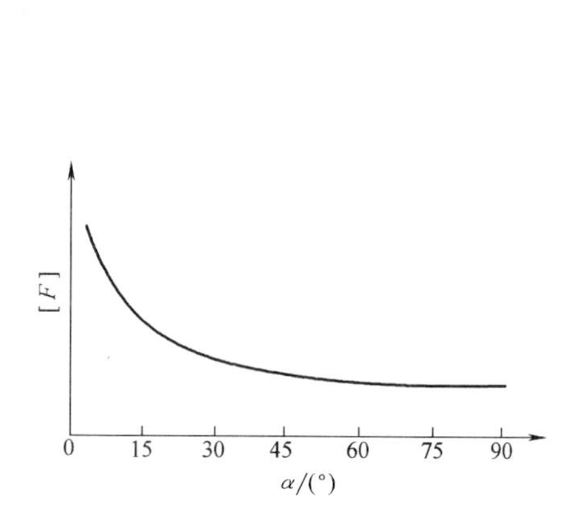

图2-13　受曲轴扭曲强度限制的滑块许用工作压力

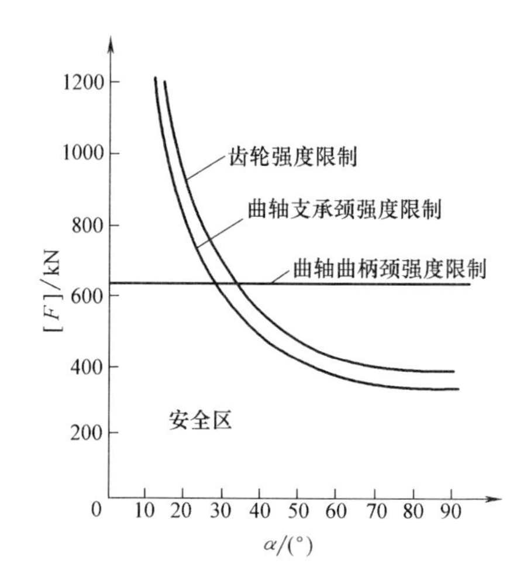

图2-14　630kN曲柄压力机滑块许用负荷图

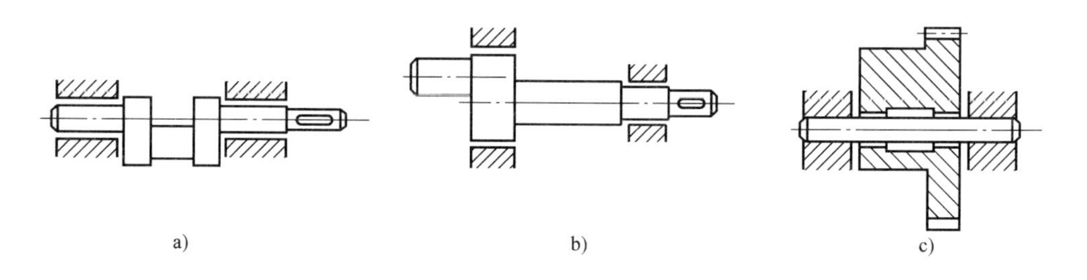

图2-15　曲柄滑块机构的常见驱动形式

a）曲轴式　b）曲拐式　c）偏心齿轮式

（1）曲轴驱动的曲柄滑块机构　图2-16所示为曲轴驱动的曲柄滑块机构的结构图，其示意图如图2-15a所示。它主要由曲轴9、连杆（连杆体7和调节螺杆6）和滑块2组成。曲轴旋转时，连杆做摆动和上、下运动，使滑块在导轨中做上、下往复直线运动。

曲轴式的曲柄滑块机构可以设计成较大的曲柄半径，但曲柄半径一般是固定的，故行程不可调。作为压力机的主要零件之一，曲轴的工作条件比较复杂，它在工作中既受弯矩，又受力矩作用，而且所受的力是不断变化的，所以，加工技术要求较高。由于大型曲轴锻造困难，因此，曲轴式的曲柄滑块机构在大型压力机上的应用受到限制。

图2-16所示的曲轴为横向布置方式，这类曲柄压力机的传动齿轮和飞轮分别位于压力机两侧，使压力机有头重脚轻之感，外观不是很美观。许多中小型曲轴式曲柄压力机将曲轴改为沿纵向布置，如此压力机的飞轮可以置于机身后侧，传动齿轮位于机身内部，使压力机的外观更加规整美观，如图2-17所示。

（2）曲拐驱动的曲柄滑块机构　如图2-18所示为曲拐驱动的曲柄滑块机构结构图，其示意图如图2-15b所示。它主要由曲拐轴5、偏心套6、调节螺杆2、连杆体3和滑块1组成。偏心套6装在曲拐轴颈上，而连杆体装于偏心套的外圆上。当曲拐轴转动时，偏心套的外圆中心便以曲拐轴的中心为圆心，做圆周运动，带动连杆、滑块运动。如图2-19所示，偏心套的外圆中心M与曲拐轴中心O的距离OM相当于曲柄半径。转动偏心套，改变其在

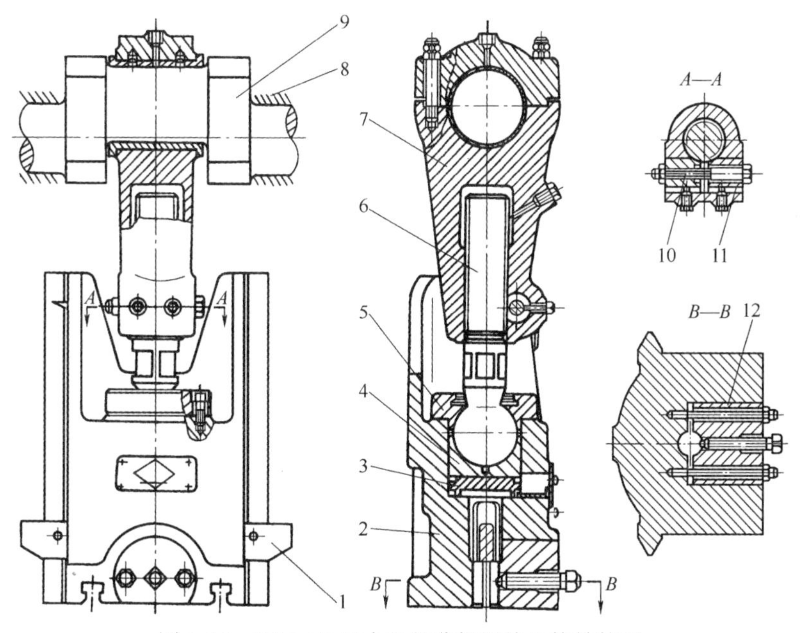

图2-16 JC23-63压力机的曲柄滑块机构结构图

1—打料横梁 2—滑块 3—压塌块 4—支承座 5—盖板 6—调节螺杆
7—连杆体 8—轴瓦 9—曲轴 10—锁紧螺钉 11—锁紧块 12—模具夹持块

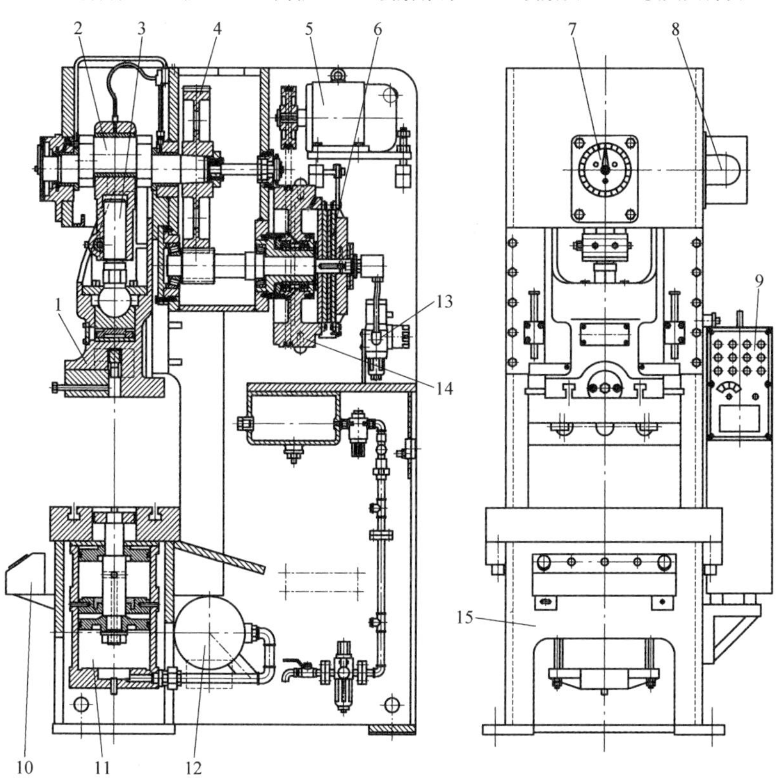

图2-17 JZ21-40A压力机的曲柄滑块机构结构图

1—滑块 2—曲轴 3—连杆 4—传动齿轮 5—电动机 6—摩擦离合器-制动器
7—曲柄位置指示 8—滑块位置检测凸轮联动装置 9—电控箱 10—操作台
11—气垫（选配） 12—储气罐 13—气压控制系统 14—带轮 15—机身

曲拐轴颈上的相对位置，便可以改变 *OM* 值的大小，从而达到调节滑块行程的目的。一般情况下，压力机在偏心套上或曲拐轴颈的端面刻有刻度值，调整行程时，可将偏心套从偏心轴销上拉出，然后旋转一定的角度，对准需要的行程刻度，再将偏心套重新套入曲拐轴颈，并由花键啮合即可。

曲拐轴式曲柄滑块机构便于调节行程且结构较简单，但由于曲柄悬伸，受力情况较差。因此，主要在中、小型机械压力机上应用。

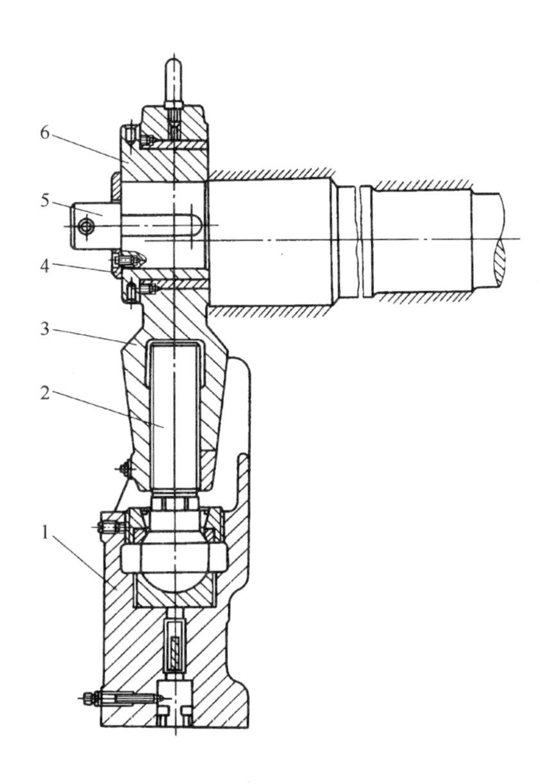

图 2-18　JB21-100 压力机的曲柄滑块机构结构图
1—滑块　2—调节螺杆　3—连杆体
4—压板　5—曲拐轴　6—偏心套

（3）偏心齿轮驱动的曲柄滑块机构　如图 2-20 所示为偏心齿轮驱动的曲柄滑块机构结构图，其示意图如图 2-15c 所示。它主要由偏心齿轮 9、心轴 10、调节螺杆 7、连杆体 8 和滑块 6 组成。偏心齿轮的偏心颈相对于心轴有一偏心距，相当于曲柄半径。心轴两端紧固在机身上，连杆套在偏心颈上。偏心齿轮在心轴上旋转时，其偏心颈就相当于曲柄在旋转，从而带动连杆使滑块上下运动。

偏心齿轮工作时只传递转矩，弯矩由心轴承受，因此偏心齿轮的受力比曲轴简单。心轴只承受弯矩，受力情况也比曲轴好，且刚度较大。此外，偏心齿轮的铸造比曲轴锻造容易。但总体结构相对复杂些。所以，偏心齿轮驱动的曲柄滑块机构常用于大、中型压力机。

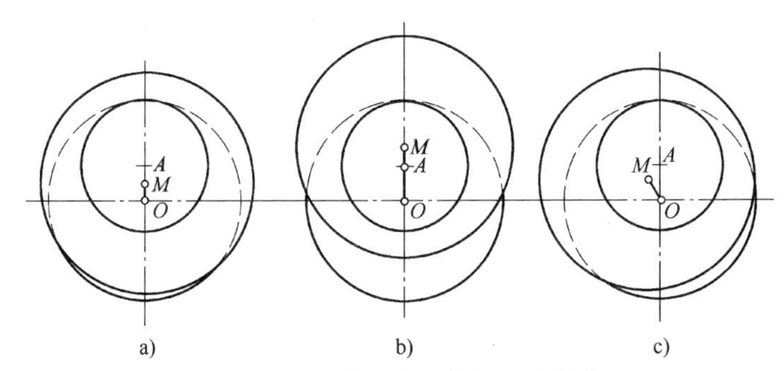

图 2-19　用偏心套调节行程示意图
O—曲拐轴中心　*A*—偏心轴销中心　*M*—偏心套外圆中心

2. 连杆结构及装模高度调节机构

连杆是曲柄滑块机构中的重要构件，连杆将曲柄和滑块连接在一起，并通过其运动将曲柄的旋转运动转变为滑块的直线往复运动。在这个过程中，连杆相对于曲柄转动而相对于滑块摆动，因此，连杆和曲柄及滑块都必须是铰接。

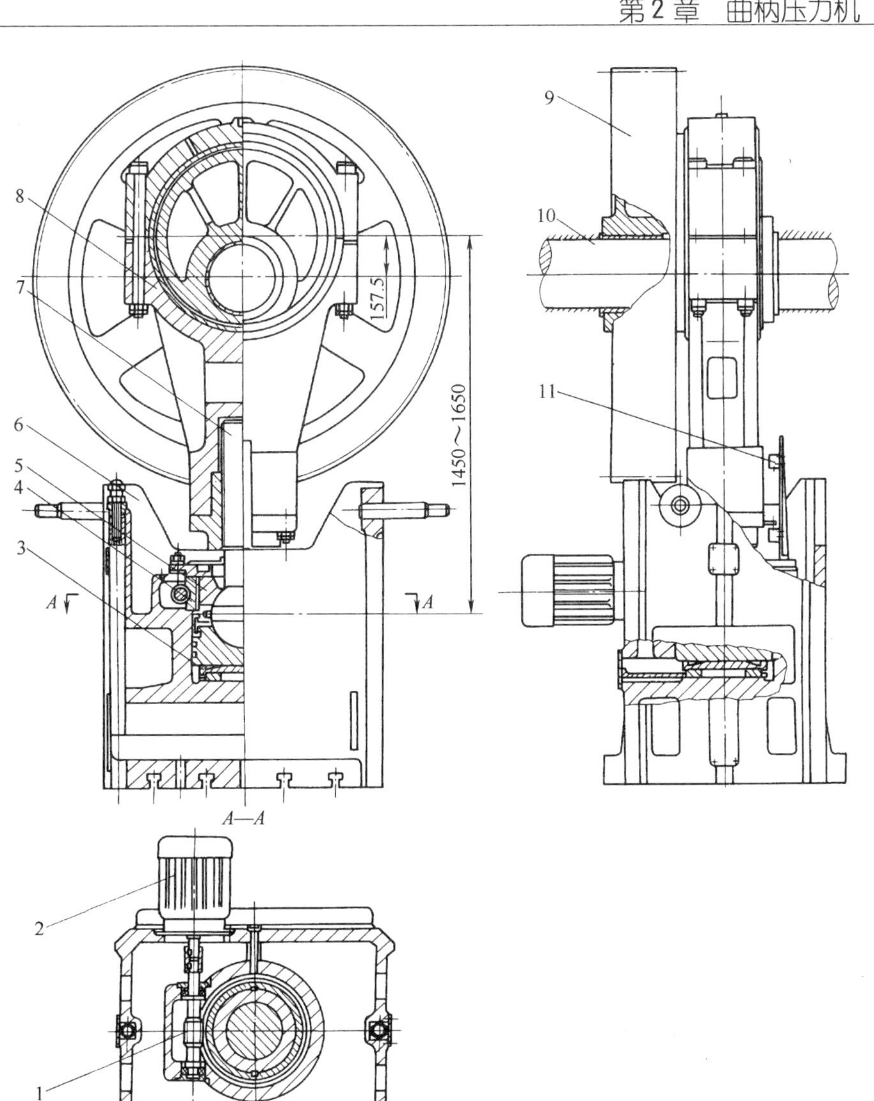

图2-20 J31-315压力机曲柄滑块机构

1—蜗杆 2—电动机 3—压塌块 4—蜗轮 5—拨块 6—滑块 7—调节螺杆 8—连杆体 9—偏心齿轮 10—心轴 11—限位开关

为适应不同闭合高度模具的安装，一般压力机都通过连杆长度的调节或连杆与滑块的连接件的调节，实现滑块位置的上下调整，以达到调节装模高度的目的。调节方式分为手动调节和机动调节两种。手动调节适用于小型压力机，大、中型压力机则采用机动调节。

以下介绍几种连杆结构形式及装模高度的调节方法。

（1）球头式连杆 如图2-16所示，连杆不是一个整体，而是由连杆体7和调节螺杆6所组成。调节螺杆下部的球头与滑块2连接，连杆体上部的轴瓦与曲轴9连接。用扳手转动调节螺杆，即可调节连杆长度。为了防止装模高度在冲压过程中因松动而改变，设有锁紧装置，它由锁紧块11及锁紧螺钉10组成（也有在螺杆上加防松螺母的）。调节时先旋转锁紧螺钉，使锁紧块松开，再将连杆调至需要的长度，然后，拧动锁紧螺钉，使锁紧块压紧调节螺杆，以防松动。

如图2-20所示也是球头式连杆，与前者不同的是，它的装模高度采用机动调节。在调节螺杆的球头侧面有两个销，拨块5上的两个叉口插在销上。当电动机2驱动蜗杆1、蜗轮4旋转时，蜗轮便带动拨块旋转，拨块则通过两个销带动调节螺杆转动，即可调节装模高度。

球头式连杆结构较紧凑，压力机高度可以降低，但连杆的调节螺杆容易弯曲，且球头加工也较困难。

（2）柱销式连杆　如图2-21所示，连杆3是个整体，其长度不可调节。它通过连杆销4、调节螺杆2与滑块6连接。调节螺杆由蜗杆5、蜗轮7驱动；当驱动蜗杆蜗轮转动时，滑块即可相对调节螺杆上下移动，达到调节装模高度的作用。

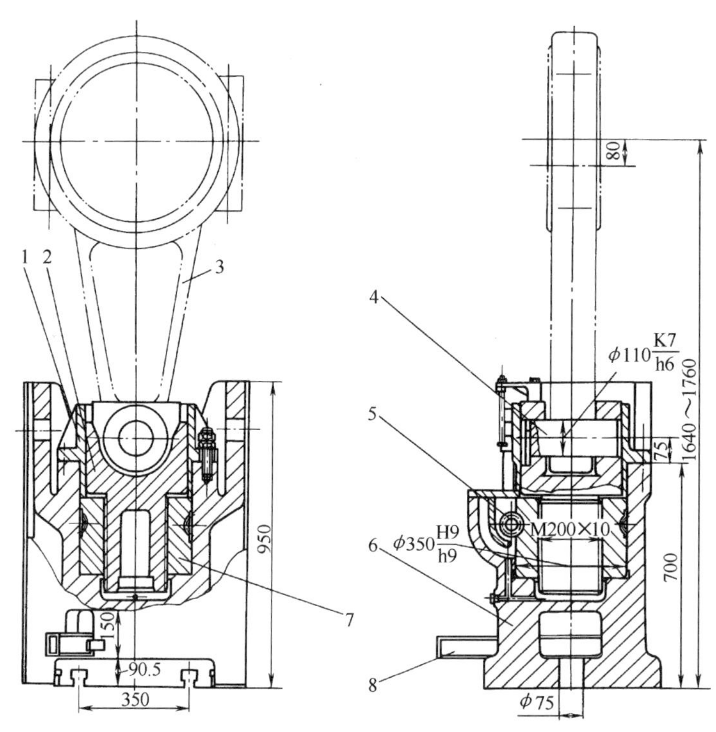

图2-21　JA31-160A连杆及装模高度调节装置

1—导套　2—调节螺杆　3—连杆　4—连杆销　5—蜗杆　6—滑块　7—蜗轮　8—顶料杆

柱销式连杆结构没有球头式连杆结构紧凑，但其加工较容易。柱销在工作中承受很大的弯矩和剪切力，因此大型压力机不宜采用柱销式连杆结构。

（3）柱面式连杆　如图2-22所示是针对柱销式连杆的缺点改进设计的柱面式连杆结构。销与连杆孔有间隙，工作行程时，连杆端部柱面与滑块接触，传递载荷；销只在回程时承受滑块的重量和脱模力，大大减轻了销的负荷，销的直径可以减小许多，但柱面加工的难度加大了。

（4）三点传力柱销式连杆　如图2-23所示结构，在调节螺杆与柱销配合面上多了一个中间支点，而与轴销配合的连杆轴瓦的主要承力面（上表面）没有变化，因此工作载荷通过三个支点传给柱销，再传给连杆，柱销的弯矩和剪切力大为减小。三点传力柱销式连杆既保持了柱销式连杆加工容易的优点，又解决了柱销受力状态恶劣的问题，便于在中、大型压力机上应用。

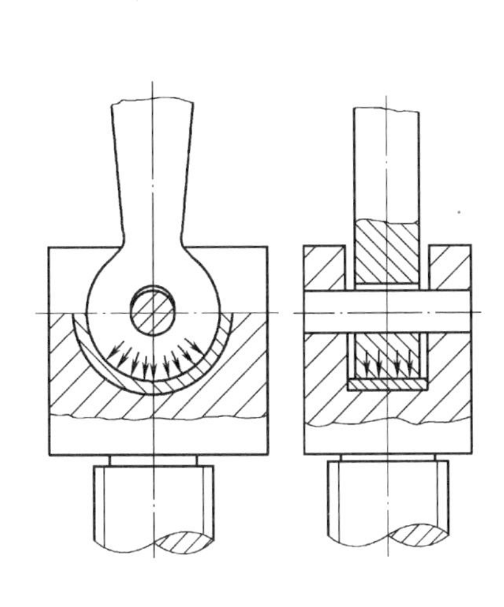

图 2-22　柱面式连杆结构

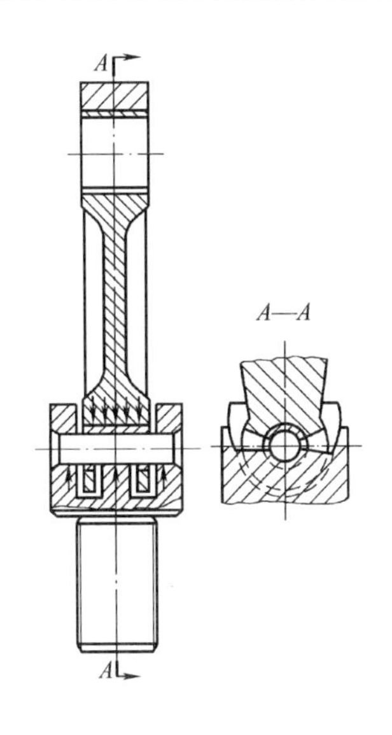

图 2-23　三点传力柱销式连杆

（5）柱塞导向连杆　如图 2-24 所示结构，连杆不直接与滑块连接，而是通过一个导向柱塞 5 及调节螺杆 6 与滑块连接。这样，偏心齿轮可以被密封在机身的上梁中，浸在油中润滑，减少齿轮的磨损，降低传动噪声。此外，导向柱塞在导向套筒 4 内滑动，相当于加长了滑块的导向长度，提高了压力机的运动精度。因此，这种结构在大、中型压力机中得到广泛应用，但其加工和安装比较复杂，同时压力机高度有所增加。

连杆常用 ZG270-500 和 HT200 铸造。球头式连杆中的调节螺杆常用 45 钢锻造，调质处理，球头表面淬火，硬度为 42HRC。柱销式连杆中调节螺杆因不受弯矩，故一般用 QT550-5、QT500-7 或灰铸铁 HT200 制造即可。

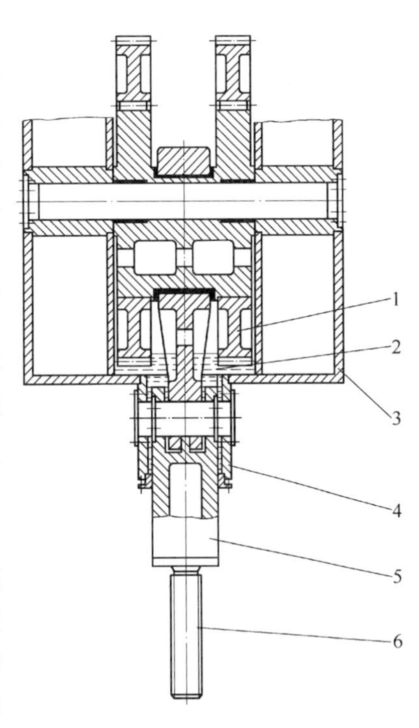

图 2-24　柱塞导向连杆

1—偏心齿轮　2—润滑油　3—上横梁　4—导向套筒　5—导向柱塞　6—调节螺杆

3. 滑块与导轨结构

压力机的滑块是一个箱形结构，它的上部与连杆连接，下面开有“T”形槽（图 2-20）或模柄孔（图 2-16），用以安装模具的上模。滑块在曲柄连杆的驱动下，沿机身导轨上下往复运动，并直接承受上模传来的工作负荷。为保证滑块底平面和工作台上平面的平行度，保证滑块运动方向与工作台面的垂直度，滑块的导向面必须与底平面垂直。为保证滑块的运动精度，滑块的导向面应尽量长，即滑块的高度要足够高，滑块高度与宽度的比值在闭式单点压力机上为 1.08 ~ 1.32，在开式压力机上则高达 1.7 左右。

滑块还应有足够的强度，小型压力机的滑块常用 HT200 铸造。中型压力机的滑块常用

HT200或稀土球墨铸铁铸造，或用Q235钢板焊接而成。大型压力机的滑块一般用Q235钢板焊成，焊后进行退火处理。导轨滑动面的材料一般用HT200制造。速度高、偏心载荷大的则用ZCuZn38Mn2Pb2制造。

导轨和滑块的导向面应保持一定的间隙，间隙过大无法保证滑块的运动精度，影响上下模具对中，承受偏心载荷时滑块会产生较大的偏斜。间隙过小则润滑条件差，摩擦阻力大，会加剧磨损，降低传动效率，增加能量损失。因此，导向间隙必须是可调的，也便于导轨滑块导向面磨损后能调整间隙。

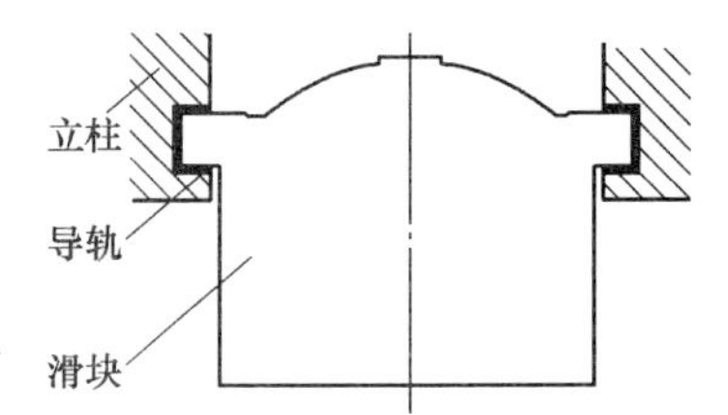

图2-25　矩形导轨示意图

除了增大导向长度来保证滑块的运动精度外，导轨的形式也是影响滑块运动精度的一个重要因素。导轨的形式有多种，在开式压力机上，目前绝大多数采用成双对称布置的90°V形导轨（图2-16）。图2-25所示的矩形导轨，其导向精度高，而摩擦损失小，但间隙调整比V形导轨困难。目前，国内外高性能压力机均采用这一形式。在闭式压力机上，大多数采用四面斜导轨，如图2-26所示。其四个导轨均可通过各自的一组推拉螺钉进行单独调整，因而能提高滑块运动精度，但调节困难。有些压力机的导轨做成两个固定、两个可调的结构，并使固定的导轨承受滑块侧向力，调节较容易，但精度受到一定影响。近年来，在部分通用压力机上采用八面平导轨，如图2-27、图2-28所示，八个导轨面可以单独调节，每个调节面都有一组推拉螺钉。这种结构导向精度高，调节又方便。此外，高速压力机上滑块导向还有采用滚针加预压负载的结构，消除了间隙，可以保证滑块进行高速精密运转。

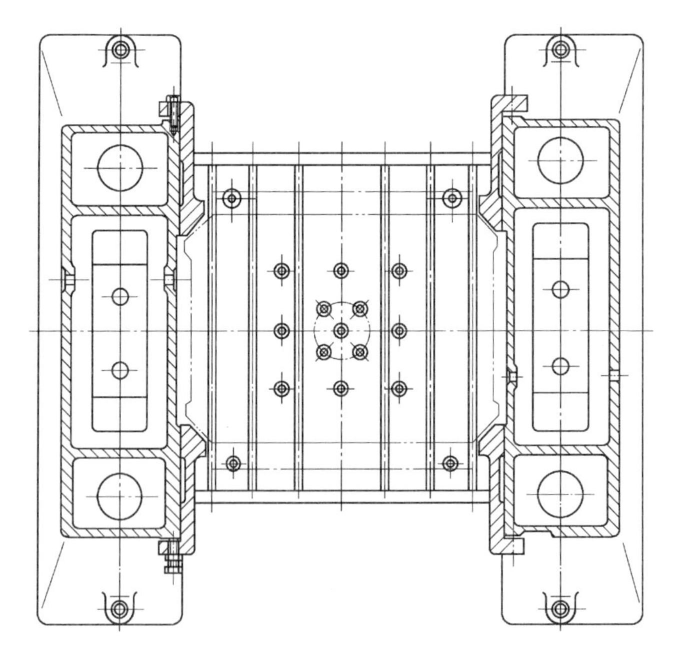

图2-26　J31-315滑块导轨图

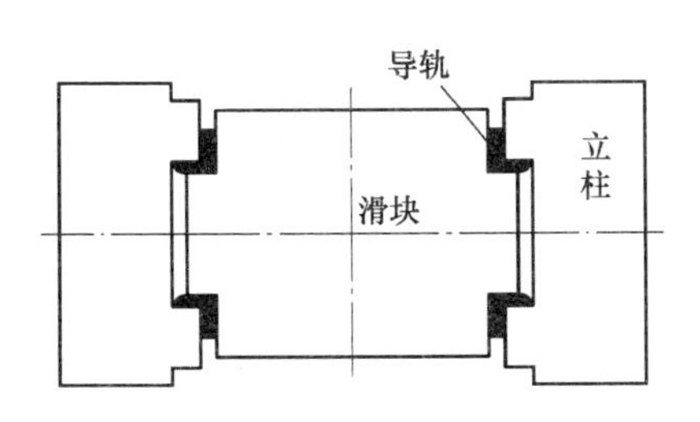

图2-27　八面平导轨示意图

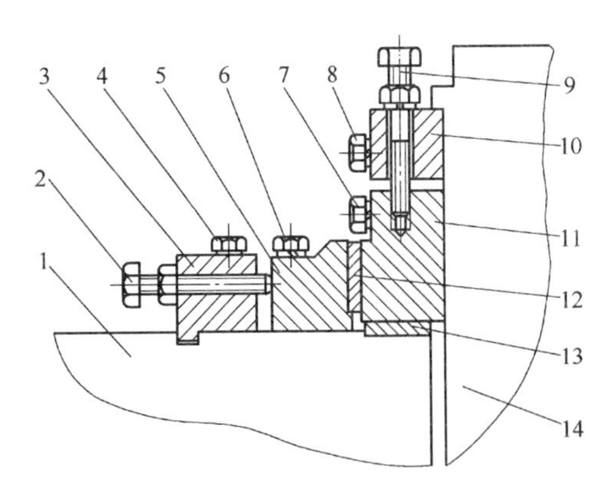

图2-28　导轨间隙调节结构

1—滑块　2、9—推拉螺钉组　3、10—固定挡块
4、6、7、8—固定螺钉组　5—调整块　11—导轨
12、13—导向面镶条　14—机身立柱

2.3　离合器与制动器

曲柄压力机工作时，电动机和蓄能飞轮是不停地旋转的，而作为工作机构的曲柄滑块机构，必须根据工艺操作的需要时动时停。这就需要用离合器来控制传动系统和工作机构的接合或脱开，每当滑块需要运动时，则离合器接合，飞轮便通过离合器将运动传递给其后的从动部分（传动系统和工作机构），使滑块运动；当滑块需要停止在某一位置（行程上死点或行程中的任意位置）时，则离合器脱开，飞轮空运转。但由于惯性作用，与飞轮脱离联系的从动部分还会继续运动，引起滑块不能准确停止。为了使滑块立即停止在所需位置上，必须设置制动器来对从动部分进行制动。

由此可见，离合器和制动器是用于电动机和飞轮不停运转时控制压力机曲柄滑块机构运动或停止的部件，也是防止事故、提高质量和生产率的重要部件。压力机的离合器、制动器必须密切配合和协调工作，否则很容易出现故障，影响生产的正常进行。压力机的离合器和制动器不允许有同时接合的时刻存在，也就是说压力机的离合器接合前，制动器必须松开；而制动器制动前，离合器必须脱开，否则将引起摩擦元件严重发热和磨损，甚至无法继续工作。一般压力机在不工作时，离合器总是脱开状态，而制动器则总是处于制动状态。

压力机常用的离合器可分为刚性离合器和摩擦离合器两大类；常用的制动器有圆盘式和带式两类。

2.3.1　刚性离合器

曲柄压力机的离合器由主动部分、从动部分、连接主动和从动部分的连接零件以及操纵机构四部分组成。刚性离合器的主动部分和从动部分接合时是刚性连接的，这类离合器按连接件结构可分为转键式、滑销式、滚柱式和牙嵌式等几种，应用最多的是转键离合器。

1. 转键离合器及其操纵机构

转键离合器按转键的数目可分为单转键式和双转键式两种。按转键的形状可分为半圆形和矩形转键离合器，后者又称为切向转键离合器。

半圆形双转键离合器如图2-29所示。它的主动部分包括大齿轮1、中套5和两个滑动轴承2和6等；从动部分包括曲轴4、内套3和外套8等；接合件是两个转键，工作键12（也叫主键）和副键10；操纵机构由关闭器16等组成，如图2-29*C*—*C*剖面所示（详细结构见图2-33）。双转键离合器工作部分的构造关系如图2-30所示，中套5装在大齿轮内孔中部，用平键与大齿轮连接，跟随大齿轮转动；内套4和外套6分别用平键与曲轴2连接。内、外套的内孔上各加工出两个缺月形的槽，而曲轴的右端加工出两个半月形的槽，两者组成两个圆孔，主键7和副键9便装在这两个圆孔中，并可在圆孔中转动。转键的中部（与中套相对应的部分）加工成与曲轴上的半月形槽一致的半月形截面，当这两个半月形轮廓重合时，与曲轴的外圆组成一个完整的圆，这样中套便可与大齿轮一起自由转动，不带动曲轴，即离合器脱开，如图2-29*D*—*D*剖面的左图所示。中套内孔开有四个缺月形的槽，当转键的半月形截面转入中套缺月形槽内时，如图2-29*D*—*D*剖面的右图所示，则大齿轮带动曲轴一起转动，即离合器接合。

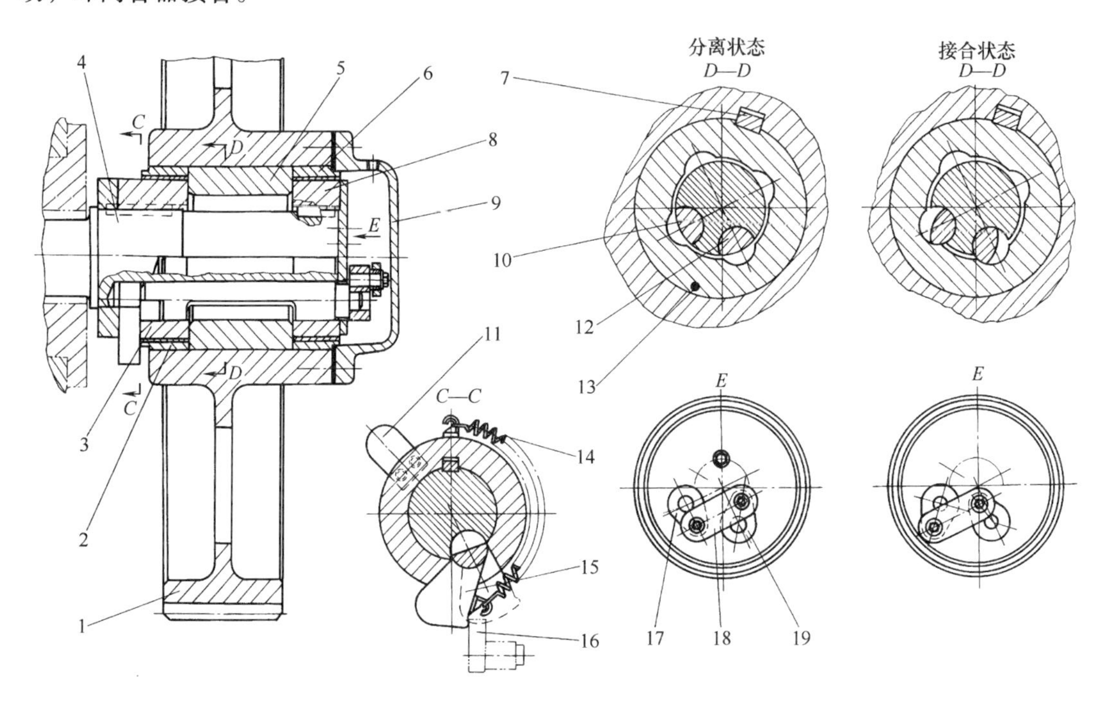

图2-29　半圆形双转键离合器

1—大齿轮　2、6—滑动轴承　3—内套　4—曲轴（右端）　5—中套　7—平键　8—外套　9—端盖　10—副键　11—凸块　12—工作键　13—润滑棉芯　14—弹簧　15—尾板　16—关闭器　17—副键柄　18—拉板　19—工作键柄

主键的转动是靠关闭器16和弹簧14对尾板15的作用来实现的（图2-29*C*—*C*剖面）。尾板与主键连接在一起（图2-30），当需要离合器接合时，使关闭器16转动，让开尾板15，尾板连同工作键在弹簧14的作用下，有沿逆时针旋转的趋势。所以，只要中套上的缺月形槽转至与曲轴上的半月形槽对正，弹簧便立即将尾板拉至图示双点画线位置（图2-29*C*—*C*剖面），主键则向逆时针方向转过一个角度，镶入中套的槽中，如图2-29*D*—*D*剖面右图所示，曲轴便跟随大齿轮向逆时针方向旋转。与此同时，副键顺时针转动，镶入中套的另一个

槽中。如欲使滑块停止运动，可将关闭器16转动一角度，挡住尾板，而曲轴继续旋转，由于相对运动，转键转至分离位置，如图2-29*D—D*剖面左图所示，大齿轮空转，装在曲轴另一端的制动器对曲轴制动。

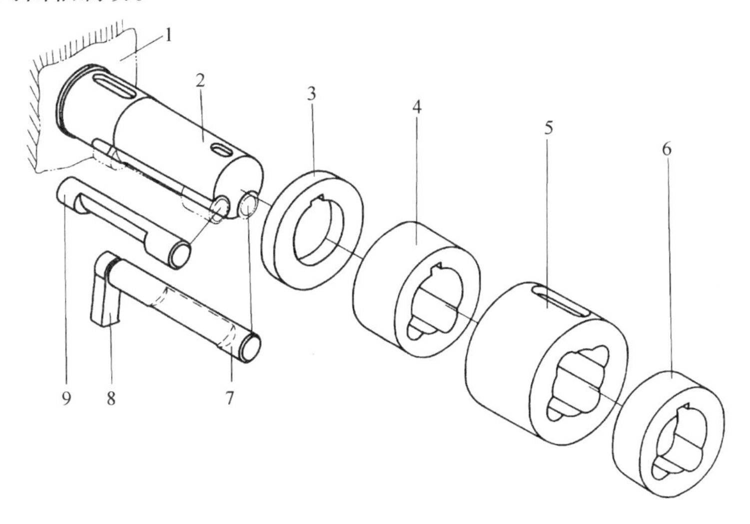

图2-30　双转键离合器工作部分的构造关系图

1—机身立柱　2—曲轴（右端）　3—挡圈　4—内套　5—中套　6—外套　7—主键　8—尾板　9—副键

副键总是跟着工作键转动的，但二者转向相反。其运动联系是靠装在键尾的四连杆机构来完成的，如图2-29*E*向视图所示。有的压力机则靠凸轮状键柄来传递运动，如图2-31所示，副键柄1在扭簧（图中未示出）的作用下始终保持与主键柄2接触。副键的作用是在飞轮反转时起传力作用；此外，副键还可以防止曲柄滑块的“超前”运动。所谓“超前”是指在滑块的重力作用下，曲柄的旋转速度超过飞轮的转速，或滑块回程时在气垫推力作用下，曲柄转速超过飞轮转速的现象。“超前”运动会引起工作键与中套的撞击。因为转键与中套的缺月槽不能全面接触，只能单向传力。

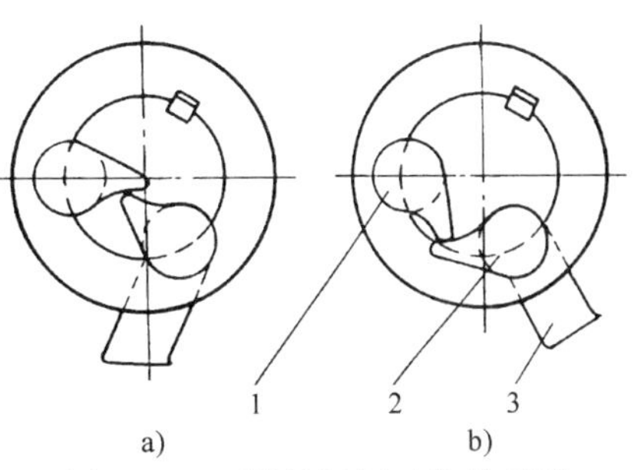

图2-31　双转键键柄工作关系图

a）分离状态　b）接合状态

1—副键柄　2—主键柄　3—尾板

离合器接合时，转键承受相当大的冲击载荷，因此常用合金结构钢40Cr、50Cr或碳素工具钢T7、T10制造，热处理硬度为50～55HRC，而在两端30～40mm长度处回火至30～35HRC；关闭器采用40Cr钢，热处理硬度为50～55HRC；中套用45钢，热处理硬度为40～45HRC；内、外套也用45钢制造，调质处理硬度为220～250HBW。

如图2-32所示为矩形转键离合器，它与半圆形转键离合器的主要区别在于转键的中部呈近似的矩形截面，强度较好，但转动惯量较大，冲击较大。

关闭器的转动是靠操纵机构来实现的。如图2-33所示是用电磁铁控制的操纵机构，可以使压力机获得单次行程和连续行程两种工作方式。

单次行程：预先用销子3将拉杆1与右边的打棒8连接起来，然后踩下踏板，使电磁铁12通电，衔铁13上吸，拉杆向下拉打棒，由于打棒的台阶面（图2-33t处）压在齿条10上

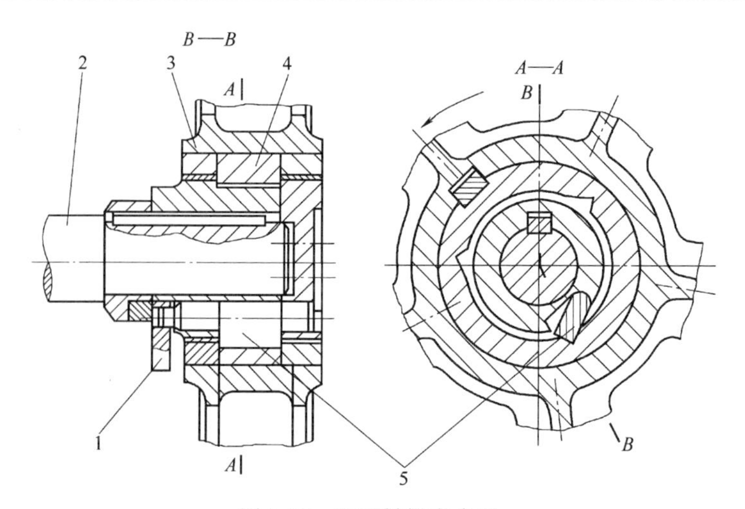

图2-32　矩形转键离合器

1—尾板　2—曲轴　3—大齿轮　4—中套　5—矩形转键

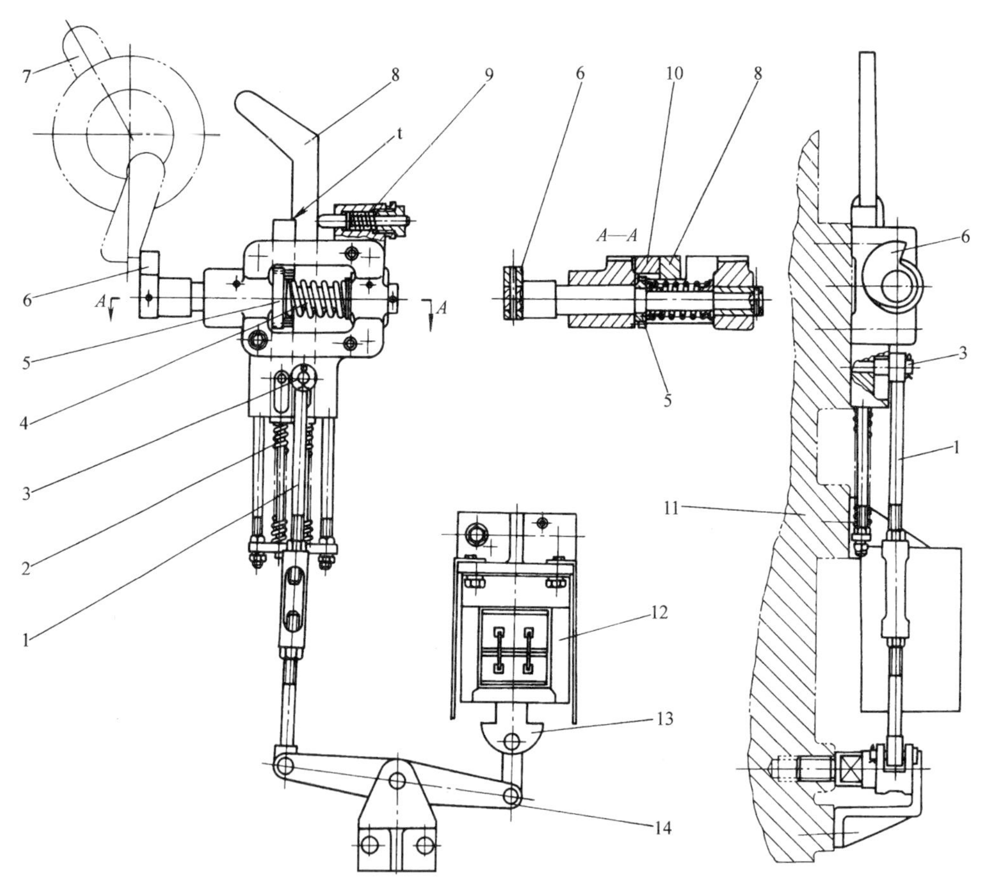

图2-33　电磁铁控制的操纵机构

1—拉杆　2、4、9—弹簧　3—销子　5—齿轮　6—关闭器　7—凸块
8—打棒　10—齿条　11—机身　12—电磁铁　13—衔铁　14—摆杆

面，齿条也跟着向下运动。齿条带动齿轮5和关闭器6转过一个角度，尾板与转键在弹簧

（图2-29）的作用下向逆时针方向转动，离合器接合，曲轴旋转，滑块向下运动。在曲轴旋转一周之前，操作者即使没有松开操纵踏板，电磁铁仍然处于通电状态，但随曲轴一起旋转的凸块7（图2-29中的件11）将打棒向右撞开，齿条脱离打棒台阶面的限制，在下端弹簧的作用下向上运动，经齿轮带动关闭器回到工作位置挡住尾板，迫使离合器脱开；曲轴在制动器作用下停止转动，滑块完成一次行程。若要再次进行冲压，必须先松开踏板，使电磁铁断电，让打棒在它下面的弹簧作用下复位，重新压住齿条，再踩踏板，才能实现。

连续行程：用销子将拉杆直接与齿条相连，这样凸块和打棒将不起作用，只要踩住踏板不松开，电磁铁不断电，滑块便可连续冲压，即实现连续行程。

上述操纵机构存在单次行程和连续行程转换不方便的缺点。因此，某些压力机的转键离合器操纵机构，拉杆直接与齿条连接，由电气控制线路与操纵机构密切配合，只要改变转换开关的位置，即可实现单次行程和连续行程的变换，使用比较方便。但电气线路较复杂，容易产生故障。

2. 滑销式离合器

滑销式离合器的滑销可装于飞轮上，也可装在从动盘上，如图2-34所示为后一种形式。它的主动部分为飞轮10；从动部分包括曲轴7、从动盘9等；接合件是滑销5；操纵机构由滑销弹簧2、闸楔4等组成。当操纵机构通过拉杆3将闸楔4向下拉，使之离开滑销侧的斜面槽时，滑销便在滑销弹簧的推动下进入飞轮侧的销槽中，即实现飞轮与曲轴的接合。若要使离合器脱开，只要让闸楔向上顶住从动盘颈部的外表面，当滑销跟随曲轴转至闸楔时，在滑销随曲轴转动的同时，闸楔便插入滑销侧的斜面槽，通过斜面的作用，将滑销从飞轮侧的销槽中拔出，如图2-34中A向视图所示，曲轴就与飞轮分离了。从上述滑销式离合器的工作情况可以看出，这种离合器必须有能使曲轴准确停止旋转的制动器装置，如制动慢了，闸楔将超出离合器返回的范围，且闸楔要承受很大的制动力。如制动早了，离合器滑销不能完全被拉回，有碍于旋转部件的旋转，产生振动，并发出噪声，振动大了甚至有促使滑块二次下落的危险。因此，滑销式离合器断开时的冲击大，可靠性也低于转键式离合器。它的突出优点是价格低，一般用于行程速度不高的压力机。表2-5为滑销式离合器与双转键离合器两种刚性离合器允许的最高工作速度。

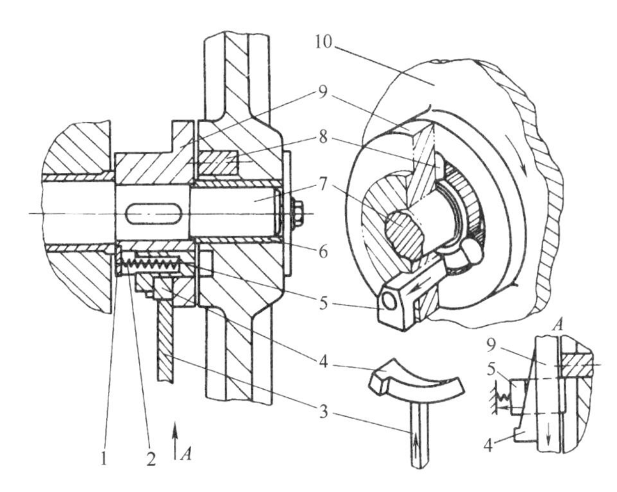

图2-34　滑销式离合器

1—压板　2—滑销弹簧　3—拉杆　4—闸楔　5—滑销　6—滑动轴承　7—曲轴　8—镶块　9—从动盘　10—飞轮

表2-5　刚性离合器的最高工作速度　　（单位：次/min）

压力机公称力/kN	滑销式离合器	双转键离合器	压力机公称力/kN	滑销式离合器	双转键离合器
<200	150	300	<500	100	150
<300	120	220	>500	50	100

综上所述，刚性离合器具有结构简单、容易制造的优点。但工作时有冲击，滑销、转键等接合件容易损坏，噪声较大，且只能在上死点附近脱开，不能实现寸动操作及紧急停机，使用的方便性、安全性较差。因此这类离合器一般用在1000kN以下的小型压力机上。

为使刚性离合器能实现紧急停机，给压力机的安全操作提供条件，近年来，国内开发了多种安全刚性离合器，即具有急停机构的刚性离合器。这种离合器一般可用自动监控装置检测出异常现象，迅速自动地使滑块停止运动。

2.3.2 摩擦离合器-制动器

摩擦离合器是借助摩擦力使主动部分与从动部分接合起来的；而摩擦制动器是靠摩擦传递转矩、吸收动能的。摩擦离合器-制动器是通过适当的联锁方式（即控制接合与分离的先后次序）将二者结合在一起，并由同一操纵机构来控制压力机工作的装置。曲柄压力机的摩擦离合器-制动器按其工作情况分为干式和湿式两种；按其结构可分为分离式和组合式；按其摩擦面的形状，又可分为圆盘式、浮动镶块式、圆锥式、鼓形式等。另外还有变速离合器。目前常见的是圆盘式和浮动镶块式摩擦离合器-制动器。

1. 圆盘式摩擦离合器-制动器

如图2-35所示是组合式圆盘摩擦离合器-制动器。离合器的主动部分包括飞轮3、离合器保持环4和离合器摩擦片8；从动部分包括离合器从动盘9和从动轴14。接合件是离合器摩擦片8。操纵系统由气缸7、活塞（制动盘）6及压缩空气等控制部分组成。

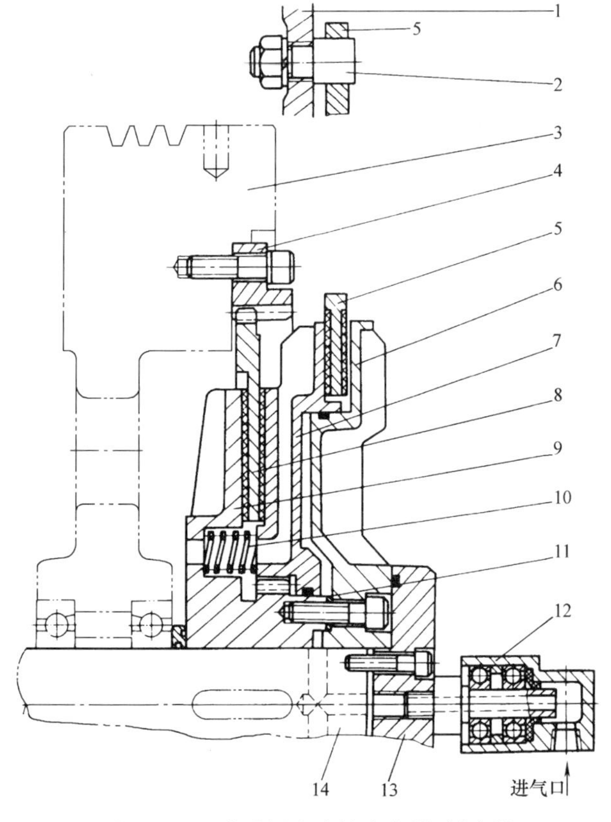

图2-35 组合式圆盘摩擦离合器-制动器

1—床身 2—销轴 3—飞轮 4—离合器保持环 5—制动器摩擦片 6—制动盘 7—气缸 8—离合器摩擦片 9—离合器从动盘 10—制动弹簧 11—调节垫片 12—导气旋转接头 13—轴端挡板 14—从动轴

其动作过程为：电磁空气分配阀通电开启后，压缩空气经导气旋转接头12进入气缸，气缸克服制动弹簧10的力向左移动，使制动器摩擦片5与制动盘和气缸的摩擦面脱开；紧接着气缸左面的摩擦面将离合器摩擦片8压紧在离合器从动盘的摩擦面上，从动轴便随着飞轮转动起来，这就是离合器接合的过程。电磁空气分配阀断电后，气缸与大气相通，在制动弹簧10的作用下，气缸右行，离合器松开，制动器接合，制动器摩擦片5对从动部分作用足够的制动力矩，使之停止转动。

此离合器中的圆盘摩擦片只有一片（图2-35中件8），根据离合器容量的需要，也有多片形式的。其主动摩擦片和从动摩擦片成对增加，但最多不超出三块。摩擦片所用的材料多

为铜基粉末冶金，耐磨，耐热，具有较大的摩擦因数和一定的抗胶合能力，寿命大大提高。

由于离合器摩擦片和制动器摩擦片的磨损，将使摩擦面之间的间隙增大，活塞的行程增加，此时可通过调整调节垫片 11 的厚度来调整间隙。

组合式离合器-制动器具有机械联锁作用，工作可靠，动作次序能简单而又严格地得到保证。但这种结构从动部分的转动惯量大，因为控制机构的气缸、活塞都装在从动部分，所以，离合器、制动器接合时发热较大，温度较高，停止性能较差。故这种结构只适用于中、小型压力机。

2. 浮动镶块式摩擦离合器-制动器

如图 2-36 所示是浮动镶块式摩擦离合器-制动器，它是分离式的，左端的是离合器，右端的是制动器。它们之间用推杆 5 实现刚性联锁（又称机械联锁）。离合器的主动部分由飞轮 25、主动盘 2 和 26、气缸 6、活塞 7 和推杆 5 组成。气缸用双头螺柱 29 固定在飞轮上，其间有定距套管 28 和调整垫片组 27，活塞 7 固定于气缸和飞轮之间的导向杆 8 上，可轴向滑动。推杆与活塞固接，另一端通过轴承支承在制动盘 12 上。离合器的从动部分由传动轴 9、保持盘 3、摩擦块 1 等组成。

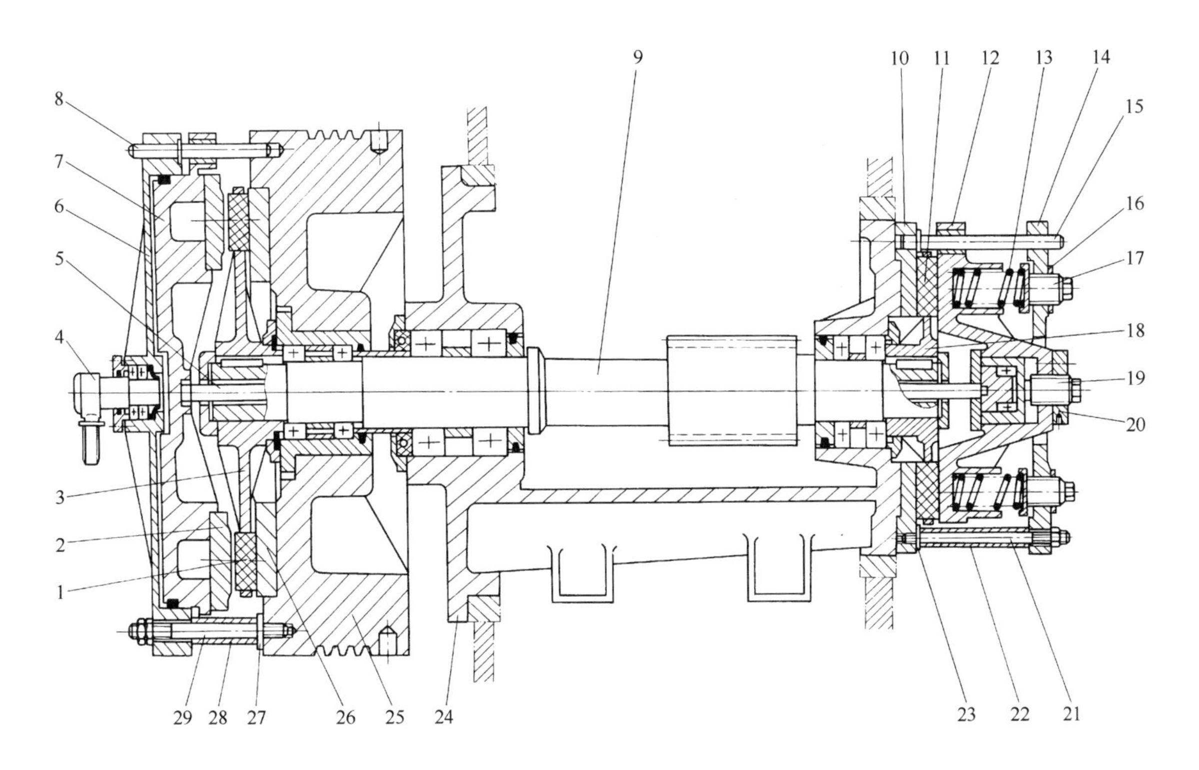

图 2-36　浮动镶块及摩擦离合器-制动器

1、11—摩擦块　2、26—主动盘　3、18—保持盘　4—导气旋转接头　5—推杆　6—气缸　7—活塞　8、15—导向杆　9—传动轴　10、12—制动盘　13—弹簧　14—盖板　16、20—锁紧螺母　17—调整螺钉　19—调整螺套　21、29—双头螺柱　22、28—定距套管　23、27—调整垫片组　24—托架　25—飞轮

离合器和制动器的动作由压缩空气和弹簧来操纵。当接通电磁空气分配阀时，压缩空气通过导气旋转接头4进入气缸，推动活塞7、主动盘2、推杆5和制动盘12克服弹簧13的阻力向右移动，放松制动摩擦块，即取消对从动部分的制动。紧接着主动盘2和26将摩擦块1夹紧，使从动部分随飞轮转动起来。当气缸排气时，制动弹簧13便推动制动盘12、推杆5和活塞7左移，先使主动盘2与摩擦块1脱开，切断从动部分与主动部分的联系，紧接着制动盘12和10将摩擦块11夹紧，靠摩擦力迫使从动部分停止转动。

上述离合器和制动器的摩擦片制成块状，一般由石棉塑料等摩擦材料制成，装在保持盘沿圆周方向布置的孔洞中，并可在孔中做轴向移动，如图2-37所示，因此，称之为浮动镶块。它的主要优点是摩擦块更换容易。

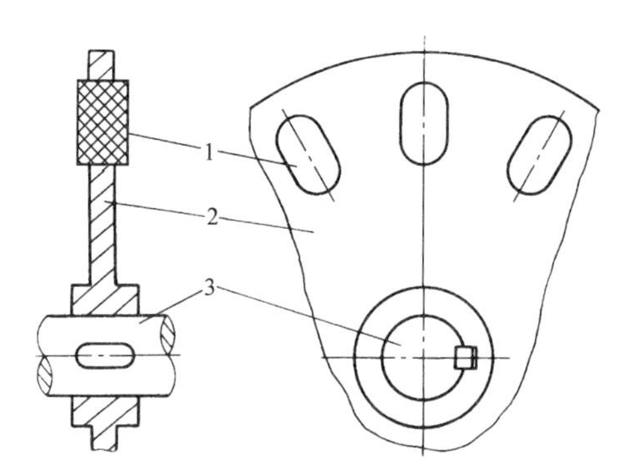

图2-37 浮动镶块的安置
1—浮动镶块（摩擦片） 2—保持盘
3—传动轴

分离式离合器-制动器在结构上可以将离合器气缸和活塞装在主动部分上，因而从动部分惯量较小，离合器接合及制动器制动时发热较少，故应用较广。分离式离合器较为困难的是离合器和制动器的联锁，图2-36中运用推杆5来实现刚性联锁，动作可靠，但传动轴上的深孔加工困难。有的分离式摩擦离合器-制动器采用气动联锁，即用两个气缸分别控制离合器和制动器的动作，靠两个气缸的顺序工作来实现联锁。因此，不受传动轴长度的限制。但调整较麻烦，容易产生干涉，造成摩擦元件的过早磨损。

由上述可知，摩擦离合器结构复杂，操作系统调整麻烦，外形尺寸大，制造较困难，成本高，且需要气源。但与刚性离合器相比，摩擦离合器具有许多优点，离合器与制动器的动作协调性好，能在曲柄转动的任何角度接合或分离，容易实现寸动行程和紧急停止。因此，便于模具的安装调整和安装人身保护安全装置；容易实现自动运转和远距离操作；接合平稳，能在较高的转速下工作；能传递大的转矩。因此，在大型及高性能压力机上得到广泛应用。

3. 带式制动器

常用的带式制动器有三种：偏心带式制动器、凸轮带式制动器和气动带式制动器。

如图2-38所示为偏心带式制动器，制动轮6用键紧固在曲轴5的一端；制动带8包在制动轮的外沿，其内层铆接着摩擦带7，制动带的两端各铆接在拉板9和11上，紧边拉板9与机身4铰接，松边拉板11用制动弹簧10张紧。制动轮与曲轴有一偏心距e。因此，当滑块向下运动时，偏心轮对制动带的张紧力逐渐减小，制动力矩也逐渐减小。滑块到下死点时，制动带最松，制动力矩最小。当滑块向上运动时，制动带逐渐拉紧，制动力矩增大。滑块在上死点时，制动带绷得最紧，制动力矩最大。由此可见，偏心带式制动器在滑块的整个行程中，对曲轴作用着一个周期变化的制动力矩。这个制动力矩能在一定程度上平衡滑块重量，克服刚性离合器的“超前”现象。其大小可通过旋转星形把手3改变制动弹簧的压缩量大小来调节。这种制动器结构简单，常与刚性离合器配合用于小型开式压力机。但因经常有制动力矩作用，增加了压力机的能量损耗，加速了摩擦带材料的磨损。使用时需要经常调

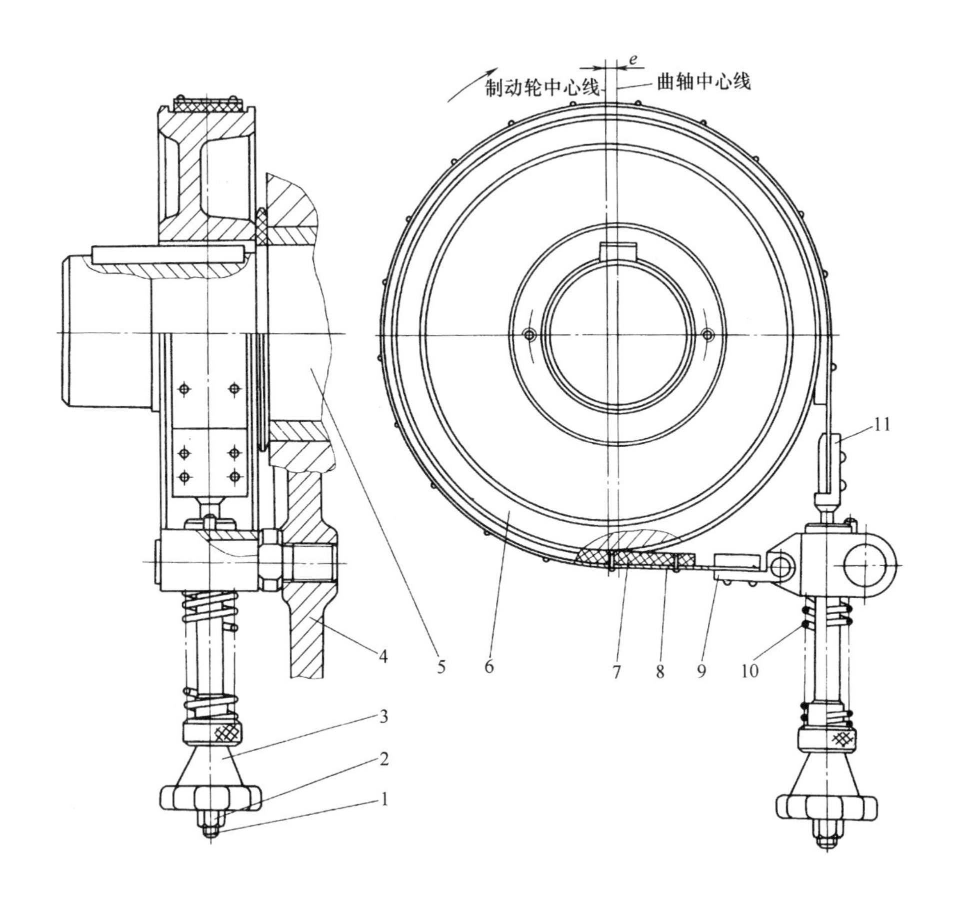

图2-38 偏心带式制动器

1—调节螺钉 2—锁紧螺母 3—星形把手 4—机身 5—曲轴 6—制动轮 7—摩擦带 8—制动带 9—紧边拉板 10—制动弹簧 11—松边拉板

节，既不能过松，又不能过紧，以期能够与离合器准确配合，安全工作；并且要避免润滑油流入制动器摩擦面，致使制动效果大减。

如图2-39所示结构为凸轮带式制动器，它也与刚性离合器配合使用。其制动轮5与曲轴是同心的，凸轮6根据需要制成一定的轮廓曲线，一般滑块在上死点时制动带张得最紧。当滑块下行时，制动带不完全松开，保持一定的张紧力，防止连杆滑块的“超前”运动。当滑块上行时，制动带完全松开，减少能量的损耗。

如图2-40所示为气动带式制动器，其结构较复杂，一般和摩擦离合器配合使用。气缸进气时，压缩制动器弹簧、制动带松开；排气时，在制动弹簧的作用下拉紧制动带，产生制动作用。这种制动器只在制动时对曲轴有制动力矩作用，其他时候制动带完全松开。所以，能量损耗小，且可以任意角度制动曲轴。

带式制动器的摩擦材料多为石棉铜，制动带为Q235或50钢，制动轮用铸铁制造。

从上述制动器的结构来看，不论哪一种形式的制动器，其制动力都是由弹簧产生的。原因是弹簧动作比气缸动作更可靠，且停机关闭气源后，弹簧依然保持制动作用。

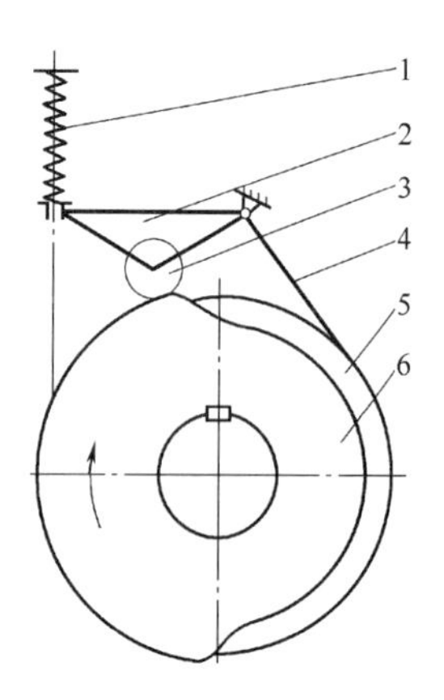

图2-39　凸轮带式制动器

1—制动弹簧　2—杠杆　3—滚轮

4—制动带　5—制动轮　6—凸轮

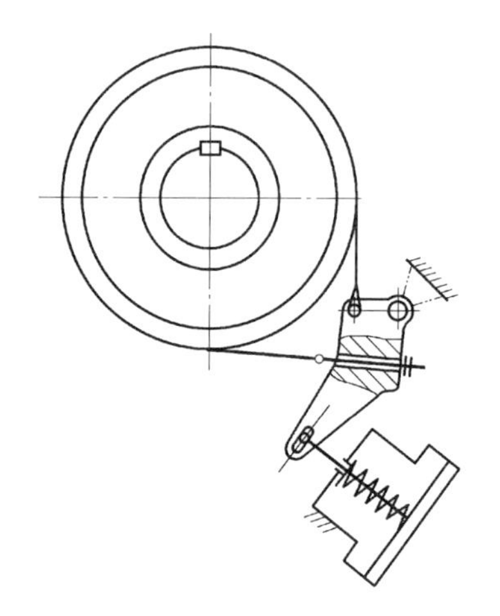
图2-40　气动带式制动器

2.4　机身

机身是压力机的一个基本部件，压力机几乎所有零件都安装在机身上。机身不仅要承受压力机工作时全部的变形力，还要承受各种装置和各个部件的重力。

2.4.1　机身的结构形式

机身的结构形式与压力机的类型密切相关，它主要取决于使用时的工艺要求和自身的承载能力。一般可分为开式机身和闭式机身两大类。

开式机身常见结构形式如图2-41所示。图2-41a为双柱可倾式机身，图2-41b为单柱固定台式机身，图2-41c为单柱升降台式机身。不同形式的机身承载能力有差异，工艺用途

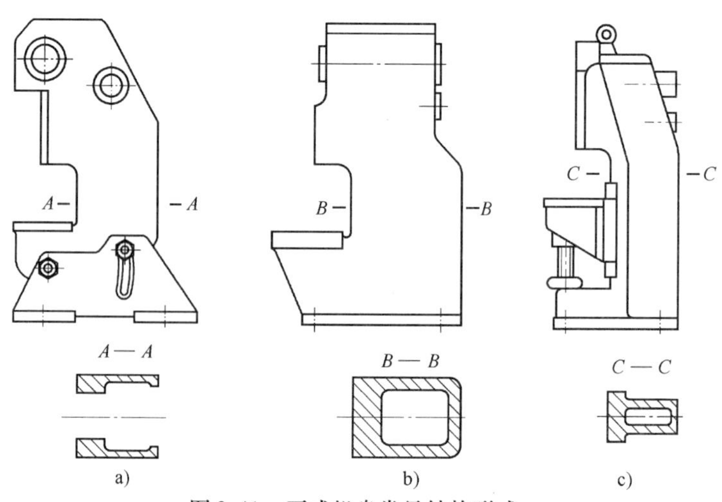

图2-41　开式机身常见结构形式

a）双柱可倾式机身　b）单柱固定台式机身　c）单柱升降台式机身

也不同。双柱可倾式机身便于从机身背部出料，有利于冲压工作的机械化与自动化。但随着压力机速度的提高和气动顶推装置的普及，可倾式机身的作用逐渐变小。升降台式机身可以在较大范围内改变压力机的装模高度，适用工艺范围较广，但其承载能力相对较小。单柱固定台式机身承载能力相对较大，所以，一般用于公称力较大的压力机。

闭式机身常见结构形式如图2-42所示，有整体式和组合式两种。闭式机身承载能力大，刚度较好。所以，从小型精密压力机到超大型压力机大都采用这种形式。其中组合式机身（图2-42b）是用拉紧螺栓将上横梁、立柱和底座连接紧固成为一体的。组合式机身加工和运输比较方便，在大、中型压力机上应用较多。对于整体式机身（图2-42a），有时为了增强刚性也有使用拉紧螺栓的。虽然整体式机身加工装配工作量较小，但加工、运输均较困难，一般被限制在3000kN以下的压力机上应用。

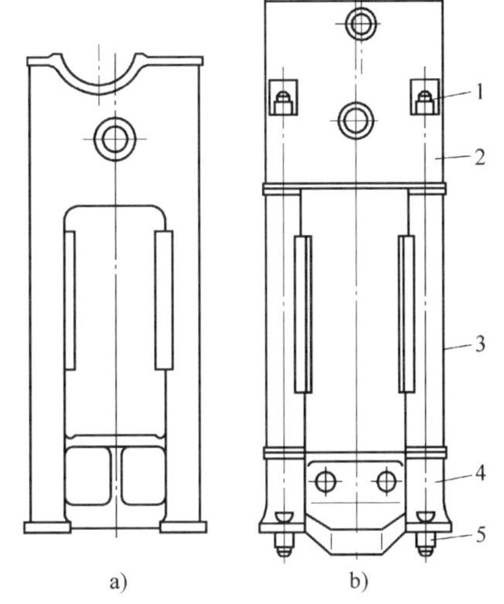

图2-42 闭式机身常见结构形式
a）整体式 b）组合式
1—拉紧螺栓 2—上横梁 3—立柱
4—底座 5—紧固螺母

2.4.2 机身变形对冲压工艺的影响

冲压件的精度取决于模具、冲压设备的精度和冲压工艺环境的好坏。其中压力机的精度和工作时的变形直接影响被加工工件的精度及模具的寿命。

压力机的精度可从四个方面来衡量：①工作台（或垫板）上平面与滑块下平面的平行度误差；②滑块的运动轨迹线与工作台（或垫板）上平面的垂直度误差；③模柄安装孔与滑块下平面的垂直度误差；④各连接点的综合间隙。

压力机工作时的变形取决于压力机的刚度，包括机身刚度、传动刚度和导向刚度三部分。只有压力机的刚度足够时，才能保证工作时具有一定的精度。而机身刚度的好坏直接影响压力机工作时变形的大小。

压力机的工作台、垫板及滑块，在负荷状态下，如果出现如图2-43所示的挠度，平面度就会被破坏，尤其在双动或双点压力机中，这种变形更为明显。该变形会造成模具安装面和垫板上平面以及滑块下平面接触不紧密，引起模具变形。对于开式压力机的机身，在负荷作用下将形成如图2-44所示的变形，使压力机的平行度误差和垂直度误差大大增加。该变形造成装模高度 ΔH 和滑块运动方向产生倾斜的角变形 $\Delta\alpha$。前者对冲压工艺的影响与闭式机身情形相似，影响凸模进入凹模的深度变化，加剧模具工作表面的磨损。而角变形将严重影响工件精度、模具寿命，并加速滑块导向部分的磨损。

机身的角变形使滑块下平面与垫板（或工作台）上平面的平行度下降，引起模具的导向机构和滑块导轨过热，磨损严重，使被加工工件精度降低，尤其是压印加工或整形加工，这种影响可以说是致命的缺陷，如图2-45a所示。角变形造成滑块的运动与工作台（或垫板）上平面的垂直度误差，将使模具间隙不均匀，并产生水平方向的侧压力，影响制件精度并加速模具的磨损，甚至使小凸模折断，特别是薄板冲压时，影响尤其严重，如图2-45b、c所示。因此，机身变形对冲压工艺的影响是至关重要的，必须加以重视。

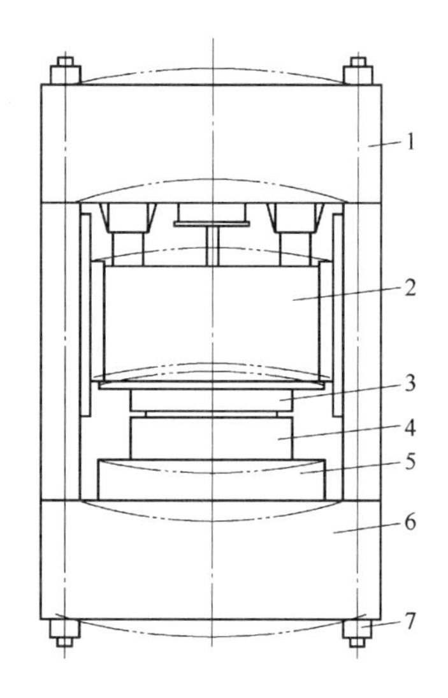

图2-43 闭式压力机滑块及工作台的弹性变形
1—上横梁 2—滑块 3—上模 4—下模
5—垫板 6—底座 7—紧固螺母

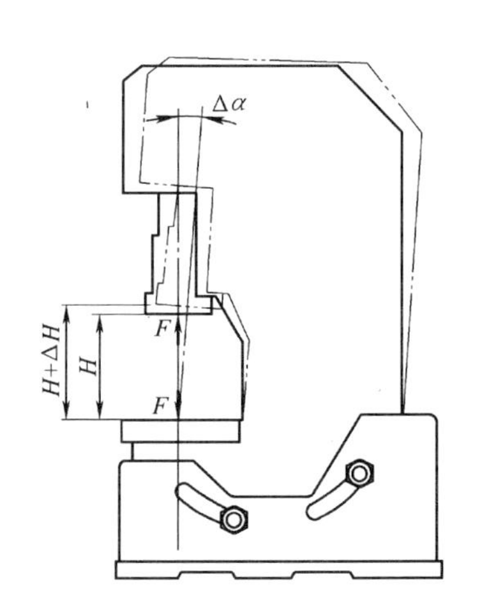

图2-44 开式压力机机身的弹性变形

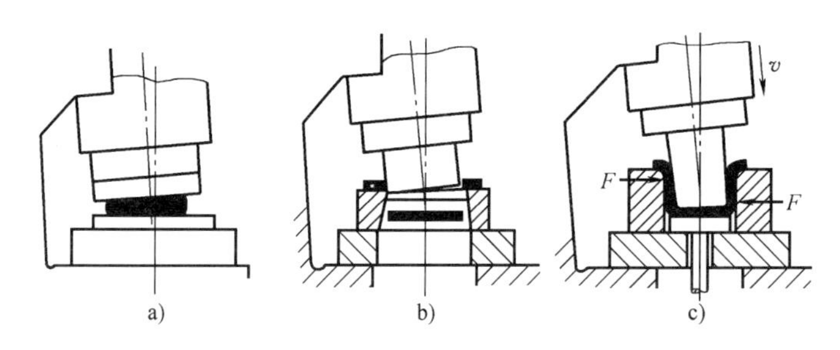

图2-45 压力机角变形对冲压工艺的影响

2.5 传动系统

传动系统的作用是将电动机的能量传递给曲柄滑块机构，并且达到滑块的行程次数。传动系统一般由带传动、齿轮传动构成，其形式及布置对压力机的总体结构、外观、能量损耗及离合器的工作性能等都有影响。

2.5.1 传动系统的布置方式

1. 压力机的传动系统

传动系统一般装在机身的上部（图2-1、图2-4）；但也有将传动系统设于底座下部的（图3-3）。前者称为上传动，后者称为下传动或底传动。下传动压力机的优点在于其重心低，运转平稳，能减少振动和噪声；但造价较高，且安装需要较深的地坑，基础庞大；传动部件及拉深垫维修不便。下传动压力机主要用于双动拉深压力机。

2. 传动系统的安放方式

传动系统相对于压力机的正面有平行安放和垂直安放两种形式，如图2-46所示。平行安放（图2-46a）各轴的长度较长，支承点跨距大，受力状态不好，且造型不够美观，该形式多见于开式双柱压力机。闭式通用压力机的传动系统采用垂直安放（图2-46b）的形式。而曲拐轴压力机则都是垂直安放的。近年来，部分开式双柱压力机的传动系统也采用垂直安放的结构，如图2-47所示。

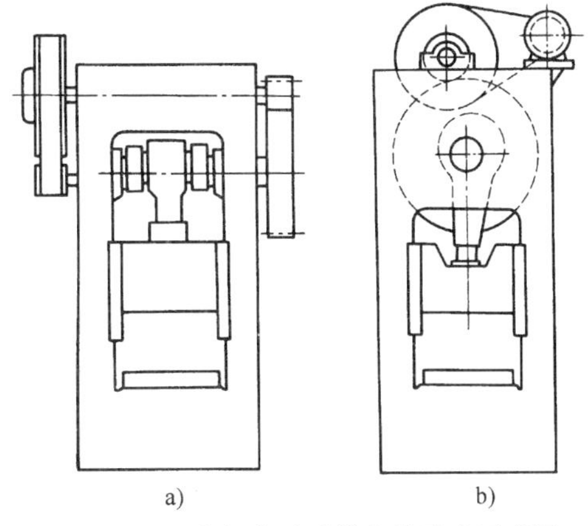

图2-46　压力机传动系统安放形式示意图
a）平行安放　b）垂直安放

3. 传动齿轮的布置

传动齿轮可以布置于机身之外（图2-1），也可以布置在机身之内（图2-47）。前一形式齿轮工作条件较差，机器外形不美观，但安装和维修方便。后一形式外形美观，齿轮工作条件较好，如将齿轮浸入油池中，则可大大降低齿轮传动的噪声，但安装和维修较困难。

4. 齿轮传动方式

齿轮传动还可以设置为单边传动（图2-8）和双边传动（图2-24）两种形式。双边传动可以缩小齿轮的尺寸，但加工装配比较困难，因为两边的齿轮必须保证装配后相互对称，否则可能发生运动不同步的情况。

5. 传动级数

传动系统按传动级数可分为一级、二级、三级和四级传动等。传动级数与电动机的转速和滑块的行程次数有关，并受各传动级速比及蓄能飞轮转速的制约。飞轮积蓄的能量与飞轮转速的平方成正比，因此行程次数小（30次/min以下）而要求加工能力大的大行程压力机需要三级或四级传动，以便提供可安装飞轮的高速轴。多数压力机（行程次数为30~70次/min）采用二级传动。一级传动也称直传式，用于小型压力机或高速压力机上，行程次数大约在70次/min以上。

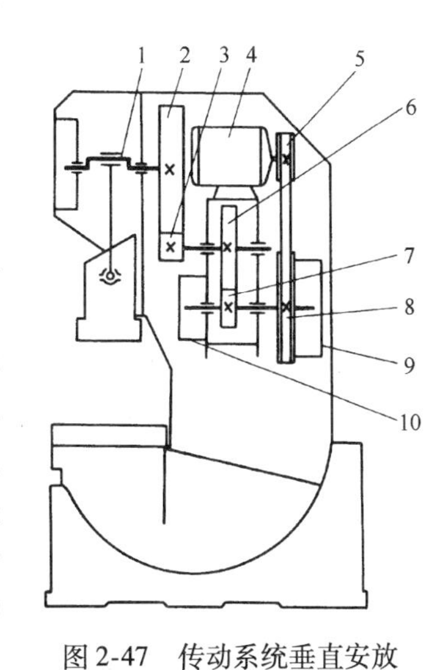

图2-47　传动系统垂直安放的开式双柱压力机
1—曲轴　2、6—大齿轮　3、7—小齿轮　4—电动机　5—小带轮　8—大带轮　9—离合器　10—制动器

2.5.2　离合器与制动器的安装位置

单级传动压力机的离合器和制动器只能安置于曲轴上。刚性离合器不宜在高速下工作，故一般安置在曲轴上，此时制动器也随之置于曲轴上。

摩擦离合器装于曲轴上时，主动部分能量大（可利用大齿轮的蓄能作用），而离合器接合所消耗的摩擦功和加速从动部分所需的功都比较小，因而能量消耗小，离合器工作条件较好，寿命较高。但是低速轴上的离合器需要传递的转矩大，因而结构尺寸较大。一般行程次数较高的压力机离合器最好安装在曲轴上；行程次数较低的压力机，由于曲轴速度低，最后一级大齿轮的蓄能作用已不明显，为了缩小离合器尺寸，降低制造成本，离合器多置于转速较高的传动轴上，一般是飞轮轴上。此外，从传动系统布置来看，闭式通用压力机的传动系统近年来多封闭在机身内部，并采用偏心齿轮结构，致使离合器不便安装在曲轴（偏心齿轮心轴）上，通常只能安装在转速较高的传动轴上。制动器位置随离合器而定，因为传动轴上制动力矩较小，所以装于传动轴上的制动器结构尺寸较小。

如图2-48所示为J31-315压力机的传动系统图。该系统为三级上传动，单边驱动，主轴垂直于压力机正面安放，所有传动齿轮都置于机身内部，离合器与制动器装在高速轴上。这是目前闭式单点压力机的一种常用传动结构。

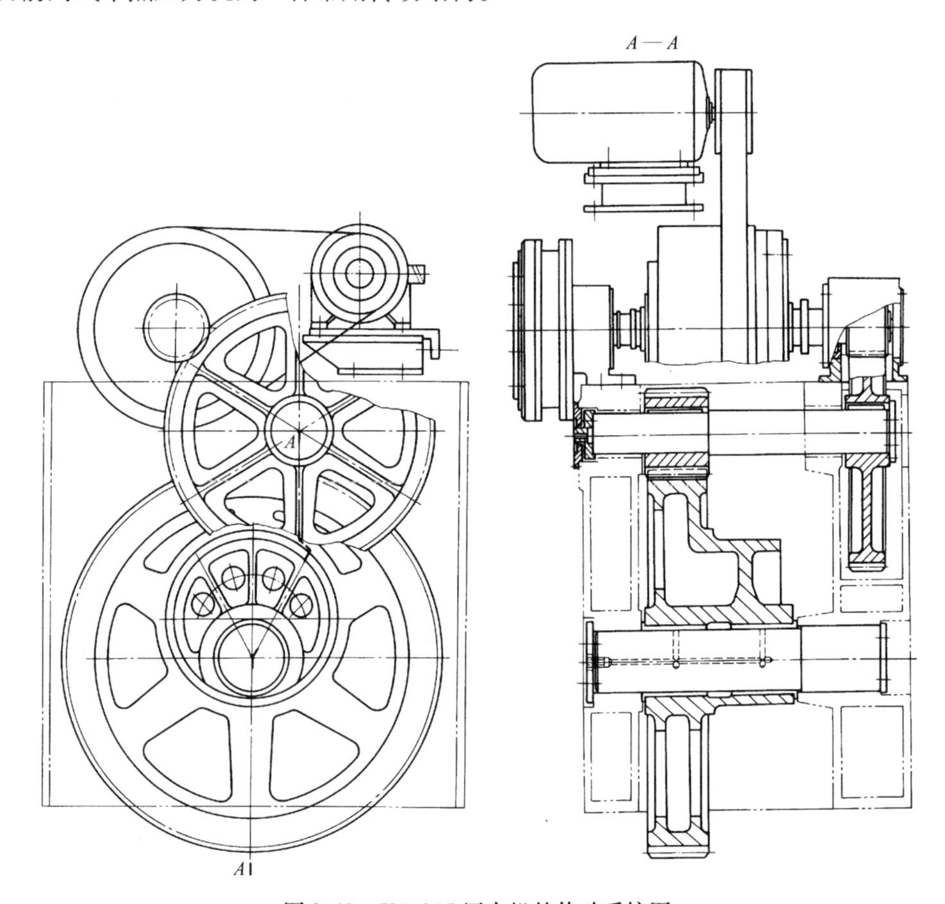

图2-48 J31-315压力机的传动系统图

2.6 辅助装置

为了使压力机正常运转，提高生产率，扩大工艺范围，以及确保机器设备的安全，改善作业环境，降低工人的劳动强度等，在压力机中常附设有各种辅助装置。机械压力机辅助装置的形式很多，下面对常用的几种加以介绍。

2.6.1 过载保护装置

曲柄压力机的工作负荷超过许用负荷称为过载。引起过载的原因很多，如压力机选用不当，模具调整不正确，坯料厚度不均匀，两个坯料重叠或杂物落入模腔内等。过载会导致压力机的薄弱部分损伤，如连杆螺纹破坏，螺杆弯曲，曲轴弯曲、扭曲或断裂，机身变形或开裂等。曲柄压力机是比较容易发生过载现象的设备，为了防止过载，一般大型压力机多采用

液压式保护装置，中、小型压力机可用液压式或压塌块式保护装置进行过载保护。

1. 压塌块式保护装置

压塌块式保护装置通常装在滑块部件中。压力机工作时，作用在滑块上的工作压力全部通过压塌块传给连杆，如图2-20中的件3，其结构尺寸如图2-49所示。压力机过载时，压塌块上a、b处圆形截面发生剪切破坏，使连杆相对滑块移动一个距离，保证压力机的重要零件受力不过载。同时能拨动开关，使控制线路切断电源，压力机停止运转，从而确保设备的安全。更换新的压塌块后，压力机便可继续正常工作。

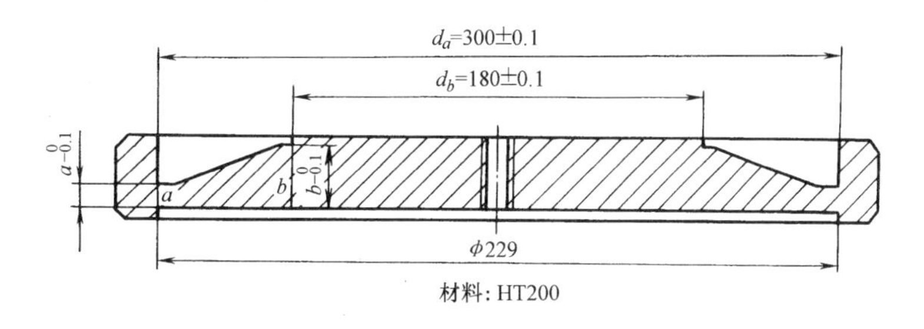

图2-49　J31-315压力机压塌块结构

为了使压塌块两剪切面同时破坏，a、b两处的剪切面应有同样大小的截面积。按两处各承受1/2的工作载荷，可确定出两个截面处的高度a和b。

对于小型压力机，压塌块可采用单剪切面的形式，如图2-16中的件3，其结构如图2-50所示，δ为剪切面高度尺寸。

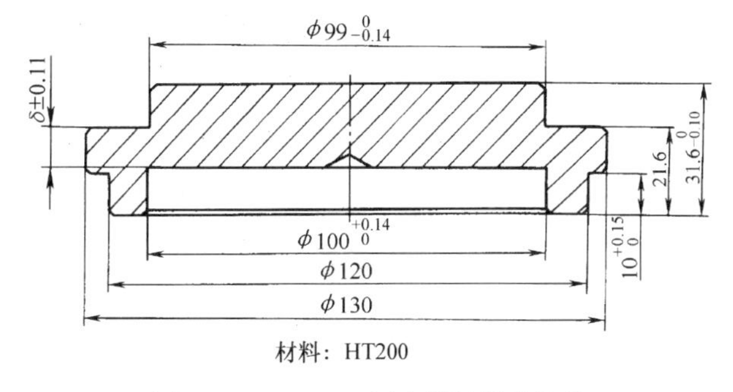

图2-50　JC23-63压力机压塌块结构

压塌块过载保护装置结构简单紧凑，制造方便，价格低廉。但压塌块不能准确地限制过载力，因为压塌块超载破坏不仅与作用在滑块上的工作压力有关，还与材料的疲劳程度有关。此外，更换压塌块需要一定时间。

2. 液压式保护装置

液压式保护装置有直接式和平衡式两种。图2-51a是直接式液压保护装置的一种结构。它利用滑块1作为液压缸，连杆的下支承座6作为活塞，组成液压垫。压力机工作时，工作压力通过a腔的油液传递给连杆。工作压力越高，a腔中的油压也越高，当压力机过载时，a腔中的油压超过预调压力值，溢流阀2打开，a腔的油液流入b腔，使调节螺杆5能相对滑块1运动，从而起到保护压力机的作用。在滑块通过下死点后，由于其自重和弹簧8的作用，滑块相对于调节螺杆向下运动，使a腔形成负压，单向阀7打开，b腔中的油液被抽入a腔，重新形成液压垫，压力机便可继续工作。这种结构的工作压力可以通过调节螺钉3调节，发生作用后能自动恢复，但液压垫刚度较差，因为其初始压力为零，工作中随着工作压力的增大，液压垫会被压缩。为此，有些压力机在液压回路中增加了液压泵，工作前给液压垫中加压，提高其刚度。如图2-51b所示，由泵12、电磁控制换向阀11和两个单向阀组成液压泵系统，这种结构压缩性小，动作快。

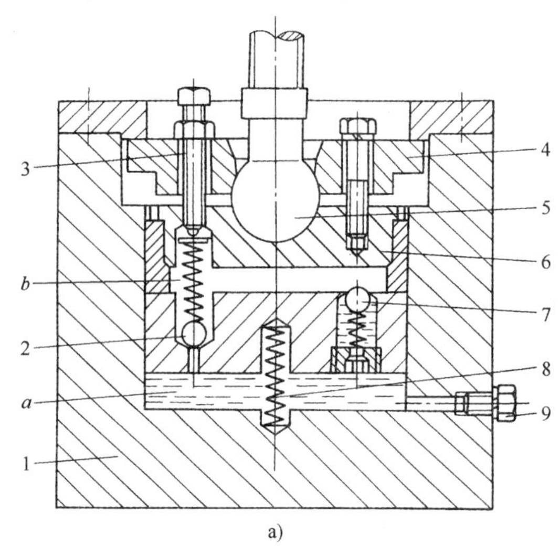

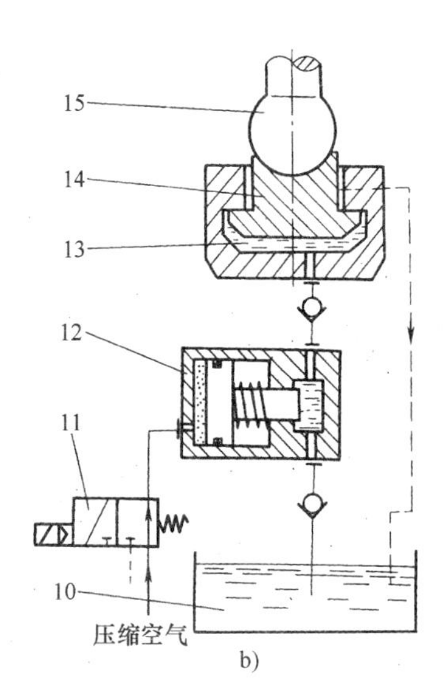

图2-51 直接式液压保护装置

a）封闭式液压垫 b）泵循环式液压垫

1—液压缸（滑块） 2—溢流阀 3—调节螺钉 4—球头压盖 5、15—调节螺杆 6、14—活塞（连杆的下支承座） 7—单向阀 8—弹簧 9—油塞 10—油箱 11—电磁控制换向阀 12—泵 13—液压垫

平衡式液压保护装置如图2-52所示。利用气动卸荷阀1阀芯两端的平衡作用，以气压（或油压、弹簧力）平衡球座下面的液压垫的油压。当过载时，平衡被破坏，液压垫中的高压油通过卸荷阀排出，以消除过载。同时，控制离合器脱开，使压力机停止运转。这种结构较复杂，但它能准确地确定过载压力。在双点或四点压力机上，能确保各连杆同时卸荷。

如图2-53所示为平衡式液压过载保护装置在双点压力机上的应用。其工作原理为：气

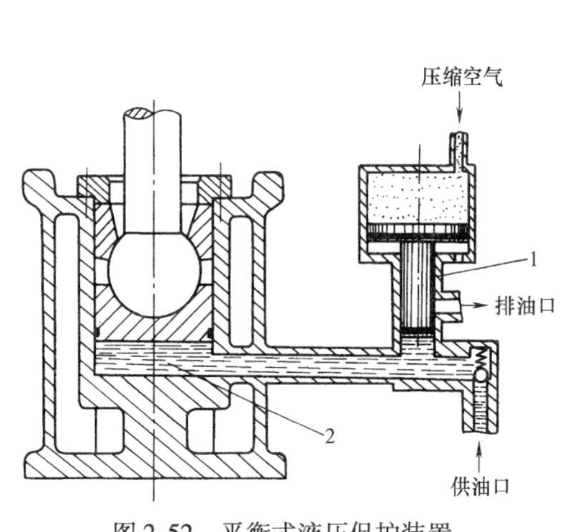

图2-52 平衡式液压保护装置

1—气动卸荷阀 2—液压垫

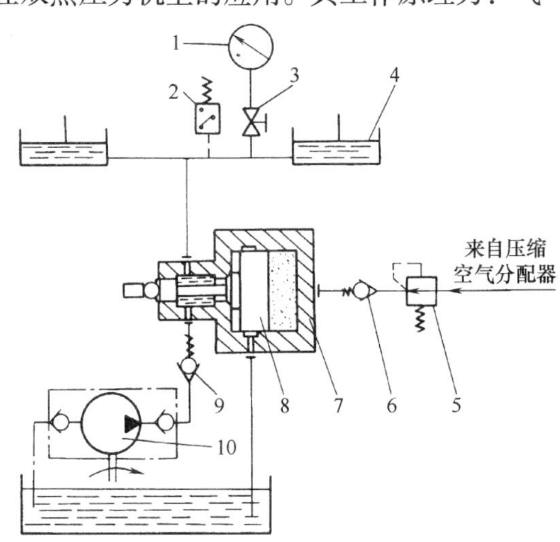

图2-53 J36-800平衡式液压过载保护装置原理图

1—压力计 2—压力继电器 3—开关 4—液压垫 5—减压阀 6、9—单向阀 7—气动卸荷阀 8—阀芯活塞 10—气动液压泵

动液压泵10将压力油经单向阀9压入气动卸荷阀7及液压垫4，形成高压。当压力机在公称力下工作时，气动卸荷阀左端的油压略低于阀芯活塞8右端的空气压力，压力机可以正常工作。当压力机过载时，液压垫中的油压升高，当其压力大于卸荷阀气缸中的气压时，阀芯活塞失去平衡并向右移动，阀门开启，液压垫中的油液排回油箱，压力迅速卸载。故障排除后，压力继电器感知液压压力过低，起动气动液压泵10，向液压垫补充液压油；使液压垫恢复到工作压力之后，关闭气动液压泵。

2.6.2　拉深垫

拉深垫是在大、中型压力机上采用的一种压料装置。它在拉深加工时压住坯料的边缘，以防止起皱（图2-54a）。配用拉深垫，可使压力机的工艺范围进一步扩大，单动压力机装设拉深垫就具有双动压力机的效果，而双动压力机装设拉深垫（图2-54b）就可作三动压力机用。另外，拉深垫还可用于顶料（或顶件）或用来对工件的底部进行局部成形。这种装置有气压式和气液压式两种，均安装在压力机的底座里。

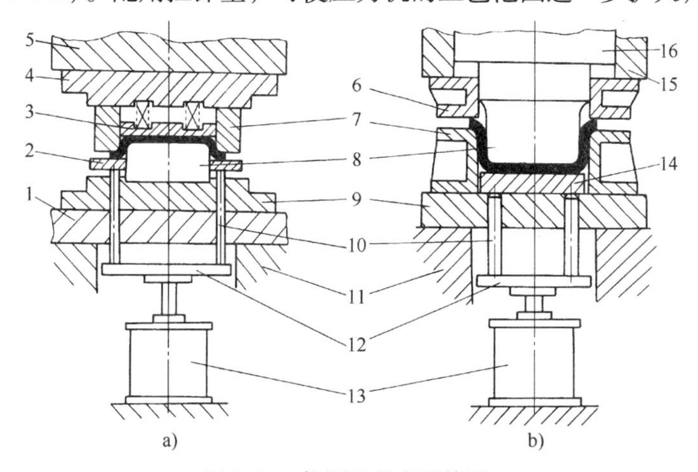

图2-54　拉深垫的应用简图

a）通用压力机上使用拉深垫工作情况　b）双动压力机上使用拉深垫工作情况

1—垫板　2、6—压边圈　3、14—顶板　4—上模座　5—滑块　7—凹模　8—凸模　9—下模座　10—顶杆　11—工作台　12—托板　13—拉深垫　15—外滑块　16—内滑块

1. 气垫

气垫按同一活塞杆上套装的活塞数可分为单层式、双层式和三层式。它们的工作原理是相同的，只是层数多的能产生更大的压力。

如图2-55所示是单层式气垫，气缸5固定在机身工作台2的底面上，当压缩空气进入气缸时，活塞4和托板1向上移动到上极限位置，气垫处于工作状态。当压力机的滑块向下运动，上模接触到坯料

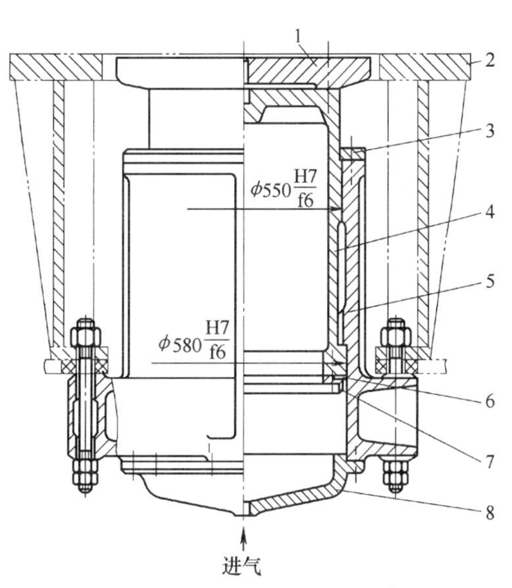

图2-55　JA36-160压力机气垫

1—托板　2—工作台　3—定位块　4—活塞　5—气缸　6—密封圈　7—压环　8—气缸盖

时，气垫的活塞通过托板、顶杆及模具中的压料装置以一定的压紧力将坯料压紧在上模面上（图2-54a），并随着上模同步地向下移动，直至滑块到达下死点，完成冲压工作为止。当滑块回程时，压缩空气又推动活塞随滑块上升到上极限位置，完成顶件工作。

气垫的压紧力和顶出力相等，并等于压缩空气压力乘以活塞的有效面积。空气的压力可通过设于对配管系统中的调压阀进行调节。为了减小气垫工作行程中的压力波动（一般应小于20%），气垫一般均备有较大的储气罐。上述单层气垫结构简单，活塞较长，导向性能较好，能承受一定的偏心力，同时内部有较大的空腔，可以储存较多的压缩空气，不必另备储气罐，价格便宜，且工作可靠。但受压力机底座下的安装空间限制，工作压力有限。

如图2-56所示为三层式气垫结构，因其三个活塞同时推动托板，所产生的压紧力可达到相同截面尺寸的单层气垫的近三倍。

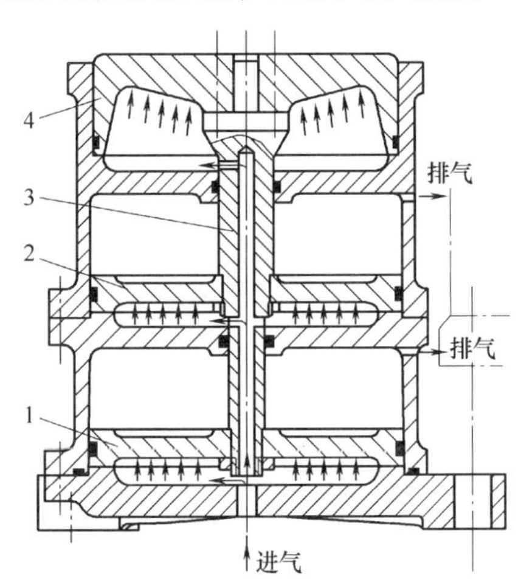

图2-56　三层式气垫
1、2、4—活塞　3—活塞杆

2. 液压气垫

如图2-57a所示为液压气垫的一种结构形式。工作缸3通过单向阀1和溢流阀4及管路与液气罐15连通。液气罐内除油液外还充有压缩空气，通过调压阀来调节压力，罐内的油液在其上部压缩空气的作用下通过管道顶开单向阀压入工作缸，并将工作缸和托板2顶起，一直达到极限位置。压力机开始工作，滑块下行直至上模接触坯料时，工作缸内的油压开始随上模的加压而升高。当此压力升高到一定值后，工作缸中的油液顶开溢流阀，并流回液气罐，于是托板便保持一定的压力，并跟随滑块下行至下死点，完成拉深工作。当滑块离开下死点开始回程时，托板上的压力消失，工作缸中的油压也随即降低，溢流阀即关闭。当工作缸中的油压低于液气罐15内的油压时，液气罐中的油液又顶开单向阀进入工作缸，使工作缸和托板上升，将下模内的工件顶起，直至上极限位置，至此完成一个工作周期。

该液压气垫的压料力和顶出力是不同的。压料力是通过溢流阀产生的，因为工作缸内的油液作用在阀芯一端直径为d_1的面积上，而控制缸5内的压缩空气则作用在阀芯另一端直径为d_2的活塞面上。这两种压力保持平衡就确定了油压大小，即确定了压料力的大小。作用在活塞上的空气压力越高，工作缸溢流时的油压就越大，压料力就越大。因此，通过减压阀8对供给控制缸的压缩空气进行调节，便可以控制工作缸溢流时的油压，得到需要的压料力。而通过减压阀14调节液气罐内空气的压力，以改变油液压入工作缸的油压，便可控制顶出力。

与气垫相比，液压气垫结构紧凑，顶出力和压料力可以分别控制，能得到更高的压料力。但是其结构复杂，在工作过程中，由于工作油通过溢流阀会增高油温，因而会使密封橡胶填料的使用寿命缩短。同时由于油的流动急剧，使工作缸内的油压不够稳定，会产生脉动，引起油压波动。且油流的迅速起停、变向，也会引起冲击振动，形成噪声，同时引起漏油。所以，一般多在气垫无法满足压料力要求时，才使用液压气垫。

3. 拉深垫行程调节装置

上述拉深垫在工作中行程是不变的，即托板的上限位置是一定的。因此，要根据所使用模具的结构尺寸，准备若干不同长度的顶料杆，随模具更换，比较麻烦。

有些拉深垫带有行程调节装置，可根据不同的模具要求，改变托板的上限位置。如图2-58所示为双层气垫，其行程长度调节机构是通过电动机带动蜗杆6和蜗轮7旋转，蜗轮

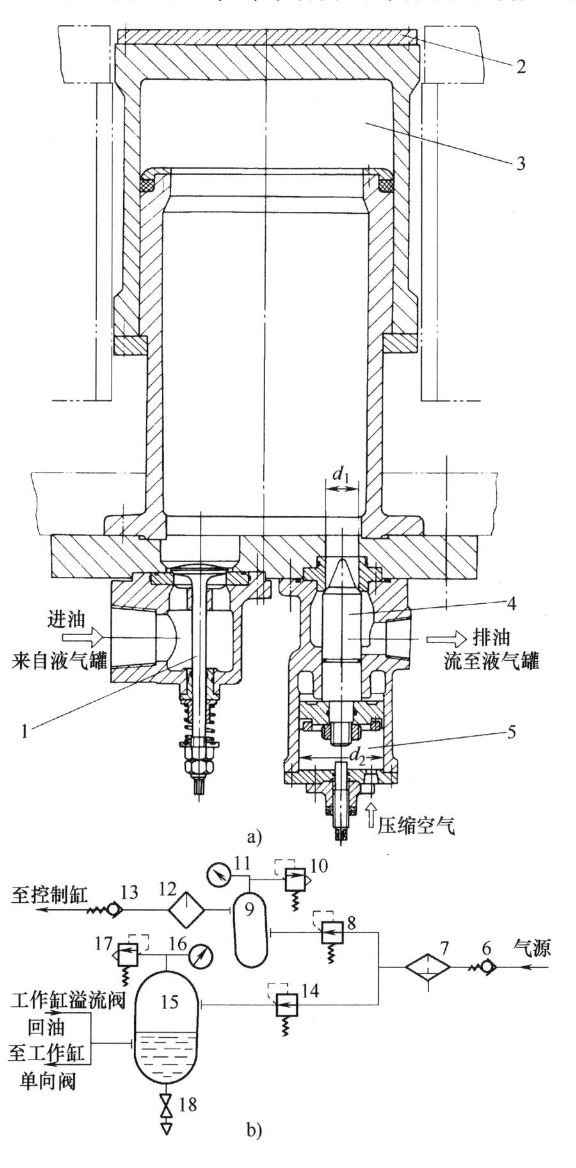

图2-57　液压气垫及其配管图

a）液压气垫　b）液压气垫配管图

1、6、13—单向阀　2—托板　3—工作缸

4、10、17—溢流阀　5—控制缸　7—空气过滤器

8、14—减压阀　9—储气罐　11、16—压力计

12—油雾器　15—液气罐　18—放水阀

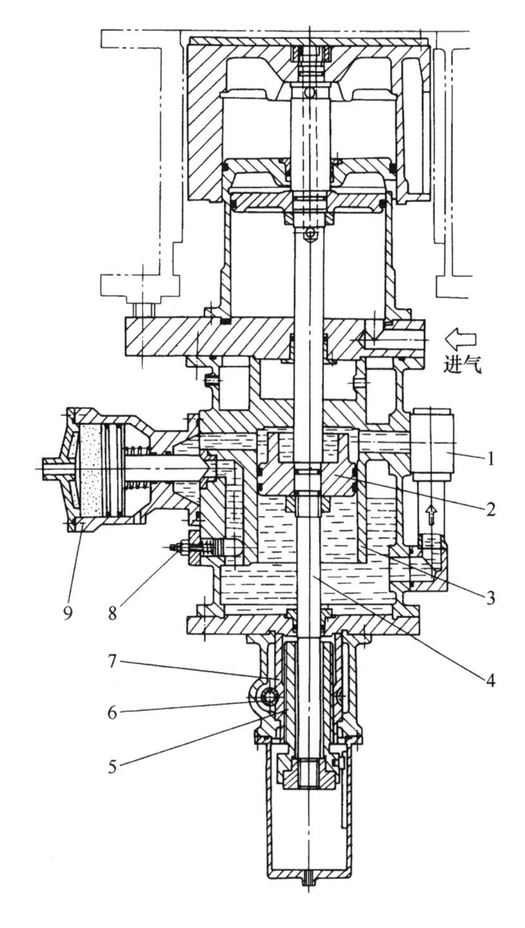

图2-58　双层气垫结构图

1—单向阀　2—锁紧缸活塞　3—锁紧液压缸

4—活塞杆　5—限位螺杆　6—蜗杆　7—蜗轮

8—升程调节螺栓　9—锁紧阀

内孔为螺母，因此，蜗轮的旋转可驱动调节螺杆（即限位螺杆）5上下移动，从而改变拉深垫的上限位置，实现行程长度的调整。行程长度调节量可通过自整角发送机发出信号，由设置在立柱上的自整角接收机接收信号后，从气垫行程指示器上读出。也可通过机械传动，从设在容易观察的位置的标尺上读出，或采用数字显示的方法显示出来。该行程调节装置也可用于液压气垫。

4. 锁紧装置

拉深垫托板在滑块回程时的顶出作用，对于单动压力机基本可满足其工艺要求，但有时要求拉深垫的顶起应滞后于滑块回程（如上模装有弹性压板或定位块及双动压力机），即拉深垫要等到上模升至一定高度后才能顶起，以免顶坏工件。实现这一要求的装置称为拉深垫的锁紧装置。

如图2-58所示的双层气垫带有锁紧装置，即图中与拉深垫气缸同轴串联的锁紧液压缸3。拉深加工时，气垫托板往下降，活塞杆4和锁紧缸活塞2也随之下降。锁紧液压缸上腔中的压力降低，下腔内的油压升高，下腔的油液经过旁路大管道顶开单向阀1流入上腔，同时一部分油流经开启的锁紧阀9进入上腔。直至滑块到达下死点时，关闭锁紧阀，同时单向阀自动关闭。当滑块回程上行时，拉深垫气缸中的压缩空气便要将拉深垫托板向上顶起。但由于锁紧液压缸上腔充满的油液不能排出，锁紧缸活塞拉住活塞杆并阻止气垫上行，即气垫被锁紧在下死点。

滑块回程到预定位置后，电磁空气阀起动使锁紧阀9的气缸排气，锁紧阀重新打开，锁紧液压缸上、下腔接通。气垫托板在压缩空气作用下上升顶件，锁紧缸上腔的油随之被压回下腔。电磁空气阀的起动是根据旋转式凸轮行程开关发出的信号进行的，它的工作时间可以任意设定。需要进行锁紧时，在临近下死点前的位置就应发出信号，以免延误锁紧。

2.6.3 滑块平衡装置

曲柄压力机传动系统中各传动件的连接点处存在间隙，如齿轮啮合处、连杆与曲柄的连接点处、连杆与滑块的连接点处、装模高度调节螺杆与螺母间等。这些间隙由于滑块重量的作用偏向一侧。当滑块受到工作负荷时，由于工作负荷的方向与重力方向相反，间隙就被推向相反的一侧，造成撞击和噪声。滑块冲压完毕上行时，重量又使间隙反向转移。这样撞击和噪声不仅不利于工作环境，也加快了设备的损坏。为了消除这种现象，压力机上一般都装有滑块平衡装置，特别是在大、中型压力机和高速压力机上，平衡装置尤为重要。

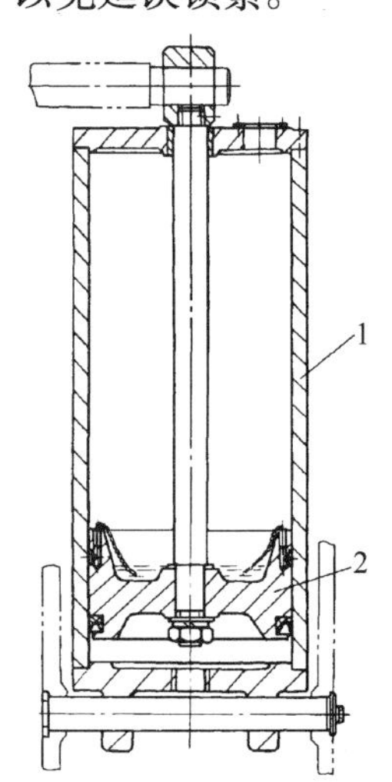

图2-59　J31-315压力机平衡装置
1—气缸　2—活塞

压力机上常见的平衡装置有弹簧式和气缸式。如图2-59所示为气缸式平衡装置的一种结构形式，它由气缸1和活塞2组成。活塞杆的上部与滑块连接，气缸装在机身上。气缸的上腔通大气，下腔通入压缩空气，因此就能把滑块托住。根据所装上模重量的不同，调整压缩空气压力，使平衡缸和滑块及上模保持相应平衡。

如图2-60所示为弹簧式平衡装置的一种结构形式。它由压力弹簧3、双头螺柱4及摆杆1等组成。摆杆一端与机身铰接，一端支托滑块，中间靠压力弹簧通过螺杆将它吊起，从而起到平衡滑块的作用。弹簧式平衡装置往往要随装模高度的改变调节其平衡位置。另外，变速压力机还要根据选用的行程次数调整平衡力；滑块行程次数越多，需要的平衡力也越大。平衡力通过锁紧螺母6来调节。

平衡装置除有消除因间隙引起的冲击和噪声，使压力机运转平稳的作用外，还能使装模高度的调整灵活轻便，若为机动调整则可降低功率消耗，同时也改善了制动器的工作条件，提高了其灵敏度和可靠性，并可防止制动器失灵或连杆折断时滑块坠落而发生事故。

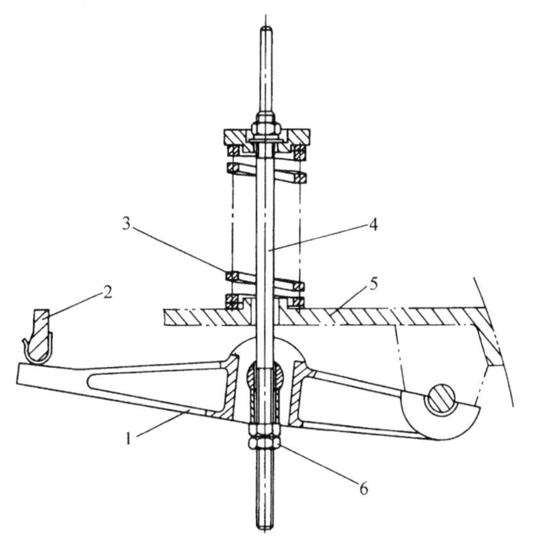

图2-60　J21G-20压力机平衡装置

1—摆杆　2—滑块　3—压力弹簧　4—双头螺柱　5—床身　6—锁紧螺母

2.6.4　顶料装置

冲压结束后工件往往会留在模具中，为使它们能在适当的时候脱离模具起顶料作用的装置称为顶料装置。顶料装置有刚性和气动两种。

压力机一般在滑块部件上设置顶料装置，供上模顶料用。如图2-61所示为刚性顶料装置，它由一根穿过滑块的打料横杆4及固定于机身上的挡头螺钉3等组成。当滑块下行冲压时，由于工件的作用，通过上模中的顶杆7使打料横杆在滑块中升起。当滑块回程上行接近上死点时，打料横杆两端被机身上的挡头螺钉挡住，滑块继续上升，打料横杆便相对滑块向下移动，推动上模中的顶杆将工件顶出。打料横杆的最大工作行程为$H-h$（图2-61），如果过早与挡头螺钉相碰，会发生设备事故。所以在更换模具、调节压力机装模高度时，必须相应地调节挡头螺钉的位置。

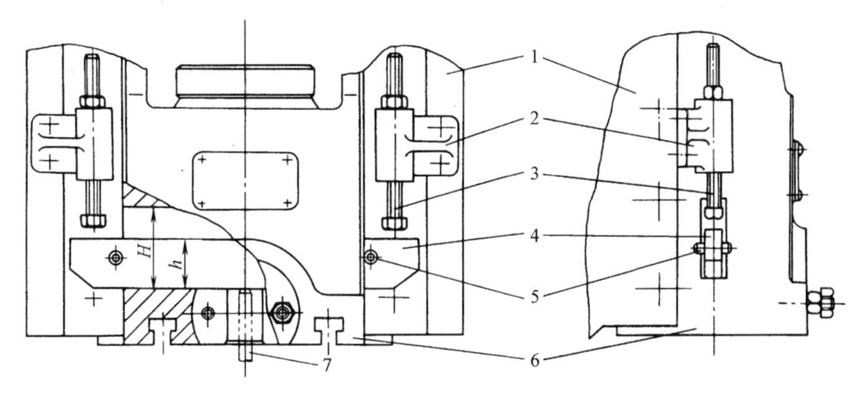

图2-61　JC23-63压力机刚性顶料装置

1—机身　2—挡头座　3—挡头螺钉　4—打料横杆　5—挡销　6—滑块　7—顶杆

刚性顶料装置结构简单，动作可靠，应用广泛。其缺点是顶料力及顶料位置不能任意调节。

如图2-62所示为气动顶料装置，它是由双层气缸4和一根打料横杆1组成的。双层气缸与滑块连接在一起，活塞杆2和打料横杆1的一端铰接。气缸进气时，即可推动打料横杆将工件顶出。气缸的进排气由电磁空气分配阀控制，它可以使顶料动作在回程的任意位置进行。

气动顶料装置的顶料力和顶料行程容易调节，因此便于使用机械手，为实现冲压机械自动化创造了有利条件。但这种装置结构较为复杂，由于受到气缸尺寸与气压大小的限制，在个别冲压工艺中会出现顶料力不够的现象。

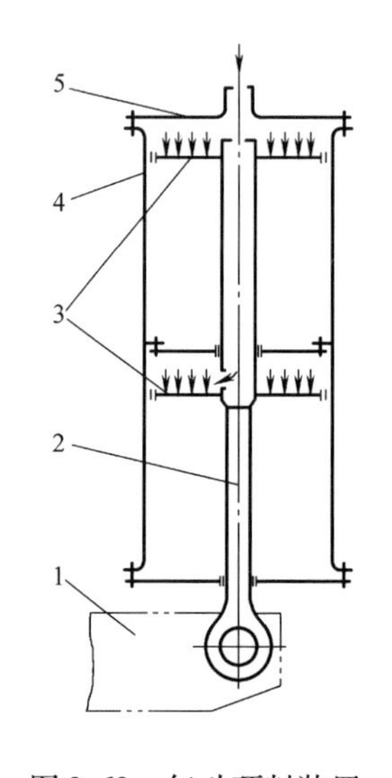

图2-62　气动顶料装置示意图

1—打料横杆　2—活塞杆　3—活塞　4—气缸　5—气缸盖

2.7　曲柄压力机的选择与使用

2.7.1　曲柄压力机的选择

冲压生产中设备的选择是一项十分重要的工作，它直接关系到设备的安全和合理使用，同时也关系到冲压工艺是否能顺利进行和模具的寿命、产品的质量、生产效率以及成本的高低等问题。

选择设备首先应了解冲压件成形要求，主要有冲压件所包含的工序内容、工序的安排（先后次序、工序组合情况）、冲压件的几何形状及尺寸、精度要求、生产批量、取件方式、废料处理等；其次应了解各类冲压设备的特点，主要有设备结构特点（开式、闭式结构）、公称力、滑块行程、速度大小、精度、辅助装置及功能、装模空间、操作空间大小等。所选设备的规格和性能应与冲压件的加工要求相适应，除满足使用要求之外，应尽量避免资源浪费（设备规格选用过大）。以下对曲柄压力机的选择应考虑的几个问题进行分析。

1. 曲柄压力机的工艺与结构特性

通用曲柄压力机具有较广的工艺适应范围，常见的冲压工艺都能采用它进行冲压加工。冲压件结构尺寸和产量大小是选用压力机类别的重要考虑因素，工件结构尺寸适中、产量不太大、冲压工序内容多变时，可选用通用压力机；工件结构尺寸大、产量大或冲压工艺性质较稳定时，可考虑使用专用压力机。

开式压力机机身结构的主要优点是操作空间大，允许前后或左右送料操作，而闭式压力机机身结构的主要优点是刚度好，滑块导向精度高，床身受力变形易补偿。因此，工件精度要求高、模具寿命要求长、工件尺寸较大的冲压生产宜选用闭式压力机；而需要方便操作，模具和工件尺寸较小，或要安装自动送料装置的冲压则宜选择开式压力机。

压力机滑块行程速度通常是固定的，中小型压力机滑块行程速度较快，中大型压力机滑块行程速度稍慢。对于拉深、挤压等塑性变形量大的工序，宜选用滑块行程速度稍慢的压力机，而冲裁类工序则可选用滑块速度较快的压力机。根据产量、操作条件（手工或自动送料）及工人操作的熟练程度不同，冲压生产效率也不同。滑块行程速度越快，振动、噪声就越大，对模具寿命会有影响，这点必须加以注意。

压力机滑块行程和装模高度对压力机的整体刚度有一定的影响。滑块行程越大，其曲柄半径越大，机身立柱越高，则曲柄臂刚度越差，机身受力变形量越大。装模高度越高，机身立柱也越高，同样受力后的变形量也越大，且当模具的闭合高度变小，则调模后连杆变长，

刚度就随之下降。因此，在满足冲压成形的要求及方便取件的前提下，选用的压力机滑块行程不必过大，装模高度也不必过大。

2. 曲柄压力机的压力特性

曲柄压力机的许用负荷随滑块行程位置的不同有很大的变化（图2-14）。其公称力 F_g 在公称力行程（即滑块下死点前几到十几毫米）范围内才能达到。而冲压过程中，不同冲压工艺方法的工作负荷要求是不同的。如图2-63所示为几种冲压工艺方法的工作负荷 F 与滑块位移 s 的关系曲线（工作负荷图）。可以看出，冲裁、压印类的冲压工作行程较短，在下死点附近才产生大的工件变形抗力；而弯曲、拉深类的冲压工作行程较大，距下死点较高的位置就开始产生相当高的工件变形抗力。对于后者，虽然校核时压力机公称力 F_g 大于其最大冲压力 F_{max}，但仍有可能发生过载。

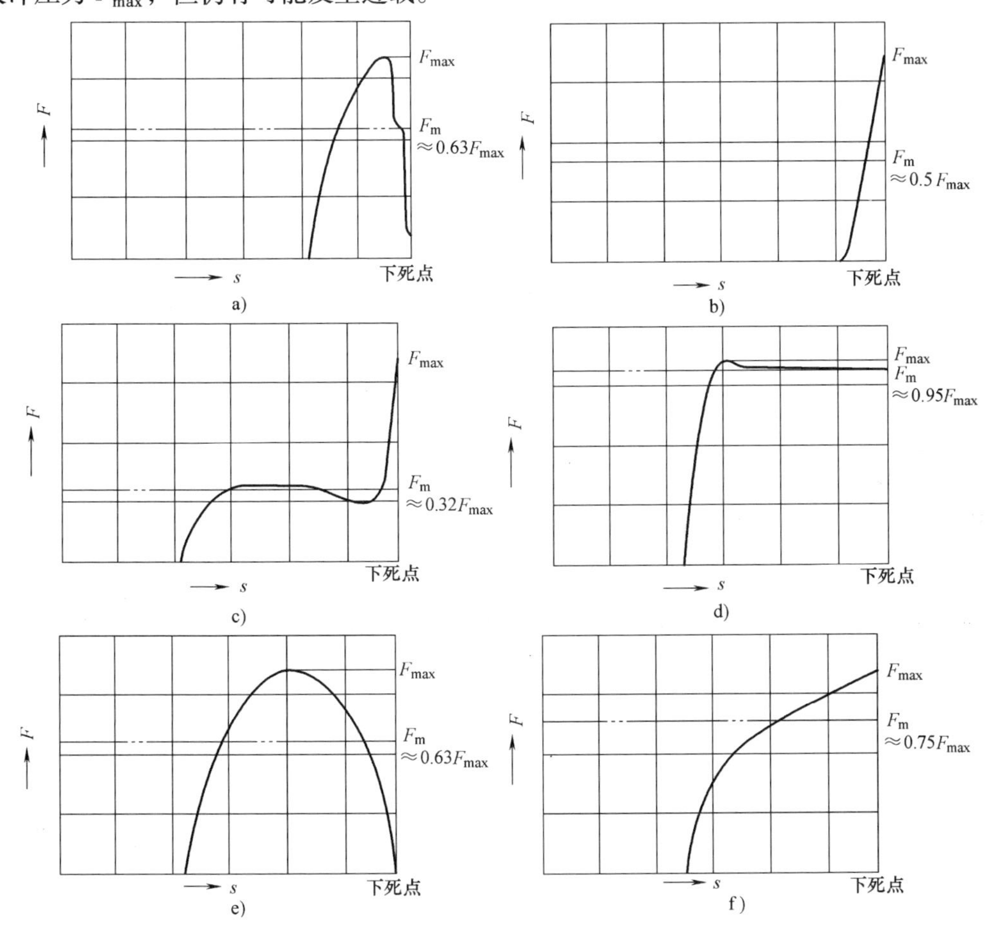

图2-63 几种冲压工艺方法的工作负荷 F 与滑块位移 s 的关系曲线

a）剪切加工 b）压印加工 c）弯曲加工 d）冷挤压加工 e）拉深加工 f）冷镦加工

如图2-64所示，压力机许用负荷曲线Ⅰ的公称力大于拉深时的最大拉深力，但拉深加工工作负荷曲线 c 并未完全处于压力机许用负荷曲线Ⅰ之下，表明若用该压力机进行这一拉深工序的生产会发生过载现象。因此，对于工作行程大的冲压工序（如拉深、弯曲、挤压等），压力机的选用不仅要校核其最大冲压力是否小于压力机的公称力，还必须校核压力机的做功能力，并留有一定的安全裕度。如图2-64所示许用负荷曲线Ⅰ的压力机适用于工作负荷为曲线 a、b 的冲压工序成形，而曲线Ⅱ的压力机适用于负荷曲线 c 的冲压工序。

工作负荷曲线可在工序确定之后做出，对于复合工序要注意考虑压力的叠加情况。另外，工作负荷不仅包括冲压变形力，而且要加上与变形力同时存在的其他工艺力，如压料力、弹性卸料力、弹性顶件力、推件力等。

3. 曲柄压力机的做功特性

曲柄压力机克服冲压力所做的功相当于工作负荷曲线下所包含的面积。压力机冲压成形的做功时间很短，在一个工作周期内大部分时间为辅助工作时间，曲柄压力机不做功，为提高效率，曲柄压力机在传动系统中设置了飞轮，利用飞轮吸收积蓄辅助工作时间内电动机输出的能量（飞轮转速提高），而冲压工件的瞬间将其释放出来（飞轮减速），如此压力机选配的电动机功率可以大为减小。飞轮释放出的能量在下次冲压之前又能得到电动机的补充。

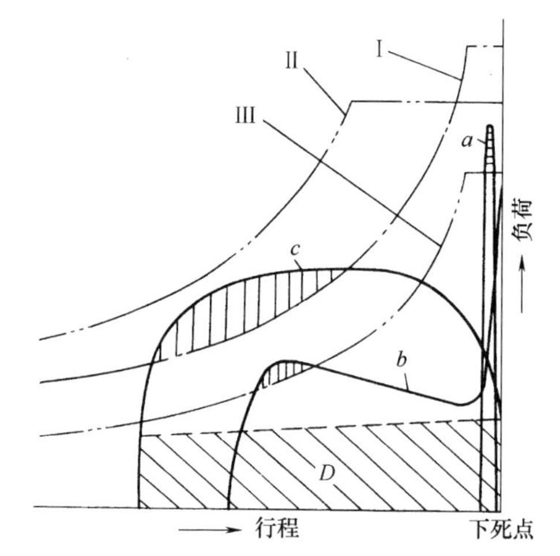

图2-64　负荷曲线的比较

Ⅰ～Ⅲ—三种压力机的许用负荷曲线　a—冲裁加工工作负荷曲线　b—V形弯曲加工工作负荷曲线　c—拉深加工工作负荷曲线　D—拉深垫部分

压力机的功率不足虽然不像压力不足那样会引起压力机强度破坏，但可能导致主电动机过热，引起烧损。

4. 曲柄压力机工作周期内的能量消耗

曲柄压力机结构和驱动功率是依据板料冲裁特性进行设计的，当压力机用于其他冲压工序，如拉深、挤压、压印等成形时，有可能出现冲压力不过载而做功过载的现象，此时，曲柄压力机的选用需要校核设备的做功能力。

压力机在一个工作周期内的能量消耗 A 为

$$A = A_1 + A_2 + A_3 + A_4 + A_5 + A_6 + A_7$$

式中，A_1 为工件变形功；A_2 为拉深垫工作功；A_3 为曲柄滑块机构的摩擦消耗功；A_4 为冲压时床身消耗的弹性变形功；A_5 为压力机空行程运动所需的能量；A_6 为单次冲压时滑块停顿、系统空转所消耗的能量；A_7 为单次冲压时离合器、制动器所消耗的能量。

对于工件变形功 A_1，通用曲柄压力机的计算依据是假设一厚板冲裁时，当凸模进入板厚 $0.45h_0$ 时板料断裂分离，由此可以求得工件的变形功，即

$$A_1 = 0.7F_g h = 0.315F_g h_0$$

式中，F_g 为公称力（kN）；h_0 为板料厚度（mm）。

对于不同的压力机，板厚的确定可采用如下经验公式

$$h_0 = k\sqrt{F_g}$$

式中，k 为系数，对于快速压力机（如一级传动压力机），k 取0.2；对于慢速压力机（如两级及以上传动压力机），k 取0.4。

压力机工作周期中的能耗 A_2、A_3、A_4 等的计算可参见相关资料。

5. 压力机与模具相关参数校核

对于一副冲压模具要想选择一台适宜的曲柄压力机进行冲压生产，除前述的压力机许用负荷、压力机的做功能力校核外，还需要对压力机的装模空间、模具与压力机的连接固定是否匹配等方面进行校核，具体有以下几个方面：

（1）模具闭合高度校核　如图2-9所示，模具闭合高度 H_0 应处于压力机最大装模高度 H_1 与最小装模高度 $H_1-\Delta H_1$ 之间，且由于压力机的新旧程度不同，闭合高度调节螺杆始末端可能磨损失效，模具闭合高度必须比压力机装模高度的上限尺寸小5mm或比下限尺寸大5mm，以确保模具闭合高度与压力机相匹配。若模具闭合高度不满足要求，可采取相应的措施或另选设备。若模具闭合高度过大，可考虑拆除压力机垫板，或更换厚度更薄的垫板；若模具闭合高度过小，则可在模具下加垫板，以适应压力机闭合高度要求。

（2）模柄尺寸校核　模具模柄通常位于模具压力中心的位置，装模时，模柄须装入压力机滑块上的模柄孔，并保证可靠紧固，使模具压力中心与压力机滑块中心重合，同时也保证滑块能带动上模运动，不致因上模的自重及冲压回程时的卸料力使上模松动或脱落。因此，模柄直径尺寸与滑块模柄孔尺寸应采用间隙配合，模柄长度应比模柄孔深度小5~10mm。对于带有上打件机构的冲压模，上打件行程不宜过大，其打料杆长度一般高于模柄15~30mm，它应与滑块上的打料横梁行程相匹配，过小起不到打料作用，过大则上模无法正常安装。

（3）模具上模安装面尺寸校核　对于小型压力机，滑块工作行程一般较小，滑块下底面尺寸也较小，模具安装时须校核上模安装面尺寸（长×宽）是否小于压力机滑块下底面尺寸，否则滑块运动至上死点时，滑块底面往往缩入机身导轨内，引起模具与机身干涉。

（4）模具其他尺寸校核　若模具带有下顶件机构，下顶件装置尺寸必须小于压力机工作台垫板孔尺寸；对于冲裁废料或工件需要从工作台垫板孔中下落的，工件大小及废料分布区域应小于垫板孔尺寸，否则，需将模具的下模用平行垫块垫起一个空间，以便排除废料或取出工件。

6. 辅助装置

如果辅助装置用得恰当，不但可以提高生产率，节省人力，而且还可增加安全性，所以选用压力机时，对于各种辅助装置（上打件装置、下顶件装置、送料与取件装置、理料装置等）也应该给予考虑。但盲目地附带过多的辅助装置，势必导致故障增多，维护保养麻烦，成本提高，反而弊多利少。因此，在选择辅助装置时，应权衡利弊才能决定取舍。

2.7.2　压力机的正确使用与维护

曲柄压力机同其他设备一样，只有正确使用和维护保养，才能减少机械故障，延长其使用寿命，充分发挥其功能，保证产品质量，并最大限度地避免事故的发生。下面从设备的能力、结构、操作、检修及模具使用等方面加以论述。

1. 压力机能力的正确发挥

使用者必须明确所使用压力机的加工能力（公称力、许用负荷图、电动机功率），选用时应考虑安全裕度问题，尤其在偏心负荷工作状态下，冲压力须远远低于公称力。超负荷对压力机、模具及工件等均有不良影响，甚至可能造成安全事故，避免超负荷是使用压力机的最基本条件。

压力机超负荷时会出现如下现象，使用者可依此判断设备是否超负荷。

电动机功率超负荷，将出现：①电动机过热，熔断器烧毁；②单次冲压时，飞轮减速很快；③连续冲压时，随着冲压次数的增加，飞轮速度逐渐降低，直至滑块停止运动。

工作负荷超出设备许用负荷曲线，将出现：①曲柄发生扭曲变形；②齿轮破损；③离合器损坏；④传动带打滑、过热。

公称力超负荷，将出现：①冲压声音沉闷，振动大；②曲柄弯曲变形；③连杆螺纹损坏；④机身严重变形；⑤过载保护装置动作或破坏。

2. 对压力机结构的正确使用

单点压力机在偏心载荷作用下会使滑块承受附加力矩 $M=Fe$，因而在滑块和导轨之间产生阻力矩 $F_R l$，如图2-65a所示。M 使滑块倾斜，加快了滑块与导轨间的不均匀磨损。因此，进行偏心负荷较大的冲压生产时，应避免使用单点压力机，而应使用双点或多点压力机。双点或多点压力机能承受更大的偏心负荷，当偏心距不大或冲压力合力中心位于双点之间时，不产生附加力矩，如图2-65b所示。

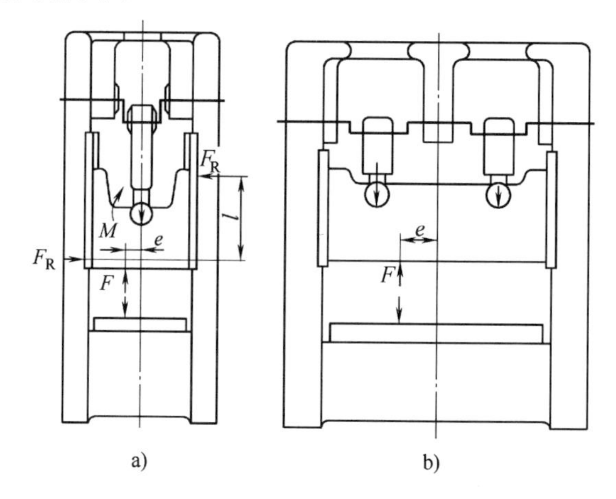

图2-65　偏心载荷对滑块受力的影响

a）单点压力机　b）双点压力机

压力机各活动连接处或滑块导滑部分的间隙不能太大，否则将降低精度。可用下面的方法检验：在滑块下行时，用手指触摸滑块侧面，在下死点如有振动，说明间隙过大，必须进行调整。调整时，注意不要过分追求精度而使滑块过紧，导致摩擦发热，加快导轨磨损。适当的间隙对改善润滑、延长使用寿命有益。各相对运动部分都必须保证良好的润滑，按要求添加润滑油（脂）。

压力机的离合器、制动器是确保压力机安全运转的重要部件。离合器、制动器发生故障，易导致事故的发生。因此，操作者不仅要充分了解离合器和制动器的结构，而且每天开机前都要试机检查离合器、制动器的动作是否正常、可靠。气动摩擦离合器-制动器使用的压缩空气必须达到要求的压力标准，如压力不足，离合器传递的力矩减小，而制动器制动力不足，动作不迅速，极易造成危险。

滑块平衡装置应在每次更换模具后，根据模具的重量加以调整，保证平衡效果。

3. 模具对压力机正确使用的影响

模具尺寸与压力机工作台尺寸应相适应，小型模具应在工作台面积较小的压力机上使用，若用于大台面压力机，而冲压力又接近公称力，将使工作台及工作台垫板受力过于集中，造成局部过载而损坏，此时可在模具下加垫板，以分散冲压力。

对于闭合高度较小的模具，也应加垫板使用，避免闭合高度调节螺杆伸出过长，使连杆强度和刚度降低，发生危险。

4. 操作应准确无误

压力机的操作失误不仅对压力机、模具、工件会造成破坏，甚至可能导致人身安全事故。因此，正确操作是安全使用压力机的重要环节，必须予以重视。

1）模具安装必须准确牢靠，保证模具间隙均匀，闭合状态良好，冲压过程不移位。

2）严格遵守压力机操作规程，工作中及时清除工作台上的工件和废料，不能图省事，直接徒手清除，而必须用钩子或刷子等专用工具清理。

3）生产时应避免坯料重叠放入模具冲压。随时留意压力机工作状态，当出现不正常现象（如滑块自由下落，不正常的冲击和噪声，制品质量不合格，以及卸料、出件不正常等）时，应立即停止工作，切断电源，进行检查和处理，故障排除后方可恢复生产。

4）工作结束后，应使离合器脱开，然后才能切断电源，清除工作台上的杂物，清洁、涂油防锈。

5. 定期检修保养

压力机使用一段时间后，机械部分会磨损，轻者使压力机不能正常发挥功能，重者则出现机械故障，甚至发生事故。定期检修的目的就是通过每日、每周、每月、每半年或一年的检查维修，使压力机始终保持完好的状态，以保证压力机的正常运转和确保操作者的人身安全。压力机的定期检修保养包括离合器、制动器的保养，曲柄滑块工作机构的检修，导滑间隙的调整，螺栓联接部分的检查，给油装置和供气系统的检修，精度的定期检查等。

除上述各项外，压力机的定期检修保养还应包括传动系统、电气系统和各种辅助装置功能的检查维修。日常检查是设备定期检修保养的重要环节，它可防患于未然，必须列入压力机操作规程，在每天工作前、开机加工中、作业后，都应进行相应项目的检查和维护。

2.7.3 压力机常见故障及排除方法

压力机在使用过程中，由于维护不当或正常的损耗会出现一些故障，影响正常的工作。表2-6～表2-9是压力机关键零部件常见故障及排除方法。

表2-6 转键离合器的常见故障及排除方法

序号	故障现象	故障原因	排除方法
1	单次行程离合器接合不上	1. 打棒(图2-33件8)台阶面棱角磨圆打滑 2. 弹簧(图2-33件9)力量不足 3. 转键的拉簧(图2-29件14)断裂或太松 4. 转键尾部断裂 5. 拉杆(图2-33件1)长度未调整好	1. 修复或更换新的 2. 调整或更换 3. 更换或上紧拉簧 4. 换新转键 5. 调整拉杆长度
2	滑块到下死点振动停顿	1. 制动带断裂 2. 转键的拉簧断裂	更换新的
3	离合器分离时有连续急剧撞击声	1. 制动带太紧 2. 转键拉簧松动	1. 调节制动器弹簧到正常 2. 调节转键拉簧到正常
4	飞轮空转时离合器有节奏的响声	1. 转键没有完全卧入凹槽内 2. 转键曲面高于曲轴面	拆下维修
5	离合器分离时有沉重的响声	制动带太松	调节制动器弹簧到正常
6	单次行程时出现连冲	1. 弹簧(图2-33件2)太松或断裂 2. 弹簧(图2-33件4)太紧或断裂	调节弹簧力到正常或更换弹簧
7	转键冲击严重	1. 转键(图2-29件12)磨出毛刺 2. 曲轴凹槽磨出毛刺 3. 中套(图2-29件5)磨出毛刺	拆下修理或更换

表 2-7　摩擦离合器的常见故障及排除方法

序号	故障现象	故障原因	排除方法
1	离合器接合不紧，滑块不动或动作很慢	1. 间隙过大 2. 气阀失灵 3. 密封件漏气 4. 摩擦面有油 5. 导向销或导向键磨损	1. 调整间隙或更换摩擦片 2. 检修气阀 3. 更换密封件 4. 清洗干净 5. 拆下修理或更换
2	滑块下滑制动失灵	1. 制动器摩擦面间隙大 2. 气阀失灵 3. 弹簧断裂 4. 平衡气缸没气或气压太低 5. 导向销或导向键磨损	1. 调整或更换 2. 检修气阀 3. 更换弹簧 4. 送气或消除漏气 5. 拆下修理或更换
3	摩擦块磨损过快或温度异常升高	1. 气动联锁不正常，离合器和制动器互相干扰 2. 摩擦块厚度不一致 3. 摩擦面之间有异物 4. 摩擦盘偏斜	1. 调整两个气阀的时差 2. 重新更换摩擦块 3. 清除异物 4. 重新安装调整
4	制动时滑块下滑距离过长	1. 制动部分摩擦片间隙较大 2. 凸轮位置不对，制动时排气不及时	1. 调整间隙 2. 调整凸轮位置

表 2-8　滑块机构的常见故障及排除方法

序号	故障现象	故障原因	排除方法
1	调节闭合高度时滑块调不动	1. 调节螺杆压弯 2. 调节螺杆螺纹与连杆咬住 3. 蜗轮（或连同调节螺母一起）底面或侧面牙齿鼓胀部分与滑块体（或外壳）咬住 4. 调节螺杆球头间隙过小，球头与球头座咬合 5. 球头销松动，卡在滑块上 6. 平衡气缸气压过高或过低 7. 蜗杆轴滚动轴承碎裂 8. 导轨间隙太小 9. 电动机、电气故障 10. 锁紧未松开	1. 更换或校直 2. 更换或修螺纹 3. 轻则修刮车削，重则更换新件 4. 放大间隙，清洗球座，去伤痕 5. 重新配销 6. 调整气压 7. 换轴承 8. 调整间隙 9. 电工检修 10. 松开
2	冲压过程中，滑块速度明显下降	1. 润滑不足 2. 导轨压得太紧 3. 电动机功率不足	1. 加足润滑油 2. 放松导轨重新调整 3. 更换电动机或改选压力机
3	润滑点流出的油发黑或有青铜屑	润滑不足	检查润滑油流动情况，清理油路、油槽及刮研轴瓦
4	球头结构的连杆滑块在工作过程中滑块闭合高度自动改变	1. 没有锁紧机构的连杆机构中出现这种现象，是由于蜗轮蜗杆没有保证自锁 2. 具有锁紧机构的连杆滑块机构，往往由于调节闭合高度后忘了锁紧或锁紧不够	1. 减小螺旋角等，在双连杆压力机上可采用加抱闸的方法（临时措施） 2. 重新调整锁紧
5	连杆球头部分有响声	1. 球形盖板松动 2. 压力机超载，压塌块损坏	1. 旋紧球形盖板的螺钉，并用手扳动连杆调节螺杆以测松紧程度 2. 更换新的压塌块
6	调节闭合高度时滑块无止境地上升或下降	限位开关失灵	修理限位开关，但必须注意调节闭合高度的上限位和下限位行程开关的位置，不能任意拆掉，否则可能发生大事故

（续）

序号	故障现象	故障原因	排除方法
7	滑块在下死点被顶住	1. V带太松 2. 超负荷（闭合高度调节不当，送料发生重叠）	1. 调节带的松紧度 2. 在检查传动系统无其他原因后，将离合器脱开，开动电动机反转，达到回转速度时关闭电动机，靠飞轮惯性，人工操纵气阀使离合器接合，将滑块从卡紧状态中退出。一次不行可反复几次。不能反转的压力机，可调节装模高度，使滑块上升退出后再将曲柄转到上死点
8	挡头螺钉和挡头座被顶弯或顶断	调节闭合高度时，挡头螺钉没有进行相应的调节	1. 更换损坏零件 2. 调闭合高度时，应首先将挡头螺钉调到最高位置，待闭合高度调好后，再降低挡头螺钉到需要的位置

表2-9　气垫的常见故障及排除方法

序号	故障现象	故障原因	排除方法
1	气垫柱塞不上升或上升不到顶点	1. 密封圈太紧 2. 压紧密封圈的力量不均 3. 托板卡住： (1)导轨太紧 (2)废料或顶杆卡在托板与工作台板之间 (3)托板偏转被压力机座卡住 (4)气压不足 (5)压紧压力气缸活塞堵住进油口	1. 放松压紧螺钉或更换密封圈 2. 调整均匀 3. 排除方法 (1)放大导轨间隙 (2)消除废料，用堵头堵上工作台上不用的孔 (3)转正托板，上紧螺钉 (4)调整气压，消除漏气 (5)排出此气缸中的空气
2	气垫柱塞不下降	1. 密封圈压紧力不均匀或太紧 2. 气垫缸内气体排不出 3. 托板导轨太紧 4. 活动面有磨损现象	1. 调整压紧力 2. 排气 3. 调整导轨间隙 4. 修理
3	液压气垫得不到所需的压料力	1. 油不够 2. 控制缸活塞卡住不动或气缸不进气，故活塞不动 3. 溢流阀阀面封不严	1. 加油 2. 清洗气缸，检查气管路及气阀 3. 拆开研磨，检修
4	气垫柱塞上升不平稳，甚至有冲击上升	1. 缸壁与活塞润滑不良，摩擦力大或液压气垫油液中混入过多的冷凝水而变质 2. 密封圈压紧力量不均匀	1. 清洗除锈，加强润滑，更换油液并加强日常检查和放水 2. 调整压紧力
5	液压气垫产生压紧力后，拉伸不出合格的零件	1. 控制凸轮位置不对，压紧压力产生不及时 2. 气垫托板与模具压边圈不平行，压料力量不均匀	1. 调整凸轮位置 2. 调整平行度

2.8 伺服压力机

2.8.1 伺服压力机的工作原理

伺服压力机是由日本小松机械有限公司最先开发的一种新型压力机，与普通机械压力机结构不同。普通机械压力机的工作机构通常采用的是曲柄连杆滑块机构，冲压生产时，曲柄作360°的回转运动，滑块运动行程为曲柄半径的2倍。而交流伺服压力机的工作机构不再采用曲柄驱动滑块，滑块的工作行程可以根据冲压工艺的需要方便地调节。其基本结构和驱动方式通常有以下三种形式：

（1）偏心齿轮-连杆滑块机构　图2-66所示为小松开式伺服压力机工作原理图，交流伺服电动机经过带传动和齿轮变速后，驱动偏心齿轮作360°回转运动或一定角度的摆动，并通过连杆带动滑块做上下直线往复运动。压力机在偏心齿轮轴上设置了角位移监测器，可以准确测量偏心齿轮转过的角度，并反馈给CNC系统控制器。同时，在滑块的导轨附近设置了直线位移传感器，用来检测滑块实际的位置，构成了一个闭环控制系统，以便CNC系统

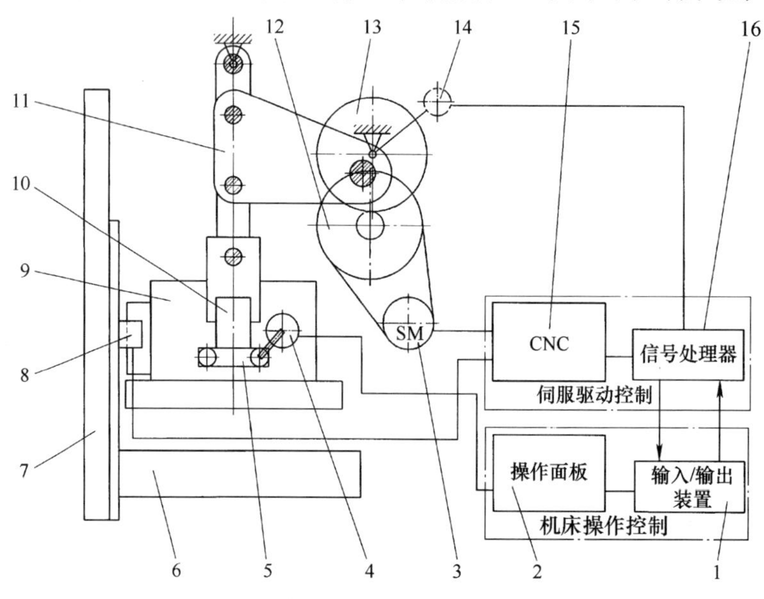

图2-66　小松开式伺服压力机工作原理图

1—I/O装置　2—操作面板　3—交流伺服电动机　4—调模驱动装置　5—载荷监控器　6—工作台垫板　7—床身　8—位置监测器　9—滑块　10—调节螺杆　11—连杆机构　12—传动齿轮　13—偏心齿轮　14—角位移监测器　15—CNC系统控制器　16—信号处理器

对滑块位移误差加以补偿。该类伺服压力机还带有模具闭合高度自动调节装置以及载荷监控器，一旦压力机出现过载，信号可迅速反馈到CNC系统控制器，并采取相应的保护措施。图2-67为采用该传动机构的一种开式单点交流伺服压力机的外形图。

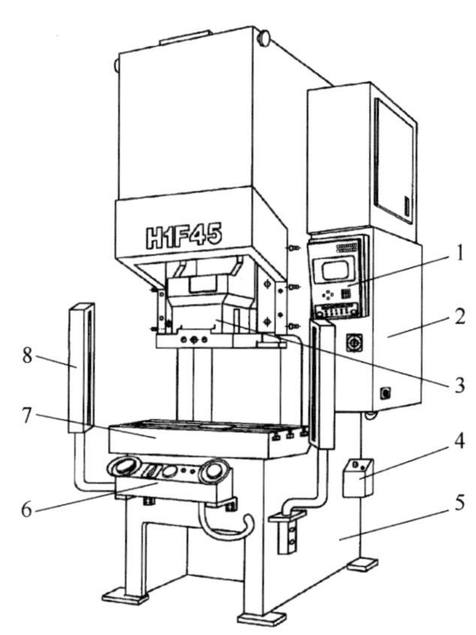

图2-67　小松H1F45伺服压力机外形图

1—CNC系统控制器　2—控制箱　3—滑块　4—润滑装置　5—床身　6—操作控制面板　7—工作台垫板　8—安全监测装置

（2）滚珠丝杠-肘杆滑块机构　图2-68所示为一种闭式双点交流伺服压力机的原理图。交流伺服电动机经一级带传动后驱动滚珠丝杠，将回转运动变换为直线运动，再经连杆驱动肘杆机构带动滑块运动。通过交流伺服电动机的正、反转运动，便可实现滑块的往复直线运动。该结构中肘杆的运动幅度可根据冲压工序对滑块行程的要求，由伺服电动机进行自动调节，因此，滑块的运动行程可以无级适时地调节，借助于CNC技术，可以方便地实现滑块的行程位置、滑块的运动速度、滑块的中途停顿、误差补偿等控制，故这类压力机又称为自由曲线数控压力机。小松H2F200型

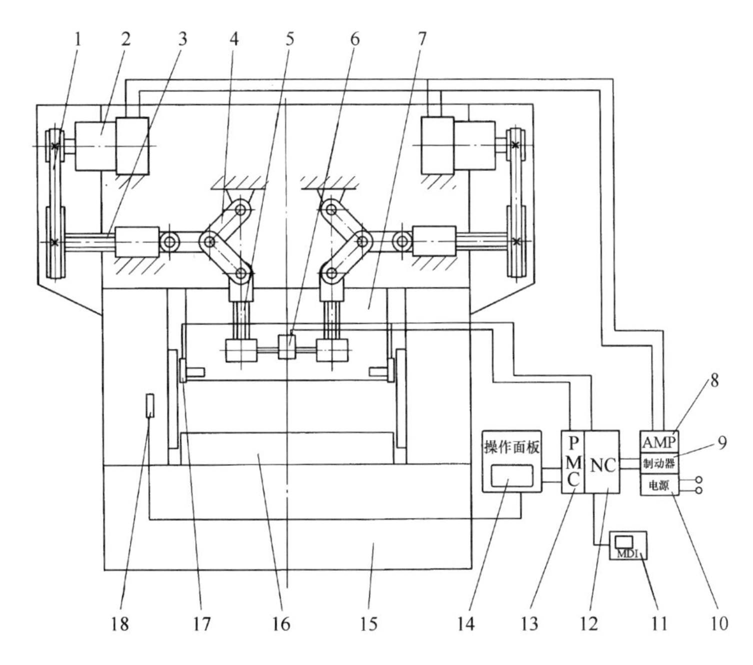

图2-68　小松H2F系列伺服压力机原理图

1—传动带　2—交流伺服电动机　3—滚珠丝杠机构　4—肘杆机构　5—闭合高度调节螺杆　6—调模驱动机构　7—滑块　8—交流伺服电动机驱动器　9—制动器　10—电源　11—数据输入器　12—NC系统控制器　13—调模控制器　14—操作面板　15—床身　16—工作台垫板　17—线性位移传感器　18—载荷监控传感器

闭式双点伺服压力机采用的便是该传动机构。

（3）滚珠丝杠-滑块机构　图2-69为小松HCP3000型CNC压力机外形图，其传动机构采用的是滚珠丝杠-滑块机构。图2-70所示为直接驱动式伺服压力机原理图，交流伺服压力机经带传动后驱动滚珠丝杠，将回转运动变换为直线运动，再由滚珠丝杠直接驱动滑块运动。同样，伺服电动机的正、反转可实现滑块的上下往复运动。与滚珠丝杠-肘杆滑块机构一样，也可方便地对滑块的位置、移动速度、中途停止、误差补偿等进行控制。因采用滚珠丝杠直接驱动滑块，省去了肘杆机构和闭合高度调节机构，且两个伺服电动机可单独驱动控制，滑块的位移测点也是单独控制的，这更有利于滑块因偏心载荷造成不均匀位移的补偿。该传动机构在多点伺服压力机和伺服折弯机上应用较多。

2.8.2　伺服压力机的特点

伺服压力机由于采用交流伺服电动机为动力源，可方便实现数字化控制，结合计算机数字控制技术的应用和高精度的闭环反馈控制技术，使之具有许多普通机械压力机所不具备的特点，主要有以下几方面：

1）伺服压力机滑块的运动行程可以方便地调节，大大减小了滑块空行程的运动时间和能量消耗。

2）CNC技术和反馈控制技术的应用，可以实现冲压成形工序的闭环数字化编程控制，冲压过程滑块的运动位置和运动速度可以由程序预先设定，并可方便地调整。

3）采用交流伺服电动机驱动，可输出很大的工作转矩，减小了曲柄压力机的飞轮储能作用，取消了离合器和制动器机构，简化了压力机结构。

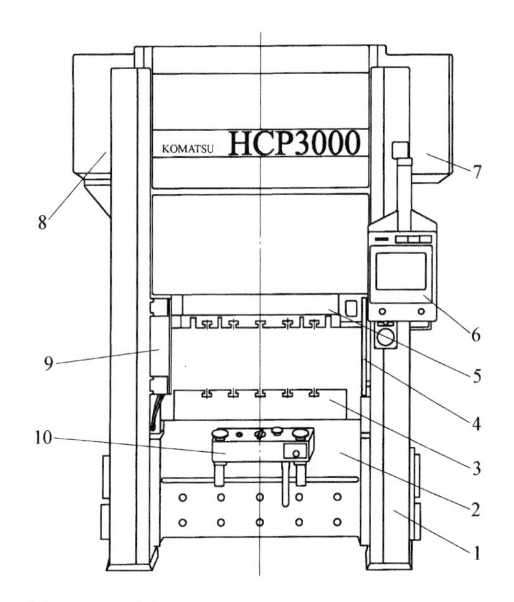

图 2-69 小松 HCP3000 型 CNC 压力机外形图
1—床身 2—工作台 3—垫板 4、9—线性位移传感器 5—滑块 6—编程控制器 7、8—伺服驱动机构 10—操作控制器

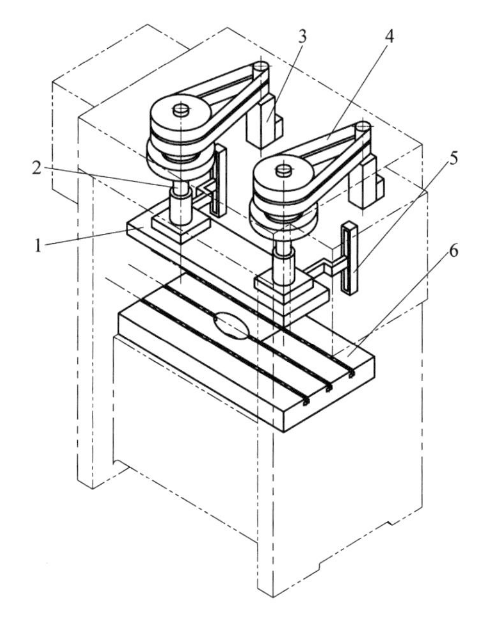

图 2-70 直接驱动式伺服压力机原理图
1—滑块 2—滚珠丝杠 3—交流伺服电动机 4—齿形传送带 5—直线位移传感器 6—工作台板

4）因冲压过程不仅仅依赖惯性能，可以按冲压工序的性质设定冲压过程滑块的运动曲线，有效地降低冲压时的振动和噪声，比曲柄压力机产生的噪声降低 10dB 以上，有效地提高了模具的寿命。

5）滑块的定位与导向精度高，滑块下死点位置偏差可以控制为 $\pm 10\mu m$。

6）滚珠丝杠驱动的多点伺服压力机还可实现单点单独调控，并可实现单点单独误差补偿。

7）伺服压力机冲压时，滑块输出的冲压能量基本不受滑块位置的影响，其输出能量主要取决于交流伺服电动机的功率及控制程序设定值，因此，可以在较大的冲压行程中保持足够的冲压力。

2.8.3 伺服压力机的应用

伺服压力机的出现使得板料冲压成形过程控制实现了数字化、程序化、细微化和高精度。对于不同的冲压成形工序（冲裁、拉深、弯曲、级进冲压等），其冲压工艺性质和要求是不同的。伺服压力机可以最大限度地满足不同冲压工艺的要求，使冲压变形过程更加节能、环保，有效提高模具的寿命，降低生产成本。

1. 板料冲裁

在曲柄压力机上进行冲裁时，滑块的行程、速度和加速度都是变化的，而且冲模的凸模在冲破板材的瞬间，载荷的突然减小和滑块运动方向的转变，在这一小段时间内会产生较大的噪声和振动。伺服压力机冲裁过程如图 2-71 所示。滑块的运动速度设成匀速（可根据不同阶段需要设成不同的速度值）。当凸模压入板料一定深度（开始产生剪切裂纹）时，让滑块短时停顿（曲线 *bc* 段），接着进入板料剪切到切断动作的转换阶段。在冲穿板厚时又设置一小段滑块停顿的时间（曲线 *de* 段），之后滑块回程。通过这一行程曲线的设置，可使冲裁产生的噪声降低10dB以上，达到延长模具使用寿命、减少生产成本、节能环保的目的。薄板冲裁还可采用图2-72a所示的行程控制曲线，冲裁工作阶段滑块的运动速度设置得更小，可进一步减慢板料剪切的速度，有利于增加板料断面上光亮带所占的比例，提高冲裁断面质量，而非冲裁阶段滑块的运动速度可以提高，以节省时间，提高效率。

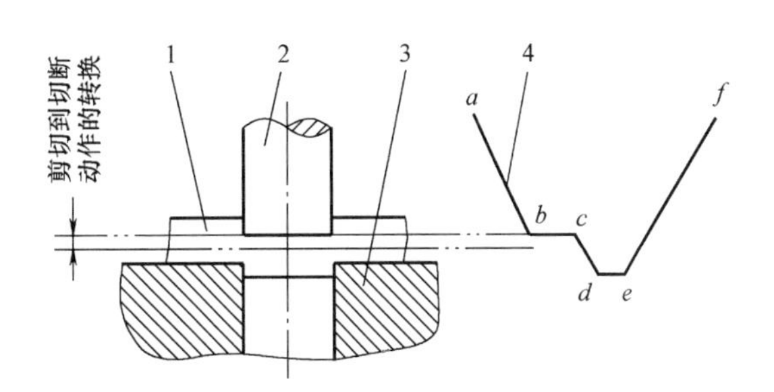

图2-71　伺服压力机冲裁过程
1—冲裁板料　2—凸模　3—凹模
4—冲裁行程曲线

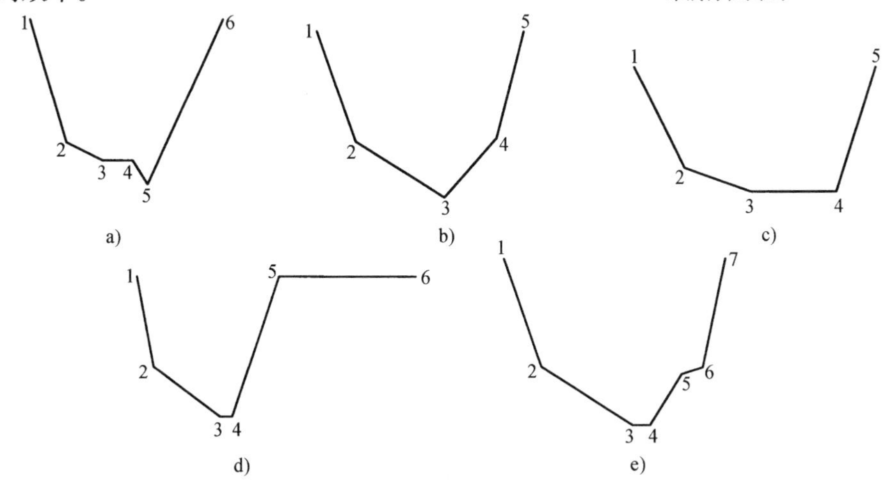

图2-72　不同冲压工艺的行程控制曲线
a）冲裁　b）拉深　c）薄板成形　d）级进冲裁　e）多工位连续冲压

2. 板料拉深

板料拉深时要求的拉深速度比冲裁要小，拉深工作完成后，拉深凸模的脱出速度也不能太高。图2-72b为伺服压力机拉深时的行程控制曲线，凸模在拉深阶段（曲线2-3段）和凸模脱模回程阶段（曲线3-4段）所设的滑块运动速度较小，而在非拉深工作阶段滑块的运动速度可以设置得更高些。

3. 薄板成形

薄板成形冲压工艺性质较为复杂，既有拉深工艺的成分，又含有板料胀形的成分，还有可能含有弯曲、切舌等冲压工艺性质，因此，冲压时滑块的运动速度不宜太快。图2-72c为伺服压力机进行薄板冲压成形时的行程控制曲线，在滑块到达下死点、冲压行程结束时（曲线3-4段）停留一段时间，对冲压件起到一个保压的作用，有利于减小冲压件的回弹变形。

4. 级进冲裁

级进冲裁是生产平板状钣金结构件时常采用的一种冲压工艺。冲压时滑块的工作行程要求不大，但冲压成形与板料的送进之间有严格的时序关系，二者应相互协调，否则将造成模具损坏或冲压事故。对于这类冲压工艺可采用图2-72d所示的滑块行程控制曲线，在一个冲压成形周期中，滑块回到上死点后将停留近半个周期的时间（曲线5-6段），以便自动送料装置将板料送入工作区。

5. 多工位连续冲压

多工位连续冲压所包含的冲压工艺性质不仅仅是冲裁，往往还含有弯曲、拉深、冲切、压印、成形等冲压工艺内容。随着冲压工序内容构成不同，多工位连续冲压模具对冲压过程的控制要求存在较大的差异，不同冲压工艺性质对滑块的行程和运动速度要求各不相同。模具包含的冲压工位越多，冲压过程控制越困难。这类模具通常用于中、高速压力机，对冲压过程控制和自动送料装置的同步要求均很高。采用伺服压力机冲压时，滑块的行程和运动速度可以很方便地设定，图2-72e所示行程控制曲线就是针对该类冲压工艺而设定的。冲压成形阶段（曲线2-3段）滑块保持较慢的匀速运动，冲压工作结束时滑块有一短暂的停留（曲线3-4段），有利于减小冲压产生的噪声和振动。滑块回程的同时进行卸料，为减小上模回程时对脱出的板料产生向上的附带运动，在板料脱模瞬间将滑块速度降低（曲线5-6段），之后快速回程，以便自动送料装置进行板料的送进。

采用伺服压力机冲压不仅可以根据不同的冲压工艺性质方便地设定滑块行程控制曲线，达到不同的控制目的，还可大大减小冲压成形周期，提高生产效率，降低生产成本，实现绿色环保冲压。图2-73是传统曲柄压力机滑块行程曲线与数控伺服压力机（自由曲线压力机）滑块行程曲线的比较。由图2-73可知，数控伺服压力机可以方便地将滑块的行程调至最佳行程，而且可方便地设定滑块运动过程不同阶段所需的运动速度，选择上模与板料接触的理想速度（曲线 *bc* 段），尽可能减小冲压时的噪声和振动，同时大大缩短了冲压成形周期。

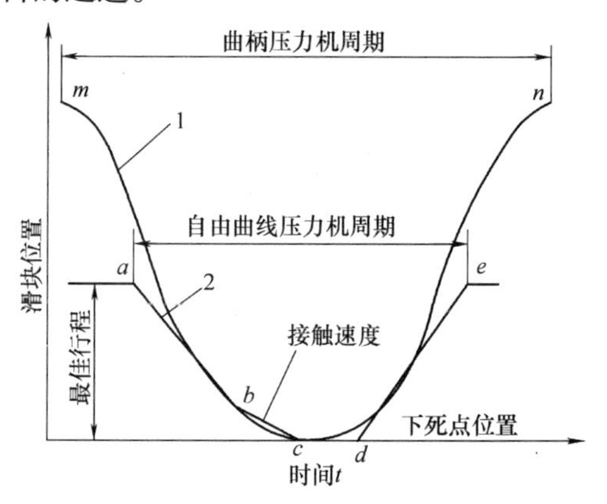

图2-73 滑块行程曲线比较

1—传统曲柄压力机滑块行程曲线

2—自由曲线压力机滑块行程曲线

复习思考题

2-1 冲压用的压力机有哪几种类型？各有何特点？

2-2 曲柄压力机由哪几部分组成？其工作机构是什么机构？

2-3 压力机的封闭高度、装模高度及调节量的含义是什么？

2-4 曲柄压力机的滑块速度在整个行程中怎么变化？

2-5 曲柄压力机滑块的许用负荷图说明什么问题？其图形一般是什么形状的？

2-6 曲轴式、曲拐轴式和偏心齿轮式曲柄压力机有何区别？各有何特点？

2-7 如何调节滑块与导轨之间的间隙？间隙不合理会出现什么问题？

2-8 曲柄压力机为什么要设离合器？常用的离合器有哪几种？各有什么特点？

2-9 转键离合器的工作原理如何？双转键各起什么作用？

2-10 制动器有几种类型？其结构原理怎样？为什么偏心带式制动器在工作中应经常调节？

2-11 压力机的刚度包括哪几个部分？压力机刚度不好会带来什么问题？

2-12 压力机的飞轮有什么作用？工作中有时飞轮和电动机会逐渐减速是什么原因？

2-13 压塌块起什么作用？一般设置在压力机的什么部位？对它有何要求？

2-14 拉深垫有何作用？气垫和液压气垫各有何优缺点？

2-15　何谓拉深垫锁紧装置?

2-16　为什么压力机上要设滑块平衡装置?其常见形式有哪几种?

2-17　打料横杆如何起推料作用?如何调节其打料行程?

2-18　选择压力机时,要考虑哪些问题?

2-19　如图2-74所示的工件,采用图2-75所示的落料拉深复合模冲压成形。已知:落料力为160kN,拉深力为80kN,顶件力为10kN。现将模具用于J23-40压力机,问是否会出现过载?

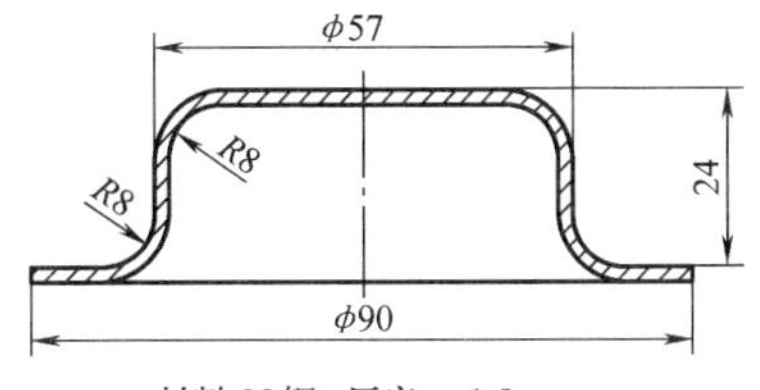

图2-74　有凸缘拉深件

2-20　某复合冲压工序的力-行程曲线与备选压力机的许用负荷如图2-76所示,冲压工序与设备主要参数见表2-10,已知板厚1.5mm,模具闭合高度$H=208$mm,试选择合适的压力机。

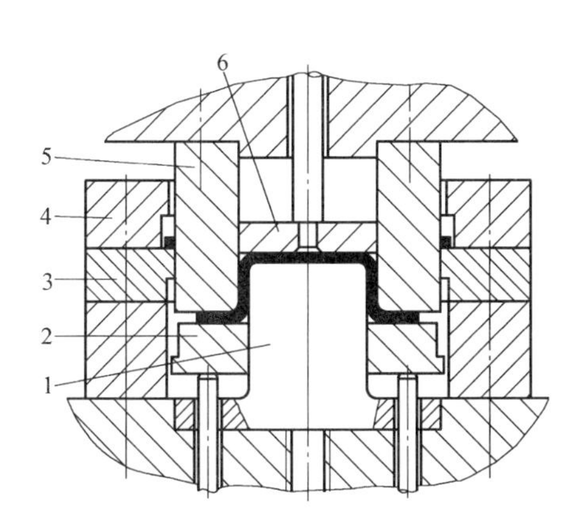

图2-75　落料拉深复合模

1—拉深凸模　2—压边圈　3—落料凹模
4—刚性卸料板　5—凸凹模　6—刚性推件板

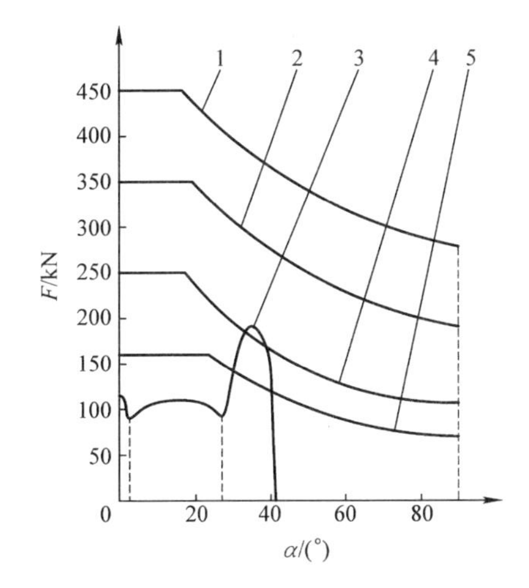

图2-76　冲压工序的力-行程曲线与备选压力机许用负荷曲线

1—J23-45许用负荷曲线　2—J23-35许用负荷曲线
3—复合冲压工序负荷曲线
4—J23-25许用负荷曲线　5—J23-16许用负荷曲线

表2-10　冲压工序与设备主要参数

工序名称	工作行程/mm	冲压力/kN	设备型号	最大封闭高度/mm	调节范围/mm	垫板厚度/mm
落料	2	180	J23-16	220	60	60
拉深	6	110	J23-25	270	70	70
压印	0.5	115	J23-35	300	80	80
			J23-45	360	90	90

2-21　压力机超负荷会造成什么后果?如何判断压力机是否超负荷工作?

2-22　压力机的综合间隙太大会有什么现象产生?

2-23　压力机的定期检修保养一般应完成哪几项内容?

2-24　压力机上安装拉深模的一般步骤有哪些?

第3章 其他类型的冲压设备

3.1 双动拉深压力机

双动拉深压力机是具有双滑块的压力机。如图3-1所示为上传动式双动拉深压力机结构简图，它有一个外滑块和一个内滑块。外滑块用来落料或压紧坯料的边缘，防止起皱；内滑块用于拉深成形。外滑块在机身导轨上做下死点有“停顿”的上下往复运动；内滑块在外滑块的内导轨中做上下往复运动。

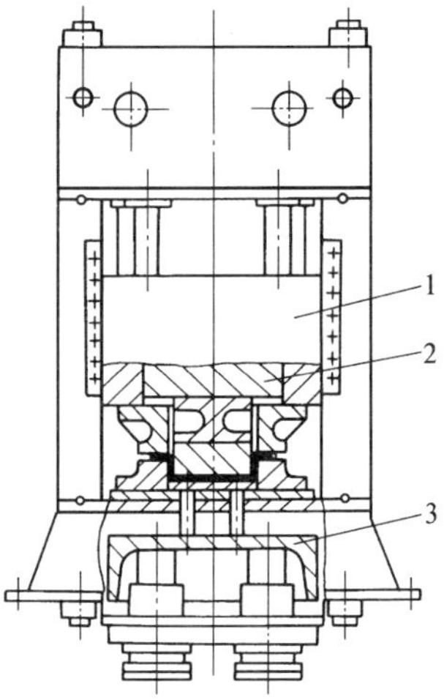

3.1.1 双动拉深压力机的工艺特点

拉深工艺除要求内滑块有较大的行程外，还要求内、外滑块的运动密切配合。内、外滑块的运动关系可用工作循环图表达，如图3-2所示。在内滑块拉深之前，外滑块先压紧坯料的边缘；在内滑块拉深过程中，外滑块应始终保持压紧的状态；拉深完毕，外滑块应稍滞后于内滑块回程，以便将拉深件从凸模上卸下来。

图3-1 上传动式双动拉深压力机结构简图
1—外滑块 2—内滑块 3—拉深垫

双动拉深压力机除能获得较大的压边力外，还有如下一些工艺特点：

1. 压边刚性好且压边力可调

双动拉深压力机的外滑块为箱体结构，受力后变形小，所以压边刚性好，可使拉深模拉深筋处的金属完全变形，因而可充分发挥拉深筋控制金属流动的作用。外滑块有四个悬挂点，可用机械或液压的调节方法调节各点的装模高度或油压，使压边力得到调节。这样，可以有效地控制坯料的变形趋向，保证拉深件的质量。

2. 内、外滑块的速度有利于拉深成形

作为拉深专用设备，双动拉深压力机的技术参数和传动结构更符合拉深变形速度的要求。内滑块由于受到材料拉深速度的限制，一般行程次数较低。为了提高生产率，目前大、中型双动拉深压力机多采用变速机构，以提高内滑块在空程时的运动速度。外滑块在开始压边时，已处于下死点的极限位置，其运动速度接近于零，因此对工件的接触冲击力很小，压边较平稳。

3. 便于工艺操作

在双动拉深压力机上，凹模固定在工作台垫板上，因而坯料易于安放与定位。

由于双动拉深压力机具有上述工艺特点，特别适合于形状复杂的大型薄板件或薄筒形件的拉深成形。

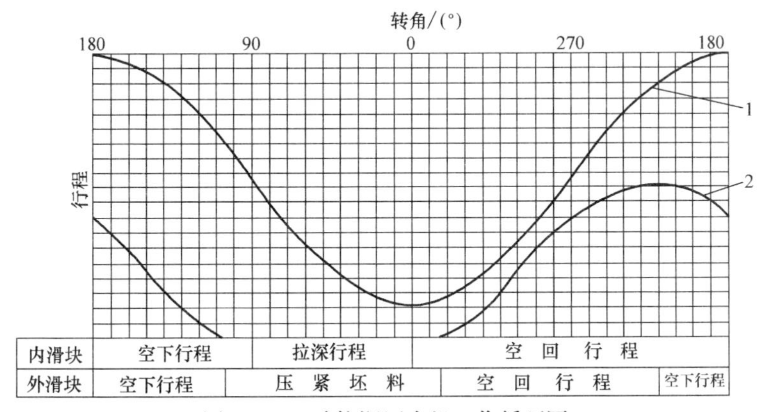

图3-2　双动拉深压力机工作循环图

1—内滑块行程曲线　2—外滑块行程曲线

3.1.2　双动拉深压力机的结构

双动拉深压力机按传动方式不同，可分为机械双动拉深压力机和液压双动拉深压力机。而机械双动拉深压力机按传动系统布置的不同，又可分为上传动和下传动两种。

如图3-3所示为下传动双动拉深压力机的外形。如图3-4所示为J44-55B型下传动双动拉深压力机的传动原理图，该机采用三级减速对称传动。电动机的旋转运动通过带和齿轮传动传给主轴，主轴中间固接的凸轮1驱动工作台做上下往复运动，与压边滑块配合完成压料动作。主轴两端的大齿轮2上装有偏心轮3，通过连杆6驱动拉深滑块7做上下往复运动，完成拉深成形动作。拉深凹模装于工作台5上，凸模装于与拉深滑块连接在一起的装模螺杆上，压边圈装在压边滑块的下面。通过调节装模螺杆的上下位置即可改变压力机的装模高度。

装模螺杆的调节机构如图3-5所示。调整时，松开锁紧手轮1，旋转手轮6，通过锥齿轮4使螺母转动，带动装模螺杆5做上下移动，调整好后锁紧螺杆。

压边力的调节是通过调整压边滑块的装模高度以控制压边圈和凹模上表面对坯料的夹紧程度来实现的。压边滑块的调节如图3-6所示，滑块1通过四根调节螺杆3悬挂在机身横梁上，上横梁装有压边滑块的装模高度调节机构，由电动机5通过带传动带动蜗杆10转动，蜗杆10通过链轮6、11带动蜗杆7，蜗杆7、10带动四个蜗轮8（即调节螺母9）转动，驱动四根螺杆（蜗杆10传动的两根螺杆为右旋，而蜗杆7传动的两根螺杆为左旋）带着压边滑块做上下移动，达到调节的目的。此压边滑块还可分别调整四根螺杆，以使压边滑块四个角产生不同的压边力。调整时，先将螺杆与滑块连接处的菱形压板2的螺钉松开，用撬杆插入螺杆上的孔 a 中并扳动，使调节螺杆3微量转动，从而改变压边力，调整完后再紧固菱形压板的螺钉。

如图3-7所示为JA45-100型闭式单点双动拉深压力机的外形，其传动原理如图3-8所示，采用四级减速传动。内滑块为偏心齿轮驱动的曲柄滑块机构；外滑块由同一偏心齿轮驱动杠杆系统来实现。如图3-8所示，偏心齿轮通过外滑块主连杆2带动摇杆4、连杆3、摆杆5、连杆6，最后将运动传递给两个小横梁7，小横梁上固定的两根导向杆8，与外滑块通过螺纹联接在一起。这样，当偏心齿轮转动时，通过杠杆系统使四根导向杆带着外滑块做上下往复运动，实现压料动作。

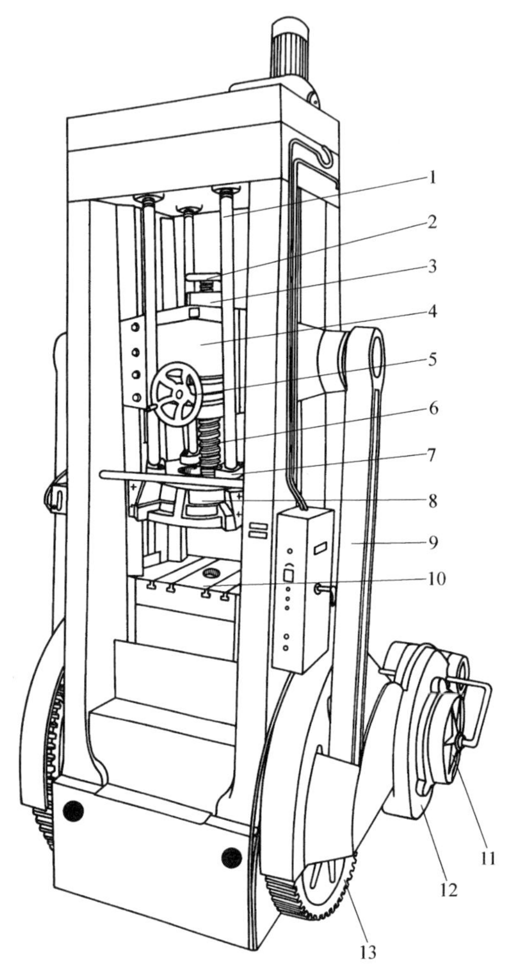

图 3-3 下传动双动拉深压力机

1—压边螺杆 2—手轮 3—锁紧手轮 4—拉深滑块 5—上模调节手轮 6—装模螺杆 7—菱形压板 8—压边滑块 9—连杆 10—工作台 11—离合器 12—飞轮 13—大齿轮

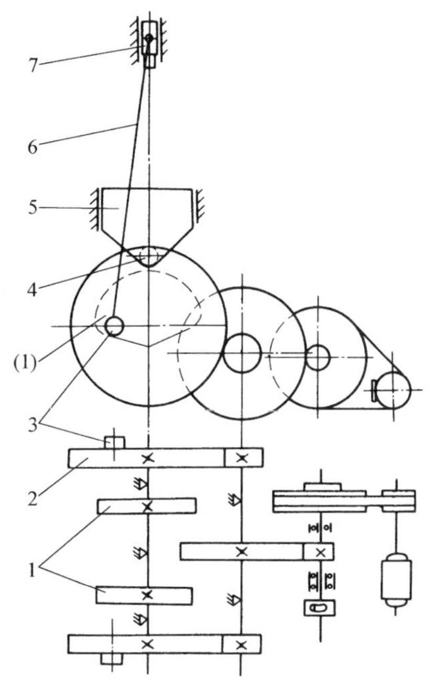

图 3-4 J44-55B 型下传动双动拉深压力机的传动原理

1—凸轮 2—大齿轮 3—偏心轮 4—滚轮 5—工作台 6—连杆 7—拉深滑块

该压力机内滑块装模高度的调节机构与图 2-20 相似。外滑块装模高度的调节机构如图 3-9 所示，两根平行轴的两端装有四个蜗杆 2，驱动蜗轮 8，蜗轮带动调节螺母 7 旋转，从而使外滑块 3 在四根导向杆上做上下移动，调节完后拧紧锁紧螺母 6。因四根蜗杆转向相同，所以图 3-9 中上面两根导向杆的螺纹为左旋，而下面两根导向杆的螺纹为右旋，以保证调节时外滑块同步向上或向下移动。内、外滑块机动调节采用同一台电动机，通过电磁离合器及齿轮挂靠实现

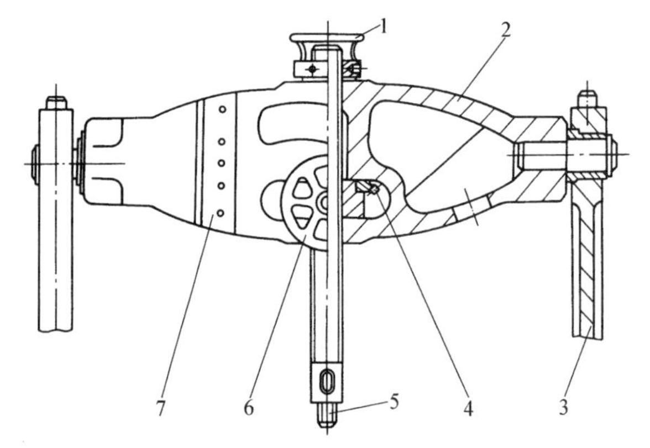

图 3-5 J44-55B 型双动拉深压力机滑块机构

1—锁紧手轮 2—滑块 3—连杆 4—锥齿轮 5—装模螺杆 6—手轮 7—导滑面

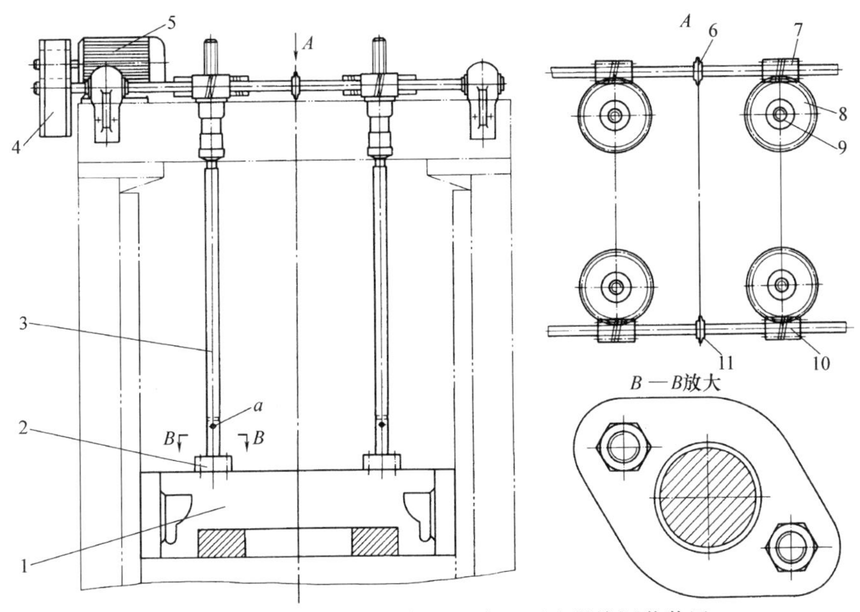

图3-6　J44-55B型双动拉深压力机压边滑块调节装置

1—滑块　2—菱形压板　3—调节螺杆　4—传动带　5—电动机
6、11—链轮　7、10—蜗杆　8—蜗轮　9—调节螺母

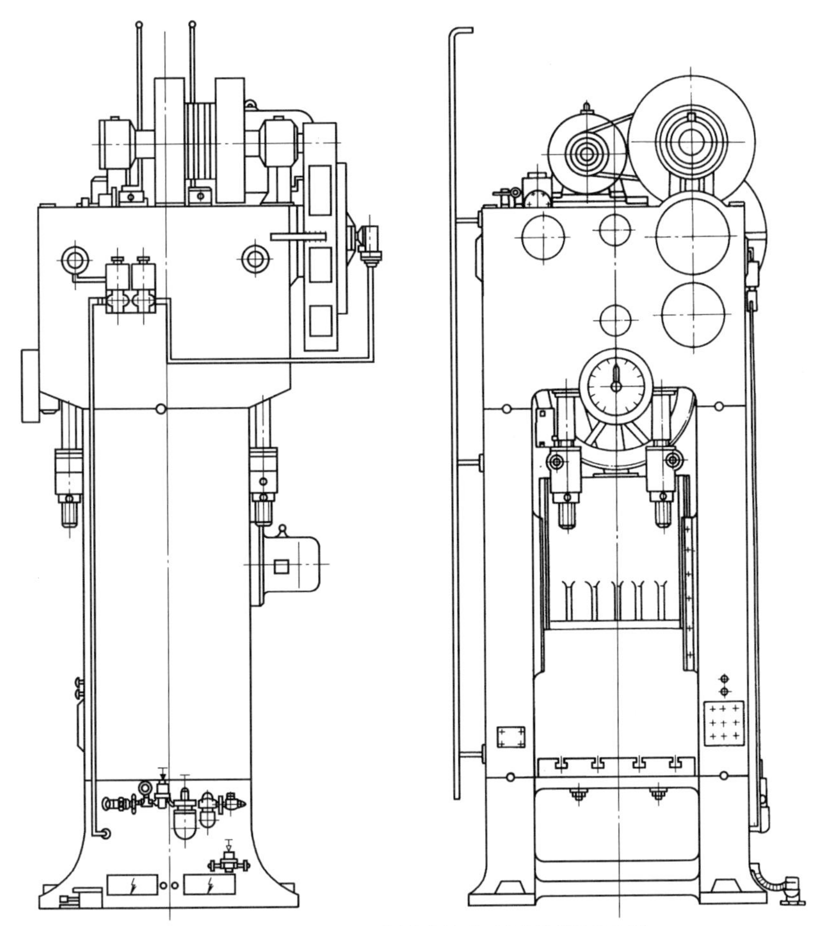

图3-7　JA45-100型闭式单点双动拉深压力机

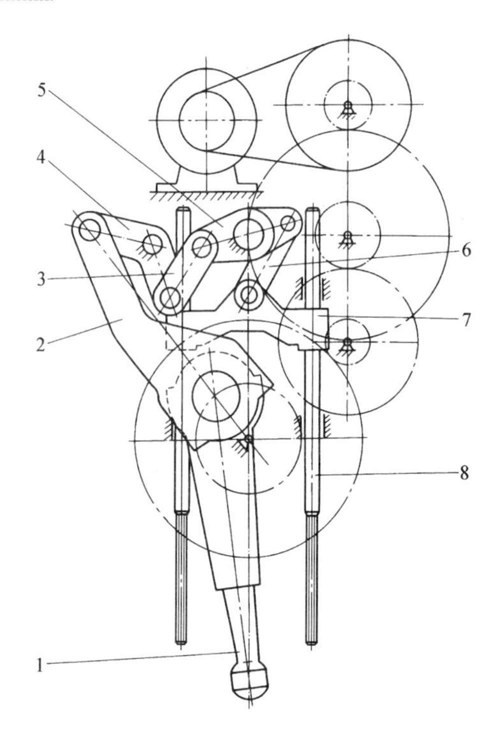

图 3-8 JA45-100 型双动拉深压力机传动原理
1—内滑块连杆 2—外滑块主连杆
3、6—连杆 4—摇杆 5—摆杆
7—小横梁 8—导向杆

不同时调节，中间传动为齿轮传动及链传动（图 3-10）。利用手把摇动电动机也可实现手动调节装模高度。

表 3-1 为几种双动拉深压力机的技术参数。

表 3-1 几种双动拉深压力机的技术参数

压力机型号			J44-55C	J44-80	JA45-100	JA45-200	J45-315	JB46-315
总公称力/kN					1630	3250	6300	6300
行程次数/(次/min)			9	8	15	8	4.5~9	10
低速行程次数/(次/min)								1
最大拉深高度/mm			280	400		315	400	390
立柱间距/mm			800	1120	950	1620	1930	3150
内滑块	公称力/kN		550	800	1000	2000	3150	3150
	公称力行程/mm					25	30	40
	行程/mm		560	640	420	670	850	850
	最大装模高度/mm				480	930	1120	1550
	装模高度调节量/mm				100	165	300	500
	底面尺寸	左右/mm			560	960	1000	2500
		前后/mm			560	900	1000	1300
外滑块	公称力/kN		550	800	630	1250	3150	3150
	行程/mm			450	250	425	530	530
	最大装模高度/mm				430	825	1070	1250
	装模高度调节量/mm				100		300	500
	底面尺寸	左右/mm			850	1420	1550	3150
		前后/mm			850	1350	1600	1900
垫板尺寸		左右/mm	600	1000	950	1540	1800	3150
		前后/mm	720	1100	900	1400	1600	1900
		厚/mm			100	160	220	250
气垫压力(压紧力/顶出力)/kN					/100	500/800	1000/1200	
气垫行程/mm					210	315	400	440
主电动机功率/kW			15	22	22	40	75	100

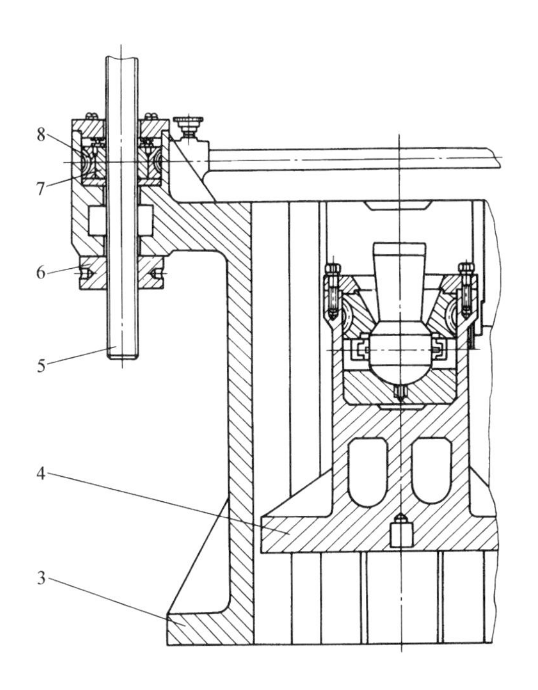

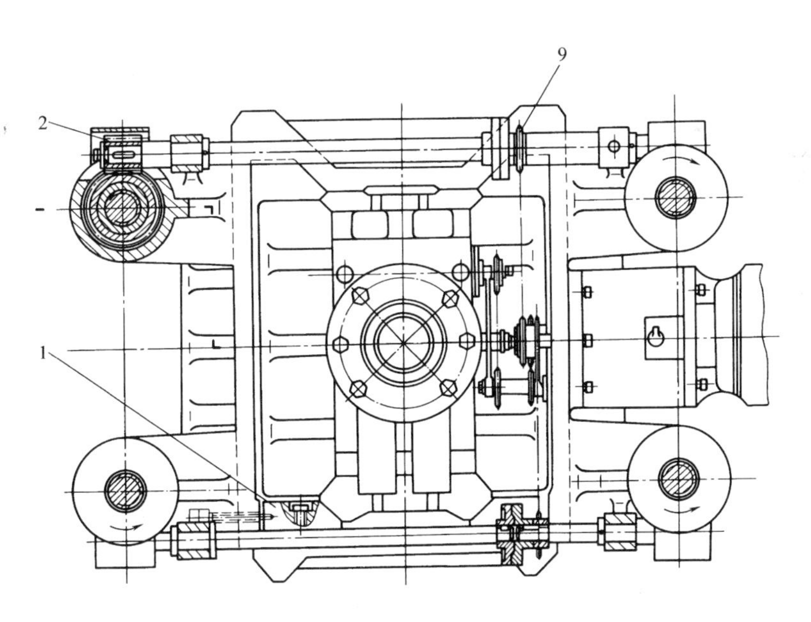

图3-9　JA45-100型双动拉深压力机外滑块调节机构

1—内滑块导轨　2—蜗杆　3—外滑块　4—内滑块　5—导向杆

6—锁紧螺母　7—调节螺母　8—蜗轮　9—链轮

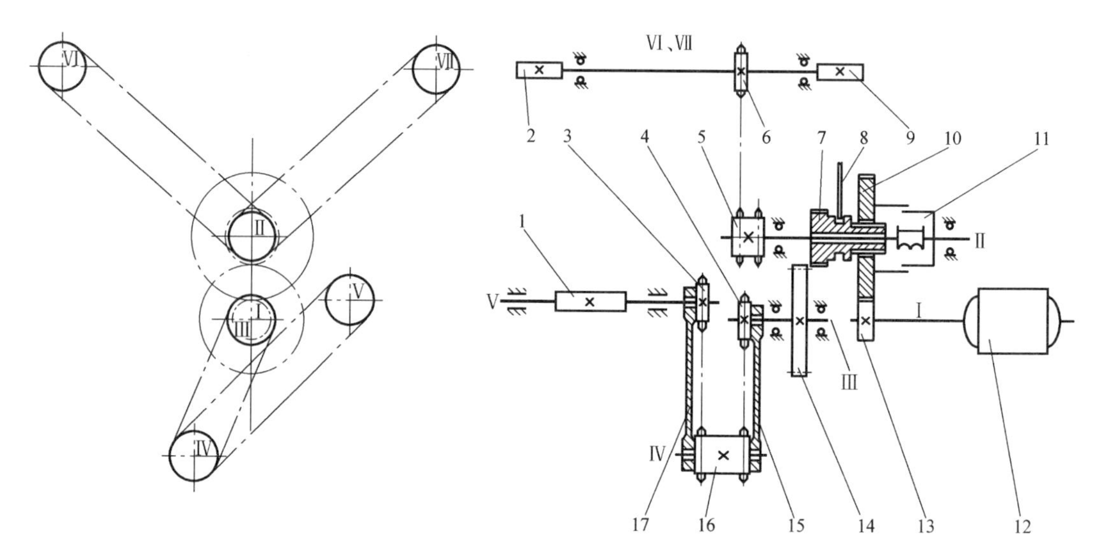

图3-10 JA45-100型双动拉深压力机内、外滑块调节机构的传动图

1—内滑块调节蜗杆 2、9—外滑块调节蜗杆 3、4、6—链轮 5、16—双齿链轮 7—滑移齿轮 8—齿轮拨叉 10、13、14—齿轮 11—电磁离合器 12—电动机 15、17—支杆

3.2 螺旋压力机

3.2.1 螺旋压力机的工作原理和分类

螺旋压力机的工作机构是螺旋副滑块机构，如图3-11所示，螺杆3的上端连接着飞轮7，当传动机构驱使飞轮和螺杆旋转时，螺杆便相对固定在机身横梁中的螺母做上下直线运动，连接于螺杆下端的滑块2即沿机身导轨做上下直线运动。在空程向下时，由传动装置将运动部分（包括飞轮、螺杆和滑块）加速到一定的速度，积蓄向下直线运动的动能。在工作行程时，这个动能转化为制件的变形功，运动部分的速度随之减小到零。当操纵机构使飞轮、螺杆反转时，滑块便可回程向上。如此压力机便可通过模具进行各种压力加工。

螺旋压力机的分类方法最常用的是按传动机构的类型来分，可分为摩擦式、液压式、电动式和离合器式四类，如图3-12所示。

摩擦式螺旋压力机（图3-12a），通常称为摩擦压力机，它是利用摩擦传动机构的主动部件（常为摩擦盘）压紧飞轮轮缘产生的摩擦力矩驱动飞轮-螺杆的。用不同的摩擦盘压紧驱动来改变滑块的运动方向。在工作行程时，为避免因工作部分急剧制动过分磨损摩擦材料，摩擦传动机构的主动部件和飞轮要脱开，运动部分靠摩擦盘脱开之前积聚的动能做功，使制件变形。

液压螺旋压力机是由液压马达的转矩推动飞轮或螺杆（图3-12b），或由液压缸的推力推动螺杆或滑块（图3-12c），使其工作部分运动的。直接传动的电动螺旋压力机（图3-12d）靠特制的可逆电动机的电磁力矩直接推动电动机转子（飞轮）旋转工作，每个工作循环电动机正反起动各一次。离合器式螺旋压力机（图3-12e）的飞轮是常转的，需要冲压时，通过离合器使螺杆与飞轮连接，从而驱动螺旋副运动。冲压后离合器脱开，滑块靠回程缸带动返回上死点。

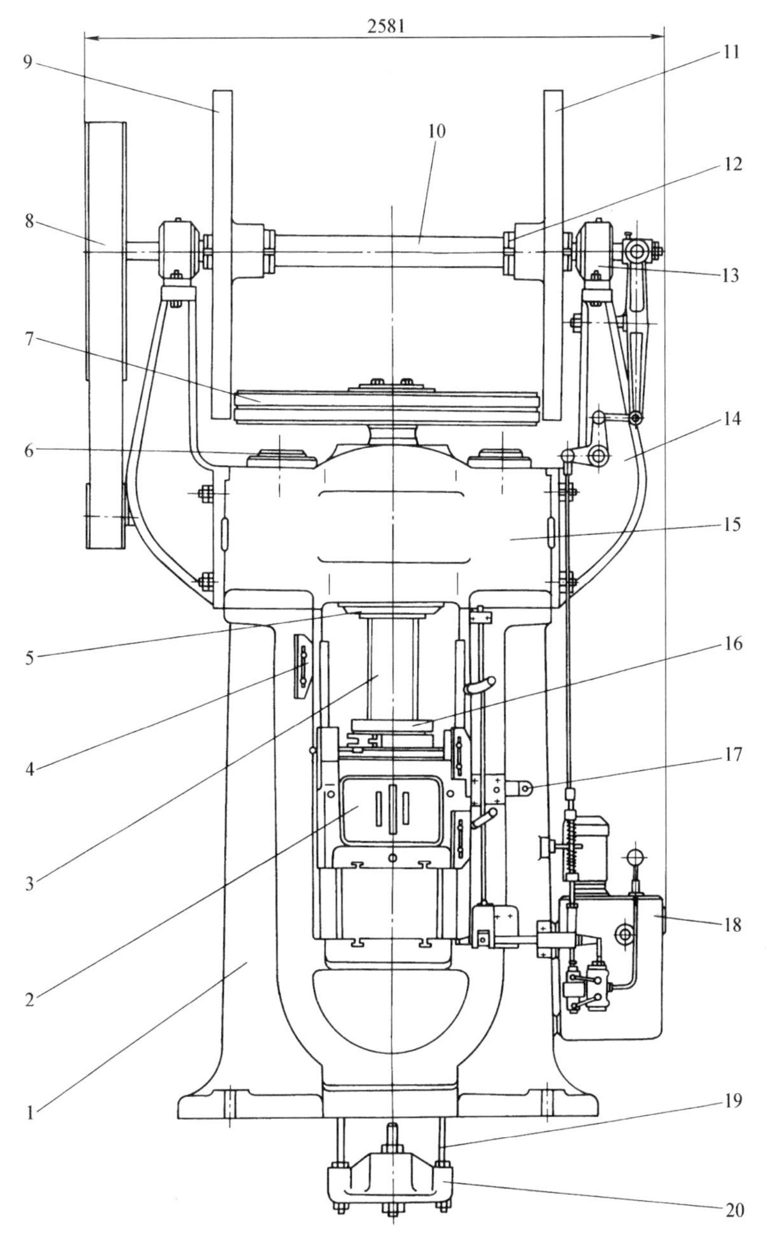

图3-11　3000kN双盘式摩擦压力机结构图

1—机身　2—滑块　3—螺杆　4—斜压板　5—缓冲圈　6—拉紧螺栓　7—飞轮　8—传动带
9、11—摩擦盘　10—传动轴　12—锁紧螺母　13—轴承　14—支臂　15—上横梁
16—制动装置　17—卡板　18—操纵装置　19—拉杆　20—顶料器座

螺旋压力机还可按螺旋副的工作方式分为螺杆直线运动式、螺杆旋转运动式和螺杆螺旋运动式三大类，如图3-13所示。按螺杆数量分为单螺杆、双螺杆和多螺杆式；按工艺用途分为粉末制品压力机、万能压力机、冲压用压力机、锻压用压力机等；按结构形式分为有砧座式和无砧座式等。

3.2.2　摩擦压力机

摩擦压力机曾出现过多种摩擦传动机构，但实践证明，双盘式摩擦压力机的综合性能优

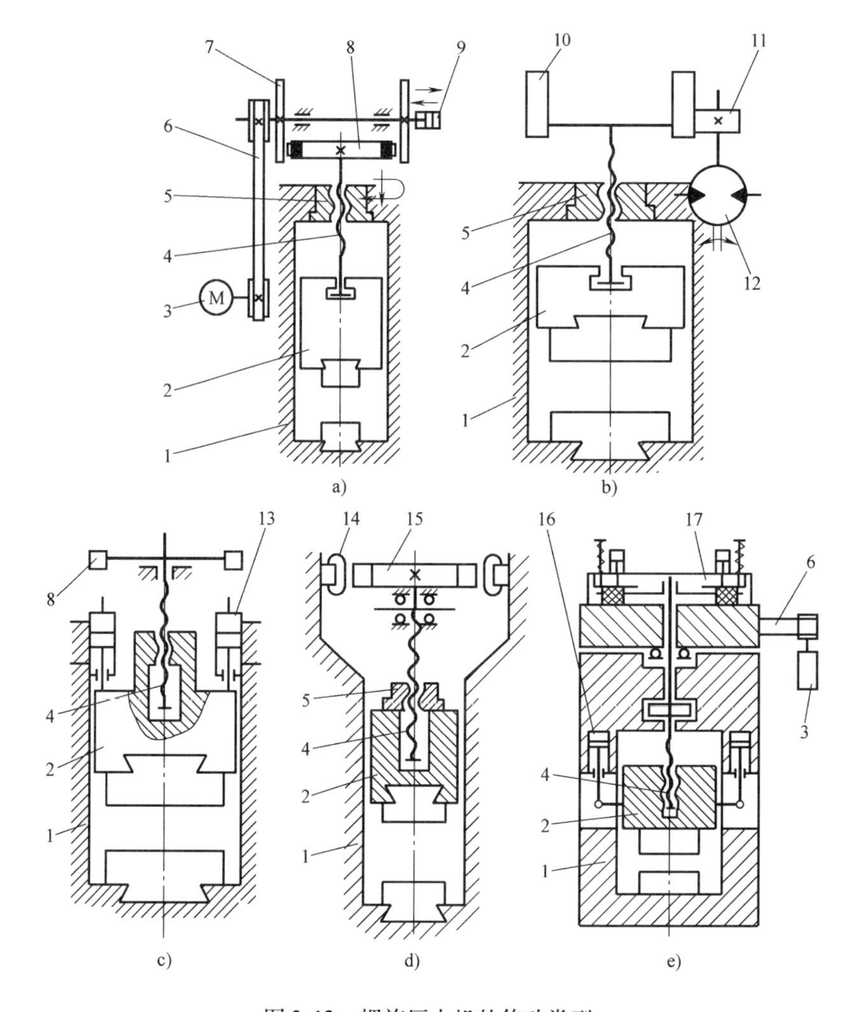

图 3-12 螺旋压力机的传动类型

a）摩擦式 b）、c）液压式 d）电动机式 e）离合器式

1—机架 2—滑块 3—电动机 4—螺杆 5—螺母 6—传动带 7—摩擦盘 8—飞轮 9—操纵气缸 10—大齿轮（飞轮） 11—小齿轮 12—液压马达 13—液压缸 14—电动机定子 15—电动机转子（飞轮） 16—回程缸 17—离合器

于其他摩擦传动形式，故在实际中应用最为广泛。

如图 3-11 所示，机身 1 和上横梁 15 用两根拉紧螺栓 6 加热拉紧，形成一个刚性的整体。在上横梁的左右两侧各固定有一支臂 14，通过轴承 13 支承着传动轴部件。传动轴 10 的两边各装有一个摩擦盘 9、11，并用平键和锁紧螺母 12 紧固在传动轴上，可随传动轴转动，并可做一定量的水平轴向移动，以便左、右摩擦盘交替压紧飞轮 7 的轮缘。飞轮的边缘装有可以拆换的石棉铜丝摩擦带，靠其摩擦力带动飞轮正转或反转。摩擦盘与飞轮之间的单边保持 2 ~3mm 的间隙。摩擦带磨损、间隙增长后，需停机松开摩擦盘两侧的锁紧螺母，移动摩擦盘进行调整。飞轮为整体式结构，用切向键与螺杆 3 的上端连接，相对固定于机身上横梁中的螺母做螺旋运动。螺杆的下端铰接安装在滑块 2 内，可自由转动。滑块为箱形，其底面设有一个安装模柄用的模柄孔，还有两条平行设置的 T 形槽，以便用压板和螺钉固定上模。滑块四角有导向面，和机身侧立柱上的导轨相配合。滑块的上方安装着一个带式制动

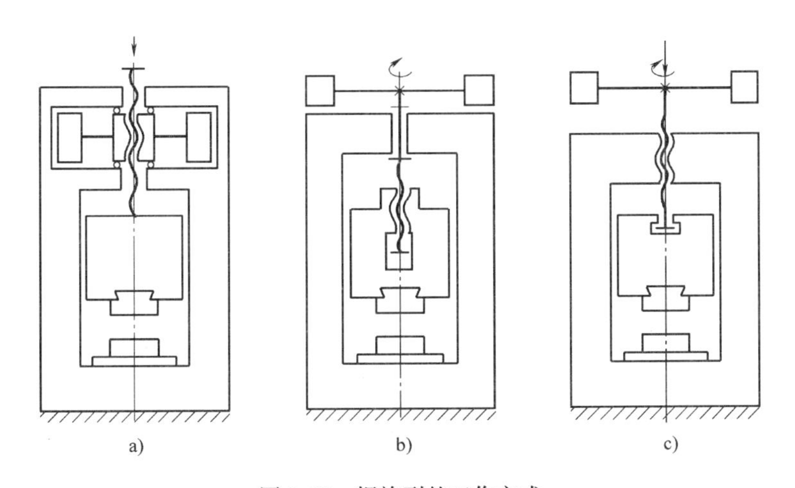

图3-13　螺旋副的工作方式

a）螺杆直线运动　b）螺杆旋转运动　c）螺杆螺旋运动

装置16，用于制动螺杆。制动装置的动作是利用固定于机身的斜压板4控制的，因此只能在规定的位置才能制动。在上横梁和螺母的下部，安装着一个用硬质耐油橡胶制成的缓冲圈5，当制动装置失灵时，制动装置16与缓冲圈相碰，运动部分的剩余能量被吸收，可避免设备事故。

此外，在压力机的工作台垫板下还设有刚性顶料装置。顶料器座20是通过两根拉杆19和滑块相连的。当滑块回程时，带动顶料器向上推动顶杆将下模中的工件顶出。这种滑块直接带动的顶料装置，虽然结构简单，又不要附加别的动力装置，但是只能在滑块到达上死点时才能取出工件。这样使工件在模具中的停留时间较长，对热锻工艺不利，而且工件顶出后，顶杆一直处于顶出位置，致使坯料不易安放定位。

在机身的右边立柱上，设置了一个卡板17，当滑块停在上部位置时，把卡板向左方推，便可抵住滑块下平面，这样可防止滑块和运动部分自由下落，确保模具安装和调整的安全。

传动轴由电动机通过传动带8带动，保持定向转动。而传动轴的水平轴向移动和压紧飞轮的动作，则靠操纵系统控制。该机采用的是液压-杠杆操纵系统，其工作原理如图3-14所示。操纵杆8是由液压缸3的活塞4来推动的。当操纵手柄5放在水平位置时，受手柄操纵的分配阀2处于中间位置，分配阀的进油口a关闭，液压泵17输出来的油通过溢流阀16排回油箱19。而液压缸3的上、下部均和油箱相通，于是液压缸活塞4在弹簧14的作用下处于中间位置，这时两个摩擦盘都不与飞轮接触，滑块在制动器的作用下，停在导轨的上部。

冲压时，将操纵手柄5压下，分配阀2被提升到上面位置，液压泵输出的压力油进入液压缸的上腔，而液压缸的下腔和油箱相通。因此，在油压作用下，活塞4把操纵杆8拉下，通过曲杆7和拨叉6的杠杆作用使传动轴向右移动，左摩擦盘便压紧飞轮，驱动飞轮旋转，使滑块向下运动。在将接触工件时，滑块上的下行程限位板12和控制杆9上的下碰块13相碰，使手柄和分配阀回到中间位置，这时液压缸上、下腔均与油箱19相通，操纵杆在弹簧力作用下也处于中间位置，于是两个摩擦盘均与飞轮脱开而保持一定的间隙，此时运动部分便以所积蓄的能量来进行冲压。

冲压完后，将操纵手柄提起，分配阀被压到下面位置，压力油通入液压缸下腔，推动活塞向上运动，将操纵杆顶起，拨叉便将传动轴向左推动，右摩擦盘压紧飞轮，驱动飞轮反

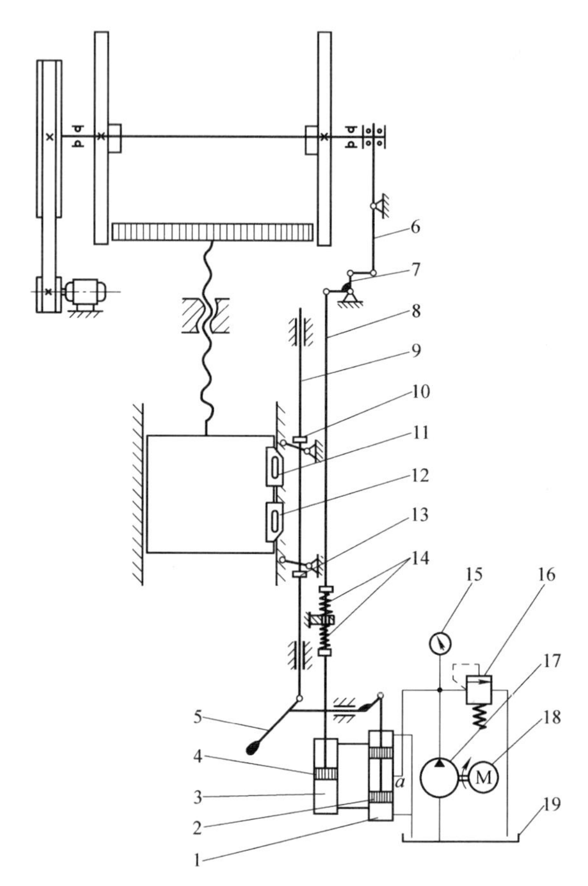

图 3-14　3000kN 摩擦压力机操纵系统原理图
1—分配阀液压缸　2—分配阀　3—液压缸　4—活塞　5—操纵手柄　6—拨叉　7—曲杆　8—操纵杆
9—控制杆　10—上碰块　11—上行程限位板　12—下行程限位板　13—下碰块
14—弹簧　15—压力计　16—溢流阀　17—液压泵　18—电动机　19—油箱

转，使滑块回程向上。当滑块回程接近行程上死点时，固定在滑块上的上行程限位板 11 与控制杆 9 上的上碰块 10 相碰，迫使操纵手柄和分配阀回到中间位置，于是两个摩擦盘便与飞轮脱开，运动部分靠惯性继续上升，随即由制动装置进行制动，使滑块停止在预设的上死点。

滑块上的上、下行程限位板可做一定量的调节。上行程限位板 11 的位置及控制制动器的斜面板的位置调节可改变滑块上死点的位置，而下行程限位板可改变滑块向下运动的加速行程，以适应模具闭合高度变化的要求。滑块下死点是随不同工艺、不同模具而改变的。

对于公称力在 1600kN 以下的小型压力机，常采用手动杠杆操纵系统，其结构与液压-杠杆操纵系统基本相同，只是将液压部分省去，而把操纵手柄直接与操纵杆相连，这种方式操作较费力。

如图 3-15 所示为 JB53-400 型双盘式摩擦压力机的结构图。该机的机身为一长方形框架整体铸钢件。左、右摩擦盘活套在不转动的横轴 4 上，分别由两个转速不同的电动机驱动旋转，因此，可以得到较好的速度特性。同时调整间隙也十分方便，可在不停机的情况下，转动手轮 1、7 予以调整。

JB53-400 型摩擦压力机采用气动操纵系统，两个气缸 2、6 分别固定在左、右两个支撑

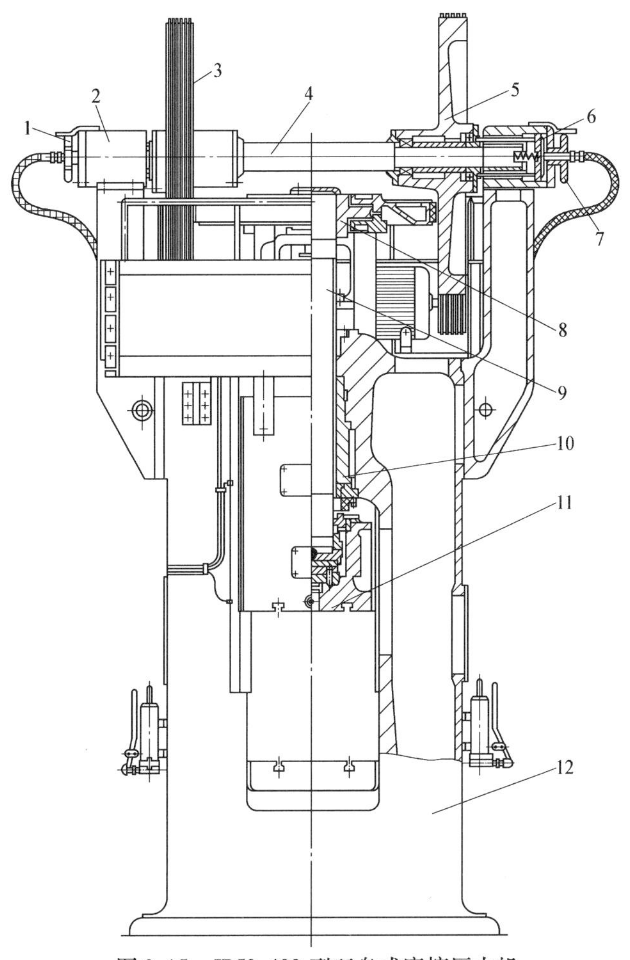

图 3-15　JB53-400 型双盘式摩擦压力机

1、7—手轮　2、6—气缸　3、5—摩擦盘　4—横轴　8—飞轮　9—主螺杆　10—主螺母　11—滑块　12—机身

座上。当向下行程开始时，右边气缸 6 进气，活塞经四根小推杆使摩擦盘压紧飞轮，驱动飞轮旋转，滑块加速下行；在冲压工件前的瞬间，气缸排气，靠横轴两端的弹簧复位，使摩擦盘与飞轮脱离接触，滑块靠积蓄的动能打击工件。冲压完成后，开始回程，此时，左边的气缸 2 进气，推动左边的摩擦盘压紧飞轮，驱动飞轮反向旋转，滑块迅速提升；至某一位置后，气缸排气，摩擦盘靠弹簧与飞轮脱离接触，滑块继续自由向上滑动，至制动行程处，制动器动作，滑块减速，直至停止，即完成了一次工作循环。

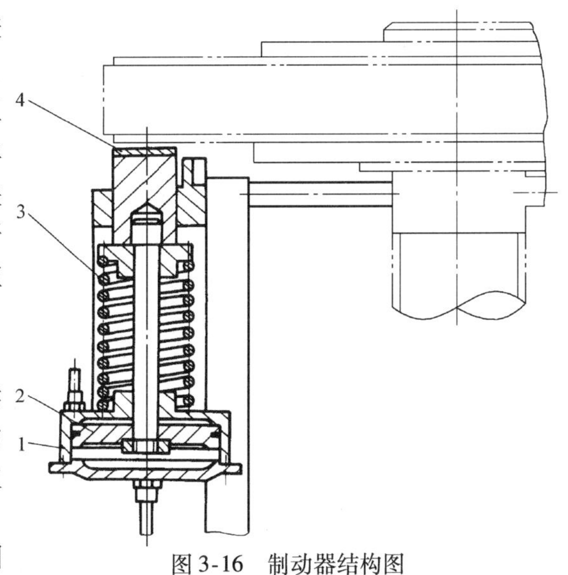

图 3-16　制动器结构图

1—气缸　2—活塞　3—弹簧　4—制动块

制动器安装于滑块的上部，其结构如图 3-16所示。当气缸 1 下腔进气时，活塞 2 的推

力和弹簧3的预压力一起推动制动块4，制动飞轮下端面；若上腔进气，下腔排气，活塞克服压缩弹簧的力，将制动块拉下，与飞轮下端面脱离。该制动装置的优点是在停机停气时，弹簧能保持制动块压紧飞轮，而使滑块不能自由下落。滑块为U形结构，其导向比箱形结构长，承受偏心载荷的能力强。飞轮为打滑飞轮，其结构如图3-17所示，外圈6由拉紧螺栓4和碟簧7夹紧在内圈2上。当冲压载荷超过某一预定值时，外圈打滑，消耗能量，降低最大冲压力，达到保护压力机的目的。内圈与主螺杆采用锥面加平键联接。

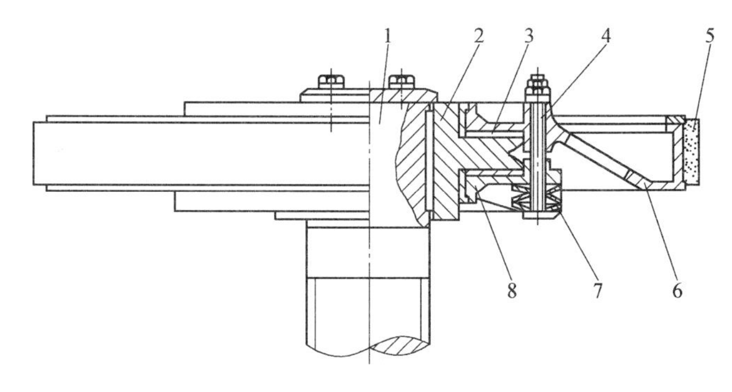

图3-17 打滑飞轮结构图

1—主螺杆 2—内圈 3—摩擦片 4—拉紧螺栓 5—摩擦材料 6—外圈 7—碟簧 8—压圈

3.2.3 液压螺旋压力机

与摩擦压力机相比，液压螺旋压力机的工作速度较高，生产率也较高，且便于采用能量预选和工作过程的数字控制，操作方便，容易实现压力机以最佳的能耗工作。但液压传动装置成本较高，所以，目前一般液压螺旋压力机都为较大型设备。例如奥地利的HSPRZ1180液压螺旋压力机，公称力达140MN，螺杆直径为1180mm，飞轮能量为7500kJ。液压螺旋压力机按液压传动形式可分为液压缸传动式和液压马达传动式两类，而液压缸传动式又可分为螺旋运动液压缸和直线运动液压缸两种。

如图3-18所示为液压马达-齿轮式液压螺旋压力机，其飞轮是一个大齿轮5，由若干个带小齿轮6的液压马达7驱动，使之正转或反转，从而带动主螺杆3、滑块2上下运动，完成工作循环。大齿轮的厚度等于小齿轮的厚度加上滑块行程，因此，飞轮的结构尺寸很大。若干个液压马达均匀分布在飞轮的圆周上，并固定在压力机的机身上。高压油由液压泵-蓄能器供给。

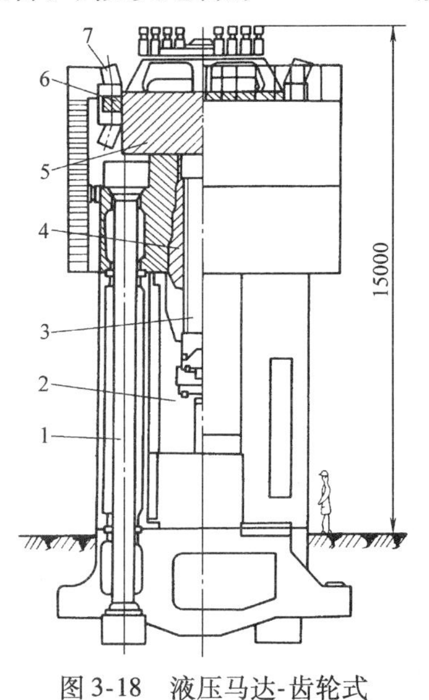

图3-18 液压马达-齿轮式液压螺旋压力机示意图

1—拉杆 2—滑块 3—主螺杆 4—主螺母 5—大齿轮 6—小齿轮 7—液压马达

如图3-19所示为螺旋运动液压缸式液压螺旋压力机传动部件结构图。飞轮7的上方与主螺杆8同轴串联着一个由液压缸推动的螺旋副，称之为副螺旋副。其导程和旋向与主螺旋副相同，副螺母4在支座上固定不动，副螺杆2（即为活塞杆）下端用尼龙十字形联轴器6与飞轮7连接，上端为活塞1。由于螺旋副是非自锁的，所以，当高压油进入液压缸3的上腔，作用在活塞上时，活塞与副螺杆便相对副螺母下行并做螺旋运动，带动飞轮与主螺杆同步运动；同时，飞轮加速积蓄能量。当液压缸上腔排油、下腔进油时，推动主、副螺杆反向做螺旋运动，于是滑块被提升回程。副螺母用特制的布质酚醛树脂层压材料制成，摩擦因数极小。因此，副螺旋副的传动效率很高，结构紧凑，动作灵敏。尼龙联轴器重量轻，且具有很好的缓冲性能。

如图3-20所示为直线运动液压缸式液压螺旋压力机，在机身两侧装有两个液压缸3，其活塞杆与滑块铰接。当高压油进入液压缸上腔，作用在活塞上时，便推动滑块向下运动，带动主螺旋副运动，使飞轮旋转并积蓄能量。当高压油进入液压缸下腔，而上腔排油时，滑块便被提升回程。直线运动液压缸式螺旋压力机结构简单，制造容易，动作可靠，但主螺旋副总在推力下运动，磨损较严重，另外，设备的传动效率较低。

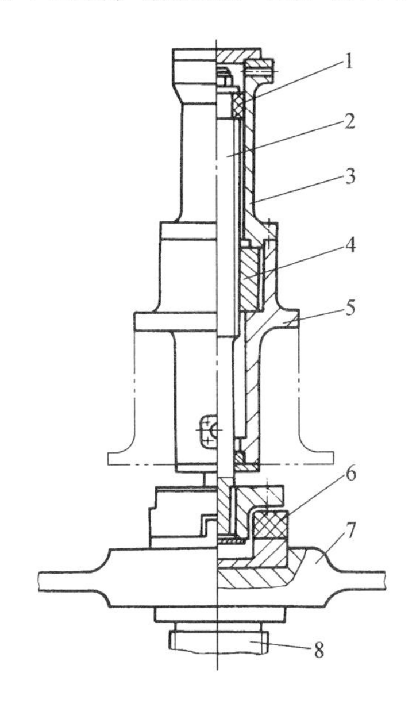

图3-19　螺旋运动液压缸式液压螺旋压力机传动部件结构图
1—活塞　2—副螺杆　3—液压缸　4—副螺母　5—支座
6—尼龙十字形联轴器　7—飞轮　8—主螺杆

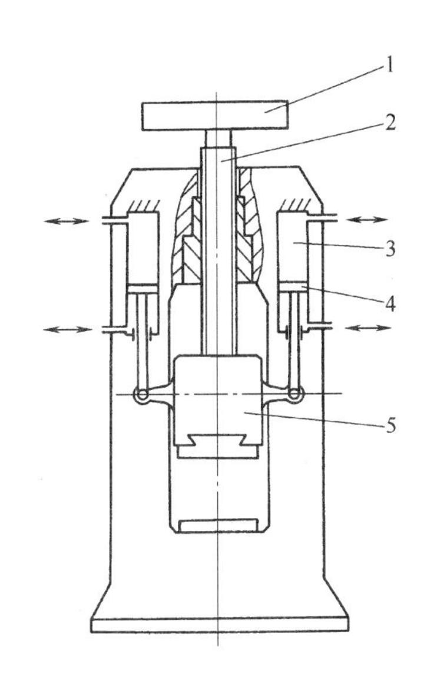

图3-20　直线运动液压缸式液压螺旋压力机
1—飞轮　2—主螺杆　3—液压缸
4—活塞　5—滑块

3.2.4　电动螺旋压力机

如图3-21所示为J58-160型电动螺旋压力机，电动机定子5安装在机身上，而电动机的转子4（即为飞轮）与主螺杆上端相连，二者均为圆筒形。转子的高度为滑块行程加定子的高度，由低碳铸钢制成，结构简单，加工容易，可靠性好。压力机的工作是靠转子和定子之间的磁场产生的力矩，驱动转子（飞轮）正、反转，通过主螺旋副的螺旋运动，使滑块完成工作循环。

电动螺旋压力机传动环节少，制造容易，操作方便，冲压能量稳定，与同吨位摩擦压力机相比，每分钟行程次数提高2~3倍，不必经常更换磨损件，因而近年来增长很快，并向大型化发展。

3.2.5　螺旋压力机的工艺特性

由前述螺旋压力机的工作原理可知，螺旋压力机的工作特性与锻锤相同，工作时依靠冲击动能使工件变形，工作行程终了时滑块速度减小为零。另外，螺旋压力机工作时产生的工艺力通过机身形成一个封闭的力系，所以它的工艺适应性好，可以用于模锻及各类冲压工序。因为螺旋压力机的滑块行程不是固定的（下死点可改变），工作时压力机-模具系统沿滑块运动方向的弹性变形，可由螺杆的附加转角得到自动补偿，实际上影响不到制件的精度。因此，它特别适用于精锻、精整、精压、压印、校正及粉末冶金压制等工序。

螺旋压力机与模锻锤相比，无沉重而庞大的砧座，也不需蒸汽锅炉和大型空气压缩机等辅助设备，且设备投资少、维修方便，工作时的振动和噪声低，操作简便，劳动条件好。

螺旋压力机的不足之处在于其滑块行程次数低，生产率不高；承受偏心负荷的能力较差，一般只适用于单槽模锻；使用滑块连续行程工作时操纵系统必须换向。另外，螺旋压力机还存在多余能量问题，即当飞轮提供的能量大于实际需要的变形能时，多余的能量将转变为机器载荷，产生很大的压力，加剧机器的磨损，缩短受力零件的寿命，严重时还可能造成设备损坏。因此，选择和使用螺旋压力机时应注意这一点，应对螺旋压力机的冲压能量进行调节。

表3-2为几种螺旋压力机的主要参数。对于具有能量预选装置的螺旋压力机，可根据工件要求选定飞轮能量；对于无能量预选装置的压力机，可采用行程开关控制滑块的行程，即

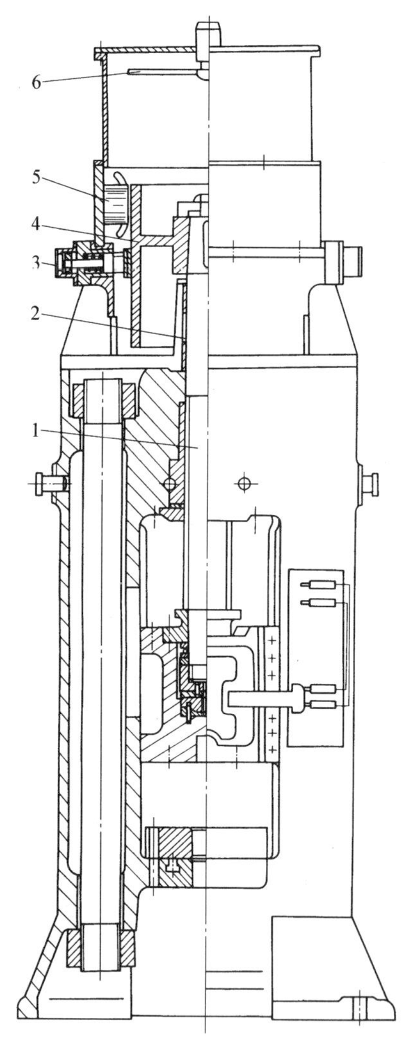

图3-21　J58-160型电动螺旋压力机

1—主螺杆　2—导套　3—制动器　4—转子　5—电动机定子　6—风机

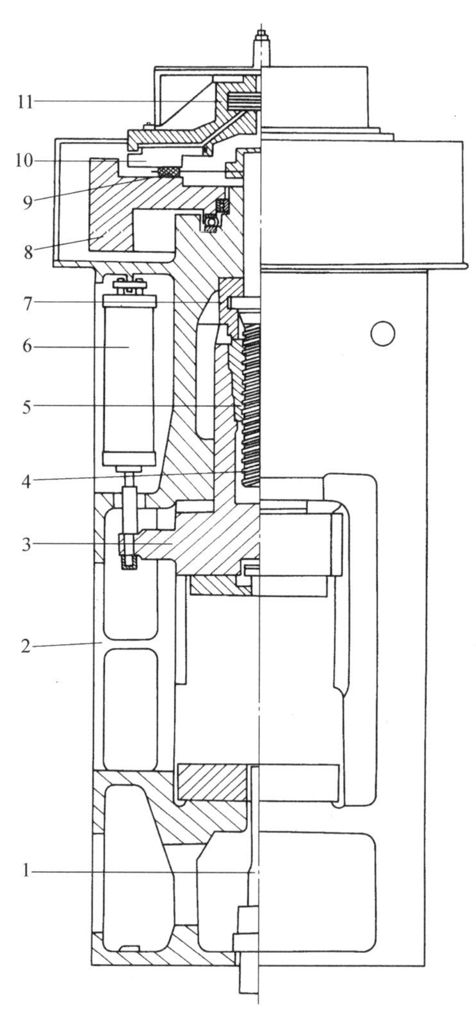

图3-22　NPS系列离合器式螺旋压力机结构简图

1—顶杆　2—机身　3—滑块　4—螺杆　5—螺母　6—回程缸　7—推力轴承　8—飞轮　9—摩擦盘　10—离合器活塞　11—离合器液压缸

通过控制滑块回程的大小来改变滑块行程和飞轮能量。对于小吨位的螺旋压力机，还可在工作台上加垫板，以改变滑块的下死点来减少滑块行程，从而达到减小冲压动能的目的。

表 3-2　几种螺旋压力机的主要参数

压力机型号	J53-160A	J53-300	JB53-400	JB57-630	HSPRZ1180	J58-63	J58-160A
公称力/kN	1600	3000	4000	6300	140000	630	1600
能量/kJ	10	20	36	80	5600	1.6	8
滑块行程/mm	360	400	400	350	1120	270	300
行程次数/(次/min)	17	15	20	10	3	50	35
封闭高度/mm	380	300	530	690	2000	270	320
垫板厚度/mm	120		150	180		80	100
工作台尺寸/(mm×mm)	560×510	650×570	750×630	850×1090	2240×3000	450×400	520×450
导轨间距/mm	460	560	650	658	2000	350	400
电动机功率/kW	11	22	15	30	1600	2	8
外形尺寸/(mm×mm×mm)	2043×1425×3695	2581×1663×4345	3020×2750×4612	5400×3200×7125	8900×9600×15000	1200×750×2675	1350×800×3350
总重/t	8.5	13.5	17.5	40	1700	2.5	6.5
备注	摩擦式			液压式		电动式	

3.2.6　离合器式螺旋压力机

离合器式螺旋压力机是20世纪80年代初出现的新型模锻压力机，它结合了传统螺旋压力机、曲柄压力机和液压机的优点，并在结构上有新的突破，是一种结构比较简单、生产效率高、节省能源的设备。

如图3-22所示为德国Siempelkamp公司生产的NPS系列离合器式螺旋压力机结构简图。飞轮8通过轴承支承在机身2上，离合器主动部分装在飞轮上，离合器的从动部分（摩擦盘9）固定于螺杆4顶端。螺杆由推力轴承7支承，螺母5装在滑块3中。回程缸除了带动滑块回程外，还在工作行程中起到平衡滑块重量的作用。

由电动机（图中未画出）通过V带驱动飞轮朝一个方向连续旋转。当工作循环开始时，离合器接合，螺杆在很短的时间内达到飞轮转速，滑块匀速下行，使工件变形。当变形完成后，离合器迅速脱开，滑块在回程缸带动下，快速回到上死点。离合器的脱开由电气和机械惯性机构两套系统控制，当模具不需要打靠时，如锻件的终锻，可在压力机操作面板上预置锻压力，当实际锻压力达到预定值时，机械惯性机构迅速打开离合器的卸荷阀，使离合器液压缸快速排油，弹簧便将离合器脱开。因此，该压力机能准确地控制滑块行程和冲压力，完全排除了超载的危险。

离合器惯性脱开机构动作原理如图3-23所示。锻压时，螺杆2因受阻力矩作用而产生与转动方向相反的角加速度，即螺杆减速。因此，惯性盘4与下盘3产生相对运动，由于钢珠与斜槽的作用，惯性盘抬起，驱动平衡活塞顶开卸荷阀，使离合器液压缸排油，离合器脱开。

与前三类螺旋压力机比较，离合器式螺旋压力机由于飞轮可连续定向旋转，在工作循环中只有惯量很小的螺杆和摩擦盘被加速和减速，所以加速行程很短，有效冲压行程更长，滑块在3/4的行程上都可发挥最大力和最大能量；有效行程次数可提高一倍以上，飞轮的能量得到较充分的利用，压力机的总机械效率提高1/3以上。因为飞轮与螺杆之间由可控离合器连接，冲压力可得到准确的控制，所以没有多余能量问题，与液压机相似，属于定力设备。

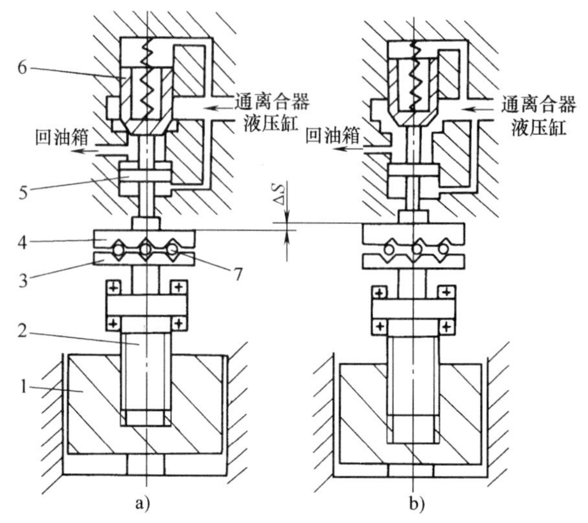

图3-23　离合器惯性脱开机构动作原理

a）脱开前　b）脱开后

1—滑块　2—螺杆　3—下盘　4—惯性盘　5—平衡活塞　6—卸荷阀芯　7—钢珠

3.3　精冲压力机

3.3.1　精冲工艺对压力机的要求

精密冲裁（简称精冲）是一种先进的冲裁工艺，采用这种工艺可以直接获得剪切面表面粗糙度 $Ra3.2\sim0.8\mu m$ 和尺寸公差等级达到IT8的零件，大大提高了生产效率。

如图3-24所示，精冲是依靠V形齿圈压板2、反压顶杆4和冲裁凸模1、凹模5使被冲板料3处于三向压应力状态下进行的，而且精冲模具的冲裁间隙比普通冲裁模具间隙要小，精冲剪切速度低且稳定。因此，可提高金属材料的塑性，保证冲裁过程中，沿剪切断面无撕裂现象，从而提高剪切表面的质量和尺寸精度。由此可见，精冲的实现需要通过设备和模具的作用，使被冲材料剪切区达到塑性剪切变形的条件。精冲压力机就是用于精密冲裁的专用设备，它具有以下特点，以满足精冲工艺的要求。

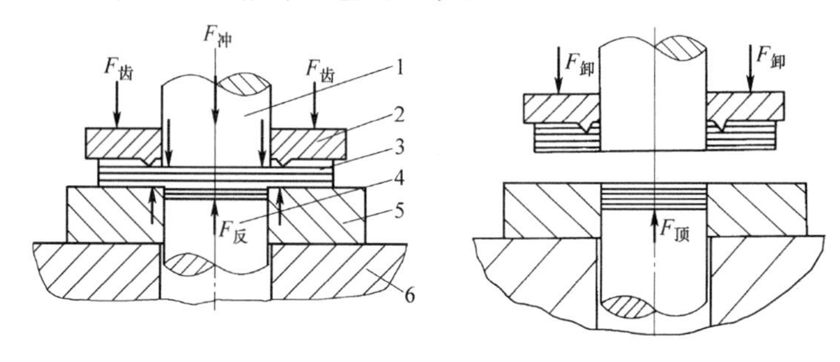

图3-24　齿圈压板精冲简图

1—凸模　2—齿圈压板　3—被冲板料　4—反压顶杆　5—凹模　6—下模座

$F_{冲}$—冲裁力　$F_{齿}$—齿圈压力　$F_{反}$—反向顶压力（反压力）　$F_{卸}$—卸料力　$F_{顶}$—顶件力

1）能实现精冲的三动要求，提供五方面作用力。精冲过程为：首先由齿圈压板、凹模、凸模和反压顶杆压紧材料；接着凸模施加冲裁力进行冲裁，此时压料力和反压力应保持不变，继续夹紧板料；冲裁结束滑块回程时，压力机不同步地提供卸料力和顶件力，实现卸料和顶件。压料力和反压力能够根据具体零件精冲工艺的需要在一定范围内单独调节。

2）冲裁速度低且可调。实验表明，冲裁速度过高会降低模具寿命和剪切面质量，故精冲要求限制冲裁速度，而冲裁速度低将影响生产率。因此，精冲压力机的冲裁速度在额定范围内可无级调节，以适应冲裁不同厚度和材质零件的需要。目前精冲的速度范围为5～50mm/s。为提高生产率，精冲压力机一般采取快速闭模和快速回程的措施来提高滑块的行程次数。精冲压力机滑块理想的行程曲线如图3-25所示。

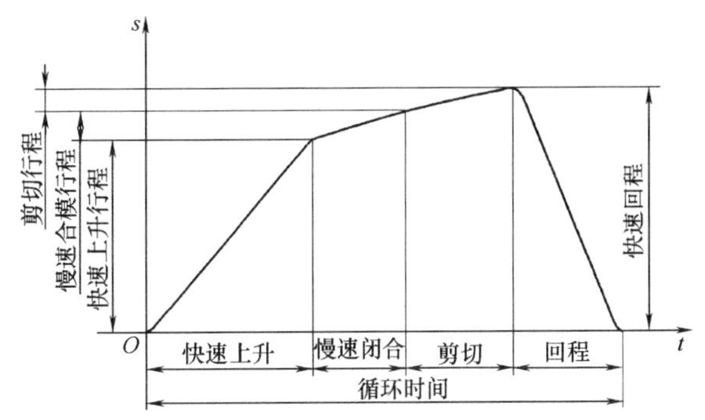

图3-25 精冲压力机滑块理想的行程曲线

3）滑块有很高的导向精度。精冲模的冲裁间隙很小，一般单边间隙为料厚的0.5%。为确保精冲时上、下模的精确对正，精冲压力机的滑块有精确的导向，同时，导轨有足够的接触刚度，滑块在偏心负荷作用下，仍能保持原来的精度，不致产生偏移。

4）滑块的终点位置准确，其精确度为±0.01mm。因为精冲模间隙很小，精冲凹模多为小圆角刃口，精冲时凸模不允许进入凹模的直壁段。为保证既能将工件从条料上冲断又不使凸模进入凹模，要求冲裁结束时凸模要准确处于凹模圆弧刃口的切点，才能保证冲模有较长的寿命。

5）电动机功率比通用压力机大。因最大冲裁力在整个负载行程中所占的行程长度比普通冲裁大，精冲的冲裁功约为普通冲裁的两倍，而精冲压力消耗的总功率约为通用压力机的五倍。

6）床身刚性好。床身有足够的刚度去吸收反作用力、冲击力和所有的振动。在满载时能保持结构精度。

7）有可靠的模具保护装置及其他辅助装置。精冲压力机均已实现单机自动化，因此，需要完善的辅助装置，如材料的校直、检测、自动送料、工件或废料的收集、模具的安全保护等装置。如图3-26所示为精冲压力机全套设备示意图。

3.3.2 精冲压力机的类型和结构示例

精冲压力机可按主传动的形式分为机械式和液压式两类，液压式也称全液压式。无论哪种类型，其压边系统和反压系统均采用液压结构，因此，容易实现压料力和反压力的可调且稳定的要求。

液压式结构简单，传动平稳，造价低，应用比较普遍，但液压式的封闭高度的重复精度不如机械式。一般尺寸小、厚度薄的精冲件对压力机封闭高度的精度要求高，因此小型精冲压力机主传动采用机械式更合适。目前，国外生产的精冲压力机总压力在3200kN以下的一般为机械式，主要用于冲裁板厚小于3mm的零件；总压力在4000kN以上的为液压式。表3-3为部分国内外精冲压力机的主要技术参数，供参考。

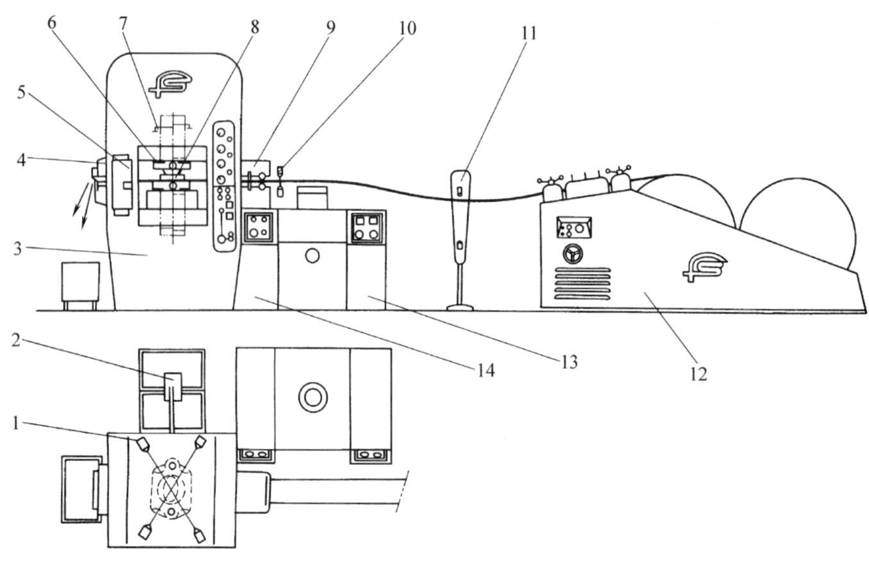

图3-26 精冲压力机全套设备示意图

1—精冲件和废料光电检测器 2—取件（或气吹）装置 3—精冲压力机 4—废料切刀 5—光电安全栅 6—垫板 7—模具保护装置 8—模具 9—送料装置 10—带料末端检测器 11—机械或光学的带料检测器 12—带料校直设备 13—电器设备 14—液压设备

表3-3 部分国内外精冲压力机的主要技术参数

压力机型号		Y26-100	Y26-630	GKP-F25/40	GKP-F100/160	HFP 240/400	HFP 800/1200	HFA630	HFA800
总压力/kN		1000	6300	400	1600	4000	12000	100～6300	100～8000
主冲裁力/kN				250	1000	2400	8000		
压料力/kN		0～350	450～3000	30～120	100～500	1800	4500	100～3200	100～4000
反压力/kN		0～150	200～1400	5～120	20～400	800	2500	50～1300	100～2000
滑块行程/mm		最大50	70	45	61			30～100	30～100
滑块行程次数/(次/min)		最大30	5～24	36～90	18～72	28	17	最大40	最大28
冲裁速度/(mm/s)		6～14	3～8	5～15	5～15	4～18	3～12	3～24	3～24
闭模速度/(mm/s)						275	275	120	120
回程速度/(mm/s)						275	275	135	135
模具闭合高度	最小/mm	170	380	110	160	300	520	320	350
	最大/mm	235	450	180	274	380	600	400	450
模具安装尺寸	上台面/mm	420×420	ϕ1020	280×280	500×470	800×800	1200×1200	900×900	1000×1000
	下台面/mm	400×400	800×800	300×280	470×470	800×800	1200×1200	900×1260	1000×1200
允许最大精冲料厚/mm		8	16	4	6	14	20	16	16
允许最大精冲料宽/mm		150	380	70	210	350	600	450	450
送料最大长度/mm		180	2×200			600	600		
电动机功率/kW		22	79	2.6	9.5	60	100	95	130
机床重量/t		10	30	2.5	9	21	60		

1. 机械式精冲压力机

如图3-27a所示为瑞士生产的GKP-F25/40精冲压力机外形，图3-28所示为其传动结构示意图。它是机械式精冲压力机的典型结构，采用双肘杆底传动。为保证滑块的运动精度，所有轴承都采用过盈配合的滚针轴承，滑块导轨则采用过盈配合的滚动导轨（图3-29），以保证无间隙传动和无间隙导向。如图3-27b所示为瑞士生产的机械伺服精冲压力机，是世界第一台速度达到200次/min的精冲压力机，它标志着精冲技术迈向新的里程碑。

如图3-28所示，主传动系统包括电动机1、变速器14、传动带13、飞轮12、离合器11、蜗杆8、蜗轮7、双边传动齿轮10、曲轴9和双肘杆机构2。电动机的转速经变速器、带传动、蜗杆蜗轮传动和双边斜齿轮传动进行减速，变速器为无级变速。因此，压力可在额定范围内获得不同的冲裁速度和相应的每分钟行程次数。

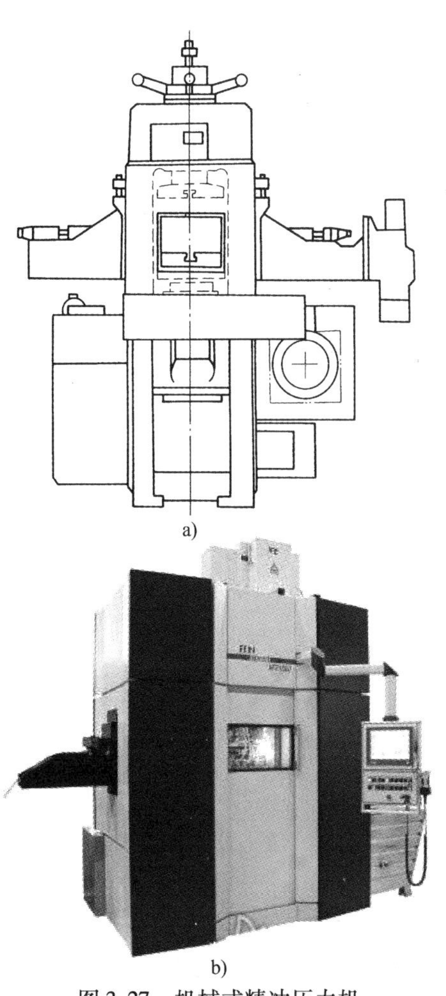

图3-27　机械式精冲压力机

a）GKP-F25/40精冲压力机

b）XFT 1500 speed机械伺服精冲压力机

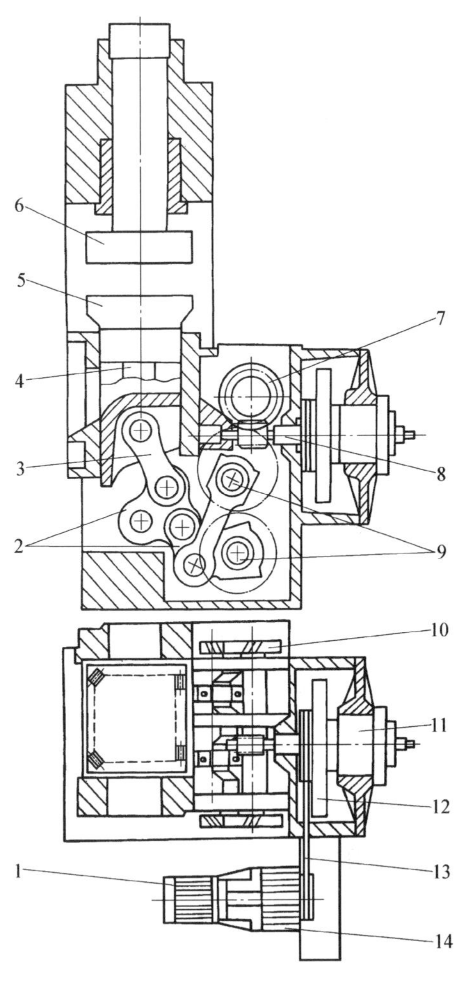

图3-28　GKP-F25/40传动结构示意图

1—电动机　2—双肘杆机构　3—连杆　4—反向顶杆　5—主滑块　6—上滑块　7—蜗轮　8—蜗杆　9—曲轴　10—双边传动齿轮　11—离合器　12—飞轮　13—传动带　14—变速器

双肘杆机构的传动原理如图3-30所示。蜗轮轴经双边齿轮传动给曲轴 A 和 B，并保证曲轴 B 和 A 速度相同而方向相反地旋转，连杆1和肘杆2将曲轴 A 和 B 的力传至肘销 C，肘杆2、3周期性地伸直和回复到原位。当肘杆伸直时，通过肘杆3把力传递给板（肘杆）4，板（肘杆）4通过轴 E 与床身铰接，在肘杆3的作用下，绕轴 E 摆动，使肘杆4、5伸直，肘杆5便推动主滑块6沿滚柱导轨向上运动。同理，当肘杆2、3曲臂回收时，带动肘杆4、5曲臂回收，主滑块便沿导轨向下运动。

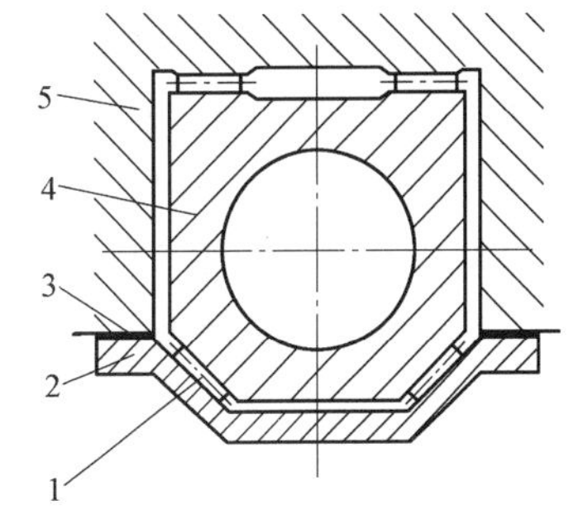

图3-29　滑块滚柱导轨横截面示意图

1—滚柱导轨　2—盖板　3—垫片

4—滑块　5—床身

双肘杆传动可以获得精冲工艺要求的滑块行程曲线，

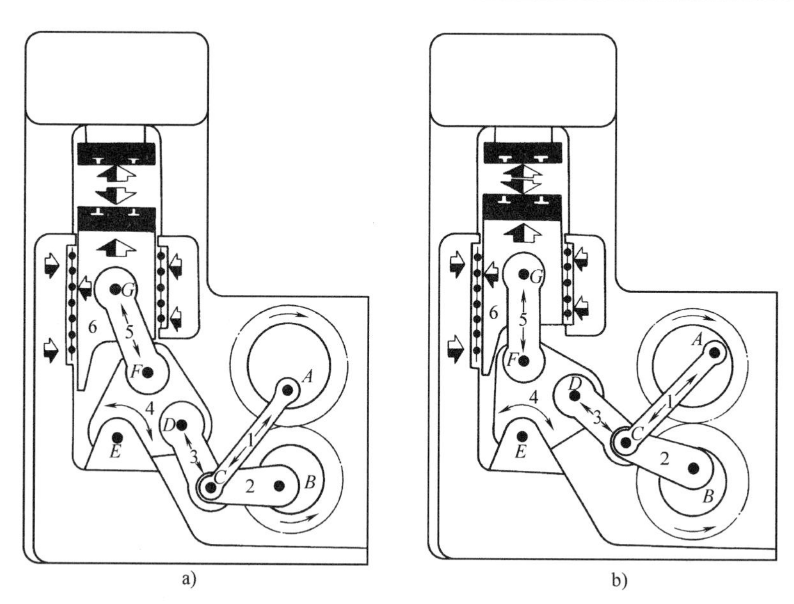

图3-30　双肘杆机构传动原理图

a）滑块处于下死点　b）滑块处于上死点

1—连杆　2、3、4、5—肘杆　6—主滑块

如图3-31所示，即快速合模，慢速冲裁，快速回程。

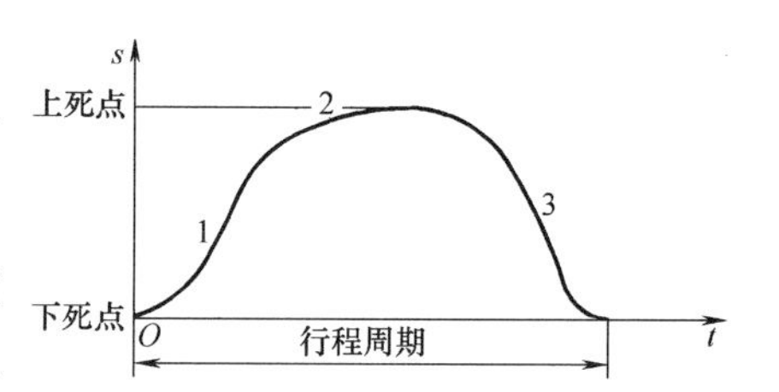

图3-31　双肘杆传动滑块行程曲线

1—快速闭合　2—慢速冲裁　3—快速回程

齿圈压板和反向顶杆的运动分别由压力机上、下机身内的液压缸和活塞驱动。

机械式精冲压力机的优点是维修方便，行程次数较高，行程固定，重复精度高，且由于有飞轮，故电动机功率较小。但压力机工作时连杆作用于滑块的力有水平分力，影响导向精度，行程曲线不可能按工艺要求任意改变。同时传动机构环节较多，累积误差较大，为控制累积误差，需采用无间隙的滚针轴承，提高了制造精度和制造成本。

2. 液压式精冲压力机

如图3-32所示为Y26-630精冲液压机结构简图，冲裁动作、齿圈压板的压边动作、反压顶杆的动作分别由冲裁活塞4、压边活塞12和反压活塞6完成。下工作台9直接装在冲裁活塞上，组成压力机的主滑块，利用主缸本身作为导轨（与普通导轨不同，为台阶式内阻尼静压导轨）。这种导轨使柱塞和导轨面始终被一层高强度的油膜隔离而不接触，从理论上说导轨可永不磨损；且油膜会在柱塞受偏心载荷时自动产生反抗柱塞偏斜的静压支承力，使柱塞保持很高的导向精度。所以这种导轨的寿命极高，刚性很好。

Y26-630的冲裁活塞快速闭模是靠液压系统中的快速回路来实现的，如此可简化主缸结构，便于检修。快速回程由回程缸3实现。压力机封闭高度调节蜗轮1由液压马达驱动，调节距离用数字显示，调节精度为±0.01mm，滑块在负荷下的位置精度为0.03mm，压力机抗偏载能力达120kN·m。

另外，为防止主缸因径向变形而破坏静压导轨正常间隙，在主缸外侧增加一平衡压力缸5，它的压力油来自主缸油腔。

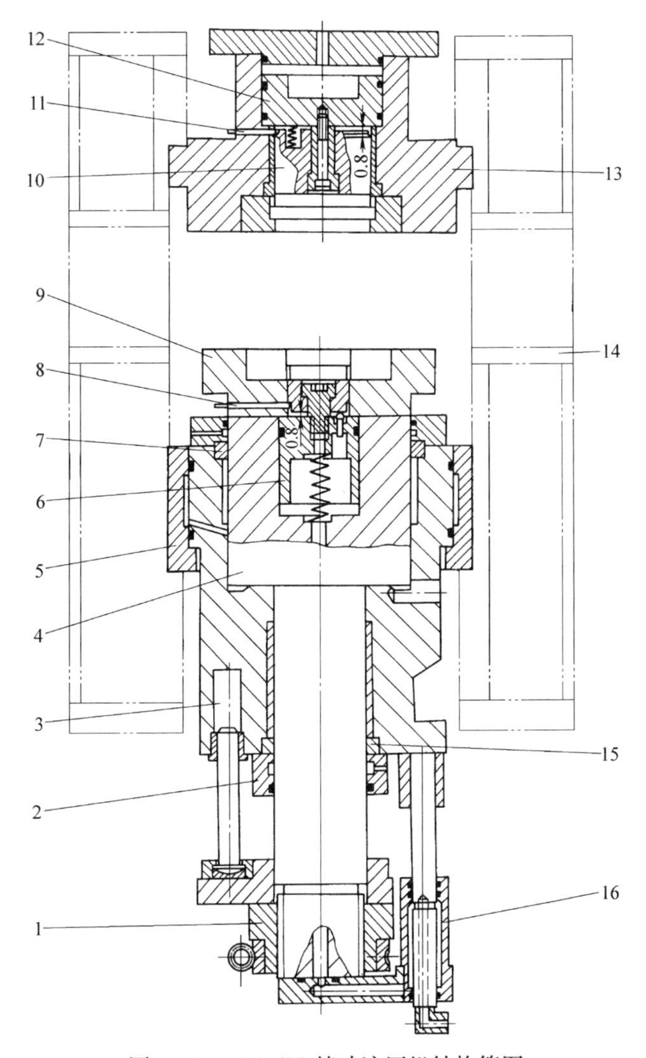

图3-32　Y26-630精冲液压机结构简图

1—调节蜗轮　2—挡块　3—回程缸　4—冲裁活塞　5—平衡压力缸　6—反压活塞　7—上静压导轨　8—下保护装置　9—下工作台　10—传感活塞　11—上保护装置　12—压边活塞　13—上工作台　14—机架　15—下静压导轨　16—防转臂

液压式精冲压力机的主要优点是：冲裁过程中冲裁速度保持不变；在工作行程任何位置都可承受公称力；液压活塞的作用力方向为轴线方向，不产生水平分力，有利于保证导向精度；滑块行程可任意调节，可适应不同板厚零件的要求；不会发生超载现象。缺点是液压马达功率较大，液压系统维修较麻烦，对小型机而言行程次数偏低。

3.3.3　精冲压力机的辅助装置

精冲压力机的辅助装置包括卷料开卷和校平装置，自动送料、润滑、废料切断和排除、零件和余料的排出，以及模具安全保护装置，材料始末检测装置等。

1. 模具保护装置

精冲压力机冲压时，有时工件或废料会停留在模具工作区内，导致连续冲压时模具损坏，因此必须采取保护措施。有两种不同的监控方法：一种是通过控制滑块距工作台面的行程来实现模具保护；另一种是利用载荷控制压力来达到保护模具的目的。后者只适用于液压式精冲压力机。如图 3-33 所示是控制行程的模具保护装置的一种结构，其工作原理如图 3-34所示。装置采用浮动压边活塞和反压活塞来控制 *A*、*B*、*C* 三个微动开关的动作顺序，以达到保护模具的目的。在正常情况下，当滑块向上行程时，先使开关 *A* 动作，随后齿圈压板和反压顶板被压退，浮动活塞便使开关 *B*、*C* 动作，压力机正常运转，如图 3-34a 所示。当异物或零件未被排出，停留在齿圈压板下（图 3-34b），滑块向上行程闭模时，齿圈压板先被压退，浮动压边活塞 6 使开关 *C* 先动作，滑块立即停止前进，并换向回程。如异物或零件停留在冲头下，则浮动反压活塞 3 先被压退，开关 *B* 先动作，滑块同样立即返回原始位置（图 3-34c），这样即可起到保护模具的作用。微动开关 *B*、*C* 的保护距离为 0.8mm，因此，即使有很微小的飞边卡住浮动活塞，保护装置都能灵敏地做出反应。在设计模具时应考虑浮动活塞的浮动量对模具结构的影响。使用时，开关 *A* 触点的位置应根据模具的闭合高度和冲裁的料厚来调节，既要使开关 *A* 先于开关 *B*、*C* 动作，又要保证要求的保护高度范围。

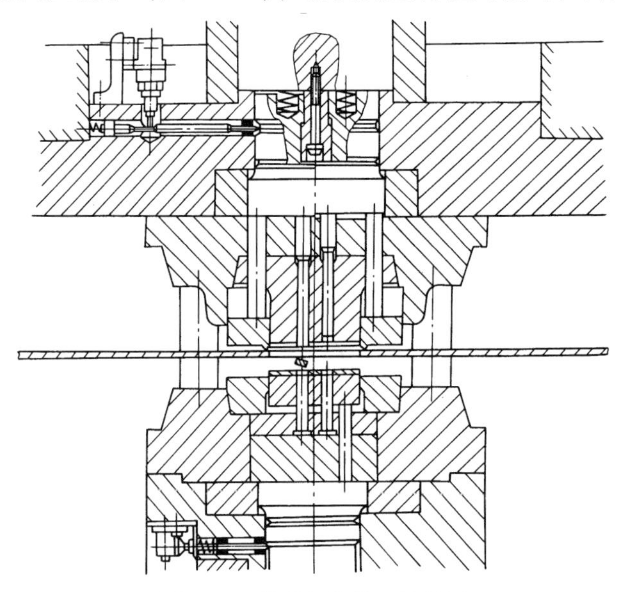

图 3-33 模具保护装置结构图

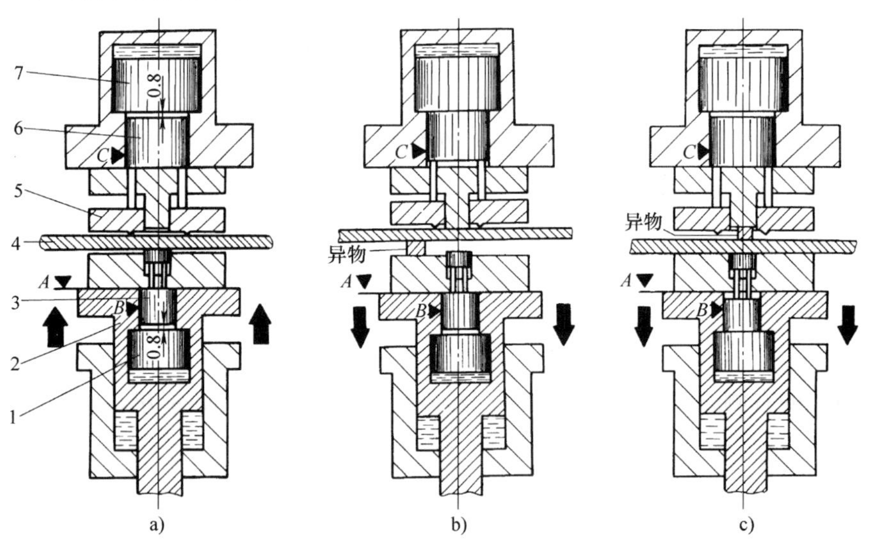

图 3-34 模具保护装置工作原理图

a）微动开关 *B*、*C* 在 *A* 之后动作（正常工作） b）微动开关 *C* 在 *A* 之前动作（滑块回程）

c）微动开关 *B* 在 *A* 之前动作（滑块回程）

1—反压活塞 2—滑块 3—浮动反压活塞 4—被冲板料 5—齿圈压板 6—浮动压边活塞 7—压边活塞

2. 自动送料和废料切断装置

精冲压力机上常用的自动送料装置有两种形式：一种是辊轴式，另一种是夹钳式。驱动方式有气动、摆动液压缸，液压马达和电-液步进电动机几种。气动夹钳式只适用于短步距送料，辊轴送料步距范围大。用电-液步进电动机驱动的辊轴送料，不仅步距范围大，而且送料精度高，可达0.1mm。

如图3-35所示为瑞士法因图尔公司（Feintool）生产的精冲压力机上所配备的辊轴式自动送料、润滑及废料处理装置的结构简图。在压力机的左右两侧分别装着一推一拉两对送料辊轴，它们可同步联动工作，也可单独工作或交替工作。送料辊2、7是用摆动液压缸15、11驱动的。由于条料和上模工作表面间有一定距离，且压力机和模具又有浮动零件，因此精冲过程中位于模具内的条料会随模具产生上下摆动，导致条料两侧产生水平位移。因此要求每次送料到位、模具开始冲压前的一瞬间，必须使送料辊松开，使条料处于自由状态，避免因条料的位移产生附加应力，影响模具正常工作，这对于具有导正销的连续模尤为重要。在压力机进料的一侧，装有浸油毡辊，用于对条料的表面涂敷润滑剂。

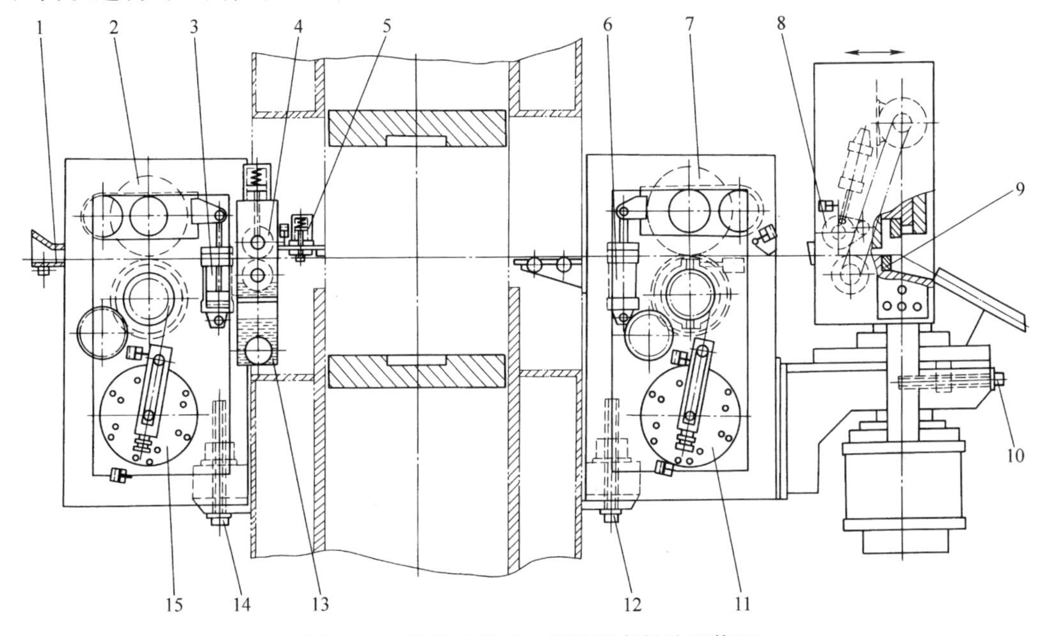

图3-35　辊轴式送料、润滑及废料处理装置

1—带料导板　2、7—送料辊　3、6—送料辊夹紧气缸　4—润滑毡辊　5—可调挡板　8—废料端运送辊子　9—废料切断装置　10—切断刀水平调整装置　11、15—摆动液压缸　12、14—调节送料高度机构　13—油箱

在拉料辊的右侧，装有废料切断装置9，用来剪断冲裁后仍然保持长条状的废料，便于废料收集和现场管理。废料切断装置用气压或液压驱动，剪切长度可以预先调定，根据需要可选定压力行程若干次后切断一次。废料运送辊子用于将废料抛出。

3. 工件排出装置

精冲完成后，工件和废料都被顶出到上、下模的工作空间，必须迅速排出。小工件或小余料用压缩空气吹料喷嘴吹出，吹料喷嘴的位置、方向以及喷吹的时间都可以调节。压力机工作台前方左右两侧都有压缩空气接头座，供同时快速装接几个吹料喷嘴。

大工件一般用机械手取出，它由压缩空气驱动，动作迅速。机械手装在压力机的后侧，滑块回程时，它迅速进入模具工作空间，工件顶出后，即被机械手从压力机后侧取出。

3.4 高速压力机

高速压力机是应大批量的冲压生产需要而发展起来的。高速压力机必须配备各种自动送料装置才能达到高速的目的。如图3-36a所示为高速压力机及其辅助装置，卷料2从开卷机1经过校平机构3、供料缓冲机构4到达送料机构5，送入高速压力机6进行冲压。如图3-36b所示为国产JF75G系列闭式双点高速压力机冲压生产线，该系列设备采用组合式预应力整体框架机身结构，预紧力达2倍公称力，刚性好；滑块采用八面导向、动平衡结构，并配备有平衡缸和强制冷却系统，使动态精度更加稳定；系统采用微电脑控制，触摸屏人机交互界面，冲压生产可实现无级变速，操作方便。目前“高速”还没有一个统一的衡量标准。日本一些公司将300kN以下的小型开式压力机分为五个速度等级，即超高速（800次/min以上）、高速（400~700次/min）、次高速（250~350次/min）、常速（150~250次/min）和

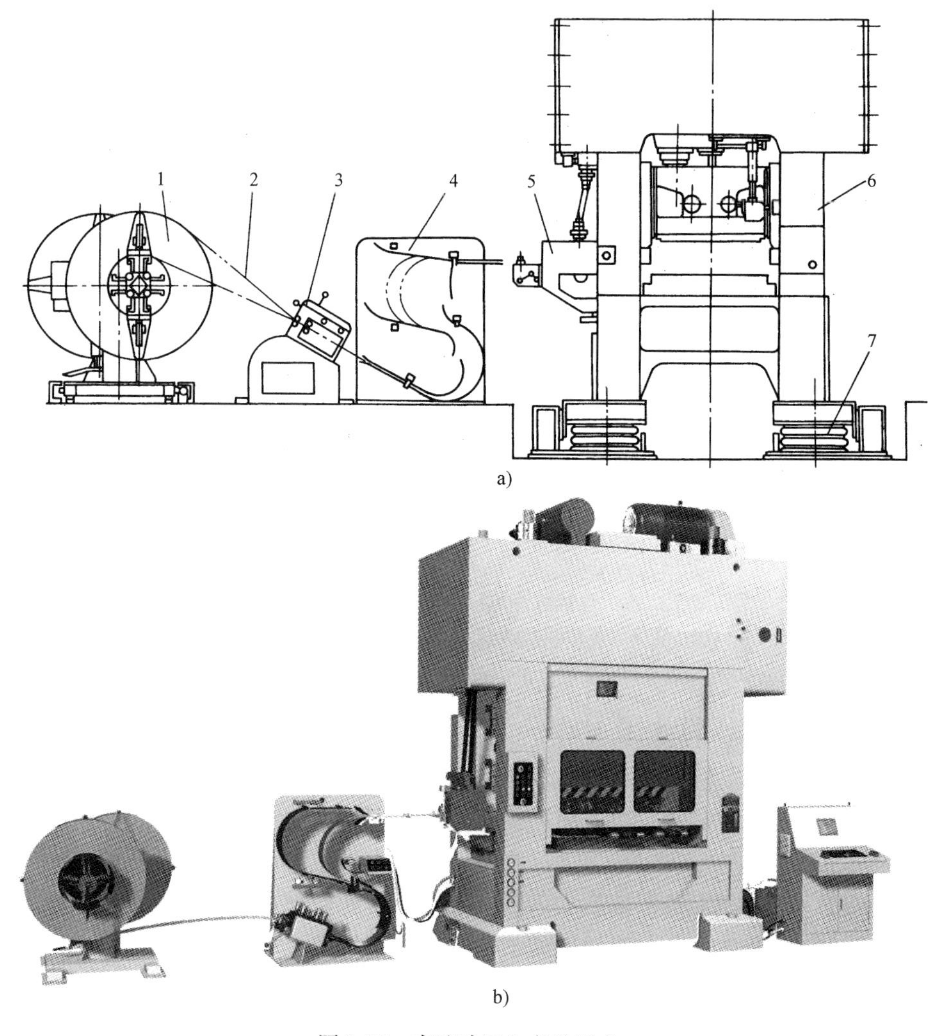

图3-36 高速冲压生产线组成

a）高速压力机及其辅助装置 b）JF75G系列闭式双点高速压力机冲压生产线

1—开卷机 2—卷料 3—校平机构 4—供料缓冲机构 5—送料机构 6—高速压力机 7—弹性支承

低速（120次/min以下）。一般在衡量高速时，应当结合压力机的公称力和行程长度加以综合考虑。如德国的PASZ250/I型闭式双点压力机，公称力为2500kN，滑块行程30mm，滑块行程次数300次/min，已属于高速甚至超高速的范畴。

3.4.1 高速压力机的类型与技术参数

高速压力机按机身结构可分为开式、闭式和四柱式；按连杆数目可分为单点和双点；按传动系统的布置形式可分为上传动和下传动。在高速压力机发展初期，下传动形式居多，但后来发现下传动结构的运动部件质量比上传动大得多，运动时的惯性力和振动大，因而对提高速度不利。所以，下传动式的高速压力机逐渐减少。因高速压力机主要用于带料的级进冲压，要求有宽的工作台面，所以闭式双点的结构形式采用比较普遍。如图3-37所示为美国明斯特（Mister）公司生产的Pulsar30型300kN闭式双点高速压力机外形图。

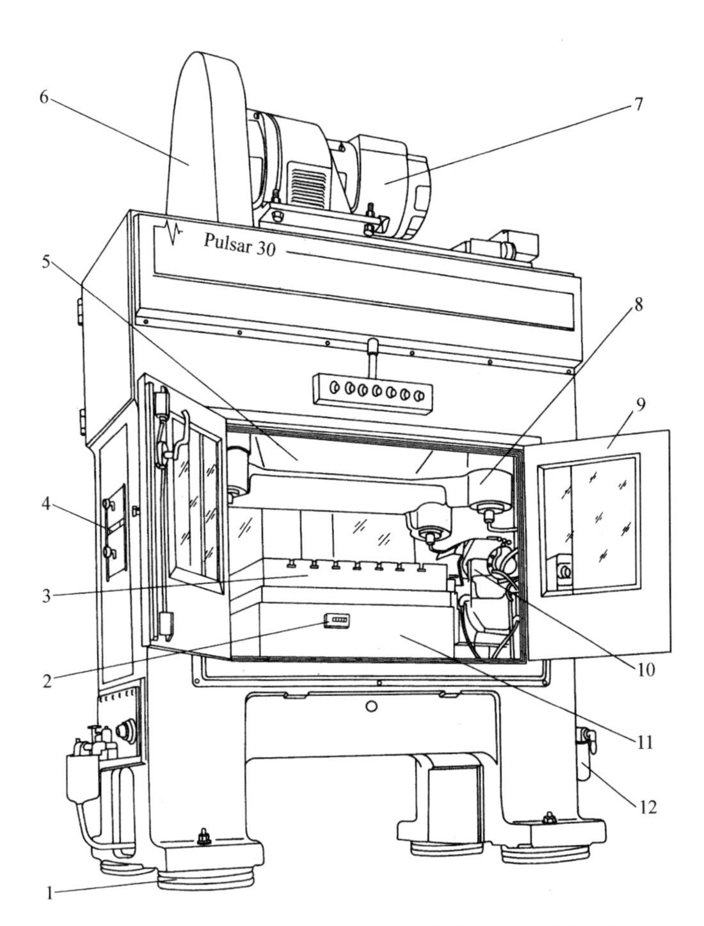

图3-37 Pulsar30型300kN闭式双点高速压力机外形图

1—减振垫 2—封闭高度指示器 3—工作台垫板 4—出料口 5—滑块 6—带罩 7—主电动机 8—滑块液体静压导柱 9—隔声门 10—送料装置 11—升降工作台 12—润滑液压泵

从工艺用途和结构特点来看，高速压力机可分为两大类：一类专门用于冲裁加工，其行程很小，行程次数很高；另一类可进行冲裁、成形和浅拉深等多种用途，其行程较大，但行程次数相应要小些。表3-4列出了几种高速压力机的技术参数。

表 3-4　几种高速压力机的技术参数

压力机型号	J75G-30	J75G-60	SA95-80	HR-15	A2-50	U25L	PDA6	PDA8			PULSAR60
公称力/kN	300	600	800	150	500	250	600	800			600
滑块行程/mm	10 ~ 40	10 ~ 50	25	10 ~ 30	25 ~ 50	20	15	25	50	75	25.4
滑块行程次数/(次/min)	150 ~ 750	120 ~ 400	90 ~ 900	200 ~ 2000	600	1200	200 ~ 800	160 ~ 400	100 ~ 250	80 ~ 200	100 ~ 1100
装模高度/mm	260	350	300	275	300	240	280	300			292.10
装模高度调节量/mm	50	50	60	50	60	30	40	50			44.45
滑块底面尺寸/mm						550 × 300					
工作台板尺寸/mm		830 × 830			840 × 560	550 × 560	650 × 600	900 × 600			
送料长度/mm	6 ~ 80	5 ~ 150	220	3 ~ 50							
送料宽度/mm	5 ~ 80	5 ~ 150	250	5 ~ 50							
送料厚度/mm	0.1 ~ 2	0.2 ~ 2.5	1								
主电动机功率/kW	7.5		38			15	15	15			
机床总重/t				3.0		7.0					
备注	中国			德国		日本					美国

3.4.2　高速压力机的特点及结构

高速压力机的行程次数一般为相同公称力的通用压力机的 5 ~ 9 倍，目前一些中、小型压力机的行程次数已达 1100 ~ 3000 次/min 的超高速。高速对压力机的结构和性能提出了更高的要求。

（1）传动系统一般为直传式　如图 3-38 所示，电动机 7 通过单级带传动直接带动曲轴 5 工作，因此才有可能产生高速。传动链越长，对提高行程次数越不利。

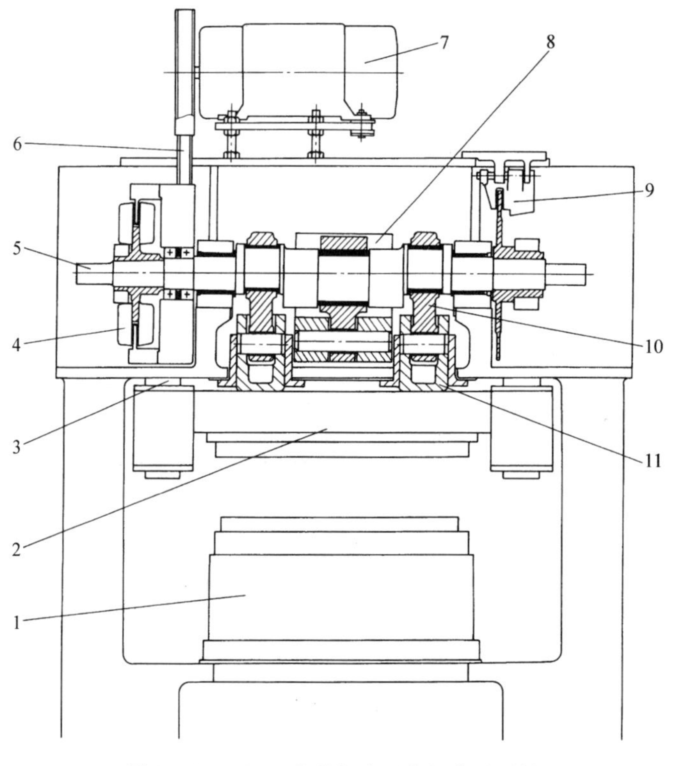

图 3-38　Pulsar 系列高速压力机传动系统

1—工作台　2—工作滑块　3—导柱　4—离合器　5—曲轴　6—传动带　7—电动机　8—平衡滑块　9—制动器　10—连杆　11—滑块活塞

(2) 曲柄滑块机构实现动平衡　曲柄的高速旋转及滑块和上模的高速往复运动会产生很大的惯性力，它和行程次数的平方成正比。在高速运转时虽然行程很小，但惯性力仍可达到滑块重量的数倍，如果不对惯性力采取平衡措施，将引起强烈振动，影响压力机受力零件和模具的寿命，而且影响工作环境和邻近设备。因此高速压力机都设有滑块动平衡装置。如图3-38所示，压力机采用的是一种装在曲轴上的滑块动平衡装置。平衡滑块8的运动方向与工作滑块2的运动方向相反，由于平衡滑块比工作滑块重量轻，所以平衡滑块的行程应比工作滑块的行程大。

(3) 减轻往复运动部件的重量以减小惯性力　为减轻压力机运动部件的重量，在高速压力机上采用了许多措施：如采用轻质合金制造滑块，与铸铁制造的滑块相比，约可减轻2/3的重量；封闭高度采用气动马达调整，比电动机的重量轻，且气动马达不装在滑块内，而是挂在压力机的立柱上，需要调整封闭高度时，将它套在滑块的调节传动轴的伸出端上。还有的压力机的封闭高度调节机构设在工作台里，如明斯特公司生产的Pulsar系列高速压力机，其工作台的结构如图3-39所示。工作台体6利用四个液压缸5支撑于工作台座13上，由四根滚动式导柱7导向，通过旋转调节螺套8来改变工作台面的上下位置，从而达到调整封闭高度的目的。调节螺套上的链轮12依靠一条环形滚子链11带动，使四个螺套能同步地被调节。同时，链条通过齿轮传动带动一个闭合高度指示器4，以显示封闭高度的数值。此外，该结构工作台具有速降功能，当液压被释放时，工作台即下降，这给调整模具、清除杂物或排除小的模具故障带来了方便。重新起动控制手柄，给液压缸充液并充分增压，工作台便可恢复到预先设置的精确位置上，保证相应的封闭高度。由于将封闭高度调节机构安装在工作台结构内，往复运动部分的重量能进一步减小，从而改善了压力机的温升和动态稳定性。

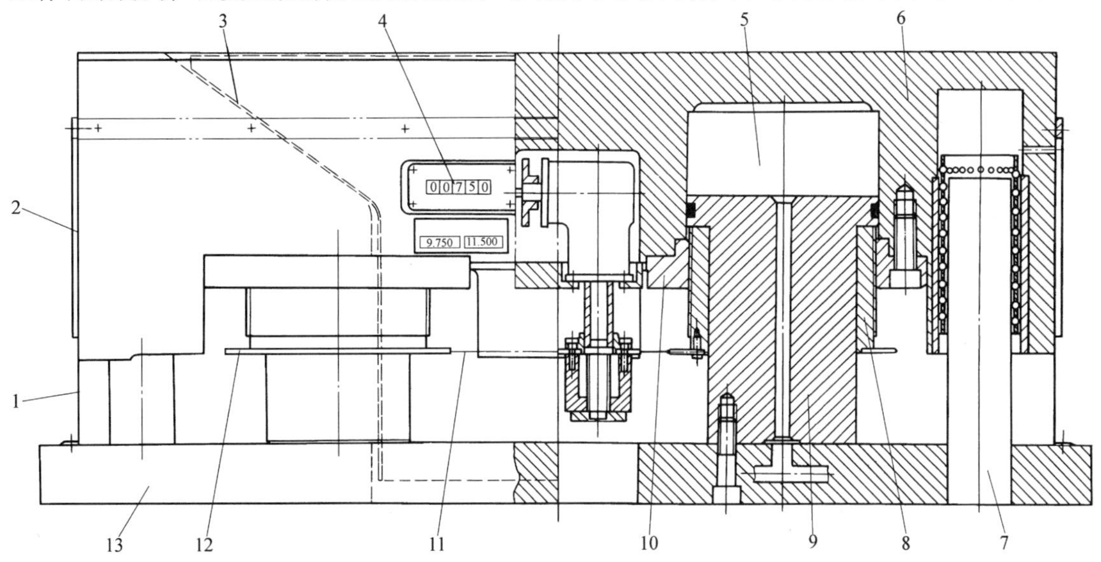

图3-39　工作台升降调节装置

1—下防护罩　2—上防护罩　3—漏料槽　4—闭合高度指示器　5—液压缸　6—工作台体　7—导柱　8—调节螺套　9—活塞　10—调节螺母　11—滚子链　12—链轮　13—工作台座

(4) 压力机刚度高，导向精度高　硬质合金模具有较高的刃磨寿命，在高速压力机上使用有利于提高生产效率。由于硬质合金韧性差，易崩刃断裂，所以要求压力机有相当高的刚度和精度。另外，多工位级进模也要求压力机有相当高的刚度和精度。目前一般高速压力机的机身多采用整体式铸造结构，并用四根拉紧螺杆预紧，形成预应力。为消除导向间隙，大部分高速压力机都采用高精度的滚动导轨，如八面直角滚针导轨、柱式钢球导轨等。有的还采用液体静压导轨，以消除滑块的水平位移，提高冲裁精度和模具寿命。如图3-40所示为明斯特Pulsar系列压力机的液体静压导轨结构。

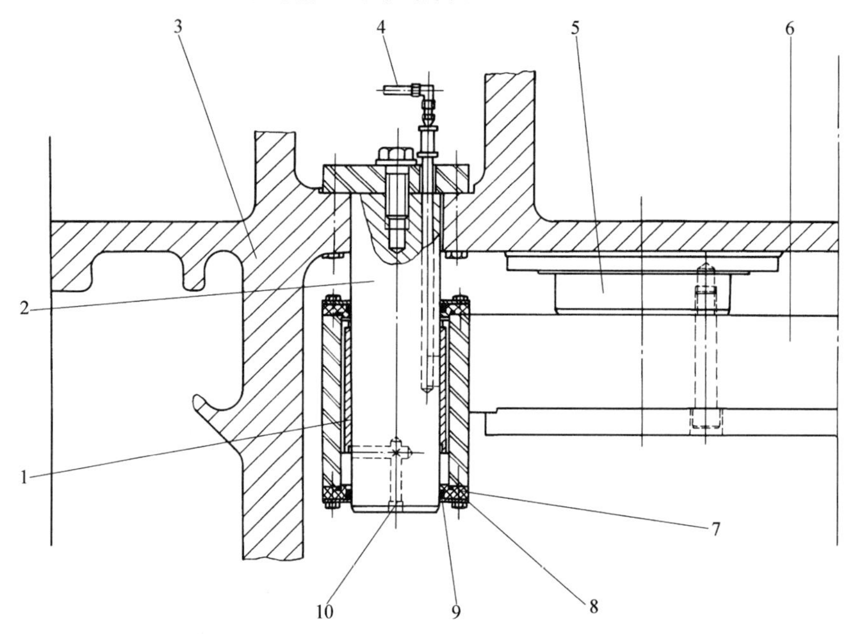

图3-40　Pulsar系列压力机的液体静压导轨结构

1—导柱衬套　2—导柱　3—床身　4—油管　5—滑块活塞　6—滑块　7—密封座　8—密封盖板　9—密封圈　10—油孔

（5）增设减振和消声装置　高速冲压形成强烈的振动和噪声，对安全生产和工作环境不利。为减小压力机振动对邻近设备和建筑物的影响，高速压力机底座与基础间增设了减振垫（图3-37件1）。机床电器与床身、各重要零件与床身连接处也设置减振缓冲垫，以减小振动对这些零件和电器的影响。对于较大吨位或行程次数较高的压力机，还采取隔声防护措施，在冲压空间的前后方加上隔声板（图3-37件9），如此，可以使噪声降低5～15dB。如果采用隔声室将压力机与外界隔离，可使外界噪声降低20～25dB左右。

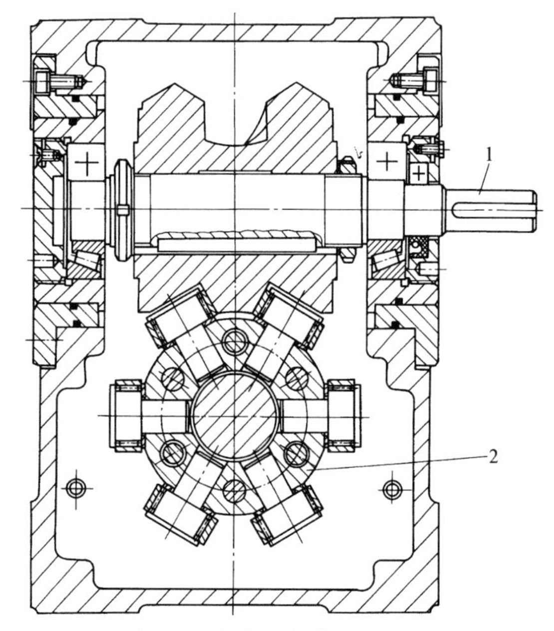

图3-41　蜗杆凸轮传动箱结构

1—主动轴　2—从动盘

（6）采用送料精度高的自动送料装置　自动送料是实现高速冲压的必备条件。目前越来越多地采用蜗杆凸轮式传动箱带动的辊轴式送料装置。如图3-41所示为蜗杆凸轮传动箱结构。主动轴为蜗杆凸轮轴，它是一个不等距蜗杆，从动轴上是一个带有六个均布滚动体的从动盘，蜗杆凸轮与从动盘上的滚动体做无侧隙的啮合。当蜗杆凸轮以等角速度转动时，便带动从动盘以正弦加速度或变正弦加速度的规律做每次60°角的周期性间歇转动。送料的起动和停止加速度均为零，没有惯性力作用，所以，它具有很高的送料精度，可达±(0.02～0.03)mm。其缺点是送料步距的调节需另外增设调节组件。

在小型高速压力机上采用单侧或双侧的由异形滚子超越离合器带动的辊轴式送料装置也比较多，其结构如图3-42所示。它的结构简单，造价较低。但送料精度较低，压力机在300～1000次/min的行程次数下工作时，送料精度一般为±(0.1～0.15)mm。使用时间较长

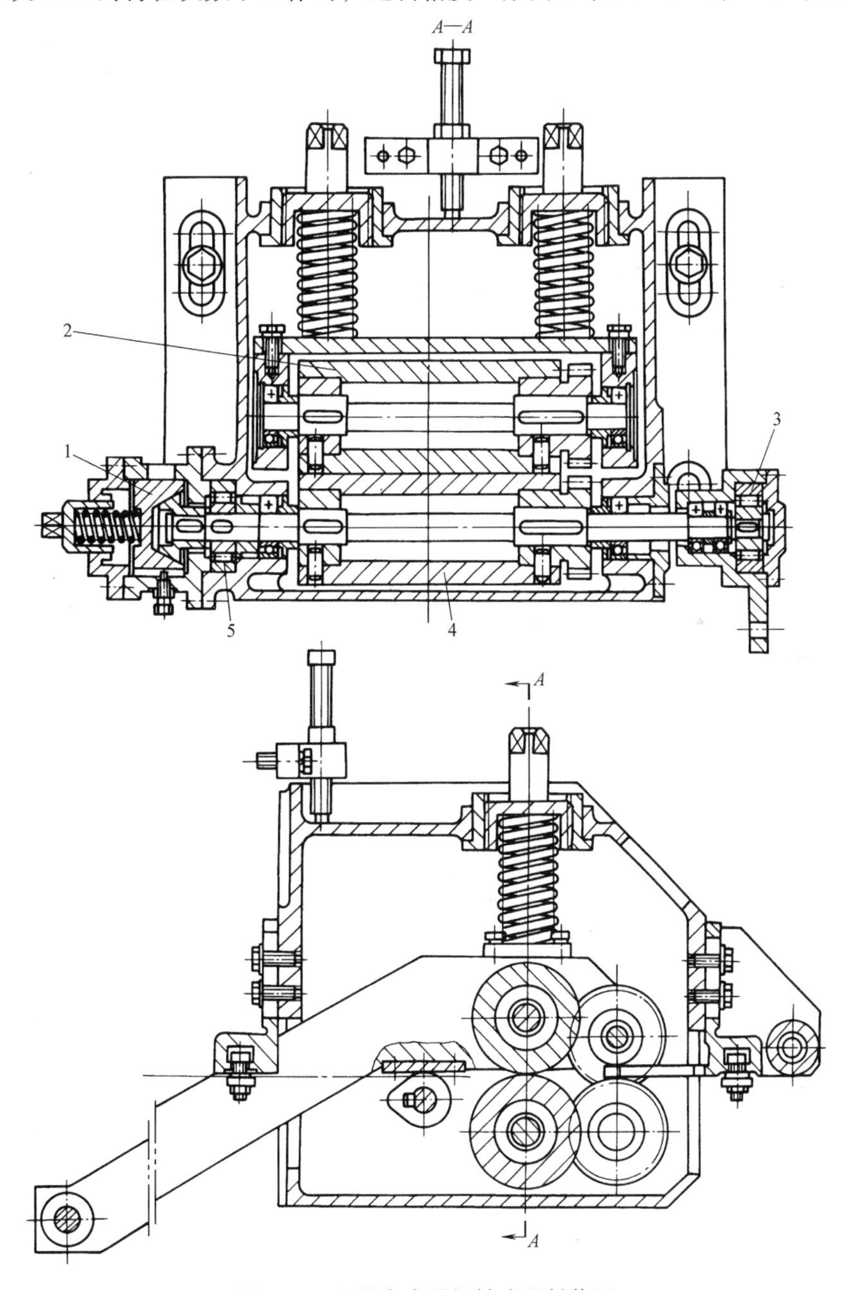

图3-42　超越离合器辊轴式送料装置

1—常作用制动器　2—上辊筒　3—正向驱动超越离合器　4—下辊筒　5—反向制动超越离合器

后，因磨损会导致精度降低，修复比较困难。

此外还有采用夹钳式送料装置的，其中以曲轴直接带动的机械传动式夹钳送料装置使用最多。气动和液压式夹钳送料装置在高速压力机中应用较少。

（7）具有稳定可靠的事故监测装置，并配置强有力的制动器　在出现送料不到位、冲压区夹带废料等事故发生前能报警，并使压力机在瞬间紧急停机，以保证设备、模具和人身安全。

（8）有很好的润滑系统　通常采用自动强制循环润滑，充分润滑各个相对运动部分，以减少发热和磨损。

3.5 数控转塔冲床

由于对大尺寸钣金件（如控制柜、开关柜的外壳和面板等）的冲压生产需求增加，又因为冲压件的结构灵活多变（小孔数量多，位置多变等）、质量好和产出快等方面的要求，传统冲压生产已不适应灵活多变、高效生产的需要，因而出现了数控转塔冲床，能很好地满足上述生产要求。该类机床有许多种形式，按机身结构可分为开式和闭式（图3-43），按主传动驱动方式可分为机械式、液压式和伺服驱动式，按移动工作台布置方式不同有内置式、外置式和侧置式。如图3-44所示为日本产PEGA344型闭式机身工作台内置的机械传动式数控转塔冲床。

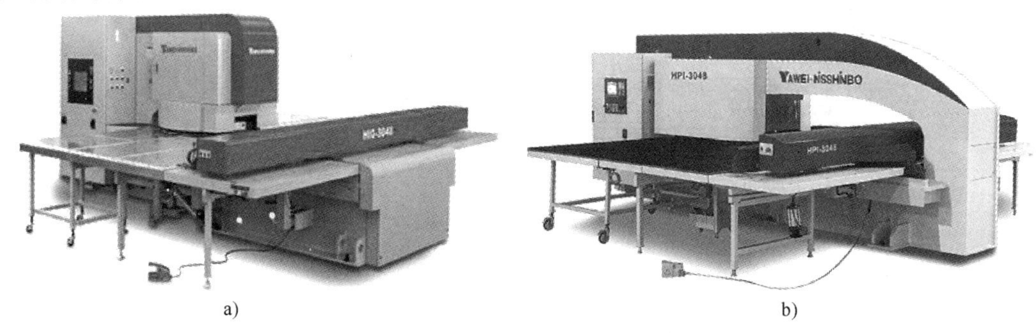

图3-43　数控转塔冲床结构形式

a）开式机身结构　b）闭式机身机构

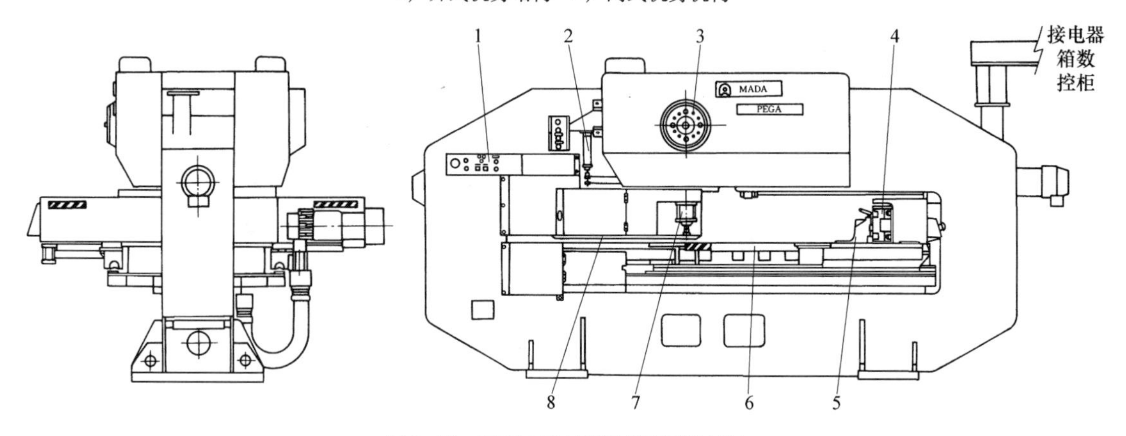

图3-44　PEGA344型数控转塔冲床

1—控制板　2—模具起吊器　3—曲柄转角指示器　4—溜板　5—夹钳　6—移动料台　7—板料工作夹持器　8—转塔

3.5.1　工作原理、特点及应用

数控转塔冲床是一种高效、精密的板材单机自动冲压设备。所谓转塔是一对可以储存若干套模具的转盘，它们装在滑块与工作台之间，上转盘安装上模，下转盘安装下模。被加工板料由夹钳夹持，可在上、下转盘之间沿 *X*、*Y* 轴方向移动，以改变冲切位置。上、下转盘可做同步转动，进行换模，以便冲压出不同形状的孔或轮廓，如图3-45所示。对于形状较复杂的孔，可利用组合冲裁或分步冲裁的方法冲出；对于较大的孔及轮廓，可分步冲出，如图3-46所示。转塔的转位换模及板料的平移均为数控自动完成。这样，只要装夹一次，就基本上能快速地把一块板上所有的孔及大部分的轮廓冲出，大大提高了生产率。

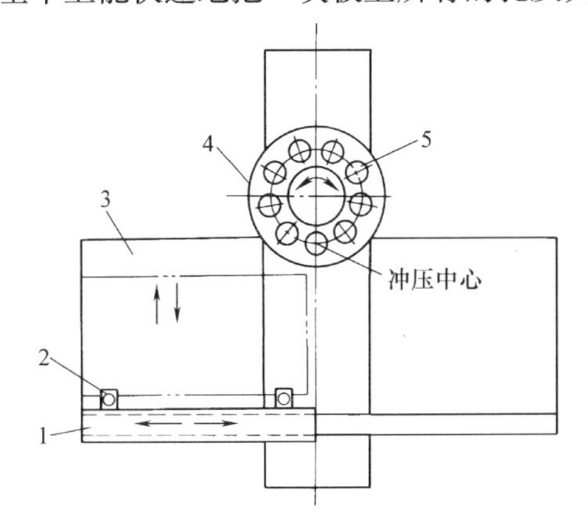

图3-45　数控转塔冲床工作原理（俯视图）
1—溜板　2—夹钳　3—移动料台
4—转塔　5—模具

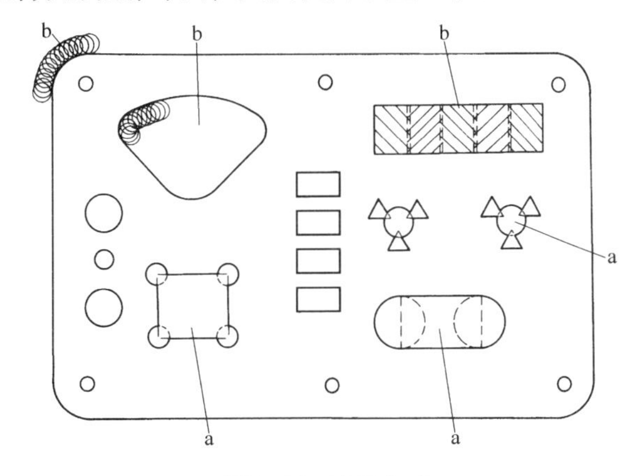

图3-46　冲压方式
a—组合冲裁　b—分步冲裁

数控转塔冲床与普通压力机在功能上主要有三点差别：

1）普通压力机用模具直接安装在工作台与滑块上，上模随滑块上下运动完成冲压工作；而对于转塔冲床，模具安装在转塔中，可随时转动进行换位，以便选择需要的模具。因此，板料装夹一次，便可使用多副模具冲压。

2）数控转塔冲床上板料的送进是双轴双向的（$\pm X$、$\pm Y$）。定位由移动料台与溜板的进给量控制，并按编定的程序顺序移动。而且可通过改变程序，控制冲模在允许范围内任意改变冲切位置。而普通压力机上的冲压，送料是单轴单向的，送进步距也是固定的。

3）数控转塔冲床由于采用了数控技术，只需使用若干套简单的冲模，并按图样编制数控程序，即可实现多种制件的冲压生产，使冲模通用化。而普通压力机上模具与制件一般是一一对应的。

因此，数控转塔冲床特别适用于多品种、中小批量的复杂多孔的钣金制品冲压加工，在仪器仪表和电子电器行业得到了广泛的应用。

3.5.2　结构及技术参数

1. 传动系统

数控转塔冲床的传动系统分为机械式、液压式和伺服电动机驱动式三大类。机械式传动系统的主传动部件由电动机、飞轮、离合器与制动器、曲轴、连杆和滑块等组成，其工作原理与曲柄压力机相同。在机械式主传动部件中，离合器与制动器的性能很重要，它直接影响到主传动部件的工作效率和使用寿命。

如图3-47所示为JK92-40型数控转塔冲床的传动简图。压力机必须完成以下动作：

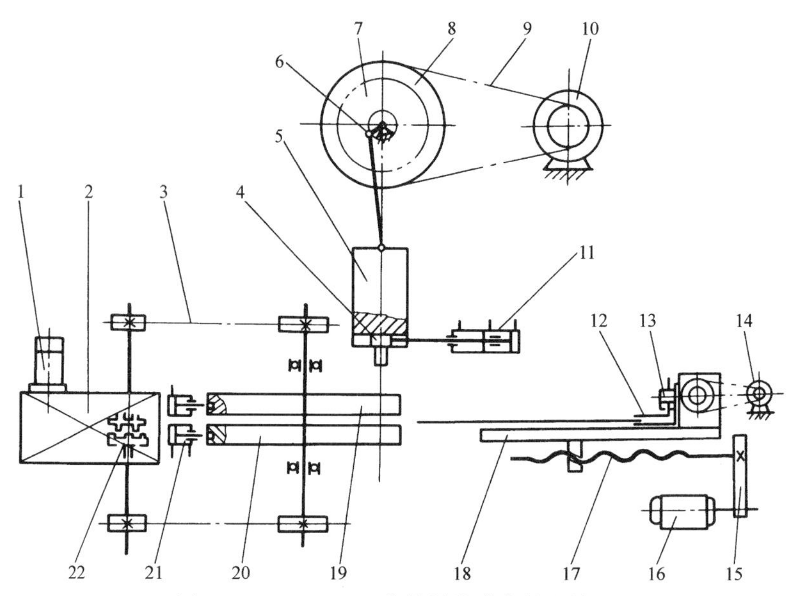

图3-47 JK92-40型数控转塔冲床传动简图

1—转塔伺服电动机 2—减速器 3—传动链 4—打击器 5—滑块 6—偏心轴 7—主离合器 8—飞轮 9、15—传动带 10—主电动机 11—打击器气缸 12—夹钳 13—夹钳气缸 14—X轴伺服电动机 16—Y轴伺服电动机 17—滚珠丝杠 18—移动料台 19—上转盘 20—下转盘 21—转盘定位气缸 22—转盘离合器

（1）冲压 主电动机10通过传动带9带动飞轮8转动，通过主离合器7及制动器、偏心轴6和滑块5带动打击器4，对板料进行冲压。

（2）模位选择 该机的转塔可装32套模具，分内、中、外三圈布置。为此装有一个三位置的打击器气缸11，用于沿水平方向推动打击器4，以选择内、中、外圈的冲模。圆周方向上模位的选择，由转塔伺服电动机1经齿轮减速器2、转盘离合器22和传动链3，驱动上、下转盘19、20同向同步旋转来进行。为使上、下转盘转位准确，保证凸、凹模对正，在转盘的圆柱面上设有20对锥形定位套，并用转盘定位气缸21推动锥销插入定位套而使转盘定位。

（3）板料进给 Y轴伺服电动机16通过传动带15、滚珠丝杠17带动移动料台18作Y向运动。移动料台上装有做X向运动的溜板，由X轴伺服电动机14通过相应的滚珠丝杠带动。溜板上装有两副夹钳12，由夹钳气缸13和复位弹簧控制其夹紧和松开板料。板料平放在料台上由夹钳夹紧，便可跟随移动料台和溜板进给送料。

如图3-48所示为JK92-30型数控转塔冲床的传动简图。其主传动是由主电动机11通过带传动机构、蜗杆蜗轮机构、曲柄机构和肘杆机构驱动滑块4上下运动，进行冲裁。模具在转盘上是单圈布置的，转盘的转动是由电液脉冲马达12通过两级锥齿轮和一级直齿轮的传动来驱动的，并用液动定位销7使转盘最终定位，保持上、下模对正。板料在X、Y向的进给，分别由两台电液脉冲马达通过滚珠丝杠驱动夹钳溜板和移动料台来实现。

目前液压式传动系统已成为数控转塔冲床的主流配置。与机械式主传动相比，它用液压缸取代了曲轴连杆等机械机构，由液压站提供动力，液压缸与液压站通过主液压阀块相连接，由专门的电子程序控制整个系统的动作，并通过与油缸活塞杆同步运动的电子传感器适时测量和反馈，最终实现对冲头位置、行程及速度的精确控制。如图3-49所示为液压式数控转塔冲床的HDM型液压系统原理图。它主要由阀体油缸、液压站与电子控制器三部分组成。它通过采用 DECV 主控制换向阀 9 和低压回路（压力为 8MPa）控制，实现冲压力在 40kN 以下时的快速节能运行；而当冲压力在 40kN 以上时，通过高压泵 3 和高压换向阀 5，控制高压回路（压力为 28.5MPa）连通油缸上腔，使高压泵 3 只有在较大载荷冲压时才建立压力并直接作用于液压缸活塞 10。通过冲压力与冲压速度的合理匹配，只需配置 11kW 主电动机即可满足优良的技术性能，且明显降低系统成本并达到良好的能源效率。该液压系统的关键是主控制换向阀，它不同于通常由电磁线圈控制的电磁换向阀，直接由专门研制的 FL56 型伺服电动机驱动，具有优化的磁电路与动态特性，以及特有的机械结构。通过伺服电动机精确检测和控制主阀阀芯位置，以及零侧隙齿轮齿条传动实现对阀芯的线性驱动，使主控制换向阀的快速连续响应时间仅需 7ms，同时还具有故障安全功能，可对故障位阀芯进行精确的机械调整。另外，该系统还解决了高压泵输出的高压油及流速对主控制换向阀的干扰这一关键技术问题。

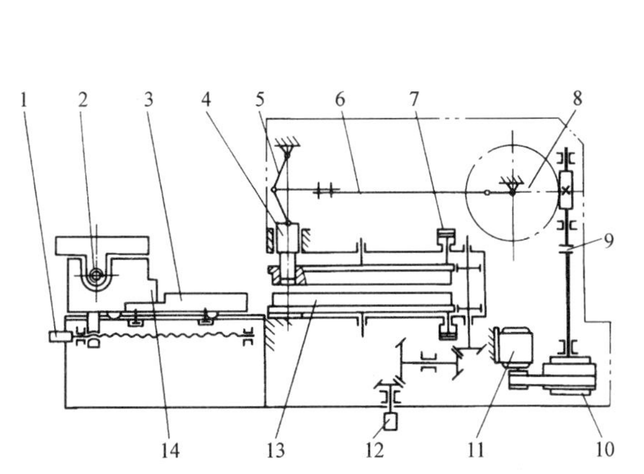

图 3-48　JK92-30 型数控转塔冲床传动简图
1、12—电液脉冲马达　2—滚珠丝杠　3—移动料台　4—滑块　5—肘杆　6—连杆　7—液动定位销　8—蜗轮　9—联轴器　10—电磁离合器　11—主电动机　13—转盘　14—夹钳

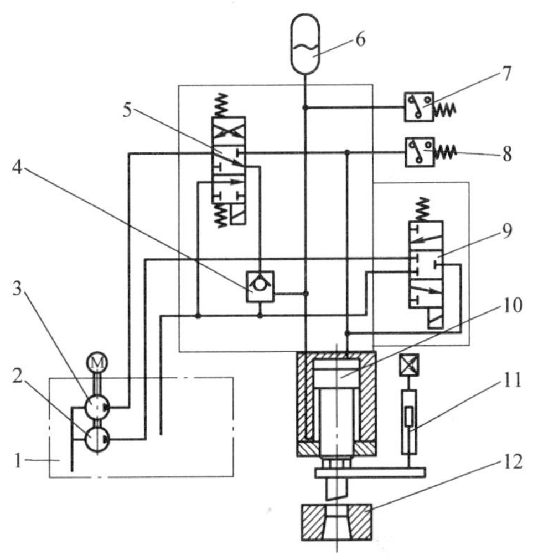

图 3-49　液压式数控转塔冲床 HDM 型液压系统原理图
1—液压站　2—低压泵　3—高压泵　4—充液阀　5—高压换向阀　6—蓄能器　7、8—压力传感器　9—主控制换向阀　10—液压缸活塞　11—电子传感器　12—模具

图 3-49 所示液压式数控转塔冲床 HDM 型液压系统配备的是 HS4 型电子控制器，该电子控制器是基于 32 位 CPU 的 CLC/PLC 控制器，配置了 RS-232、USB、以太网和现场总线（如 CAN、Profibus 等）通用接口，以及数字 I/O、阀控状态、位置和压力传感器等信号接口，另外还包含了直接驱动主控制换向阀的 SV2 模块。在专门设计的固化程序控制下，可实现快速步冲与成形、滚压、刻印等特殊工艺的编程，并可针对不同的工艺和模具类型调整优化相应的参数。同时，能在线跟踪记录传感器数据和冲压状态信息，并适时将出现故障时的相关信息记录到 USB 存储卡，用于故障分析与排除。专门用于调试和诊断的 Punchmaster PC 软件，可通过 HS4 型电子控制器在线跟踪加载数据，或对已存储的数据进行离线分析，还可通过以太网接口实现远程维护。因此，新一代 DECV 阀技术的 HDM 型液压系统，具有伺服驱动、高效率、低成本和调试、诊断与维护方便等特点，使数控液压转塔冲床性能与可靠性提升到新的水平。目前，应用 DECV 阀技术并保留高低压双回路系统设计，具有更高性能的 HDE 型液压系统也已推出，它采用 15kW 电动机即可满足 300kN 公称力与 3mm 行程、冲头速度 1800 次/min 的要

求，能够更好地发挥伺服液压技术的特点，并提高能源效率，节省功耗。

液压式数控转塔冲床具有如下几个特点：①可以根据板料厚度、冲孔类型以及送料速度和距离等因素，在程序中设定适当的上死点位置，尽量减少冲头行程，并通过参数优化消除送料与冲压的间歇时间，从而提高了冲压频率。②由于冲头在整个冲压循环中的速度可以参数化改变，通过降低冲头在接触板料时的速度，减轻冲击和振动，从而降低冲压噪声。③冲压工艺性得到进一步扩展。不仅可以进行高速打标、快速冲孔，而且由于冲头停止精度高、全行程均能发出最大冲压力，因而适合于完成一些特殊成形（如拉伸、滚压）等。

伺服电动机驱动式数控转塔冲床的主传动结构形式主要有两类，第一类是在传统机械式主传动的基础上，将伺服电动机直接与曲轴相连，省去飞轮、离合器与制动器的结构。日本AMADA公司的EM2510NT型数控转塔冲床，是将两台伺服电动机分别连接于曲轴的两端，控制其同步运转，保证了对曲轴足够的转矩输出，同时可以获得很高的冲压频率。这种方式虽然结构相对简单，但必须采用大功率双力矩伺服电动机，以满足公称力和冲压速度的要求，增加了制造成本及能耗。也有将伺服电动机通过减速器与曲轴相连的结构形式（图3-50），这样可以适当降低伺服电动机的额定转矩，但最高冲压频率会受到限制。第二类是伺服电动机通过减速器与曲柄肘杆机构相连的结构形式（图3-51），例如日本MURATEC公司的MOTORUM-2048LT型数控转塔冲床即为此类结构。这类结构因杆件数量多而变得较为复杂，但它利用了曲柄肘杆机构特有的增力特性，可以降低伺服电动机的负载转矩，并且曲柄旋转一周，滑块上下运动两次，这样能够达到更高的冲压频率。

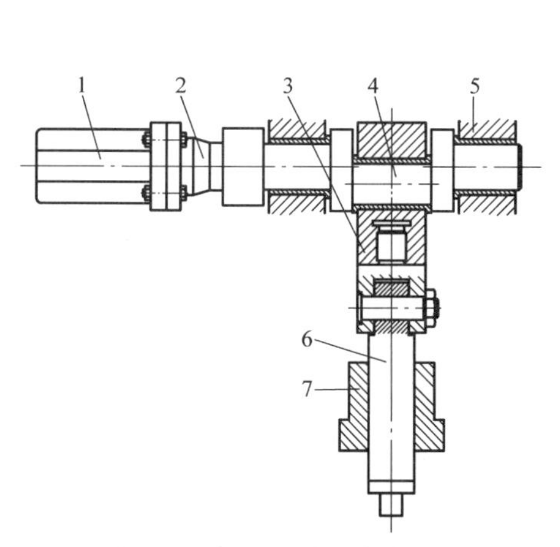

图3-50　伺服电动机直接驱动数控转塔冲床曲轴的结构

1—伺服电动机　2—减速器　3—连杆　4—曲轴　5—机身　6—滑块　7—导向套

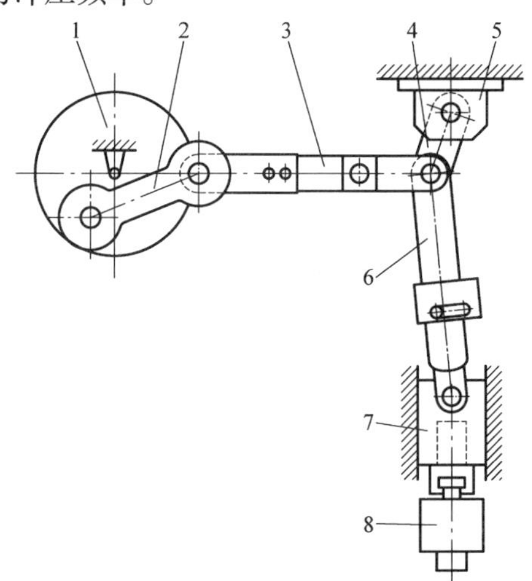

图3-51　伺服电动机驱动数控转塔冲床曲柄肘杆的结构

1—曲柄　2—连杆　3—组合连杆　4、6—肘杆　5—固定座　7—滑块　8—打击器

伺服电动机驱动式主传动，不仅保留了机械式主传动结构成熟可靠的优点，而且具备了液压主传动的诸多特性，其特点主要有：节省能源、降低噪声、提高效率、优化工艺等。然而，为使伺服电动机驱动式主传动充分发挥高性能优势，还要与数控转塔冲床的转盘选模系统、高速送进系统、数控系统及软件等技术协同配合与提升。我国生产的SPH型数控伺服转塔冲床，已融合了分度工位功能扩展、多子模性能提升、转盘双排工位及选模等多项创新专利技术与设计。

2. 转塔

如图3-52所示为JK92-30型压力机的转塔结构。上转盘1通过上中心轴3悬挂在机身

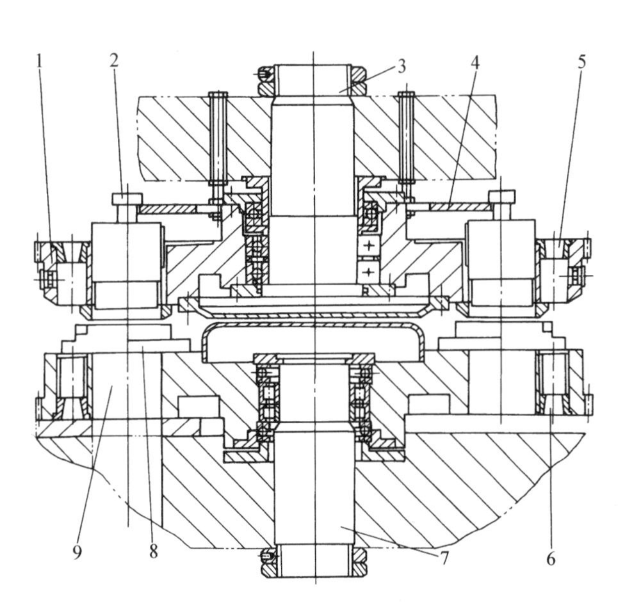

图3-52　JK92-30型数控转塔冲床的转塔结构
1—上转盘　2—上模座　3—上中心轴　4—吊环　5—上定位孔
6—下定位孔　7—下中心轴　8—下模座　9—下转盘

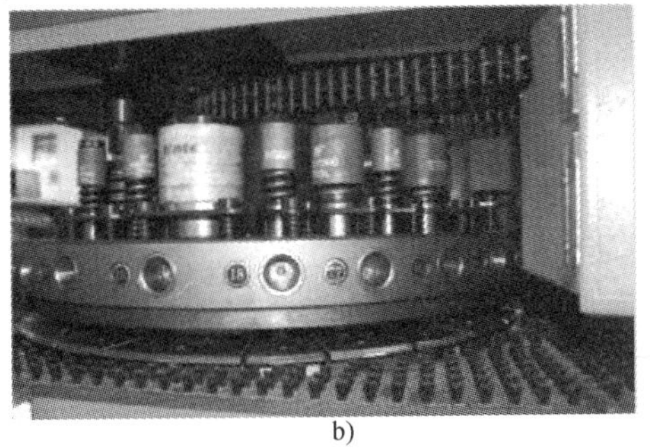

图3-53　数控转塔冲床的转塔外形结构
a）普通型转塔结构　b）厚转塔结构

上部，下转盘9通过下中心轴7支承在机身下部。转盘可在中心轴上旋转。在转盘面上沿圆周布置有20个模位，通过各模位上的上模座2和下模座8来安装上、下模。上转盘的圆周上有0～19依次排列的数字，表示模具的编程序号。下转盘的圆周表面上有20个依次排列的感应器，分别代表各模位模具的编号，以便控制系统根据信号来自动选择模具。在上转盘的上平面和下转盘的下平面各有20个上、下定位孔5、6与固定在机身上的液动定位销配合，以使转盘选择模位后最终定位。

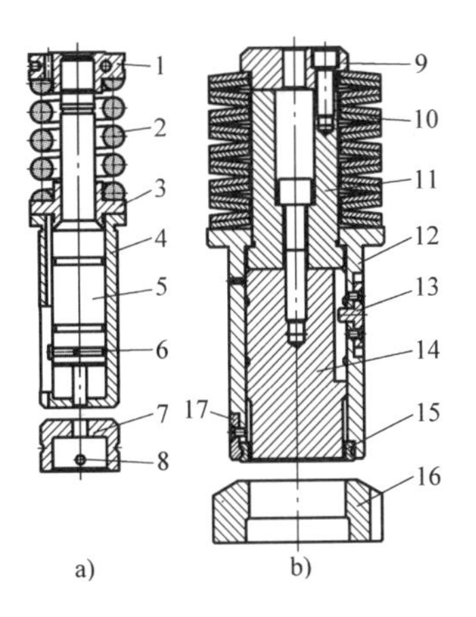

图3-54　数控转塔冲床的模具结构
a）小尺寸模具结构　b）大尺寸模具结构
1—调节螺母　2—脱模弹簧　3—止环　4、12—导套　5、14—凸模　6、8—定位销　7、16—凹模　9—压块　10—碟形弹簧　11—模柄　13—定位块　15—卸料环　17—固定块

数控转塔冲床的转塔外形结构如图3-53所示，厚转塔结构的导向性更好，精度更高。数控转塔冲床上使用的模具结构如图3-54所示。

3. 主要技术参数

表3-5是几种数控转塔冲床的主要技术参数。

表 3-5 几种数控转塔冲床的主要技术参数

压力机型号	公称力/kN	最大加工板料尺寸(含一次再定位)/(mm×mm)	最大板料厚度/mm		一次冲孔最大直径/mm	标配模位数/自动分度工位数	冲孔精度/mm	冲头冲压频次/(次/min)	最高冲孔频率①/(次/min)	最高冲孔频率②/(次/min)	板材最大移动速度/(m/min)	转盘转速/(r/min)	总功率/kW	控制轴数	气源/MPa	外形尺寸/mm			重量/kg	驱动方式	机身结构/工作台布置	备注
			碳钢	不锈钢												长	宽	高				
HPQ3044	300	1250×2500	6.35	4	φ88.9	40	±0.1	1750	690	330	102	30	21	5(X、Y、Z、T、C)	0.6	5800	2300	2200	14500	液压	闭式/内置	江苏亚威
HPQ3047		1250×4000											23				4000		15500			
HPQ3048		1250×5000											24				5000		16500			
HPQ3057		1500×4000											23			6300	4000		18500			
HPQ3058		1500×5000											24				5000		19500			
HPI3044		1250×2500				36		1000	530	295			21			5600	2300		14000			
HPI3047		1250×4000											23				4000		15000			
HPI3048		1250×5000											24				5000		16000			
HPI3057		1500×4000											23			6100	4000		18000			
HPI3058		1500×5000											24				5000		19000			
HPH3044/5044	300/500	1250×2500	6.35/8	4/6		26	±0.1	600/800	320/340	230/240	102	30	21	4(X、Y、T、C)		5600/5800	2300	2200/2300	14000/21000	液压		
HPH3047/5047		1250×4000											23				4000		15000/22000			
HPH3048/5048		1250×5000											24				5000		16000/22500			
HPH3057/5057		1500×4000											23			6100/6300	4000		18000/24500			
HPH3058/5058		1500×5000											24				5000		19000/25500			
HPE3048	300	1250×5000	6.35	4		36		1500	680	400				5(X、Y、Z、T、C)		5330	5000	2250	16000	电伺服		

（续）

压力机型号	公称力/kN	最大加工板料尺寸（含一次再定位）/（mm×mm）	最大板料厚度/mm		一次冲孔最大直径/mm	标配模位数/自动分度工位数	冲孔精度/mm	冲头冲压频次/（次/min）	最高冲孔频率①/（次/min）	最高冲孔频率②/（次/min）	板材最大移动速度/（m/min）	转盘转速/（r/min）	总功率/kW	控制轴数	气源/MPa	外形尺寸/mm			重量/kg	驱动方式	机身结构/工作台布置	备注
			碳钢	不锈钢												长	宽	高				
V1225/1525-20	200	1250/1500×2500	6.35		φ88.9	34/4	±0.1/±0.05°		1000	425	128			5（X、Y、Z、T、C）	0.6					液压	闭式/内置	湖北三环
V1225/1525-30	300				φ114.3	48/3 40/3																
S1212/1225-20	200																					
S1225/1525-30	300																					
MT-200E	200	1250×5000	0.8~6.35		φ88.9	32/2	±0.10		700	X450 Y320	X80 Y60	30			0.55	5620	5000	2310		单电伺服	闭式/内置	江苏金方园
MT-300E	300	1500×5000																				
ET-300	300	1500×2500	6.35			24/2 32/2		300			60	30	11	4	0.7	5620	5000	2310		液压		
DMT-200	200	1250×5000	3.2			32/2		1500		X500 Y400	X120 Y90	30		7（X、Y1、Y2、T、C、A1、A2）						双电伺服		
DMT-300	300																					
VT-300	300	1250×5000	0.8~6.35			24/2 32/2		600		300	100	30	11	4	0.55	5620	5000	2310		液压		
LD25-K18J	250	1250×2500	5			18		180~260					7	3（X、Y、T）	0.55				88000	机械	开式/外置	青岛雷德
EMK-3612MⅡ	300	3050×1525	6.35		φ88.9	55~70/4MPT				500				2/4						双电伺服	闭式/侧置	日本MADA
PEGA357	300	1270×3660	6.35		φ114.3	58/2		350		200	X50 Y50	30	5.5						12000	机械	闭式/内置	日本AMADA
RT-145	400	1500×2000	6		φ154	36/30		400		240										机械	开式/外置	瑞士

注：1. 频率①指步距1mm、冲程4mm时的最高冲孔频率；频率②指步距25.4mm、冲程4mm时的最高冲孔频率。

2. X、Y轴为伺服直线轴，驱动板材横向、纵向运动；Z轴为伺服直线轴，驱动模具冲压运动，可完成凸台、寸动折弯、翻孔、去毛刺、刻印等工艺；T轴是伺服旋转轴，驱动转塔旋转；C轴是伺服旋转轴，驱动模具旋转轴，实现自动分度功能；A1、A2轴为电伺服驱动轴；MPT是攻螺纹工位。

3.6 数控液压折弯机

折弯是使金属板料沿直线进行弯曲（甚至折叠），以获得具有一定夹角（或圆弧）的工件的工艺。为完成这种工艺，要求折弯机有两方面的动作，一是压力机的滑块带动上模相对下模做垂直往复运动，以压弯板料，形成一定的弯曲角（或圆弧）；二是后挡料机构的移动，以保证弯曲角（或圆弧）的中心线相对板料边缘有正确的位置。数控折弯机主要对后挡料机构进行数字控制，以实现按程序设定自动变换后挡板的定位位置，达到一个工件的多次弯折顺序完成，从而提高生产效率和提高弯曲件的质量。

3.6.1 滑块的垂直往复运动

折弯机大多采用液压系统驱动滑块做垂直往复直线运动，并分为自由折弯和三点式折弯两种形式，如图3-55所示。两种形式的下模1均固定于压力机的工作台上，上模3随滑块做上下往复运动。两者的差别在于，自由折弯时，靠控制上模压入下模的深度（即滑块运动的下死点）来使板料2获得不同的弯曲角；三点式折弯时，滑块上设有弹性垫（或液压垫）4，工件的弯曲角度取决于下凹模的深度 H（由下模的内腔与活动垫块5构成）和宽度 W。

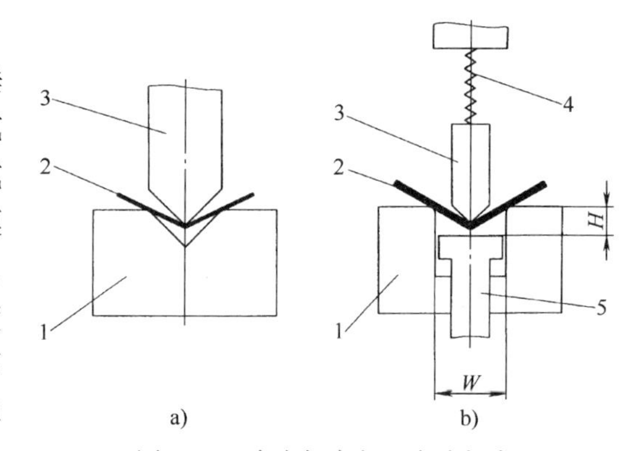

图3-55 自由折弯与三点式折弯

a）自由折弯 b）三点式折弯

1—下模 2—板料 3—上模 4—弹性垫 5—活动垫块

如图3-56所示为日本TOYOKOKI公司生产的HPB-16530AT型液压数控折弯机的外形图，该机采用自由弯曲工艺，滑块运动行程可由相应的刻度盘设定，后挡料机构（双轴）及滑块机械限位装置可实现数字控制。当工作模式选择开关拨到自动操作档时，滑块的运动方式为：踩下脚踏开关，滑块快速下降到工作行程切换点，改用慢速下压弯曲成形；到达设

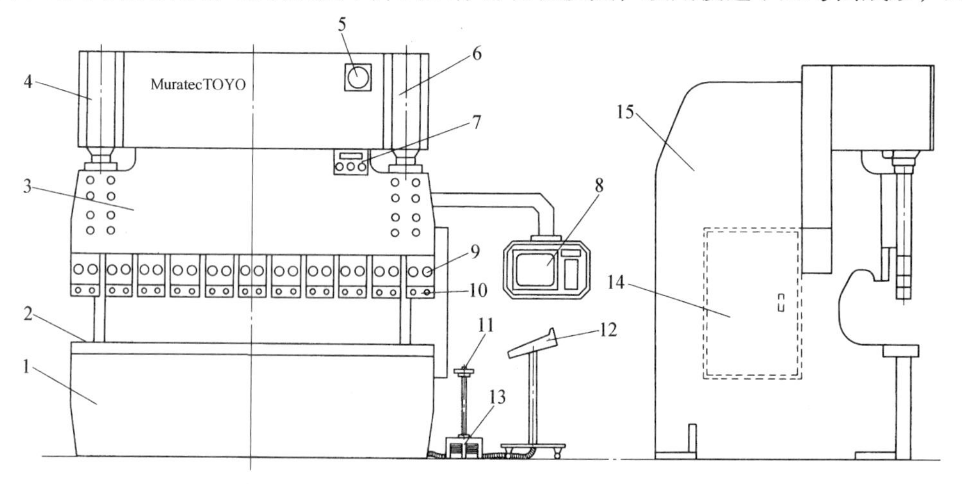

图3-56 HPB-16530AT型液压数控折弯机外形图

1—底座 2—工作台 3—滑块 4、6—液压缸 5—压力表 7—机械限位指示器 8—NC控制器 9—上模调整座 10—上模固定座 11—紧急回程按钮 12—操作面板 13—脚踏开关 14—电气盒 15—床身

定下死点后（此时脚踏开关已放开），自动返回停于上死点。从其工作方式可知，必须对滑块下死点及运行转换点（如快速下行与工作行程间的转换）进行控制。其中下死点位置控制最为重要，因为对于进行自由折弯的压力机而言，下死点的位置会直接影响上模楔入下模的深度，此深度的微小变化将导致工件弯曲角的显著变化（通常滑块行程变化0.04mm会使弯曲角变化1°），所以，下死点的控制精度要求高达±0.01mm。

如图3-57所示为HPB-16530AT型折弯机的机械限位装置示意图。此种结构液压活塞1及与其相连的滑块的下死点，是依靠限位螺套2来限制的。螺套2的位置由蜗杆4驱动蜗轮3，蜗轮3只转动不移动，使与蜗轮相配的螺套上下移动以改变位置，蜗杆机构带有锁紧装置（图中未画出）。当活塞下行并与螺套上端面接触时，滑块和上模被限位，下死点得以控制。活塞的行程位置由位移传感器来检测。

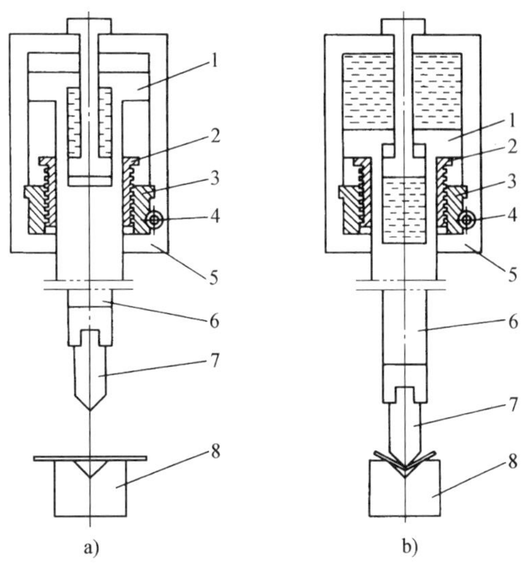

图3-57 HPB-16530AT型折弯机机械限位装置示意图
a）上死点位置 b）下死点位置
1—活塞 2—螺套 3—蜗轮 4—蜗杆 5—液压缸体 6—滑块 7—上模 8—下模

除上述机械限位机构控制滑块下死点外，还有挡块-伺服阀式和直线编码器-伺服阀式。如图3-58所示为挡块-伺服阀式结构，该结构活塞杆1下行时碰压挡块（定位螺钉）2，且经杠杆3改变伺服阀4的状态，从而改变对液压缸5的供油，使活塞杆及滑块减速并停止。其中挡块由电动机6调节，用编码器（或电位器）7检测位置。同样，此种结构若要对其他运动转换点进行控制，或显示滑块每一时刻的位置，必须另装位移传感器。直线编码器-伺服阀式结构采用直线式编码器直接检测滑块每一时刻的位置，然后经数控系统和伺服阀来控制工作液压缸的供油量。由于它设置了左、右两套直线式编码器，可通过控制系统随时对滑块左、右两端位置进行比较，并经左、右两个伺服阀对左、右缸活塞的运动进行精密调整，从而可将滑块的倾斜控制到极小的数值，以保证同步运动。另外，它完全没有机械接触元件，因此可在折弯过程中任意调节上模楔入下模的深度。

对于采用三点式折弯（图3-55b）的压力机，由于它的运动精度和变形不会影响工件的弯曲角，因此不必控制滑块的下死点，而应控制活动垫块的上死点。

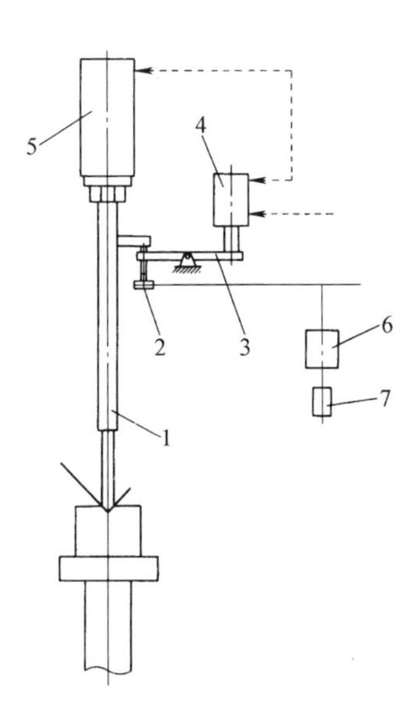

图3-58 挡块-伺服阀式结构
1—活塞杆 2—挡块（定位螺钉） 3—杠杆 4—伺服阀 5—液压缸 6—电动机 7—编码器（或电位器）

3.6.2 后挡料机构的移动

如图3-59所示是一种单轴数控后挡料机构。这种机构用直流伺服电动机（或交流伺服电动机）4驱动，其旋转运动经同步带5传至滚珠丝杠6，然后经螺母7变为直线运动，并带动拖板8和挡料架9沿导向轴（图中未画出）前后移动。在拖板的侧面还装有感应同步器（图中未画出），其定尺与机身相连，动尺随拖板一起运动，以检测拖板和挡料架的位移，并构成闭环位置控制系统。该机构有多个挡料架，每个挡料架上装有多个不同的挡块（1、2、3等），它们的起落由电磁阀控制的气缸操纵。折弯时，可根据工件的要求在控制程序中灵活地预先设定各挡块的状态，以便对多弯曲角的工件进行定位。

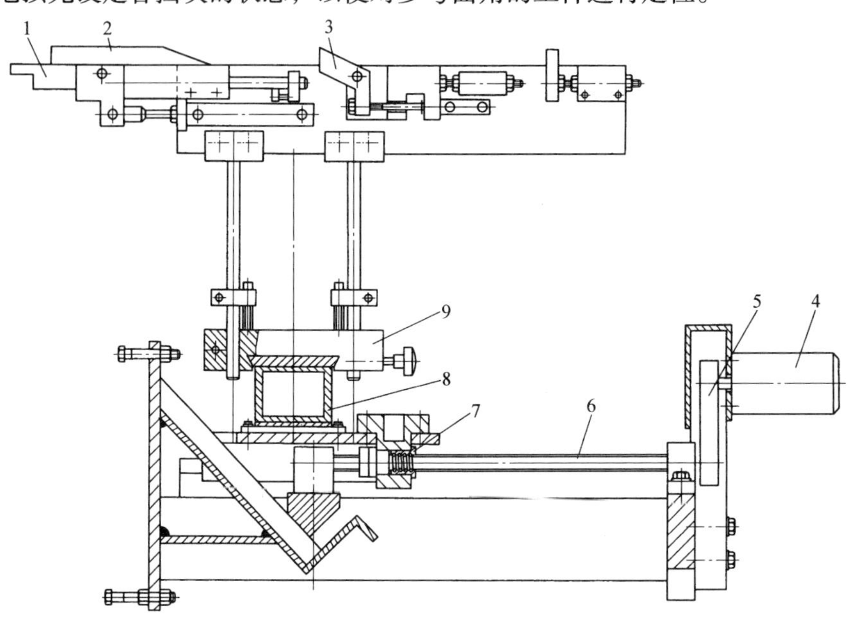

图3-59　单轴数控后挡料机构

1、2、3—挡块　4—伺服电动机　5—同步带　6—滚珠丝杠　7—螺母　8—拖板　9—挡料架

对于较复杂的折弯工件，上述单轴数控后挡料机构尚不能满足要求，应采用多轴后挡料机构，如图3-60所示5轴数控后挡料机构。它的X_1、X_2轴（前后运动），Z_1、Z_2轴（左右运动）和R轴（上下运动）均为数控，所以能对工件进行空间定位。在这种折弯机上还设有I轴（图3-60），用于调整V形下模的位置。

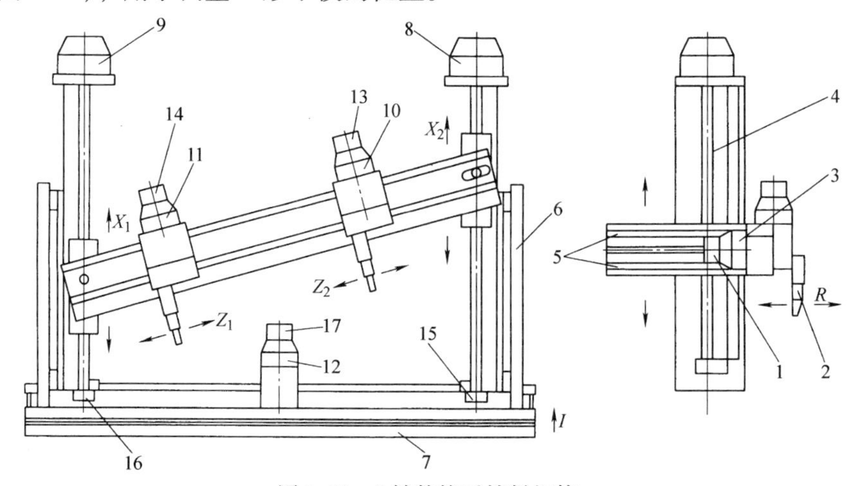

图3-60　5轴数控后挡料机构

1、13、14、15、16、17—编码器　2—挡块　3、8、9、10、11、12—直流伺服电动机

4—滚珠丝杠　5—导轨　6—机身侧板　7—工作台

3.6.3 数控折弯机的操作

如图3-61所示为HPB-16530AT型液压数控折弯机操作面板图。各部分的功能及操作方法说明如下：

1. 模式选择

该机有五种工作模式，可通过操作面板上的模式选择开关进行选择。五种模式为：单次动作、自动操作、自动划线弯曲、深度自动化、单行程。另外，“慢速回升”模式可由操作面板上的拨钮开关来选择。

（1）单次动作模式　当踩下脚踏开关“下压”压板时，滑块高速下行并停在慢速下行开始位置（即工作行程的始点）；如果再次踩下“下压”踏板然后放开，滑块开始慢速下压。若踩下脚踏开关“上升”压板，则滑块上升并停在上死点位置。在踩住“下压”或“上升”压板的任何时刻，只要放开脚踏开关的压板，滑块会立即停止运动。这种模式主要用于试弯、单片弯曲以及更换下模或调整座调节时。

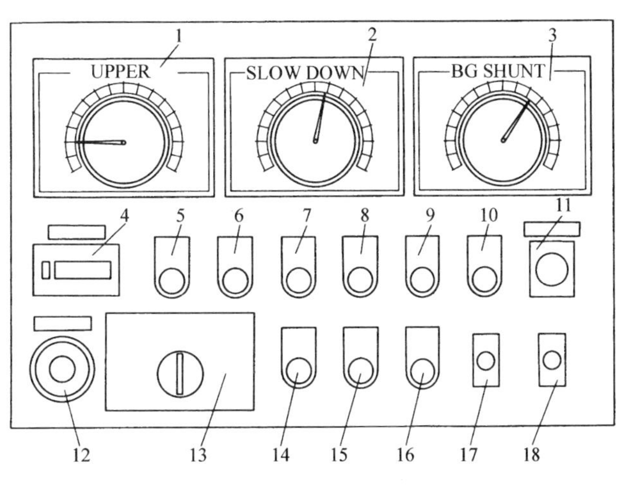

图3-61　HPB-16530AT型液压数控折弯机操作面板图
1—上死点位置刻度盘　2—慢速下压位置刻度盘　3—后挡料装置退让-下死点位置刻度盘　4—薄板件计数器　5—电源指示灯　6—操作指示灯　7—起动开关　8—上模固定座打开按钮　9—调整座打开按钮　10—伺服系统复位按钮　11—压力定时器　12—压力调节旋钮　13—模式选择开关　14—机械限位装置上移按钮　15—机械限位装置下移按钮　16—机械限位装置慢速下移按钮　17—后挡料装置-滑块下死点选择开关　18—慢速回升开关

（2）自动操作模式　当踩下“下压”压板时，滑块高速下行到达工作行程范围时变为慢速下压弯曲成形，而不会停止在慢速下行开始位置；完成压弯操作后放开脚踏开关，滑块自动上升停在上死点位置。滑块下压过程中无论何时放开脚踏开关，滑块都会上升，停在上死点位置，以便操作有误时能迅速取消。该模式用于成批生产。

（3）自动划线弯曲模式　与“单次动作”一样，滑块高速下行停于慢速下行开始位置，当再次踩下“下压”压板后，滑块以慢速下压。在滑块下行过程中若放开“下压”压板，那么，如果此时滑块位置在工作行程范围内，则滑块会自动上升并停在上死点位置；如果此时滑块位置在高速下行范围内，应踩下“上升”压板，滑块才能上升回程。这种模式用于整排工件按划线位置弯曲的情况。

（4）深度自动化模式　该模式用于缓慢调整机械限位装置逐渐下压来获得所需工件弯曲角度的场合。当活塞端与机械限位装置接触时（图3-57b），滑块就不能再下行。与“单次动作”相同，滑块快速下行停于慢速下压开始位置，当再次踩下“下压”压板时，滑块以低速下压，此时机械限位装置的设定值比所需弯曲角度的位置偏上一些，当工作行程结束时放开“下压”压板，滑块会稍微上升一点然后停止。当再次踩下“下压”开关压板时，滑块下行→压入→轻微上升→机械限位装置的少量下调→滑块下行→压入等一系列动作会自动循环，如此机械限位装置会缓慢逐渐下调，工件会被缓慢地弯曲成形。上述动作过程能够通过连动装置自动调节。

如果在获得工件所需的弯曲角之后放开脚踏开关，循环调节动作会停止。踩“上升”压板的操作与“单次动作”相同。

（5）单行程模式 踩下“下压”开关压板，滑块快速下行并停于慢速下行开始位置，当放开“下压”压板并再次踩下“下压”压板时，滑块开始以慢速下压。当滑块慢速下行经过后挡料装置位置时，压力计时器开始检测计时，时间到后滑块上升并停于上死点位置。若计时时间未到，踩下“上升”压板，滑块也会上升。另外，滑块下降期间，若放开脚踏开关，滑块会立即停止。当计时器的检测计时被中断时，则滑块停止在该位置。这一模式主要用于试弯、单片弯曲或大板料的弯曲。

（6）慢速回升模式 当操作面板上的拨钮开关拨到慢速回升档时，滑块在慢速下行开始位置和下死点之间慢速回程。这种模式适用于较大工件弯曲时，要求回程同时带出工件的场合。

2. 滑块行程调节

滑块上死点、慢速下行开始位置（即工作行程开始点）和滑块下死点位置可通过操作面板上相应的刻度盘来调节。

标有“UPPER”的刻度盘用于设置滑块的上死点位置，即“自动操作”和“紧急回程”模式滑块上升停止的位置。设置时应考虑到工作效率，常把上死点设在下压最低点到滑块上限位置之间，便于压弯后的工件取出即可。

标有“SLOW DOWN”的刻度盘用于设置工作行程开始位置，即踩下“下压”开关，滑块从上死点高速下行，到达该位置时速度变为慢速。在“单次动作”“自动划线弯曲”“深度自动化”和“单行程”模式中，滑块高速下行停止在该位置，直至再次踩下“下压”开关时进行低速下压。在“自动操作”模式，滑块下降到该位置不停止但速度会变为慢速。工作行程开始位置最好设在上模将要压到工件表面的位置为好。

标有“BG SHUNT”的刻度盘用来设置后挡料装置开始向后退让的位置；同时它也用来设置滑块的下死点位置。当“下死点-后挡料”拨钮开关拨向“后挡料”位置时，则可用它调节后挡料装置开始退让时滑块的下行位置。设置的方法如下：

1）将模式选择开关转到“单次动作”档。

2）“下死点-后挡料”开关拨向“下死点”位置。

3）将“SLOW DOWN”和“BG SHUNT”两刻度表拨到“0”位置。

4）踩住“下压”开关，一点一点地将下死点刻度表的数值由小调到大，滑块按调定的数值慢慢下降，直到上模和下模正好夹住板料时为止。

5）将“下死点-后挡料”开关拨向“后挡料”位置，数控系统会自动记录下后挡料装置开始退让时滑块下行的位置。

当“下死点-后挡料”开关拨向“下死点”位置时，踩下“下压”开关，滑块下降至“BG SHUNT”刻度盘的刻度位置，无法继续下压。若用于冲裁加工，通常将下死点位置设在该刻度位置之下5mm（使用安全块限位），冲裁的噪声可减少到最低。如果用于弯曲，“下死点-后挡料”开关拨于“后挡料”位置，滑块不会停止在“BG SHUNT”刻度盘的刻度位置，而会下压到上、下模闭合或是下行到机械限位装置为止。

3. 机械限位行程调整

机械限位装置（图3-57）利用液压缸来限制滑块下死点的位置，以调整工件的弯曲角度。滑块行程调节可通过点动“机械限位装置上移”按钮和“机械限位装置下移”按钮或“机械限位装置慢速下移”按钮来调整。机械限位装置的变化值显示在滑块右上方的计数器（最小刻度值为0.01mm）上。

4. 弯曲调节器的使用

在弯曲线较长的宽板折弯时，会出现折弯线中部位置的弯曲角度偏大的现象，这是因为折弯时滑块中部的弹性变形让位造成的。为解决这一问题，折弯机在滑块与上模间设有弯曲调节器，如图3-62所示。每个调节器可独立调节，调节时先旋松螺栓1，用内六角扳手插入调节器上的调节孔2，扳动刻度盘到所需刻度，再锁紧螺栓1即可。当其刻度值转到3时，表示调节座相对于“0”点下移了0.3mm的距离。弯曲调节器的调节量分布如图3-63所示。

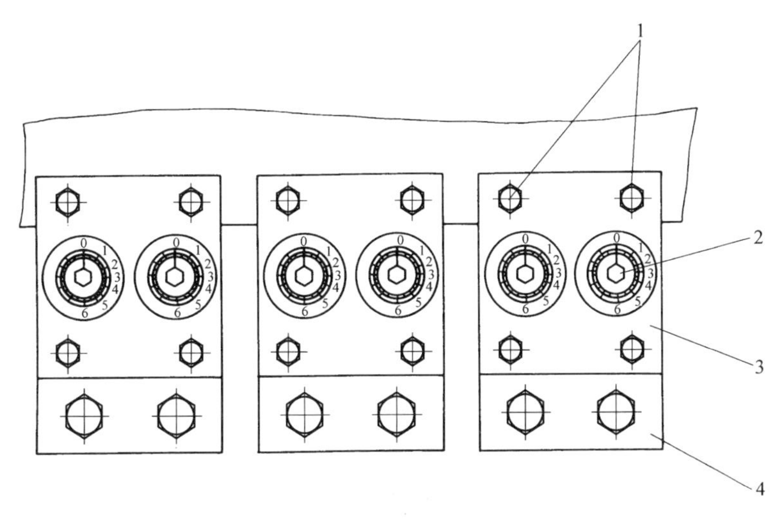

图3-62　弯曲调节器简图

1—螺栓　2—调节孔　3—调节座　4—上模夹持座

3.6.4　数控折弯机的编程操作

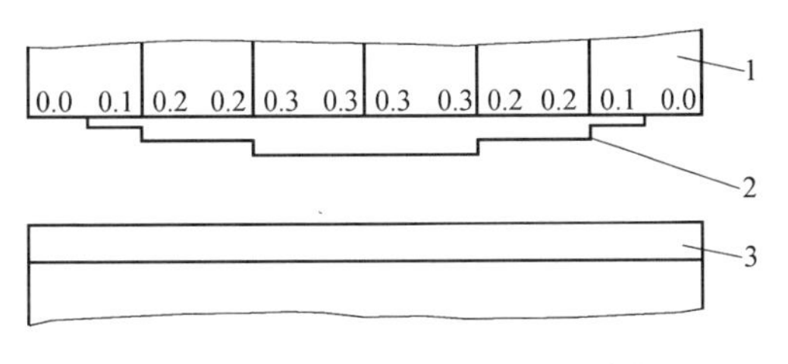

图3-63　弯曲调节器的调节量分布

1—滑块　2—调节量分布曲线　3—工作台

如图3-64所示为HPB-16530AT型数控折弯机的NC控制器的操作面板，该NC控制器可同时控制后挡料装置的纵向和垂直高度方向以及滑块机械限位装置的三轴移动。当设定工件的弯曲角度后，控制器能自动计算出上模的底部需要压下的行程。其存储器可储存90个工件的折弯程序，以及10个弯曲半径程序数据。提供的标准软盘驱动器，可实现数据的存取和备份。其自诊断功能能对检测到的故障和错误操作显示错误信息。以下主要介绍该数控折弯机的编程操作。

1. 各部分的功能

（1）显示屏　显示各种数据信息。

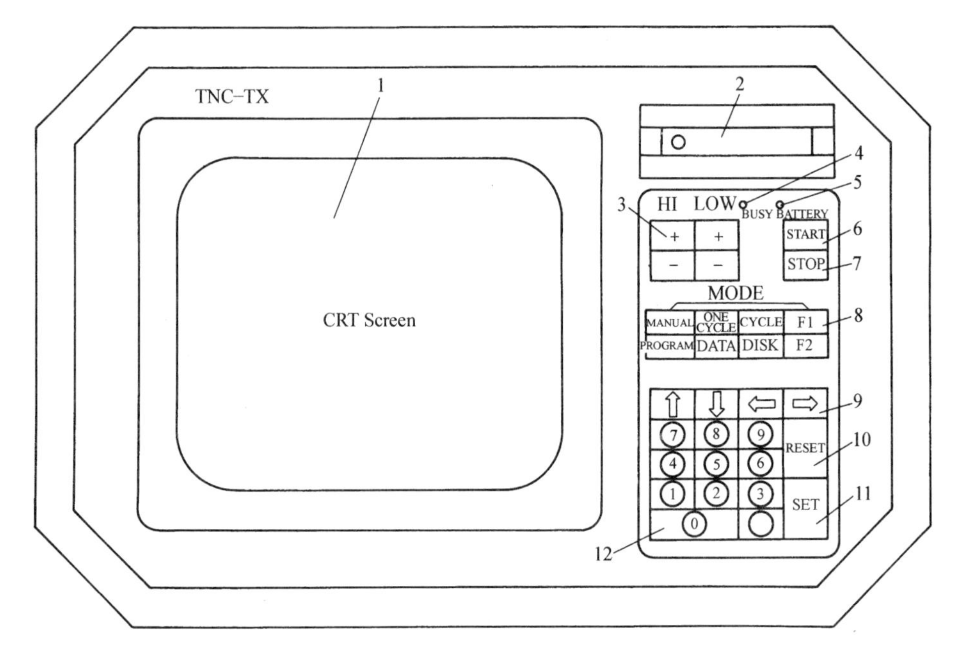

图3-64　HPB-16530AT型数控折弯机的NC控制器的操作面板图

1—显示屏　2—软盘驱动器　3—手动按键　4、5—指示灯　6—开始按钮　7—停止按钮　8—工作模式选择键　9—光标键　10—复位键　11—设置键　12—数字键

（2）软盘驱动器　保存NC数据，扩大信息存储量。

（3）手动操作键　手动控制各轴移动。

+正方向快速移动。

+正方向慢速移动。

-负方向快速移动。

-负方向慢速移动，同时也用于输入数值时输入负数。

（4）BUSY指示灯　灯亮表示NC控制器正执行程序或命令。

（5）BATTERY指示灯　当系统不正常或成组数据丢失时指示灯亮。

（6）开始按钮　在单循环或循环操作状态下，按开始按钮，系统各轴由当前位置移到设定位置。

（7）停止按钮　按开始按钮后系统各轴开始移动，按停止按钮停止所有轴的运动。

（8）工作模式选择键　选择NC控制器的工作模式。

MANUAL　显示手动操作模式页面，可进行手动操作控制。

ONE CYCLE　显示单循环操作模式页面，进行单循环操作控制。

CYCLE　显示循环操作模式页面，进行循环操作控制。

F1　与模式选择无关。

PROGRAM　显示编程模式页面，可进行折弯程序的编制。

DATA　显示折弯机设置的基本参数，进行基本参数修改。

DISK　显示软驱操作模式页面，可对软盘操作。

F2　显示弯曲半径程序模式页面，可进行弯曲半径设置，并计算可能成形的弯曲半径。

（9）光标键　用于屏幕上光标的移动。

（10）复位键　NC 系统复位。

（11）设置键　写入设置数据。

（12）数字键　输入数值。

2. 工件折弯程序的编制

当主电源接通时，NC 控制器屏幕显示操作模式选择页面（图 3-65），按编程键（PROGRAM）进入编程模式页面，如图 3-66 所示。显示的信息为：

Select the Operation Mode

MANUAL :Manual Operation
ONE CYCLE:One Cycle Operation
CYCLE :Cycle Operation
PROGRAM :Program Mode
DATA :Data Mode
DISK :Floppy Disk Operation
F2 :Radius Bending Program Mode

Designate the Opetation Mode

图 3-65　操作模式选择页面

Program Mode

Program No.1　　Amount of Step 4

Set Pressure lookg/cm*cm(Pressure applied more than XXX kg/cm*cmX1.3)
Quality of Material 1[1:SS41 2:SPCC 3:SUS304 4:A5052P]
Sheet Thickness 1.00mm mm
Sheet Width -1 100 mm -2 mm
-3 mm -4 mm
-5 mm
Upper Die 1　　Lower Die 1

Step No.	BG	BG Corr.	BG Ret.	BG Start Waiting	BU	Sheet Width	MS Angle	Angle Corr.	MS	AUX A	AUX B
1	100.0	+0.0	0	0.0	+0.0	0	90.0	+0.0	87.40	0	0
2	100.0	+0.0	0	0.0	+0.0	0	90.0	+0.0	87.40	0	0
3	100.0	+0.0	0	0.0	+0.0	0	90.0	+0.0	87.40	0	0
4	100.0	+0.0	0	0.0	+0.0	0	90.0	+0.0	87.40	0	0
5											
6											
7											
8											
9											
10											

图 3-66　编程模式页面

（1）Program No.（程序号）　数值可为1~99。

（2）Amount of Step（折弯步数）　编号为1~85的程序，最多步数为10；编号为86~99的程序，最多步数可达30。

（3）Set Pressure（压力设置）　设定的工作压力值应为实际所需弯曲力的1.3倍以上，否则会显示错误信息“设定工作压力不足”。

（4）Quality of Material（材质选择）　选择被弯工件的材质，有四个选择项：1—结构钢板；2—冷轧钢板；3—不锈钢板；4—铝板。

（5）Sheet Thickness（板厚）　设定工件材料厚度。

（6）Sheet Width 1~5（折弯线宽度）　每一个程序允许设置1~5组折弯宽度。

（7）Upper Die（上模编号）　设定所用上模的编号。

（8）Lower Die（下模编号）　设定所用下模的编号。

（9）Step No.（折弯顺序号）

（10）BG（后挡料装置位置）　设定后挡料装置的位置值。

（11）BG Correction Value（后挡料装置修正值）　修正后挡料装置的实际位置。

（12）BG Retract（后挡料装置退让行程）　折弯过程中工件已成形部分与后挡料装置有干涉时，可设定后挡料装置退让的行程，如图3-67所示。当上模刚压住板料时，上模的运动停止，后挡料装置后退让位；后退结束，滑块继续下压弯曲成形。滑块回程后，后挡料装置恢复到定位状态。

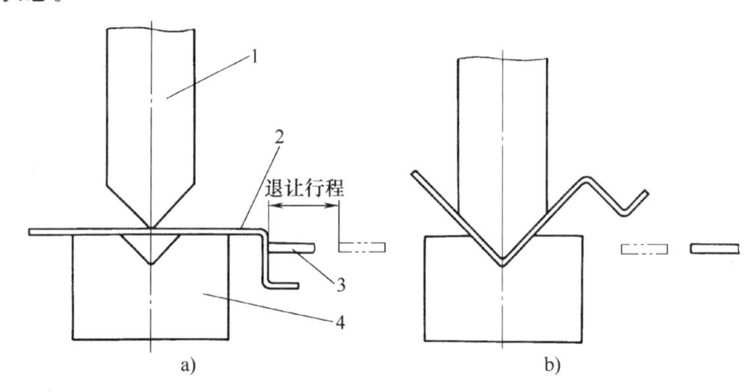

图3-67　后挡料装置退让示意图

a）后挡料装置开始退让状态　b）后挡料装置开始复位状态

1—上模　2—工件　3—后挡料装置　4—下模

（13）BG Start Waiting（后挡料装置开始等待）　若在某一步折弯时设定该值，则运行到该步时，后挡料装置开始处于等待状态。

（14）BU（设定后挡料装置高度位置）　当此值为负值时，表示后挡料装置的高度位置在下模面以下。

（15）Sheet Width（折弯线宽度）　其值为前面设定的折弯线宽度编号，用于指定本次折弯的宽度。

（16）MS Angle（目标角度）　输入工件弯曲角度（设计图要求的角度）。

（17）Angle Correction（角度修正量）　设定弯曲角度的修正值，NC控制器能自动重新计算弯曲角度值。

（18）MS（显示实际弯曲角度）　根据角度修正量重新计算得到的工件弯曲时实际的弯曲角度值。

（19）AUX A 和 AUX B（辅助装置 A 和 B）

编程过程实际上就是根据工件的弯曲要求，修改上述各参数，修改后按“SET”键，NC 控制器会显示重新计算的弯曲角度值（即 MS 值），并将程序保存。也可通过编程页面对原有程序进行修改。

如图 3-68 所示为弯曲工件结构示意图，弯曲条件为：板厚为 1.6mm，材质为冷轧钢板，弯曲线宽度为 800mm；V 形下模口宽度为 10mm，采用自由弯曲。其编程操作如下：

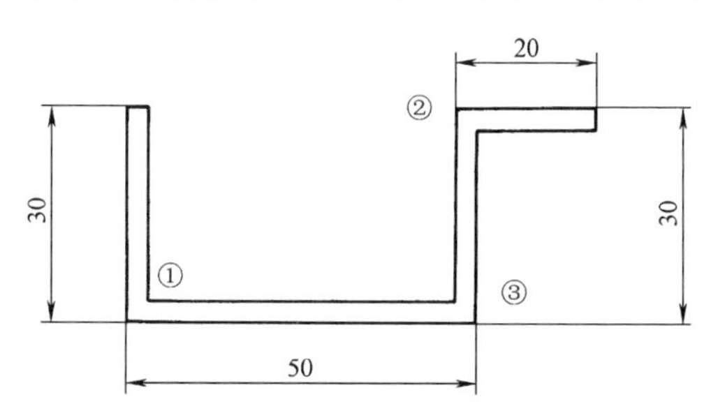

图 3-68　弯曲工件结构示意图

Program No.	“1” “→”
Amount of Step	“3” “↓”
Set Pressure	“1” “0” “0” “↓”
Quality of Material	“2” “↓”
Sheet Thickness	“1” “.” “6” “↓”
Sheet Width 1	“8” “0” “0” “↓” “↓” “↓”
Upper Die	“1” “→”
Lower Die	“1” “↓”
Step 1	
BG	“3” “0” “→” “→” “→” “→” “→”
Sheet Width	“1” “→”
MS Angle	“9” “0” “.” “0” “→” “→” “→” “→” “→”
Step 2	
BG	“2” “0” “→” “→”
Sheet Width	“1” “→”
MS Angle	“9” “0” “.” “0” “→” “→” “→” “→” “→”
Step 3	
BG	“3” “0” “→” “→” “→” “→” “→”
BG Retract	“3” “0” “→” “→”
BU	“—” “5” “.” “0” “→”
Sheet Width	“1” “→”
MS Angle	“9” “0” “.” “0” “SET”

输入结束屏幕显示的折弯程序各参数如图3-69所示，NC控制自动计算出MS的值。

Program Mode

Program No.1 Amount of Step 3

Set Pressure 100kg/cm*cm(Pressure applied more than XXX kg/cm*cm X 1.3)

Quality of Material 2[1:S41 2:SPPCC 3:SUS304 4:A5052P]

Sheet Thickness 1.60 mm

Sheet Width -1 800 mm -2 mm

-3 mm -4 mm

-5 mm

Upper Die 1 Lower Die 1

Step No.	BG	BG Corr.	BG Ret.	BG Start Wait	BU	Sheet Width	Bend Angle	Angle Corr.	MS	AUX A	AUX B
1	30.0	+0.0	0	0.0	+0.0	1	90.0	+0.0	78.40	1	1
2	20.0	+0.0	30	0.0	+0.0	1	90.0	+0.0	78.40	1	1
3	30.0	+0.0	0	0.0	+0.0	1	90.0	+0.0	78.40	1	1
4											
5											
6											
7											
8											
9											
10											

图3-69 折弯程序输入后的编程页面

复习思考题

3-1 双动拉深压力机有什么特点？

3-2 螺旋压力机有哪些类型？各类型螺旋压力机的工作原理有什么不同？螺旋压力机有什么工艺特性？

3-3 精冲压力机是如何满足精冲工艺要求的？

3-4 高速压力机有什么特点？如何衡量压力机是否高速？

3-5 数控转塔冲床是如何工作的？它主要用于什么场合？为什么？

3-6 数控转塔冲床的主传动驱动方式有哪几种类型？不同类型的驱动方式各有何特点？其冲压工艺范围有哪些？

3-7 数控折弯机有什么特点？哪些部分的运动需要由数控装置来控制？

3-8 数控折弯机滑块下死点是如何准确控制的？有几种控制方式？各有何特点？

3-9 折弯机弯折长条形工件时，滑块和工作台会发生较大变形，通常有哪几种方法可以对此进行补偿？

第4章 液压机

4.1 概述

4.1.1 液压机的工作原理

液压机的基本工作原理是静压传递原理（即帕斯卡原理），它是利用液体的压力能，靠静压作用使工件变形，达到成形要求的压力机械，因其传递能量的介质为液体，故称为液压机。

液压机的工作介质主要有两种，采用乳化液的一般称为水压机，采用油的称为油压机，两者统称为液压机。

乳化液由2%的乳化脂和98%的软水混合而成，它具有较好的耐蚀和防锈性能，并有一定的润滑作用。乳化液价格便宜，不燃烧，不易污染工作场地，故耗液量大以及热加工用的液压机多为水压机。

油压机应用的工作介质多为机械油，有时也采用透平机油或其他类型的液压油。在耐蚀、防锈和润滑性能方面优于乳化液，但油的成本高，也易污染场地。

液压机基本工作原理如图4-1所示。在充满液体的连通容器里，一端装有面积为 A_1 的小柱塞，另一端装有面积为 A_2 的大柱塞，柱塞和连通器之间设有密封装置，使连通管内形成一个密闭的空间。当在小柱塞上施加一个外力 F_1 时，则作用在液体上的单位面积压力为 $p=F_1/A_1$，按照帕斯卡原理，这个压力 p 将传递到液体的全部，其数值不变，方向垂直于容器内表面。因而在连通管另一端的大柱塞上，作用于其表面的单位压力也为 p，使大柱塞上产生 $F_2=pA_2=F_1A_2/A_1$ 的向上推动力。

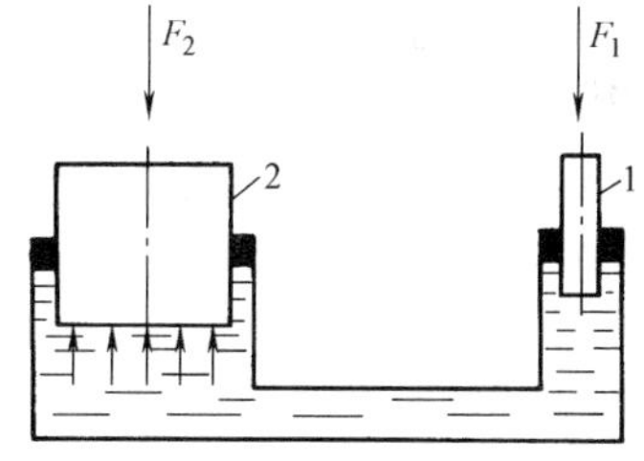

图4-1 液压机基本工作原理
1—小柱塞 2—大柱塞

可见，在小柱塞上施加一个较小的力，便可在大柱塞上获得放大了若干倍的较大的力。例如Y32-300型液压机，高压泵提供压力油的压力为20MPa，液压缸的工作活塞直径为440mm，则工作活塞能获得3000kN的作用力。

4.1.2 液压机的特点与应用

液压机与机械压力机比较有如下特点：

1）容易获得最大压力。由于液压机采用液压传动静压工作，动力设备可以分别布置，可以多缸联合工作，因而可以制造很大吨位的液压机，如700000kN模锻水压机。而大的锻锤由于有振动，需要很大的砧座与地基防振措施，且曲柄压力机受到机构强度和刚度等限制，因此均不宜造得很大。

2）容易获得大的工作行程，并能在行程的任意位置发挥全压。其名义压力与行程无关，而且可以在行程中的任何位置上停止和返回。因此，适合要求工作行程大的场合。

3）容易获得大的工作空间。因为液压机无庞大的机械传动机构，而且工作缸可以任意布置，所以工作空间较大。

4）压力与速度可以在大范围内方便地进行无级调节，而且可按工艺要求在某一行程进行长时间的保压。另外，还便于调速和防止过载。

5）液压元件已通用化、标准化、系列化，给液压机的设计、制造和维修带来方便，并且液压机操作方便，便于实现遥控与自动化。

但液压机还存在一些不足之处，具体有以下几方面：

1）由于采用高压液体作为工作介质，因而对液压元件精度要求较高，结构较复杂，机器的调整和维修比较困难，而且压力液体的泄露还难免发生，不但污染工作环境，浪费压力油，对于热加工场所还有火灾的危险。

2）液体流动时存在压力损失，因而效率较低，且运动速度慢，降低了生产率，所以对于快速小型的液压机，不如曲柄压力机简单灵活。

由于液压机具有许多优点，所以在工业生产中得到广泛应用。尤其在锻造、冲压生产、塑料压缩成型、粉末冶金制品压制中应用普遍，对于大型件热锻、大件深拉深更显其优越性。

4.1.3 液压机的分类

液压机属于锻压机械中的一类，随着液压机应用范围的扩大，其类型也很多，但为了操作的方便，多为立式结构。其类型可按以下几种方法分类：

1. 按用途分类

（1）手动液压机 一般为小型液压机，用于压制、压装等工艺。

（2）锻造液压机 用于自由锻造、钢锭开坯以及非铁金属与钢铁材料的模锻。

（3）冲压液压机 用于各种板材冲压。

（4）校正压装液压机 用于零件校形及装配。

（5）层压液压机 用于胶合板、刨花板、纤维板及绝缘材料板等的压制。

（6）挤压液压机 用于挤压各种非铁金属和钢铁材料的线材、管材、棒材及型材的生产。

（7）压制液压机 用于粉末冶金及塑料制品压制成型等。

（8）打包、压块液压机 用于将金属切屑等压成块及打包等。

2. 按动作方式分类

（1）上压式液压机 该类液压机的工作缸在机身上部（图4-4），活塞从上向下移动对工件加压。放料和取件操作是在固定工作台上进行的，操作方便，而且容易实现快速下行，应用最广。

（2）下压式液压机 该类液压机的工作缸装在机身下部（图4-2），上横梁1固定在立柱2上不动，当柱塞上升时带动活动横梁3上升，对工件施压。卸压时，柱塞靠自重复位。下压式液压机的重心位置较低，稳定性好。此外，由于工作缸装在下面，在操作中制品可避免漏油污染。

（3）双动液压机 通常这种液压机的上活动横梁分为内、外滑块，分别由不同的液压缸驱动，可分别移动也可组合在一起移动，组合时压力则为内、外滑块压力的总和。这种液压机有很灵活的工作方式，通常在机身的下部还配有顶出缸，可实现三动操作，因此特别适合于金属板料的拉深成形，在汽车制造业应用广泛。

（4）特种液压机　如角式液压机、卧式液压机等。

3. 按机身结构分类

（1）梁柱式液压机　液压机的上横梁与下横梁（工作台）的连接采用立柱，由锁紧螺母锁紧。压力较大的液压机多为四立柱结构，机器稳定性好，采光也较好（图4-2）。

（2）整体框架式液压机　这种液压机的机身由铸钢铸造或型钢焊接而成，一般为空心箱形结构，抗弯性能较好，立柱部分做成矩形截面，便于安装平面可调导向装置。立柱也有做成“┌┐”形的，以便在内侧空间安装电气控制元件和液压元件。整体框架式机身在塑料制品和粉末冶金、薄板冲压液压机中获得广泛应用。如图4-3所示为焊接框架式液压机的机身结构。机身的左右内侧装有两对可调节的导轨，活动横梁的运动精度由导轨保证，运动精度较高。

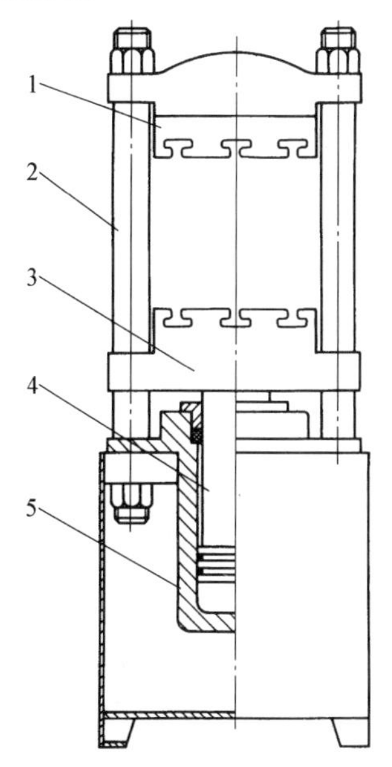

图4-2　下压式液压机

1—上横梁　2—立柱　3—活动横梁

4—活塞杆　5—工作缸

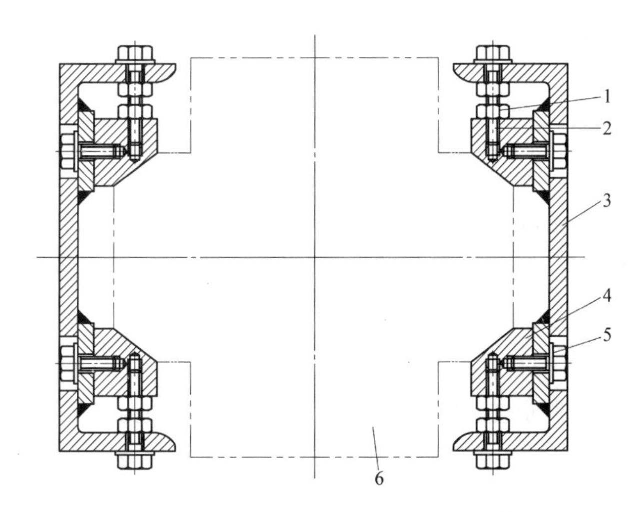

图4-3　焊接框架式液压机的机身结构

1—紧固螺母　2—调节螺栓　3—框架

4—导轨　5—固定螺栓　6—滑块

4. 按传动形式分类

（1）泵直接传动液压机　这种液压机是每台液压机单独配备高压泵，中、小型液压机多为这种传动形式。

（2）泵蓄能器传动液压机　这种液压机的高压液体采用集中供应的办法，这样可节省资金，提高液压设备的利用率，但需要高压蓄能器和一套中央供压系统，以平衡低负荷和负荷高峰时对高压液体的需要。这种形式在使用多台液压机（尤其多台大、中型液压机）的情况下，无论在技术或经济上都是合理可行的。

5. 按操纵方式分类

按操纵方式分为手动液压机、半自动液压机和全自动液压机。

目前使用较多的是上压式泵直接传动半自动和手动柱式或框架式液压机。对层压机一般采用下压式液压机。

4.1.4　液压机的技术参数及型号

液压机的技术参数是根据它的工艺用途和结构特点确定的，它反映了液压机的工作能力及特点，是设计和选用液压机的重要依据。液压机的主要参数有：

1. 最大的总压力

液压机最大总压力（吨位）是表示液压机压制能力的主要参数，一般用它来表示液压机的规格。压制能力可用下式计算

$$F_p = p_0 A_0$$

式中，F_p 是压制能力（N）；p_0 是工作液压力（Pa）；A_0 是工作缸活塞有效面积（m^2）。

压制能力与最大总压力的关系为

$$F = \frac{F_p}{\eta}$$

式中，F 是最大总压力（N）；η 是液压机效率，一般 $\eta = 0.8 \sim 0.9$。

2. 工作液压力

影响最大总压力的因素除了工作缸径大小以外，还有工作液压力。工作液压力不宜过低，否则不能满足液压机最大总压力的需要。反之，工作液压力过高，液压机密封难以保证，甚至会损坏液压密封元件。目前国内塑料液压机所用的工作液压力为16～50MPa，最常用为32MPa左右的工作液压力。

3. 最大回程力

液压机活动横梁在回程时要克服各种阻力和运动部件的重力。液压机最大回程力为最大总压力的20%～50%。

4. 升压时间

升压时间也是液压机的一个重要参数，因为热固性塑料压制过程不仅需要液压机有足够的压力，而且当塑料流动性最好时，要求压力能迅速上升到所需要的值，以保证熔料充满模腔，得到满意的制品。目前，最大总压力5000kN以下的塑料液压机，其升压时间均要求在10s以内。

其他技术参数如最大行程、活动横梁运动速度、活动横梁与工作台之间的最大距离等，可参见表4-1、表4-2、表4-3。

液压机型号表示方法如下：

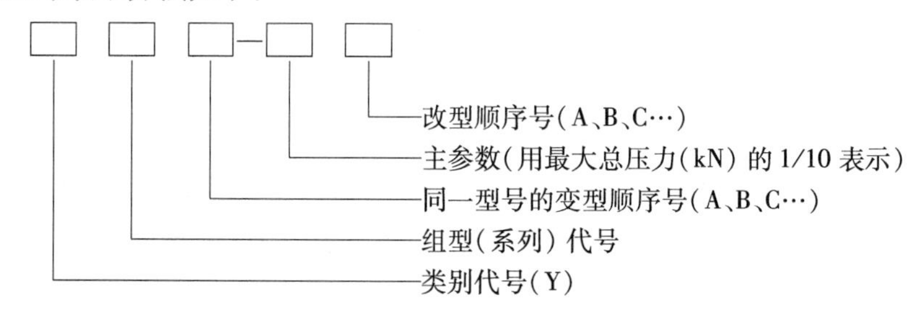

表 4-1 部分国产塑料液压机性能参数

液压机型号		YX(D)-45	YA71-45	Y71-63	YX-100	Y71-100	Y32-100-1	Y71-160	SY-250	YA71-250	Y71-300	Y71-500	YA71-500
公称压力/kN		450	450	630	1000	1000	1000	1600	2500	2500	3000	5000	5000
液体最大工作压力/MPa		32	32	32	32	32	26	32	30	30	32	32	32
最大回程力/kN		70	60	200	500	200	306	630	1250	1000	1000		1600
活塞最大行程/mm		250	250	350	380	380	600	500		600	600	600	600
活动横梁距工作台最小距离/mm		80			270	270			600		600		
活动横梁距工作台最大距离/mm		330	750	750	650	650	845	900	1200	1200	1200	1400	1400
最大顶出力/kN			120	200	200	200	184	500	340	630	500	1000	1000
活塞行程速度/(mm/s)	低压下行			70	23	73.2		65	70	50	46	31.5	25
	高压下行		2.9	<15	1.4	1.4	23	1.5	2.9	2	1.75	21	1
	低压回程			75	46	60		65	70	50	46	37	25
	高压回程		18	<16	2.8	2.6	50	3	5.8	3.7	3.5	2.5	2.5
顶出速度/(mm/s)	低压顶出			90		60		85				90	
	高压顶出		10	<20		2.6	84					80	
	低压回程			140								110	
	高压回程		35	<30			134	30				11	1
电动机功率/kW		1.1	1.5	3	1.5	2.2	10	7.5		10	10	17	13.6
工作台尺寸/mm×mm		400×360	400×360	600×600	600×600	600×600	700×580	700×700	1000×1000	1000×1000	900×900	1000×1000	1000×1000
外形尺寸/mm×mm×mm		1050×610×2180	1400×740×2180	2532×1270×2645	1400×970×2478	1560×880×2470	1400×1100×3400	1950×1700×3350	2650×1000×3700	2420×1910×3660	2613×2540×3760	1800×2800×4270	2580×1910×4930
机器重量/t		1.2	1.17	3.5	1.5	2	3.5	4	8	9	8	14	14

表 4-2 Y32-300 与 YB32-300 液压机主要技术参数

序号	项目		型号	
			Y32-300	YB32-300
1	公称力/kN		3000	3000
2	液压最大工作压力/MPa		20	20
3	工作活塞最大回程压力/kN		400	400
4	顶出活塞最大顶出力/kN		300	300
5	顶出活塞最大回程压力/kN		82	150
6	活动横梁距工作台面最大距离/mm		1240	1240
7	工作活塞最大行程/mm		800	800
8	顶出活塞最大行程/mm		250	250
9	工作活塞行程速度	压制/(mm/s)	4.3	6.6
		回程/(mm/s)	33	52

（续）

序号	项　目		型　号	
			Y32-300	YB32-300
10	顶出活塞行程速度	顶出/(mm/s)	48	65
		回程/(mm/s)	100	138
11	立柱中心距离(前后×左右)/mm×mm		900×1400	900×1400
12	工作台有效尺寸(前后×左右)/mm×mm		1210×1140	900×1400
13	工作台距地面高度/mm		700	700
14	高压泵	工作压力/MPa	20	20
		流量/(L/min)	40	63
15	电动机	型号	JO_2-64-4	JO_2-72-6
		功率/kW	17	22
16	外形尺寸(前后×左右×高)/mm×mm×mm		1235×7580×5600	2000×3400×5600
17	主机重量/t		~15	
18	总重量/t		~15.6	~16
19	生产厂		天津(广州)锻压厂	天津锻压厂

表4-3　国内锻造液压机主要参数

序号	项　目		1250型	1600型	2500型	3150型	6000型	12500型
1	公称力/kN		12500	16000	25000	31500	60000	125000
2	压机形式		四立柱式上传动					
3	传动形式		泵蓄能器					
4	压力分级/kN		6500/12500	8000/16000	8000/16000/25000	16000/31500	20000/40000/60000	41800/83600/125000
5	工作介质		乳化液					
6	介质压力	高压/MPa	32					
		低压/MPa	0.6~0.8					
7	回程力/kN		1250	1300	3100	3400	6500	10800
8	净空距/mm		2680	2800	3900	4000	6000	7000
9	立柱	中心距/mm×mm	2200×1100	2400×1200	3400×1600	3500×1800	5200×2300	6300×3450
		直径/mm	ϕ300	ϕ330	ϕ470	ϕ520	ϕ690	ϕ890
10	工作台尺寸/mm×mm		3000×1500	4000×1500	5000×2000	6000×2000	9000×3400	10000×4000
11	最大行程/mm		1250	1400	1800	2000	2600	3000
12	活动横梁速度/(mm/s)	空程	300	300	300	300	250	250
		加压	~150	~150	~150	~150	~75	~70
		回程	300	300	300	300	250	250

（续）

序号	项目			1250 型	1600 型	2500 型	3150 型	6000 型	12500 型
13	锻造次数	常锻	行程/mm	165	165	200	200	300	275
			次数/(次/min)	~16	~16	8~10	8~10	5~7	5~6
		精整	行程/mm	40	30	50	50	50	50
			次数/(次/min)	~60	~60	35~45	~40	~25	~20
14	最大偏心距/mm			100	120	200	200	200	250
15	工作台移动力/kN			250	350	400	1000	2250	3000
16	工作台行程/mm	左		1500	1500	2000	2000	6000	7000
		右		1500	1500	2000	2000	6000	7000
17	工作台移动速度/(mm/s)			~200	~200	~200	~200	~150	~150
18	工具提升形式					有工具提升缸		剁刀操作机	
19	设备外形尺寸/mm	地面高度		~7730	~8350	~11200	~11200	~15700	~18310
		地下深度		~3640	~4000	~5650	~5000	~7000	~8000
		平面尺寸	最宽	~9500	~12600	~14760	~17000	~18950	~21600
			最长	~15200	~15200	~26360	~21760	~49600	~52200
20	设备总重(不含泵站)/t			~130	~230	~511	~560	~1860	~2764
21	最大件重量/t			30	35	43	49	120	96
22	锻造能力	最粗最大钢锭/t		4	6	24	30	80	150
		拔长最大钢锭/t		10	12	45	50	150	300

例如，Y32A-315 表示最大总压力为 3150kN、经过一次变型的四柱立式万能液压机，其中 32 表示四柱式万能液压机的组型代号。

4.2 液压机的结构

液压机虽然类型很多，但设备的基本结构组成一般均由本体部分、操纵部分和动力部分组成。现以 Y32-300 型万能液压机为例加以介绍。

如图 4-4 所示为 Y32-300 型液压机外形图，其机身为四立柱式结构。

4.2.1 本体部分

设备的本体部分包括机身、工作缸与工作活塞、充液油箱、活动横梁、下横梁及顶出装置等。

1. 机身

Y32-300 型液压机机身属于四立柱机身（图 4-5）。目前四立柱机身在液压机上应用最广。我国自行设计与制造的 120000kN 大型水压机也是采用四立柱结构的机身。四立柱机身由上横梁、下横梁和四根立柱组成，每根立柱都有三个螺母分别与上下横梁紧固联接在一起，组成一个坚固的受力框架。

液压机的各个部件都安装在机身上，其中上横梁的中间孔安装工作缸，下横梁的中间孔安装顶出缸。活动横梁靠四个角上的孔套装在四立柱上，上方与工作缸的活塞相连接，由其带动上横梁上下运动。为防止活动横梁过度降落，导致工作活塞撞击工作缸的密封装置

（图4-6），在四根立柱上各装一个限位套，限制活动横梁下行的最低位置。上、下横梁结构相似，采用铸造方法铸成箱体结构。下横梁（工作台）的台面上开有T形槽，供安装模具用。

机身在液压机工作过程中承受全部工作载荷，立柱是重要的受力构件，又兼作活动横梁的运动导轨用，所以要求机身应具有足够的刚度、强度和制造精度。

2. 工作缸

工作缸采用活塞式双作用缸，如图4-6所示，靠缸口凸肩与螺母紧固在上横梁内。在工作缸上部装有充液阀和充液油箱。活塞上设有双向密封装置，将工作缸分成上下腔，在下部缸端盖装有导向套和密封装置，并借法兰压紧，以保证下腔的密封。活塞杆下端与活动横梁用螺栓刚性联接。

当压力油从缸上腔进入时，缸下腔的油液排至油箱，活塞带动活动横梁向下运动，其速度较慢，压力较大。当压力油从缸下腔进入时，缸上腔的油液便排入油箱，活塞向上运动，其运动速度较快，压力较小，这正好符合一般慢速压制和快速回程的工艺要求，并可提高生产率。

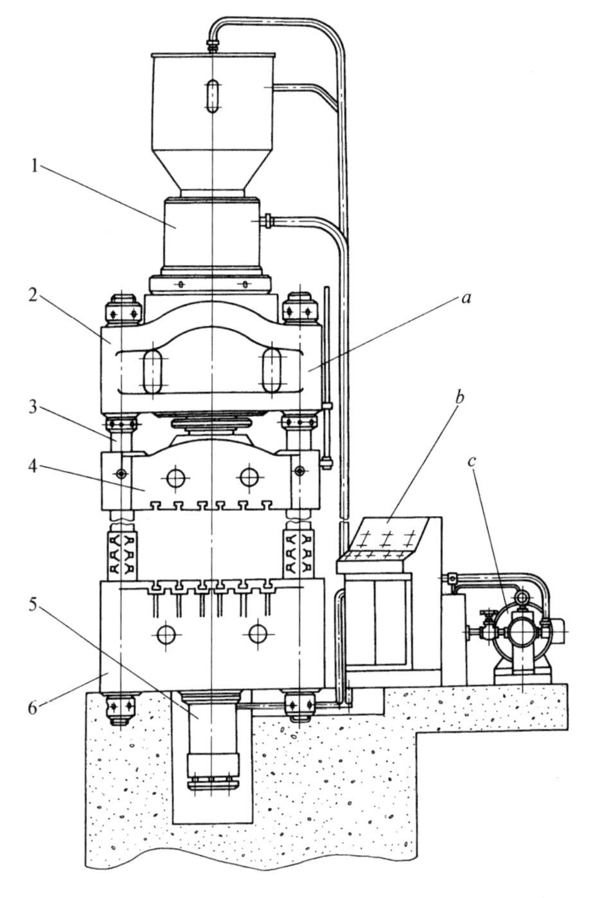

图4-4 Y32-300型液压机外形图

1—工作缸 2—上横梁 3—立柱 4—活动横梁 5—顶出缸 6—下横梁 *a*—本体部分 *b*—操纵控制系统 *c*—动力部分

Y32-300型液压机只有一个工作缸，对于大型且要求压力分级的液压机可采用多个工作缸。液压机的工作缸在液压机工作时承受很高的压力，因而必须具有足够的强度和韧性，同时还要求组织致密，避免高压油液的渗漏。目前常用的材料有铸钢、球墨铸铁或合金钢，直径较小的液压缸还可以采用无缝钢管。

3. 活动横梁

活动横梁是立柱式液压机的运动部件，它位于液压机本体的中间。活动横梁的结构如图4-7所示。为减轻重量又能满足强度要求，采用HT200铸成箱形结构，其中间的圆柱孔用来与上面的工作活塞杆连接，四角的圆柱孔内装有导向套，在工作活塞的带动下，靠立柱导向做上下运动。在活动横梁的底面同样开有T形槽，用来安装模具。

4. 顶出缸

在机身下部设有顶出缸，通过顶杆可以将成形后的工件顶出。Y32-300型液压机的顶出缸结构如图4-8所示，其结构与工作缸相似，也是活塞式液压缸，安装在工作台底部的中间位置，同样采用缸的凸肩及螺母与工作台紧固联接。

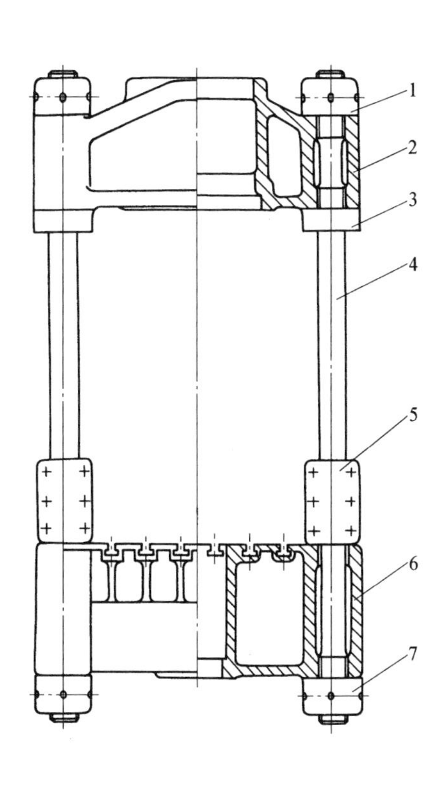

图4-5 Y32-300 型液压机机身
1、3、7—螺母 2—上横梁 4—立柱
5—限位套 6—下横梁

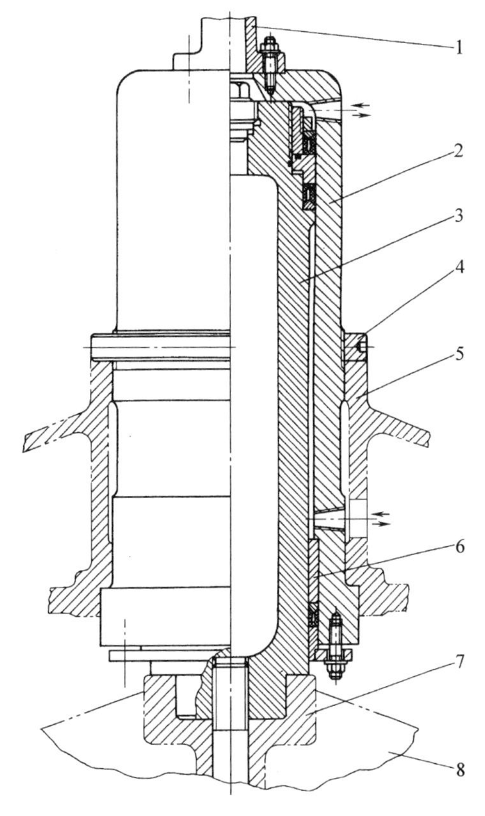

图4-6 Y32-300 型液压机工作缸
1—充液阀接口 2—工作缸缸筒 3—活塞杆 4—螺母
5—上横梁 6—导向套 7—凸肩 8—活动横梁

4.2.2 动力部分——液压泵

液压机的动力部分为高压泵，它将机械能转变为液压能，向液压机的工作缸与顶出缸提供高压液体。Y32-300 型液压机使用的是卧式柱塞泵。

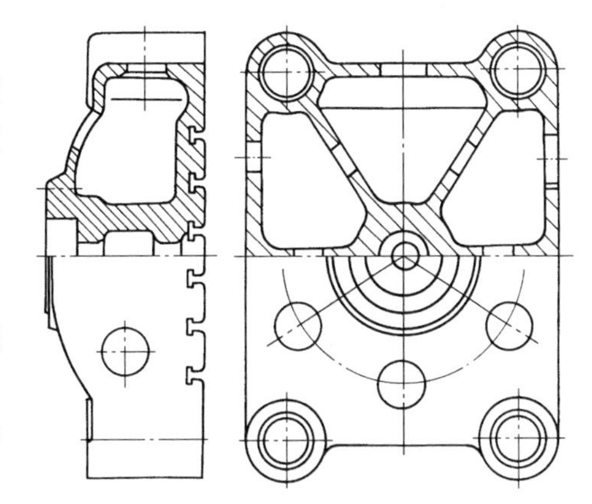

图4-7 活动横梁

4.2.3 操纵及液压系统

1. Y32-300 型液压机的液压系统

如图4-9 所示为 Y32-300 型液压机液压系统图，各元器件的作用为：

1）泵 11 为 BFW 型偏心柱塞泵，公称压力为 20MPa，公称流量为 40L/min。

2）阀 1 为溢流阀，调定压力是系统的工作压力 20MPa。当压力超过限压 20MPa 时，油液通过阀 1 稳压溢流，它是液压系统的安全保护阀。

3）阀 2 为溢流安全阀，调定压力为 22MPa，起限制液压系统最高压力的作用。

4）阀 3 和阀 5 分别为顶出缸和工作缸的手动换向阀，两阀串联连接。这样，当阀 3 处于停止位置时，无论阀 5 放在任何位置，压力油都可通过阀 3 和中位流回油箱卸荷。这种连接使两个缸起互锁作用，保证工作缸工作与顶出缸顶出不同时动作。

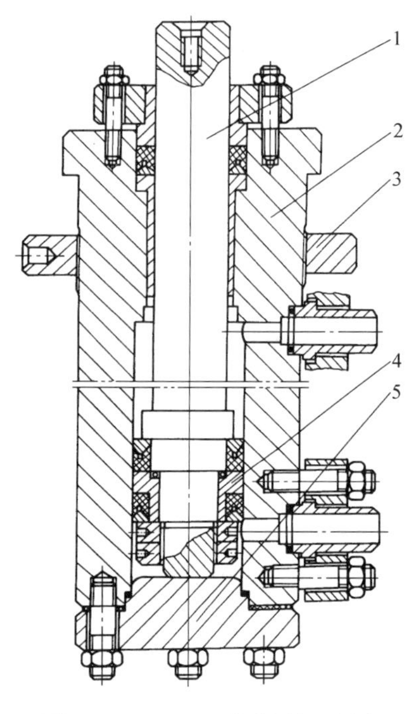

图4-8 Y32-300型液压机顶出缸
1—活塞杆 2—顶出缸筒 3—螺母
4—活塞 5—缸盖

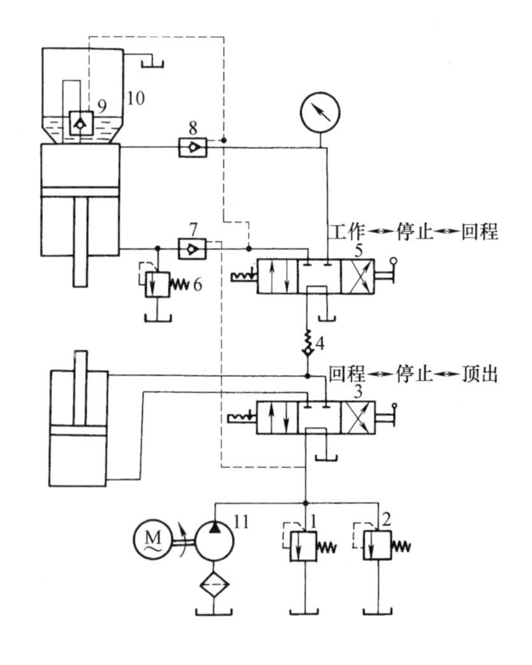

图4-9 Y32-300型液压机液压系统

5）阀4为单向阀，调定压力为1.0~1.2MPa。它的作用不仅保证压力油只能单向流动，而且当油液单向通过时，油压必须等于或大于调定的压力，所以该阀又称背压阀。

6）阀7为液控单向阀，它在系统中起平衡作用，防止活动横梁产生超前速度，并使活动横梁稳定地停止在所需要的位置上。

7）阀6为溢流阀，它在系统控制回程时防止工作缸下腔出现超压状态。

8）阀8为液控单向阀，工作时起保压作用，回程时起工作缸上腔先卸压后回程的作用。

9）充液阀9和充液油箱10在活塞靠自重下行时，依靠负压对工作缸充液，以提高空行程的速度。

2. Y32-300型液压机的操纵控制

Y32-300型液压机的动作过程为：工作活塞空行程向下运动→工作行程→保压→回程→顶出缸顶出工件，至此完成一次工作循环。在每一工作循环开始之前，顶出缸必须处在回程位置，因此，应先将控制顶出缸的手动换向阀3的手柄转到“回程”位置。

（1）顶出缸回程 顶出缸的手动换向阀3转到“回程”位置，则液压泵输出的压力油通过换向阀3右位进入顶出缸上腔。由于单向阀4有背压作用，所以油泵输出的压力油首先使顶出缸回程。当顶出缸回程完毕后，泵输出的压力油便推开单向阀4，通过工作缸换向阀5中位排入油箱。这时泵出口保持1.0~1.2MPa的压力。

（2）空行程向下 在顶出缸回程后，将换向阀5的手柄转到“工作”位置，压力油经阀3右位→阀4→阀5右位→阀8进入工作缸上腔，此时工作缸下腔的压力油由于阀7关闭，不能回油，使进油路压力升高，推开阀7，这样工作缸下腔的油液才经阀7→阀5右位流回油箱。工作缸上腔通入压力油后，使活动横梁向下运动。在此空行程阶段，因活动横梁等的自重作用，其运动速度较快，工作缸上腔形成负压，打开充液阀9，充液油箱10中的油液自动给予补充。

充液阀的结构如图4-10所示，充液阀实际上是液控单向阀。当充液阀的控制油口通以压力油或充液阀的下腔形成真空时，阀门被打开，充液箱中的油液与充液阀下腔连通，否则处于关闭状态。

(3) 工作行程　工作行程与空行程向下运动是一样的，只是工作行程时施加于活塞上的压力要大，速度要慢。为此换向阀5的手柄仍处于“工作”位置。当空行程向下运动，使活动横梁上的模具接触工件后，工作缸上腔负压消失，充液阀自动关闭。工作缸活塞在压力油作用下继续向下运动，对工件加压，此时油液压力可以达到原先调定的压力（由溢流阀1决定)，下压速度由泵流量控制。

(4) 保压　当工作行程结束后，如果需要对工件继续施压一段时间，把换向阀5的手柄转到“停止”位置，工作缸上腔的压力油被液控单向阀8封闭，产生保压作用，而泵输出的油液通过换向阀5排入油箱而卸压。

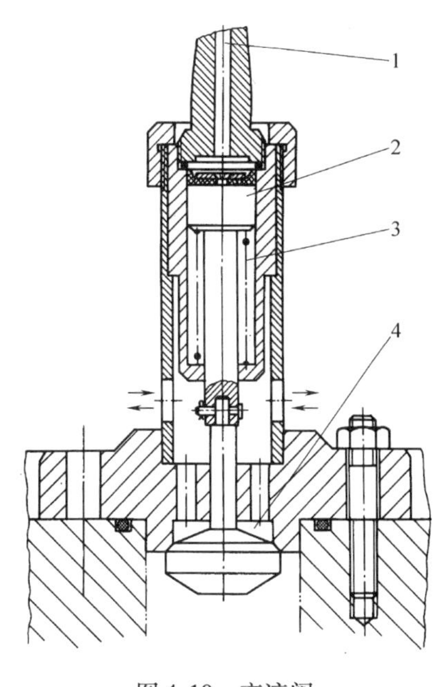

图4-10　充液阀

1—控制油口　2—活塞　3—弹簧　4—阀门

(5) 回程　将换向阀5的手柄转到“回程”位置，则泵输出的压力油通入工作缸下腔，同时经控制油路打开液控单向阀8，使工作缸上腔卸压，此时工作活塞开始以较慢速度上升，当打开充液阀9的大阀门以后，使活塞上腔的油液大量排入充液油箱，以实现快速回程。

(6) 停止　如果要使活动横梁停止在某一位置，可将换向阀3及5的手柄任一转到“停止”位置，液压泵通过换向阀3或5卸压，工作活塞下腔的油液被液控单向阀7封闭，则工作活塞（活动横梁）很稳定地停止在某一位置上。

(7) 顶出缸顶出工件　当将换向阀3的手柄转到“顶出”位置时，泵输出的压力油通过换向阀3进入顶出缸的下腔，上腔回油，驱动顶出活塞上行，完成顶出工件的动作。

Y32-300型液压机的液压系统采用充液油箱和充液阀组合来提供活动横梁快速下降时的油液需求，这种液压系统对液压油的需要量较大，增加了使用成本。图4-11所示为YF32-100B型通用液压机的液压系统原理图，它取消了充液油箱和充液阀，当活动横梁快速下压时，通过油路的切换控制，让主缸下腔的油液直接回流填充到主缸的上腔，以满足活动横梁下移时主缸上腔的油液需求，可大大减少设备液压油的用量。该液压系统由电动机驱动变量柱塞泵2工作；溢流阀5和10为系统安全阀，限定了液压系统的最高工作压力，起安全保护作用，出厂时已将压力调整限定为27MPa，使用过程中不得随意调整，更不能调整超过该限定压力。阀12用于调定主缸回程卸压时的低压压力，可有效防止回程时主缸压力冲击，调定的压力为4MPa左右。阀17为安全阀，阀15与阀16构成直控组合阀，阀18为保压阀，阀4、6和20为单向阀，用于控制液压油的单向流动。阀8、11、13和14为电磁换向阀，用于液压油路的换向。阀3和阀22为远程调压阀，用于主缸和顶出缸工作油液压力的调整。压力阀插件9和21是控制系统空载卸荷、调定系统压力大小的主阀芯。电接点压力表7和19分别显示顶出缸和主缸的工作压力大小，上限位是主缸或顶出缸工作最大压力发讯点，下限位为主缸卸压至最小压力回程时的发讯点（顶出缸无下限位值）。当按下电动机起动按钮，电动机驱动液压泵工作，此时所有电磁阀均不动作，压力油经压力阀插件9流回油箱，系统呈空载卸荷状态。双手同时按下工作按钮后，电磁阀线圈YA1、YA5和YA7得电，阀芯换位，液压油经阀13、阀20、阀18进入主缸上腔，主缸下腔的油液经阀15、阀14并入主回路，快速回到主缸上腔。当活动横梁下降触碰到行程开关SQ2后，线圈YA7断电，阀14阀芯复位，下腔油液流回油箱，活动横梁切换为慢速下行进行冲压成形。当活动横梁行程到达下止点时，成形压力上升，达到电接点压力表19的上限值时发出讯号，使各电磁阀断电，系统处于保压卸荷状态，保压压力由保压阀18锁定。保压延时一定时间后，保压延时时间继电器发出信号使YA2和YA6通电，系统压力由阀12调定的低压确定，控制油路将保压阀18打开，主缸上腔卸压；油压达到电接点压力表19下限值时，发出信号使YA6断电、YA5通电，压力油经阀13、阀14、阀16进入主缸下腔，控制油路将保压阀18打开，上腔压力油经阀18、插装阀芯21流回油箱，实现活动横梁回程动作，当回程到上行程限位SQ1之后即停止。按压顶出按钮，使YA4、YA5通电，压力油经阀8、阀6进入顶出缸下腔，顶出缸上腔油经阀8流回油箱，实现顶出动作，顶出力由远程调压阀3控制。当顶出到上限位置，压力升高达到电接点压力表7上限值时，发出信号使YA3、YA5通电，压力油经阀8进入顶出缸上腔，下腔油液经阀5流回油箱，实现顶出缸回程。上述工作过程为液压机的定压回程工作方式，若需要以定程方式工作时，可调整下限位行程开关SQ3到工艺要求位置，当活动横梁触碰到SQ3之后会立即回程。

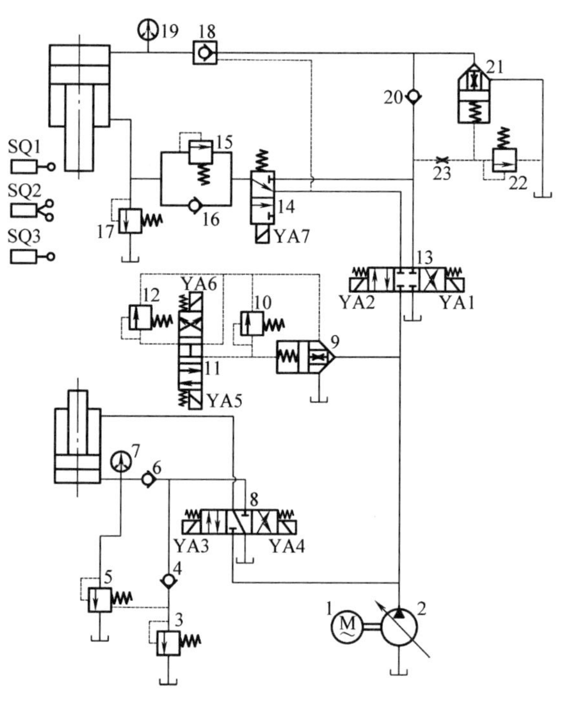

图4-11　YF32-100B型通用液压机液压系统原理图

YF32-100B四柱液压机可实现点动、手动和半自动三种工作模式，可满足各种材料的压力加工要求，如金属的挤压、弯曲、薄板的拉深、粉末制品的压制等，也可用于机械零件的校正、整形和装配等工艺。

4.3　双动拉深液压机

4.3.1　双动拉深液压机的特点及应用

双动拉深液压机与一般液压机相比较，具有以下特点：

1）活动横梁与压边滑块由各自液压缸驱动，可分别控制；工作压力、压制速度、空载

快速下行和减速的行程范围可根据工艺需要进行调整，提高了工艺适应性。

2）压边滑块与活动横梁联合动作，可当作单动液压机使用，此时工作压力等于主缸与压边液压缸压力的总和，可增大液压机的工作能力，扩大加工范围。

3）有较大的工作行程和压边行程，有利于大行程工件（如深拉深件、汽车覆盖件等）的成形。

双动拉深液压机主要用于拉深件的成形，广泛用于汽车配件、电机电器行业的罩形件（特别是深罩形件）的成形，同时也可以用于其他的板料成形工艺，还可用于粉末冶金等需要多动力要求的压制成形。

4.3.2　双动拉深液压机的结构

双动拉深液压机的结构常见的有两种形式，一种为工作滑块与压边滑块的驱动缸均装于机身上部，有较大的工作台面，通常用于较大型的液压机；另一种为工作滑块的液压缸装于机身上部，而压边滑块驱动缸装于机身下部工作台的两侧，通常用于中小型双动拉深液压机。

如图4-12所示为TDY35-315C型双动拉深液压机外形图，该机工作液压缸装于机身上部，压边滑块的驱动缸则装于机身下部工作台两侧面。机身由上横梁2、活动横梁3、压边滑块4、工作台（下横梁）7及立柱等组成。在工作台下部设有顶出缸，用于成形后工件的脱模顶出。活动横梁的结构、主缸与活动横梁的连接方式、工作台及顶出缸的结构等与单动立柱式液压机相同，在此不再重述。

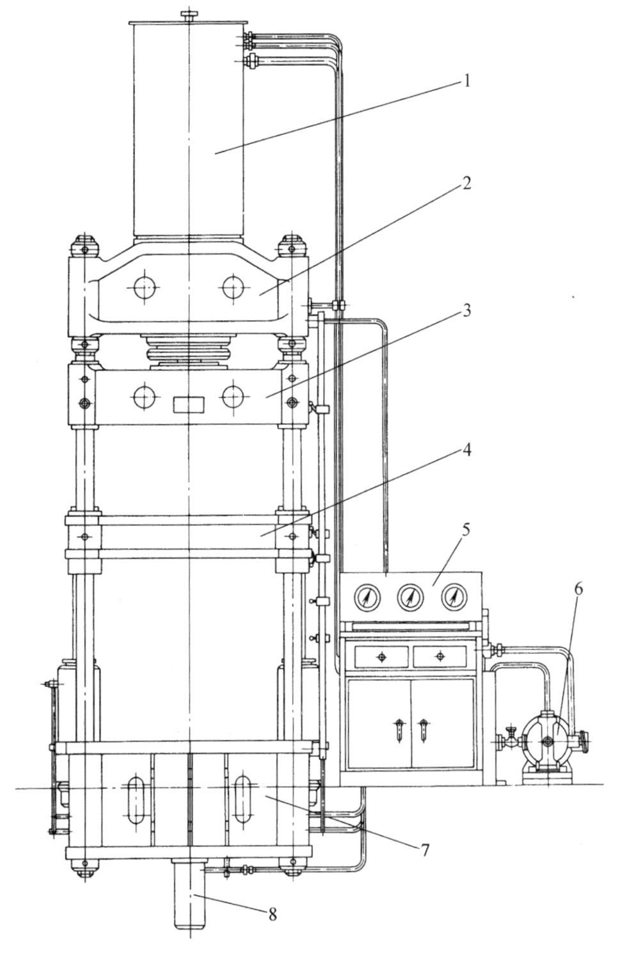

图4-12　TDY35-315C型双动拉深液压机外形图

1—主缸　2—上横梁　3—活动横梁　4—压边滑块　5—操纵控制系统　6—动力系统　7—工作台（下横梁）　8—顶出缸

4.3.3　双动拉深液压机的控制

如图4-13所示为TDY35-315C型双动拉深液压机的液压系统图，图4-14所示为其电气控制系统图。该机具有独立的动力机构和电气系统，并采用按钮集中控制，可实现调整、手动及半自动三种操作方式的控制。其工作压力、滑块行程及速度的切换位置等均可按工艺需要调节控制，并能完成定压和定程成形两种工艺方式。在定压成形时还具有保压延时及自动回程等功能。

该机的动力机构由高压泵、电动机、低压控制系统以及各压力阀、换向阀及方向阀等组成，它是产生和分配工作压力油使液压机实现各种动作的机构。如图4-13所示，各

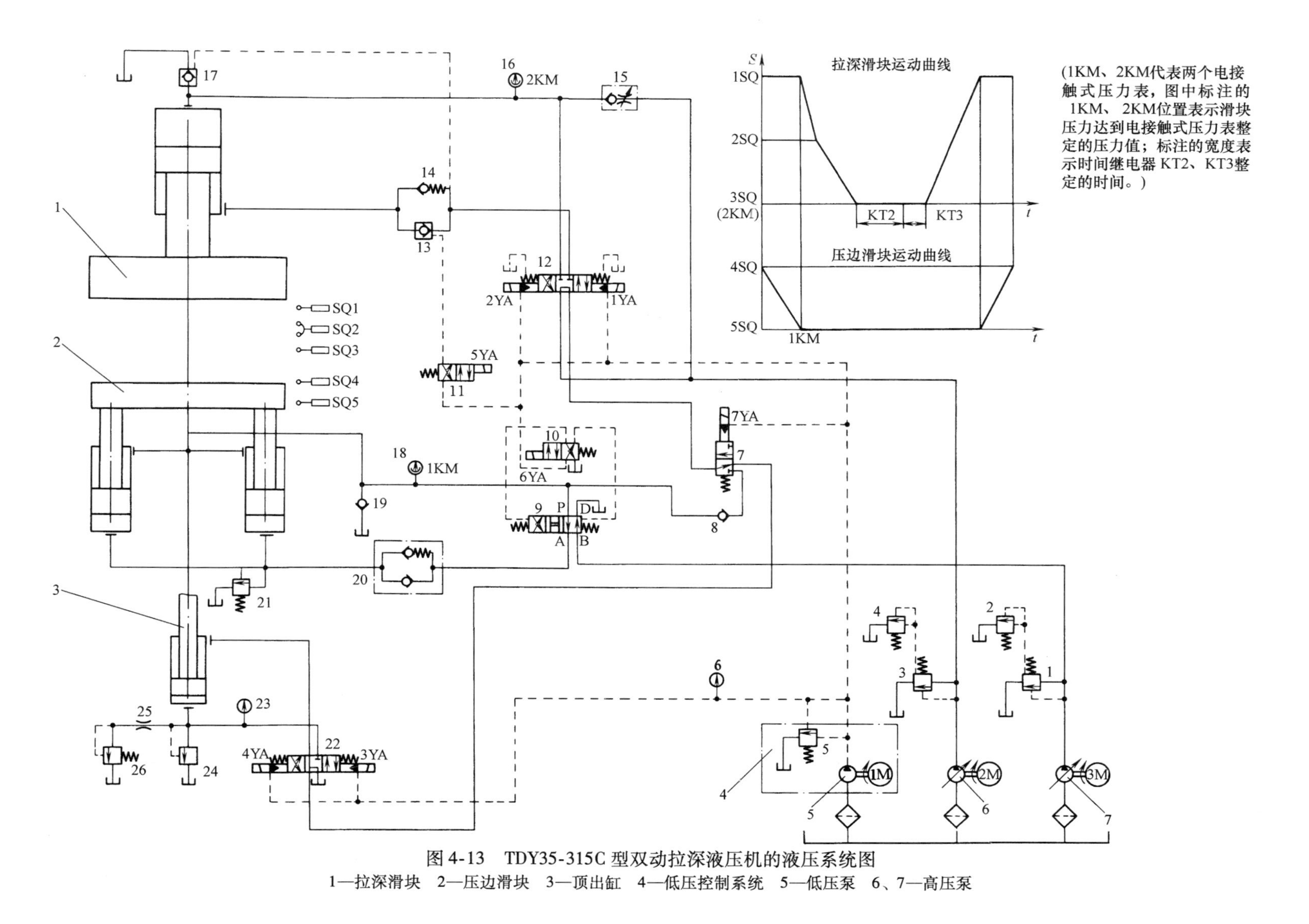

图 4-13　TDY35-315C 型双动拉深液压机的液压系统图

1—拉深滑块　2—压边滑块　3—顶出缸　4—低压控制系统　5—低压泵　6、7—高压泵

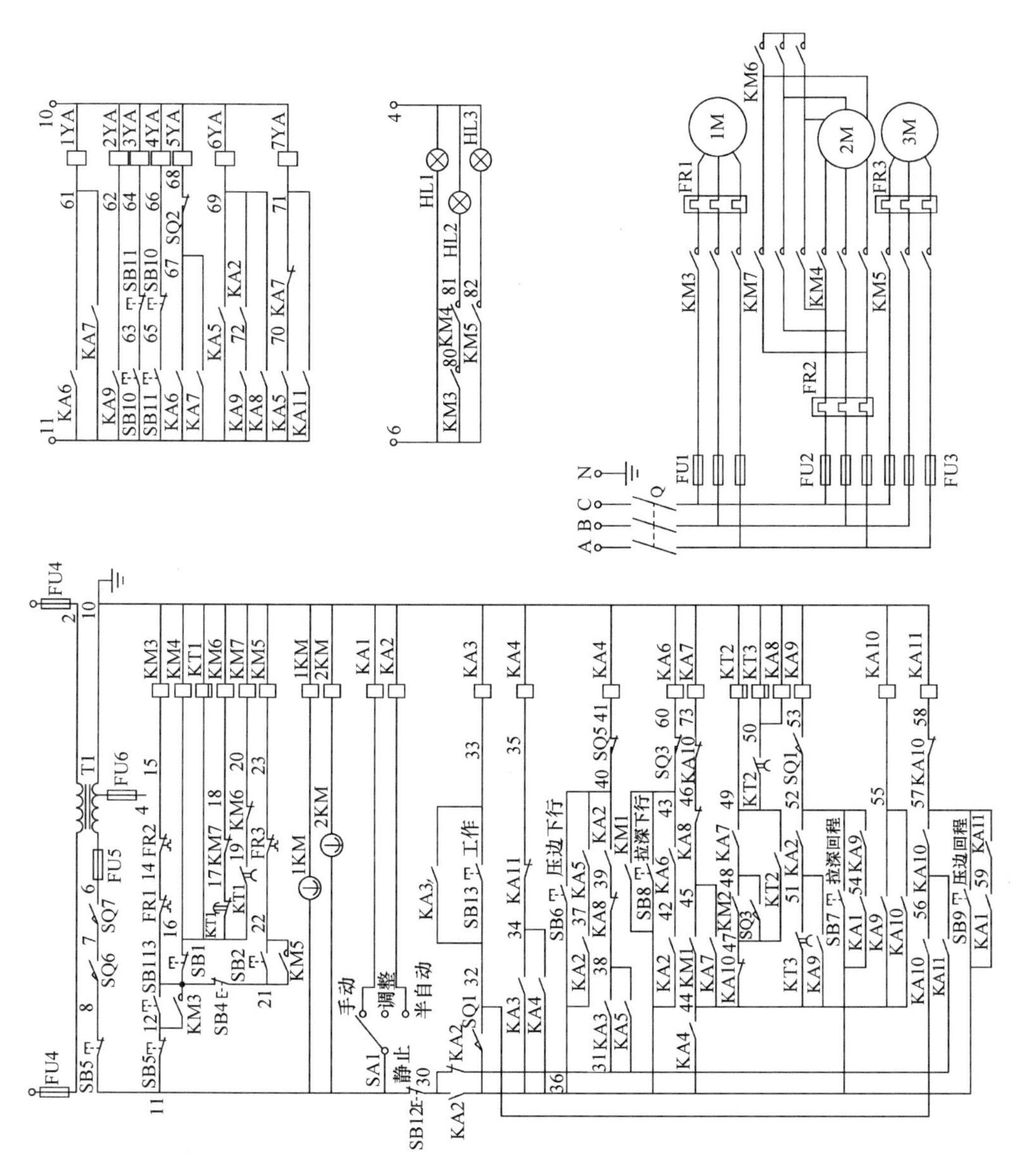

图 4-14　TDY35-315C 型双动拉深液压机的电气控制线路图

主要液压元件的作用为：

1）高压泵6、7为两台高压轴向柱塞泵，公称力为32MPa，泵6的公称流量为92.5L/min，泵7的公称流量为9.4L/min，它们为液压机压制成形提供25MPa的工作油压。

2）低压泵5为低压齿轮泵，公称压力为2.5MPa，公称流量为25L/min，提供低压控制系统所需的1.2~1.5MPa的控制油压。

3）阀7为二位三通电液换向阀，当压边滑块下行及差压回程时动作，改变压力油的流向。

4）阀14为直接作用式压力阀，此阀在液压系统中起减速排油作用。

5）阀15为单向节流阀，在液压系统中起卸压作用。

6）阀17为充液阀，当活动横梁快速下行时，泵不能及时给主缸上腔供油，造成负压，使充液阀的主阀吸开，充液油箱中的油大量进入主缸上腔。

7）阀1、2、3、4、5、21、24、26为溢流阀，用于调定液压系统的最高压力和工作压力，起到液压系统的过压保护作用。

8）阀8、19为单向阀，阀13为可控单向阀；阀10、11为二位四通电磁换向阀；阀12、22为三位四通电液换向阀；阀9为三位四通液控换向阀。

9）压力表16、18为电接触式压力表，当表压力达到预先调定的压力时，其触点闭合，发出电信号。

该双动拉深液压机有三种工作方式可供选择，即调整、手动和半自动。在“调整”操作时，按压相应按钮获得要求的寸动动作；“手动”操作时，按压相应按钮可获得要求的连续动作；“半自动”操作时，按压工作按钮可自动完成一个工艺循环，同时可按工艺要求选择定压或定程两种工艺。

现以定压成形工艺半自动工作方式为例说明液压系统的工作过程如下：

首先接通电源（图4-14），插入电源控制锁匙并转向开启位置，使SQ6、SQ7接通，按压按钮SB1、SB2，起动电动机，调整阀5低压控制系统溢流阀（图4-13），使控制油压达到1.2~1.5MPa。此时高压泵7的压力油经阀9流回油箱；高压泵6的压力油经阀12、阀7、阀22流回油箱，系统处于空负荷循环状态。

（1）压边滑块下行　按压按钮SB6，电磁铁6YA、7YA通电，6YA动作使阀9换位，高压泵7的压力油经阀9进入压边缸上腔，7YA动作使阀7换位，高压泵6的压力油经阀12、阀7及阀8和高压泵7的压力油一起进入压边缸上腔，压边缸下腔油液经阀20和阀9流回油箱。

（2）压边滑块加压，拉深滑块快速下行　压边滑块接触工件开始加压，当压力上升至电接触式压力表18调定压力（5~25MPa）时，其触点接通，使1YA、5YA通电，6YA继续通电，7YA断电。由于1YA通电，使阀12换位，高压泵6的压力油经阀12进入主缸上腔，5YA通电使阀11换位，控制油路的压力油经阀11打开可控单向阀13，主缸下腔油液经阀13、阀12、阀7、阀22流回油箱。活动横梁处于无支承状态，并依靠自重快速下行。主缸上腔形成负压吸开充液阀17，使充液箱的油液充入主缸上腔。

（3）压边滑块加压，拉深滑块工作下行　当活动横梁碰撞行程开关SQ2，触点接通，1YA、6YA继续通电，5YA断电，使阀11换位切断操纵可控单向阀13的控制油路，关闭可控单向阀13。此时主缸下腔油必须克服压力阀14的弹簧力才能通过，故活动横梁不能靠自重下行，此时充液阀在弹簧力作用下关闭，高压泵的压力油进入主缸上腔，使拉深滑块加压下行。

（4）压边滑块、拉深滑块保压　拉深滑块接触工件开始加压成形，成形结束不卸压，直到压力上升至电接触压力表16调定压力（5～25MPa）时，接通触点，发出信号，1YA、6YA断电。

（5）压边滑块继续加压，拉深滑块卸压回程　电接触压力表16发出信号后，1YA断电，使系统处于空负荷状态，此时主缸上腔的高压油液经阀15、阀12、阀7及阀22流回油箱，拉深滑块卸压。当时间继电器达到规定时间后，常开触点闭合，2YA通电，阀12换位，高压泵的压力油经阀12、阀13进入主缸下腔，拉深滑块开始回程。同时打开充液阀17，使主缸上腔一部分油液流回充液油箱，另一部分经阀12、阀7、阀22流回油箱。

（6）拉深滑块回程停止，压边滑块回程　当拉深滑块回程碰撞行程开关SQ1后，2YA断电，拉深滑块回程停止，7YA通电使阀7换位，此时高压泵6的压力油经阀12、阀7、阀8、阀9、阀20进入压边缸下腔，压边缸上腔的油液经阀9、阀20与压边缸下腔连通，此时压边滑块为差压回程。

（7）压边滑块回程停止　当压边滑块撞压行程开关SQ4后，压边滑块回程停止。

至此完成了整个半自动循环过程。顶出缸的顶出和退回动作需按压顶出按钮和退回按钮来控制。

若采用定程工艺方式，可先将行程开关SQ3调至所需位置，拉深滑块下行加压后，撞压SQ3立即自动回程。

复习思考题

4-1　液压机与机械压力机有何显著区别？它适合用于何种工件的冲压生产？

4-2　液压机的主要结构组成有哪些部分？各部分的作用是什么？

4-3　液压机有哪些主要技术参数？在什么情况下，对升压时间有较严格的要求？

4-4　充液阀在液压机液压系统中的运用有何好处？

4-5　双动拉深液压机与单动液压机有何主要区别？

4-6　液压机的定压和定程成形工艺有何区别？它们分别适用于哪些冲压工序？

第5章 塑料挤出成型设备

5.1 概述

挤出成型是使用挤出设备生产具有相同截面形状而长度任意的塑料制品（如塑料管、棒、板及各种异型材等）的成型加工方法，现有的绝大部分热塑性塑料和少数热固性塑料可用此法加工。据统计，在塑料制品成型加工中，挤出成型制品的产量居首位。

5.1.1 塑料挤出成型特点和应用

塑料挤出成型与注射、压缩等模塑成型方法相比具有如下特点：

1）挤出生产过程是连续的，其产品可根据需要生产任意的长度。

2）生产效率高，应用范围广；能生产各种管材、棒材、板材、薄膜、单丝、电线电缆、异型材以及中空制品等。

3）投资少，见效快。

目前，挤出成型法已广泛用于日用品、农业、建筑业、石油、化工、机械制造、电子、国防等领域。

5.1.2 塑料挤出成型过程和挤出成型设备的组成

1. 塑料挤出成型过程

将塑料（粒状或粉状）加入挤出机料筒内加热熔融，使之呈黏流状态，在挤出螺杆作用下通过挤出模具（简称挤出机头）成型出与制品截面形状相仿的塑料型坯，经进一步的冷却定型，获得具有一定几何形状和尺寸的塑料制品。

2. 挤出成型设备的组成

为满足挤出成型过程的要求，挤出设备一般由以下部分组成：

（1）挤出机（主机） 如图5-1所示，挤出机主要由挤出系统、传动系统、加热冷却系统和机身等组成。

1）挤出系统。它主要由螺杆1和料筒2组成，是挤出机的关键部分。塑料通过挤出系统塑化成均匀的熔体，并在挤压压力作用下，被螺杆以定量、定压、定温地从机头连续挤出。

2）传动系统。它用于驱动螺杆，保证螺杆挤出过程中所需的力矩和转速。

3）加热冷却系统。其作用是保证塑料和挤出系统在成型过程中的温度达到工艺要求。

（2）辅机 如图5-2所示为吹塑薄膜挤出辅机。它主要由机头、定型装置、冷却装置、牵引装置、卷取装置和切割装置组成。

1）机头。它是挤出成型的主要部件，熔料通过它获得一定的截面形状和尺寸。

2）定型装置。它对制品进行精整，获得更为精确的截面形状、尺寸和更好的表面

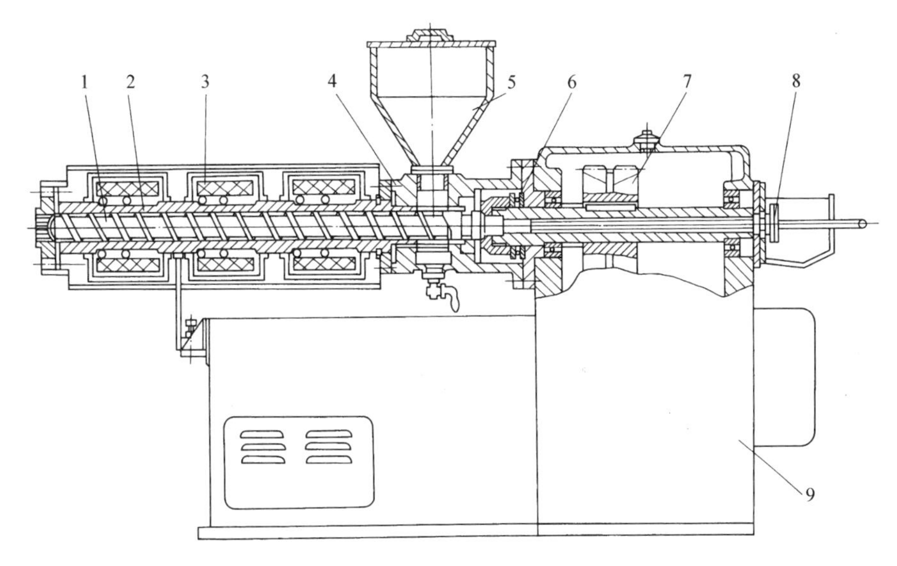

图5-1　单螺杆塑料挤出机结构

1—螺杆　2—料筒　3—加热器　4—料斗支座　5—料斗　6—推力轴承　7—传动系统　8—螺杆冷却系统　9—机身

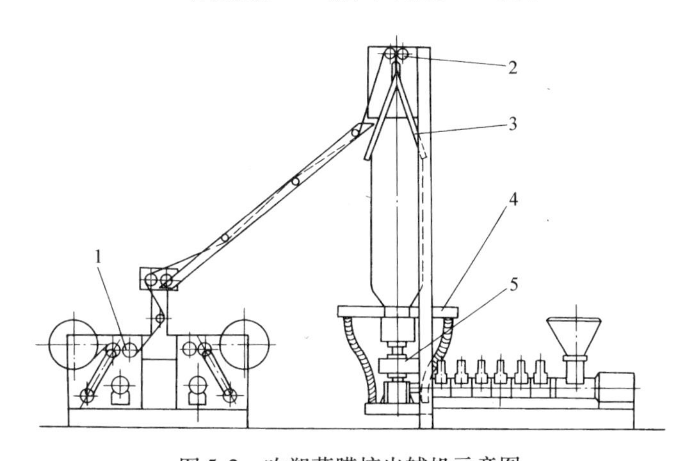

图5-2　吹塑薄膜挤出辅机示意图

1—卷取装置　2—牵引装置　3—人字板　4—风环（冷却定型装置）　5—挤出机头

质量。

3）冷却装置。它将定型后的塑料制品充分冷却，获得制品最终的形状和尺寸。

4）牵引装置。它为挤出制品提供一定的牵引力和牵引速度，保证挤出过程稳定地进行，并能对制品的截面尺寸进行调节和控制。

5）卷取装置。它将柔性制品（如薄膜、软管、电线电缆等）卷绕成卷。

6）切割装置。它将非柔性制品切成所需的长度（或宽度）。

（3）控制系统　挤出机的控制系统主要由电气元件、仪表和执行机构组成，其主要作用有：

1）控制挤出主、辅机的动力源（电动机），为挤出工艺提供所需的转速和功率。

2）对主、辅机的工艺参数（如温度、压力、挤出速率等）进行控制，保证制品质量。

3）实现整个挤出机组的自动控制，保证主、辅机协调地运行。

通常将挤出主机、辅机和控制系统三部分统称为挤出机组。通常主机在挤出机组中是最主要的部分，而主机中挤出系统又是最关键的部分；在辅机中机头是最关键的部分。

5.1.3 挤出机的分类

随着塑料挤出成型工艺的广泛应用和发展，塑料挤出机的类型日益增多，分类方法也不尽相同。

按挤出螺杆的数量可分为无螺杆挤出机（如柱塞式挤出机）、单螺杆挤出机、双螺杆和多螺杆挤出机。

按螺杆在空间位置的不同可分为卧式挤出机和立式挤出机。

按螺杆转速可分为普通挤出机、高速和超高速挤出机。

按挤出系统可否排气分为排气式挤出机和非排气式挤出机。

按设备主要部件的装配结构可分为整体式挤出机和组合式挤出机（即传动系统与挤出系统分开安装）。

目前，实际生产中较为常用的是卧式单螺杆非排气整体式挤出机，本章以此为重点进行介绍。

5.1.4 单螺杆挤出机的技术参数及型号

1. 单螺杆挤出机的技术参数

体现挤出机工作性能的主要技术参数有：螺杆直径 D、螺杆的长径比 L/D、螺杆的最高转速 n_{max}（或转速范围）、主螺杆的电动机功率 P、机器的最高产量 Q_{max}（或产量 Q）、名义比功率 P'、比流量 q、中心高 H、加热段数、机筒加热功率等。表5-1所示为我国颁布的专业标准，对单螺杆塑料挤出机的基本参数做了规定。

（1）螺杆直径　指挤出螺杆的大径，用 D 表示，单位为mm。螺杆的直径系列有：20、25、30、35、40、45、50、55、60、65、70、80、90、100、120、150、200、220、250、300等。

（2）螺杆长径比　指螺杆工作部分长度 L 与螺杆直径 D 的比值，是挤出机的重要参数之一，用 L/D 表示。

（3）螺杆最高转速（或转速范围）　指螺杆可获得的稳定的最大转速或转速范围，最高转速用 n_{max} 表示（加工HPVC和SPVC时采用转速范围 $n_{min} \sim n_{max}$ 表示），单位为r/min。

（4）螺杆驱动电动机功率　用 P 表示，单位为kW。

（5）挤出机最高产量（或产量）　最高产量用 Q_{max} 表示（加工HPVC和SPVC时采用 Q 表示），单位为kg/h。它指加工某种塑料（如高密度聚乙烯HDPE）时，每小时挤出的最大塑料量，是一个表征机器生产能力的参数。另外还有一个参数更能反映机器生产能力的大小，即比流量，用 q 表示，$q = Q_{实测}/n_{实测}$，单位为（kg/h）/（r/min），它指螺杆每转挤出的塑料量。

（6）名义比功率　用 $P' = P/Q_{max}$ 表示，单位为kW/（kg/h）。它是指每小时加工1kg塑料所需的电动机功率，是一个综合参数指标。

（7）螺杆的主参数　螺杆是挤出机中最重要的零件之一，除上述介绍过的直径和长径比外，还有下面几个参数（图5-3）：

1）螺杆的分段。对常规螺杆来说，一般分为三段：加料段 L_1，由料斗加入的物料靠此段向前输送，并开始被压实；压缩段 L_2，物料在该段继续被压实，且向熔融状态转化；均化段 L_3（也称计量段），物料在此段呈黏流态，并使熔料均匀化。

表5-1a　单螺杆挤出机基本参数（JB/T 8061—2011）

螺杆直径/mm		20		25		30		35		40		45		50		55		60		65	
长径比		20 25	28 30	20 25	28 30	20 25	28 30	20 25	28 30	20 25	28 30	20 25	28 30	20 25	28 30	20 25	28 30	20 25	28 30	20 25	28 30
螺杆最高转速/(r/min)	LDPE	160	210	147	177	160	200	120	134	120	150	130	155	132	148	127	136	116	143	120	160
	LLDPE	130	175	120	140	125	160	125	160	122	137	113	135	103	113	98	104	90	110	95	115
	HDPE	115	155	105	125	115	140	110	145	110	122	100	120	90	100	88	94	80	97	85	105
	PP	140	190	125	150	140	170	135	172	145	170	130	150	110	120	105	112	95	118	100	125
最高产量/(kg/h)	LDPE	4.4	6.5	8.8	11.7	16	22	16.7	22.7	22.7	33	33	45	45	56	56	66.7	66.7	90	90	140
	LLDPE	3.4	5.0	6.8	9.1	12.5	17.0	17.4	25.6	25.6	35	35	43	35	43	43	51	51	70	70	93
	HDPE	3.0	4.5	6.1	8.2	11.2	15.3	15.6	23.0	23.0	31.3	31.3	38.5	31.3	38.5	38.5	46.0	46.0	62	62	84
	PP	3.6	5.4	7.3	9.8	13.4	18.3	18.8	27.5	27.5	37.5	37.5	46.0	37.5	46.3	46.3	55	55	75	75	100
电动机功率/kW	LDPE	1.5	2.2	3	4	5.5	7.5	5.5	7.5	7.5	11	11	15	15	18.5	18.5	22	22	30	30	45
	LLDPE							7.5	11	11	15	15	18.5								
	HDPE																				
	PP																				
名义比功率/[kW/(kg/h)]	LDPE	0.34						0.33													
	LLDPE	0.44						0.43													
	HDPE	0.49						0.48													
	PP	0.41						0.40													
比流量/[(kg/h)/(r/min)]	LDPE	0.028	0.031	0.060	0.066	0.100	0.110	0.139	0.169	0.189	0.220	0.254	0.290	0.341	0.378	0.441	0.490	0.575	0.629	0.750	0.828
	LLDPE	0.026	0.029	0.057	0.065	0.100	0.106	0.139	0.160	0.210	0.255	0.310	0.319	0.340	0.381	0.439	0.490	0.567	0.636	0.737	0.809
	HDPE	0.027	0.029	0.058	0.065	0.980	0.109	0.142	0.159	0.209	0.256	0.313	0.321	0.348	0.385	0.438	0.489	0.575	0.639	0.729	0.800
	PP	0.026	0.028	0.058	0.065	0.960	0.108	0.139	0.160	0.190	0.221	0.288	0.307	0.341	0.386	0.441	0.491	0.579	0.636	0.750	0.800
机筒加热段数（推荐）≥	LDPE	3																			
	LLDPE PP	3																			
	HDPE	3																			
机筒加热功率(推荐)≤/kW	LDPE	3	4	3	4	5	6	5.5	6.5	6.5	7.5	8	9	9	11	10	13	12	15	14	18
	LLDPE HDPE	4	5	4	5				7		8		10								
	PP	3	4	3	4				6.5		7.5										
中心高/mm	LDPE	1000、500、350、300												1000、500							
	LLDPE HDPE PP	1000、500、350												1000、500							

（续）

螺杆直径/mm		70		80		90			100		120			150		200		220
长径比		20 25	28 30 (33)	20 25	28 30	20 25	28	30 (33)	20 25	28 30	20 25	28	30	20 25	28 30	20 25	28 30	28
螺杆最高转速/(r/min)	LDPE	120	130	115	120	100	120	150	86	106	90	100	135	65	75	50	60	80
	LLDPE	95	105	95	100	85	95	105	65	80	65	77	100	50	56			
	HDPE	85	94	87	90	80	90	90	60	75	64	72	72	45	50			
	PP	100	120	104	107	98	120	120	70	87	74	85	85	60	70			
最高产量/(kg/h)	LDPE	112	136	140	156	156	190	240	172	234	235	315	450	410	500	625	780	1200
	LLDPE	86	105	107	119	119	143	220	130	178	178	238	330	314	380			
	HDPE	77	94	96	106	106	128	128	117	160	160	215	215	280	340			
	PP	93	125	115	128	128	154	154	140	192	192	255	255	320	320			
电动机功率/kW	LDPE	37	45	45	50	50	60	75	55	75	75	100	132	132	160	200	250	520
	LLDPE																	
	HDPE							60					100					
	PP																	
名义比功率/[kW/(kg/h)]	LDPE	0.33		0.32														0.43
	LLDPE	0.43		0.42														
	HDPE	0.48		0.47														
	PP	0.40		0.39														
比流量/[(kg/h)/(r/min)]	LDPE	0.933	1.046	1.217	1.300	1.560	1.583	1.600	2.000	2.207	2.610	3.150	3.333	6.300	6.600	12.500	13.000	15.000
	LLDPE	0.905	1.000	1.126	1.190	1.400	1.505	2.095	2.000	2.225	2.738	3.091	3.300	6.280	6.786			
	HDPE	0.906	1.000	1.103	1.178	1.325	1.422	1.422	1.950	2.133	2.500	2.986	2.986	6.220	6.800			
	PP	0.930	1.046	1.106	1.196	1.306	1.426	1.426	2.000	2.207	2.595	3.000	3.000	5.633	5.857			
机筒加热段数（推荐）≥	LDPE	4					5					6			7		8	7
	LLDPE PP	4					5					6			7			
	HDPE	4					5			6	5	6			7			
机筒加热功率(推荐)≤/kW	LDPE	17	21	19	23	25	30	30	31	38	40	50	50	65	80	120	140	125
	LLDPE			20	25													
	HDPE			20	25													
	PP			19	23													
中心高/mm	LDPE	1000、500							1100、1000、600									1200
	LLDPE HDPE PP	1000、500							1100、1000、600									
备注		根据需要，螺杆规格可适当增加优选系列：75、110、170 等。其中名义比功率及比流量按表中数值进行插入法计算。长径比栏中带（）的数值仅加工 PP 料的挤出机使用。																

表 5-1b 单螺杆挤出机基本参数（JB/T 8061—2011）

<table>
<tr><td colspan="2">螺杆直径/mm</td><td colspan="2">20</td><td colspan="2">25</td><td colspan="2">30</td><td colspan="2">35</td><td colspan="2">40</td><td colspan="2">45</td><td colspan="2">50</td><td colspan="2">55</td><td colspan="2">60</td><td colspan="2">65</td><td colspan="2">70</td><td colspan="2">80</td><td colspan="2">90</td><td colspan="2">100</td><td colspan="2">120</td><td colspan="2">150</td><td colspan="2">200</td></tr>
<tr><td colspan="2">长径比</td><td>20</td><td>22
25</td><td>20</td><td>22
25</td><td>20</td><td>22
25</td><td>20</td><td>22
25</td><td>20</td><td>22
25</td><td>20</td><td>22
25</td><td>20</td><td>22
25</td><td>20</td><td>22
25</td><td>20</td><td>22
25</td><td>20</td><td>22
25</td><td>20</td><td>22
25</td><td>20</td><td>22
25</td><td>20</td><td>22
25</td><td>20</td><td>22
25</td><td>20</td><td>22
25</td><td>20</td><td>22
25</td><td>20</td><td>22
25</td></tr>
<tr><td rowspan="2">螺杆转速
/(r/min)</td><td>HPVC</td><td colspan="2">20 ~ 60</td><td colspan="2">18. 5 ~
55. 5</td><td colspan="2">18 ~ 54</td><td colspan="2">17 ~ 51</td><td colspan="2">16 ~ 48</td><td colspan="2">15 ~ 45</td><td colspan="2">15 ~ 45</td><td colspan="2">14 ~ 42</td><td colspan="4">13 ~ 39</td><td colspan="4">12 ~ 36</td><td colspan="2">11 ~ 33</td><td colspan="2">10 ~ 30</td><td colspan="2">9 ~ 27</td><td colspan="2">7 ~ 21</td><td colspan="2">5 ~ 15</td></tr>
<tr><td>SPVC</td><td colspan="2">20 ~ 120</td><td colspan="2">18. 5 ~
111</td><td colspan="2">18 ~ 108</td><td colspan="2">17 ~ 102</td><td colspan="2">16 ~ 96</td><td colspan="2">15 ~ 90</td><td colspan="2">15 ~ 90</td><td colspan="2">14 ~ 84</td><td colspan="4">13 ~ 78</td><td colspan="4">12 ~ 72</td><td colspan="2">11 ~ 66</td><td colspan="2">10 ~ 60</td><td colspan="2">9 ~ 54</td><td colspan="2">7 ~ 42</td><td colspan="2">5 ~ 30</td></tr>
<tr><td rowspan="2">产量/(kg/h)</td><td>HPVC</td><td colspan="2">0. 8 ~ 2</td><td colspan="2">1. 5 ~
3. 7</td><td colspan="2">2. 2 ~
5. 5</td><td colspan="2">3. 1 ~
7. 7</td><td colspan="2">4. 1 ~
10. 2</td><td colspan="2">5. 64 ~
14. 1</td><td colspan="2">7. 7 ~
19. 2</td><td colspan="2">11. 3 ~
28. 2</td><td colspan="2">13. 3 ~
33. 3</td><td colspan="2">15. 4 ~
38. 5</td><td colspan="2">19 ~
47. 4</td><td colspan="2">29 ~
58</td><td colspan="2">31. 5 ~
63</td><td colspan="2">39. 5 ~
70</td><td colspan="2">72 ~
145</td><td colspan="2">98 ~
197</td><td colspan="2">140 ~
280</td></tr>
<tr><td>SPVC</td><td colspan="2">1. 14 ~
2. 86</td><td colspan="2">2. 1 ~
5. 4</td><td colspan="2">3. 2 ~
8</td><td colspan="2">4. 4 ~
11</td><td colspan="2">5. 9 ~
14. 8</td><td colspan="2">8. 16 ~
20. 4</td><td colspan="2">11. 1 ~
27. 8</td><td colspan="2">16. 3 ~
40. 7</td><td colspan="2">19. 2 ~
48</td><td colspan="2">22. 2 ~
55. 6</td><td colspan="2">27. 4 ~
68. 5</td><td colspan="2">34 ~
85</td><td colspan="2">37 ~
92. 3</td><td colspan="2">46 ~
115</td><td colspan="2">84 ~
210</td><td colspan="2">120 ~
288</td><td colspan="2">180 ~
420</td></tr>
<tr><td>电动机
功率/kW</td><td>HPVC
SPVC</td><td colspan="2">0. 8</td><td colspan="2">1. 5</td><td colspan="2">2. 2</td><td colspan="2">3</td><td colspan="2">4</td><td colspan="2">5. 5</td><td colspan="2">7. 5</td><td colspan="2">11</td><td colspan="2">13</td><td colspan="2">15</td><td colspan="2">18. 5</td><td colspan="2">22</td><td colspan="2">24</td><td colspan="2">30</td><td colspan="2">55</td><td colspan="2">75</td><td colspan="2">100</td></tr>
<tr><td rowspan="2">名义比功率
/[kW/(kg/h)]</td><td>HPVC</td><td colspan="6">0. 40</td><td colspan="16">0. 39</td><td colspan="10">0. 38</td><td colspan="2">0. 36</td></tr>
<tr><td>SPVC</td><td colspan="6">0. 28</td><td colspan="16">0. 27</td><td colspan="10">0. 26</td><td colspan="2">0. 24</td></tr>
<tr><td rowspan="2">比流量/[(kg/h)
/(r/min)]</td><td>HPVC</td><td colspan="2">0. 040</td><td colspan="2">0. 081</td><td colspan="2">0. 122</td><td colspan="2">0. 151</td><td colspan="2">0. 213</td><td colspan="2">0. 375</td><td colspan="2">0. 513</td><td colspan="2">0. 807</td><td colspan="2">1. 023</td><td colspan="2">1. 185</td><td colspan="2">1. 583</td><td colspan="2">1. 933</td><td colspan="2">2. 291</td><td colspan="2">3. 900</td><td colspan="2">8. 000</td><td colspan="2">14. 000</td><td colspan="2">28. 000</td></tr>
<tr><td>SPVC</td><td colspan="2">0. 030</td><td colspan="2">0. 060</td><td colspan="2">0. 090</td><td colspan="2">0. 129</td><td colspan="2">0. 185</td><td colspan="2">0. 272</td><td colspan="2">0. 371</td><td colspan="2">0. 582</td><td colspan="2">0. 738</td><td colspan="2">0. 854</td><td colspan="2">1. 142</td><td colspan="2">1. 417</td><td colspan="2">1. 678</td><td colspan="2">2. 300</td><td colspan="2">4. 667</td><td colspan="2">8. 600</td><td colspan="2">18. 000</td></tr>
<tr><td>机筒加热段数
(推荐)≥</td><td>HPVC
SPVC</td><td colspan="25">3</td><td colspan="4">4</td><td colspan="2">5</td><td colspan="2">6</td><td>7</td></tr>
<tr><td>机筒加热功率
(推荐)≤/kW</td><td>HPVC
SPVC</td><td>3</td><td>4</td><td>4</td><td>4</td><td>4</td><td>5</td><td>4</td><td>5</td><td>5</td><td>6</td><td>6</td><td>8</td><td>7</td><td>9</td><td>8</td><td>11</td><td>10</td><td>13</td><td>12</td><td>16</td><td>14</td><td>18</td><td>18</td><td>23</td><td>24</td><td>30</td><td>28</td><td>34</td><td>40</td><td>45</td><td>60</td><td>72</td><td>100</td><td>125</td></tr>
<tr><td colspan="2">中心高/mm</td><td colspan="12">1000
500
350</td><td colspan="14">1000
500</td><td colspan="8">1100
1000
600</td></tr>
<tr><td colspan="2">备注</td><td colspan="34">根据需要，螺杆规格可适当增加优选系列：75、110、170 等，其中名义比功率及比流量按表中数值进行插入法计算</td></tr>
</table>

2）螺槽深度。它是一个变化值，对常规螺杆而言，加料段的螺槽深度用 h_1 表示，一般为定值；均化段的螺槽深度用 h_3 表示，通常也为定值；压缩段的螺槽深度用 h_2 表示，h_2 为变化值，即从加料段后端逐渐变化到均化段前端，且它们之间有 $h_1 > h_2 > h_3$ 的关系。

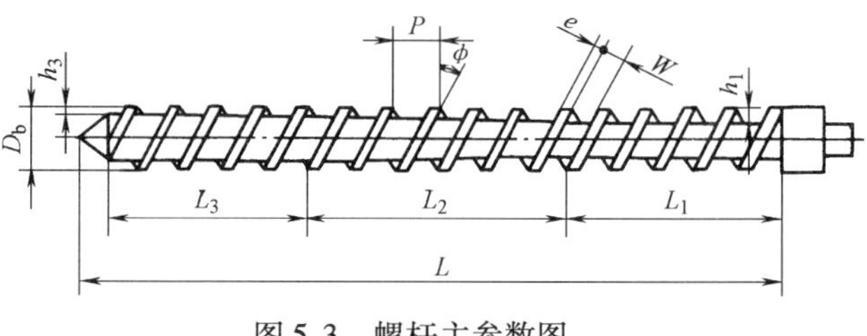

图 5-3 螺杆主参数图

3）压缩比。它分为几何压缩比和物理压缩比，几何压缩比指螺杆加料段第一个螺槽容积与均化段最后一个螺槽容积之比，用 ε 表示。物理压缩比指塑料熔体的密度和塑料密度之比。设计螺杆时采用的几何压缩比应大于物理压缩比。

4）螺杆螺距。其定义与普通螺纹相同，用 P 表示。

5）螺纹升角。用 ϕ 表示。

6）螺纹线数。用 n 表示。

7）螺棱宽度。用 e 表示，一般指沿轴向螺棱顶部的宽度。

8）螺槽宽度。用 W 表示，指沿轴向螺槽顶部的宽度。

2. 塑料挤出机的型号

按国家标准 GB/T 12783—2000 的规定，我国橡胶塑料机械产品的型号由产品代号、规格参数（代号）及设计代号三部分组成。产品代号由基本代号和辅助代号组成，均用汉语拼音字母表示，基本代号与辅助代号之间用短横线“-”隔开。基本代号由类别代号、组别代号、品种代号三个小节顺序组成（参见表 5-2 规定），基本品种不标注品种代号，品种代号以三个以下的字母组成。塑料机械的辅助代号（参见表 5-3 规定）用于表示辅机（代号为 F）、机组（代号为 Z）、附机（代号为 U），主机不标注辅助代号。设计代号用于表示制造单位的代号或产品设计的顺序代号，也可以是两者的组合代号。使用设计代号时，在规格参数与设计代号之间加短横线“-”隔开（当设计代号仅以一个字母表示时允许不加短横线），设计代号一般不使用字母 I 和 O，以免与数字混淆。橡胶塑料机械产品型号的表示方法如下：

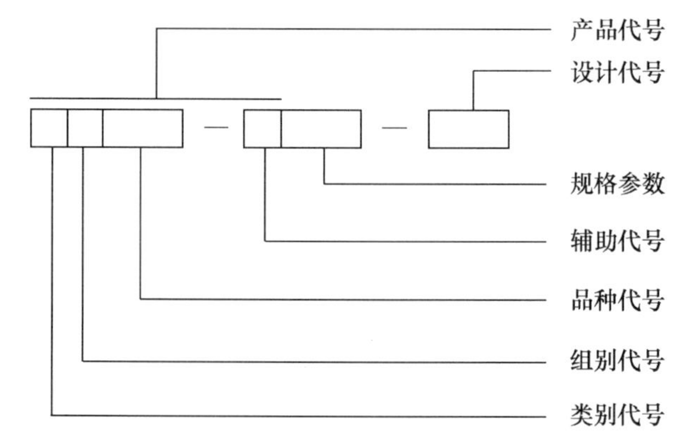

型号示例：SJ-65×30 表示螺杆直径 ϕ65mm、长径比为 30:1 的塑料挤出机。与 SJ-65 相配的辅机 SJM-F1600，表示辅机牵引辊筒工作面长度为 1600mm 的塑料挤出吹塑薄膜辅机，其中 F 为辅机代号。

表5-2　塑料机械产品基本代号

类别	组别	品种		产品代号		规格参数	备注
		产品名称	代号	基本代号	辅助代号		
塑料机械S（塑）	挤出机J（挤）	塑料挤出机		SJ		螺杆直径(mm)×长径比	长径比20:1不标注
		塑料排气挤出机	P(排)	SJP			
		塑料发泡挤出机	F(发)	SJF			
		塑料喂料挤出机	W(喂)	SJW			
		双螺杆塑料挤出机	S(双)	SJS			
		双螺杆混炼挤出机	SH(双混)	SJSH			
		锥形双螺杆塑料挤出机	SZ(双锥)	SJSZ		小头螺杆直径(mm)	
		塑料鞋用挤出机	E(鞋)	SJE		工位数×挤出装置数	挤出装置数为1不标注
		多螺杆塑料挤出机		SJ		主螺杆直径(mm)×螺杆数	
		电磁动态塑化挤出机	DD(电动)	SJDD		转子直径(mm)	

表5-3　塑料机械辅助代号

类别	组别	品种		产品代号		规格参数	备注
		产品名称	代号	基本代号	辅助代号		
塑料机械S（塑）	挤出机J（挤）	塑料挤出吹塑薄膜辅机	M(膜)	SJM	F	牵引辊筒工作面长度(mm)	
		塑料挤出平吹薄膜辅机	PM(平膜)	SJPM	F		
		塑料挤出下吹薄膜辅机	XM(下膜)	SJXM	F		
		塑料挤出复合膜辅机	FM(复膜)	SJFM	F	牵引辊筒工作面长度(mm)×复膜层数	
		塑料挤出板辅机	B(板)	SJB	F	最大板宽(mm)	
		塑料挤出低发泡板辅机	FB(发板)	SJFB	F		
		塑料挤出瓦楞板辅机	LB(楞板)	SJLB	F		
		塑料挤出硬管辅机	G(管)	SJG	F	最大管径(mm)	
		塑料挤出软管辅机	RG(软管)	SJRG	F		
		塑料挤出波纹管辅机	BG(波管)	SJBG	F		
		塑料挤出网辅机	W(网)	SJW	F	模口直径(mm)	
		塑料挤出异型材辅机	Y(异)	SJY	F	型材宽(mm)×高(mm)	
		塑料挤出造粒辅机	L(粒)	SJL	F	主机螺杆直径(mm)	
		塑料挤出拉丝辅机	LS(拉丝)	SJLS	F	丝根数×最大拉伸倍数	

5.2　挤出机的工作过程及控制参数

5.2.1　挤出机的工作过程

如图5-4所示，塑料自料斗进入螺杆后，在螺杆旋转作用下，物料向前输送，在螺杆加料段，松散的固体物料（粒料或粉末）充满螺槽，随着物料的不断向前输送，开始被压实。当物料进入压缩段后，由于螺杆螺槽深度逐渐变浅以及机头的阻力作用，使塑料所受的压力逐渐升高，并被进一步压实。与此同时，在料筒外加热器的加热和螺杆与料筒内表面对物料的强烈搅拌、混合和剪切摩擦所产生的剪切热的共同作用下，塑料温度不断升高，当部分塑料的温度到达熔点后，开始熔融。随着物料的输送，继续加热，熔融的物料量逐渐增多，而未熔融物料量相应减少。接近压缩段的末端时，全部物料都将转变为黏流态，但此时各点温度尚不均匀，经过均化段的均化作用后熔体温度变得较均匀，最后由螺杆将熔融物料定量、定压、定温地挤入到机头。物料通过机头后获得一定的截面形状和尺寸，再经过冷却定型等工序，便可获得所需的塑料挤出成型制品。

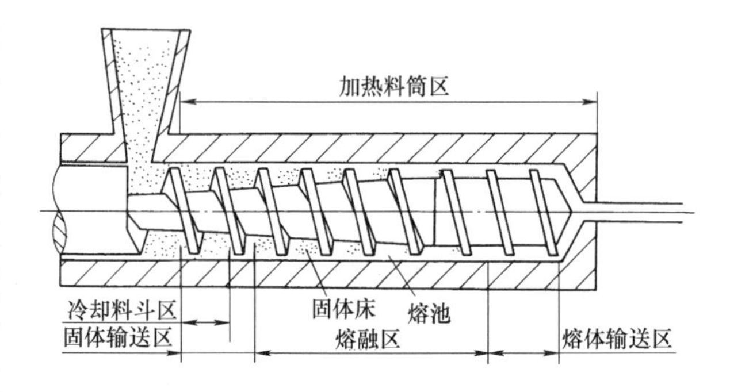

图5-4　塑料挤出过程示意图

5.2.2　挤出成型过程的控制参数

描述挤出成型过程的参数有温度、压力、挤出速率（或称挤出量、产量）和能量（或称功率）。

1. 温度

塑料从玻璃态（粒料或粉料）转变为黏流态，再由黏流态熔体成型为玻璃态的挤出制品要经历一个复杂的温度变化过程。如果将物料沿料筒挤出方向作横坐标，而温度作纵坐标，将各点的物料温度、螺杆和料筒温度值连成曲线，就可得到所谓的温度轮廓曲线，如图5-5所示。为便于物料的加入、输送、熔融、均化以及在较低的温度下挤出，以获得高产量和高质量的制品，每一种物料的挤出过程应有一条合适的温度轮廓曲线。由试验可知，加工不同物料和不同制品，温度轮廓曲线是不相同的。物料在挤出过程中热量的来源主要有两个，即剪切摩擦热和料筒外部加热器提供的热量，温度的调节主要依靠挤出机的加热冷却系统和控制系统来进行。通常，为了加大物料的输送能力，不希望加料段温度升得过高（有时需要强制冷却），而在压缩段和均化段，为了促使物料熔融、均化，物料的温度可升得较高。

从图5-5中可以看出，物料的温度轮廓曲线、料筒的温度轮廓曲线和螺杆的温度轮廓曲线是不同的。一般情况下，实际测得的温度轮廓曲线是料筒的而非物料的温度轮廓曲线，物料的温度测量相对困难。螺杆的温度轮廓曲线比料筒的温度轮廓曲线低，比物料温度轮廓曲线高。

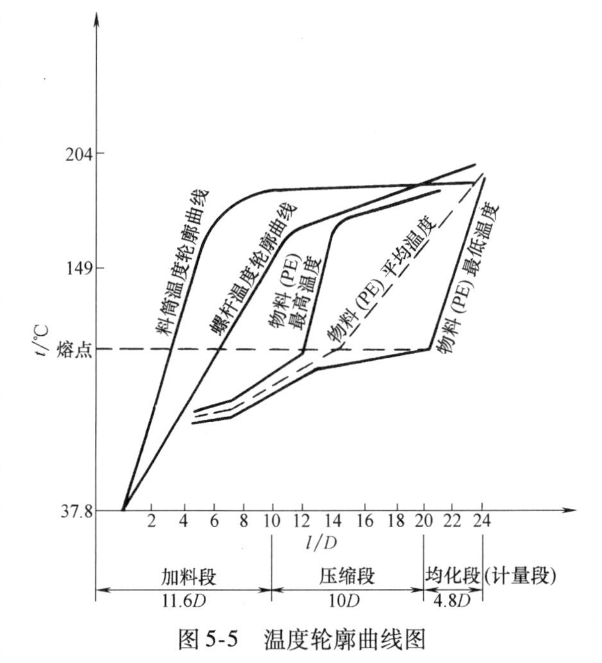

图5-5　温度轮廓曲线图

如图5-5所示的温度轮廓曲线只是

稳定挤出过程的宏观表示。如果深入研究每一测点的温度就会发现，即使是在稳定挤出过程中，其温度相对于时间也是一个变化的值，且变化有一定的周期性，该温度的波动反映了沿物料流动方向的温度变化，称为物料流动方向的温度波动，其波动值因测点的不同会有所不同，有时温度波动可达10℃左右。同样，垂直于物料流动方向的截面内各点之间也有温差，称为径向温差。通常机头处或螺杆头部测得的温度变化值得关注，它的变化将直接影响挤出制品的质量，会导致制品产生残余应力、强度不均匀、表面灰暗无光泽等缺陷。所以，应尽可能减少或消除温度的波动和截面温度的不均匀。

产生温度波动和温差的原因很多，如加热冷却系统的不稳定、螺杆转速的变化等，但以螺杆结构设计的优劣影响最大。

2. 压力

由于螺槽深度的改变，分流板、过滤网和机头等产生的阻力，沿料筒轴线方向物料内部会建立起不同的压力，压力的建立是物料熔融、挤出成型的重要条件之一。若将沿料筒轴线方向测得的各点物料压力值作为纵坐标，以料筒轴线为横坐标，可做出所谓的压力轮廓曲线，如图5-6所示。

影响各点压力数值和压力轮廓曲线形状的因素很多，如塑料材料、机头、分流板、过滤网的变化，加热冷却系统的稳定性，螺杆转速的变化等，其中螺杆和料筒的结构影响最大。同样，压力也会随着时间发生周期性波动，它对制品质量的影响不利，因此应当尽量减少压力波动。

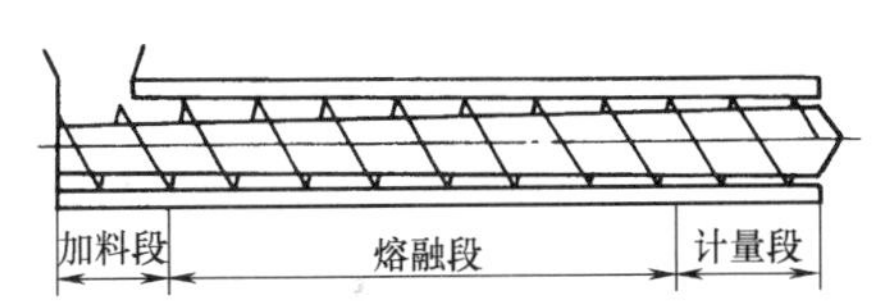

图5-6　压力轮廓曲线（机头压力 $p_1 < p_2 < p_3 < p_4$）

3. 挤出速率

挤出速率是描述挤出过程的一个重要参数，它的大小表征了设备生产率的高低。影响挤出速率的因素很多，如机头类型、螺杆与料筒结构、螺杆转速、加热冷却系统和物料的性质等。如图5-7所示为机头压力不变时，挤出速率与螺杆转速的关系，它常用来研究挤出机的性能。

同样挤出速率也有波动，它与螺杆转速的稳定与否、螺杆结构、温控系统的性能、加料情况等有关。挤出速率的波动对产品质量极为不利，它会造成制品的致密度、几何形状和尺寸的误差等。

研究表明，温度、压力、挤出速率的波动三者之间并不是孤立的，而是互相制约、互相影响的。图5-8显示了挤出速率波动与压力波动的关系；图5-9显示了挤出速率和温度波动、压力波动之间的关系，随着挤出速率的提高，温度和压力波动随之加剧，限制了挤出生产产量的提高。

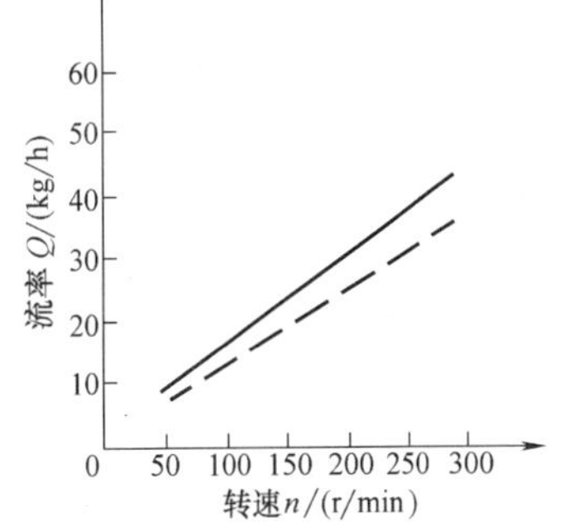

图5-7　挤出速率和螺杆转速的关系

4. 功率

我国机械行业标准JB/T 8061—2011中，规定了不同规格型号单螺杆挤出机螺杆驱动装置的电动机功率大小（见表5-1）。

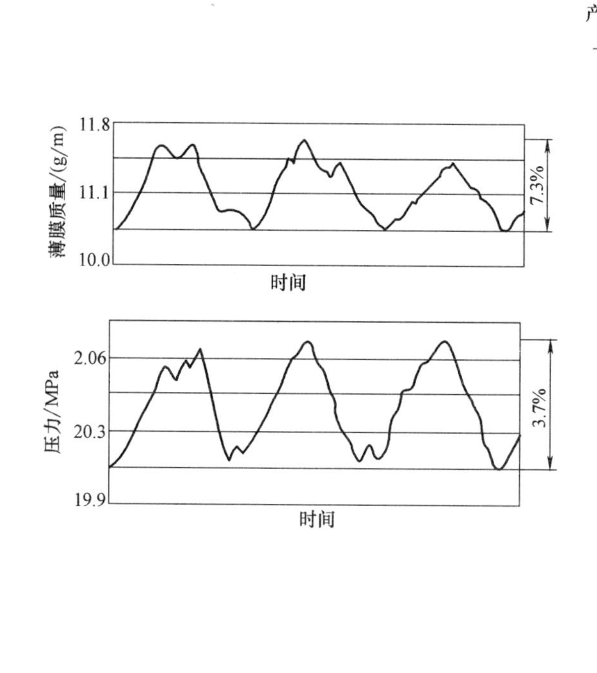

图5-8 挤出速率波动与压力波动的关系

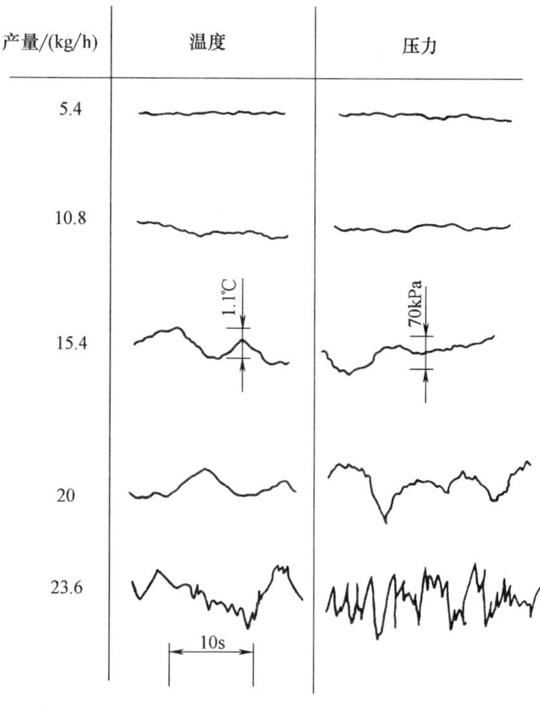

图5-9 挤出速率和温度波动、压力波动的关系

5.3 挤出机的主要零部件

5.3.1 螺杆

挤出机的生产能力、塑化质量、熔体温度、动力消耗等，主要取决于螺杆性能。

1. 评价螺杆性能的标准和设计螺杆应考虑的因素

（1）评价螺杆性能的标准

1）塑化质量。制品质量固然与机头、辅机有关，但与螺杆的塑化质量关系更大，如果螺杆挤出的熔体温度不均，轴向压力波动大，径向温差大，染色剂和其他添加剂的分散不均匀等，都会直接影响挤出制品的质量。

2）产量。它是指在保证塑化质量的前提下，通过给定机头的挤出量，一般用 kg/h 或 kg/r 为单位来表示。性能优良的螺杆应当具有较高的塑化能力。

3）名义比功率 P'。它是指每挤出 1kg 塑料所需消耗的能量，一般用电动机功率 P 与最大产量 Q_{max} 的比值表示，即 $P'=P/Q_{max}$，单位为 kW/(kg/h)。

4）适应性。它是指螺杆加工不同塑料材料时匹配不同机头和不同制品的适应能力。一般来说，适应性的增强往往伴随着塑化效率的降低。因此，螺杆的性能应兼顾适应性和塑化效率两方面。

5）制造的难易。螺杆的结构还必须易于加工制造，成本低。

（2）螺杆设计中应考虑的因素　在进行螺杆设计时，应综合考虑以下因素：

1）物料的特性及其挤出时原料的几何形状、尺寸、温度状况。不同物料的物理特性相差很大，加工性能也有较大区别，对螺杆的结构和参数也有不同的要求。

2）机头的结构形状和阻力特性。由挤出机工作图可知，机头特性要与螺杆特性很好地匹配，才能获得满意的挤出效果。如机头阻力高，一般要配以均化段螺槽深度较浅的螺杆；而机头阻力低，需与均化段螺槽较深的螺杆匹配。

3）料筒的结构形式和加热冷却情况。由固体输送理论可知，在加料段料筒内壁上加工出锥度和纵向沟槽并进行强力冷却，可大大提高固体输送效率。若采用这种结构形式的料筒，设计螺杆时必须在熔融段和均化段采取相应措施，使熔融速率、均化能力与加料段的输送能力相匹配。

4）螺杆转速。由于物料的熔融速率很大程度上取决于剪切速率，而剪切速率与螺杆转速有关，故螺杆设计时必须考虑这一因素。

5）挤出机的用途。设计前应考虑挤出机是用于加工塑料挤出制品，还是用作混炼、造粒或喂料等其他用途，不同用途的挤出机螺杆，在设计上会有所区别。

2. 常规全螺纹三段式螺杆设计

所谓常规全螺纹三段式螺杆是指出现最早，应用最广，螺杆由加料段、压缩段、均化段三段螺纹所组成，其挤出过程完全依靠螺纹来完成的一种螺杆。这种螺杆的设计包括螺杆类型的确定、螺杆直径和长径比的确定、螺杆分段及各段参数的确定、螺杆与机筒间隙的确定等。

(1) 螺杆类型的确定　按螺槽深度从加料段较深向均化段较浅的过渡情况来分，常规三段式螺杆有渐变型和突变型螺杆两种，如图5-10所示。渐变型螺杆指螺槽深度变化在较长的一段螺杆上逐渐变浅的一种螺杆结构；而突变型螺杆指螺槽深度变化在较短的螺杆长度上突然变浅的螺杆结构。

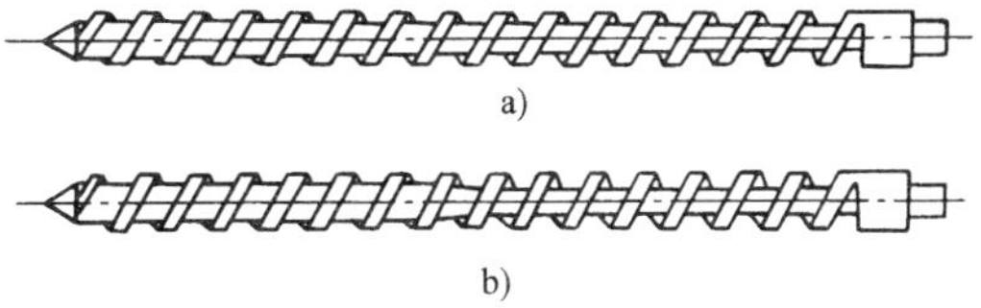

a)

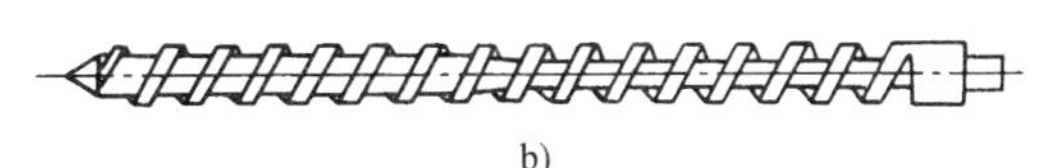

b)

图5-10　螺杆类型

a）渐变型螺杆　b）突变型螺杆

渐变型螺杆大多用于非结晶型塑料的加工，它对大多数物料能够提供较好的热传导，对物料剪切作用较小，其混炼特性不是很高，适用于热敏性塑料，也可用于部分结晶性塑料。

突变型螺杆由于具有较短的压缩段，甚至 $L_2=(1\sim2)D$，对物料能产生强烈的剪切作用，适用于熔点突变、黏度低的塑料，如尼龙、聚烯烃类等，而对于高黏度的塑料容易引起局部过热，所以不适用于聚氯乙烯等热敏性塑料的加工。

(2) 螺杆直径的确定　螺杆直径是螺杆的一个重要参数，它能表征挤出机挤出能力的大小。螺杆直径已经标准化，我国常用的挤出螺杆直径（单位为mm）系列为：20、25、30、35、40、45、50、55、60、65、70、80、90、100、120、150、200、220、250、300。螺杆直径大小的确定，一般根据所加工制品的断面尺寸、加工塑料的种类、所需的挤出量来确定，采用大直径的螺杆生产小截面的制品是不经济的，所选的螺杆直径应符合系列值。表5-4列出了螺杆直径与挤出制品尺寸的经验统计关系。

表5-4　螺杆直径与挤出制品尺寸的经验统计关系　（单位：mm）

螺杆直径	30	45	65	90	120	150	200
硬管直径	3～30	10～45	20～65	30～120	50～180	80～300	120～400
吹膜折径	50～300	100～500	400～900	700～1200	～2000	～3000	～4000
挤板宽度			400～800	700～1200	1000～1400	1200～2500	

（3）螺杆长径比的确定　螺杆长径比是螺杆的重要参数之一，它与螺杆转速一起影响着螺杆的塑化质量。长径比加大后，螺杆的长度增加，塑料在料筒中停留的时间长，塑化得更充分、更均匀，以提高制品的质量。在此前提下，可以提高螺杆转速，以提高挤出量，并可使挤出机适用性加强，扩大加工范围。当加大长径比时，螺杆的均化段增长，压力流和漏流会减少，挤出量增加。但加大长径比后，螺杆、料筒的加工和装配都比较困难，且挤出机占地面积增大，成本增高。此外螺杆太长容易变形，造成与料筒的配合间隙不均，有时会使螺杆刮磨料筒，影响挤出机的寿命。因此，力求在较小的长径比条件下，获得高产量和高质量，目前常用的长径比范围在20～30之内。

（4）螺杆的分段及各段参数的确定　由挤出过程可知，物料在加料段、压缩段、均化段这三段中的工作状态是不相同的，对螺杆各段的功能要求也不同。因此，每段几何参数的选择，应按各段的功能作用及整根螺杆各段间的关系来考虑。

1）加料段。它的作用是输送物料给压缩段和均化段，加料段的核心是输送能力问题。对于挤出量主要由压缩段和均化段的熔融均化速率所决定的所谓熔体控制型螺杆，加料段的输送能力应与后两段熔融均化速率相匹配，使熔体充满均化段螺槽，过多或过少都会造成挤出的不稳定。而对于熔融均化能力很高、挤出量主要取决于加料段输送能力的所谓加料控制型螺杆，加料段应当输送尽可能多的物料给后两段。当然，这时也有二者相匹配的问题，否则会产生过热或塑化不良等现象。

由固体输送理论可知，螺杆输送能力与其几何参数和固体输送角 θ 有关。而影响 θ 的因素很多与螺杆的几何参数有关。

① 螺纹升角 ϕ 的确定。从固体物料能获得的最大输送能力出发，$\phi=30°$ 时为最佳，但实际上为了加工的方便，一般取螺纹导程等于螺杆直径，此时螺纹升角为 $17°42'$。

② 螺槽深度 h_1 的确定。理论上，若 h_1 大，固体输送能力就大。在确定 h_1 时要考虑螺杆机械强度（因螺杆加料段根径最小）和物料的物理压缩比大小。一般先确定均化段螺槽深度 h_3，再由螺杆的几何压缩比来计算加料段的螺槽深度 h_1。

③ 加料段长度 L_1 的确定。根据经验数据取加料段长度 L_1 占螺杆有效工作长度 L 的百分比为：

对非结晶型塑料　　$L_1=(0.1\sim0.25)L$

对结晶型塑料　　$L_1=(0.3\sim0.65)L$

2）压缩段。其作用是进一步压实和熔融物料，故该段螺杆各参数的确定应以此为主旨。

压缩段螺杆参数中有两个重要概念，一个是螺杆根径变化的渐变度，另一个是压缩比。

螺杆根径的渐变度用 A 表示，则

$$A=\frac{h_1-h_3}{L_2} \tag{5-1}$$

式中，A 为渐变度；h_1、h_3 分别为加料段和均化段的螺槽深度；L_2 为压缩段的长度。

由熔融理论可知，渐变度起着加速熔融的作用，应当使渐变度与固体床的熔融速率相适应。如果渐变度大，而熔融速率低，螺槽就有被堵塞的可能；反之，均化段螺槽就有可能不完全充满熔体，这两种情况都会导致产量（挤出速率）波动。但由于一般事先不知道熔融速率，故还难以直接确定渐变度，而习惯上在设计时仍多采用压缩比的概念。

压缩比 ε 的表达式为

$$\varepsilon = \frac{(D-h_1) \cdot h_1}{(D-h_3) \cdot h_3} \tag{5-2}$$

压缩比的作用与渐变度相同，将物料压缩，排除气体，建立必要的压力，使物料加速熔融。压缩比有两个，一个是几何压缩比（指螺杆），另一个是物理压缩比（指塑料）。设计螺杆时，几何压缩比应大于物料的物理压缩比，这是因为在决定几何压缩比时，除了应考虑塑料熔融前后的密度变化之外，还应考虑在压力作用下熔料的可压缩性和塑料的回流等因素。物理压缩比与物料的性质有关。表5-5列出了一些常用塑料螺杆所采用的几何压缩比，可供参考。

表5-5　一些常用塑料螺杆所采用的几何压缩比

塑料名称	压缩比	塑料名称	压缩比
硬聚氯乙烯(粒)	2.5(2~3)	ABS	1.8(1.6~2.5)
硬聚氯乙烯(粉)	3~4(2~5)	聚甲醛	4(2.0~4)
软聚氯乙烯(粒)	3.2~3.5(3~4)	聚碳酸酯	2.5~3
软聚氯乙烯(粉)	3~5	聚苯醚(PPO)	2(2~3.5)
聚乙烯	3~4	聚砜(片)	2~3
聚丙烯	3.7~4(2.5~4)	聚砜(膜)	3.7~4
聚苯乙烯	2~2.5(2.0~4)	聚砜(管、型材)	3.3~3.6
有机玻璃	3	聚酰胺(尼龙)6	3.5
纤维素塑料	1.7~2	聚酰胺66	3.7
聚酯	3.5~3.7	聚酰胺11	2.8(2.6~4.7)
聚三氟氯乙烯	2.5~3.3(2~4)	聚酰胺1010	3
聚全氟氯乙烯	3.6	聚酚氧	2.5~4

压缩段的长度 L_2 目前国内多以经验方法确定，它与塑料的性质有关。

对于非结晶型塑料　　$L_2=(0.5\sim0.6)L$

对于结晶型塑料　　$L_2=(3\sim5)D$

3）均化段。该段的作用是将来自于压缩段的已熔融塑料定压、定量、定温地挤入机头。均化段有两个重要参数，即螺槽深度 h_3 和均化段长度 L_3。

影响均化段的螺槽深度 h_3 和长度 L_3 的因素较多，尚难用理论计算的方法决定，目前仍以经验方法确定，即

$$h_3=(0.025\sim0.06)D$$

式中，D 为螺杆直径。

对于螺杆直径较小者，或加工黏度低、热稳定性较好的塑料，或机头压力大者，取小值；反之取大值。

$$L_3=(0.2\sim0.25)L$$

对于热敏性塑料，如PVC，L_3 取短些。对于高速挤出，长径比 L/D 要取大些，相应 L_3 取大些，以适应其定量定压挤出和进一步均化作用的要求。

（5）螺杆与料筒间隙 δ_0 的确定　δ_0 是螺杆与料筒相互关系的参数。因为漏流随着 δ_0^3 的加大而增加，δ_0 太大会影响挤出量。实践表明，当 δ_0 因磨损等原因增大至均化段螺槽深度 h_3 的15%时，该螺杆就将报废。

对不同的物料，应选择不同的 δ_0 值。例如PVC，由于其对温度敏感，δ_0 小会使剪切增

加，易造成过热分解，故应选得大一些。而对于低黏度的非热敏性塑料，应当选尽量小的间隙，以增加剪切作用，减少漏流。

当然 δ_0 太小时，螺杆磨损加剧，也不利于正常工作。我国对挤出机系列推荐的 δ_0 值见表5-6。通常螺杆直径大，物料黏度大时取大值；螺杆直径小，物料黏度低时可取较小值。

表5-6 螺杆与料筒的间隙（JB/T 8061—2011） （单位：mm）

螺杆直径		20	25	30	35	40	45	50	55	60
直径间隙	最大	+0.18	+0.20	+0.22	+0.24	+0.27	+0.30	+0.30	+0.32	+0.32
	最小	+0.08	+0.09	+0.10	+0.11	+0.13	+0.15	+0.15	+0.16	+0.16
螺杆直径		65	70	80	90	100	120	150	200	—
直径间隙	最大	+0.35	+0.35	+0.38	+0.40	+0.40	+0.43	+0.46	+0.54	—
	最小	+0.18	+0.18	+0.20	+0.22	+0.22	+0.25	+0.26	+0.29	—

（6）螺杆其他参数的确定　螺杆螺纹的线数有单线、双线或多线几种。多线螺纹的螺杆塑化质量较好，多用于挤出软管和薄膜，但物料在多线螺纹中不易均匀充满，易造成熔体压力波动，所以，一般挤出机大都采用单线螺纹的螺杆。

螺纹棱部宽度 e，通常取 $e=(0.08\sim0.12)D$。若 e 太小，则会使漏流增加，从而导致产量降低，特别是对于低黏度熔体来说，更是如此。e 太大将增加螺棱上的动力消耗，并且有局部过热的危险。

（7）螺杆头部结构和螺纹断面形状　当塑料熔体从螺旋槽进入机头流道时，其料流形态急剧改变，即由螺旋带状的流动变为直线运动。为了得到较好的挤出质量，要求物料尽可能平稳地从螺杆进入机头，同时要避免物料局部受热时间过长而产生热分解等现象（也称滞料现象），这与螺杆头部形状、螺杆末端螺纹形状和机头体中的流道以及分流板的设计有关。目前国内外常用的螺杆头部结构形式如图5-11所示，较钝的螺杆头会因物料在螺杆头前端停滞而有过热分解的危险，即使稍有曲面和锥面的螺杆头，通常也难以防止过热分解现象，为此，对于这类螺杆头，一般要求装配分流板（图5-11a～f）。图5-11a所示为半球形螺杆头结构，头部易黏料，可用于热稳定性好的塑料，应用较多；图5-11b所示球体加尖头结构不易加工，也可用于热稳定性好的塑料；图5-11c所示的锥形（锥角大于120°）头部易滞料；图5-11d所示圆头形头部也易滞料，可用于热稳定性和流动性好的塑料；图5-11f所示偏头结构，具有防止滞料的功能；上述五种螺杆头结构的应用均较少；图5-11e所示锥形头（锥角为60°～90°）结构较为常用，可用于PVC等热敏性塑料。图5-11g所示为斜切截锥体式螺杆头，其端部有一个椭圆平面，当螺杆转动时，它能对料流进行搅动，物料不易因滞流而产生分解。图5-11h所示为光滑鱼雷头结构，与料筒之间的间隙通常小于前面的螺槽深度 h_3，而大于螺杆与料筒的间隙 δ_0，有时鱼雷头表面还开有轴向沟槽，它有良好的混合剪切作用，能增加熔体压力，消除波动现象，常用来挤出黏度较大、导热性不良的塑料。图5-11i所示为一种锥部带螺纹的螺杆头，能使物料借助螺纹的作用而运动，主要用于电线电缆的挤出。

常见螺杆螺纹的断面形状有矩形和锯齿形两种，如图5-12所示。前者在螺槽根部有一个很小的过渡圆角半径，螺杆有最大的装填体积，而且机械加工比较容易，适用于加料段；后者能改善塑料流动情况，有利于搅拌塑化，也避免了物料的滞留，适用于压缩段和均化段。

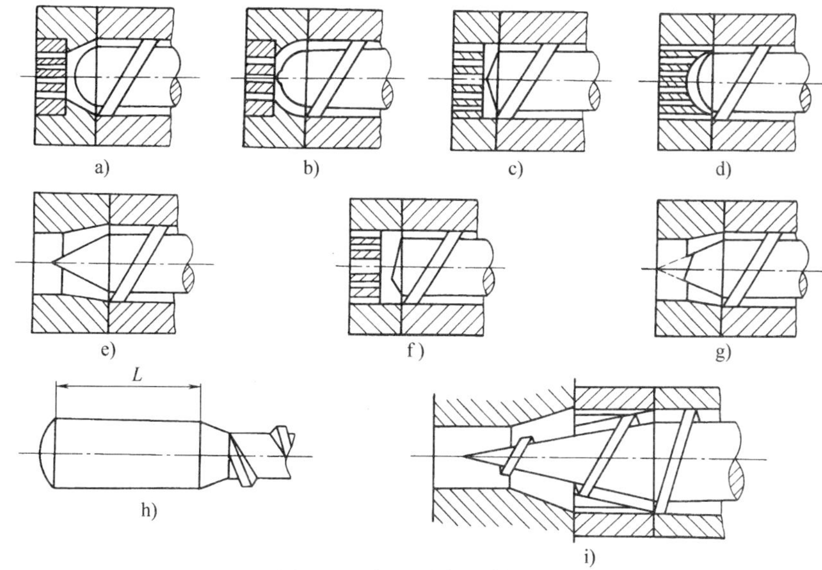

图5-11 螺杆头部结构形式

3. 螺杆材料及工作表面要求

螺杆是在高温、有一定腐蚀、强烈磨损、大力矩等情况下工作的，因此，螺杆必须选用耐高温、耐磨损、耐蚀、高强度的优质钢材制造，而且所选材料还应具有切削性能好、热处理残余应力小、热变形小等特点。常用的螺杆材料有45、40Cr、渗氮钢38CrMoAl、烧结双金属材料等。45钢便宜，加工性好，但耐磨、耐蚀性能差；40Cr的性能优于45钢，但二者通常需要在表面镀铬，以提高其耐磨和耐蚀能力。38CrMoAl的综合性能较优异，应用较广泛。此外，螺杆材料还可选用其他合金结构钢，如42CrMo等；或是在常用材料的螺纹上加（喷涂、堆焊）耐磨合金。

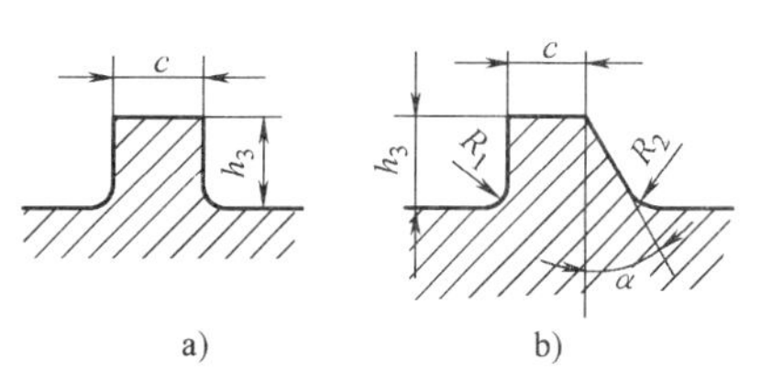

图5-12 螺纹断面形状
a）矩形断面 b）锯齿形断面

根据JB/T 8538—2011的规定，挤出机螺杆的工作表面要求如下：

1）采用镀硬铬的螺杆，镀层厚度不小于0.06mm，其硬度不低于750HV。

2）渗氮钢的螺杆工作表面应进行氮化处理，氮化层深度不小于0.4mm；螺杆外圆氮化硬度不低于840HV；脆性不大于2级。

3）采用烧结双金属螺杆的工作表面性能应符合表5-7的规定。

4）螺杆外圆表面粗糙度 Ra 值不大于0.8μm；螺棱两侧表面及螺槽底径粗糙度 Ra 值不大于0.4μm。

表5-7 烧结双金属螺杆与料筒的表面性能（JB/T 8538—2011）

零件	材料分类	技术要求					
		表面硬度HRC	镀层厚度/mm	黏结强度/MPa	孔隙率	未溶颗粒数量	颗粒直径/μm
螺杆	铁基耐磨合金	≥58	≥1.5	≥90	≤2.5%	≤3.0%	≤20
	镍基耐磨合金	≥48					
料筒	铁基耐磨合金	≥58	≥1.0				
	镍基耐磨合金	≥48					

4. 新型螺杆

新型螺杆是相对于常规全螺纹三段式螺杆而言的。生产中常规螺杆存在一些不足，在常规螺杆基础上不断改进获得的螺杆，统称为新型螺杆。

（1）常规全螺纹三段式螺杆的不足　常规全螺纹三段式螺杆通常称为普通螺杆，其存在的不足较多，为便于分析，按其三段的基本功能进行分析。

1）加料段。常规螺杆的固体输送能力低，物料压力的建立主要依赖于机头的压力，若因此提高机头压力，则会降低挤出机的生产能力。加料段压力的形成缓慢，致使固体床熔融点推迟。

2）压缩段。物料与螺杆、料筒间的剪切摩擦作用为塑料的熔融提供了大量的热能，如果能使固体床在熔融之前始终以最大的面积与料筒壁接触，则可获得最大的熔融效率。但在常规螺杆中，压缩段的螺槽里同时有固体床和熔池存在，熔融塑料将固体床包裹其中，使其与螺杆和料筒的接触表面减少。因塑料的热导率低（一般仅为钢的0.3%～1%），且固体床与熔膜的剪切速率减小，因此降低了熔融效率，致使挤出量不高。相反，已熔的物料继续与料筒壁接触，仍能获得剪切热，使温度继续升高，极易导致部分物料的过热分解。可见，常规螺杆存在物料的塑化温度不均匀、塑化效率低等问题。

另外，常规螺杆还存在较大的压力、挤出速率和温度的波动，而且对一些特殊塑料加工或混炼、着色也不能很好地适应。

3）均化段。由于前两段的问题使得均化段开始处还残存有固体物料，均化段仍负有熔融固体物料的作用，而非挤出理论所描述的理想状态，对填充料和着色料的混合作用小，影响了挤出的质量。

（2）常见新型螺杆简介　针对常规螺杆存在的问题，新型螺杆在不同方面、不同程度上克服了常规螺杆的缺点，提高了挤出量，改善了塑化质量，减少了挤出速率和压力等波动，也提高了混合作用和填充料的分散性。下面介绍几种新型螺杆。

1）分离型螺杆。针对常规螺杆因固液共存于同一螺槽中所产生的缺点，采用分离型螺杆将已熔融物料和固体床尽早分离，而促进未熔物料更快熔融，使已熔物料减少剪切，从而实现较低温下的挤出，在保证塑化质量的前提下提高挤出量。

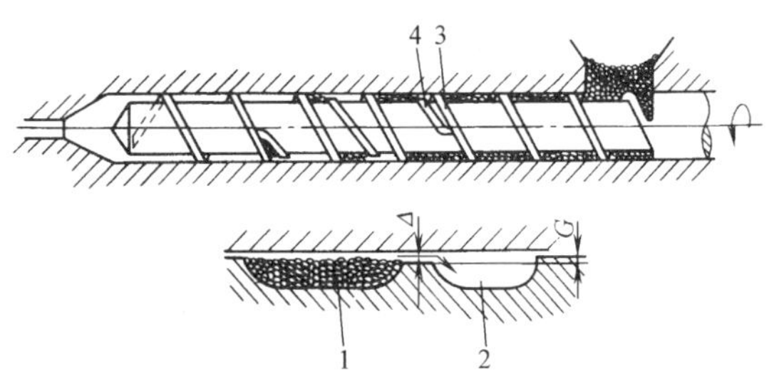

图5-13　分离型螺杆结构示意图
1—固相槽　2—液相槽　3—主螺纹　4—副螺纹

① 分离型螺杆的基本结构。图5-13所示为分离型螺杆结构示意图，它的加料段和均化段与常规螺杆相类似，不同的是在加料段末端设置一条起屏障作用的附加螺纹（也称副螺纹），其大径比主螺纹小$2G$（G为主、副螺纹螺棱高度差），副螺纹始端与主螺纹相交。由于副螺纹的导程和主螺纹不同，在固体物料熔融结束处，或者说在相当于常规螺杆压缩段末端处与主螺纹相交。副螺纹的后缘与主螺纹推进面之间的空间构成液相槽，其宽度由窄逐渐变宽，最后与均化段螺槽相联接。均化段螺纹导程等于副螺纹导程。副螺纹推进面与主螺纹的后缘之间的空间成为固相槽，其宽度由宽逐渐变窄，固相槽与加料段螺槽相通，且在分离段末端结束。固相槽和液相槽深度都是从加料段末端的螺槽深度h_1逐渐变化到均化段螺槽深度h_3。副螺纹

大径与料筒内壁形成的径向间隙Δ只允许熔料通过，而未熔固体颗粒不能通过。

如图5-14所示为各种结构的分离型螺杆。其中，Maillefer螺杆（图5-14a）是最早出现的分离型螺杆，国内称为BM螺杆，其固相槽宽连续地减小，而熔体（液相）槽宽连续地增加，结构过渡平缓；还有双头螺棱的Maillefer螺杆，简称为DFM螺杆（图5-14b）。

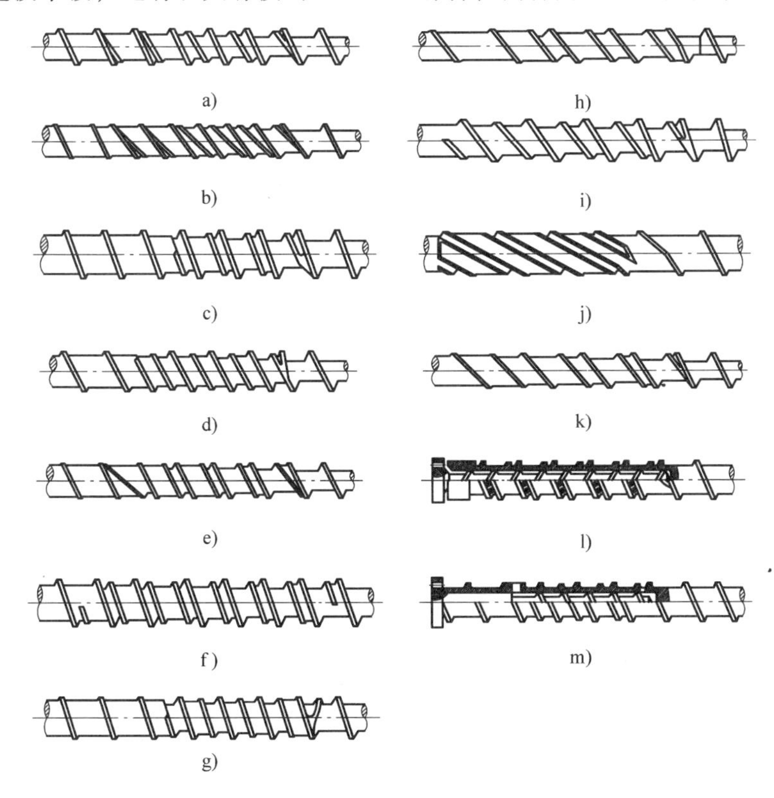

图5-14 各种分离型螺杆结构

a）Maillefer螺杆 b）DFM螺杆 c）MC3螺杆 d）LHW螺杆 e）Barr螺杆 f）Barr2螺杆 g）Maxmelt螺杆 h）DL螺杆 i）VPB螺杆 j）IH螺杆 k）Kim螺杆 l）XLK螺杆 m）SDS螺杆

MC3螺杆（图5-14c）分离段的起始部分与BM螺杆相同，但当熔体槽足够宽，固相槽、熔体槽的宽度均保持不变，但固相槽深连续减小，熔体槽深连续增加；其分离段末端结构变化急剧。LHW螺杆（图5-14d）与MC3螺杆类似，当熔体槽足够宽，固相槽宽、熔体槽宽保持不变，但槽深变化较为平缓，且分离段末端固相槽、熔体槽自然合并。Barr螺杆和Barr2螺杆（图5-14e、f）均为MC3螺杆的改进结构，但Barr2螺杆中大间隙的屏障棱把螺槽分成两个分螺槽，后槽深度逐渐减小，而前槽深度逐渐增加，使后槽的部分物料越过屏障棱进入前槽，与前槽的物料混合；之后，主螺棱与屏障棱互换位置，并重复槽深的转换，使大部分物料越过屏障棱来回流动，可打碎固体床并使其分散在熔体中，具有料温低、混炼效果好，产量和能效高的特点。Maxmelt螺杆（图5-14g）的结构也与MC3螺杆相似。DL螺杆（图5-14h）与MC3螺杆也类似，但二者的区别是在引入屏蔽棱处，主螺纹的升角突然增加，以使固相槽宽与进料段的全槽宽相等，其分离段始端与末端结构的变化均较急剧。VPB螺杆（图5-14i）是DL螺杆的改进结构，其主螺纹与屏障棱的升角同时增加，固相槽宽不变，分离段末端固相槽、熔体槽自然合并。IH螺杆（图5-14j）为多头螺纹结构，分离段螺纹的升角较大，结构有突变，它要求挤出机料筒设置有开槽的衬套。Kim螺杆（图5-14k）的结构与VPB螺杆类似，分离段螺纹的升角是连续增加的。XLK螺杆和SDS螺杆（图5-14l、m）均为螺杆套螺杆的双螺杆结构，其外螺杆工作时做旋转运动，而内螺杆保持静止。二者的区别是XLK螺杆在外螺杆的熔融段及计量段上设置屏障棱，形成固相槽（可占全槽宽的90%）与熔体槽，并在熔体槽中开设若干径向小孔与内螺杆螺槽相通，使熔体越过屏障棱进入熔体槽后可从小孔进入内螺杆；由于内、外螺杆的螺纹反向，因此，熔体在内螺杆上往前输送，最后通过端部多孔板送往机头。SDS螺杆在外螺杆靠近末端的适当位置开设入料口，还在外螺杆内孔的终端设置出料口，因内、外螺杆的螺纹同向，故外螺杆未熔的物料通过入料口进入内螺杆后，往回输送并继续熔融，在内螺杆末端，刚熔的物料通过出料口回到外螺杆，与外螺杆上的熔体混合，随后通过端部多孔板挤出。这两种分离型螺杆均具有料温低、产量高和能效高的特点。

② 分离型螺杆的工作原理。如图5-15所示，加料段螺槽中物料温度较低，物料尚未熔融（图5-15a）；当物料到达加料段末端时，在料筒表面和螺棱推进面处开始出现熔膜（图5-15b），但此时还未完全形成熔池；当物料继续前进并形成熔池时（图5-15c），开始设置附加螺纹，固体床迫使熔池中的熔料越过副螺纹顶端的间隙Δ进入液相槽。在此之后，沿着固相槽固体床与料筒壁上熔膜进行热交换，形成的熔料不断越过间隙Δ流向液相槽。由于固相槽的深度和宽度逐渐缩小，而液相槽的宽度变宽、深度变浅，即固体床的容积逐渐变小，熔料的容积逐渐变大（图5-15d～f）。可见，固体床在熔融过程中与四个表面（料筒内壁、螺槽两侧面和螺槽底面）接触，在剪切和外加热的作用下，熔融速度加快。由于熔体及时被分离，固体床不会产生破碎，而且熔料越过间隙Δ时还会受到一定的剪切作用而进一步熔融塑化，即使有微小的颗粒尚未熔融，当进入液相槽后也容易与熔料进行热交换而熔融。同时，熔料在液相槽中可以进一步受到剪切作用而均化。

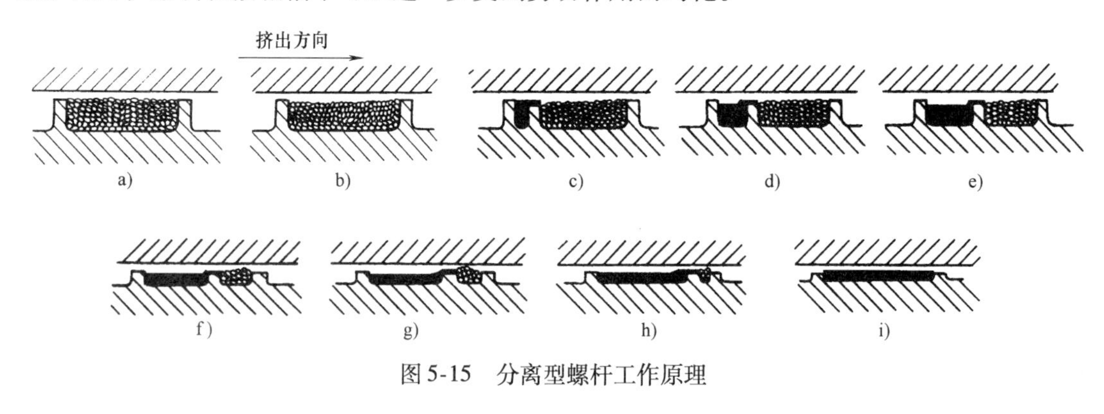

图5-15 分离型螺杆工作原理

③ 分离型螺杆的工作特性。设计合理的分离型螺杆具有以下特性：a）挤出物均匀。相对于常规螺杆而言，挤出物均匀性的提高是由于分离型螺杆没有固体床破碎现象，并且固、液相槽分开（固相槽被“封死”），熔料的流动不受固相的影响，减少了均化段的熔料流动的倒流。b）生产能力高，功率消耗低。分离型螺杆的熔融速率比常规螺杆快得多，且由于均化段螺槽深度h_3比常规螺杆深，在同样转速下，生产能力高，能耗低。c）排气性能好。

由于固体床不破碎，不会出现固体床碎片被熔体包围的现象，固体床中的气体可从料斗中顺利排出。d）挤出速率和温度波动均较小，塑化质量好。由于分离型螺杆的料筒内较少出现不规则的压力波动，螺杆受力均匀，而且主螺纹的侧面经常保持有熔料，润滑效果好，因此塑化质量好。由于分离型螺杆具有上述优点，故在国内外得到广泛应用。

2）屏障型螺杆。屏障型螺杆是在螺杆的某处设立屏障段，使未熔固体颗粒不能通过，并促使固体料熔融的一种新型螺杆，它是由分离型螺杆变化而来的。屏障型螺杆的结构有多种形式，如图5-16所示。直槽式屏障段结构（图5-16a）出现最早，主要用于加工热稳定性较好的塑料，为增强其混合作用，通常在屏障段前增设分流元件。直槽式屏障段在实际中应用较多，国外称其为Maddock混炼元件或UC混炼元件。小间隙的剪切盘式和圆柱式混炼段（图5-16b、c）可起到分散混炼的作用。斜槽式屏障段（图5-16e）的螺纹升角为30°，其入料槽与出料槽均有明显的压力建立能力，总压力降比直槽式结构小很多。N型和Z型屏障段（图5-16h、i）的沟槽均呈三角形，其入料槽的宽度和深度均连续地减小至零，而出料槽的宽度与深度连续地增加到最大值，这样可避免积料。由于在多数情况下，屏障段都设置在靠近螺杆的头部，因此又常称为屏蔽头。图5-17所示为分离型螺杆与直槽屏障型螺杆的对比。

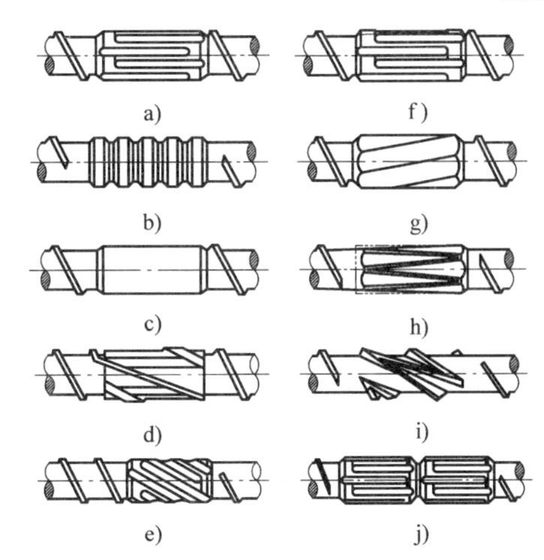

图5-16 各种屏障型螺杆的结构

a）直槽式 b）剪切盘式 c）圆柱式 d）三角槽式 e）斜槽式 f）直槽变深式 g）多角式 h）N型 i）Z型 j）双屏障段式

① 屏障型螺杆的基本结构。它是在一段外径等于螺杆直径的圆柱体上交替开出数量相等的进、出料槽，如图5-17b所示。按螺杆转动的方向，进料槽前面的凸棱比螺杆大径低一个径向间隙 G，G 称为屏障间隙，这是每一对进、出料槽的唯一通道，这条凸棱称为屏障棱。

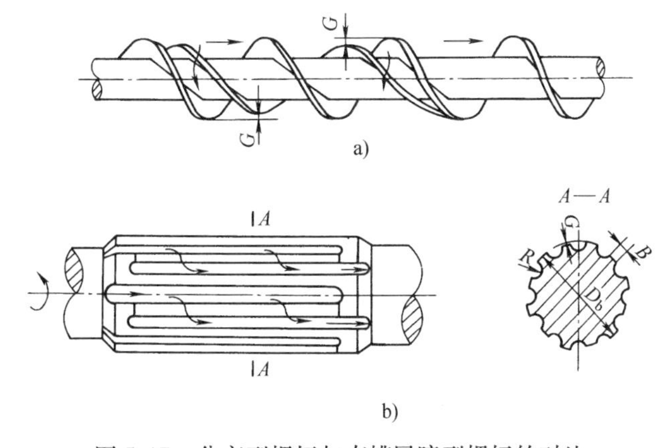

图5-17 分离型螺杆与直槽屏障型螺杆的对比

a）分离型螺杆 b）直槽屏障型螺杆

② 屏障型螺杆的工作原理。当物料从压缩段进入均化段后，含有未熔固体颗粒的熔体流到屏障型混炼段时，被分成若干股料流进入混炼段的进料槽，熔料和粒度小于屏障间隙 G 的固体料越过屏障棱进入出料槽。塑化不良的小粒料越过间隙 G 时受到了剪切作用，大量的机械能转变为热能，使物料熔融。另外，由于在进、出料槽中的物料一方面做轴向运动，另一方面由于螺杆旋转作用又使物料做圆周运动，两种运动使物料在进、出料槽中做涡状环流运动，如图5-18所示。其结果在进料槽中

的熔料和塑化不良的固体料进行热交换，促进固体料的熔融；在出料槽中物料的环流运动也同样使熔料进一步混合和均化。从理论上讲，这种屏障型混炼段主要是以剪切作用为主、混合作用为辅的元件。如图5-19所示的屏障段一般与螺杆分体加工，用螺纹联接于螺杆体上，这样替换方便，可以得到最佳的匹配方案来改进常规螺杆。

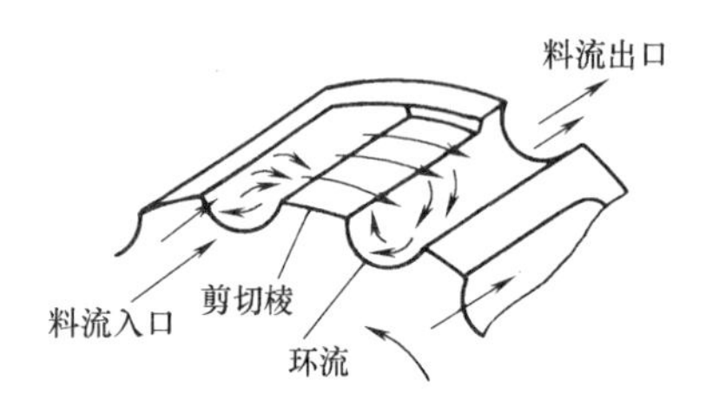

图5-18 物料在屏障型混炼段中的运动方向

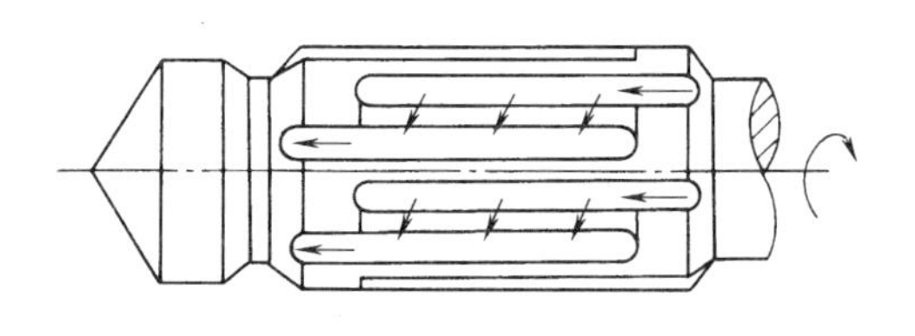

图5-19 设置在螺杆末端的屏障段

3）分流型螺杆。它是在常规螺杆的某一段上设置分流元件（如凸起的销钉、沟槽或孔道等），将螺槽内的料流反复分割，以改变物料的流动状态，促进熔融，增强混炼和均化效果的一种新型螺杆。分流型螺杆的常见结构形式如图5-20所示，其销钉、分流槽的形状和布置有多种方式。通常在常规螺杆的压缩段或均化段设置各种形式销钉的螺杆，称为销钉螺杆。销钉螺杆的分流作用如图5-21所示。图5-22所示结构是在螺杆的均化段设置斜孔起分流作用的一种螺杆，国外称为DIS螺杆。

这类螺杆与分离型和屏障型螺杆的工作原理有所不同，它是利用设置在螺杆上的销钉或孔道将含有固体颗粒的熔料流分成许多小料流，然后又混合在一起，经过以上反复出现的过程以达到使物料塑化均匀的目的，所以称为分流型螺杆。

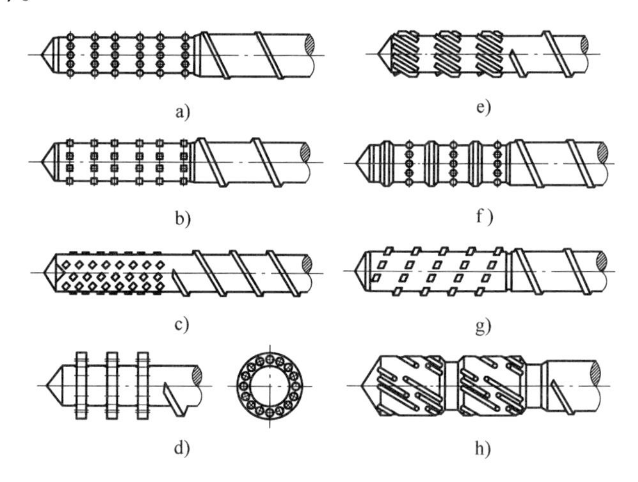

图5-20 分流型螺杆的常见结构
a）圆柱销钉结构 b）方销钉结构 c）菱形销钉结构
d）多孔板结构 e）分流槽结构 f）阻力销钉结构
g）带槽反螺纹结构 h）孔道式结构

DIS螺杆结构如图5-22a所示，在该段的圆周上设置有若干个进料槽和出料槽，进料槽具有与螺杆的螺纹线相同的螺旋角。其进、出料槽间按一定规律用小孔通道连接，物料到达该段时被进料槽分成若干股，各股料分别通过各自的小孔通道进入出料槽，由出料槽流出的各股料流入合并室（混炼区）汇合。另外，DIS螺杆在分流道中有换位作用，如图5-22b所示，当原来在进料槽中的料流外层（靠近料筒壁，用实线箭头表示）经过分流孔之后，在出料槽中变为内层，而原来内层的物料，在出料槽中变为外层（用虚线箭头表示），各条分流通道都是如此，这有助于物料的分散混合。

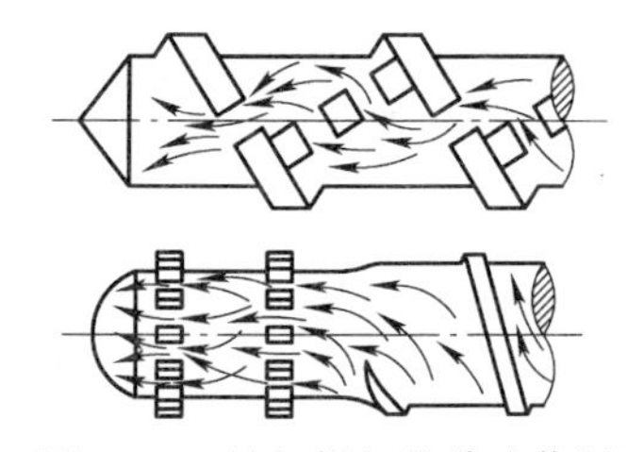

图5-21 销钉螺杆的分流作用

结构设计得当的分流型螺杆，与常规螺杆相比具有以下优点：混炼效果好；易于得到低温且温度均匀的熔体；生产能力（挤出量）高，一般能提高30%左右。特别是DIS螺杆，温度波动小，混炼效果和混色效果好，填充料分散性好，生产出的制品内应力小、精度高。

4）变流道型螺杆。变流道型螺杆是指螺杆与料筒内表面所构成的熔体流道截面形状或截面积大小按照一定规律变化的一类新型螺杆。变流道型螺杆的结构形式如图5-23所示，这类螺杆的典型代表是波形螺杆，它的结构形式大致可分为两类，一类是螺杆某段上的螺槽深度按照一定规律变化，螺槽底面呈波流形，形成波峰与波谷，与料筒内表面形成的流道截面积是规律性变化的，这类变流道型螺杆应用较多，并可用于PVC等物料的加工；另一类是螺杆某段为无螺纹的多边棱柱体，与之相对应的料筒内表面也为多边形，当螺杆转动时，螺杆与料筒内表面所构成的流道截面形状和大小按照一定规律变化。

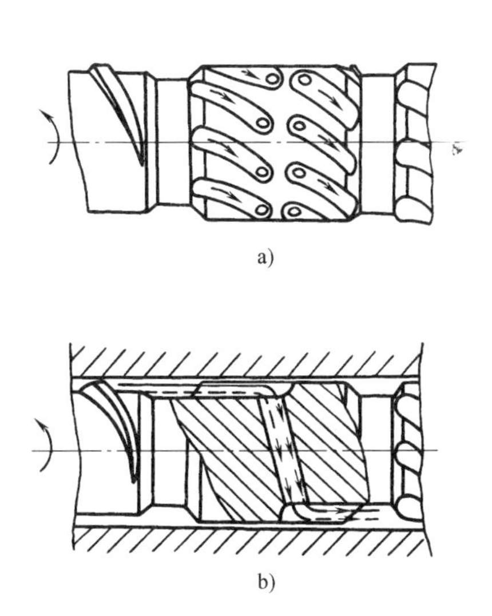

图5-22　DIS螺杆与物料的换位作用
a）DIS螺杆　b）物料在流道中的换位作用

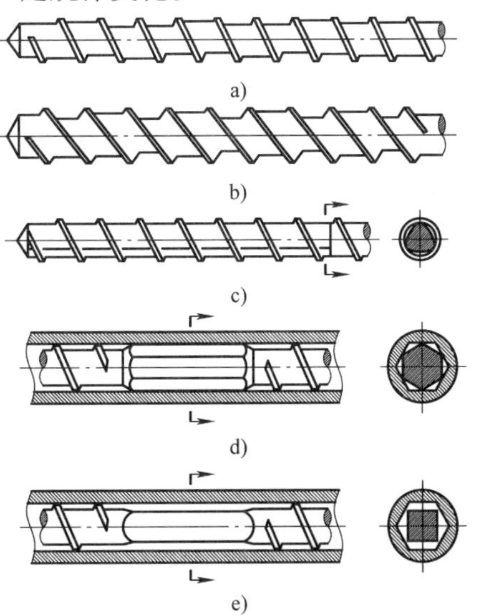

图5-23 变流道型螺杆的结构形式
a）单螺纹波形　b）双螺纹波形
c）多边形　d）、e）HM多角形

变流道型螺杆的基本工作原理是：螺槽深度的规律性变化形成螺槽底面的波峰与波谷，当物料流经波峰时，由于螺槽深度变浅，流道截面小而受到挤压、捏合和剪切的作用，强制物料变形，内部发热增多，促进了物料的熔融；之后物料迅速由波峰流入波谷，由于波谷处螺槽较深、流道截面大，物料受到的剪切作用减小并得到松弛，同时在螺杆的旋转作用下形成环流，完成混合和热量扩散，使物料混炼均匀，且温度不会升高，经几次循环便可达到高速、高效、高质量挤出的目的。

5）组合螺杆。从前面介绍的新型螺杆中可以看出，新型螺杆除了分离型螺杆是在熔融段附加螺纹或螺槽，只能和原螺杆做成一体外，其他形式的新型螺杆都在均化段或压缩段末增设非螺纹形式的各种区段，这些区段可以称为螺杆元件。它们可以与螺杆做成一体，也可以单独制造，再用螺纹等联接方式加到螺杆本体（由加料段和压缩段组成）上。根据功能作用的不同，螺杆元件可分别称为输送元件、压缩元件、剪切元件、混炼元件、均化元件等。

组合螺杆可由不同功能的螺杆元件组合而成，它是一种可以根据不同工艺要求而选择不同功能螺杆元件组合成的螺杆。改变螺杆元件数目和组合顺序可以得到各种特性的螺杆，突破了常规全螺纹三段式螺杆的局限，不再是三段螺杆。它的最大特点是适应性强，专用性也强，易于获得最佳的工作条件，在一定程度上解决了“万能”和“专用”之间的矛盾，因此得到了越来越广泛的应用。但这种螺杆设计较复杂，在直径较小的螺杆上很难采用。

组合螺杆的各种功能元件结构如图5-24所示。

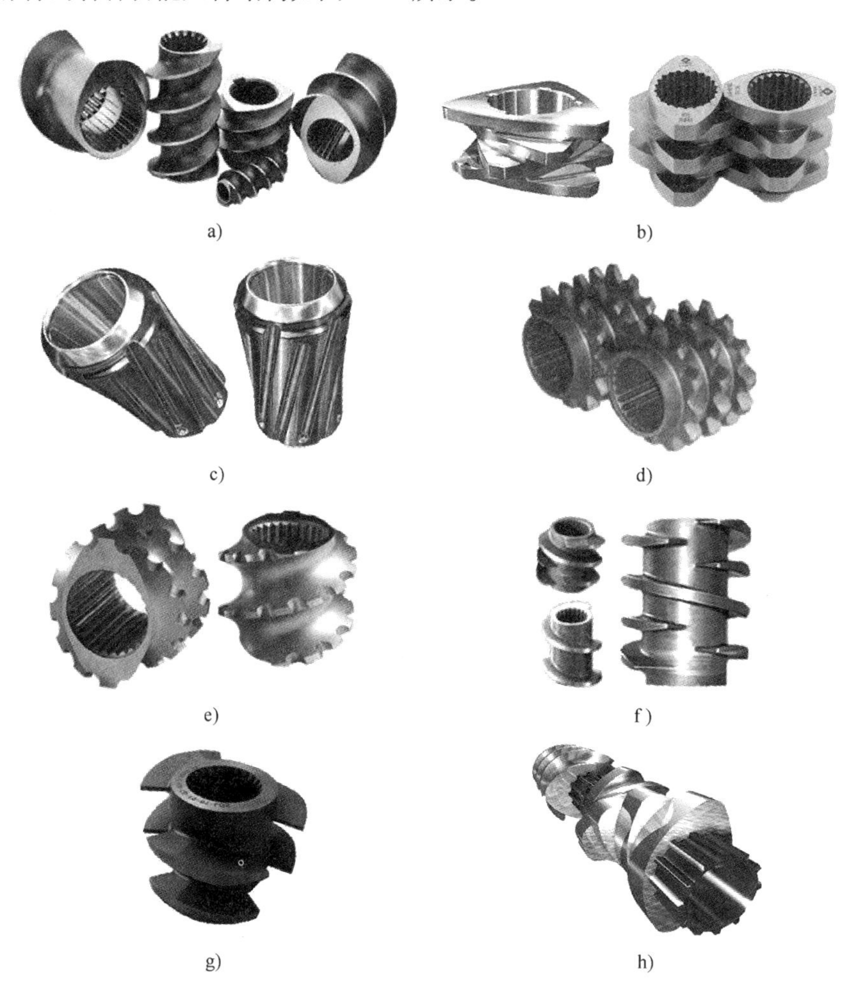

a) b) c) d) e) f) g) h)

图5-24 组合螺杆各种功能元件

a）螺纹输送元件 b）混炼啮合元件（捏合盘） c）混炼屏障元件 d）齿形盘 e）齿形螺纹元件 f）反螺纹元件 g）断续螺纹元件 h）功能元件与心轴的组合

（3）新型螺杆设计和选择中应注意的问题 新型螺杆尽管有别于普通螺杆，但仍是围绕着提高挤出产量和质量两方面而设计的，因而，评价螺杆的标准和设计时应考虑的因素同样适用于新型螺杆。为了合理地选用和设计新型螺杆，有必要强调以下几点，以供参考。

1）首先必须弄清各种新型螺杆的工作原理及适用场合。不同的新型螺杆有不同的作用，也有其适用的范围。例如，以混炼作用为主的销钉螺杆和DIS螺杆；以剪切作用为主的屏障型螺杆。显然，前者适于增强混炼作用，以获得均匀的熔体；后者则适用于塑化物料

（但不适用于热敏性塑料）的加工。

2）选择理想的混炼元件和剪切元件的位置。混炼元件和剪切元件多数在均化段（或占一部分压缩段）设置，而不宜太靠近加料段。因为过早地设置这些元件会阻碍固体物料的输送，增大料流阻力，减少出料量。一般来说，混炼元件设置在固相分布函数$f(z)=X/W=0.3$附近比较合适，这样能发挥混炼元件的最大作用。

3）螺杆的熔融能力必须和计量（均化）能力及输送能力相匹配。当增设混炼元件和剪切元件，提高熔融速率后，相应地要加大输送效率，否则物料会因在机筒中停留时间过长而有过热分解的可能。相反，若输送效率较高，而物料来不及熔融塑化，势必造成塑化不良的现象。

总之，设置混炼元件和剪切元件，必须注意到每一种元件各自的最理想工作条件，只有在（或接近）这个条件下，才能获得良好的效果。

5.3.2　料筒

料筒和螺杆共同组成了挤出机的挤出系统，完成对塑料的固体输送、熔融和定压定量挤出。和螺杆一样，料筒也是在高压、高温、严重磨损、有一定腐蚀的条件下工作的。料筒上还要设置加热冷却系统，并安装机头，开设加料口等。

1. 料筒的结构形式

（1）整体式料筒　整体式料筒如图5-25a所示，这种结构容易保证较高的制造精度和装配精度，也可以简化装配工作，便于外加热器的设置和装拆，而且热量沿轴向分布比较均匀，但这种料筒加工制造条件要求较高。

（2）分段（组合）式料筒　如图5-25b所示，将料筒分成几段加工，然后各段用法兰或其他形式连接起来，即为分段（组合）式料筒。这种料筒的机械加工比整体式料筒容易，也便于改变料筒的长度来适应不同长径比的螺杆；其主要缺点是分段太多时难以保证各段的对中，法兰连接处影响了料筒的加热均匀性，增加了热损失，也不便于加热冷却系统的设置和维修。

分段式料筒多用于实验、科研等场合使用的挤出机和排气式挤出机，因为它便于改变料筒长度，便于设置排气装置。

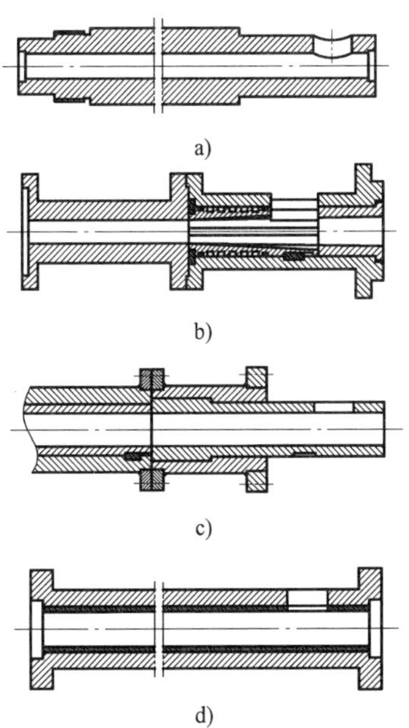

图5-25　料筒的结构形式
a）整体式　b）分段（组合）式
c）衬套式　d）浇铸式

（3）双金属料筒　双金属料筒的结构主要有两种形式：一种是衬套式料筒，另一种是在料筒内表面上浇铸一层合金，简称为浇铸式料筒。

1）衬套式料筒。如图5-25c所示，衬套式料筒一般用于大、中型挤出机，衬套可制成整体式或分段（组合）式，分段式的衬套制造方便一些，当衬套磨损后可以方便地更换，提高了料筒的使用寿命。料筒的材料一般为碳素钢或铸钢，而衬套的材料一般采用合金无缝钢管。但衬套式料筒存在因材料不同而受热后膨胀不一致，以及衬套与料筒的配合间隙影响传热等缺点。

2）浇铸式料筒（图5-25d）。它是在料筒内表面上，采用离心浇铸的方法浇铸上一层大约2mm厚的合金，然后加工或研磨到所需的尺寸。其特点为合金与料筒内表面基体结合紧密，且沿料筒轴向上的结合比较均匀，既无剥落的倾向，也不会开裂，而且有较高的耐磨性和较好的耐蚀性，使用寿命长。

料筒材料选择与螺杆相同，料筒内表面要求根据料筒材质不同有所不同，渗氮钢的料筒内孔表面应进行氮化处理，氮化层深度不小于0.4mm，料筒工作表面氮化硬度不低于940HV，脆性不大于2级。采用镀硬铬的料筒，镀层厚度应不小于0.06mm。其硬度应不低于750HV，黏结强度和孔隙率应符合相关标准的规定。烧结双金属料筒的表面性能应符合表5-7的规定。料筒内孔的表面粗糙度 Ra 值不大于1.6μm。

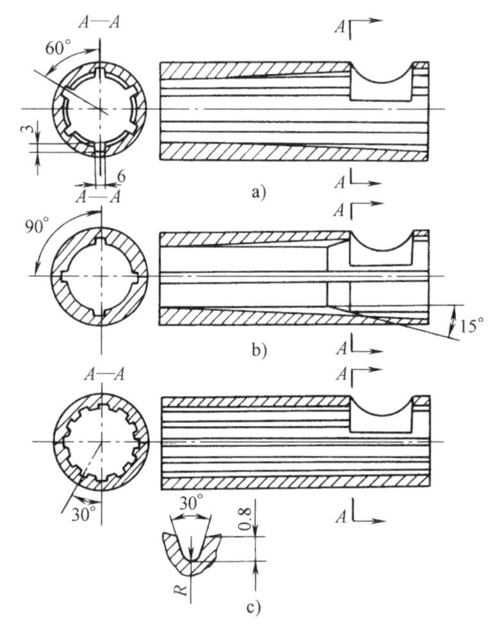

图5-26　几种新型料筒结构

（4）新型料筒结构　如图5-26所示，与普通料筒相比，新型料筒在靠近加料段的内表面轴向开槽，或加工成锥度并开槽。开槽的衬套内孔可有一定锥度，也可不带锥度；沟槽具有一定斜度，其深度逐渐变浅直至消失；沟槽的截面形状有矩形、半圆形、锯齿形、三角形和镰刀形等，其中矩形效果最佳、应用最多，其次是锯齿形。衬套外有强制冷却系统（图5-25b)，可将高压、高摩擦产生的热量带走，防止塑料过早熔融而在衬套内表面形成熔膜，进而破坏固体输送机理。从固体输送理论可知，为提高固体输送率，须增加料筒表面的摩擦因数，或增大加料口附近料筒的横截面积；还可在加料口附近的加料段，对料筒设置冷却装置，使被输送物料的温度保持在软化点或熔点以下，避免出现熔膜，以保持物料的固体摩擦性质。可见，新型料筒结构就是依据这些条件进行改进的。

据资料介绍，采用上述方法后，物料输送效率可由普通料筒的0.3提高到0.6，而且挤出量对机头压力变化的敏感性较小。这是因为开槽或锥形开槽的料筒压力形成较早，压力值较大，有利于压实物料，使熔融均化过程稳定。新型料筒的结构设计可参照有关资料进行。

2. 加料口的结构与开设位置

加料口的结构必须与物料的形状相适应，应使物料能从料斗或加料器中自由地、高效地加入料筒而不产生架桥中断现象。

加料口的结构形式很多，如图5-27所示为较典型的几种形式。图5-27a主要用于带状料，而不宜用于粒料或粉料；图5-27b、d、f为常用的加料口，其中图5-27b的右侧壁有一倾斜角度（一般为7°～

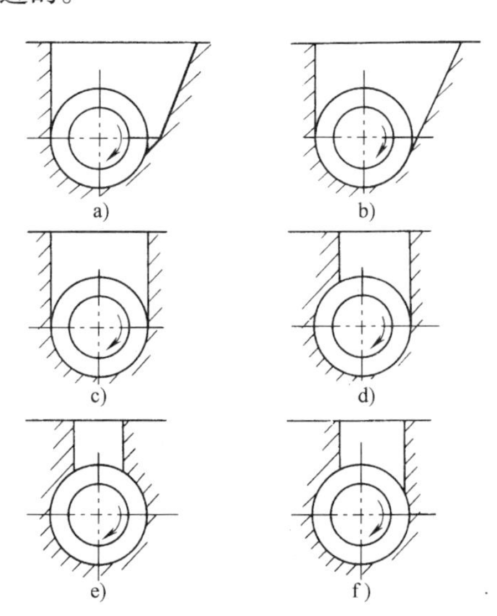

图5-27　加料口典型结构形式

15°或更大些），图5-27d、f的左侧壁设计成垂直面，并向中心线偏移1/4内径；图5-27c、e结构在简易挤出机上用得较多。实践证明图5-27d、f的加料口形式不论对粉料、粒料还是带状料都能很好地适应，因此用得最广。

加料口的形状俯视时多为矩形，其长边平行于料筒轴线，长度为1.3～1.8倍螺杆直径。圆形加料口主要用于设置机械搅拌器强制加料的场合。

3. 料筒与机头的联接形式

机头与料筒的联接形式，如图5-28所示。最通用的是铰链螺栓联接，这种联接方式虽然结构复杂些，但拆装机头快速方便。此外，还有螺钉联接、剖分联接、冕形螺母联接等。

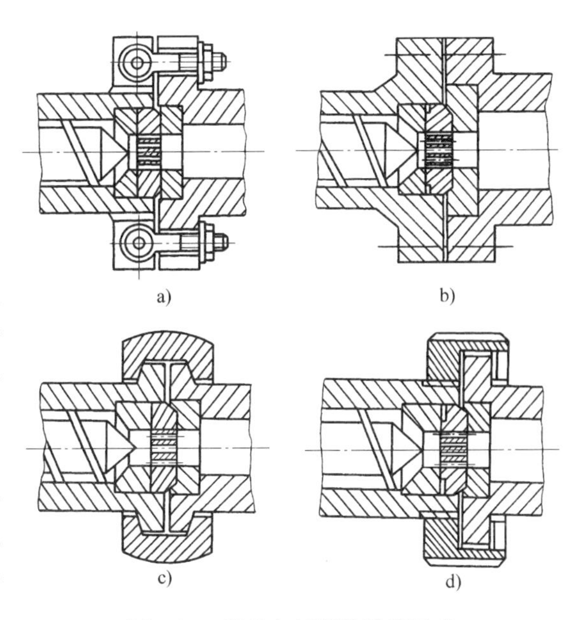

图5-28 机头与料筒的联接形式

a）铰链联接 b）螺钉联接 c）剖分联接 d）冕形螺母联接

5.4 挤出机的其他零部件

5.4.1 传动系统

传动系统是挤出机的主要组成部分之一，它的作用是驱动螺杆，并使螺杆能在选定的工艺条件下（如机头压力、温度、转速等）以所需的转矩和转速均匀地旋转，完成挤出过程。它在其适用范围内应能提供最大的转矩和一定的可调节转速范围；另外还应使用可靠，操作维修方便等。

1. 挤出机的工作特性

挤出机的工作特性是指螺杆的转速与驱动功率之间的关系。在挤出机挤出过程中，传动系统所消耗的功率P是随着转速n的增加而增高的，将P-n的关系用曲线表示出来，就可得出挤出机的工作特性。为说明挤出机的工作特性，下面以SJ—45B挤出机的工作特性P-n图为例加以讨论。如图5-29所示为SJ—45B挤出机P-n关系曲线。图中AB和BC段折线表示直流电动机传动系统的特性线；各曲线分别表示加工不同物料的P-n关系曲线，这些曲线是通过试验方法实测得到的。由图示AB可以看出，由于P与n呈线性关系，因此直线的斜率就表示螺杆的转矩M_t。在调速过程中，随着转速的提高，M_t保持不变，一般称这种调速为恒转矩调速。图示BC段为水平（近似）线，它表示在调速过程中，随着转速n的提高，其电动机的驱动功率P保持不变，一般将其称为恒功率调速。如图5-29所示，挤出机在加工不同物料时的P-n关系曲线与电动机恒转矩调速特性线很接近。但加工某些热稳定性差、黏度高的塑料（如HPVC）时，一般转速n较低，而加工低黏度或热稳定性较好的塑料（如PE）时，转速n可以较高。显然在相同转速n的情况下，前者消耗的功率比后者大，即硬塑料（HPVC）的特性线高于软塑料（PE）的特性线。

由上述分析可见，挤出机传动系统的工作特性应满足适用范围和转速范围的要求，应尽可能符合挤出机的工作特性，也就是在设计的转速范围内，每一个转速下传动系统可能提供的功率 P 都必须大于驱动螺杆所需要的功率，而且两者的差值应尽可能小，以得到最高的效率。一般挤出机传动系统的原动机多选用无级恒转矩调速的电动机（如可控硅控制的直流电动机、交流整流子电动机等）；也可以采用交流感应电动机，配带有机械无级调速的变压器。

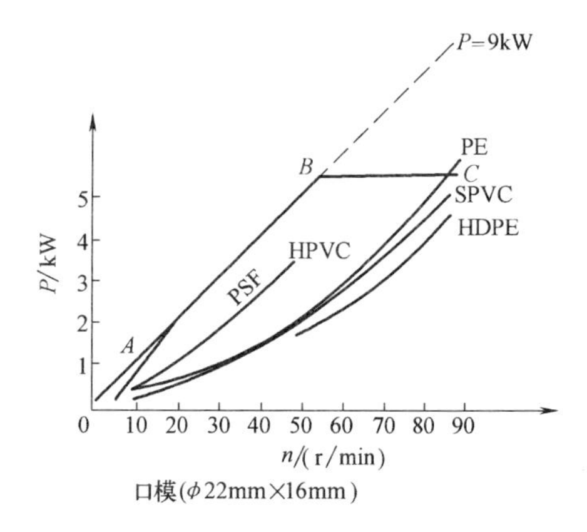

图 5-29 SJ—45B 挤出机 P-n 关系曲线

2. 挤出机驱动功率和转速范围的确定

（1）挤出机驱动功率的确定 由于挤出机螺杆驱动功率的影响因素很多，而且很难找出函数关系，因此至今还没有精确有效地确定挤出机驱动功率的计算方法。实际应用中采用经验公式来进行驱动功率的估算，即

$$P = KD^2n \tag{5-3}$$

式中，P 为挤出机的驱动功率（kW）；D 为螺杆直径（mm）；n 为螺杆转速（r/min）；K 为系数，它可根据试验和统计分析获得。目前对于 $D \leqslant 90$mm 的挤出机，一般 $K \approx 0.00354$；对于 $D > 90$mm 的挤出机，$K \approx 0.008$。

除用式（5-3）估算外，还可以用类比法或根据我国标准中推荐的数据确定驱动功率。我国挤出机系列推荐的驱动功率见表 5-8。

表 5-8 我国挤出机系列推荐的驱动功率

螺杆直径 D/mm	30	45	65	90	120	150	200
驱动功率 P/kW	3 ~ 1	5 ~ 1.67	15 ~ 5	22 ~ 7.3	55 ~ 18.3	75 ~ 25	100 ~ 33.3

（2）挤出机螺杆转速范围及其确定 对挤出机螺杆的转速要求有两个方面：一是能无级调速，二是应有一定的调速范围。前者是为了满足生产中挤出质量及与辅机配合一致的要求；后者是针对挤出机应具有适应不同物料和制品的加工要求而提出的。转速范围是指螺杆最低转速与最高转速的比值。

转速范围的确定很重要，因为它直接影响到挤出机所能加工的物料和制品的种类、生产率、功率消耗、制品质量、设备成本、操作方便与否等。因此，转速范围应选多大，应根据加工工艺要求及设备的使用场合而定。大多数挤出机的调速范围为 1:6，而对通用性较大和小型的挤出机可取大一些（取 1:10），对专用挤出机的转速范围可取小些。

目前国内的挤出机加工常用制品时，其螺杆所使用的线速度为

HPVC 管、板、丝：$v = 3 \sim 6$m/min；

SPVC 管、板、丝：$v = 6 \sim 9$m/min；

薄膜：$v = 16 \sim 18$m/min。

在确定以上螺杆线速度时，螺杆直径大的可选小值，产品截面大的可选大值，软制品增塑剂用量多的可选大值。

3. 传动系统的组成

常用传动系统一般由原动机、调速装置和减速装置所组成。当然这三者并不是截然分开的。表 5-9 所示为几种常见的传动系统。

表5-9 几种常见的传动系统

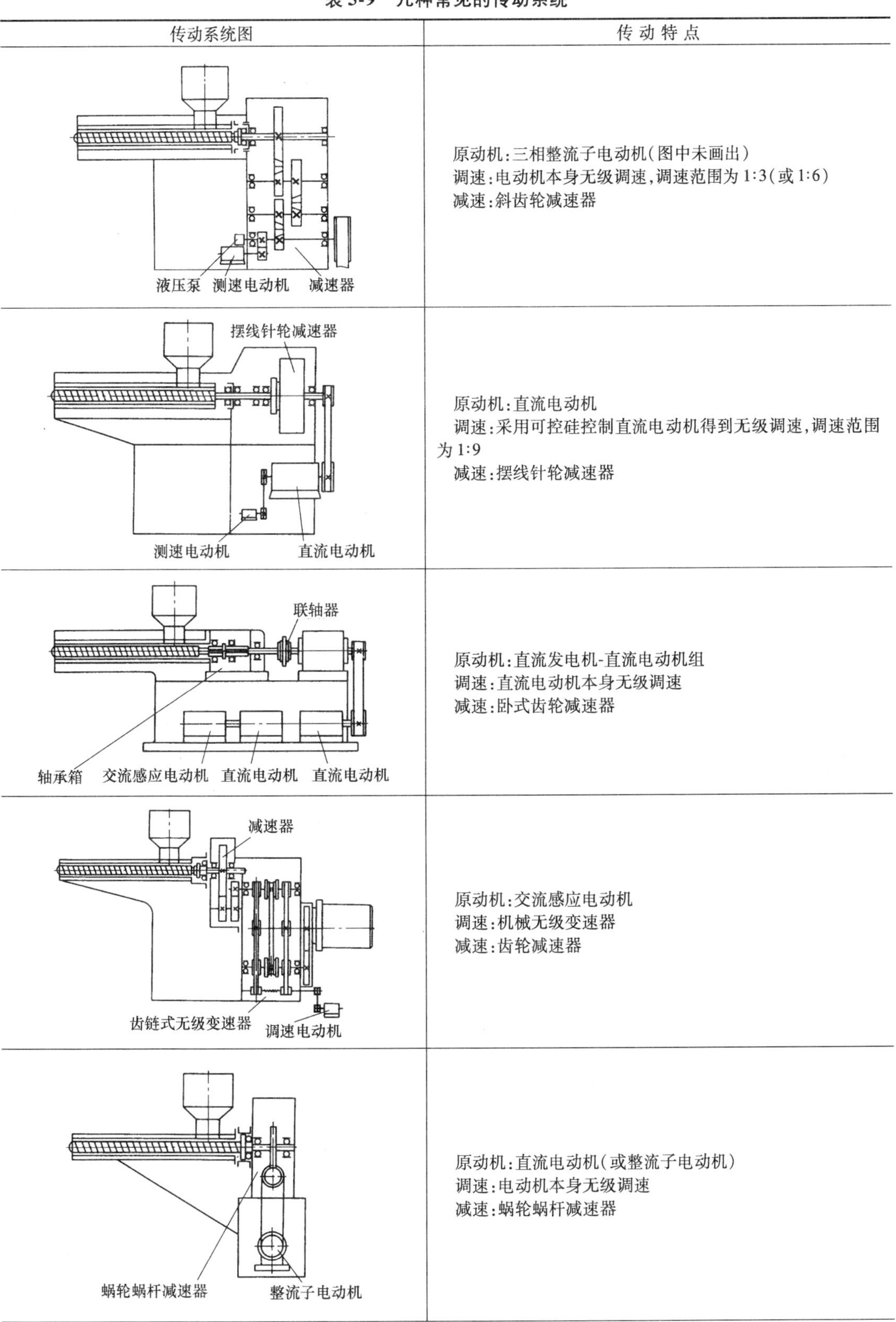

传动系统图	传动特点
	原动机:三相整流子电动机(图中未画出) 调速:电动机本身无级调速,调速范围为1:3(或1:6) 减速:斜齿轮减速器
	原动机:直流电动机 调速:采用可控硅控制直流电动机得到无级调速,调速范围为1:9 减速:摆线针轮减速器
	原动机:直流发电机-直流电动机组 调速:直流电动机本身无级调速 减速:卧式齿轮减速器
	原动机:交流感应电动机 调速:机械无级变速器 减速:齿轮减速器
	原动机:直流电动机(或整流子电动机) 调速:电动机本身无级调速 减速:蜗轮蜗杆减速器

（续）

传动系统图	传 动 特 点
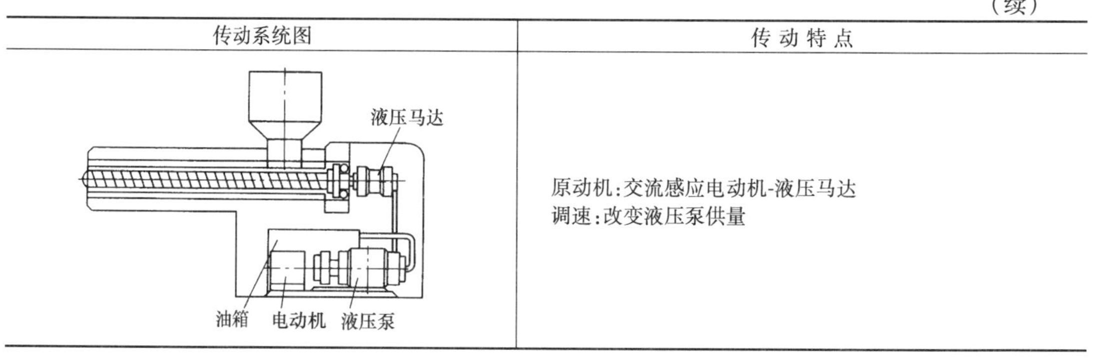	原动机：交流感应电动机-液压马达 调速：改变液压泵供量

5.4.2　加热与冷却装置

由挤出过程可知，温度是挤出成型过程得以顺利进行的必要条件之一，加热与冷却装置就是为保证挤出过程所需的温度而设置的。

1. 加热装置

加热装置的作用是按挤出工艺要求，为熔融物料提供所需的热能。如前所述，塑化物料的热源有两个，一是料筒外部加热装置供给的热能，另一个是塑料与螺杆、料筒以及塑料之间相对运动所产生的摩擦剪切热。前者由加热器的电能转化而来，后者由电动机输入给螺杆的机械能转化而来。这两部分热量所占的比例大小与螺杆、料筒结构、工艺条件和物料性质有关，也与挤出过程的不同阶段有关（如起动阶段、稳定运行阶段）。

挤出机料筒的加热方法通常有三种：液体加热、蒸汽加热和电加热，其中以电加热用得最多。电加热又可分为电阻加热和感应加热。电阻加热的原理是利用电流通过电阻丝产生大量的热量来加热料筒或机头的，这种加热方式有电阻加热圈和铸铝加热器等。电阻加热圈是由电阻丝、云母片（绝缘材料）和金属圈包皮所组成的。铸铝加热器如图5-30所示，它是由电阻丝3和氧化镁粉（绝缘材料）4以及铸铝壳体5所组成的，与电阻加热圈相比，既保持了体积小、装设方便和加热温度高的优点，又降低了成本；此外，由于电阻丝是装于加热金属管的氧化镁粉中的，有防氧化、防潮、防爆等性能，因而使用寿命长，传热效果好。

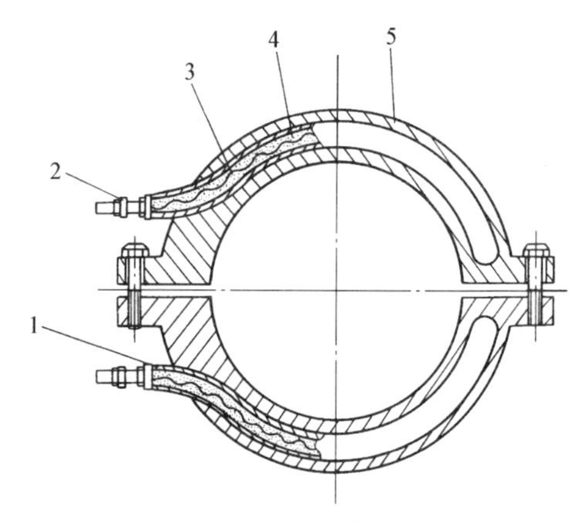

图5-30　铸铝加热器

1—钢管　2—接线头　3—电阻丝
4—氧化镁粉　5—铸铝壳体

由于电阻加热采用电阻丝加热料筒后再把热传到塑料上，而料筒又是一个具有一定厚度的筒体，因此，在料筒的径向上会形成较大的温度梯度，如图5-31所示，且传热时间也较长。

感应加热是通过电磁感应在料筒内产生电涡流而使料筒发热，来加热料筒中的塑料的一种加热方法，其结构原理如图5-32所示。当交流电源通入主线圈后，就产生了如图5-32所示方向的磁力线，并且在硅钢片和料筒之间形成一个封闭的磁环。由于硅钢片具有很高的磁导率，因此磁力线能以最小的阻力通过，而作为封闭回路上一部分的料筒其磁阻要大得多。磁力线在封闭回路中具有与交流电源相同的频率，当磁通发生变化时，就会在封闭回路中产生感应电动势，从而引起二次感应电压和感应电流，即图5-32中所示的环形电流，也称涡流。涡流在料筒中遇到阻力就会产生热量。电感应加热与电阻丝加热相比具有以下优点：加热均匀，温度梯度小（图5-31）；加热时间短（仅为电阻加热时间的1/6左右）；由于没有热滞，用简单的位式调节仪表即可给出精确的温度控制；加热效率高，热损失小，且能节约30%左右的电能；寿命长等。缺点是：成本高；装拆不方便；使用温度不能太高，否则会将感应线圈的绝缘层损坏。

加热器功率的确定：挤出机加热功率因理论计算方法不成熟，故目前多用经验公式确定或类比法确定。我国挤出机系列标准推荐的加热功率和加热段数，参见表5-1。

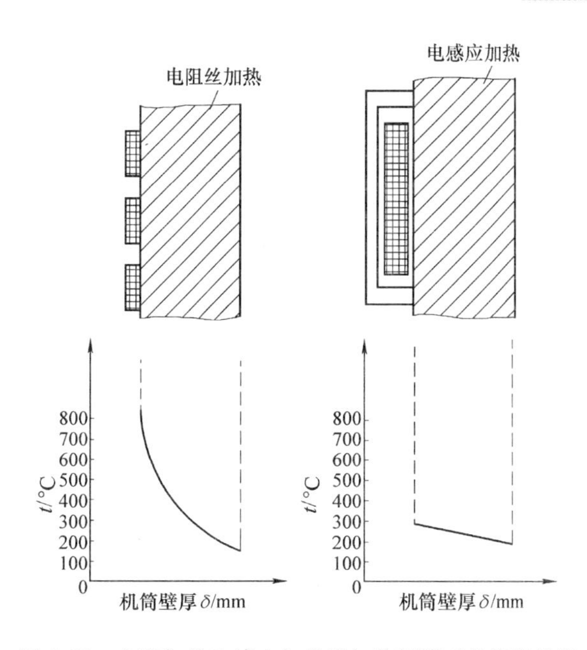

图5-31　电阻加热和感应加热器加热料筒时的温度梯度

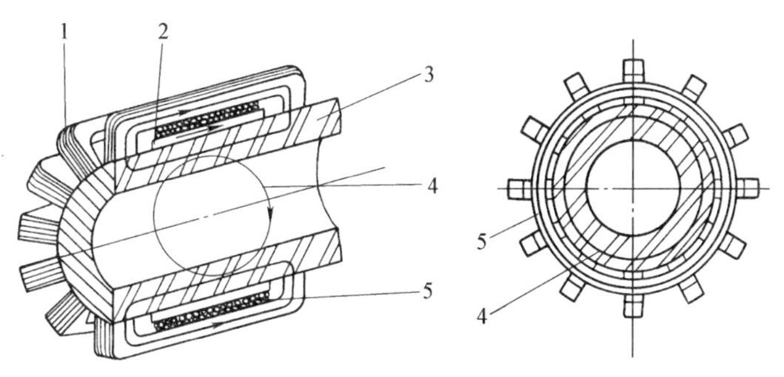

图5-32　感应加热器的结构原理图

1—硅钢片　2—冷却剂（水或空气）　3—料筒

4—电涡流（料筒上）　5—线圈

2. 冷却装置

冷却装置也是为了保证塑料挤出成型过程中能达到工艺要求的温度所必需的装置。挤出过程中常会出现螺杆的剪切摩擦热超过物料熔融所需热量的现象，此时，必须对料筒和螺杆进行冷却，以防物料过热分解（特别是热敏性塑料）。另外，为加强固体物料的输送能力，在加料段和料斗座等部位也设置了冷却系统。

（1）料筒的冷却　螺杆直径在45mm以下的小型挤出机由于其料筒内塑料量不多，其多余的热量可通过料筒与周围空气的对流来扩散，因此，除高速挤出机外，一般均未设料筒的冷却装置。螺杆直径在45mm以上的挤出机均设有料筒的冷却装置。料筒的冷却方法常用的有风冷和水冷两种。

图5-33所示为风冷系统结构图。在每一冷却段均要配置一个单独的风机，冷却空气流沿料筒的表面或冷却器中的特定通道循环流动，避免空气无规则流动使冷却不均匀。风冷比

较柔和、均匀、干净，在国内外生产的挤出机上应用较多，但需配置鼓风机等设备，故成本高。

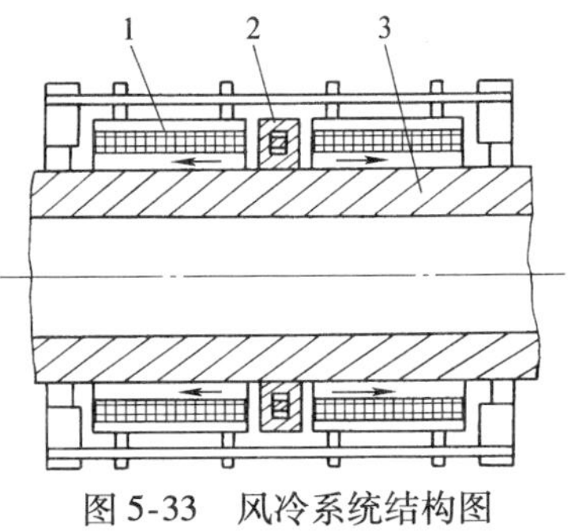

图 5-33　风冷系统结构图
1—线圈　2—风环　3—料筒

水冷却装置如图 5-34 所示，图 5-34a 为目前常用的结构，它在料筒的表面车出螺旋沟槽，然后缠上冷却水管进行冷却；图 5-34b 是将加热棒和冷却水管一起铸在同一个铸铝加热器中的结构；图 5-34c 是将冷却水套设置在感应加热器内的结构。水冷却速度快，冷却效率高，易造成急冷，故通常采用普通自来水冷却，所用的附属设备也较为简单，但水管易出现结垢和锈蚀而降低冷却效果，甚至造成堵塞、损坏等。

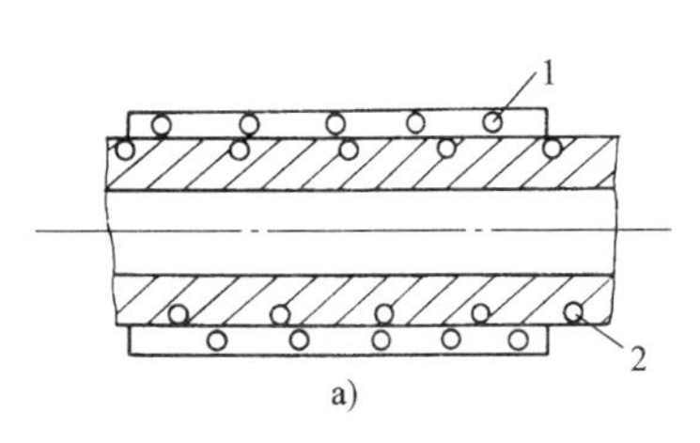

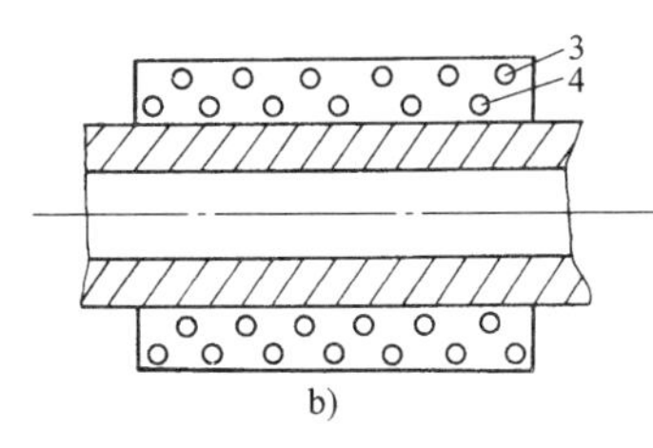

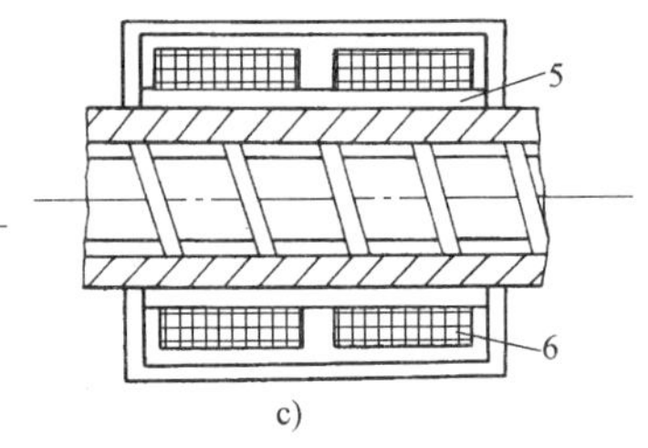

图 5-34　几种常用的水冷却装置结构图
a）料筒表面开槽冷却　b）加热棒和冷却　水管同时装入铸铝加热器中　c）感应加热器内设置冷却水套
1—铸铝加热器　2、4—冷却水管　3—加热棒　5—冷却水套　6—感应加热器

（2）料斗座的冷却　加料段的塑料温度不能太高，否则易引起物料在加料口形成“架桥”现象，造成螺杆的固体输送率降低；另外还必须防止料筒侧的热量向推力轴承和减速器传递。为此，必须对料斗座进行冷却以保证挤出机正常工作。料斗座一般采用水冷却。

（3）螺杆冷却　螺杆与物料摩擦产生的剪切热会使螺杆温度逐渐升高，特别是均化段散热条件差，易使塑料温度超过热分解温度，为防止塑料在均化段因过热而分解，同时为了提高加料段物料的输送，对螺杆要进行水冷却，其心部冷却通道要一直延伸至均化段，如图 5-35 所示。

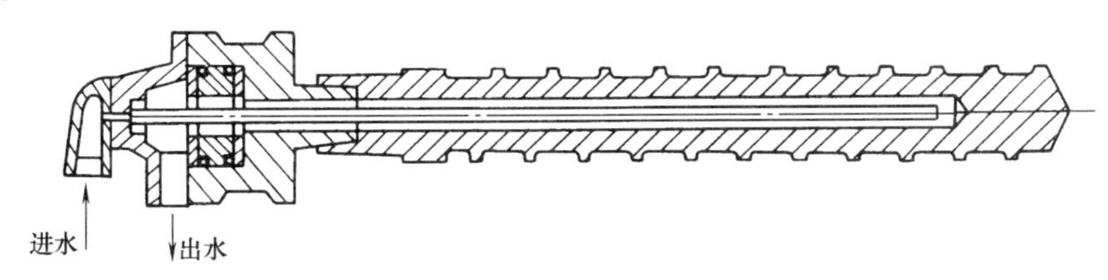

图 5-35　螺杆的冷却系统

5.4.3　加料装置

加料装置一般由料斗和上料装置两部分组成。料斗装于挤出机的加料座上，有带烘干和不带烘干装置两种；上料装置主要是为方便将物料输送到料斗，及时为料斗补充物料。

料斗常见的形状有圆锥形、矩形和正方形等，料斗均带有防尘盖，以免灰尘和杂物落入料斗。普通料斗如图 5-36 所示，其侧面开有视镜孔，以便观察料位变化情况；料斗底部设有料闸门，以便关闭加料口或调节加料量大小。对于小型挤出机也有采用人工上料的情况，可以免去上料装置。

目前，大、中型挤出机由于机身高，产量大，多采用自动上料。自动上料的方法有弹簧上料、鼓风上料、真空上料、运输带传送等。图5-37所示为鼓风上料器，它是利用风力将料吹入输料管，再经过旋风分离器进入料斗，此法适于输送颗粒物料，不适于输送粉料。图5-38所示为弹簧上料器，它由电动机、弹簧、出料口、软管及料箱等组成。电动机带动弹簧高速旋转，物料被弹簧螺旋推动沿软管上移，当到达出料口时，由于物料离心力的作用而进入输料管道或直接进入料斗。它适于输送粉料、粒料和块料，具有结构简单、轻巧、效率高、上料可靠等优点，在国内得到较为广泛的应用。

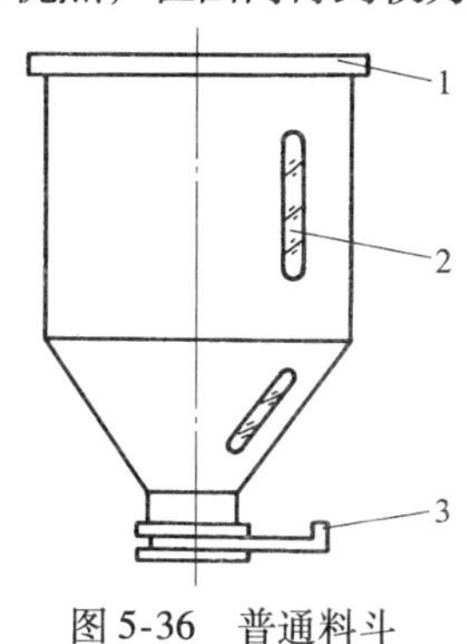

图5-36 普通料斗

1—防尘盖 2—视镜孔 3—料闸门

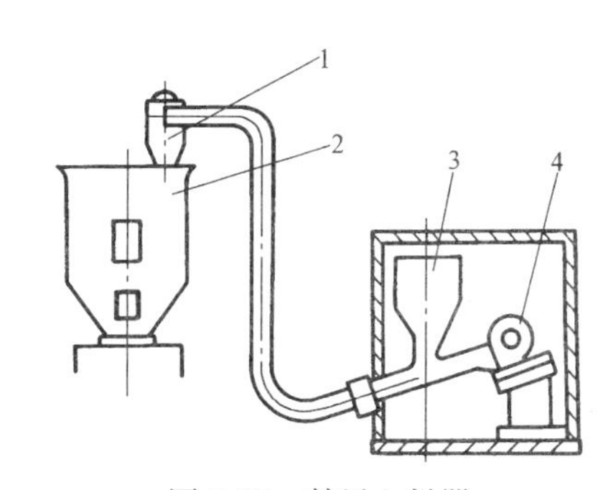

图5-37 鼓风上料器

1—旋风分离器 2—料斗 3—加料器 4—鼓风机

加料方式可分为重力加料和强制加料两种。所谓重力加料就是物料依靠自身的重力落入料筒，而强制加料是在料斗中设置搅拌器和螺旋桨叶，将物料强制压填到料筒中去，是一种克服“架桥”现象的加料方式。由于挤出过程中料斗物料高度的变化会引起轻微的重力变化，使重力加料的固体输送率受到影响，有时还会产生“架桥”现象，造成进料不均甚至中断，影响挤出过程的稳定进行。为克服上述缺点，可增设料位监控装置，使料位保持在一个范围内变动，图5-39为料位控制装置，一旦料位超过上限，加料器会自动停止上料，而当料位低于下限时则会自动上料。另一种办法是采用强制加料和连续加料。图5-40为螺旋强制加料装置，其加料螺旋是由挤出机螺杆通过链传动和齿轮传动来驱动的，如此加料器的螺旋转速可与挤出机螺杆转速相适应，因而加料量可适应挤出量的变化，能保证加料均匀。该装置还设有过载保护装置，当加料口堵塞时，加料螺杆会上升，不会将塑料原料强行挤入加料口，从而避免了加料器的损坏。

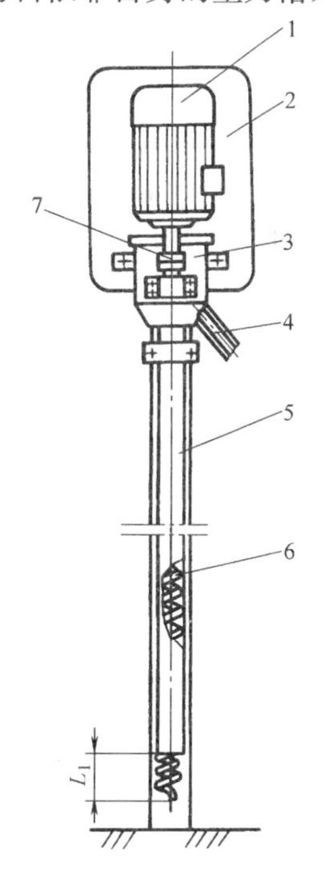

图5-38 弹簧上料器

1—电动机 2—支承板
3—铅皮筒 4—出料口
5—软管 6—弹簧
7—联轴器

5.4.4 分流板与过滤网

在机头和螺杆头之间有一过渡区，物料流过这一区域时，其流动形式要发生变化，为适应这一变化，该过渡区通常设置分流板和过滤网。分流板和过滤网的作用是使料流由螺旋运动变为直线运动；阻止未熔物料和杂质进入机头；增加料流压力，使制品更加密实。图5-41所示为目前常用的平板式分流板，其结构简单，制造方便。分流板孔眼的分布原则是使流过分流板的物料流速均匀，因此，有些分流板中间的孔分布较疏，边缘的孔分布较密；也有些分流板边缘的孔径较大，中间的孔径较小。分流板对过滤网还可起到支承作用。在挤出 HPVC 等黏度大而热稳定性差的塑料时，一般不用过滤网；在制品要求较高（如生产电缆、薄膜、医用管等）或需要较高的挤出压力时需设置过滤网。

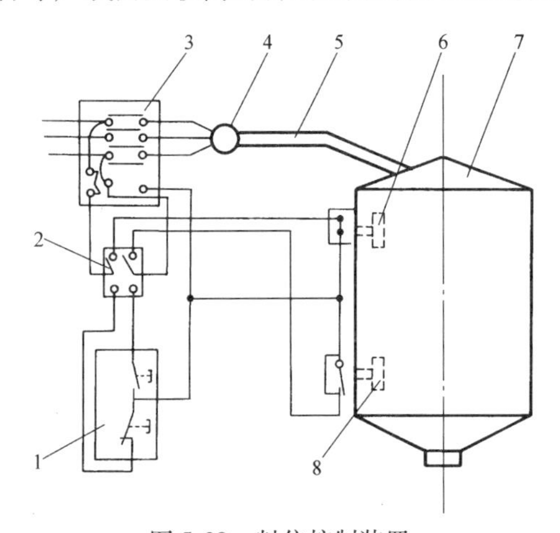

图 5-39 料位控制装置

1—手动开关 2—切换开关 3—电磁开关 4—旋转加料器 5—送料器 6—上限料位计 7—料斗 8—下限料位计

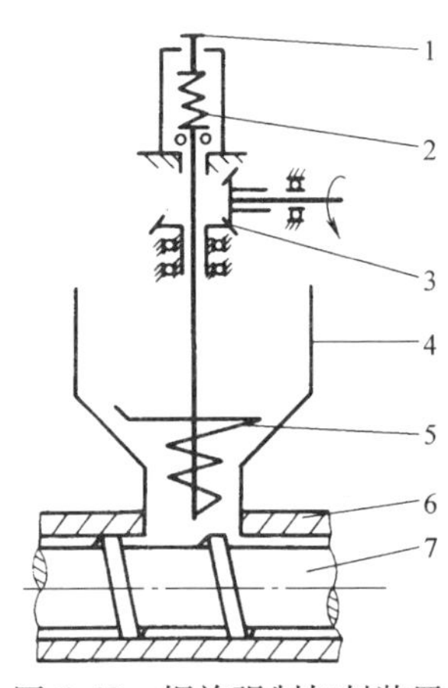

图 5-40 螺旋强制加料装置

1—手轮 2—弹簧 3—锥齿轮 4—料斗 5—加料螺旋 6—料筒 7—螺杆

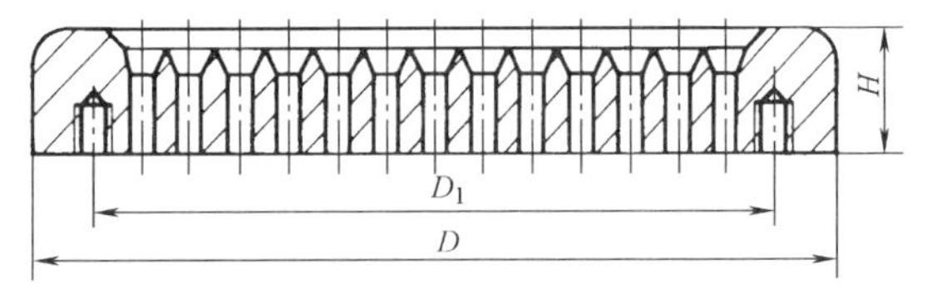

图 5-41 平板式分流板

通常调换过滤网和分流板都采用停机后手工更换的方法，这会影响生产。为了提高生产率和保证制品质量，在挤出机上采用分流板和过滤网不停机的更换系统，从而可充分发挥挤出机的工作效率。图 5-42所示为滑动式换网器的结构，这类换网器形式较多，它的滑动板上有多组分流板和过滤网，且由液压缸推动滑动板在本体上滑动（图中未示出）。在更换过滤网时，滑动板借助液压缸推力挤压通过熔料的流道，使新的过滤网组换入熔料流道，这一动作过程可在 1s 之内完成，挤出机不必停机。

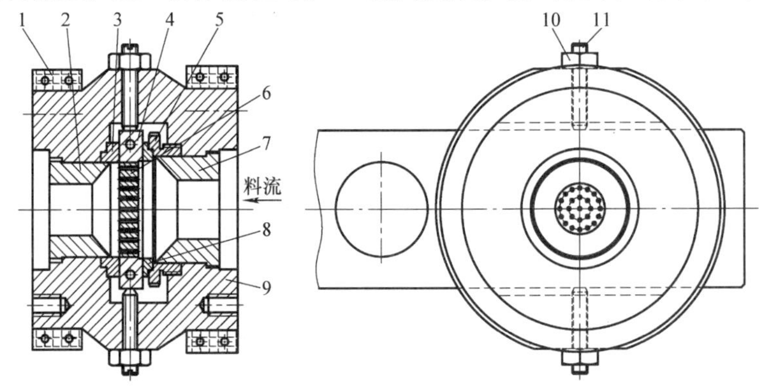

图 5-42 滑动式换网器

1—加热器 2—分流板密封套筒 3、8—止推环 4—滑动板 5—密封环衬垫 6—分流板 7—分流板前端密封套筒 9—本体 10—紧固螺母 11—调节螺钉

5.5 挤出机的控制

5.5.1 温度的测量与控制

温度是挤出过程最主要的参数之一，它直接影响到挤出成型全过程。温度的控制一般包含测量、调节操作、目标控制等环节，构成完整的闭环控制系统，其工作过程为先测出控制对象（料筒、机头等）的温度，找出它与设定温度的误差，然后修改执行元件（指加热、冷却系统）的操作量，使被控对象的温度维持在一定值。

1. 温度的测量

挤出机的温度测量元件常用热电偶。热电偶一般安装在机头和料筒各温度控制段的中部，使物料或料筒直接接触测温元件，图5-43为热电偶在机头上的两种安装形式。热电偶的输出端与温控仪表相连接，当因某种原因使物料或料筒（测点）温度发生变化时，热电偶将温度变化值以电压的形式输出到温控仪表，以便进行温度比较控制。温控仪表常见的有可动线圈式示温仪、电位差式自动平衡示温仪、数字式温控仪等。

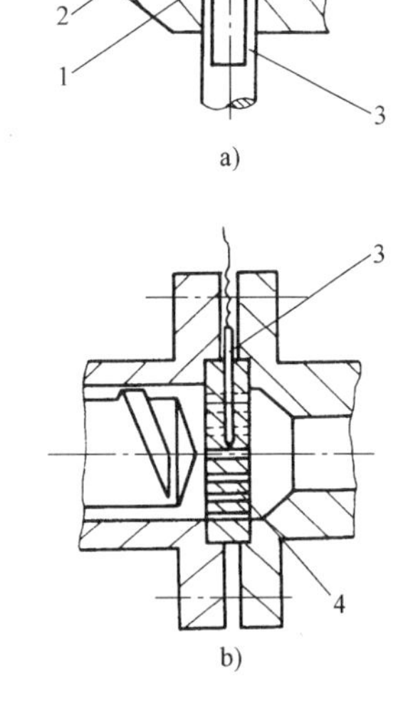

图5-43 热电偶在机头上的两种安装形式

1—绝缘材料 2—机头体 3—热电偶 4—分流板

2. 温度的控制

温度的控制方法有很多种，如手动控制、位式调节（又称开关控制）、时间比例控制和比例积分微分控制（也称PID控制）。

目前挤出机常用的温度自动控制系统是温度定值控制，温度定值控制的原理是：热电偶测得控制对象的温度 T（或是温度偏差 ΔT）并转换成热电势 V（或电势差 ΔV）信号，输入到温度控制仪中，与给定值 T_0 进行比较，根据其偏差值 $\Delta T = T - T_0$ 数值的大小和极性，由温度调节仪按一定规律控制加热器和冷却器的动作，从而控制料筒温度和物料温度，并使之保持在给定值附近（允许范围内）。图5-44为温度定值控制原理框图。温度定值控制方法主要有以下三种：

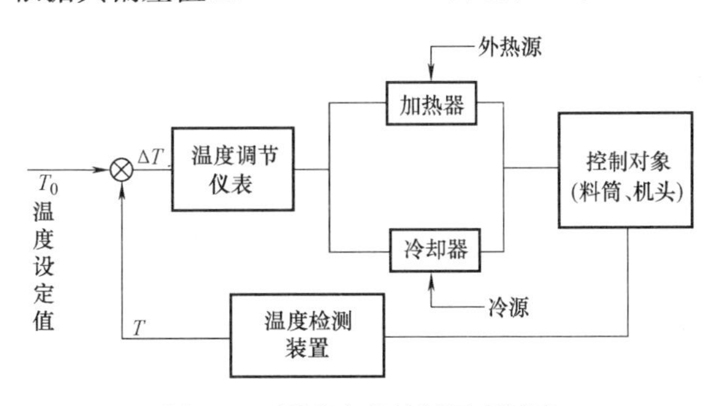

图5-44 温度定值控制原理框图

（1）位式调节 这种控制方式目前较普遍采用XCT-101、XCT-111、XCT-121型动圈式温度指示调节仪。它是将温度显示和温度控制系统制成一体的一种仪表。当热电偶测得的温度 T 等于给定温度 T_0 时（此时仪表指示针与给定指针上下对齐），继电器能立即切断加热器电源，停止加热（也可接通冷却系统进行冷却）。但由于控制对象（料筒）存在较大的热惯性，料筒温度会继续上升。同样，当测得的温度 T 低于给定温度 T_0 时，仪表虽然接通了加热器电源，但由于热惯性，温度还会下降，然后才能回升。因此，料筒实际温度会在设定值附近上下波动

（图5-45），其波动程度与料筒的热惯性大小、加热冷却方式及热电偶安装位置等有关，该类温度控制法的精度通常在±5℃范围内。

（2）时间比例控制 这种控制用的温度指示调节仪是按时间比例原则设计的，如XCT-131型动圈式温度指示调节仪。其给定温度附近有一比例带，当指示温度接近给定温度 T_0（即已进入比例带）时，仪表使继电器出现周期性接通、断开、再接通、再断开的间歇动作，而且指示指针越接近给定温度指针，接通时间 t_1 越短，断开时间 t_2 越长，因而受该仪表控制的加热器功率 P 的平均值 P_{av} 与温度偏差 $\Delta T=T-T_0$ 成比例。图5-46为XCT-131型动圈式温度指示仪的工作状态示意图，可见，当测定温度接近给定温度时，该控温方法能自动地减少平均加热功率 P_{av}，与位式控制相比，它的温度波动要小得多；但它不能单独使用，要把XCT-131与XCT-101结合起来使用，由此设计的XCT-141型仪表则能达到较高的控制精度。

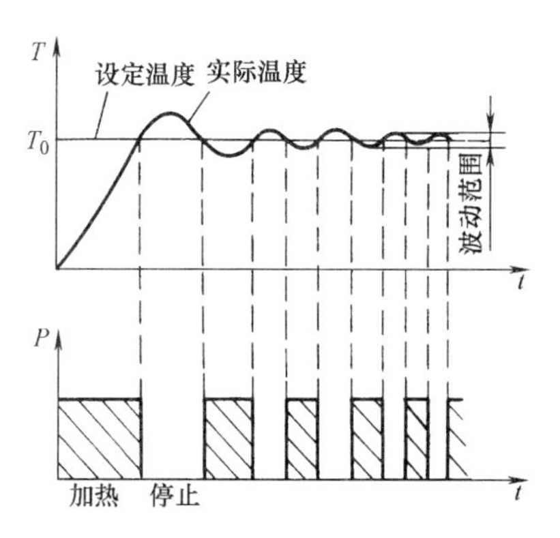

图5-45 位式控制工作曲线图

（3）比例积分微分调节（PID） XCT-191型动圈式仪表是与ZK型晶闸管电压调整器及晶闸管等组成的温度自动控制系统，可以实现PID调节。XCT-191型仪表在给定温度值 T_0 附近（约占全量程的5%），根据热电偶测出的指示温度 T 与给定温度 T_0 的偏差的大小，输出不同的电流 I_L，由于仪表内部电子线路的控制作用，使 I_L 成为偏差 ΔT 的P·I·D函数，再由 I_L 控制电压调整器ZK，并由ZK发出相应的触发信号去控制加热器电路中晶闸管的导通角（开放角）的大小，这样便可连续地控制加热器中电流（加热功率）的大小，该电流和温度偏差 ΔT 之间也存在着P·I·D的函数关系。

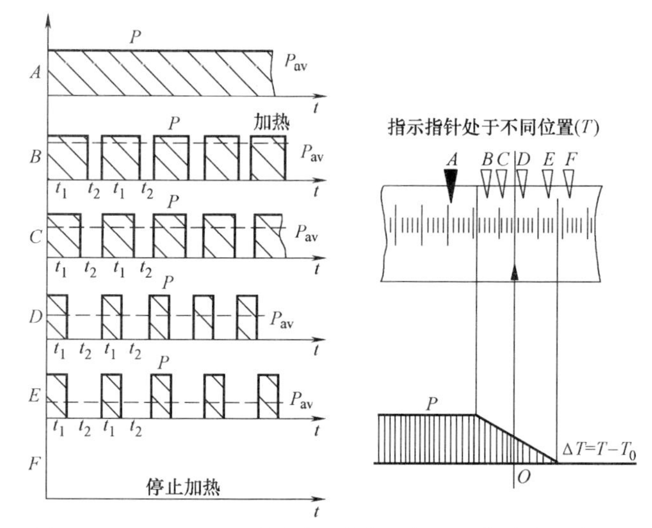

图5-46 XCT-131型动圈式温度指示仪的工作状态示意图

比例作用是指加热电流 I_L 和温度偏差 ΔT 存在着线性比例关系，偏差 ΔT 越小，加热器电流也越小。微分作用是指加热电流 I_L 正比于温度偏差 ΔT 对时间 t 的微分，即偏差 ΔT 出现越快，加热电流相应变化量也越大，这就提高了系统抗外界干扰的能力。积分作用是指加热电流 I_L 正比于偏差 ΔT 对时间的积分，即使偏差很小，在一定时间后总能消除这个偏差（即静差），提高了系统的静态精度。

这种温度自动调节控制系统的控制精度高，温度可控制在±1℃以内。

5.5.2 物料压力的测量与控制

物料压力也是挤出过程的重要参数之一，它对挤出机的性能、产品的质量和产量影响很大。

1. 物料压力的测量

物料压力的测量方法有机械式测压表、液压式测压表、气动测压表、电气测压表（称电测式测压计）等。图5-47a为测量机头压力的示意图，它将测压计（或称压力传感器）装入测量部位，使测压计感受压力的部位与熔体直接接触，当挤出机工作时熔料的压力便可在测压计上反映出来（以电量的形式输出），测压计的输出信号由二次仪表接收显示或经放大后显示出读数。

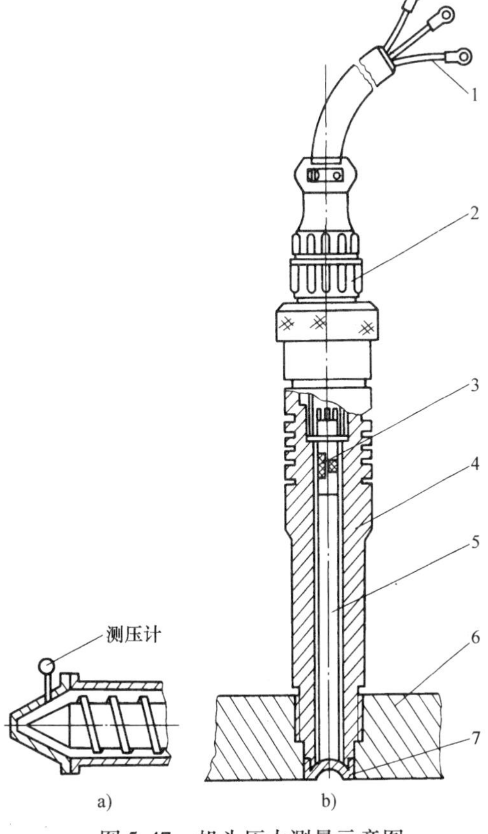

图5-47　机头压力测量示意图
a）测量机头压力　b）电测式测压计
1—导线　2—压紧帽　3—电阻应变片　4—外壳
5—传动杆　6—料筒（或机头）　7—膜片

图5-47b为电测式测压计（压力传感器），它由电阻应变片3、传动杆5、外壳4、膜片7等组成。当熔体压力作用在膜片7上时，使膜片变形，也使传动杆发生变形，传动杆的变形使贴在传动杆上的应变片的电阻值发生变化，使预先处于平衡状态的测量电桥失去平衡，产生电信号，该信号由二次仪表或经放大后由仪表显示读数。

2. 压力的控制

压力可以通过改变物料输送过程中的过流截面面积（改变流道阻力）进行调节。图5-48a为最简单的压力调节方式，它由螺栓来调节过流截面，但调节范围小，精度低，且不利于物料流通；图5-48b为调节阀结构，其形状呈流线型，对物料的流动影响小。以上两种方法均属于径向调节。图5-48c所示为轴向调节间隙的压力调节装置，它依靠改变阀与螺杆头之间的间隙来实现压力的调节。调节机构的控制方法有手动调节和自动调节两种。

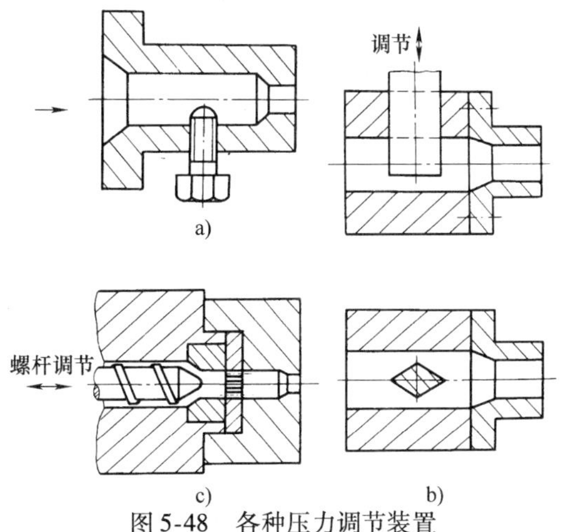

图5-48　各种压力调节装置
a）螺栓调节　b）调节阀调节　c）螺杆调节

5.5.3　转速的控制

挤出机螺杆转速控制是挤出机控制过程中的重要环节。由于螺杆转速的工作稳定性直接影响挤出量，若螺杆转速因外界干扰而引起波动，则直接引起挤出量的波动，因此挤出机一般都采用闭环控制系统。图5-49为螺杆驱动电动机的转速控制系统框图。当在输入端给定一个输入量（要求在某一转速下运行）时，通过调节器控制可控硅触发电路，使其按相应触发角触发可控硅，可获得相应电压，使直流电动机按预先给定的输入量（转速）运行。电动机的输出转速称为输出量，如果将输出量 n 用测速发电机测出（电压 U），并以负反馈的形式反馈到输入端，与给定输入量（电压 U_0）相比较，即 $\Delta U = U - U_0$ 称为偏差，则当偏差不等于零时，经过调节器再次改变触发角，进而使电动机调整输出转速，以消除偏差。这种将输出量反馈到输入端的控制系统称为闭环控制系统，当有外界干扰时，它能自动进行补偿修正，使转速稳定在预先给定的转速。

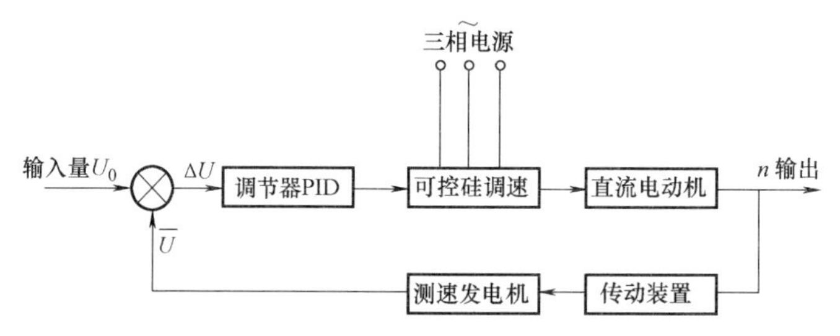

图 5-49 螺杆驱动电动机的转速控制系统框图

5.5.4 过载保护和其他安全防护

为了使挤出机在出现过载时机器（特别是螺杆和电动机）不致损坏，以保证生产顺利进行，在挤出机上设置了过载保护和安全保护装置。一般挤出机上有电气保护装置和机械保护装置两种方式。前者是在电气控制系统中设置过电流继电器，当挤出机过载时，过电流继电器动作，使电源切断，从而保护电动机和螺杆。后者大多数采用剪切销（或安全键），剪切销通常设置在电动机的输出轴上，如图 5-50 所示，当螺杆过载时，保护销就被剪断，使电动机与螺杆间的传动关系脱离，从而保护螺杆。剪切销的尺寸需经过强度计算，否则难以起到保护作用。

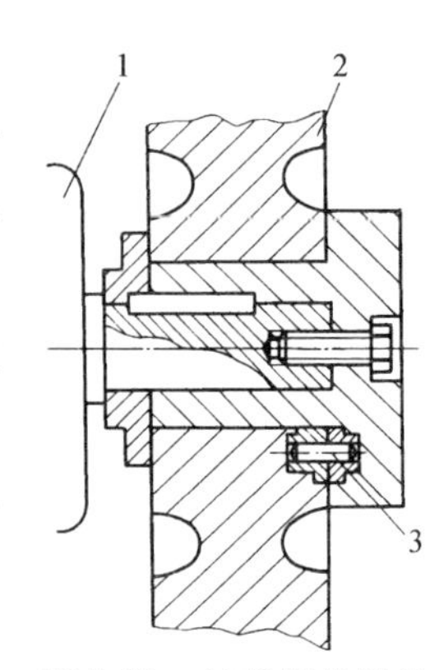

图 5-50 过载保护销的装设情况

1—电动机 2—带轮 3—过载保护销

5.6 挤出成型辅机

由于挤出成型制品的种类较多，挤出成型辅机的种类也相应较多，根据生产制品的不同可大致分为挤管辅机（包括硬管和软管）、挤板辅机、挤膜辅机、吹塑薄膜辅机、中空吹塑制品辅机、涂层辅机、电缆包覆辅机、拉丝辅机、薄膜双轴拉深辅机、造粒辅机等。

图 5-51 为几种挤出成型工艺流程原理图。从图中可以看出虽然辅机的种类繁多，组成复杂，但各种辅机一般均由以下五个基本环节组成：定型-冷却-牵引-切割-卷取（堆放）。除上述五个基本环节所需要的装置外，根据不同制品的需要，还设置有一些其他机构或装置，例如薄膜或电缆辅机的张力机构、管径及薄膜厚度自动控制装置等。

在挤出成型过程中，主机固然很重要，它的性能好坏对产品的质量和产量有很大影响，但若机头和辅机不能与之匹配，也难以生产出合格的制品。从某种意义来说，机头和辅机对产品质量的影响更大，因此，机头和辅机是挤出机组的重要组成部分。有关机头部分的知识将由“塑料成型工艺及模具设计”课程进行介绍，本书仅就辅机进行探讨和介绍。

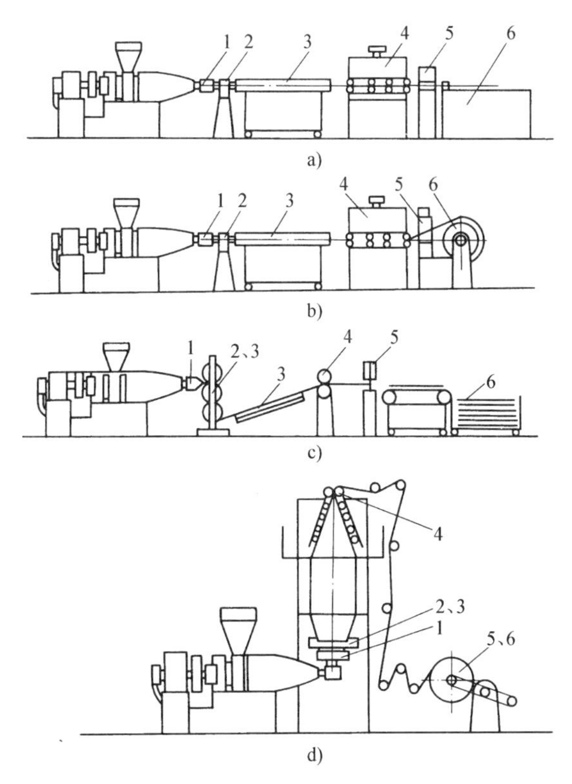

图5-51 挤出成型工艺流程示意图

a）挤管（硬管） b）挤管（软管） c）挤板 d）吹塑薄膜

1—机头 2—定型 3—冷却 4—牵引 5—切割 6—卷取（或堆放）

辅机的作用是将由机头挤出且已初具形状和尺寸的高温熔体在定型装置中进一步定型、冷却，使之由高弹态转变为玻璃态，并将制品牵引出成型区，按产品规格要求进行切割或卷取，以便后续包装、运输与销售。

塑料高温熔体通过机头之后，熔体的进一步成型主要由辅机来完成，熔体要经历物态的变化过程。从机头挤出的物料为黏流态的熔体，成型后为玻璃态的制品，同时要发生形状和尺寸的变化，这些变化是由辅机所提供的温度、力、速度和各种动作来完成的，辅机性能的优劣及与主机的匹配情况，将直接影响产品的质量。例如，辅机冷却能力不足，将限制生产率的提高并影响产品质量；而温度控制不当，又会使制品产生内应力，发出翘曲变形，表面质量降低；定型装置设计不合理，则制品难以达到所需的形状和尺寸精度；牵引装置的牵引速度和牵引力也对制品质量影响很大。总之，辅机对挤出成型加工起着重要作用，要引起足够的重视。

5.6.1 吹塑薄膜辅机

塑料薄膜是最常见的一种塑料制品，它可以用挤出法、压延法、流延法生产，而挤出法又可分挤出吹塑法和狭缝机头直接挤出法两种。下面介绍挤出吹塑法所用的辅机。

通常挤出吹塑法生产的薄膜（片）厚度为0.01～0.3mm，展开宽度最大可达20m；可用挤出吹塑法生产薄膜的塑料种类有聚氯乙烯、聚乙烯、聚丙烯、聚酰胺等。

吹塑薄膜装置示意图如图5-52所示，由图可见其吹塑成型过程。熔融物料自机头环形缝隙挤出圆管状的膜管，从机头下面进气口吹入一定量的压缩空气（气压控制为 20 ~ 30kPa），使之横向吹胀，同时，借助牵引装置 1 连续地进行纵向牵伸，并经冷却风环 3 吹出的空气冷却定型，充分冷却后的膜管被人字板 8 压叠成双折薄膜，通过牵引装置 1 以恒定的线速度进入卷取装置 6，由卷取装置卷取。牵引辊同时也是压辊，它使膜管内的空气保持恒定，保证薄膜的宽度不变。

吹塑薄膜工艺根据挤出物料方向的不同可分为上吹法、下吹法和平吹法三种。

1）上吹法：如图 5-52 所示，挤出的膜管垂直向上牵引。由于整个膜管都连在上部已冷却定型的膜管上，所以在膜管吹胀过程中牵引稳定，能制得厚度范围大和宽幅的薄膜。而且挤出机和机头安装在地面上，操作维修都较方便。其缺点是因热空气向上流动，对薄膜管的冷却不利；另一方面，由于采用直角机头，物料在机头内做 90°转向流动，增加了料流阻力，容易引起物料流速不均，使部分料流停滞而分解。

2）下吹法：如图 5-53 所示，挤出的膜管垂直向下牵引。膜管的牵引方向与机头的热空气流方向相反，有利于膜管冷却。吹塑的薄膜靠自重进入牵引辊，引膜方便。此法的缺点是整个膜管都连在尚未冷却定型的膜管上，在生产较厚的薄膜或牵引速度较快时容易拉裂膜管；对于密度较大的塑料（如聚氯乙烯），牵引更难控制，而且机器必须安装在较高的操纵台上，操作、维修不方便。此法主要用于吹塑黏度低的塑料或透明度高而需急剧冷却（水冷）的聚丙烯、聚酰胺、聚偏二氯乙烯的塑料薄膜。

图 5-52　吹塑薄膜装置示意图

1—牵引装置　2—机架　3—冷却风环　4—控制柜

5—挤出主机　6—卷取装置　7—鼓风机　8—人字板

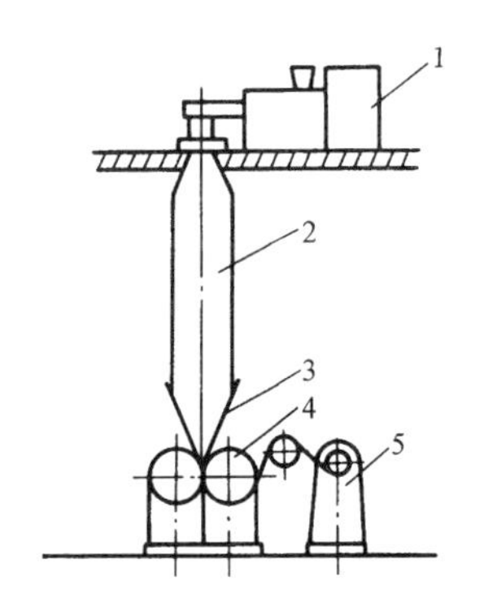

图 5-53　薄膜的下吹法成型

1—挤出机　2—膜管　3—人字板

4—牵引辊　5—卷取装置

3）平吹法：如图 5-54 所示，它使用出料方向与挤出机轴向相同的直向机头，膜管水平方向牵引。此法所采用的机头及辅机结构简单，设备安装和操作都很方便，对厂房高度要求不高，但机器占地面积大。由于热气流向上，冷气流向下，膜管上下部分冷却不均匀，膜管因自重下垂，因此厚度不易均匀。通常幅宽在 600mm 以下的吹塑薄膜可用此法生产。

由此可知，吹塑辅机除机头（口模）外，还有吹胀和冷却定型装置、牵引装置、卷取装置、切割装置等。

1. 机头

吹塑薄膜机头结构形式有很多种，常见的有心轴式机头、螺旋式机头、十字形机头、旋转式机头和复合膜机头等。关于机头结构的知识将在“塑料成型工艺及模具设计”课程中介绍。

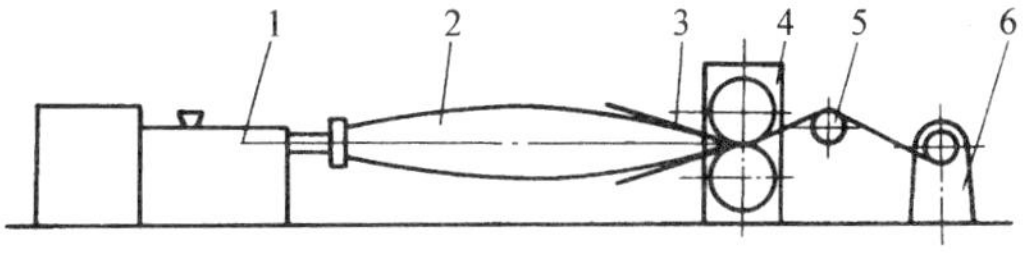

图5-54　薄膜的平吹法

1—挤出机　2—膜管　3—人字板　4—牵引辊　5—导辊　6—卷取装置

2. 吹胀和牵引装置

为了便于描述吹胀和牵伸过程，在此引入两个重要概念，即吹胀比和牵伸比。

（1）吹胀比　它是指吹胀后的膜管直径与机头口模直径之比，用α表示

$$\alpha = \frac{D_P}{D_K} \tag{5-4}$$

式中，α为薄膜吹胀比；D_p为吹胀后膜管直径；D_K为机头口模直径。

在吹胀过程中吹胀比α实际上是薄膜横向牵伸倍数，通常吹胀比控制为2.5～3，这样容易操作，同时薄膜的纵、横向强度很接近。吹胀比太大，薄膜易产生摆动，难以控制其厚度的均匀。为了得到满意的制品，吹胀比应保持恒定，这主要是通过控制压缩空气的压力来实现的。

（2）牵伸比　牵引辊的牵引速度和机头口模处物料的挤出速度之比称为牵伸比，用β表示

$$\beta = \frac{v_D}{v_Q} \tag{5-5}$$

式中，β为薄膜的牵伸比；v_D为薄膜的牵引速度；v_Q为机头口模处物料的挤出速度。

通常牵伸比取4～6，太大则薄膜易拉断，且厚度控制较困难。为了保证薄膜纵、横方向的强度一致，吹胀比和牵伸比最好取值相同。但实际生产中，常用同一机头不同的牵伸速度来得到不同厚度的薄膜，因此薄膜的纵、横向强度往往是不同的。

牵伸比、吹胀比、口模环隙的直径、薄膜厚度和宽度之间的关系可用下式表示

$$D_K = \frac{2W}{\pi\alpha} \tag{5-6}$$

式（5-6）可化为

$$W = 1.57\alpha D_K \tag{5-7}$$

$$\alpha = 0.637 W/D_K \tag{5-8}$$

由于v_D和v_Q可用下列两式分别计算

$$v_D = \frac{Q}{12\rho t W} \tag{5-9}$$

$$v_Q = \frac{Q}{6\pi\rho D_K \delta} \tag{5-10}$$

式中，Q为挤出机的生产率（kg/h）；t为薄膜的厚度（mm）；ρ为熔融塑料的密度（kg/m^3）；W为薄膜折径（mm），即管状薄膜折叠后的宽度，$W=\pi D_P/2$；δ为口模缝隙（mm）。

因此，由式（5-5）、式（5-6）、式（5-9）和式（5-10）可求得

$$t = \delta/(\alpha\beta) \tag{5-11}$$

例如，当口模缝隙 $\delta = 0.6\text{mm}$，$\alpha = 2.5$，$\beta = 4$ 时，薄膜厚度 t 为 0.06mm。

为了得到不同厚度的薄膜和提高设备的适应性，要求牵引速度能在较大范围内无级调速，一般牵引辊由调速电动机驱动，其牵引速度在 2 ~ 40m/min 范围内。

3. 冷却定型装置

薄膜冷却定型装置是吹塑薄膜辅机的重要组成部分，它对薄膜生产产量和质量有很大的影响。随着高效高速挤出机的出现，提高产量的关键在于如何提高冷却定型装置的冷却效果。

目前冷却定型装置种类较多，按冷却部位不同可分为外冷和内冷，即在膜管外表面进行冷却和在膜管内表面进行冷却两大系统；按冷却介质不同可分为空气冷却和水冷。此外，还可对膜管内、外表面同时进行双面冷却，其冷却效果较好，也称为强力冷却。

图 5-55 为吹塑薄膜生产过程中采用风环外冷的情况。冷却介质（空气）通过与鼓风机相连的风环 4 以一定速度和角度吹向刚从机头挤出的塑料膜管，当高温的塑料薄膜与冷却介质接触时，薄膜的大量热量传递给冷却介质，并被带走，从而使膜管得到冷却，薄膜的温度下降。

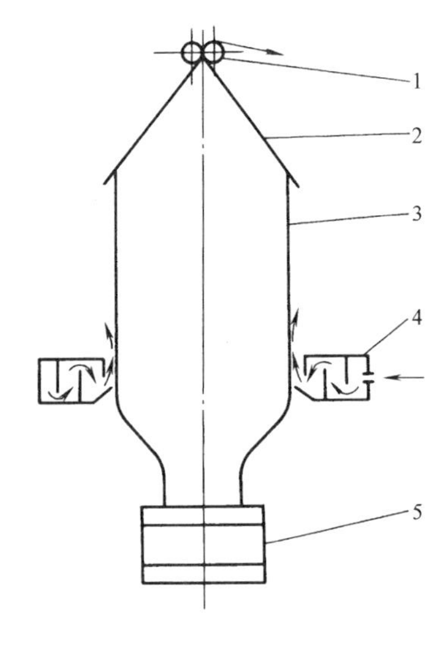

图 5-55 吹塑薄膜风环冷却流程图
1—牵引辊 2—人字板 3—膜管
4—风环 5—机头

（1）普通风环的结构 图 5-56 为普通风环的结构，它由上、下两部分组成，即风环体 3 与风环盖 1 用螺纹联接，旋转风环盖可改变出风口的间隙，使出风量大小改变；风环体 3 通常有三个进风口，压缩空气从进风口沿风环切线方向同时进入；风环中设有几层挡风板，使进入的气流经过缓冲稳压后以均匀的风压、风量和风速吹向膜管，保证薄膜厚度均匀；风环的吹出角一般取 45° ~ 60°。

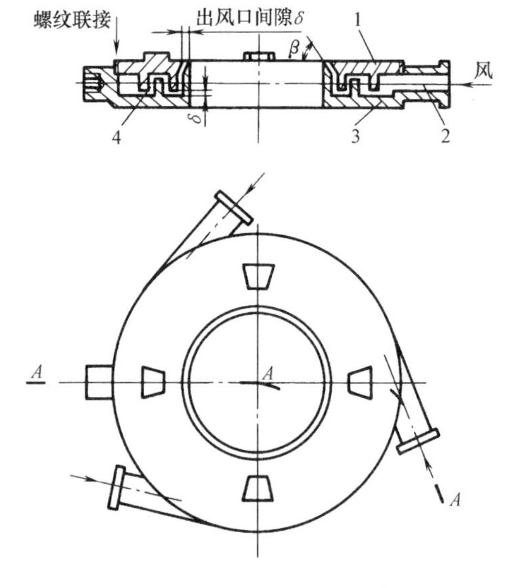

图 5-56 普通风环的结构
1—风环盖 2—进风口 3—风环体 4—风室

（2）风环的安装 普通风环安装在机头之上，并且必须与机头同心，使冷却空气能等距离地吹向膜管外壁。风环可直接与机头口模相连接（连接时，要与机头口模绝热，以防止机头热量传入冷却空气），或与之保持适当的距离（一般为 30 ~ 100mm），其数值由物料的加工性能而定。风环内径为口模直径的 1.5 ~ 2 倍，风环的出口间隙一般为 1 ~ 4mm，且大小可以连续调节。如果风环吹出的风速太高，或风环与口模距离（径向距离）太近，会使膜管受冲击而抖动，影响薄膜质量，此时可重新调整风环出口间隙、径向距离等参数。

（3）双风口减压风环 它是减压风环的一种，如图 5-57 所示。它有两个出风口，风环中部设置了隔板，分上下两个风室，并在上下风室间设置了减压室 2，减压室与数根调压管接通，通过转阀可与大气相通。为了出风均匀，在上下出风口前设置多孔板，且上下出风口分别由两个风机单独送风，出风口可分别调节。该风环的工作原理是：当冷却空气自下风口6吹向膜管后，很快就转为平行膜管的气流向上流动，于是在膜管与减压室的环形空间中形成了一股高速气流，从而使得环形空间（上出风口之下位置）出现负压效应（因高速气流带走一部分空气），该处的压力将依气流的流动状况而有不同程度下降。局部的压力下降将使与减压室对应部位的膜管内外压差增大，于是膜管在离开口模不远处被提前吹胀，这是第一次吹胀。通常上风口的气流速度较高，吹出角也选择得较大，它的作用除了改变气流流态强化冷却外，对下风口的空气流还能起到携带作用，从而使负压效应更加明显。当膜管自负压区移出后，开始第二次膨胀。负压室还能起到自动调节膜管直径的作用，用转阀调节调压管的开启度（减压室与大气相通的调压管开启度大，空气进入减压室量大，减压室负压小；反之，负压大），可以控制负压区局部真空度，从而调节薄膜的厚度。这种风环比普通风环冷却效果要好，可以提高薄膜产量和质量。

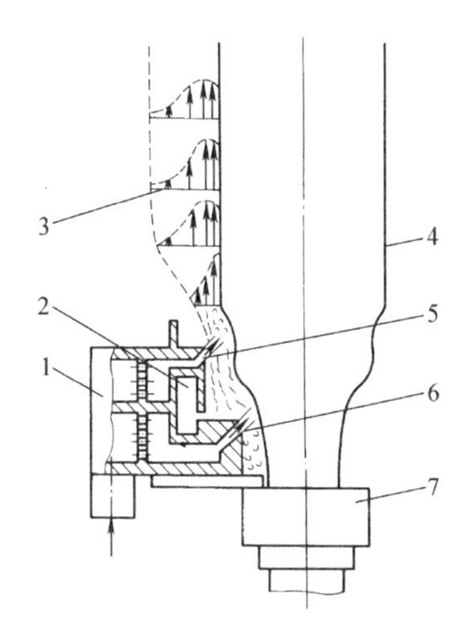

图5-57　双风口减压风环

1—减压风环　2—减压室　3—气流分布　4—膜管　5—上风口　6—下风口　7—机头

4. 人字板

人字板的作用大致有三个：①使吹胀的膜管稳定地导入牵引辊；②逐渐将膜管折叠成平面状，并缓慢改变膜管的折叠位置；③进一步冷却薄膜。人字板由两块板状结构物组成，因呈人字形（图5-58），故俗称人字板，其夹角可用螺钉调节。平吹法时人字板夹角一般取30°，上吹法和下吹法时约为50°。其结构种类较多，常用的有导辊式和夹板式。导辊式人字板由铜管或钢辊组成，它对膜管的摩擦阻力小，且散热快，但由于膜管内气体压力的作用，易使薄膜从辊子之间胀出，引起薄膜的皱折，且折叠效果差。水冷夹板式人字板结构可以避免上述缺点，而且冷却效果好。所谓水冷夹板式人字板就是两夹板通入循环冷却水，利用夹板对薄膜进行冷却的一种人字板。

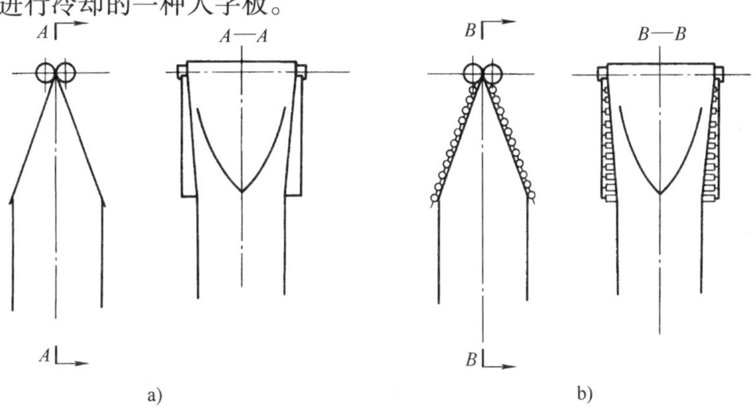

图5-58　人字板结构

a）夹板式　b）导辊式

5. 牵引装置

牵引装置的作用是将人字板压扁的薄膜压紧并送至卷取装置，防止膜管内空气漏出，保证膜管形状尺寸稳定。牵引装置由一个橡胶辊和一个镀铬钢辊组成，镀铬辊为主动辊，与驱动装置相连，可实现无级变速。牵引辊对薄膜有牵引、拉伸的作用，使挤出物料的速度与牵引速度有一定的比值（即牵伸比），从而达到塑料薄膜所需的纵向强度，通过对牵引速度的调整可控制薄膜的厚度。

6. 卷取和切割装置

薄膜经牵引装置折叠后，通过卷取装置卷取成一定重量（或长度）的薄膜卷，最后包装出厂。

（1）卷取装置　它的作用是将薄膜卷取成卷，并且使成卷的薄膜平整无皱纹，卷边整齐，并保证卷轴上的薄膜松紧适中，以防止薄膜拉伸变形。另外，要求卷取装置能提供适合的卷取速度，它不随膜管的直径变化而变化，并与牵引速度相匹配。因此，卷取装置必须能在10:1的速度范围内以恒定张力卷取薄膜。

卷取装置的结构形式通常有表面卷取和中心卷取两种。图5-59为表面卷取装置，它由电动机通过传动带（或链）带动主动辊，卷取辊靠在主动辊上，依靠两者之间的摩擦力带动卷取辊将薄膜卷在卷取辊上。这种卷取方式又叫摩擦卷取，其卷取线速度取决于主动辊的圆周速度，而不受膜卷直径变化的影响，卷取张力取决于主动辊与膜卷之间摩擦力的大小。由于主动辊位于卷取辊下方，实际上卷取张力也要受膜卷重量的影响。

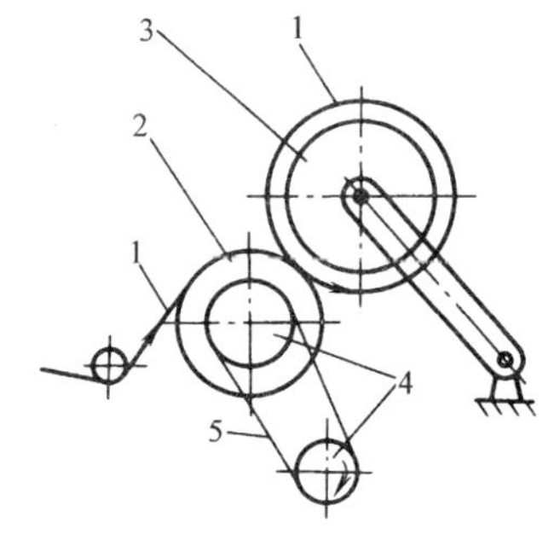

图5-59　表面卷取装置
1—薄膜　2—主动辊　3—卷取辊
4—带轮　5—传动带

中心卷取装置的卷取辊由传动系统直接驱动，这种装置可以卷取各种厚度的薄膜，薄膜厚度变化对卷取影响不大，也可以在高速下实现自动换卷。但由于卷取过程中膜卷直径 d 是逐渐增大的，在牵引速度恒定不变的情况下，要维持卷取张力不变，必须使卷取辊的转速随 d 的增大而降低，即保持卷取线速度不变。如图5-60所示是一种最简单的方法，它能保持卷取张力基本不变。其工作原理是：链轮1空套在卷取心轴6上，由牵引链轮通过链条来驱动；金属压板3由滑键固定在卷取心轴上，可轴向移动；弹簧4用来调节摩擦盘中的摩擦片与链轮1、金属压板3之间的摩擦力，而这种摩擦力经调整固定之后，就可以使卷取辊卷取或者打滑而自动调节卷取速度，以适应恒定的牵引速度和卷取张力。

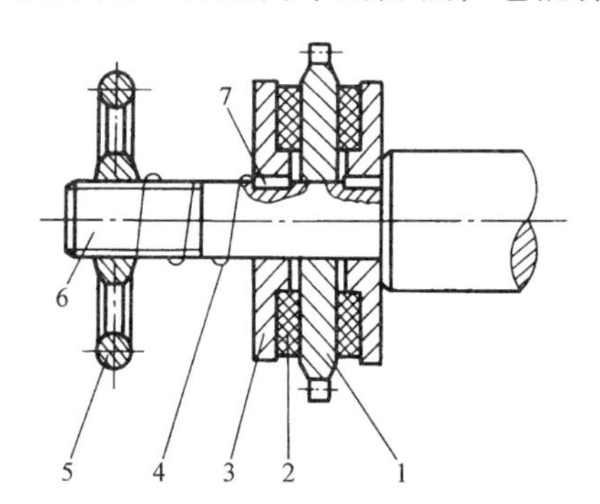

图5-60　摩擦盘的结构
1—链轮　2—摩擦片　3—金属压板
4—弹簧　5—手轮　6—卷取心轴
7—键

（2）切割装置　在采用人工上卷的情况下，薄膜一般用剪刀手动切割；在高速、自动化水平较高的卷取装置中，必须设置自动切割装置，要求切割装置动作准确可靠，切断部分要有利于上卷。常用的自动切割方法有电热切割法，即用电阻丝加热将薄膜熔断，还有飞刀切割法等。

5.6.2 挤管辅机

塑料管材是挤出成型生产的主要品种之一，它又可分为软质管材和硬质管材两类，管材的直径从几毫米到500mm。塑料管材常用塑料种类有聚氯乙烯、聚乙烯、聚丙烯、ABS、聚酰胺、聚四氟乙烯等。

塑料硬管挤出的工艺过程如图5-61所示。塑化后的物料经过机头心轴和口模间的环形缝隙呈管状挤出，进入定型装置（又称定径套）进行冷却定型，然后经冷却水槽进一步冷却，再由牵引速度可调的牵引装置匀速拉出，最后切割成一定长度的管材。

塑料软管与塑料硬管挤出的工艺过程有所不同，它一般不设置定径套，而靠通入管内的压缩空气来维持一定的形状，冷却方式可采用自然冷却或喷淋冷却，并可依靠运输带或靠自重来达到牵引的目的，由收卷盘卷绕至一定量（一定重量或一定长度）后切断。

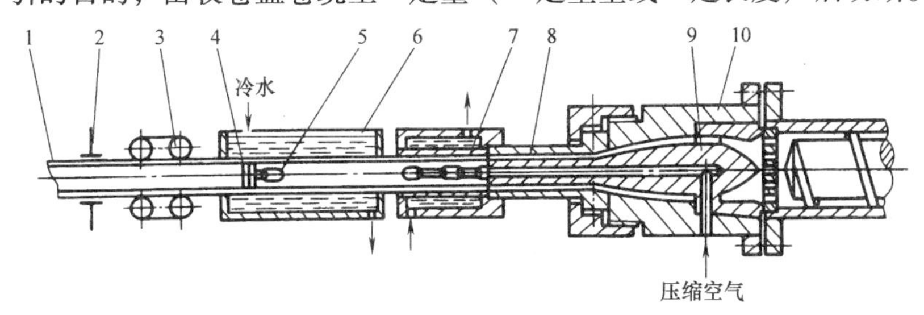

图5-61 塑料硬管挤出的工艺过程

1—塑料管 2—夹紧切割装置 3—牵引装置 4—塞子 5—链子 6—冷却水槽 7—定径套 8—口模 9—芯模 10—机头体

1. 定型装置

物料从机头中挤出时仍处于熔融状态，具有相当高的温度（约180℃），为保证管材的几何形状不因自重而变形，并达到要求的尺寸精度和表面粗糙度，必须立即进行定径和冷却，使其温度显著下降而硬化、定型。

管材的定型装置按定径方法的不同可分两种，即外径定径法和内径定径法，其中外径定径法又有多种，常用的有内压定径法和真空定径法。

（1）内压定径法　图5-61为采用内压定径法的管材挤出示意图。管材挤出时，在塑料管内通入压缩空气，使管壁与定径套内壁相接触，由定径套的水冷装置进行冷却定型，之后进入水槽进一步冷却。塞子4的作用是封气，使管内气压达到一定的值（一般为28～280kPa），而塞子4用链子5与心轴相连，以固定塞子的位置，使之不被压缩空气吹出。该定径法使用的定径套结构简单，管材外表面质量好；缺点是塞子容易磨损，需经常更换，不宜用于小直径管材的生产。

（2）真空定径法　图5-62为真空定径装置结构图，它由真空定径套2、冷却水槽1、真空泵、电动机及管道等组成。挤出成型时对真空定径套2抽真空，利用真空吸附作用使管材外壁和真空定径套的内壁紧密接触并冷却定型。这种定径套上开有许多抽真空孔，孔径为0.5～0.7mm，并在第一真空段前面设一冷却段，以防止挤出物粘在定径套壁上。真空度一般控制在39.9～66.5kPa（300～500mmHg）。其定径效果较内压定径法好，管材外表面光滑，不存在更换塞子和压力控制等问题，易于操作，生产稳定，管材内应力小。但当管径较大时，靠抽真空产生的吸力难以控制圆度，抽真空设备成本增大，并且须配用牵引力较大的牵引装置，并防止牵引打滑。

2. 冷却装置

管材离开冷却定型装置后并未完全冷却至室温，如果不继续冷却会引起管材变形，冷却装置就是为进一步冷却管材而设置的。冷却装置一般可分为水槽冷却和喷淋水箱冷却两种。水槽冷却一般分2~4段，长2~3m，冷却水从最后一段水槽通入，使水流方向与管子运动方向相反，以使冷却较为缓和，减少管材内应力，但水槽冷却易因管材的浮力作用使管材产生弯曲变形。喷淋冷却的喷淋水管可有3~6根（图5-63），均布在管材周围，在靠近定径套一端喷水孔较密，可加强喷淋冷却效果。近年来设计了一种高效的喷雾冷却箱，它是在喷淋冷却装置的基础上，采用喷雾头来代替喷淋水头，通过压缩空气把水从喷雾头中喷出，形成雾状水粒，雾状水粒接触管材表面而受热蒸发，带走大量的热量，因此冷却效率大为提高。

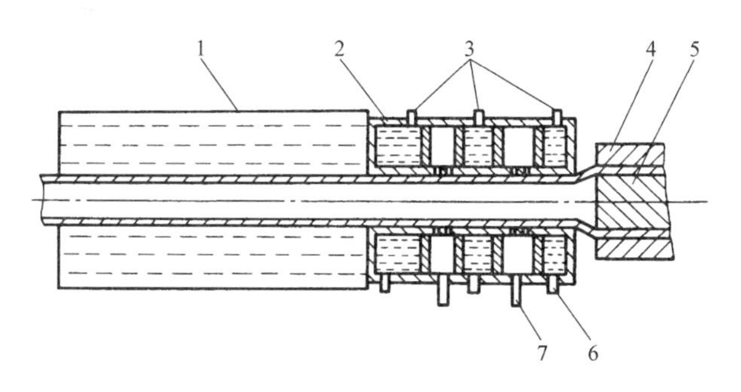

图5-62 真空定径装置

1—冷却水槽 2—真空定径套 3—排水孔 4—口模 5—芯模 6—进水孔 7—抽真空孔

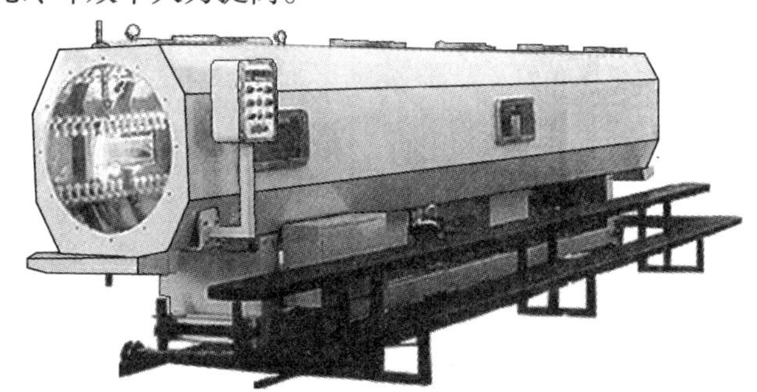

图5-63 喷淋冷却装置

3. 牵引装置

它的作用是为冷却定型的管材提供一定的牵引力和牵引速度，并通过调节牵引速度来调节管材的壁厚。牵引速度快，管材受到拉伸而使壁厚变薄；反之，管壁变厚。因此，牵引速度必须能在一定范围内无级调速，它的速比一般为1∶10；牵引力也必须可调，以防止薄壁管材受力变形。牵引装置一般有橡胶带式、滚轮式、履带式几种（图5-64）。滚轮式牵引装置由2~5对滚轮组成，下轮为主动轮，采用钢轮；上轮外包一层橡胶，可上下调节，它以点或线接触，牵引力较小，一般用于牵引管径为100mm以下的管材。橡胶带式牵引装置由两条橡胶传送带组成，依靠压紧辊施加的作用力产生的摩擦力来牵引管材；另一种方式是上方用压紧辊、下方为橡胶传送带。橡胶带式牵引装置的压紧力可调，因牵引力不大，一般用于小直径、软质、薄壁管材的牵引。履带式牵引装置一般由2条宽履带组成，每条履带上分布一定数量的夹紧块，对管材的夹紧面积大、夹紧力也大且较均匀，管材不易变形和打滑；履带式的另一种结构是由多条单独可调的窄履带组成，均匀分布在管材周围，它主要用于大直径和薄壁管材的牵引。履带式牵引装置的夹紧力可由气动、液压或机械机构提供，调速范围广，适应性强，但结构复杂。

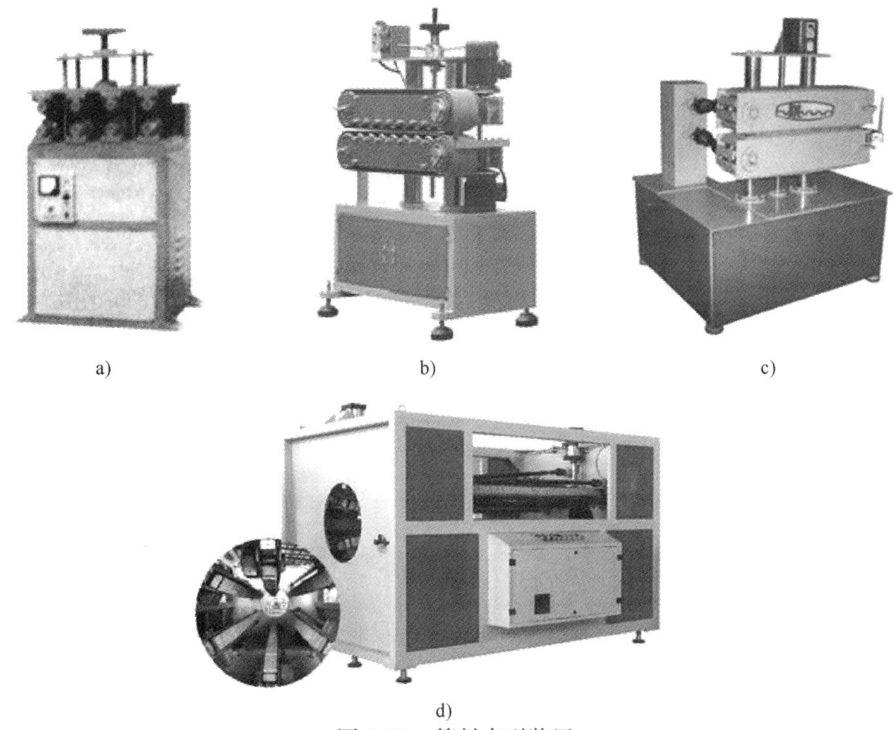

图 5-64　管材牵引装置

a）滚轮式　b）皮带式　c）履带式　d）条形履带式

4. 其他装置

（1）切割装置　挤出硬管时，当管材挤到一定长度后必须切断，这就需要设置切割装置。切割有手动切割和自动切割两种方式。自动切割装置一般配有管材夹持器，在切割过程中切割机要能随管材牵引速度移动，即锯座要随管材的输送而移动，直至切割完成。切割机又有圆盘式和行星式，如图 5-65 所示，其中圆盘式适用于较小直径的管材，而行星式适用于大直径管材的切割。

（2）卷取装置　如果挤出的是软管，就要配置卷取装置，将成型后的软管卷绕成卷，并截取一定长度，包装出厂。卷取装置的结构如图 5-66 所示。

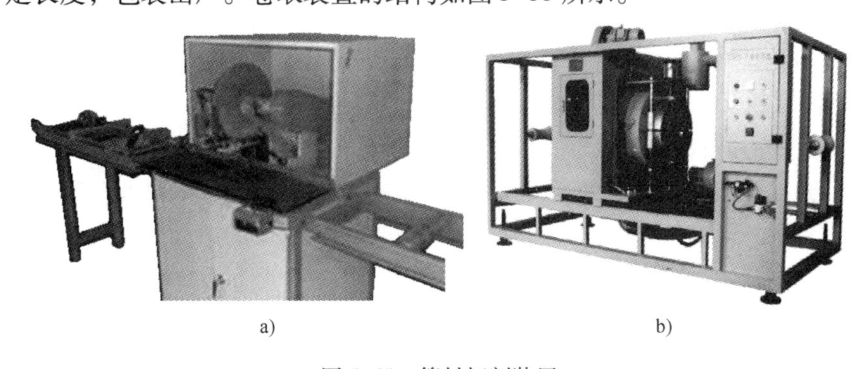

图 5-65　管材切割装置

a）电圆锯式　b）行星式

a) b)

图 5-66 卷取装置

a）软管收卷装置 b）薄膜卷取装置

5.6.3 挤板（片）辅机

塑料板（片）材可用挤出法、压制法、压延法生产。目前我国用挤出法生产的塑料板材有聚氯乙烯、聚苯乙烯、ABS、聚碳酸酯、聚酰胺、聚乙烯、聚丙烯等。板（片）材制品宽度一般为 1～1.5m，最大宽度可达 3～4m。

由于板和膜之间没有严格的界限，因此，挤板设备和挤膜（片）设备在结构上的差别不大，都采用狭缝机头挤出熔料。通常把厚度为 0.25mm 以下的称为膜，厚度在 0.25～1mm 之间的称为片材，而将厚度大于 1mm 的称为板材。

图 5-67 为板材挤出工艺过程示意图，当熔料从狭缝机头中挤出成型为一定形状的板坯后，直接进入三辊压光机压光（压光辊内部通水冷却）冷却定型，再在导辊上进一步冷却，然后由切边装置 5 切边，使其宽度符合规格要求，经二辊牵引机后即可切割成所需长度规格的板材，最后由堆放装置把产品堆集起来。

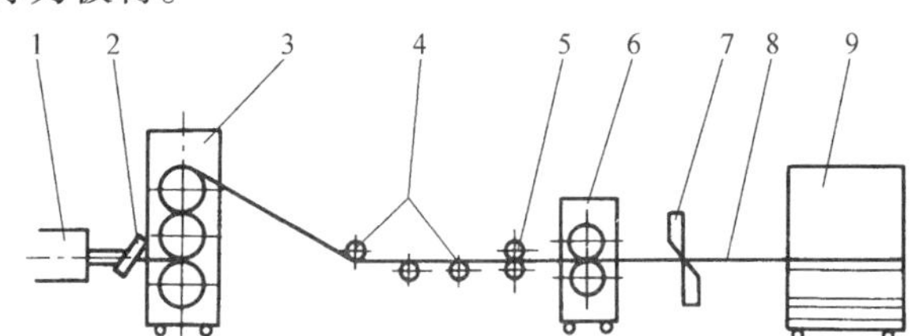

图 5-67 板材挤出工艺过程示意图

1—挤出机 2—狭缝机头 3—三辊压光机 4—导辊
5—切边装置 6—二辊牵引机 7—切割装置
8—塑料板 9—卸料装置

挤板辅机通常包括压光机、导辊、切边装置、牵引装置、切割装置和堆放装置等。板材挤出生产线如图 5-68 所示。

1. 压光机

自狭缝机头挤出的板坯温度较高，需要立即进入三辊压光机，由三辊压光机压光并逐渐冷却。三辊压光机还能起到一定的牵引作用，调整板材各点的速度以保持一致，保证板材的平直。三辊压光机的第一辊与第二辊一起对挤出的板坯施加压力，将板坯压成所需要的厚度，并保证其厚度均匀，表面平整；第二辊除上述作用外，还起着板材压光作用，以降低表面粗糙度值，并使板材冷却定型；第三辊主要起压光和冷却作用。通常辊的表面须镀铬、抛光。

三辊压光机的驱动方式通常有链传动、齿轮传动和蜗轮蜗杆传动三种，且三辊的速度要保持同步。为了适应不同挤出量和机头狭缝尺寸，压光辊的线速度一般要在较大范围内可调。三辊压光机的三辊可以有多种排列法，但以图 5-67 所示排列居多。

图5-68　板材挤出生产线

1—剪切与堆放装置　2—冷却装置　3—切边装置

4—三辊压光机　5—挤出机头　6—挤出主机

三辊压光机与机头的距离应尽可能小，一般取5~10cm，这样可以减少板材内应力，减少收缩。若离得太远，机头与辊筒之间的挤出板坯容易下垂，特别是厚度较大时，易产生皱折，同时易散热冷却，对压光不利。

2. 牵引装置

由压光辊出来的板材在导辊的导引下进入牵引装置，牵引装置一般由一个主动辊（钢辊位于下方）和一个外包有橡胶的被动辊组成，两辊之间的压紧力靠弹簧提供，其大小可调。牵引装置的作用是将板材均匀地牵引至切割装置，防止压光辊处积料，并将板材压平；其牵引速度与压光辊应同步，或稍微小于压光辊速度，这是因为冷却时板材会有少量收缩的缘故；牵引速度应能无级调速。

3. 切割装置

板材的切割包括切边和切断。板材挤出过程中，板材两边的厚度会出现不均匀、不整齐的现象，故两边要切去一部分，使之满足幅宽的要求。切边装置通常有圆锯片和圆盘剪切刀两种，对于厚度大的硬板多用圆锯片切边，切边时噪声较大，切屑飞扬，切断口有毛边，效率低，能耗大。对于厚度小的软板（片）通常用圆盘剪切刀切边，其切裁速度快，效率高，无噪声和切屑，工人劳动条件好。长度方向的切断也有两种方法，一种是采用圆锯片切刀倾斜一个角度放置，按输送速度和切刀进给速度的合成速度进行切断；另一种采用剪切机进行切断。

4. 堆放装置

它的作用是将切断后的板材堆集起来，主要是为了减小操作人员的劳动强度而设置的。它能实现自动整齐堆放，以利于包装和运输。

5.7　双螺杆挤出机

5.7.1　概述

双螺杆挤出机因其挤出系统中并排设有两根螺杆而得名，它是在单螺杆挤出机的基础上发展起来的。虽然单螺杆挤出机有许多优点，但随着塑料原料种类的增多和新型塑料材料加工要求的不断提高，仅有单螺杆挤出机已难以满足塑料成型加工需求，因而出现了双螺杆挤出机，并在近年得到大量的使用和快速发展。

1. 单螺杆挤出机缺点

单螺杆挤出机由于其螺杆和整个挤出机设计简单，制造容易，价格便宜，因而在塑料加工中得到广泛应用，但具有如下局限性：

1）单螺杆挤出机的输送作用主要靠摩擦，其加料性能受到限制，粉料、玻璃纤维、无机填料等难以加工。

2）单螺杆排气挤出机中物料在排气区的表面更新作用较小，因而排气效果较差。

3）单螺杆挤出机中物料在料筒中停留的时间长，且各部分停留时间也不相等，对于如聚合物的着色，热固性塑料的粉料、涂料的混合等工艺过程，单螺杆挤出机达不到要求。

2. 双螺杆挤出机特点

采用双螺杆挤出机可解决上述问题，与单螺杆相比，双螺杆有以下几个特点：

1）加料容易。在双螺杆挤出机中，塑料的输送是靠双螺杆的旋转挤压作用进行强制输送的，故可加入具有很高或很低黏度以及与金属表面之间摩擦因数范围很宽的物料，如带状料、糊状料、粉料及玻璃纤维等，且玻璃纤维还可在不同部位加入。双螺杆挤出机特别适于加工聚氯乙烯粉料，可由粉料直接挤出管材，省去造粒工序。

2）物料在双螺杆挤压系统中停留的时间短，适于对停留时间较长就会固化或凝聚的物料进行着色和混料，如热固性塑料粉末涂层材料的挤出。

3）优异的排气性能。由于双螺杆挤出机啮合部分的有效混合，排气部分的自洁功能使得物料在排气段能获得完全的表面更新。

4）优异的混合、塑化效果。由于两根螺杆相互作用，物料在挤出过程中的运动比单螺杆挤出时复杂，物料受到纵横向的混合剪切。

5）低的比功率消耗。在相同产量的情况下，双螺杆挤出机的能耗比单螺杆挤出机要少50%。

由于双螺杆挤出机的多样性和复杂性，设计与选用时应考虑下列问题：①两根螺杆的相对位置是啮合还是非啮合；②在工作时，两根螺杆是同向旋转还是异向旋转；③螺杆基本形状是圆柱形还是圆锥形；④实现压缩比的途径与单螺杆挤出机是否相同；⑤螺杆采用整体式还是组合式的结构。

5.7.2 双螺杆挤出机类型

双螺杆挤出机的分类方法很多，按两根螺杆的结构形式可分为圆柱形双螺杆挤出机和圆锥形双螺杆挤出机；按两根螺杆的相对位置可分为啮合型和非啮合型，啮合型又可按其啮合的程度分为部分啮合型与全啮合型（图5-69）；按两根螺杆的旋转方向可分为同向旋转和异向旋转两大类，同向旋转又可分为同向左旋和同向右旋（图5-70）；按螺杆的转速可分为低速与高速双螺杆挤出机；按挤出机的主要用途可分为配料与型材挤出双螺杆挤出机。

5.7.3 双螺杆挤出机的结构

双螺杆挤出机的结构和单螺杆挤出机一样，也由挤压系统、传动系统、加热冷却系统、控制系统、加料装置和安全保护系统等组成，除挤压系统外，其余部分基本相似，因此，以下仅对双螺杆挤出机的挤压系统进行介绍。

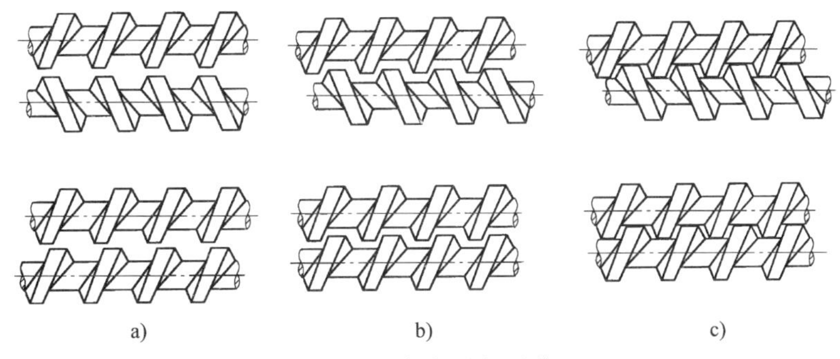

图5-69　双螺杆的相对位置
a）非啮合型　b）部分啮合型　c）全啮合型

双螺杆挤出机的挤压系统由两根螺杆（啮合或非啮合、整体或组合、同向或异向旋转）和料筒（整体式或组合式）组成，其主要结构形式有同向平行双螺杆挤出机、异向平行双螺杆挤出机、锥形双螺杆挤出机等。

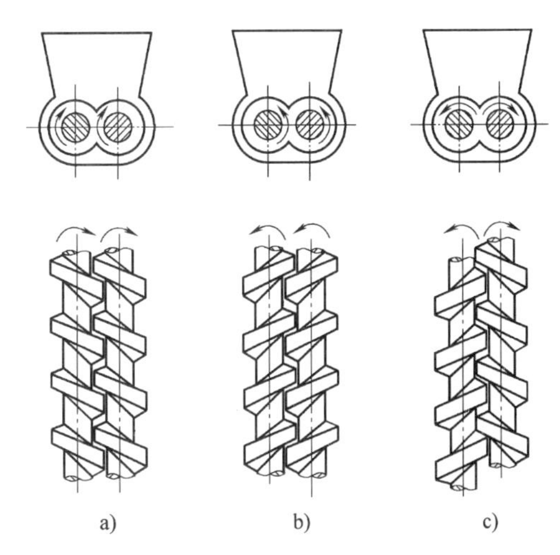

图5-70　螺杆旋转方向与螺纹旋向的关系
a）同向左旋螺杆　b）同向右旋螺杆　c）异向旋转

1. 同向平行双螺杆挤出机

该类挤出机工作时，两根螺杆的旋转方向是相同的（参见图5-70a、b），挤出时，物料被一根螺杆带向啮合区的下方，物料受到一定的阻力进行预压，然后被另一根螺杆带回上方而进行强制输送，因此，物料在螺槽中是呈“∞”形方式前进的。这个过程与单螺杆挤出机一样，是靠物料与料筒的摩擦力来输送的，其输送能力与物料和料筒、物料和螺杆的摩擦因数有很大关系。但与单螺杆机相比，其输送效率仍然要高得多，因为双螺杆在啮合区一根螺杆的螺棱有阻止另一根螺杆上的物料打滑的趋势。

在同向旋转双螺杆挤出机中，螺杆就像悬浮在熔体中一样，没有使螺杆向两边推开的横压力（即无压延效应），螺杆的对中性好，螺杆转速可比异向旋转双螺杆机高得多，可获得更高的产量。其螺杆的螺纹结构类型有单线螺纹、双线螺纹和三线螺纹等。

（1）单线螺纹　它主要用于啮合型的同向旋转双螺杆挤出机中，通常用来加工硬聚氯乙烯。

（2）双线螺纹　它一般用于同向旋转啮合型双螺杆挤出机，螺杆有较深的螺槽，单位长度上的自由体积较大，在相同的螺杆转速下物料的平均剪切热较低，混合作用较柔和，与三线螺纹的螺杆相比，在同等切应力和转矩下工作，其螺杆转速可以更高。它常用于混料，特别适合加工粉料，低密度、难加料的物料和不需要高剪切应力或对剪切作用敏感的物料。

（3）三线螺纹　其螺槽深度较浅，在相同的螺杆转速下，物料受到的剪切作用比双线螺纹高，主要用于需要高剪切作用物料的加工。

2. 异向平行双螺杆挤出机

该类挤出机工作时，两根螺杆的旋转方向相反（图5-70c），挤出时，物料被送到螺杆与料筒形成的楔形区后受到局部预压，之后进入双螺杆的啮合区，受到强烈的挤压，螺杆每转一转，物料在啮合区沿轴向推进一个螺杆导程。就像正位移的螺杆泵一样，其输送量正比于角位移，而与物料和料筒、物料和螺杆的摩擦因数无关，输送效率很高，能实现强制送料。该类双螺杆挤出机的不足在于物料进入啮合区的间隙后，将产生一个很大的横向压力使螺杆推向斜上方，这种效应通常称为压延效应，它加重了螺杆和料筒斜上方的磨损。为减小此磨损，通常是加大螺杆与料筒间的间隙和适当降低螺杆转速，因此，其生产率相对较低。

异向旋转平行式双螺杆挤出机中，两根螺杆的旋向必须是相反的，即一根螺杆螺纹为左旋，则另一根必是右旋，两根螺杆的啮合状态可分为啮合型和非啮合型两种。

啮合型异向旋转平行双螺杆挤出机工作时，螺杆对物料的剪切作用强，塑化均匀，适合PVC塑料的挤出成型，可用于造粒或型材的挤出生产。

非啮合异向旋转双螺杆挤出机中，两根螺杆的中心距大于其螺杆半径之和。螺杆对物料的输送能力与单螺杆挤出机相似，螺杆无自洁能力，主要用于混料。它的加料稳定性和排气段表面的更新效率比单螺杆挤出机好，但比啮合型双螺杆挤出机差；其正向输送特性小于单螺杆挤出机，但混合性优于单螺杆挤出机，故此类挤出机主要用于混料、排气、化学反应等场合，不适于塑料型材的挤出成型。

3. 锥形双螺杆挤出机

锥形双螺杆挤出机结构如图5-71所示。两根锥形螺杆在料筒中互相啮合、异向旋转，其中一根螺棱顶部与另一根螺槽底部间有一合理的间隙。由于异向旋转，物料沿螺旋槽前进的道路被另一根螺杆堵死，物料只能在螺纹推动下，通过螺棱的间隙沿轴向前进。当物料通过两根螺杆之间的径向间隙时，犹如通过两辊的辊隙，受到的搅拌和剪切作用十分强烈，因而塑化效率高且塑化均匀，特别适宜加工PVC塑料。

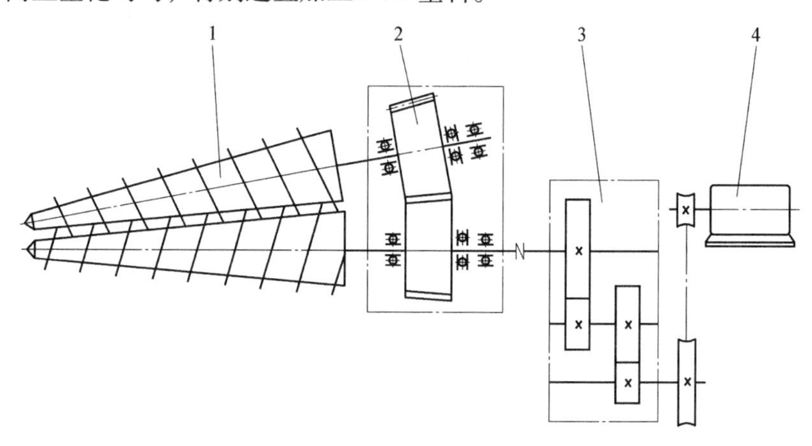

图5-71 锥形双螺杆挤出机结构

1—锥形螺杆 2—传动齿轮 3—变速器 4—电动机

锥形双螺杆挤出机螺杆的压缩比不仅取决于螺槽由深到浅的变化，还取决于螺杆外径由大到小的变化，因此，其压缩比可以相当大，物料在料筒中的塑化将更加充分和均匀，保证了制品的质量；并且可以通过提高转速来提高挤出机的挤出量。

5.7.4 双螺杆挤出机的发展

自从20世纪30年代双螺杆挤出机出现以来，双螺杆挤出机无论在结构、啮合原理、试验研究方面，还是在应用上都得到了飞速发展。目前，双螺杆挤出机生产所遇到的一系列制造问题已获得解决，使双螺杆挤出机的挤出量、螺杆转速、长径比、螺杆直径和螺杆所能承受的转矩都得到较大幅度的提高，并附加了真空排气装置、螺杆温控装置、定量加料装置等附属装置。按塑化、挤出的功能单元（如输送单元、剪切单元、混合单元、压缩单元和啮合单元等）开发的组合式双螺杆挤出机的出现，标志着双螺杆挤出机的发展达到了一个新水平。今后，双螺杆挤出机的发展方向主要有如下几方面：

1. 高速、高效、节能

近年来，高速、高效、节能一直是国际塑料机械研究与改进的主旋律。高速和高产量可使投资者以较低的投入获得高额的回报。但是，螺杆转速高速化会带来一系列问题：如物料在螺杆内停留时间短，容易引起物料混炼塑化不均；过高剪切可能造成物料急骤升温和热分解；需要高性能辅机和精密控制系统与之配套；造成挤出稳定性问题、螺杆与料筒的磨损问题和减速传动装置设计问题等。因此，双螺杆挤出机高速化所面临问题的解决，是双螺杆挤出机供应商技术创新的重要方向之一。

德国贝尔斯托夫（Berstorff）公司推出的新型双螺杆挤出机 ZEUTX 系列，与其他产品相比具有优异的螺杆直径/生产率比；螺杆设计最高转速达 1200r/min，转矩大，挤出产能在 100～3500kg/h 之间；可同时进行物料的混炼、反应、排气等工序；机筒和螺杆采用了模块式设计，能满足各种特殊工艺要求，具备优异的加工工艺灵活性；还配有 ZSEF 型侧边喂料器，固体颗粒输送率高，切粒机可匹配不同的生产率和材料加工。

2. 多功能化

在功能方面，双螺杆挤出机已不再局限于高分子材料的成型和混炼，其用途已拓展到食品、饲料、炸药、建材、包装、纸浆和陶瓷等领域。此外，将混炼造粒与挤出成型工序合二为一的“一步法直接挤出工艺”也得到了一定的应用。

3. 大型化和精密化

实现挤出成型设备的大型化可以降低生产成本，对于大型双螺杆挤出造粒机组、吹膜机组、管材机组更是如此。我国大型挤出设备长期以来一直依赖进口，一定程度上制约了大型塑料挤出制品加工能力的提高，大型双螺杆挤出机组的国产化研究是我国塑料机械行业今后努力的方向。

双螺杆挤出机的精密化是近年的一个重要发展方向，精密化可以提高产品的含金量，多层复合共挤薄膜的生产就是典型的例子。熔体齿轮泵是实现精密挤出的重要部件，加强该部件的开发研究意义重大。

复习思考题

5-1 举例说明什么是挤出成型。这种成型方法的特点以及适用情况如何？

5-2 挤出机组与挤出机的含义如何？各由哪些部分组成？简述各部分的功用。

5-3 如何确认挤出机型号？

5-4 何谓常规全螺纹三段螺杆？它有哪些主要参数？如何确定这些参数？

5-5 试分析常规螺杆存在的主要问题有哪些？

5-6 新型螺杆与常规螺杆的区别有哪些？

5-7 在料筒结构设计中，可以从哪些方面考虑提高固体输送率？为什么？

5-8 试述各种加料装置的特点和适用场合。

5-9 为什么在挤出机中既设加热装置又设冷却装置？各设在什么部位？为什么？

5-10 电阻加热和感应加热的区别有哪些？

5-11 在挤出机中安装分流板的目的是什么？

5-12 对挤出机的传动系统有什么要求？常见的传动系统有哪几种形式？

5-13 在吹膜过程中如何恰当地控制牵伸比和吹胀比？

5-14 吹塑薄膜辅机主要装置的作用和工作原理是什么？

5-15 双螺杆挤出机有哪些类型？各有何特点？

5-16 双螺杆挤出机与单螺杆挤出机相比有何优势？其应用范围如何？

塑料注射机

6.1 概述

6.1.1 注射机的工作原理

塑料注射成型机（简称塑料注射机，俗称注塑机）是塑料成型加工的主要设备之一。其工作原理是将固态（玻璃态）的塑料原料经塑化装置塑化为熔融态（黏流态），在压力作用下注射入密闭的模腔内，经保压冷却定型后，开模顶出而获得塑料制品的一种成型方法。

注射机主要用于热塑性塑料注射成型，近年来由于注射工艺和设备技术的发展，已成功地用于部分热固性塑料的注射成型，并随着塑料材料等方面的发展应用范围进一步扩大，出现了许多新的注射工艺和注射成型机。塑料注射成型能够一次性成型出形状复杂、尺寸精确、表面质量很高的制品；生产率高，适应性强；工艺稳定，易于控制，便于实现自动化等一系列优点，所以注射成型工艺和注射机得到了广泛应用。

6.1.2 注射机的基本结构组成

塑料注射成型时，每一工作循环注射机应完成塑料的塑化、注射保压、冷却成型、顶出制品等基本过程。因此，注射机主要由注射装置、合模装置、液压传动系统和电气控制系统等组成，如图 6-1 所示。

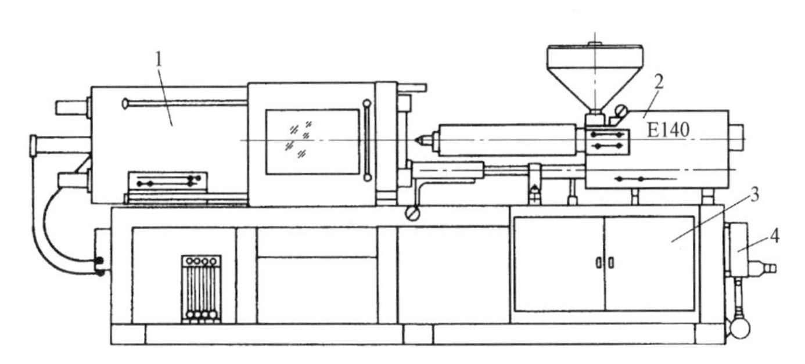

图 6-1　往复螺杆式注射机的组成

1—合模装置　2—注射装置　3—电气控制系统　4—液压传动系统

其组成部分必须具备下列基本功能：

1）实现塑料原料的塑化、计量并将熔料以一定压力射出。

2）实现成型模具的启闭、锁紧和制品的脱模。

3）实现成型过程中所需能量的转换与传递。

4）实现工作循环及工艺条件的设定与控制。

6.1.3 注射机的类型与特点

随着注射成型工艺的发展和应用范围的不断扩大，注射机的类型也不断增多，对注射机的分类尚无统一的方法和标准，实际中使用较多的分类方法有以下几种：

1. 按机器主要部件排列形式分类

该分类法主要根据注射装置的螺杆（或柱塞）轴线与合模装置的模板运动轴线的排列方式不同进行分类。

（1）卧式注射机　卧式注射机的注射装置的螺杆轴线和合模装置的运动轴线呈一水平直线排列，如图6-2a所示。其特点为机身低，厂房高度要求低，安装稳定性好，便于操作和维修；制品顶出后可以利用自重自动落下，容易实现全自动操作；但设备占地面积大。因其优点卧式注射机应用广泛，大、中、小型都适用，是目前国内外注射机的最基本形式。

（2）立式注射机　立式注射机的注射装置轴线与合模装置的模板运动轴线呈竖直排列，如图6-2b所示。其特点是占地面积小；模具拆装方便；成型制品的嵌件易于安放。但制品顶出后常需用人工取出制品，不易实现自动化；另外因机身较高，设备的稳定性较差，加料及维修不便，因此该结构主要用于注射量在60cm^{3}以下的小型注射机上。

（3）角式注射机　角式注射机的注射装置轴线和合模装置运动轴线相互垂直（L形），如图6-2c所示。其优缺点介于立、卧两种注射机结构之间，在大、中、小型注射机中均有应用。因其注料口在模具分型面的侧面，因此特别适合于成型中心不允许留有浇口痕迹、外形尺寸较大的制品，以及带较大嵌件的制品。

（4）双工位注射机　图6-2d、e所示为圆盘式注射机，工作台为圆盘回转机构，可同时安装两副塑料注射模的动模部分（即双工位）。制品注射成型完成、开模取件时，制品随动模部分旋转移出锁模工位，人工进行取件、放入嵌件等操作，而另一副模具的动模则旋转移入锁模工位，合模并注射成型下一个制品。这类注射机适合于取件和嵌件安放较为麻烦、需要较长辅助操作时间的制品成型。图6-2f所示为立式滑台注射机，它也有两个工作位，两副模具的动模可沿滑台进行左右（或前后）换位，也适用于制品需要较长辅助操作时间的制品成型。

（5）多模注射机　多模注射机是一种多工位操作的特殊注射机。它的注射装置和合模装置的结构形式与前几种注射机相似，但合模装置有多个，按多种形式排列，如图6-3所示。图6-3a所示为角式多模注射机，其多个合模装置围绕同一回转轴均匀排列，工作时，一副模具与注射装置的喷嘴接触，注射保压后随转台的转动离开，在另一工位上冷却定型（同时，另一副模具转入注射工位），然后再转过一个工位进行开模、取出制品。其他工位可进行安放嵌件、喷脱模剂、合模等工序。该结构注射机的优点是充分发挥了注射装置的塑化能力，提高了生产效率，故特别适合于冷却时间长或辅助时间多的制品的大批量生产，如旅游鞋生产、注射中空吹塑制品成型等。其缺点是合模系统复杂而庞大，合模力有限。图6-3b所示卧式多模注射机由一个注射装置与多个合模装置组成，其注射装置可绕中心位置旋转，而多个合模装置均匀分布在以注射装置回转中心为圆心的圆周上，如此，注射装置可以与任意一个合模装置配合，完成该工位的制品注射成型。

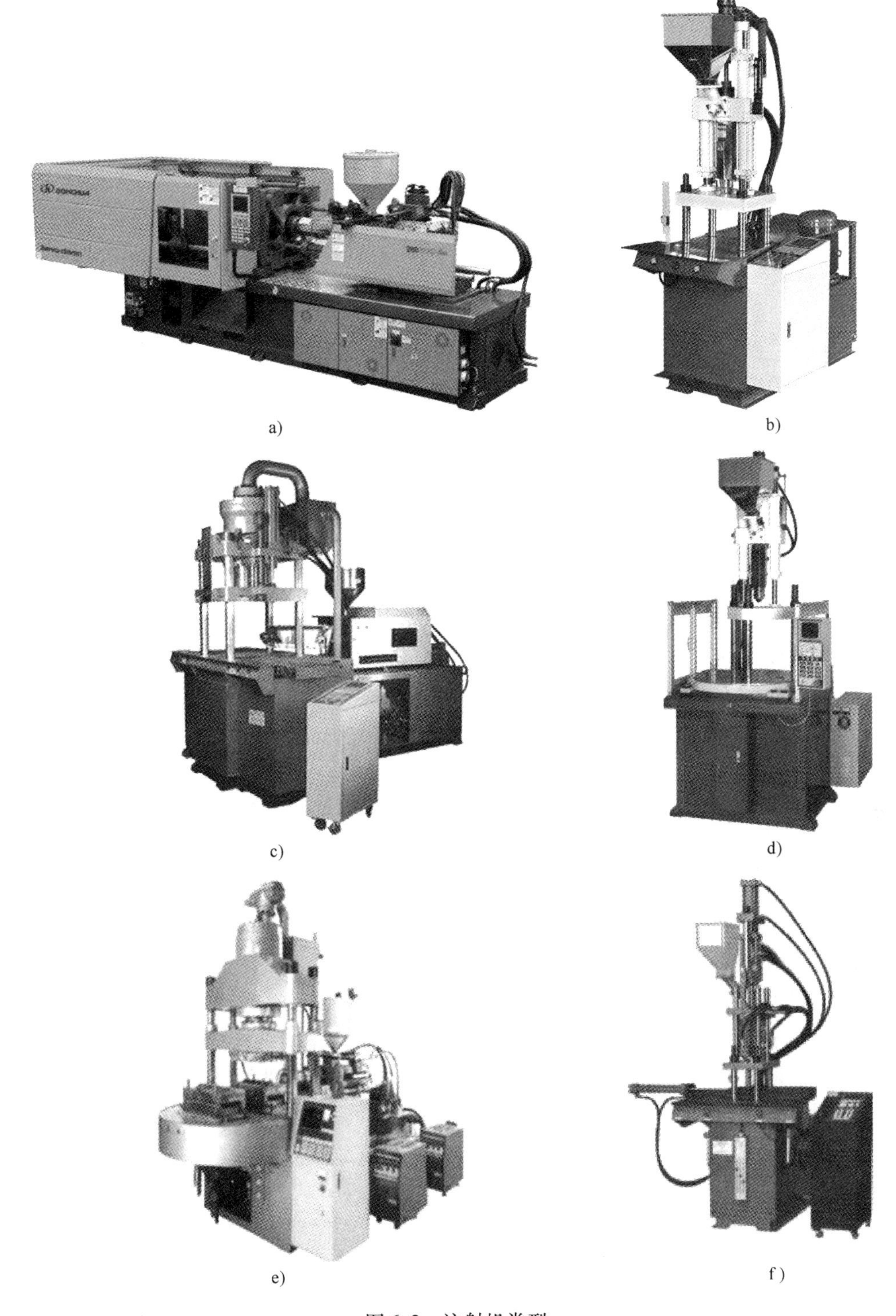

图6-2　注射机类型

a）卧式注射机　b）立式注射机　c）角式注射机

d）立式圆盘注射机　e）角式圆盘注射机　f）立式滑台注射机

a)

b)

图 6-3 多模注射机

a）角式多模注射机 b）卧式多模注射机

2. 按机器加工能力分类

注射机的加工能力可用机器的注射量和合模力两个参数表示。其分类情况见表 6-1。

表 6-1 按机器加工能力分类范围

类 别	合 模 力/kN	注 射 量/cm^3
超小型	200~400	<30
小型	400~2000	60~500
中型	3000~6000	500~2000
大型	8000~20000	>2000
超大型(巨型)	>20000	

3. 按机器用途分类

注射成型应用的范围很广，为满足各种注射工艺和提高设备效能，而将注射机设计成各种类型。主要类型分为热塑性塑料通用型（亦称普通型）注射机、热固性塑料注射机、发泡注射机、高速注射机、精密注射机、多色注射机、反应注射机等。

6.1.4 注射成型工艺过程

注射机的种类虽然很多，但其注射成型的工艺过程是基本相同的。现以最常用的螺杆式注射机为例加以阐述。注射成型的一个工作循环包含如下主要工序：塑料预塑、合模、注射、保压、制品冷却定型、开模顶出制品等。其工作过程循环框图如图 6-4 所示。各主要工序分述如下（图 6-5）：

1. 塑料预塑

随着螺杆的转动，落入料筒加料口的塑料被不断向前输送，在输送过程中，塑料原料被压实，同时在料筒外加热和螺杆摩擦剪切热的作用下，塑料温度不断升高，被逐渐塑化成黏流态向螺杆头部聚集，并建立起一定的压力。当螺杆头部的压力大于注射液压缸活塞后退阻力（背压）时，螺杆开始边转动边后退，料筒前端的熔料逐渐增多。当螺杆退到注射量设定位置时，计量装置触发行程开关，螺杆停止转动和后退，完成一次塑化计量过程，如图 6-5c 所示。

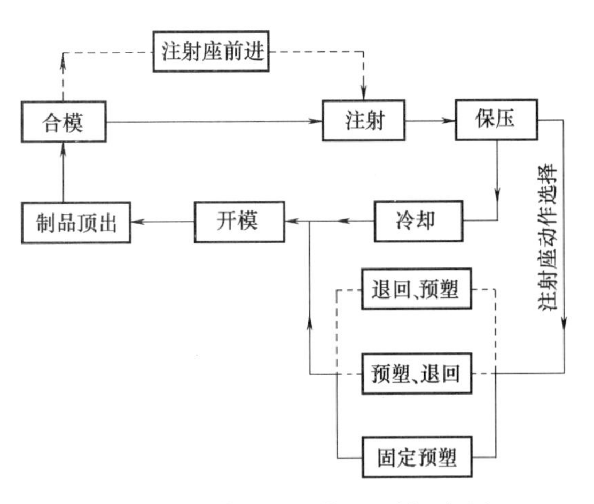

图 6-4　注射成型工作过程循环框图

2. 合模、注射

预塑完成后，合模装置动作，模具闭合。注射座前移，当喷嘴紧贴模具浇口套后（固定加料时，注射座不移动），注射液压缸工作，使螺杆按设定压力和速度推进，将熔料注入模腔内，如图6-5a 所示。

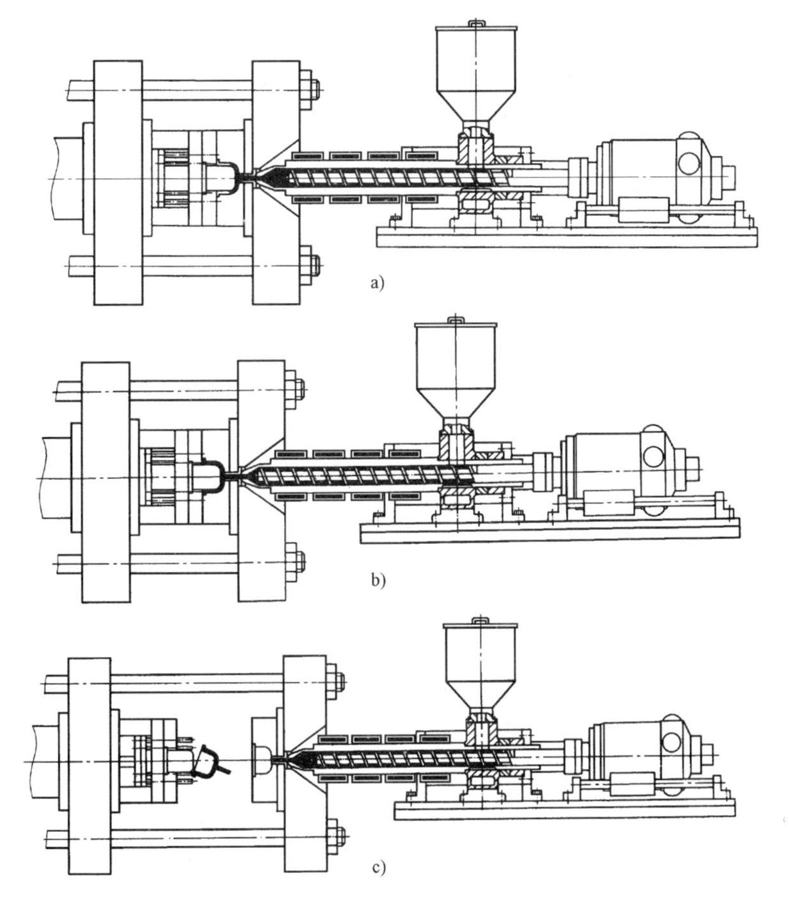

图 6-5　注射成型工艺过程

a）合模、注射　b）保压、冷却　c）预塑、开模顶出制品

3. 保压、冷却

当熔料充满模腔后，螺杆对熔料保持压力一段时间，以防模腔内的熔料倒流，并向模腔补充因制品冷却收缩所需的塑料，如图 6-5b 所示。当内浇口冻结保压结束后，螺杆就可开

始进行下一工作循环的塑化工序，为下一次注射做准备。

4. 开模顶出制品

制品冷却定型后，打开模具，顶出机构顶出制品，如图6-5c所示。

从注射成型工作过程循环框图可知，注射成型过程并非按动作顺序依次排列，在时间上有的工序会出现重叠。

6.2 注射机的基本参数与型号

6.2.1 注射机的规格型号

我国塑料注射成型机的型号编制方法按照国家标准GB/T 12783—2000执行，国产注射机型号表示方法如图6-6所示。

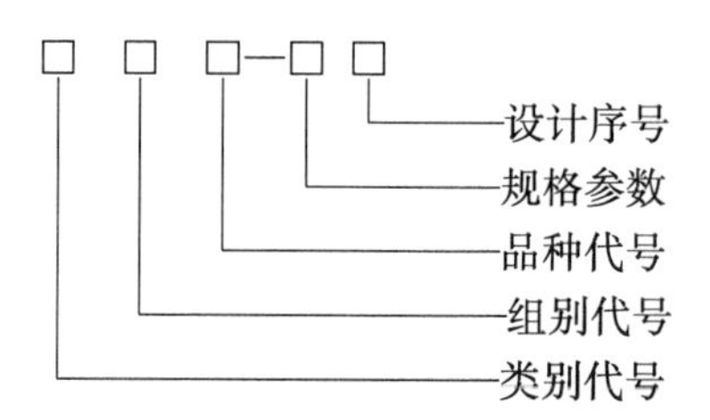

图6-6 国产注射机型号表示方法

型号中的第一项代表塑料机械类，以大写印刷体汉语拼音字母“S”（塑）表示；第二项代表注射成型组，以大写印刷体汉语拼音字母“Z”（注）表示；第三项为品种代号，如双色注射机以“S”（双）表示，混色注射机以“H”（混）表示，热固性塑料注射机以“G”（固）表示；立式注射机以“L”（立），角式注射机以“J”（角）表示；第四项代表设备规格参数（以合模力表示，单位为kN），用阿拉伯数字表示；第五项为设计序号，表示产品改进设计的顺序，按字母A、B、C…的顺序选用，但字母I和O不用，首次设计的新产品不标注设计序号。

型号示例：合模力为800kN的塑料双色注射成型机，其型号表示为：

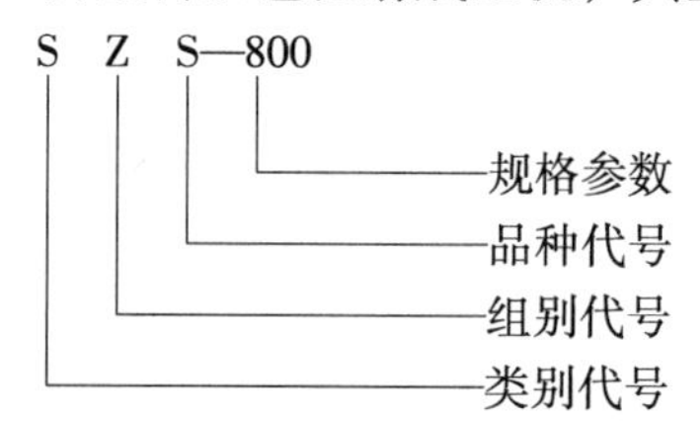

注射机产品型号表示方法各国不尽相同，国内也没有完全统一，除上述表示方法外，还有如下几种表示法：

1. 合模力表示法

合模力表示法是以注射机合模装置的合模力（kN）表示设备规格。此法表示的数值不会受其他条件改变而变动，能直观地体现出注射机允许成型制品的最大投影面积。但随着注射成型加工领域的扩大，对设备的合模力与注射量的匹配关系需要拓宽，仅用合模力一项表示设备规格就不够了，而采用合模力与注射量共同表示。

2. 注射容积与合模力共同表示法

注射容积与合模力是从成型制品重量与成型面积两个主要方面表示设备的加工能力，因此比较全面合理。我国相关标准规定以理论注射容积和合模力共同表示设备规格。如SZ-200/1000，即表示塑料注射机（SZ），理论注射容积为200cm^3，合模力为1000kN。此法在国际上比较通用，故又称国际规格。

此外，常见的型号还有用XS-ZY表示，如XS-ZY-125A，其中125指设备的注射容积为125cm^3，XS-ZY指预塑式（Y）塑料（S）注射（Z）成型（X）机，A指设备设计序号为第一次改型。有的塑料机械生产厂家为了加强宣传作用，往往用厂家名称缩写加上注射容积或合模力数值来表示注射机的规格，如LY180（利源机械有限公司生产的注射机，180指注射机的合模力为1800kN）等。

表6-2摘列了部分国产塑料注射机的型号与技术参数，供参考。

6.2.2 注射机的基本参数

注射机的规格性能通常用一些参数加以表示。其主要参数有注射量、注射压力、注射速率、塑化能力、合（锁）模力、移模速度、合模装置的结构尺寸、空循环时间等。这些参数是模具设计和注射机选用时的依据。其中注射量和合模力的大小反映了注射机加工能力的大小，通常用来表示注射机的规格型号。

1. 注射量

注射量是指注射机的螺杆或柱塞做一次最大行程对空注射时所能达到的注射量。注射量的表示方法一般有两种：一种是以熔料的容积表示，单位为cm^3，与原料的密度无关，比较方便，国产注射机多用此方法表示；另一种是以聚苯乙烯熔料的质量表示，单位为g，以便于比较。注射量是表明注射机生产塑料制品能力的重要标志，所以常用来表示注射机的规格。

2. 注射压力

注射压力是指螺杆或柱塞施加于料筒中熔料上单位面积的力。它用来克服熔料从料筒流经喷嘴、流道和充满模腔时的流动阻力，使制品具有一定的致密度。

注射压力的选择很重要，它不仅是熔料充模的必要条件，同时也直接影响到制品的成型质量。注射压力过高，制品可能产生飞边和脱模困难，制品内应力大，脱模后易变形；注射压力过低，则熔料不易充满模腔。注射压力的选择应综合考虑塑料的性能，制品的形状、壁厚和精度要求，浇注系统和模具结构等因素，通常凭经验进行粗选，再依据生产情况进行调整修正。

通常对于流动性好的塑料、形状简单的厚壁制品，注射压力≤70～80MPa；塑料黏度较低，制品形状一般，对精度有一般要求时，注射压力为100～120MPa；塑料具有高、中等黏度，制品形状较为复杂，有一定的精度要求时，注射压力为140～170MPa；塑料具有较高的黏度，薄壁长流程，制品壁厚不均，精度要求严格时，注射压力在180～220MPa范围内。对于优质精密微型制品，注射压力可用到250～360MPa，甚至400MPa以上。

表 6-2 部分国产塑料

注射机型号	螺杆直径/mm			螺杆长径比 L/D			最大理论注射容积/cm^3			注射量/g			最大注射压力/MPa			理论注射速率/(cm^3/s)			塑化能力/(kg/h)			螺杆行程/mm	螺杆扭力/N·m	螺杆转速/(r/min)
	A	B	C	A	B	C	A	B	C	A	B	C	A	B	C	A	B	C	A	B	C			
LY80	35	40		20	20		131	169		116	150		230	176		92	120		44	64		135	600	10~230
LY100	40	45		20.6	20.6		201	256		180	227		196	155		94	118		64	82		160	650	
LY140	45	50		20.6	20.6		256	314		227	280		171	161		136	168		77	109		160	900	10~220
LY180	50	55	60	20	20	20	383	466	551	342	416	491	176	146	122	145	178	210	99	127	160	195	1300	
LY240	55	60	65	21.8	20	18.5	573	678	799	511	605	712	213	179	153	134	160	187	108	136	173	240	2000	10~170
LY300	65	70	75	21.5	20	18.6	915	1058	1218	816	944	1086	202	174	152	190	220	255	163	204	245	275	2200	10~160
LY380	70	75	80	21.4	20	18.8	1135	1307	1482	1012	1165	1322	185	161	142	257	295	336	191	230	273	295	3000	10~150
LY460	75	85	90	22.7	20	18.9	1616	2075	2322	1440	1850	2070	223	174	155	285	366	410	230	300	368	367	4000	
LY550	80	90	100	22.5	20	18	1959	2480	3062	1861	2356	2908	217	171	139	369	467	576	273	368	492	390	4500	10~160
LY650	90	100	110	22.2	20	18.2	2766	3415	4132	2828	3244	3925	210	170	141	467	577	698	368	492	635	435	5700	10~155
LY800	100	110	120	22	20	18.3	3925	4750	5650	3729	4513	5368	205	169	142	648	784	933	492	635	816	500	7600	10~150
LY1000H	110	120		21.8	20		5224	6217		4963	5906		181	152		804	956		375	544		550	9500	10~120
LY1300H	120	130		21.6	20		6782	7960		6443	7562		182	155		929	1090		544	767		600	11800	10~110
LY1700H	130	145		22.3	20		8623	10728		8192	10192		179	144		1004	1248		767	911		650	15700	
LY2000H	145	160		22.1	20		12543	15273		11906	14509		180	148		1212	1476		728	880		760	20500	10~100
LY2500H	160	180		22.5	20		17483	22128		16609	21021		179	142		1263	2059		880	1130		870	27000	
FL-50G	28	31	35	21	19	17				60	72	92	190	155	120	65	80	102	26	38.9	54	110		0~230
FL-80G	31	35	40	22	19	17				88	114	146	200	155	120	67	85	111	29	41.4	46.8	135		0~175
FL-120G	40	45	50	20	18	16				180	227	283	210	165	135	100	128	159	50	63	82.8	162		0~180
FL-160G	45	50	55	21	19	17				255	312	370	190	155	125	107	132	160	68	84.6	128	180		0~198
FL-200G	50	55	60	21	19	17				350	426	509	180	150	125	136	165	196	71	91.8	115	202		5~145
FL-250G	60	67	75	21	19	17				596	740	936	180	145	115	213	265	332	133	191	266	238		3~167
FL-330G	67	75	83	21	19	17				825	1030	1276	195	155	130	240	300	367	137	191	248	265		3~120
TTI-95G	30	35	40	23	20	18	103	140	182	108	147	191	217	159	122	67	91	119				145		197
TTI-165G	43	50	56	23	20	18	290	393	493	305	413	517	206	152	121	103	140	175				200		154 179
TTI-285G	52	60	68	23	20	18	552	735	944	580	771	991	206	155	121	152	202	260				260		112 156

注射机的型号与技术参数

喷嘴孔径/mm	喷嘴球头半径/mm	喷嘴推力/kN	注射座行程/mm	最大合模力/kN	最大开模行程/mm	模具厚度/mm	模板最大开距/mm	拉杆间距(水平×垂直)/mm×mm	模板尺寸(宽×高)/mm×mm	顶出力/kN	顶出行程/mm	顶杆数量	液压泵电动机功率/kW	液压泵最大流量/(L/min)	加热功率/kW	加热段数	顶杆孔径/mm	定位圈直径/mm	机器尺寸(长×宽×高)/m×m×m	提供厂家
ϕ3	R10	57	250	800	280	150~350	630	350×350	510×510	27.5	100	1or5	11	65	6.5	3+N	46+23	100	3.8×0.9×1.7	张家港利源机械
ϕ3	R10	57	300	1000	335	150~350	685	352×352	530×530	27.5	90	1or5	11	65	10	3	46+23	100	4×1×1.78	
ϕ3.5	R10	57	800	1400	400	175~400	800	400×400	615×615	27.5	100	1or5	15	85	11.85		46+23	125	4.2×1.2×1.8	
ϕ4	R10	57	350	1800	420	200~460	880	465×465	705×705	44	150	1or5	22	110	13	3+N	55+28	150	5.3×1.2×2	
ϕ5	R10	58	350	2400	500	220~520	1025	560×560	850×820	44	150	1or5	22	136	17	4+N	55+28	150	6.35×1.2×2	
ϕ7	R15	96	350	3000	590	230~580	1170	630×630	910×910	70	170	1or13	30	160	21.75		60+28	150	7.5×1.7×2.2	
ϕ7	R15	96	450	3800	685	250~680	1365	700×700	1000×1000	70	170	1or13	37	200	23.5	5	80+32	150	8.05×1.8×2.3	
ϕ8	R15	150	530	4600	800	300~810	1610	780×780	1120×1120	121	200	1or13	45	240	29.8		80+32	200	9×2.1×2.3	
ϕ8	R15	151	570	5500	900	350~900	1800	900×900	1290×1290	185	200	1or17	60	325	35.5	6	80+32	200	9.7×2.6×2.7	
ϕ10	R18	151	630	6500	1000	400~1000	2000	950×950	1375×1375	185	250	1or17	75	400	40.5		80+32	200	11.7×2.75×2.95	
ϕ10	R18	197	670	8000	1200	500~1200	2400	1200×1200	1660×1660	247	250	1or21	100	540	47.5		100+42	250	12.5×3.05×3.1	
ϕ12	R20	246	750	10000	1500	550~1300	2800	1300×1300	1850×1850	309	300	21	110	475	58.6	7	100+42	250	13×3.1×3.1	
ϕ12	R20	246	850	13000	1700	600~1400	3100	1450×1450	2050×2050	309	350	29	127	550	69.1		100+42	250	13.5×3.1×3.15	
ϕ13	R20	246	940	17000	1900	700~1600	3500	1600×1600	2250×2150	496	350	29	135	585	82.2	8	100+42	250	14.3×3.2×3.2	
ϕ13	R20	286	1050	20000	2050	800~1800	3850	1750×1600	2450×2300	496	400	33	165	710	99.6		120+52	250	15.7×3.5×3.2	
ϕ13	R20	286	1160	25000	2200	800~2000	4200	1900×1700	2700×2500	727	400	33	220	950	122.1		120+52	250	17.2×3.7×3.5	
ϕ2.5	R10	35		500	220	150~300	520	300×234		20	50	1	11		5.5	3	32	80	3.32×0.9×1.6	浙江宁波利广机械
ϕ3	R10			800	300	125~310	610	350×310		22	65	1	11		6.5			100	3.7×1×1.74	
ϕ3	R10			1200	340	150~360	700	410×370		27.5	80	1	15		7.2		34+23		4.2×1.05×1.76	
ϕ4	R10	56		1600	400	160~400	800	450×385		43.6	100	1+4	19		11	4		120	4.8×1.06×1.78	
ϕ4	R10			2000	400	200~480	880	490×420		43.6	100	1+4	22		13				5.1×1.2×1.82	
ϕ5	R10	87		2500	540	200~560	1100	570×500		70	130	1+4	30		20			150	6.1×1.3×2.1	
ϕ5	R15	90		3300	670	250~670	1340	680×600		85	130	1+4	37		24	5			7.5×1.5×2.1	
ϕ3	R10		225	950	320	100~350	670	390×355		36	85	1	7.5	58		3+N	33	100		东华机械
ϕ4	R10		300	1650	400	155~465	865	480×410		45	100	1+4	15	79			43+23			
ϕ5	R10		385	2850	520	200~640	1160	590×520		62	130	1+4	22	117			48+23	150		

此外，为满足不同塑料和各种结构制品的加工要求，一般注射机都配有不同直径的螺杆和料筒，这样不仅可以通过调节供油压力的办法，还可用更换螺杆和料筒的办法来改变注射压力。

3. 注射速率

为了将熔料及时充满模腔，得到密度均匀和高精度的制品，必须在短时间内把熔料快速充满模腔。用来表示熔料充模快慢特性的参数有注射速率、注射速度和注射时间。注射速率低，熔料充模慢，制品易产生熔接痕、密度不均、内应力大等缺陷。使用高速注射，可减少模腔内的熔料温差，容易充满复杂模腔，可避免注射成型缺陷，获得精密制品。并且高速注射还可降低成型温度，减少塑料过热分解和缩短成型周期，节约能耗。但注射速率过高，熔料易形成喷射状态，对制品表面质量不利，熔料流经浇口易出现摩擦过热分解和模具排气不良等现象，影响制品质量。因此，对注射速度，不仅要求要高，而且要能实现注射过程的分级注射控制，以满足不同树脂和制品的加工要求。

注射速率是指单位时间内注射出熔料的容积；注射速度是指螺杆或柱塞的移动速度；注射时间是指完成一次注射所需要的时间。三者之间存在一定的换算关系。

目前注射机所采用的注射速度范围一般为8～12cm/s，高速注射为15～20cm/s。近年来注射速度有不断提高的趋势，特别是在低发泡塑料制品成型和精密塑料制品成型时，高的注射速度是获得优质制品的先决条件。精密注射用注射机，液压系统能力有限，为达到高的注射速度，往往增设液压蓄能器来加大注射速度。表6-3为注射机注射量与注射时间的关系，供参考。

表6-3　注射机注射量与注射时间的关系

注射量/g	50	100	250	500	1000	2000	4000	6000	10000
注射时间/s	0.8	1	1.25	1.5	1.75	2.25	3.0	3.75	5.0

4. 塑化能力

塑化能力又称塑化效率或塑化容量。它是指单位时间内注射装置所能塑化的塑料量，常用单位为kg/h。它受螺杆直径、螺杆长径比、螺杆转速等因素的影响，螺杆的塑化能力应该在规定的时间内，保证提供足够量的塑化均匀的熔料。塑化能力、注射量、成型周期三者的关系为

$$Q=\frac{3.6G}{t} \tag{6-1}$$

式中，Q是塑化能力（kg/h）；G是注射量（聚苯乙烯，g）；t是成型周期（s）。

在生产中为保证塑料既能达到完全塑化状态，又能充满模腔，选定设备的塑化能力和注射量均应比实际需要量大20%左右。

5. 合模力

合模力是指注射机的合模装置对模具所能施加的最大夹紧力。熔料是在高压下注射入模腔的，虽然在流经喷嘴、模具的流道时有部分压力损失，但仍具有相当大的压力，该压力通常称为模腔压力。模腔压力是由注射压力传递而来，其大小取决于注射压力以及熔料黏度、制品形状、制品流道形式、注射机喷嘴结构等。

模腔压力有顶开模具的趋势，为保证注射成型过程模具不致被顶开产生溢料，必须有足

够的合模力。合模力大小的选择主要取决于模腔压力和制品的最大成型面积。由于模腔压力的影响因素较多，实际中主要按经验数据选取。对于PE、PP、PS等壁厚均匀的日用容器类制品，容易成型，模腔的平均压力可取25MPa；对于一般薄壁类制品，模腔的平均压力可取30MPa；对于ABS、PMMA等高黏度树脂和有精度要求的制品，模腔平均压力可取35MPa；对于高黏度树脂和高精度、充模难的制品，模腔平均压力可取40MPa。最大成型面积是指制品在模具分型面上的最大投影面积。

当模腔压力和最大成型面积确定后，就可以计算合模力。

$$F = Cp_{av}A \tag{6-2}$$

式中，F是合模力（N）；p_{av}是模腔平均压力（Pa）；A是最大成型面积（m^2）；C是安全系数，一般取1.1～1.2。

合模力是注射机生产能力的另一个重要参数，所以，注射机的规格中常有用合模力大小来表示的。

6. 合模速度和开模速度

模板移动速度是反映设备工作效率的参数，它直接影响成型周期的长短，原则上应尽可能提高移模速度。为使模具开模（包括顶出制品）、合模启动和终止阶段平稳，减小惯性力的不良影响，要求模板慢速移动；而为了提高生产率，则要求空行程时模板快速移动。因此，在一个成型周期中，要求模板的移动速度是变化的，即模板合模过程从快到慢，开模过程由慢到快再转慢。我国专业标准规定的移模速度为≥24m/min，国外机器一般为30～35m/min，高速机为45～50m/min，最高的速度已接近70m/min。慢速移模速度一般要求在0.24～3m/min范围内。

7. 合模部分的基本尺寸

合模部分尺寸与模具使用范围有关的有：模板尺寸、拉杆间距、模板间最大开距、动模板行程、模具的最小厚度和最大厚度等。

（1）模板尺寸及拉杆间距　模具是安装在模板上的，模板尺寸（$H \times V$）和拉杆间距（$H_0 \times V_0$）限制了装模方向和模具尺寸（长×宽）。如图6-7所示为模具与模板、拉杆间距尺寸关系，由图可得

$$H = D + 2b + 2d + 2\Delta_1 + 2\Delta_2 \tag{6-3}$$

$$H_0 = D + 2b + 2\Delta_1 \tag{6-4}$$

式中，D为由机器最大成型面积计算的直径；b为由模具强度与结构决定的裕量；d为拉杆（导向部分）直径；Δ_1为拉杆内侧余量，中、小型机一般应大于5cm，大型机应大于10cm；Δ_2为拉杆外侧余量。

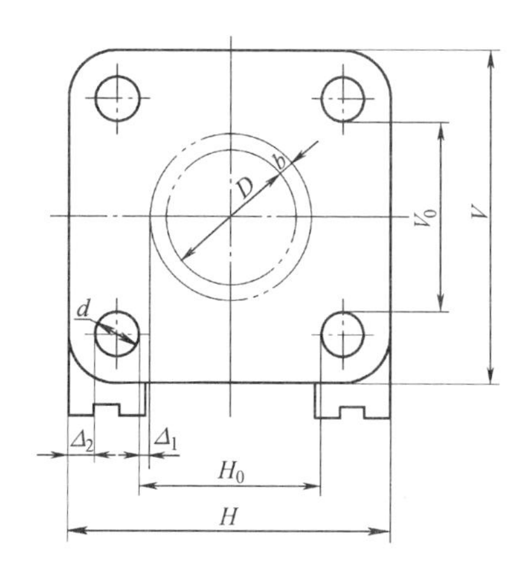

图6-7　模具与模板、拉杆间距尺寸关系

图6-8所示为注射机模板尺寸图，由图可知注射机喷嘴球头半径为$SR10$mm，喷嘴孔径尺寸d_0为$\phi 3$mm，定模板孔径尺寸D为$\phi 100H8$，喷嘴可向前延伸的深度L为60mm，该注射机的容模量H（即可安装的模具闭合高度尺寸范围）为150～360mm，注射机动模板的移动行程S为320mm，注射机顶杆孔直径为$\phi 60$mm，拉杆内间距尺寸为720mm×720mm等，这些尺寸信息都与塑料注射模设计密切相关。模具的定位圈尺寸、浇

口套尺寸、模具闭合高度、定模座板上顶杆孔尺寸及模具外形最大轮廓尺寸等参数均可按上述信息进行确定或校核。

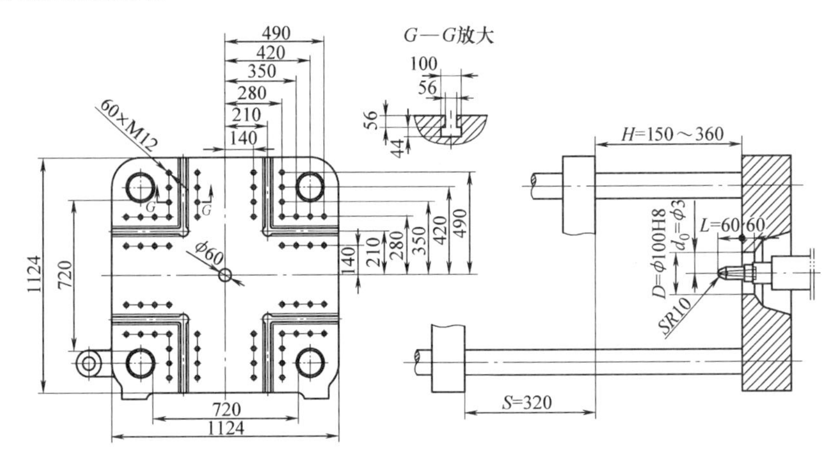

图 6-8 注射机模板尺寸图

（2）模板间最大开距 模板间最大开距是指定模板与动模板之间能达到的最大距离（包括调模行程在内），该参数关系到设备所能加工制品的高度大小（图 6-9）。为使成型制品方便地取出，模板间最大开距一般为制品最大高度的3 ~4 倍，即

$$L=(3\sim4)h \tag{6-5}$$

式中，L 为模板间最大开距；h 为制品最大高度。

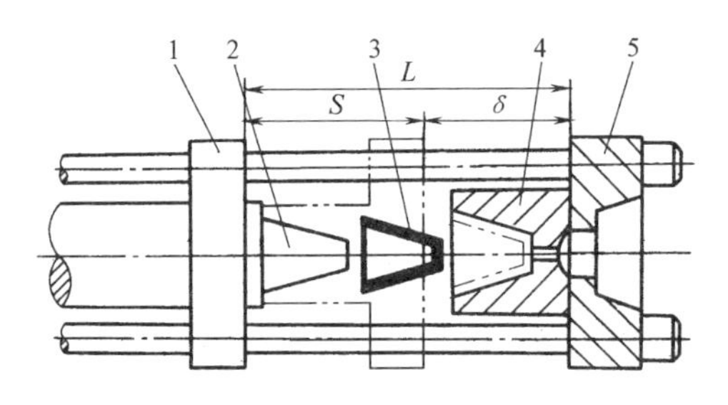

图 6-9 模板间最大开距

1—动模板 2—动模 3—制品 4—定模 5—定模板

为适应不同闭合高度的模具使用，一般注射机都设有调节模板间距离的调模装置。

（3）动模板行程 动模板最大行程关系到设备所能生产制品的最大高度 h，为便于制品取出，一般应使 $S>2h$（图 6-9）。

根据合模装置结构不同动模板行程大小是不同的。在机械-液压联合作用（曲肘式）的合模装置中，注射机动模板的行程一般是固定不变的；而在全液压合模装置中，注射机动模板行程在合模液压缸活塞移动全程内可调，它能提供的开模行程与所使用的模具厚度有关，即开模行程等于模板间最大开距减去模具厚度。为减少动模板移动过程的功率消耗，在满足取件需要的前提下，应尽量使用最短的行程。

（4）模具的最小与最大厚度 模具的最小厚度 δ_{min} 与模具的最大厚度 δ_{max} 分别指动模板移动到使模具闭合，并达到规定合模力时，动模板与定模板间的最小与最大距离（图6-9）。如果模具厚度小于 δ_{min}，装模时需加垫板，否则不能达到规定的合模力；如果模具厚度大于 δ_{max}，则无法使用。δ_{max} 与 δ_{min} 的差值即为调模装置的最大调节量。

此外，合模装置中还附设有顶出装置，顶出行程的大小关系到制品成型后能否顺利取出。设计模具时，应根据实际情况校核设备的顶出行程是否满足要求。

8. 空循环时间

空循环时间是指注射机在没有塑化、注射、保压、冷却、取出制品等动作的情况下，完成一个循环所需要的时间。它由合模、注射座前移和后退、开模以及各动作的切换时间所组成。

空循环时间排除了塑料性能、制品结构等可变因素的影响，可以比较准确地反映出设备的机械结构、液压和电气系统的优劣，其值的大小反映了设备的工作效率，是表征注射机综合性能的参数之一。

注射机的各种技术参数见表6-2。

6.3　注射机的注射装置

6.3.1　注射装置的形式

注射装置是注射机的一个重要组成部分。它应在规定的时间内将一定量的塑料加热，使其均匀地熔融塑化到注射成型所需的料温，并以一定的压力和速度把熔料注射到模腔中。熔料充满模腔后，还要保持压力一段时间，以向模腔补缩和防止熔料倒流，提高制品的致密度。

注射装置的主要形式有柱塞式、柱塞预塑式、螺杆预塑式和往复螺杆式（简称螺杆式）。目前采用最多的是往复螺杆式，其次是柱塞式。

1. 柱塞式注射装置

如图6-10所示为典型的柱塞式注射装置。它主要由料斗、加料计量装置、塑化部件（料筒、柱塞、分流梭、喷嘴等）、注射液压缸、注射座及其移动液压缸等组成。

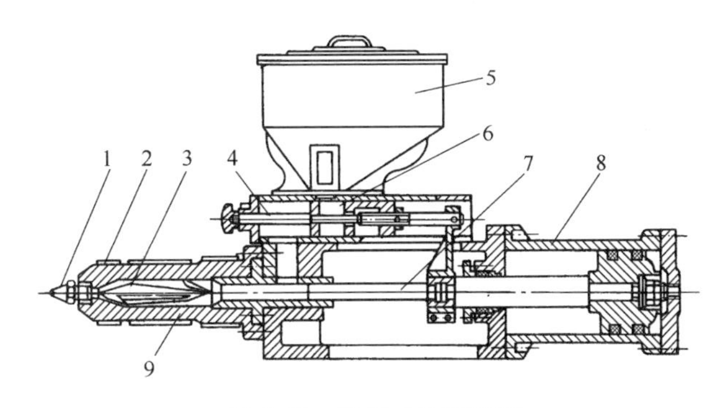

图6-10　柱塞式注射装置

1—喷嘴　2—加热器　3—分流梭　4—计量装置　5—料斗　6—计量室　7—柱塞　8—注射液压缸　9—料筒

图6-10所示注射柱塞处于退回的位置，此时料斗5中的粒料落入与注射液压缸活塞杆相连接的计量装置4的计量室中。当注射液压缸推动注射柱塞7前移时，计量装置随之前移，从而使计量室中一定量的粒料落入加料室。当注射柱塞退回时，料斗中的粒料又一次落入计量室，同时加料室中的粒料经料筒加料口进入料筒加料区。注射柱塞再一次前移时，柱塞将料筒加料区中的粒料向前推移的同时，计量室中的粒料又落入加料室。如此反复循环动作，粒料在料筒中不断前移。料筒外部加热器2的热量传递给料筒内的塑料，使其逐渐熔融塑化为黏流态的塑料。在柱塞推动下塑料经过分流梭3与料筒间的窄缝，再经喷嘴1注射到模腔中。设置分流梭的目的是增加塑料的传热面积，迫使料流分散成薄层，加强传热效果，借以提高塑化能力和塑化均匀性。

柱塞式注射装置具有以下特点：

1）塑化不均匀，提高料筒的塑化能力受到限制。由于料筒内塑料加热熔融塑化的热量来自于料筒的外部加热，且塑料导热性差，塑料在料筒内的运动呈“层流”状态，造成靠近料筒外壁的塑料温度高，塑化快；而料筒中心的塑料温度低，塑化慢。料筒直径越大，温差越大，塑化越不均匀，甚至出现内层塑料尚未塑化好，而表层塑料已过热分解变质的状况。对于热敏性塑料则更难于加工成型。

2）注射压力损失大。因注射压力不能直接作用于熔料，需经未塑化的塑料传递，熔融塑料通过分流梭与料筒内壁的狭缝进入喷嘴，最后注入模腔，造成很大压力损失。据实测，采用分流梭的柱塞式注射机，模腔压力仅为注射压力的25%～50%，因此需要提高注射压力。

3）不易提供稳定的工艺条件。柱塞在注射时首先对加入料筒加料区的塑料进行预压缩，然后才将压力传递给塑化后的熔料，并将头部的熔料注入模腔。可见，即使柱塞等速移动，熔料的充模速度也是先慢后快，直接影响到熔料在模内的流动状态。且每次加料量的不精确，对工艺条件的稳定和制品质量也会有影响。

此外，料筒的清洗比较困难，但其结构简单，在注射量较小时，仍不失其应用价值。因而，一般只用于注射量在60cm^{3}以下的小型注射机。

2. 柱塞预塑式注射装置

柱塞预塑式注射装置是采用两个柱塞式注射装置并联连接在一起，一个用来完成塑料的加热塑化，另一个用来注射保压。塑料在预塑料筒内熔融塑化后经连接头流入注射料筒，由注射料筒完成注射和保压。这种形式虽然在一定程度上改善了原柱塞式注射装置的性能，但在扩大设备加工能力等方面仍受限制，且结构较复杂，因此应用较少，主要用于小型或超小型高速注射装置上。

3. 螺杆预塑式注射装置

螺杆预塑式注射装置的结构原理与柱塞预塑式注射装置相似，不同之处是用于完成塑料塑化的装置为螺杆式结构，如图6-11所示。这种注射装置的塑化速度较快且质量较均匀，可以提供较大的注射量，注射过程的压力和速度比较稳定。这种形式多应用于高速精密和大型注射装置以及低发泡注射装置等方面。

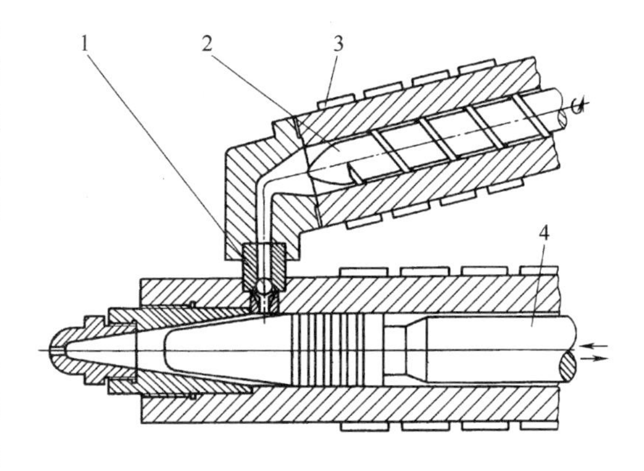

图6-11 螺杆预塑式注射装置

1—单向阀 2—预塑螺杆 3—加热器 4—注射柱塞

4. 螺杆式注射装置

螺杆式注射装置是目前最常用的一种，主要由喷嘴、塑化部件（螺杆、料筒）、螺杆驱动装置、注射液压缸、注射座及其移动液压缸等组成，如图6-12所示。

螺杆式注射装置的工作原理已在前面6.1.4节“注射成型工艺过程”中述及，在此不赘述。这种结构形式的注射装置，其主要特点是：螺杆不仅要做旋转运动，还要做轴向往复运动，完成塑料的塑化和注射入模腔，它也属于预塑式注射装置。

如图6-12a所示为电动机驱动型注射装置。该注射装置中的螺杆采用电动机经齿轮变速

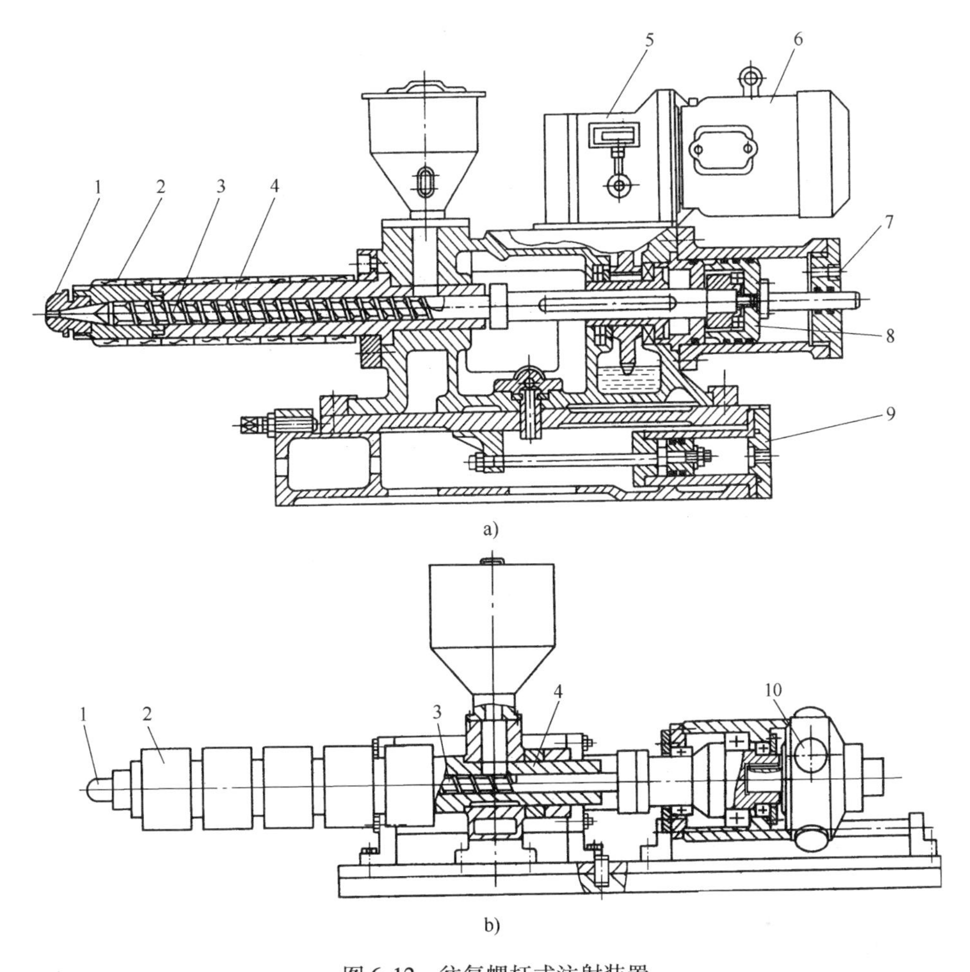

图6-12　往复螺杆式注射装置

a）电动机驱动型　b）液压马达驱动型

1—喷嘴　2—加热器　3—螺杆　4—料筒　5—齿轮变速器　6—预塑电动机

7—背压阀接口　8—注射液压缸　9—注射座移动液压缸　10—液压马达

器变速后驱动。为了使注射活塞不随螺杆转动，在活塞与螺杆的连接处设置推力轴承。螺杆与传动部分采用长滑键联接，可使注射时齿轮变速器不随螺杆移动。注射座下面设注射座移动液压缸，以驱动注射座的前移和后退，使喷嘴贴紧或离开模具。为便于拆换螺杆和清理料筒，在注射座中部设有回转轴，可使注射装置绕回转轴回转一定角度（图6-13）。

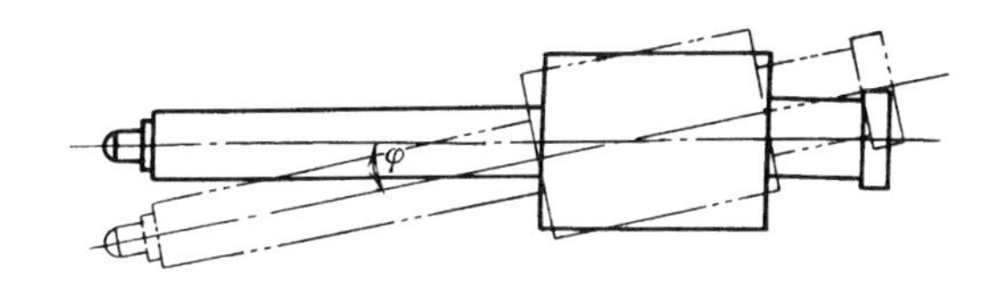

图6-13　注射座旋转示意图

螺杆式注射装置还有液压马达驱动型，可根据注射液压缸数分为单缸式和双缸式两类结构。图6-12b所示为双缸式液压马达驱动型注射装置，双注射液压缸放置在料筒两侧平行排列，螺杆与注射活塞连接，液压缸活塞不随螺杆转动。螺杆与液压马达通过传动轴连接传递运动。注射时液压马达随螺杆一起做轴向移动，故称随动式。这种形式注射装置结构紧凑，能耗低。它是恒力矩驱动装置，当螺杆出现过载时，液压马达无法驱动，起到对螺杆的保护作用；而电动机驱动装置为恒功率驱动装置，当螺杆过载时容易扭断螺杆。故目前普遍采用液压马达直接驱动的注射装置。

螺杆式注射装置与柱塞式注射装置比较有以下优点：

1）螺杆式注射装置塑化时不仅依靠外部加热器供热，而且螺杆的旋转运动不断地对塑料进行剪切摩擦，产生剪切摩擦热对塑料进行加热塑化，可适当降低加热器的加热温度。因此塑化效率和塑化质量上都优于柱塞式注射装置。

2）注射压力损失少。注射时，螺杆头部的塑料是完全塑化的熔料，又没有分流梭造成的阻力，因此在其他条件相似的情况下，螺杆式注射装置可采用较小的注射压力。

3）塑化能力大，均匀性好，注射机的生产率高。螺杆还兼有对料筒壁的刮料作用，可减少塑料滞流而产生过热分解。

4）螺杆式注射装置可以对塑料直接进行染色加工，而且料筒清洗较方便。

不过，螺杆式注射装置的结构比柱塞式复杂，螺杆的设计和制造比较困难。尽管如此，因其优点居多，所以应用十分广泛，特别是大、中型注射机基本上采用螺杆式注射装置。

6.3.2 注射装置的主要零部件

1. 料筒及其加热装置

料筒是注射装置的重要组成部分，其外部设有加热器，内部与柱塞（及分流梭）或螺杆配合。它的主要作用是与螺杆（或柱塞）共同完成塑料的塑化和把熔料注射入模腔，因而要求料筒具有耐热（温度 300 ~ 400℃）、耐压（约 150MPa）能力，并具有耐蚀性和一定的耐热性。

柱塞式注射装置的料筒，根据其各部位的作用不同，分为加料室与加热室（即塑化室）两部分，如图 6-14 所示。

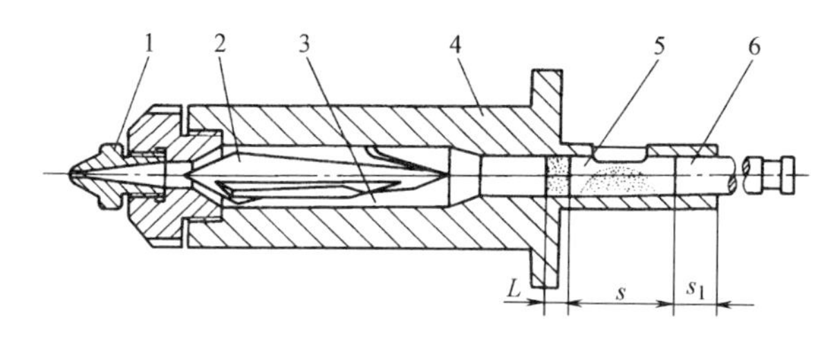

图 6-14 柱塞式注射机料筒

1—喷嘴 2—分流梭 3—加热室 4—料筒 5—加料室 6—柱塞

加料室：落入的塑料在此被柱塞压实、前移，进入加热室塑化。加料室应有一定的空间容积（指柱塞注射行程 s 段所占的空间容积）一般为熔料最大注射容积的 2 ~ 2.2 倍。加料口为对称开设的长方形，其轴向长度约为柱塞直径 d 的 1.5 倍，其宽度约为柱塞直径的 2/3。柱塞后退到终止位置时，与加料室还应有一段配合距离 s_1，$s_1 = (1.5 \sim 2)d$。可见加料室长度 $L' = L + s + s_1$。为了不使加料口处的塑料熔结，保持加料的顺畅，在加料口附近设置冷却装置。

加热室：加热室完成对塑料的加热塑化工作。由于加热塑化的时间通常比注射成型的周期长好几倍，所以加热室的容积一般为一次注射量的 4 ~ 6 倍。加热室的直径为柱塞直径的 1.3 ~ 1.8 倍，其长度约为柱塞直径的 5 倍。

料筒的加热，目前多采用电阻加热圈。为准确方便控制料筒温度，通常根据料筒的长短分为 2 ~ 6 段的加热段，用热电偶及温度控制器对料筒温度进行分段控制。

对于螺杆式注射装置的料筒，加料口形式有对称和偏置设置两种，如图 6-15 所示。为增强螺杆的吸料和输送能力，采用偏置加料口形式较好，如图 6-15b、c 所示结构，加料口外形多为矩形。当采用螺旋式强制加料装置时，加料口为圆形。

2. 分流梭

塑料加热塑化的速度主要取决于传热面积的大小。对于柱塞式注射装置，为提高塑化能力，在料筒的加热室中，一般都设置分流梭，如图6-16所示是常用的一种结构形式。分流梭的形状似鱼雷，故又称鱼雷体。它有三条翅肋与料筒内壁配合，为防止配合间隙挤入塑料，常采用H7/h6配合。其余部分加工成锥形，与固态料接触端锥角（称扩张角）较其末端的锥角（称压缩角）要小些，锥体与料筒内壁间形成逐渐变浅的压缩通道，以适应塑料状态变化。

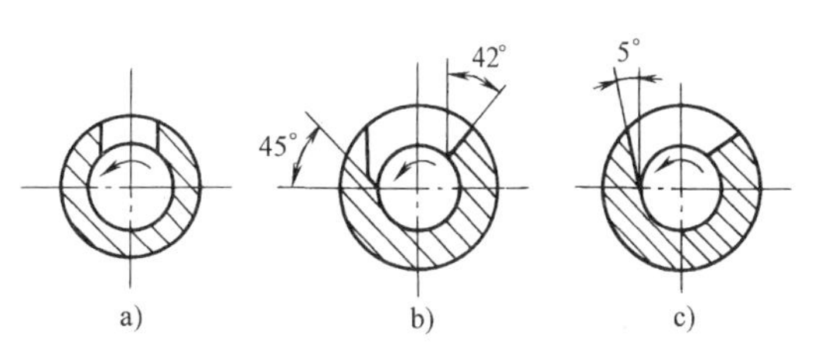

图6-15　螺杆式注射机料筒的加料口形状

a）对称设置　b）、c）偏置设置

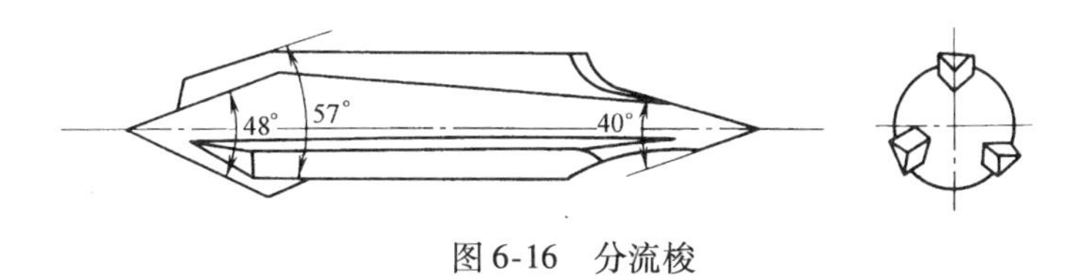

图6-16　分流梭

3. 柱塞

柱塞与料筒配合在注射缸作用下将熔料以一定的速度注射入模腔。设备的一次注射量取决于柱塞直径和行程。注射压力（120～180MPa）和注射速度由注射液压缸的油压和流量来调节。柱塞注射行程终止时，应与分流梭保持一定的距离（一般不小于柱塞的半径），以免损坏分流梭。

柱塞要求表面光洁，且有一定硬度，常用40Cr或38CrMoAl材料制造，其头部做成圆弧形或大锥角的内凹面，如图6-17a所示。柱塞与料筒一般采用H8/f9～F9/f9配合，保证柱塞运动自如又不漏料。图6-17b为改进结构，可以减少柱塞与料筒内壁的摩擦。

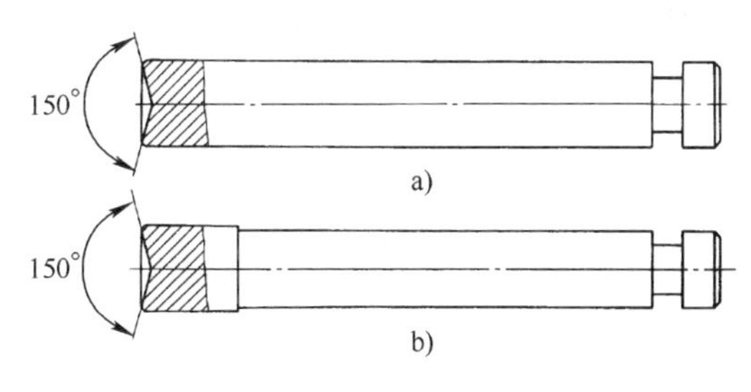

图6-17　柱塞结构

a）普通结构　b）改进结构

4. 螺杆及螺杆头

（1）螺杆　螺杆是螺杆式注射装置中的重要零件。注射螺杆与挤出螺杆在结构形式上有许多相似之处，但其运动方式和工作要求有所不同，因而在结构参数等方面有所区别。

挤出螺杆的运动方式为连续旋转运动，将塑料原料不断向前推送，在机头端建立起稳定的压力，熔料经机头连续稳定挤出具有相同截面形状的制品。要求挤出螺杆塑化能力高，塑化均匀，挤出压力和挤出速率稳定，以保证挤出制品质量和产量。而注射螺杆的主要任务是完成预塑和注射任务。预塑是间歇性的运动，在整个注射成型周期中所占时间较短，对螺杆的塑化速率、螺杆转速调节等要求不像挤出螺杆要求那么严格。注射螺杆的塑化情况可方便地通过背压的调节予以适当调节，塑化过程螺杆边转动边后退，其有效长度是变化的。注射螺杆注射时需轴向移动，并进行一段时间的保压等。因此，注射螺杆与挤出螺杆有以下区别：

1）注射螺杆的长径比 L/D 和压缩比较小。

2）注射螺杆参数有所变化，均化段螺槽较深，加料段增长，而均化段可相应缩短。

3）注射螺杆通常为等距不等深结构，以便于螺杆的制造。

4）注射螺杆直径 D 与行程 S 相互制约，应有恰当的比例，通常 $S/D=2\sim4$。

5）注射螺杆头的结构形式可依据其预塑和注射要求进行适当变化，而挤出螺杆头多为圆头或锥头。

注射螺杆为适应不同塑料性能的需要，也有渐变型和突变型螺杆之分。为扩大螺杆的适应性，还有一种通用型螺杆。各种注射螺杆结构形式如图6-18所示。

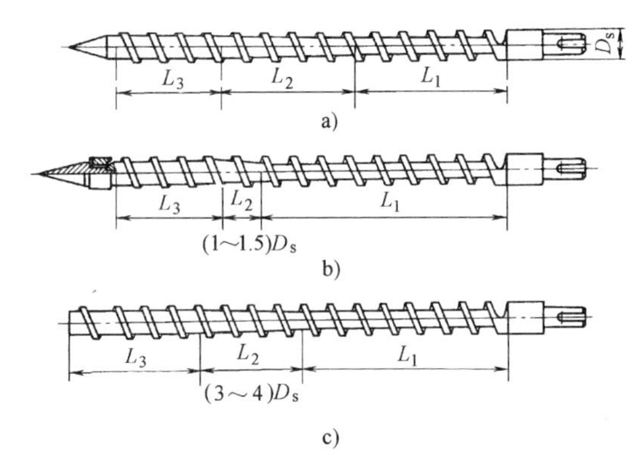

图6-18 注射螺杆结构形式

a）渐变螺杆 b）突变螺杆 c）通用螺杆

1）渐变螺杆（图6-18a）是指螺槽深度由加料段到均化段逐渐变浅的螺杆结构。它主要用于热敏性、具有宽的软化温度范围和高黏度的非结晶型塑料的注射成型，如聚氯乙烯、聚苯乙烯、聚碳酸酯、聚苯醚等。

2）突变螺杆（图6-18b）是指压缩段由深变浅的过渡段较短、变化较突然的螺杆结构。它主要用于低黏度、熔点明显的结晶型塑料的注射成型，如尼龙、聚乙烯、聚丙烯、聚甲醛等。

3）通用螺杆（图6-18c）的压缩段长度介于渐变型与突变型螺杆之间，一般为（3～4）D。使用通用螺杆兼顾了非结晶型和结晶型塑料的不同成型要求，可免去更换螺杆的麻烦。但应当明确，通用螺杆在塑化质量和能耗方面不如专用螺杆优越。因此，在某台注射机加工的塑料品种相对稳定时，使用专用螺杆为好。

（2）螺杆头 为防止注射螺杆注射时，高压塑料熔体沿螺槽倒流的现象（特别是成型低黏度塑料和形状复杂的制品），以及加工高黏度和热敏性塑料时，螺杆头部排料不净、余料过热分解等现象，因此螺杆头制成各种结构形式，以适应不同塑料的成型。常用的螺杆头结构形式如图6-19所示。

1）不带止逆结构的螺杆头：图6-19a所示为锥形螺杆头，其锥角 α 较小，一般为20°～30°，还可做成带有螺纹的结构，以减少熔料的倒流，主要用于高黏度或热敏性塑料的加工。图6-19b所示为头部为“山”字形曲面的钝头螺杆头，主要用于成型透明度要求高的PC、AS、PMMA等塑料。

2）带止逆结构的螺杆头：图6-19c所示为止逆环式螺杆头，它由止逆环、环座和螺杆头主体组成。当螺杆转动塑化时，沿着螺槽前进的熔料将止逆环向前推移，熔料通过缝隙进入螺杆头前端聚集；注射时，因螺杆头部的熔料处于高压，使止逆环后移而将流道关闭，阻止熔料的回流。该结构止逆环与螺杆有相对转动。图6-19d所示为爪形止逆环结构，该结构止逆环与螺杆无相对转动，可避免螺杆与环之间的熔料剪切过热分解。图6-19e所示为止逆球式螺杆头，它由密封钢球、球座和螺杆头主体组成。预塑时熔料推开钢球，流到螺杆头前部；注射时钢球密封熔料回流通道。该结构止逆球无附加剪切效果，启闭迅速。带有止逆结

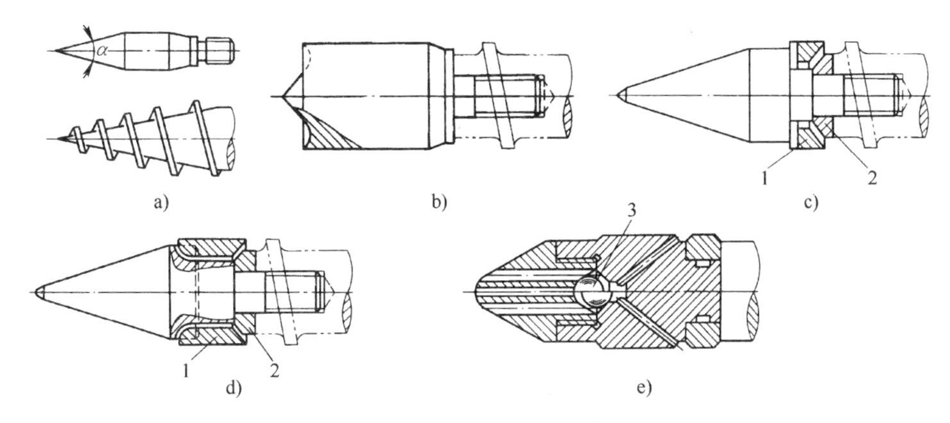

图6-19　常用的螺杆头结构形式

a）锥形螺杆头　b）“山”字形钝头螺杆头　c）止逆环式螺杆头　d）爪形止逆环结构　e）止逆球式螺杆头

1—止逆环　2—环座　3—止逆球

构的螺杆头适用于低、中黏度塑料的注射成型。

近年来，普遍要求在不改变原机器的合模力情况下，提高螺杆的注射量和塑化能力。因此对注射螺杆的性能进行改进，出现了许多适合注射工艺特点的高效能螺杆。新型螺杆针对原注射螺杆的缺点，在螺杆适当部位（主要是均化段）设置多种多样的混炼元件，起到对未熔融塑料颗粒的过滤、粉碎、细化、剪切、混炼等作用，以加速熔融过程，提高制品质量，缩短成型周期和降低能耗。新型螺杆中常见的有销钉型（图6-20a）和屏障型（图6-20b）螺杆。

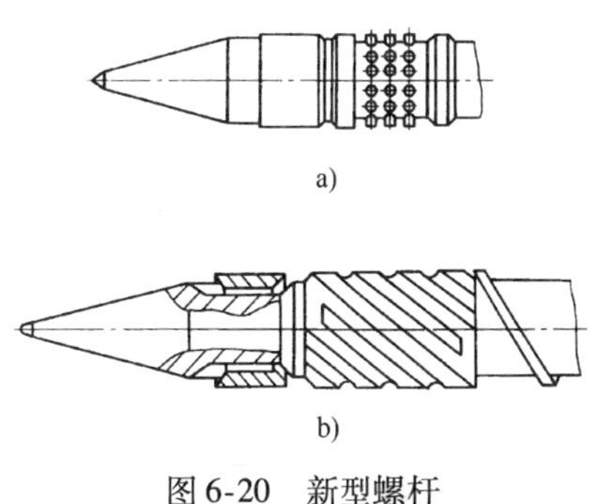

图6-20　新型螺杆

a）销钉型螺杆　b）屏障型螺杆

5. 加料计量装置

为保持注射成型工艺过程的稳定性，必须控制每次从料斗进入料筒的塑料量。该量与每次注射到模腔内的塑料量相等。对于螺杆式注射装置，可以通过调节螺杆后退的行程开关位置来实现，若塑化温度及背压等工艺参数控制准确，可实现精密注射。对于柱塞式注射装置，通过控制每次从料斗落入加料装置计量室中的塑料量来实现计量。如图6-10所示为柱塞式注射机的容积式定量装置。粒料从料斗落入由定量装置的固定板和推料板组成的计量室来定量。加料量的调整可以通过转动调节螺母，以改变推板的位置，从而调节计量室的容积，适应不同注射量的需要。

6. 喷嘴

与料筒端部连接的喷嘴，在注射时必须与模具浇口套贴紧，使熔料在螺杆（或柱塞）的推动下，以相当高的压力和速度流经喷嘴进入模腔。当熔料高速流经狭小口径的喷嘴时，将受到强烈的剪切摩擦作用，有部分压力能转变成热能使熔料温度上升，还有部分压力能转变为速度能，使熔料高速射入模腔，增强充模能力。在保压阶段，还需有少量熔料经喷嘴对模内制品补缩。可见喷嘴的结构尺寸关系到注射压力损失、剪切热、补缩作用和充模能力等许多方面。同时喷嘴结构还需防止预塑时“流涎”现象的产生。

喷嘴的类型较多，可分为开式喷嘴、锁闭型喷嘴和特殊用途喷嘴三大类，主要根据所成型的塑料性质和制品的复杂程度、壁厚等进行选用。对于高黏度、热稳定性差的塑料，宜选用流道阻力小、剪切作用小、口径较大的开式喷嘴；对于低黏度结晶型塑料，宜选用带加热器的锁闭型喷嘴；对于薄壁复杂制品，宜选用小口径远射程的喷嘴；而厚壁件最好选用较大口径的喷嘴，补缩性能好。

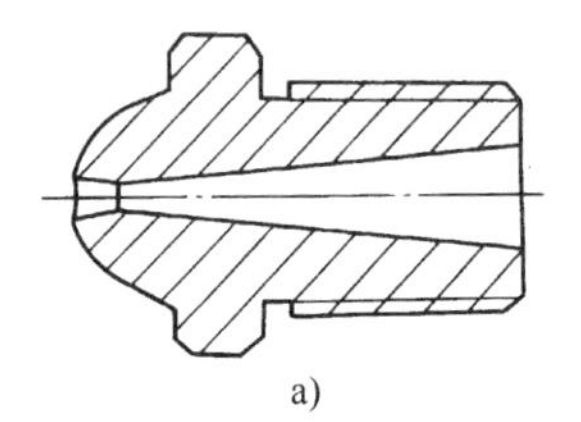

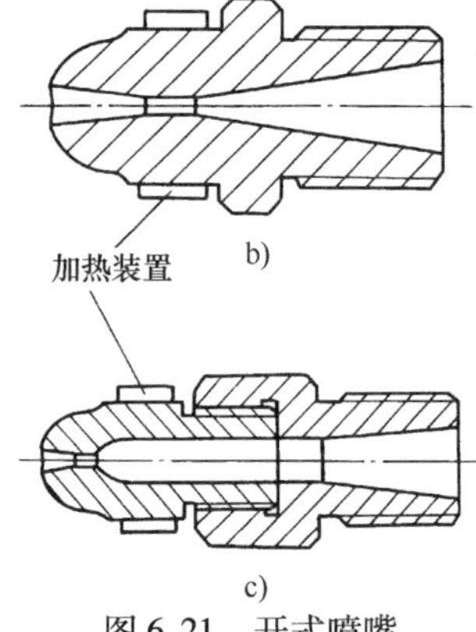

图 6-21 开式喷嘴
a）短型（PVC 型）
b）延长型 c）小孔型

（1）开式喷嘴 开式喷嘴（又称直通式喷嘴）是指料筒内的熔料经喷嘴出口的通道始终是处于敞开状态的喷嘴。根据使用条件和要求不同，常见的有以下几种：

1）如图 6-21a 所示为短型（PVC 型）开式喷嘴。这种喷嘴结构简单，压力损失小，补缩效果好，但因无法设置加热器，容易形成冷料和产生熔料“流涎”现象。这种喷嘴主要用于成型厚壁制品和热稳定性差的高黏度塑料，如聚氯乙烯等。

2）如图 6-21b 所示为延长型开式喷嘴，它是短型喷嘴的改型。因延长了喷嘴体的长度，可进行加热，解决了冷料问题，补缩作用大，射程远，但仍存在“流涎”现象。这种结构主要用于厚壁、高黏度制品的成型。

3）如图 6-21c 所示为小孔型开式喷嘴。这种喷嘴因储料多和喷嘴体外的加热作用，不易形成冷料，且口径小，“流涎”现象不严重，射程远。这种结构主要用于低黏度塑料和薄壁复杂制品的成型。

（2）锁闭型喷嘴 锁闭型喷嘴的熔料通道只有在注射、保压阶段才打开，其余时间都是关闭的。其优点是克服了预塑时熔料的“流涎”现象。它对熔料有较强的剪切作用，料流阻力大。常见的形式有料压锁闭型、弹簧锁闭型、料压弹簧双锁闭型、可控（液、气、电控制）锁闭型等喷嘴。以下选择两种典型结构加以说明。

1）如图 6-22a 所示为弹簧锁闭型喷嘴。它是在喷嘴上加设顶针、导杆、弹簧、压环等组成的。顶针借助于弹簧力通过压环和导杆，将喷嘴锁闭。注射时，由于熔料压力很高，强制顶针压缩弹簧而后退，打开喷嘴，熔料进入模腔。当注射保压结束预塑时，喷嘴内熔料压力降低，顶针在弹簧力作用下自行关闭喷嘴（弹簧力应大于预塑时熔料对顶针的作用力）。这种喷嘴使用方便，解决了“流涎”问题，但结构比较复杂，压力损失大，补缩作用小，射程短，适用于加工低黏度塑料。

2）如图 6-22b 所示为液控锁闭型喷嘴。其结构和动作原理与弹簧锁闭型相似，只是控制顶针启闭喷嘴动作由小液压缸通过杠杆来驱动，可根据需要保证准确及时地开闭顶针。因此，这种喷嘴锁闭可靠，压力损失小，但需增加液压控制装置，调节不当可能产生滞料分解现象。

（3）特殊用途喷嘴 特殊用途喷嘴是一种为满足特殊工艺要求而设计的喷嘴。如图 6-23a所示为栅板型混合喷嘴，用于柱塞式注射机生产混色塑料制品。为提高其混色均匀性，在喷嘴流道中设置双层多孔板，达到混色均匀的要求。图 6-23b 所示为迷宫型混合喷嘴；图 6-23c所示为静态混合器型混合喷嘴。

喷嘴尺寸主要有喷嘴孔径 d 和喷嘴端部球头半径 R。喷嘴孔径关系到熔料的压力损失、

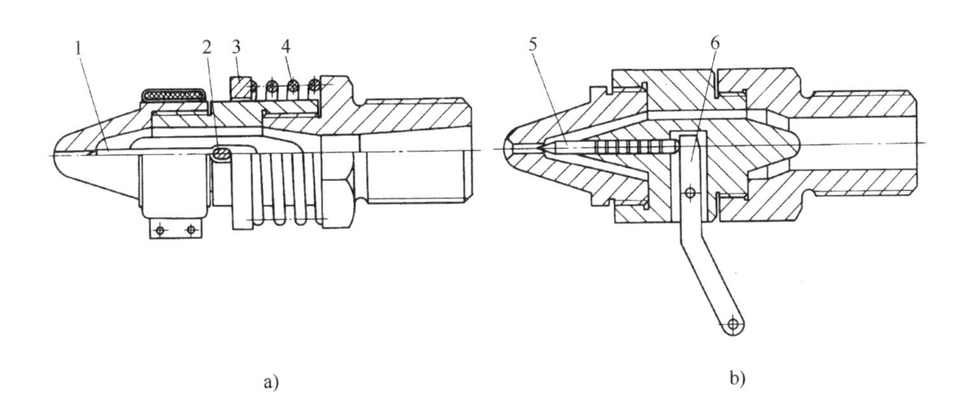

图6-22 锁闭型喷嘴

a）弹簧锁闭型 b）液控锁闭型

1—顶针 2—导杆 3—压环 4—弹簧 5—阀芯 6—杠杆

剪切效果、补缩作用和充模能力等，其值应与螺杆直径成比例。根据经验，高黏度塑料喷嘴孔径为螺杆直径的1/10～1/15；而中、低黏度的塑料，喷嘴孔径为螺杆直径的1/15～1/20。喷嘴孔径的选用与注射量、喷嘴结构形式有关，各种结构形式喷嘴孔径与注射量的关系参见表6-4。

喷嘴与模具主流道衬套的尺寸关系如图6-24所示。为防止注射成型时出现漏料和熔料积存死角的现象，喷嘴端部球头半径应稍小于（约小1mm）模具主流道衬套的凹球面半径 R_0（即 $R<R_0$）；喷嘴孔径 d 应稍小于（小0.5～1mm）模具主流道小端直径 d_0（即 $d<d_0$），且应使两孔同心。

喷嘴常用中碳钢制造，其硬度应高于模具主流道衬套，以延长喷嘴的使用寿命。

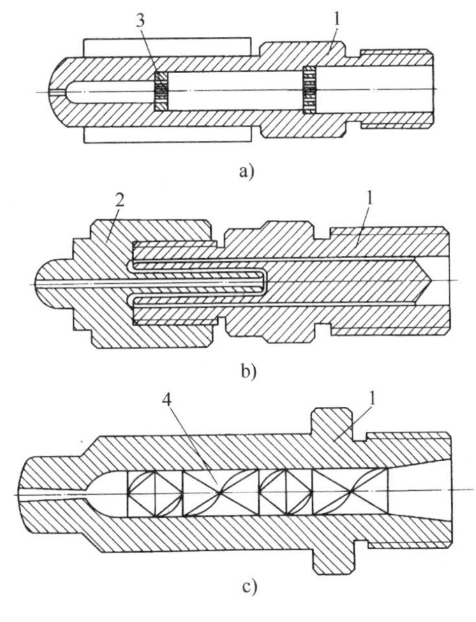

图6-23 混合喷嘴

a）栅板型 b）迷宫型 c）静态混合器型

1—喷嘴体 2—喷嘴头 3—多孔板 4—静态混合器

7. 螺杆传动装置

螺杆传动装置为注射机预塑时给螺杆提供所需的转矩和转速。

（1）螺杆传动装置的特点和要求

1）螺杆预塑是间歇式工作的，故常带负载频繁起动。

2）螺杆转速会影响塑化能力，且对塑料注射成型工艺有影响，所以要求螺杆转速能在一定范围内可调，并可通过背压的调整来改善塑化状况。

3）传动装置会影响螺杆的工作性能和注射装置的整体结构，应力求简单紧凑。

表 6-4 喷嘴孔直径与注射量的关系 （单位：mm）

注射量/cm³		30	60	125	250	500	1000	2000	4000
直通式喷嘴孔径	通用类	2	3～4	3.5	3.5～4	5～6	7	7～8	13
	硬 PVC		4～5	5	6～8	8～9	9～12	9～12	
	远射程			2		3	4	4～6	
弹簧针阀式喷嘴孔径			1.5	2～3	2～3	3～5	3～5	3～5	6

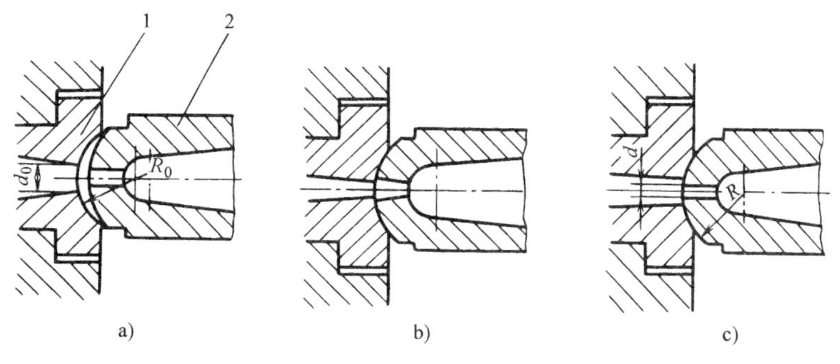

图 6-24 喷嘴与模具主流道衬套的尺寸关系

a)、b）错误 c）正确

1—模具主流道衬套 2—喷嘴

（2）螺杆传动装置形式 螺杆传动装置依螺杆的工作特点和要求有许多种类型，但按螺杆的变速特性，可分为无级变速和有级变速两大类。

1）无级变速。无级变速主要是采用液压马达或由液压马达和齿轮变速器组合来驱动的。使用液压马达直接驱动较理想，因为不仅整个注射装置的结构简单紧凑，重量轻，噪声小，而且传动特性软（即当负荷发生变化时转速能迅速跟着变化，因输入功率一定时，转速与转矩成反比），起动惯性小，还可起过载保护作用。同时可以在不停机的情况下实现较大范围的无级调速，省时方便。在能源利用方面，大部分注射机均采用液压传动，具备了液压能源，且在制品冷却定型阶段液压泵处于无负载状态，此时螺杆进行预塑正好合理利用了能源。也有采用高速小转矩液压马达和变速器组成的传动装置，这种传动装置的每一档转速可以在一定范围内实现无级变速。

2）有级变速。有级变速由电动机和齿轮变速器组成，通过变速器换档或更换交换齿轮来改变螺杆转速，调速范围小。这种传动装置为恒功率传动，起动力矩大，惯性大，功耗大，必须单独设置螺杆保护装置（用液压离合器）。但传动装置制造容易，成本低，易于维修，在早期的注射机中应用较多，目前新生产的注射机已很少采用。

下面介绍国产注射机的几种传动装置。

如图 6-25 所示为 XS-ZY-125 注射机的螺杆传动形式，采用的是电动机和变速器组合的方式。螺杆转速由滑移齿轮的换档来调速。缺点是螺杆没有设置过载保护装置，预塑电动机频繁起动，影响设备寿命。

如图 6-26 所示为 XS-ZY-500 注射机的螺杆传动形式。与 XS-ZY-125 的区别是调速采用更换变速齿轮来实现，变速器体积较小，增加了液压离合器，避免了预塑电动机频繁起动，具有螺杆过载保护作用。

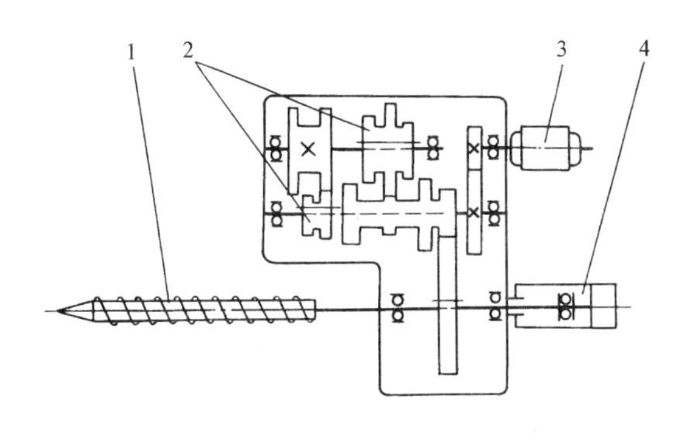

图6-25　XS-ZY-125注射机的螺杆传动形式

1—螺杆　2—变速齿轮
3—电动机　4—注射液压缸

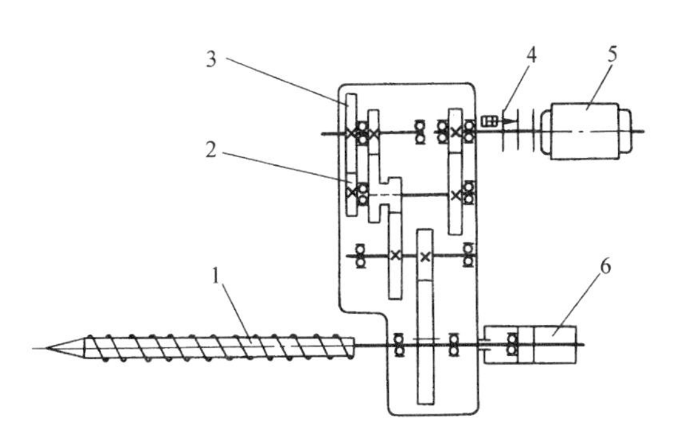

图6-26　XS-ZY-500注射机的螺杆传动形式

1—螺杆　2、3—调速齿轮　4—液压离合器
5—电动机　6—注射液压缸

如图6-27所示为高速小转矩液压马达和齿轮变速器组成的螺杆传动形式。变速器换档可实现较大范围的有级变速，液压马达可实现无级变速。

如图6-28所示为大转矩液压马达直接驱动的螺杆传动形式。其中图6-28a为单缸后置式注射装置螺杆传动形式，螺杆由低速大转矩液压马达直接驱动，注射液压缸活塞和螺杆同轴转动。而图6-28b为双缸随动式注射装置螺杆传动形式，注射液压缸设置在两旁，与液压马达轴承座相连接，传动部件随注射液压缸移动。

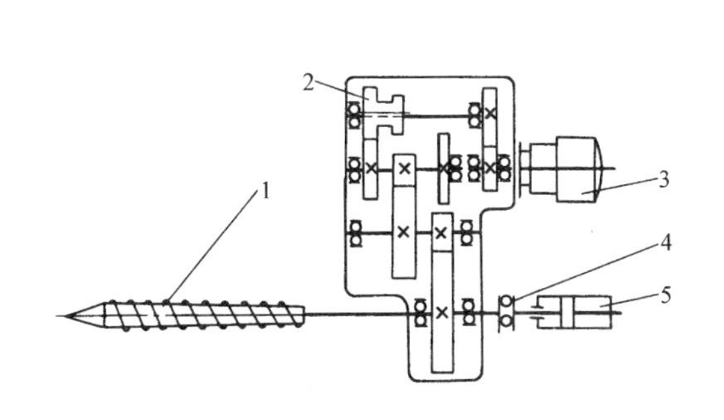

图6-27　高速小转矩液压马达和齿轮变速器组成的螺杆传动形式

1—注射螺杆　2—调速齿轮　3—液压马达
4—推力轴承　5—注射液压缸

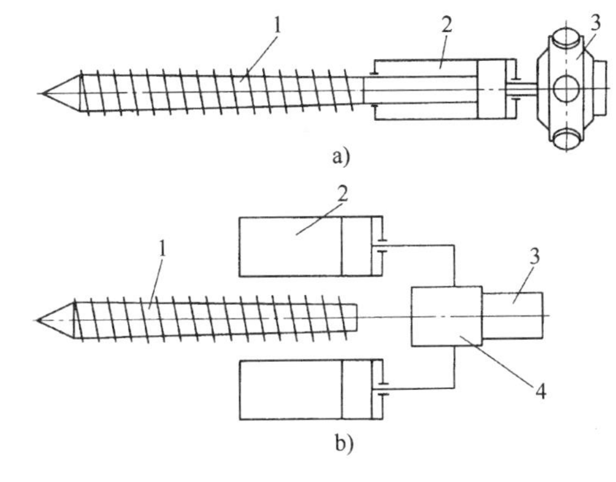

图6-28　大转矩液压马达直接驱动的螺杆传动形式

a）单缸后置式　b）双缸随动式
1—螺杆　2—注射液压缸　3—液压马达　4—轴承座

8. 注射座及其移动和转动装置

注射座是用来连接和固定塑化部件、注射液压缸、螺杆传动装置、注射装置移动液压缸等部件的。它可以沿导轨（或导杆）前后移动，并能转过一定角度以便维修。

注射成型时，根据工艺条件的要求，注射装置有以下三种工作方式：

(1) 固定加料　固定加料方式是指在注射成型过程中，喷嘴始终紧贴模具主流道衬套，即注射座是固定不动的。这种方式适用于加工温度范围较宽的塑料制品成型及喷嘴不易凝结的情况，可缩短成型周期，提高生产率。

（2）前加料　它是指注射保压结束后，直接进行塑料的预塑，预塑结束后再将注射座后退，使喷嘴与模具主流道衬套分离的工作方式。这种方式主要用于开式喷嘴或需较高背压进行塑化的情况，以防喷嘴发生“流涎”现象。喷嘴与模具分离可防止喷嘴凝结堵塞。

（3）后加料　它是指喷嘴与模具主流道衬套分离后进行预塑的工作方式。这种方式下喷嘴温度较少受模具温度的影响，适用于结晶型塑料的成型。有时因模温较低或喷嘴结构关系，也要求采用后加料方式生产。

注射座移动阻力虽然不大，但注射时为克服熔料对喷嘴的反压力，防止溢料，必须有足够的压紧力。注射座的移动一般采用液压缸驱动，注射座移动液压缸所需推力可通过计算求得，也可按估算来确定：小型注射机为1/4～1/3注射总力；中型注射机为1/10～1/8注射总力；大型注射机为1/15～1/10注射总力。

螺杆式注射机检修时，往往需拆换螺杆，一般螺杆是从料筒前端抽出和装入的，为便于拆装螺杆，要求注射座可绕转轴转过一定角度，复位后锁紧回转机构（图6-13）。

6.4　注射机的合模装置

6.4.1　对合模装置的基本要求

合模装置是保证模具实现可靠的闭紧和开启以及制品顶出动作的部件。合模装置的性能关系到成型制品的质量和生产效率。它应能满足注射机规格要求对力、速度、模具安装与取件空间三方面的要求，具体如下：

1）合模装置要有足够的合模力和系统刚性，保证注射成型时不出现因合模力不足而溢料的现象。

2）模板要有足够的模具安装面积和启闭模具的行程，并有一定的调节量，以适应成型不同制品时模具尺寸的变化。

3）模板移动过程和速度应满足注射成型工艺的要求。即合模过程先快后慢，开模时先慢中快后慢，以防止模具撞击；制品顶出应平稳；同时有利于提高设备的生产率。

此外，合模装置还应有其他附属装置（如机械、电气安全保护装置，低压试合模装置和检测装置等）。

6.4.2　合模装置的类型与特点

螺杆式注射装置因其性能优异，在各种类型和规格的注射机中普遍采用，随着注射工艺和设备的发展，注射装置的基本结构变化不大，而合模装置有许多发展，出现了多种多样的合模装置类型。在各种合模装置中，其主要组成部分是不可少的，即固定模板、移动模板、拉杆、移动模板驱动装置、调模装置和制品顶出装置等。

合模装置的形式按其实现合模力的方式不同，可分为液压式和液压-机械（组合）式（曲肘式）两大类。以下分别加以介绍。

1. 液压式合模装置

液压式合模装置是依靠液体的压力实现模具的启闭和锁紧作用的。合模液压缸与动模板相连，压力直接作用在模具上。

（1）单缸直压式合模装置　这种合模装置是最简单的一种结构形式，它采用一个液压缸来完成模具的启闭和锁紧，如图6-29所示。由于合模装置移模时要求高速，对力的要求只要能克服运动阻力即可；而在最终合紧时或刚开模时则要求低速，力却要求较大，且移模行程较大，锁模行程很小。单缸直压式合模装置很难同时满足上述力与速度的要求，所以仅在吨位不大、速度不高的液压机中常用，在注射机上却很少使用。

（2）增压式合模装置　在液压合模装置中，为获得不同速度和合模力，可以从液压缸直径和压力油的压力方面考虑。增压式合模装置是通过提高工作油压力，即采用增压式液压缸的结构来提高合模力的，如图6-30所示。

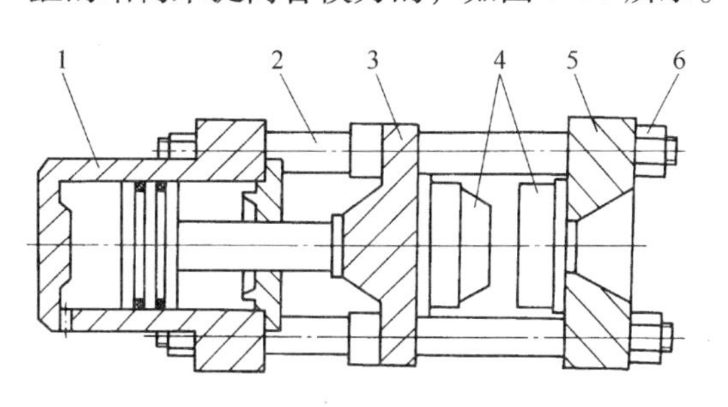

图6-29　单缸直压式合模装置

1—合模液压缸　2—拉杆　3—移动模板

4—模具　5—定模板　6—拉杆螺母

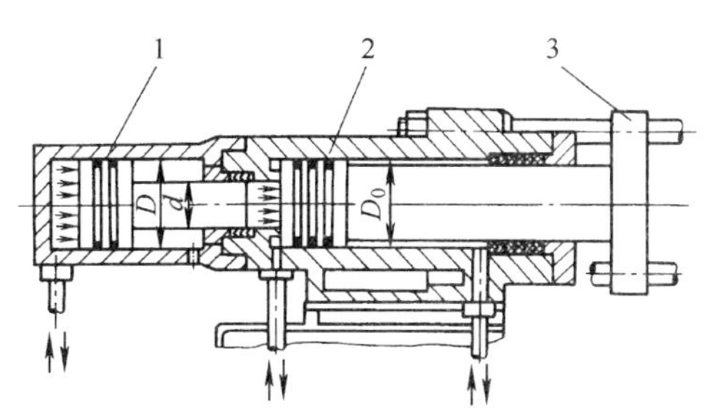

图6-30　增压式合模装置

1—增压液压缸　2—合模液压缸

3—动模板

该合模装置合模时，压力油通入合模液压缸2的左腔，由于液压缸直径较小，因此移模力也较小，但可获得较大的移模速度。当模具闭合时（此时合模液压缸的进油路处于关闭状态），压力油进入增压液压缸1的左腔，增压活塞向右移动，因增压活塞与活塞杆两端的受压面积不同，使合模液压缸内压力得以增加，合模力增大，满足锁模要求。此时合模液压缸内的油压增大为

$$p = p_0\frac{A_1}{A_3} \tag{6-6}$$

合模液压缸产生的合模力为

$$F = p_0\frac{A_1}{A_3}\times\frac{\pi D^2}{4} \tag{6-7}$$

式中，p是锁模时合模液压缸内的油压（Pa）；p_0是工作油压力（Pa）；A_1/A_3为增压活塞与其活塞杆截面积之比；F是合模力（N）；D是合模液压缸直径（m）。

由于油压增高对液压系统的密封要求也高，所以采用增压液压缸来提高油压有限度，目前一般增压到20～30MPa，最高达45～50MPa，因此这种结构形式主要用于中、小型注射机中。

（3）充液式合模装置　充液式合模装置是应用不同直径的两个液压缸组合在一起，大直径液压缸用于锁模，小直径液压缸用于移模，分别满足增大合模力和快速移模的要求，如图6-31所示。为了避免大直径合模液压缸影响移模速度，设置了充液油箱和充液阀。

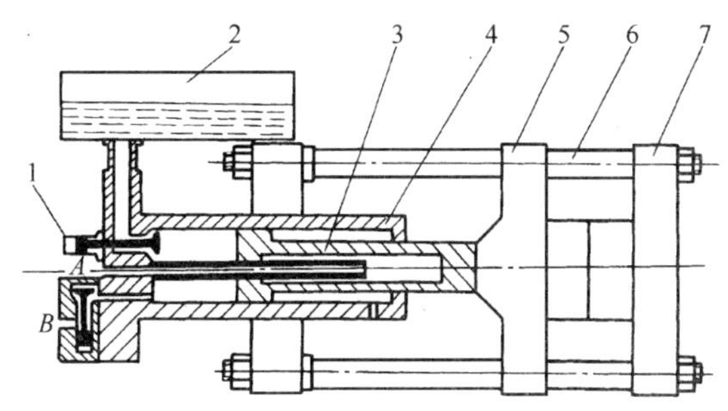

图6-31　充液式合模装置

1—充液阀（液控单向阀）　2—充液油箱　3—快速移模液压缸

4—合模液压缸　5—动模板　6—拉杆　7—定模板

合模时压力油首先从 A 孔通入快速移模液压缸 3，动模板 5 随着快速移模液压缸的缸筒右行，由于该缸直径较小，从而实现了快速移模动作。在快速移模液压缸缸筒（又是合模液压缸活塞）右移合模过程中，合模液压缸 4 的左腔形成负压，使充液阀 1 打开，充液油箱 2 中大量的油液在大气压作用下，经充液阀进入合模液压缸的左腔。当模板行至终点时，向合模液压缸左腔 B 孔通入压力油，同时充液阀关闭；继续通入压力油，使合模液压缸油压上升至工作油压。由于合模液压缸的直径较大，产生的合模力也大，可满足大合模力的要求。

充液式合模装置可实现快速移模（30m/min 以上）和大的合模力（3000～4000kN 以上），但合模液压缸直径较大，缸体也较长，结构较笨重，刚度差，功耗大；且一次工作循环中工作油液吞吐量大，易引起工作油液发热和变质等，因此该合模装置主要用于中、小型注射机。

（4）液压-闸板式合模装置　充液式合模装置虽能较好地满足合模装置对力和速度的要求，但尚有不足之处。为减少油耗和简化结构，在大型注射机合模装置中出现了液压与机械定位装置联合的特殊液压合模装置，液压-闸板式合模装置（又称稳压式合模装置，见图 6-32）就是其中之一，主要用于合模力为 3000～5000kN 的注射机中。

如图 6-32 所示为 XS-ZY-1000 注射机上应用的一种合模装置结构形式。其工作原理（参见图6-33）为：合模时，闸板需先打开，压力油从 A 口进入合模液压缸 8 的右腔，由于合模液压缸活塞杆固定于固定模板的后支承座上，所以缸体连同动模板一起快速移模，当缸体上的闸槽外露，行至闸板位置时，合模缸停止供油。此时，压力油接通驱动闸板的齿条活塞液压缸 2，从而带动驱动轴，通过齿轮齿条传动使左闸板向右移动。与此同时，驱动轴左端经齿圈 4 驱动下部的齿轮 12 及传动轴，再经齿轮 11、齿条传动带动右闸板左移，与左闸板同时闸入移模缸缸体上的闸槽内。当闸板行至终点位置将移模液压缸缸体（即稳压缸的活塞）定位后，压力油方可与稳压缸 C 口接通，实现高压锁紧模具。开模过程则反之，首先稳压缸卸压，然后开闸，再向合模液压缸 B 口进压力油，实现开模。为扩大模具高度范围和减小稳压缸行程，在合模缸缸体上设置两道闸槽，这样稳压缸的行程只需等于两闸槽距离即可，而模具高度的调节范围约为稳压缸行程的两倍。

液压-闸板式合模装置是依靠大直径的稳压缸进油升压实现锁模的，故锁模动作平稳。模板开距可在较大范围内调节，合模力和开模力均可调节。

（5）液压-抱合螺母合模装置　液压-闸板式合模装置为增大合模力而采用增大稳压缸直径的方法，不但受到模板尺寸的限制，而且过大直径的液压缸给制造和维修带来不便，对于更大型的注射机不太适用。如图 6-34 所示为液压-抱合螺母合模装置，它也属于特殊液压合模装置之一，适用于合模力在 10000kN 以上的注射机。

该合模装置将四个串接的液压缸组设置在拉杆端部。合模时，由移模液压缸 5 拉动模板合模，当行至锁模位置时，四个抱合螺母 2 由抱合液压缸驱动，分别抱紧四根拉杆的螺纹部分，使之定位。然后向四个串接的锁模液压缸的左腔通压力油，拉紧移动模板使模具锁紧。开模时，串接的锁模液压缸组先卸压，抱合螺母松开后，移模液压缸实现开模。

这种合模装置的特点是移模液压缸直径小，能快速移模；合模液压缸分散布置，既能满足锁模要求，又便于制造和维修；拉杆长度大为缩短，刚度好；机身长度短，减小了设备安装空间。

综上所述，液压合模装置有许多优点，例如模板开距大；移动模板可在行程的任意位置停留，调节模板间距方便；通过调节工作油压力和流量，可方便地调节移模速度和合模力；容易实现低压试合模保护，避免模具损坏等。但液压系统元件和管道多，密封要求高，一旦有泄漏，影响动作的准确性和工艺参数的稳定性，维修技术要求高。因其优点居多，在中、大型注射机中得到广泛的应用。

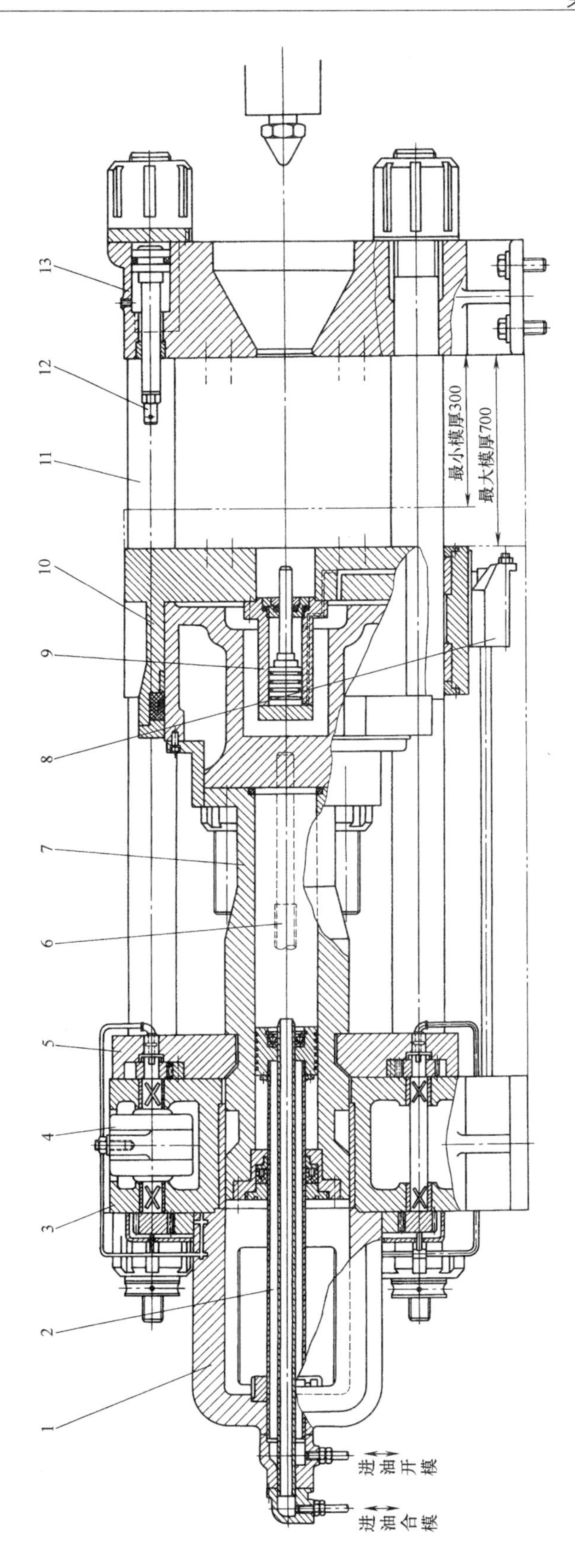

图6-32 液压-闸板式合模装置

1—后承座 2—进出油管 3—移模缸支架 4—齿条活塞液压缸 5—闸板 6—顶杆 7—移模液压缸 8—滑动托架 9—顶出液压缸 10—稳压缸（动模板） 11—拉杆 12—辅助启模装置 13—定模板

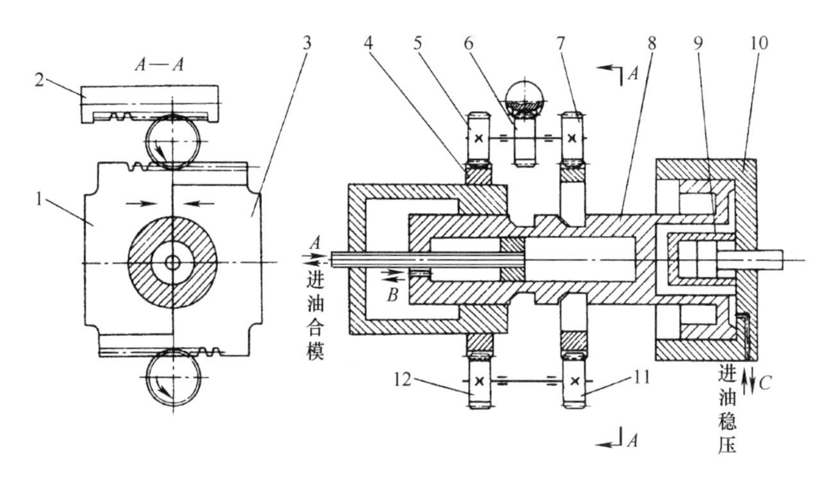

图6-33　液压-闸板合模工作原理

1—闸板（左）　2—齿条活塞液压缸　3—闸板（右）　4—齿圈

5、7、11、12—齿轮　6—扇形齿轮　8—合模液压缸　9—顶出液压缸　10—稳压缸

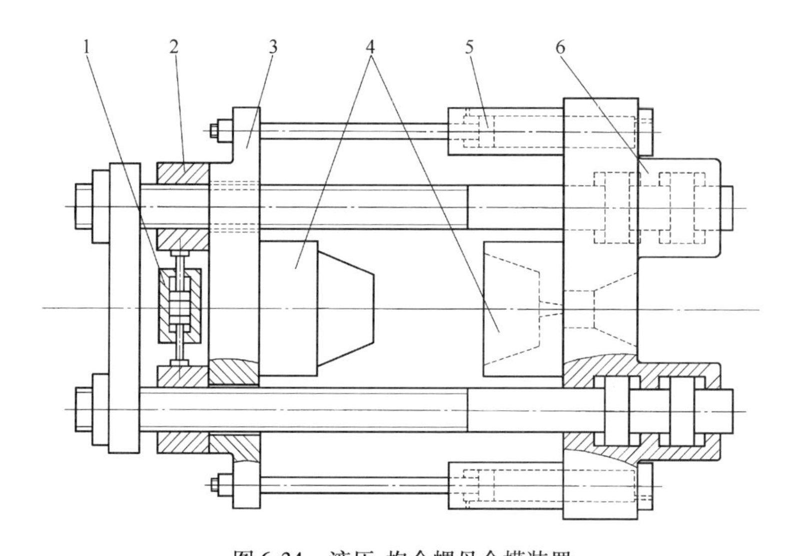

图6-34　液压-抱合螺母合模装置

1—抱合液压缸　2—抱合螺母　3—动模板　4—模具　5—移模液压缸　6—锁模液压缸

2. 液压-机械式合模装置

这种合模装置是以液压为动力源，利用连杆机构或曲肘撑杆机构，实现开、合（锁）模动作，合模力由机械构件弹性变形产生的一种合模装置。以下介绍几种常用形式。

（1）液压单曲肘合模装置　图6-35所示为XS-ZY-125注射机的液压单曲肘合模装置，它主要由前、后固定模板，移动模板，肘杆，合模液压缸，调模装置和顶出装置等组成。合模液压缸可绕一支点摆动，其活塞杆和肘杆铰接。当压力油进入合模液压缸的上腔时，活塞下行，带动肘杆机构向右伸展，推动移动模板前移合模。模具刚接触时，两肘杆尚未完全呈一直线，随着合模液压缸油压的上升，迫使两连杆弹性变形后呈一直线排列，产生预应力锁紧模具（图中实线位置）。开模时，压力油从合模液压缸下腔进入，活塞上行使两肘杆弯折呈小夹角状态（图中双点画线位置），移动模板被拉回，完成开模。

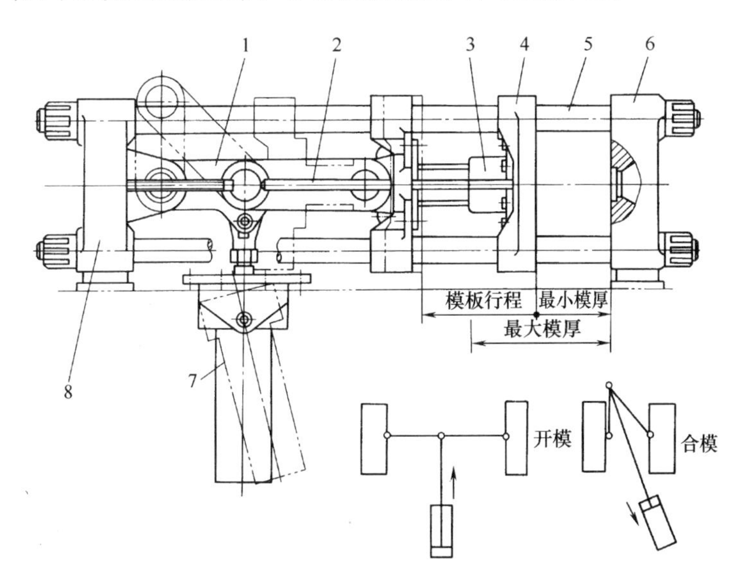

图6-35 液压单曲肘合模装置

1—肘杆 2—顶杆 3—调距螺母 4—移动模板 5—拉杆 6—前固定模板

7—合模液压缸 8—后固定模板

这种单曲肘合模装置的驱动液压缸较小，装在机身内部，使机身长度缩小，结构简单，易于制造。但由于是单臂推动模板运动，模板受力不均，增力倍数也不大（约为10多倍），通常用于合模力在1000kN以下的小型注射机。

（2）液压双曲肘合模装置 图6-36所示为XS-ZY-60注射机采用的液压双曲肘合模装置。其结构组成和基本工作原理与单曲肘合模装置类似。它采用对称排列的双臂双曲肘合模

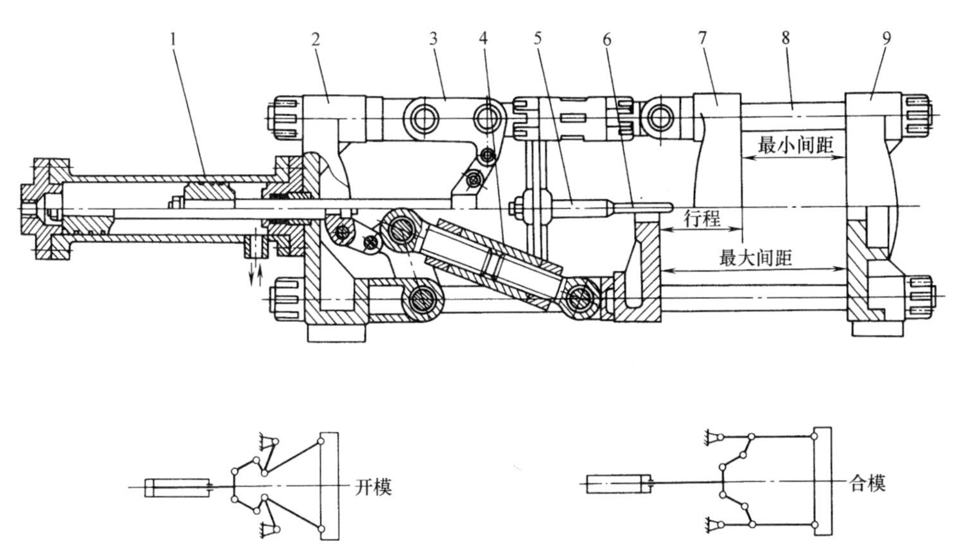

图6-36 液压双曲肘合模装置

1—合模液压缸 2—后固定模板 3—肘杆 4—调节螺母 5—顶出装置

6—顶杆 7—移动模板 8—拉杆 9—前固定模板

机构，合模液压缸水平安装于后固定模板外侧。合模时，压力油从合模液压缸左腔通入，活塞右移带动移动模板前移，肘杆伸直后实现合模并锁紧（图6-36所示上半部分状态）。开模时，合模液压缸右腔通入压力油，活塞后退，曲肘向内折拉回模板，实现开模（图6-36所示下半部分状态）。由于该结构形式是双臂驱动的，模板受力均匀，可适应较大模板面积，机构的承载力和增力倍数较单曲肘式大，适用于中、小型注射机。但因曲肘内折空间有限造成模板行程不大，为增大移动模板行程，可采用图6-37所示外翻式双曲肘合模装置。液压双曲肘合模装置的结构形式按曲肘连杆数量和组合方式不同还有许多种，在此不一一列举。

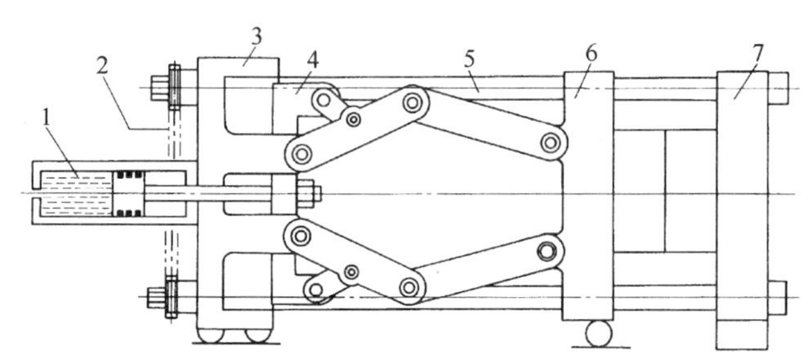

图6-37　外翻式双曲肘合模装置

1—合模液压缸　2—调模机构　3—后模板　4—肘杆机构

5—拉杆　6—移动模板　7—前模板

（3）液压撑板式合模装置　图6-38所示为XS-ZY-500注射机采用的液压双曲肘撑板式合模装置。图中上半部所示为合（锁）模状态，下半部所示为开模状态。合模时，合模液压

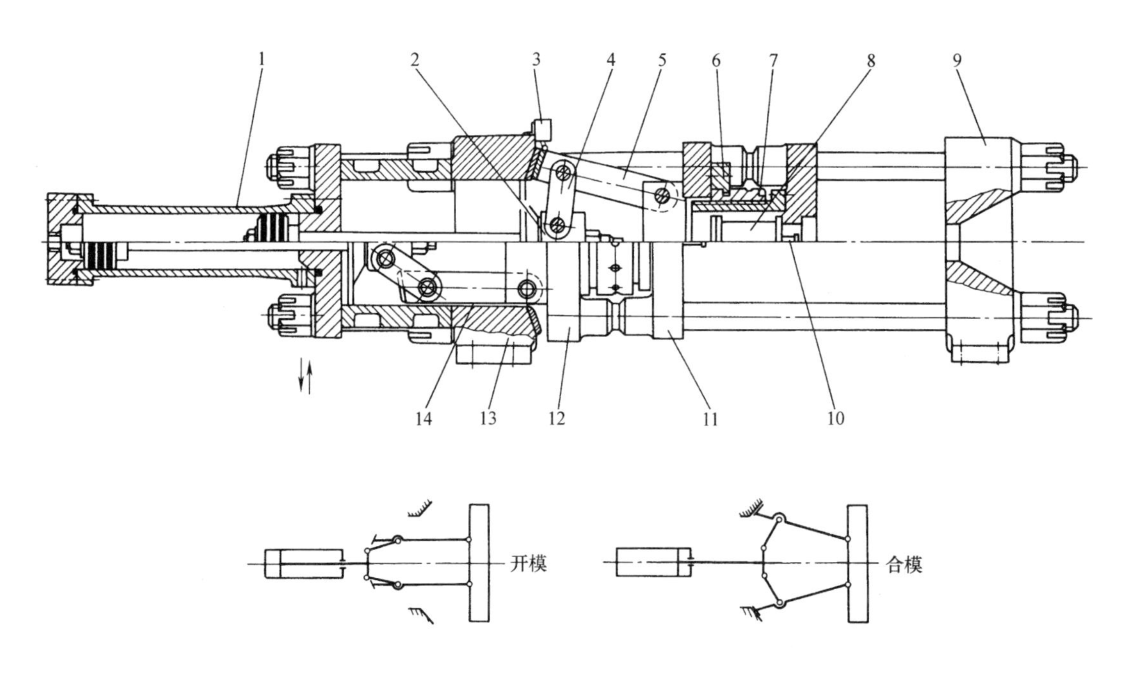

图6-38　液压双曲肘撑板式合模装置

1—合模液压缸　2—十字头导向板　3—限位开关　4、5—肘杆（撑板）　6—压紧块

7—调距螺母　8—顶出液压缸　9—前固定模板　10—顶杆　11—前移动模板

12—后移动模板　13—撑座　14—滑道

缸左腔进压力油，推动十字头导向板2带动肘杆（撑板）4、5沿滑道右移，当撑板行至滑道末端时，受肘杆向外垂直分力的作用，使其沿斜面撑开，从而锁紧模具。开模时，导向板带动撑板下行，锁模状态解除，继续左移实现开模。这种双曲肘撑板式合模装置也具有增大移动模板行程的作用。

从上述几种液压-机械式合模装置介绍中可知，这种形式合模装置有以下共同特点：

1）机械增力作用。合模力的大小与合模液压缸作用力无直接关系，合模力来自于肘杆、模板等产生弹性变形的预应力，因此可以采用较小的合模液压缸，产生较大的合模力。增力倍数与肘杆机构形式和肘杆长度等有关，增力倍数可达10～30倍。

2）自锁作用。合模机构进入锁模状态后，合模液压缸即使卸压，合模装置仍处于锁紧状态。锁模可靠，也不受油压波动影响。

3）模板运动速度和合模力是变化的（图6-39），其变化规律基本符合工艺要求。移模速度从合模开始，速度从零很快升到最高速度，以后又逐渐减速到零；合模力到模具闭合后才升到最大值。开模过程与其相反。

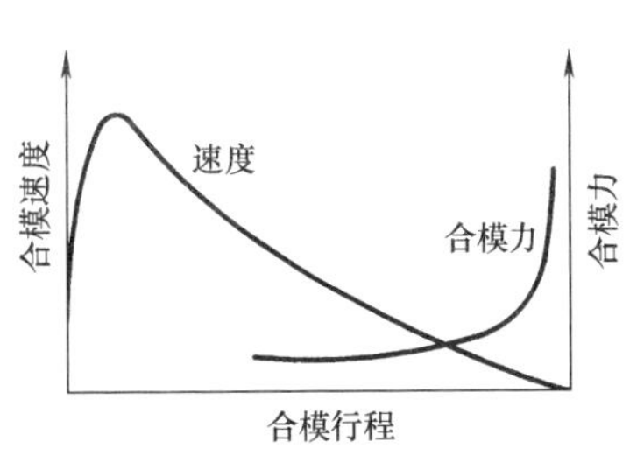

图6-39　模板运动速度和合模力变化曲线

4）模板间距、合模力和合模速度必须设置专门调节机构进行调节。

5）肘杆、销轴等零部件的制造和安装调整要求较高。

液压式与液压-机械式合模装置各具特点，为便于了解两类合模装置的性能特点，对其进行比较，见表6-5。

表6-5　液压式和液压-机械式合模装置比较

液　压　式	液压-机械式
模板行程大，模具厚度在规定范围内可随意选用，一般无须调模机构	模板行程较小，需设置调整模板间距的机构
合模力容易调节，数值直观，但锁模有时不可靠	合模力调节比较麻烦，数值不直观，锁模可靠
模具容易安装	模具安装空间小，不方便
有自动润滑作用，无须专门润滑系统	需设润滑系统
模板运动速度比较慢	模板运动速度较快，可自动变速
动力消耗大	动力消耗小
循环周期长	循环周期短

6.4.3　模板间距调节装置

模板间距是指合模状态下移动模板与前固定模板工作表面间的距离。在液压-机械式合模装置中，为适应不同模具闭合高度的要求，模板间距必须有一定的调节范围。模板间距的调节机构称为调模机构。调模机构可调节模板间距，同时因合模装置弹性变形量的变化，合模力也随之改变。

早期液压-机械式合模装置的注射机会采用螺纹肘杆调距机构（图6-36），或是前移动模板和后移动模板之间连接大螺母进行调距的机构（图6-35、图6-38），这两类调模机构需要人工手动调节，不仅调节麻烦，而且效率低，因此现已被各种自动调模机构所取代。以下介绍两种常用的调模装置。

1. 移动合模液压缸位置调距

如图6-40所示合模装置的合模液压缸的缸筒外圆带有螺纹，与后固定模板为螺纹联接。

与合模液压缸组成螺纹副的齿轮螺母，其端部外圆加工出齿轮，与液压马达轴端安装的齿轮相啮合，通过液压马达便可驱动齿轮螺母转动，使合模液压缸发生轴向位移，从而使整个合模机构移动，达到调整动、定模板之间距离的目的。这种形式多用于中、小型注射机。

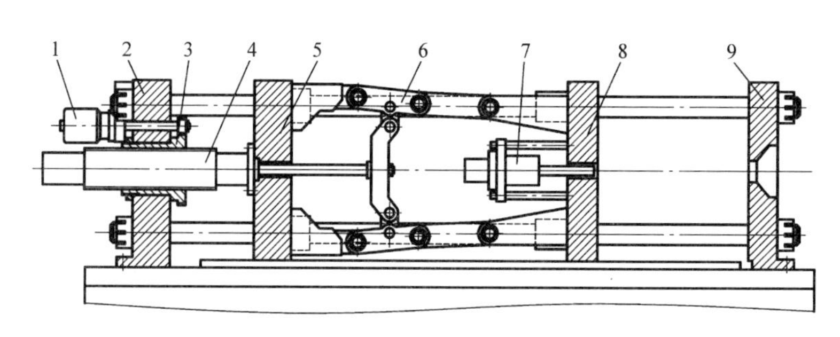

图6-40　可轴向位移的合模液压缸
1—液压马达　2—后固定模板　3—齿轮螺母　4—合模液压缸　5—后模板
6—肘杆机构　7—顶出液压缸　8—动模板　9—定模板

2. 拉杆螺母调距

这种合模装置的合模液压缸固定在后模板上（图6-41），将拉杆锁紧螺母的外表面加工成齿轮，与大齿圈啮合，液压马达轴端安装的齿轮也与大齿圈啮合，如此液压马达便可驱动大齿圈，大齿圈再驱动拉杆锁紧螺母运动。当拉杆螺母沿锁紧方向运动时，动模板和肘杆机构整体向右移动，使动、定模板间距减小；当拉杆螺母沿松开方向运动时，拉杆螺母推着拉板将整个肘杆机构和动模板向左移动，动、定模板的间距随之扩大。因此，通过调节四根拉杆上的锁紧螺母，使整个合模装置沿着拉杆做轴向移动，从而达到调距的目的。为了保证对四根拉杆位置调节的一致性，需设置调模机构联动系统，有多种方式实现，如图6-42所示。

对于液压式合模装置，因模板间距可由液压缸行程直接调节，极少设调模装置。

6.4.4　顶出装置

注射成型过程中，制品冷却定型后，需从模具中脱出，故在各类合模装置上均设有制品顶出装置。顶出装置可分为机械顶出和液压顶出两种形式。

1. 机械顶出装置

机械顶出是利用固定在后固定模板上的顶杆，在开模过程中，顶杆与向后退的动模板有相对运动，使顶杆阻碍模具推出机构随动模板后退移动，达到推出制品的作用（图6-35）。顶杆长度可根据模具厚度和顶出行程要求进行调节，顶杆位置通常设在两侧。

机械顶出结构简单，顶出力大，工作可靠，但顶出动作在开模后期进行，对制品的冲击力较大，且不能进行多次顶出，故只设机械顶出装置的注射机不多（主要在小型机上），一般都同时配备液压顶出装置。

2. 液压顶出装置

液压顶出是用专门设置在动模板上的顶出液压缸来顶出制品（图6-32）的。由于液压顶出的顶出力、速度、行程、时间和顶出次数等都可方便地调节，并可自动复位，使用方便，适应性强。目前许多注射机设置的是液压顶出装置，部分注射机同时设置机械和液压两种顶出装置。

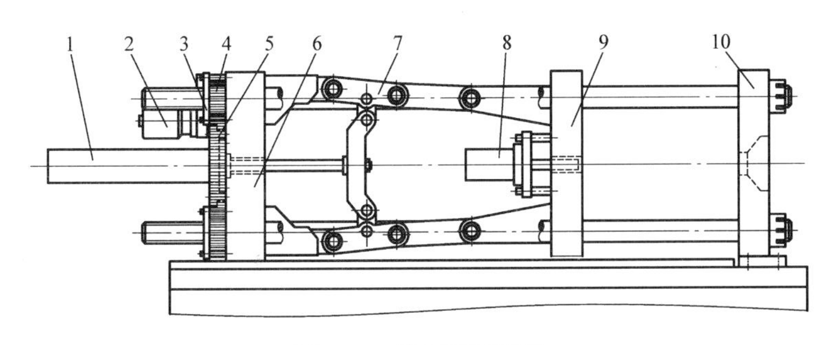

图 6-41　拉杆螺母调距

1—合模液压缸　2—液压马达　3—拉板　4—齿轮螺母　5—大齿圈　6—后模板　7—肘杆机构　8—顶出液压缸　9—动模板　10—定模板

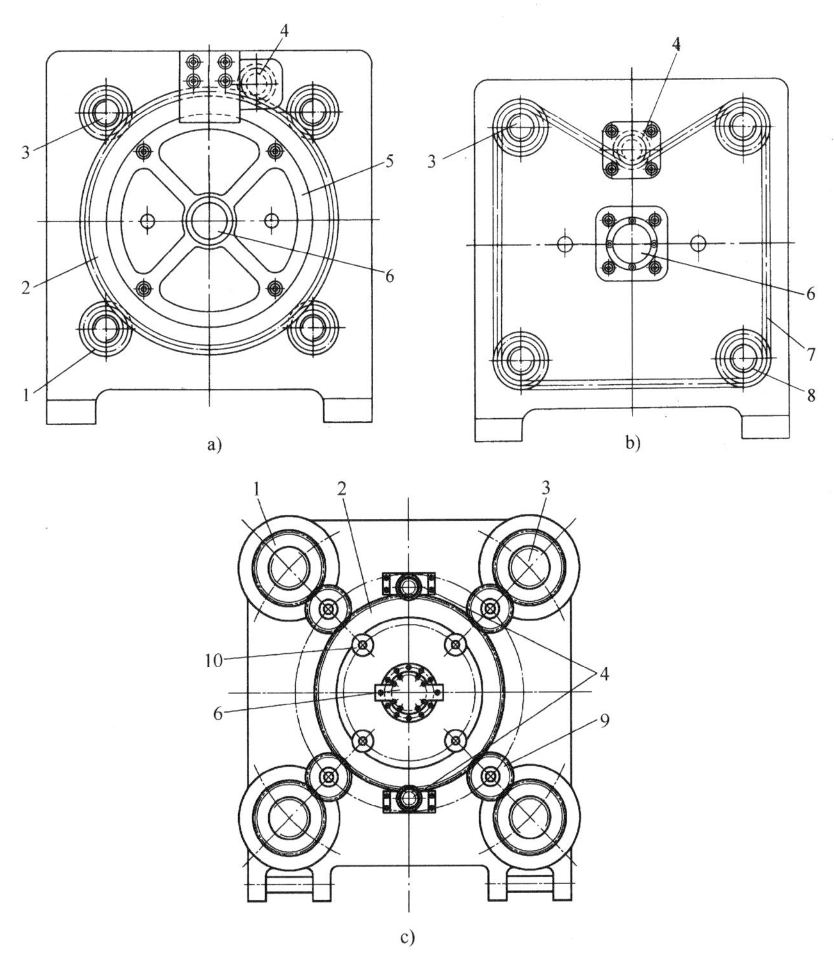

图 6-42　调模联动机构

a）齿圈传动机构　b）链传动机构　c）大型注射机齿圈传动机构

1—齿轮螺母　2—大齿圈　3—拉杆　4—液压马达　5—后端盖　6—锁模液压缸　7—传动链条　8—链轮螺母　9—过渡齿轮　10—定位导轮

6.5 液压和电气控制系统

为了保证注射机按工艺过程设定的工艺参数（压力、速度、温度、时间等）要求和动作（合模、注射、保压、预塑、冷却、开模、顶出制品等）循环顺序准确有效地工作，注射机除机器本体部分外，还有动力和控制部分。以下举例说明注射机的液压和电气控制系统。

6.5.1 普通继电器控制注射机的液压系统

以 XS-ZY-125A 型注射机为例，其液压系统图如图 6-43 所示。

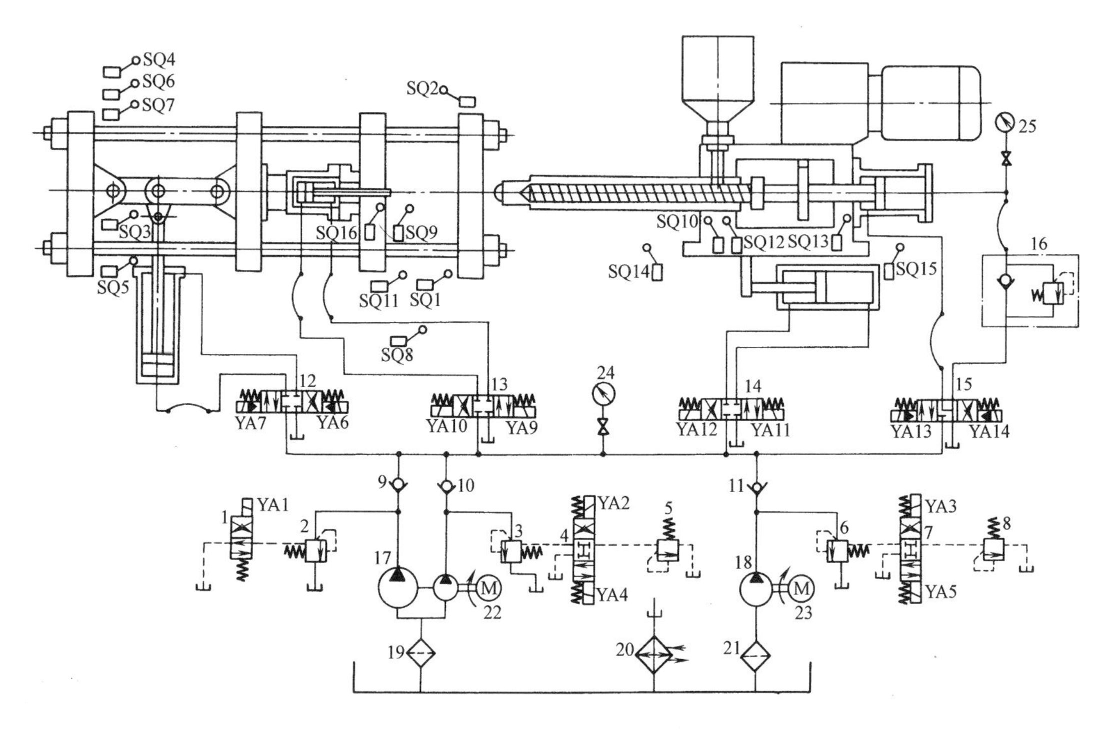

图 6-43　XS-ZY-125A 型注射机液压系统图

1. 液压系统的主要组成和作用

（1）液压泵　采用一个双联叶片泵，工作压力为 6.5MPa，大泵流量为 100L/min，小泵流量为 12L/min；另一个为单叶片泵，流量为 48L/min。大、中、小泵可以同时或单独对主油路供油，以满足液压系统工作部件在动作过程中对速度和力两方面的要求。

（2）溢流阀　阀 2 为大泵溢流阀，用以调节系统的工作压力，并作为大泵的安全阀和卸荷阀。阀 3 为小泵溢流阀，用以调节系统的工作压力，并作为小泵的安全阀和卸荷阀。阀 6 为中泵溢流阀，用以调节系统的工作压力，并作为中泵的安全阀和卸荷阀。

（3）电磁换向阀　阀 1 为二位四通电磁换向阀，用以控制阀 2。当电磁铁 YA1 通电时，大泵供油工作；YA1 断电时，阀 2 的遥控口接通油箱，大泵卸荷。

阀 4 为三位四通电磁换向阀，用以控制阀 3。当电磁铁 YA2 通电时，小泵供油工作，油压由阀 3 控制；电磁阀处于中位时，阀 3 的遥控口接通油箱，小泵卸荷。当电磁铁 YA4 通电时，小泵油压由阀 5 控制，实现小泵远程调压控制。

阀7为三位四通电磁换向阀，用以控制阀6。当电磁铁YA3通电时，中泵供油工作，油压由阀6控制；电磁阀处于中位时，阀6的遥控口接通油箱，中泵卸荷。当电磁铁YA5通电时，中泵油压由阀8控制，实现中泵远程调压控制。

阀12为三位四通电液换向阀，用以变换合模液压缸油液流动方向，以达到控制合模或开模的动作。

阀13为三位四通电磁换向阀，用以变换顶出液压缸油液流动方向，实现制品的顶出和顶出机构的退回。

阀14为三位四通电磁换向阀，用以变换注射座整体移动液压缸油液流动方向，从而控制注射座前进或后退。

阀15为三位四通电液换向阀，用以变换注射液压缸油液流动方向及控制螺杆的注射和退回动作。

（4）单向阀　阀9为单向阀，当大泵卸荷时，防止小、中泵压力油反向流动。阀10为单向阀，当小泵卸荷时，防止大、中泵压力油反向流动。阀11为单向阀，当中泵卸荷时，防止大、小泵压力油反向流动。

（5）调压阀　阀5为远程调压阀，在阀3的调定压力值范围以内，实现注射压力的远程调节。阀8为远程调压阀，在阀6的调定压力值范围以内，实现注射压力的远程调节。阀16为单向背压阀，用以调节预塑时螺杆后退的背压。

2. 液压系统动作原理

（1）合模与开模　本液压系统合模与开模过程都可以实现慢-快-慢变速。

1）合模。中（慢）速合模：电磁铁YA3、YA6通电。因为是中速合模，不需要大流量压力油，所以大、小泵卸荷。中泵输出的压力油经阀11→阀12→合模液压缸上腔，推动活塞下降，实现中速合模。与此同时，合模液压缸下腔油液经“阀12→冷却器→油箱”回油。

快速合模一：电磁铁YA1、YA2、YA3、YA6通电。此时需要大流量压力油，此时大、中、小泵输出的压力油分别经阀9、阀10和阀11汇合后，再经阀12→合模液压缸上腔，推动活塞实现快速合模。回油路线同上。

快速合模二：电磁铁YA2、YA3、YA6通电，大泵卸荷。此时中、小泵输出的压力油分别经阀10和阀11汇合后，再经阀12→合模液压缸上腔，推动活塞实现较快速合模。回油路线同上。同前述的中速合模动作，即在快速合模过程中，当YA2断电时又转为中（慢）速合模。

2）开模。慢速开模：电磁铁YA2、YA7通电。慢速开模不需要大流量，此时大、中泵卸荷，小泵输出的压力油经阀10→阀12→合模液压缸下腔，推动活塞实现慢速开模。油缸上腔的油液经“阀12→冷却器→油箱”回油。

快速开模一：YA1、YA2、YA3、YA7通电。此时需要大流量压力油，大、中、小泵同时工作，输出的压力油分别经阀9、阀10与阀11汇合，再经阀12→合模液压缸下腔，实现快速开模。回油路线同上。

快速开模二：YA2、YA3、YA7通电，大泵卸荷。中、小泵同时供油，输出压力油经阀10和阀11→阀12→合模液压缸下腔，实现较快速开模。回油路线同上。为使动作平稳，在开模后期又转为慢速开模，为此在快速开模过程中使YA3断电，只由小泵供油，流量减小，速度转慢。

(2) 注射座前移与后退 注射座前移：电磁铁 YA4、YA12 通电。注射座前移速度不需要很快，所以大、中泵卸荷，只要小泵供油。小泵输出的压力油经阀 10→阀 14→注射座移动液压缸右腔，推动活塞，带动注射座前移。液压缸左腔的油液经"阀 14→冷却器→油箱"回油。

注射座退回：电磁铁 YA2、YA11 通电。大、中泵仍然卸荷，小泵输出的压力油经阀 10→阀14→注射座移动液压缸左腔，推动活塞，带动注射座后退。液压缸右腔的油液经"阀 14→冷却器→油箱"回油。

(3) 注射 电磁铁 YA1、YA4、YA5、YA12、YA14 均通电。

注射时要求大流量压力油，快速完成注射，为此大、中、小泵输出的压力油分别经阀 9、阀 10 和阀 11 后汇合，再经阀 15→注射液压缸右腔，注射活塞前进，推动螺杆向前运动，实现注射动作。注射液压缸左腔油液经"阀 15→冷却器→油箱"回油。

注射时必须保证注射座处于前移位置，使喷嘴压紧模具，所以电磁铁 YA12 需通电。滑板式变速装置随注射螺杆移动，控制大、中泵卸荷，以调节注射过程的速度。阀 4 和阀 7 采用"H"形阀，阀 5 和阀 8 构成一个旁路，用来调整注射、保压的压力。

(4) 保压 电磁铁 YA4、YA12、YA14 通电，大、中泵卸荷。保压时不需要大流量压力油，小泵工作情况与注射时相同。

(5) 预塑 预塑过程螺杆迫使注射活塞后退，注射液压缸右腔油液经"背压阀 16→冷却器→油箱"回油。调节背压阀 16 可以控制注射液压缸右腔油液压力，以产生预塑所需要的背压，从而控制塑料塑化质量。螺杆后退至计量预定位置时，压下限位开关，预塑停止。

注射机在生产工作循环中是没有单独的螺杆后退动作的。主要是拆卸螺杆和清洗料筒时，要使螺杆后退，这时可使 YA2、YA13 通电，大、中泵卸荷。小泵输出的压力油经阀10→阀 15→注射液压缸左腔，实现螺杆后退。液压缸右腔的油液经"阀 16→冷却器→油箱"回油。

以上介绍的是该注射机液压系统动作原理（未按动作循环顺序），各动作的进行或结束，由相应的行程开关或由其他电气器件发出信号来控制。各行程开关的代号与作用见表 6-6，有关动作与电磁铁通、断电情况见表 6-7。

表 6-6 行程开关代号与作用

代 号	作 用
SQ1、SQ2、SQ11	起安全作用，安全门打开开模，安全门关上才能有闭模动作
SQ3	压住行程开关，表明充分闭合，发出注射座整体前进信号
SQ4	压住行程开关，快速开模变慢速开模；脱开行程开关，慢速合模变快速合模
SQ5	脱开行程开关，慢速开模变快速开模；压住行程开关，快速合模变慢速合模
SQ6	压住行程开关，中心顶出开始，当顶杆压住行程开关 SQ9 时，阀动作换向，中心顶出退回
SQ7	开模停止
SQ8	全自动用，制品落下，撞击行程开关下一个循环开始
SQ9、SQ16	中心顶出退回及多次顶出（靠 SA6 选择）
SQ10	注射动作中，压住行程开关，大泵卸荷
SQ12	注射动作中，压住行程开关，中泵卸荷

（续）

代　号	作　用
SQ13	压住行程开关，预塑停止
SQ14	压住行程开关，表明注射座整体前进停止，发出注射信号
SQ15	压住行程开关，注射座整体后退停止

表 6-7 有关动作与电磁铁通、断电情况

动作	YA1	YA2	YA3	YA4	YA5	YA6	YA7	YA9	YA10	YA11	YA12	YA13	YA14
中速合模			+			+							
快速合模一	+	+	+			+							
快速合模二		+	+			+							
注射座前移				+							+		
注射	+			+	+						+		+
保压				+							+		+
预塑													
注射座后退		+								+			
慢速开模		+					+						
快速开模一	+	+	+				+						
快速开模二		+	+				+						
液压顶出		+						+					
顶出退回		+							+				
螺杆退回		+										+	
螺杆前进		+											+

注：“+”表示电磁铁线圈通电。

6.5.2 普通继电器控制注射机电气系统

以 XS-ZY-125A 型注射机为例加以说明。其电气控制系统由电动机控制、料筒和喷嘴加热、信号显示和动作顺序控制电路所组成，如图 6-44 和图 6-45 所示。

液压泵和预塑电动机控制、加热和信号显示电路中，Q 为总电源刀开关，M1、M2 为液压泵驱动电动机，M3 为预塑电动机；KM1 ~ KM6 为各支路电源接触器触点，用于线路的失压保护；FU1 ~ FU7 为各支路的熔断器，用于线路的短路保护；FR1、FR2 为电动机的热继电保护器，用于电动机的过载保护；R1 ~ R4 分别为各段电阻加热器，用于料筒和喷嘴的加热，1KX ~ 3KX 为温度控制仪表的测量头（热电偶）；TY 为调压器，用于单独控制喷嘴加热圈的电压大小，以控制加热温度；T 为调压器，用于信号电路电源变压；HL1 ~ HL22 为各状态的信号指示灯。

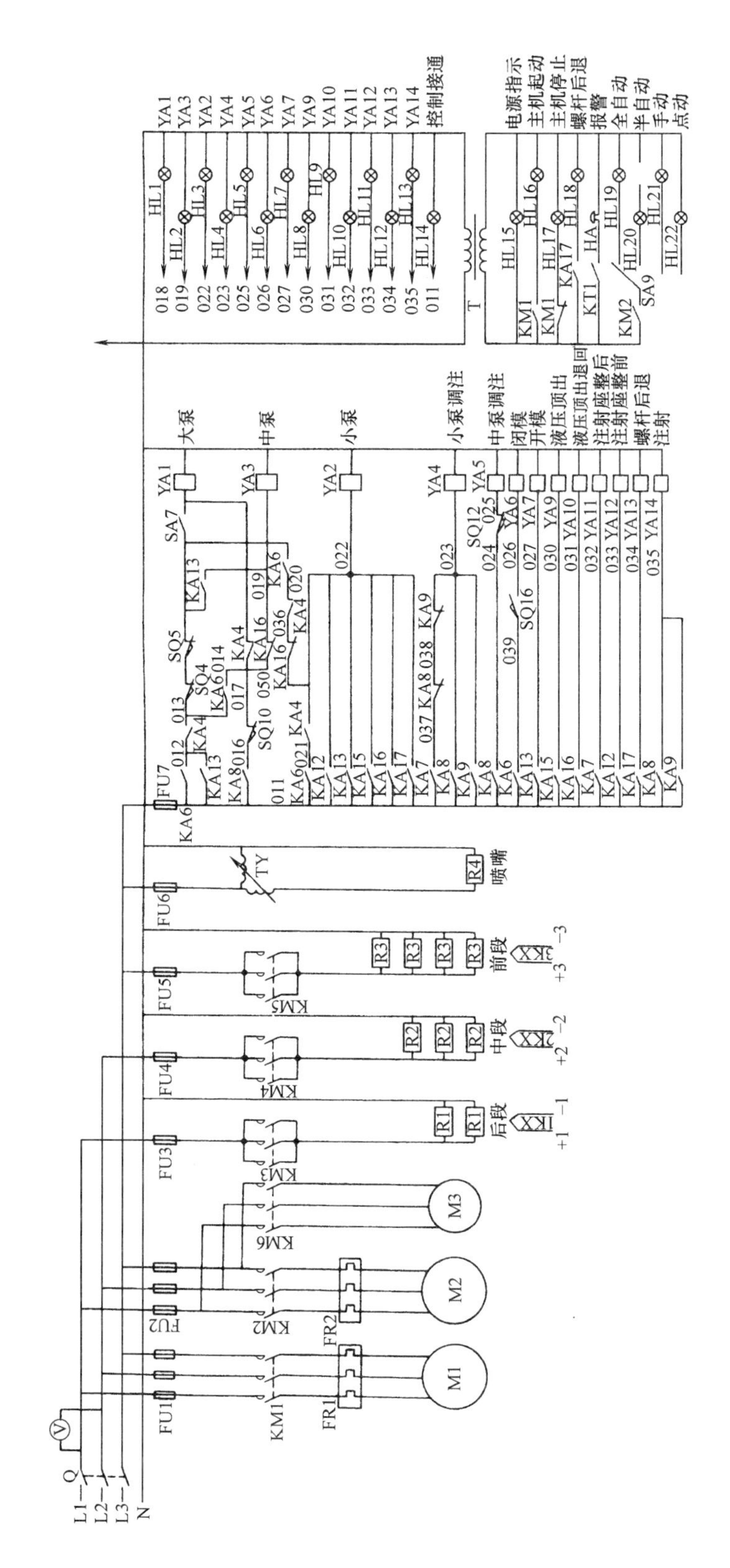

图6-44　XS-ZY-125A型注射机电气原理图（一）

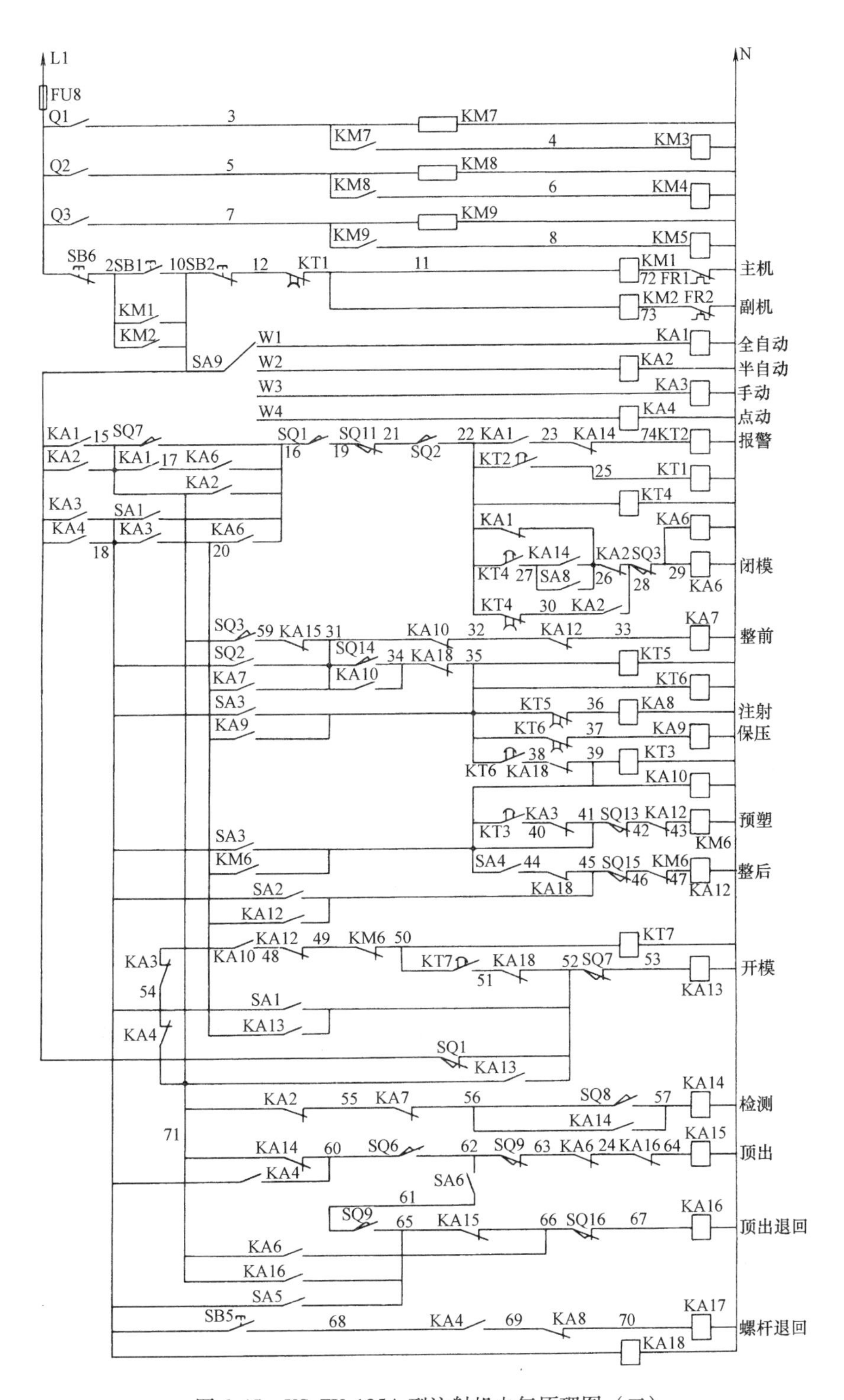

图6-45 XS-ZY-125A型注射机电气原理图（二）

该注射机可实现点动、手动、半自动和全自动四种操作方式。

点动：主要用于注射机和模具安装等的调整。机器的所有动作过程都必须按住相应的按钮，松开按钮动作立即停止。

手动：按动某一动作按钮后，即使松开按钮，该动作仍继续进行下去，直到完成该动作为止，机器有自锁作用。必须注意，一个动作未结束时，不能按动另一个按钮（除预塑外）。这种操作方式一般用于试模开始阶段，或某些制品实现自动循环控制生产有困难的情况下采用。

半自动：关上安全门后，工艺全过程的各个动作按一定顺序自动进行，完成一个工作循环，打开安全门人工取出制品，当安全门再次关闭后，才进行下一次的工作循环。这种操作方式在生产中广泛采用。

全自动：只需要关上安全门，注射机自动一个工作循环接一个工作循环周而复始地进行下去。这种方式只有在注射模具也能实现自动脱料的情况下或采取机械手取件时才能使用，同时要求注射机的自动检测装置和报警装置都应能正常工作。

现就该注射机的四种操作方式分别说明其控制电路的工作原理。

1. 点动

接通刀开关 Q，电源指示灯 HL15 亮。若要进行预塑、注射操作时，必须先接通 Q1、Q2、Q3，料筒各段加热达到预先调定值后。按下 SB1，起动液压泵电动机 M1、M2。

把操作选择开关转到“点动”位置，即 SA9 与 W4 接通，则中间继电器 KA4 线圈得电，其常开触点均闭合，常闭触点均断开。关上安全门，压下限位开关 SQ1、SQ2，则其触点闭合。然后手拨“闭模”旋钮 SA1，电源经 KA4→SA1→SQ1→SQ11→SQ2→KA1→KA2→SQ3，使中间继电器 KA6 线圈得电，YA3 和 YA6 也得电，通过液压系统进行中（慢）速合模。若手松开，该动作立刻停止。同样，手拨其他各动作旋钮，也将得到相应的动作。

2. 手动

把操作选择开关转到“手动”位置，即 SA9 与 W3 接通，则中间继电器线圈 KA3 得电，其常开触点均闭合，常闭触点均断开。手拨某一动作旋钮后即使马上松开，该动作仍能继续进行，因其具有自锁作用。例如：手拨“闭模”旋钮 SA1，电源经 KA3→SA1→SQ1→SQ11→SQ2→KA1→KA2→SQ3，使中间继电器 KA6 线圈得电，移动模板合模，直至模板充分闭合，碰到限位开关 SQ3 后，触点打开，KA6 线圈失电时闭模才停止。在各动作进行时均有指示灯亮显示。

点动和手动时，KA18 线圈带电，常闭触点均断开，切断半自动回路。

3. 半自动

把 SA9 转到“半自动”位置，即 SA9 与 W2 接通，则接触器 KA2 线圈得电，其常开触点均闭合，常闭触点均断开。关上安全门，压下限位开关 SQ1、SQ2，触点闭合。电源经 KA2→SQ1→SQ11→SQ2→KT4→KA2→SQ3，使 KA6 线圈得电，其常开触点均闭合，使 YA3、YA6 通电，实现中速合模。在合模过程中，当撞杆脱开限位开关 SQ4 时，触点闭合，开关 SA7 又在闭合位置，电磁铁 YA1、YA2、YA3、YA6 通电，转入快速合模一（如果 SA7 在打开位置，只有 YA2、YA3、YA6 通电，进行快速合模二），当曲肘压住 SQ5 时，YA1、YA2 失电，合模速度由快速又转为中速。模具合紧后，压下限位开关 SQ3，触点打开，KA6 断电，合模结束。同时 SQ3 常开触点闭合，电源经 SQ3→KA15→KA10→KA12→KA7，使 KA7 线圈得电，常开触点闭合，YA12、YA4 通电，注射座前移。注射座前移碰到限位开关 SQ14 时，常开触点闭合，电源经 SQ3→KA15→SQ14→KA18→KT5→KT6，使 KA8、KA9 线圈得电，其常开触点都闭合，电磁铁 YA1、YA4、YA5、YA12、YA14 通电，进行注射。注射过程可以变速，当滑块压住 SQ10 时，YA1 失电；当滑块压住 SQ12 时，YA5 失电，即由三只泵组合工作使注射速度可以实现变速。

注射时间即 KT5 预调时间到时，常闭触点 KT5 打开，KA8 断电，YA1、YA5 也断电，大、中泵卸荷，由小泵供油进行保压。当保压时间到时，常闭触点 KT6 打开，KA9 断电，KA9 常开触点复原，YA4、YA14 失电，KA10 得电，KA7 断电，YA12 断电，保压结束。

保压结束后，常开触点 KT6 闭合，KT3 线圈得电，常开触点 KT3 闭合，电源经KT6→KA18→KT3→KA3→SQ13→KA12，使 KM6 线圈通电，KM6 常开触点闭合，进行预塑。当撞块随螺杆后退碰到 SQ13 时，KM6 失电，预塑结束，这是固定加料方式。若是后加料方式，将主令开关 SA4 转向后加料位置，保压结束后，电源经 SA4→KA18→SQ15→KM6，使 KA12 线圈得电，KA12 常开触点闭合，电磁铁 YA2、YA11 得电，注射座整体后退，碰到 SQ15，KA12 失电，整体后退停止。同时电源经 KT3→KA3→SQ13→KA12→KM6，使 KM6 线圈通电，常开触点闭合，进行预塑。碰到 SQ13 时，触点 SQ13 打开，预塑停止。

当预塑结束后，电源经 KA10→KA12→KM6→KT7，开始制品冷却计时，冷却时间一到，触点 KT7 闭合，KA13 线圈通电，常开触点闭合，YA2、YA7 通电，慢速开模。当曲肘脱开 SQ5 时，YA1、YA3 也通电，进行快速开模一。当主令开关 SA7 打开时，电磁铁 YA1 失电，进行快速开模二；当撞杆压住 SQ4 时，触点 SQ4 打开，YA1、YA3 断电，大、中泵卸荷，进行慢速开模，碰到限位开关 SQ7 时，触点 SQ7 打开，KA13 断电，YA2、YA7 断电，开模结束。

开模结束时，撞杆同时压住 SQ6，中心液压顶出开始；打开安全门，取出制品；当顶出撞杆压住 SQ9 时中心顶出退回，即完成生产制品的一个工作循环。再关上安全门，进行第二次动作循环。

4. 全自动

把 SA1 转到“全自动”位置，即 SA9 与 W1 接通，则接触器 KA1 线圈得电，其动合触头均闭合，动断触头均断开。关上安全门，压下限位开关 SQ1、SQ2，SQ11 脱开，触点闭合。开始第一次工作循环时必须手动一下冲击式检测装置（压一下撞板，让 SQ8 发出信号）。电源经 KA1→SQ7→SQ1→SQ11→SQ2 分两路：

一路经 KA1→KA14→KT2 线圈得电开始计时，到了一定时间（预先调定）触点 KT2 闭合，KT1 通电其常开触点闭合，蜂鸣器 HA 发出警报。如长时间故障无人排除，由于 KT1 线圈得电开始计时，达到预定时间（最长时间为 1min）常闭触点打开，二次控制电源断电，电动机停止，起安全保护作用。

另一路电源使 KT4 得电计时，到一定时间（预先调定），触点 KT4 闭合，首次用手碰检测装置，SQ8 闭合，KA14 得电。电源经 KT4→KA14→KA2→SQ3→KA6，使 KA6 线圈得电开始闭模，其余动作原理与“半自动”相同。在开模结束时液压顶出使制品自动落下，冲击检测装置，SQ8 触点闭合，KA14 得电。由于 KA14 有自动保持作用，KA6 线圈得电，又自动闭模，进行第二次工作循环。KA14 在 KA7 得电时，常闭触点打开，KA14 失电，检测装置复原。

在半自动和全自动中液压顶出有单次顶出和多次顶出两种方式，由主令开关 SA6 选择。当 SA6 拨到多次顶出位置时，开模结束撞杆压住 SQ6，电源经 KA14→SQ6→SQ9→KA6→KA16，使 KA15 线圈得电，电磁铁 YA2、YA9 通电，液压顶出前进。当顶出撞杆碰到 SQ9 时，KA15 失电，顶出停止，电源又经 SQ6→SA6→SQ9→KA15→SQ16，使 KA16 线圈得电，电磁铁 YA2、YA10 通电，液压顶出退回。由于撞杆脱开 SQ9 而压住 SQ16，KA16 失电，

SQ9、KA16 触点复原，电源又通过 KA14→SQ6→SQ9→KA6→KA16，使 KA15 线圈又得电，再次顶出，如此进行多次顶出循环。

如果 SA6 在单次顶出位置，电源经 KA14→SQ6→SQ9→KA6→KA16，使 KA15 线圈得电，液压顶出前进。当撞杆压住 SQ9 时，液压顶出停止。闭模时 KA6 得电，液压顶出退回，系统应能保证闭模动作结束之前完成液压顶出杆退回。

6.5.3 PC 控制的注射机液压系统

如图 6-46 所示为 SZ-400 型注射机的液压系统原理图。该注射机采用的是螺杆预塑，液压-机械双曲肘合模装置，具有液压顶出机构和拉杆螺母同步旋转调模机构。预塑螺杆的旋转、调模动作等均采用液压马达来驱动，顶出装置可进行多次顶出，并在系统中采用了电液比例控制技术，工作过程中，系统的液体压力及流量均可连续、准确地调节，能进行无级调速，可实现二级注射和一级保压，并可进行快速合模和低压护模，较好地满足了注射工艺的要求。表 6-8 给出了相应的电磁铁动作顺序。现将其主要动作原理介绍如下。

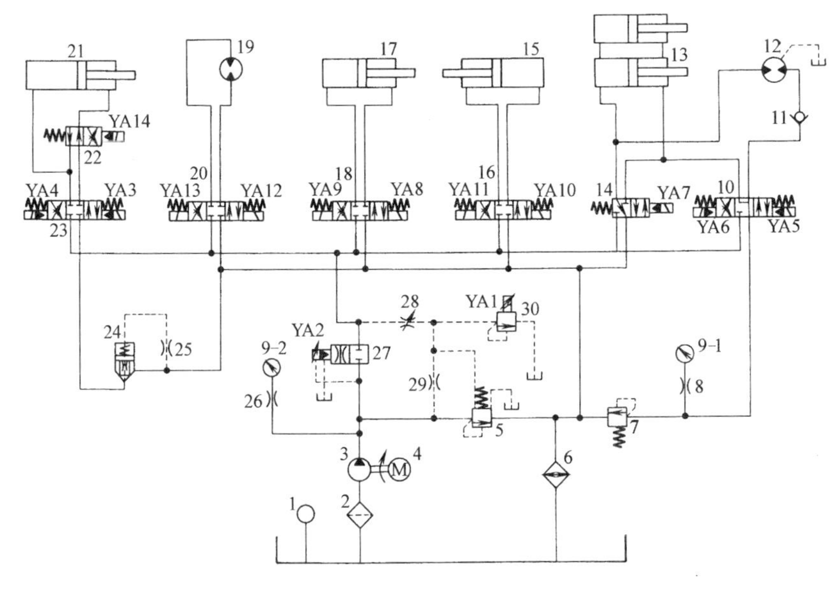

图 6-46 SZ-400 型注射机的液压系统原理图

1. 液压泵起动

液压泵电动机 M 起动，此时所有电磁铁均断电，比例压力阀 30 处于常通卸荷状态，溢流阀 5 的控制油口处于极低的压力下，故溢流阀 5 打开，液压泵输出的油液经溢流阀 5 和冷却器 6 流回油箱，液压泵空载起动。

2. 合模

合模过程可分为如下几个步骤：首先使比例电磁铁 YA1、YA2 和电磁铁 YA3 得电，以使溢流阀 5 关闭，比例换向阀 27 换左位，电液换向阀 23 换右位，液压泵输出的压力油经阀 27、23 进入合模液压缸 21 的左腔，实现慢速合模。合模液压缸右腔的油经阀 22→阀 23→阀 24→冷却器 6 流回油箱。延时（约 0.4s）后，使 YA14 通电，阀 22 换至右位，合模液压缸的左、右腔接通，形成差动回路，使合模液压缸快速前进，转入快速合模。当模板移至接近锁模位置时，使 YA14 断电，并使阀 30 的调定压力降低到仅能推动合模液压缸前进。这时若

表 6-8　电磁铁动作顺序表

动作名称		电磁铁动作													
		YA1	YA2	YA3	YA4	YA5	YA6	YA7	YA8	YA9	YA10	YA11	YA12	YA13	YA14
合模	慢速合模	+	+	+											
	快速合模	+	+	+											+
	低压慢速合模	+	+	+											
	高压慢速合模	+	+	+											
注射座前移		+	+								+				
注射	注射速度 Ⅰ	+	+			+					+				
	注射速度 Ⅱ	+	+			+					+				
	注射速度 Ⅲ	+	+			+					+				
保压		+	+			+					+				
预塑		+	+				+								
防涎		+	+					+							
注射座后退		+	+									+			
开模	高压慢速开模	+	+		+										
	快速开模	+	+		+										
	慢速开模	+	+		+										
顶针顶出		+	+						+						
顶针退回		+	+							+					
向前调模		+	+										+		
向后调模		+	+											+	
螺杆后退		+	+					+							

注：“+”表示电磁铁通电。

模具间有异物不能顺利合拢，超过预定时间后，机器自动换向并发出报警信号（这就是低压护模功能）；若无障碍，模板顺利合模，使阀 30 的设定压力升高，合模机构转入高压锁模。

3. 注射座前移

合模动作完成后，YA3 断电，阀 23 复位，合模机构依靠合模液压缸左腔液体的弹性和肘杆机构的弹性锁模。YA10 得电，电磁换向阀 16 换至右位，液压泵输出的压力油经阀 27、阀 16 进入注射座移动缸 15 的左腔，推动缸体前移（该缸活塞固定不动），右腔的油液经阀 16 和冷却器 6 排回油箱。当注射座前进至喷嘴贴紧模具时停止前进。

4. 注射

电磁铁 YA5 和 YA10 通电，阀 16 保持右位不变，阀 10 换至右位，压力油进入注射液压缸 13 的右腔，推动螺杆进行注射，注射液压缸左腔的油液经阀 14 和冷却器 6 排回油箱。此时，由于 YA10 仍处于通电状态，故压力油可经阀 16 进入注射座移动缸 15 的左腔，使其保持喷嘴和模具间的压力，防止熔料漏出。该机可用三种压力和速度进行注射，各级压力和速度的转换位置由行程开关调定，即行程开关压合后，通过电控系统改变阀 30 和阀 27 的设定压力和流量而使注射压力和速度转入下一级。

5. 保压

注射动作开始后，注射定时器开始计时，注射完成后，各阀的位置不变，注射液压缸

13 右腔始终作用有液体压力，通过螺杆对模腔内的熔料进行保压，直到定时器计时完毕。

6. 预塑

电磁铁 YA5、YA10 断电，YA6 通电，阀 10 换至左位，压力油经阀 27、阀 10、阀 11 驱动液压马达 12，回油经阀 14 和冷却器 6 排回油箱。在液压马达 12 的驱动下，螺杆旋转开始塑化。此时，螺杆的背压由溢流阀 7 调整，并由压力表 9-1 显示。当背压达到阀 7 的调定压力后，压力油打开阀 7 并经冷却器 6 排回油箱，螺杆后退，直至螺杆后退至预定位置压下限位开关，预塑停止。

预塑时可根据塑料种类和工艺要求的不同，通过比例阀 27 来调整螺杆的转速，从而调整塑化情况。为防止低黏度塑料的“流涎”现象，在该机中设有防涎动作，可根据需要选用。若选择此动作，则在螺杆停止后 YA6 断电，YA7 通电，压力油驱动螺杆再后退一段距离，以降低料筒中熔料的压力。然后 YA7 断电，YA11 通电，压力油经阀 27 和阀 16 进入注射座液压缸的右腔，使注射座后移。

为满足不同加料方式的需求，注射座后移的动作可按工艺需要来选择其有无和动作的先后。选择固定加料时，注射座始终处于前端位置，喷嘴一直同模具接触；选择前加料时，注射座可在螺杆预塑完成后后退；选择后加料时，预塑是在注射座退回之后才开始的，以便使料筒内的少许残留熔料被挤出，防止热敏性塑料在高温下停留过久而分解。

7. 开模

当注射座后退至预定位置时（如果有选择此动作时），电磁铁 YA11 断电，YA4 通电，压力油进入合模液压缸 21 右腔，推动合模活塞后退，使模具打开，合模液压缸左腔的油液经阀 23、阀 24 和冷却器排回油箱。开模过程分慢速开模-快速开模-慢速开模三个阶段，各阶段的开模速度由比例换向阀 27 来调定，各阶段的转换由相应行程开关的位置来确定。模具打开后，电磁铁 YA4 断电，阀 23 复位，开模动作结束。

8. 顶出

电磁铁 YA8 通电，压力油经阀 27 和阀 18 进入顶出缸 17 的左腔，顶出缸右腔的油液经阀 18 和冷却器排回油箱，顶出活塞前进顶出制品。顶出活塞的返回同样由阀 18 控制。

9. 调模

当需要更换新的模具或原来的动、定模板间距不合适时，就需要调整拉杆螺母的位置。向前调模时，电磁铁 YA12 通电，阀 20 换至右位，液压泵输出的压力油经阀 27 和阀 20 驱动调模液压马达 19 旋转，回油经阀 20 和冷却器排回油箱，液压马达 19 带动调模装置驱动四根拉杆上的螺母同步旋转，将定模板前移。向后调模时，电磁铁 YA13 通电，使液压马达 19 的转向与前相反，则可使定模板后移。

10. 螺杆后退

使电磁铁 YA7 得电，将电液换向阀 14 换至右位，则压力油进入注射缸 13 的左腔，推动活塞带动螺杆后退。这一动作主要用于防涎和更换螺杆时从料筒中取出螺杆。

另外，系统中单向阀 11 的作用是控制流过液压马达 12 的液体流向，防止其反转。阀 24 实际上是背压阀，使合模液压缸运动时有一定的背压，以防止开、合模动作产生冲击而导致制品和模具的损坏。

6.5.4 PC 控制的注射机电气控制系统

SZ-400 型塑料注射机采用了可编程序控制器（PC）控制来代替常规的继电器控制，注射机的各个动作由程序集中进行控制，动作更加准确可靠，并可根据生产和工艺的需要方便地修改程序和工艺参数。系统中还设有报警系统和故障显示指示灯，大大方便了设备的使用和维护。

如图 6-47 所示为 SZ-400 型注射机的电气控制系统原理图。系统主要由主电路（电动机驱动和加热）和 PC 控制电路（机器的动作与状态控制）两部分组成，图中手动操作开关和行程开关分别接到 PC 的输入端，电磁换向阀的信号线接到 PC 的输出端上，可实现手动、半自动和全自动操作。现将其动作原理介绍如下。

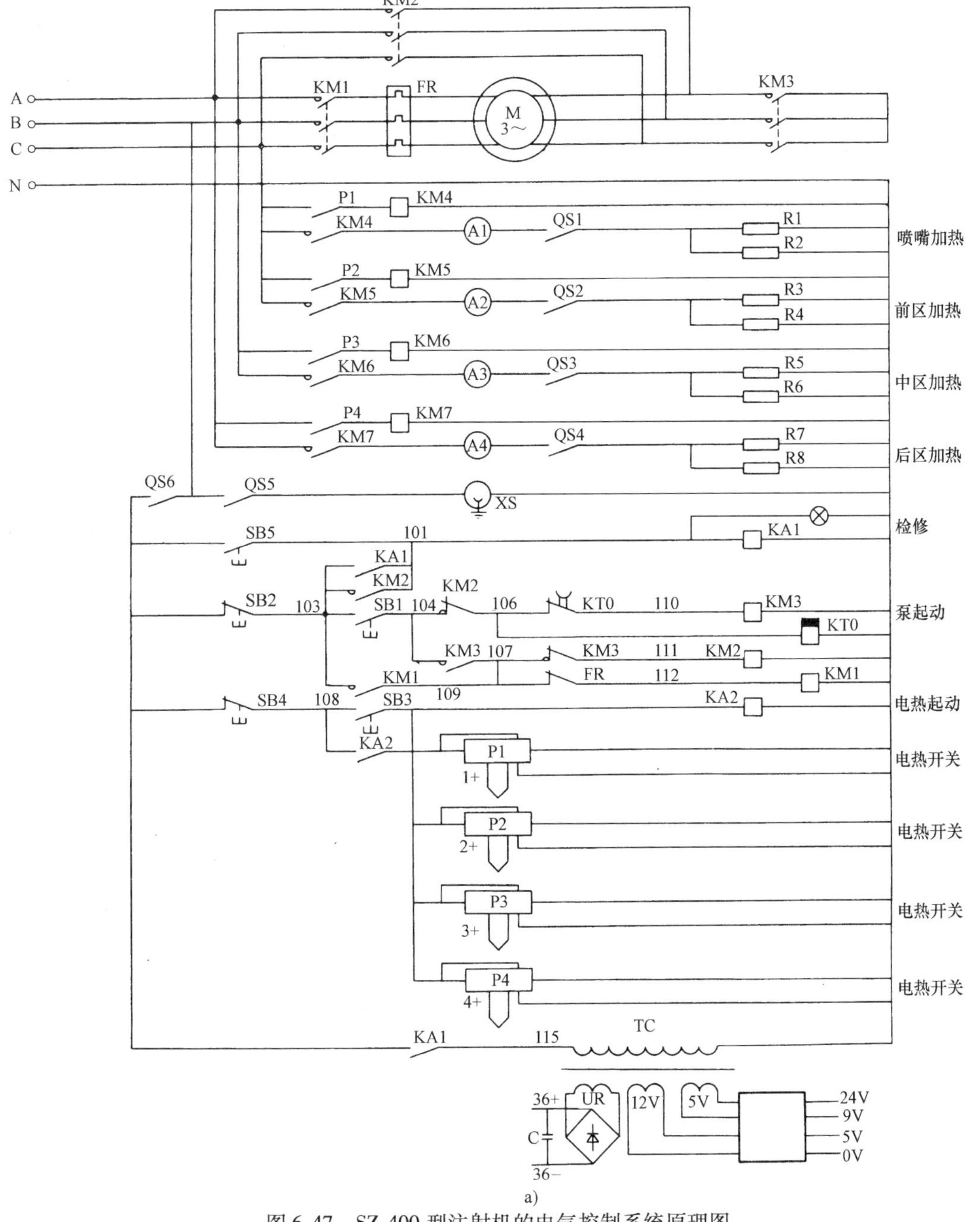

a)

图 6-47　SZ-400 型注射机的电气控制系统原理图

a）动力控制原理图

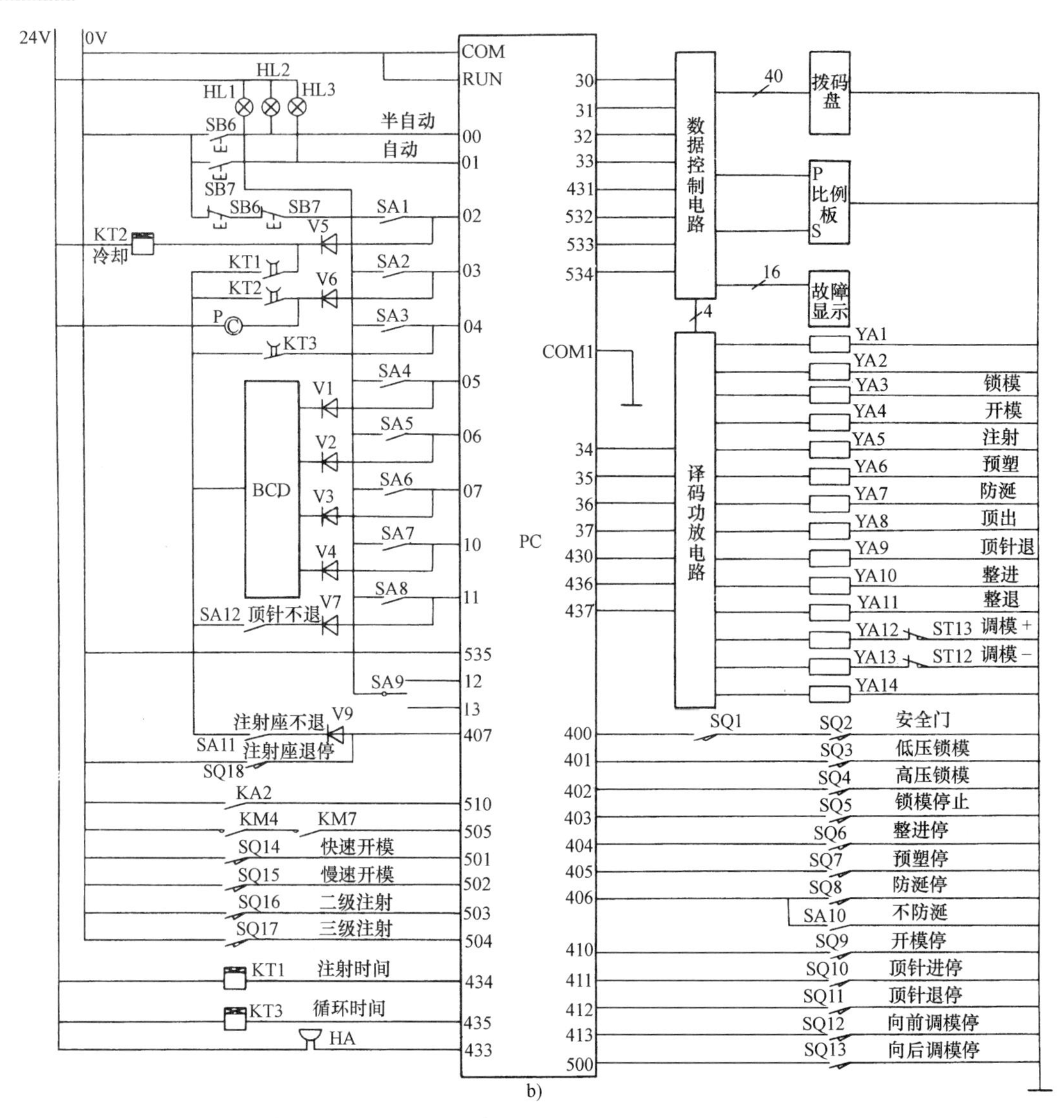

图 6-47 SZ-400 型注射机的电气控制系统原理图（续）

b）PC 控制原理图

1. 开机

打开电源开关 QS6，按下按钮 SB5，KA1 通电自锁，变压器通电接通电控柜电源和 PC 电源。按工艺规范要求在温度控制器上将各段加热温度设定好，调好各时间继电器的动作时间，并按工艺要求将系统的压力、速度等参数在拨码盘上设置好，将工作方式选择按钮按下（SB6、SB7 分别为半自动和全自动的位置），系统准备完毕。

2. 加热

按下开关 SB3，继电器 KA2 通电自锁，其常开触点闭合，信号送入 PC 的 510 端，温控仪 P1、P2、P3、P4 通电，其对应触点闭合，接触器 KM4、KM5、KM6、KM7 通电，信号送入 PC 的 505 端，PC 开始检测加热情况。按工艺要求合上各加热段开关 QS1、QS2、QS3、QS4，则对应的加热圈开始加热，加热电流由各电路上的电流表指示。当加热温度达到调定温度时，温控仪使其控制触点断开，对应的接触器失电，使加热电路断电。当温度下降至规定温度以下时，温控仪又使加热电路通电，继续加热。

3. 液压泵电动机起动

按下开关SB1，接触器KM3和时间继电器KT0通电，使KM3的常开触点闭合，常闭触点断开，使KM1通电工作并自锁。这时，电动机定子绕组接为Y形，实现低速起动；经过一段时间（由KT0调定）电动机转速接近额定转速时，KT0的常闭触点断开，KM3断电，其触点复原，使KM2通电，将电动机的定子绕组改接为△形，电动机转入正常运转。热继电器FR起电动机过载保护作用。

4. 合模

关闭安全门，压合行程开关SQ1和SQ2，使PC发出锁模信号，通过比例板将比例溢流阀30（图6-46）的调定压力升高，使比例换向阀27换向，并经功放电路使电磁铁YA3得电，开始合模。延时0.4s后（由PC实现延时），再使YA14得电，转入快速合模。当动模板压合行程开关SQ3，通过PC的控制使YA14断电，并使比例板P点输出降低，使阀30的调定压力降低，开始低压护模。若模具间无障碍，模板将SQ4压合，此信号输入PC的402端，经PC控制电路将阀30的调定压力升高，进入高压锁模状态。若在低压护模时模具间有异物，待超过程序设定的护模时间后（由PC计时），PC从433端输出信号，蜂鸣器HA报警并使YA3断电，YA4得电，开模等待处理。低压护模的工作液压力及快速合模、低压护模的速度均可在拨码盘上预先设定。

5. 注射座前移

模具锁紧后，SQ5发出信号，送入PC的403端，使YA3断电，YA10得电，注射座前进，当喷嘴贴紧模具时压合SQ6，注射座停止前进。

6. 注射及保压

PC检测到SQ6被压合信号后，即输出信号使YA5通电工作，同时使KT1通电计时（YA10仍通电），并按照设定的第一级压力和速度向比例板输出相应的信号，系统处于一级注射。当螺杆前进至SQ16设定的位置时，信号由503端输入，经PC程序控制按设定的二级注射参数值改变P、S的输出，使系统转入二级注射。再前进至SQ17被压合，信号从504端输入，由PC控制实现三级注射，即进入保压阶段，直到定时器KT1计时完毕。

7. 预塑

KT1计时结束，冷却定时器KT2通电开始计时，同时PC输出信号使YA5、YA10断电，YA6通电，螺杆旋转预塑，螺杆的转速由PC的控制程序设定的数值控制比例板S的输出来得到。当螺杆后退到预定计量位置时，压合SQ7，信号由405端输入，PC切断YA6的电源，预塑停止。

此时PC自动检查406和407端的状态，若选用防涎，即SA10断开，406端无信号，则使YA6断电，YA7通电，使螺杆后退直至压合SQ8，将信号送入406端。然后PC检查407端，若SA11断开，即需注射座后退，程序又通过PC使YA7断电，YA11通电，使注射座后退，直至压合SQ18使407端有信号为止。

8. 开模

当SQ8被压合且KT2计时完毕时，KT2的触点闭合，使计数器P通电进位，同时406端有信号，程序转入下一步，使YA11断电，YA4通电，开始开模。此时比例板S端输出较小，使动模板慢速开模。待其压合SQ14，501端有信号，程序使S端输出升高，转入快速开模，直至SQ15被压合，信号送入502端才又转为慢速开模。当SQ9被压合时，信号送入

410 端，开模动作结束。

9. 顶出

PC 收到开模结束的 SQ9 信号后，程序使 YA4 断电，YA8 通电，顶出缸顶料，PC 按预先设定的压力和速度控制比例板上 P、S 的输出，以控制顶出力和顶出速度。顶出次数从 1~9 次可供选择，最后一次顶出时，若为手动工作方式（SA12 闭合），则顶出后暂不退回，等到下次循环开始时才返回；若是半自动或全自动操作（SA12 断开），则最后一次顶出后立即退回。顶出行程分别由行程开关 SQ10 和 SQ11 调定。

10. 调模

调模为手动操作，当 SA9 扳至与 12 端接通时，使 YA12 通电，向前调模。若 SA9 与 13 端接通，则 YA13 通电，向后调模。调模的前后限位分别由行程开关 SQ13 和 SQ12 控制，当定模板压合其中之一时，其常闭触点断开，切断 YA12 或 YA13 的电源，同时其常开触点闭合，通过 PC 使蜂鸣器 HA 报警，提示操作者。

11. 其他

开关 SA1~SA8 为手动操作开关，在手动操作时使用。

时间继电器 KT3 为循环定时器，用于设定全自动操作时两次循环的间歇时间。

SB4 是电热停止按钮，SB2 是急停按钮。

为保证操作者的安全，注射机中设有机械和电气安全装置。电气安全装置由安全门上的行程开关 SQ1 和 SQ2 来实现，当前后两门均关好后（SQ1 和 SQ2 均压合），同时安装在定模板上的机械闸板抬起，才能发出锁模电信号进行锁模。

6.5.5 微机控制的注射机液压系统

近年来随着计算机控制技术的应用，注射机的控制系统也普遍采用计算机控制，实现了注射机动作和注射成型工艺的数字控制，对提高注射成型工艺参数的准确性和注射制品的精度有很大作用。现以东华机械有限公司的 TTI 系列全自动注射机为例加以说明。如图 6-48 所示为 TTI-95G 系列注射机的液压系统原理图。液压系统主要由动力液压泵、比例压力阀（控制压力变化）、比例流量阀（控制速度变化）、方向阀、管路、油箱等组成。图中各阀的作用见表 6-9。液压系统的工作原理与其他类型注射机相似，这里不再重述。

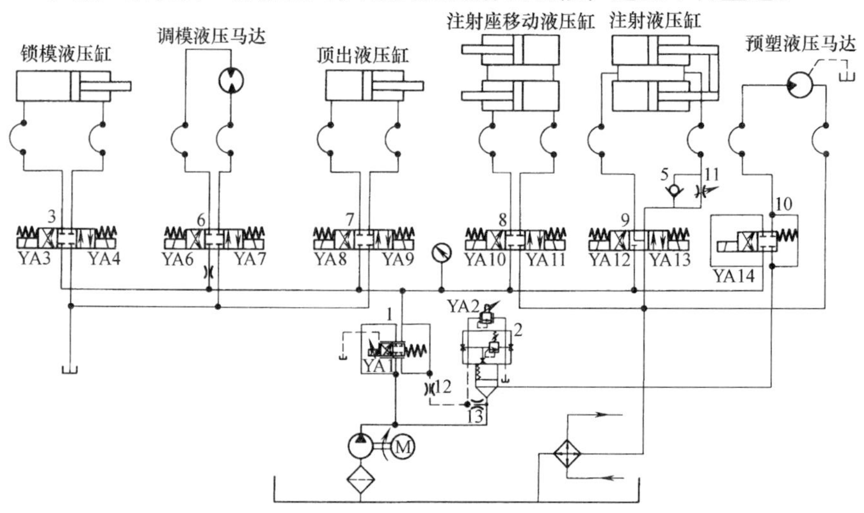

图 6-48　TTI-95G 系列注射机的液压系统原理图

表6-9　液压阀的作用

序　　号	名称与作用	序　　号	名称与作用
阀1	比例流量阀	阀7	顶针方向控制阀
阀2	比例压力阀	阀8	注射座移动(射移)方向控制阀
阀3	锁模/开模方向控制阀	阀9	射胶/抽胶方向控制阀
阀5	单向阀	阀10	熔胶方向控制阀
阀6	调模方向控制阀	阀11	背压阀

6.5.6　微机控制的注射机控制系统

微机控制注射机的控制系统主要由CPU板、I/O板、射移及锁模编码板、按键板、D/A转换板、显示控制板以及电源板等部分组成。其控制原理是：整个注射成型周期的各参数（温度、时间、压力、行程及速度等）的设定值由控制面板上的按键输入，经数据处理后输入计算机（CPU），计算机按注射成型周期的顺序将各参数转换为指令并经D/A转换及I/O输入板传给各执行元件，实现注射参数的数字控制。各动作的位移信号经I/O板反馈给计算机，用于动作顺序的控制。图6-49所示为TTI-95G系列注射机动力控制原理图，图6-50所示为TTI-95G系列微机控制注射机的控制系统原理框图。

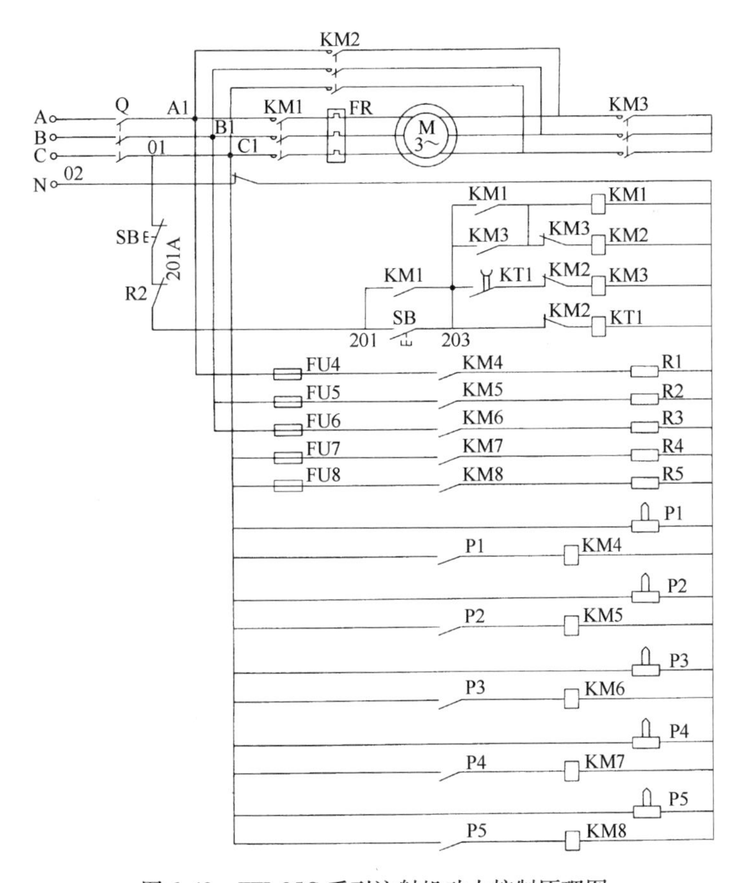

图6-49　TTI-95G系列注射机动力控制原理图

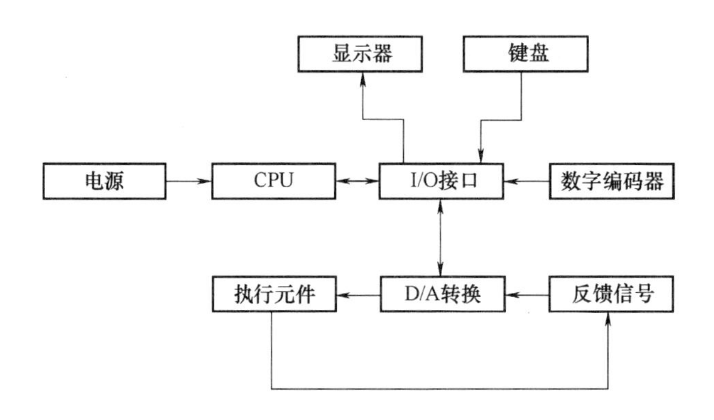

图 6-50 TTI-95G 系列微机控制注射机的控制系统原理框图

6.6 注射机的调整和安全设施

6.6.1 电气控制注射机的调整

影响注射制品质量和生产率的因素是多方面的，塑料材料、模具、设备和工艺是生产制品的主要要素。为了获得合格的注射制品，充分发挥注射机的效能，除具备生产要求的工艺装备之外，注射工艺参数的合理设置也是必不可少的。现就电气控制注射机各工艺参数的调整方法进行简单讨论。

1. 注射压力的调整

被加工塑料材料的黏度、制品形状复杂程度、壁厚、精度要求、模具浇注系统形式及熔料流程等不同，所需要的注射压力也不同。对于高黏度的塑料，形状复杂、熔料流程长、壁薄、精度要求高的制品，因熔料流动阻力大，则需要较高的注射压力；反之，可用较低的注射压力，以防止出现溢料和减小制品的内应力。目前生产中应用的注射压力一般在 60 ~ 140MPa 范围。加工精密制品时注射压力可达 280MPa。

注射压力的调节方法：

通过远程调压阀或溢流阀来调节进入注射液压缸的压力油压力，以调节注射压力。另外还可以更换不同直径的螺杆（或柱塞）和料筒，若保持工作油压不变，改变螺杆直径，可实现较大范围调节注射压力，以满足不同塑料和制品对注射压力的要求。

$$p_{注} = (D_{缸}/D_{b})^2 p_{缸}$$

式中，$D_{缸}$ 为注射缸直径；D_{b} 为螺杆直径；$p_{缸}$ 为注射缸中油压。

模具内熔料压力（模腔压力）在注射成型过程中是变化的，模腔压力变化情况如图 6-51所示，它与注射压力紧密相关。当注射制品要求较高时，注射压力往往分多级调压，根据注射工艺的不同需要，注射压力随之变化。

如图 6-52 所示为远程调压回路，它是将 Y 形溢流阀 2 的遥控口（即卸荷口）接远程调压阀 3 的进油口。这样，在溢流阀的调定压力范围内，通过调节远程调压阀，便可以调整通往注射缸的压力油压力。远程调压阀装在便于操作的位置，调整起来很方便。

如图 6-53 所示为采用两个溢流阀分别调定不同的压力，组成二级调压回路。当二位二

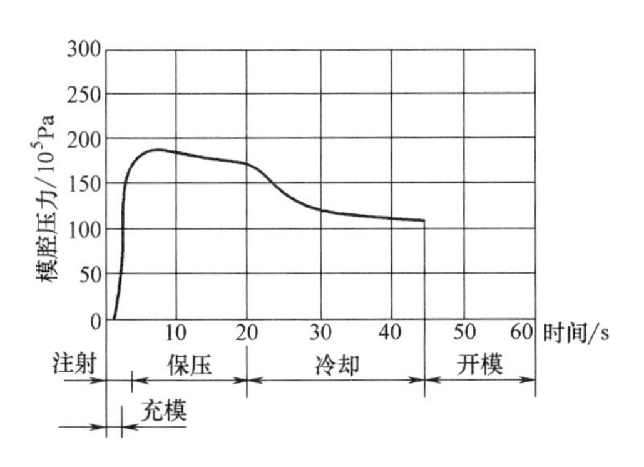

图 6-51 模腔压力变化情况

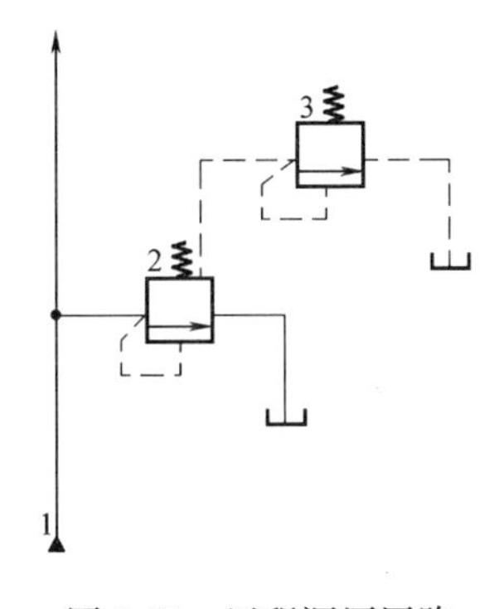

图 6-52 远程调压回路

1—液压源 2—溢流阀 3—远程调压阀

通电磁换向阀3的电磁铁失电时，注射压力由溢流阀2定压；当换向阀的电磁铁得电时，注射压力由溢流阀4定压，可实现二级压力调整。

如图6-54所示是由一个溢流阀和两个远程调压阀控制的三级调压回路。两个调压阀的调定压力不等，而且均小于溢流阀调定压力。可根据需要调整三个阀件的调定压力，即可获得三级不同的压力。图示位置时，注射缸压力由溢流阀控制；电磁阀的电磁铁YA1通电时，注射缸压力取决于调压阀3的调定压力，YA1失电，YA2得电时，注射缸压力由调压阀2控制。

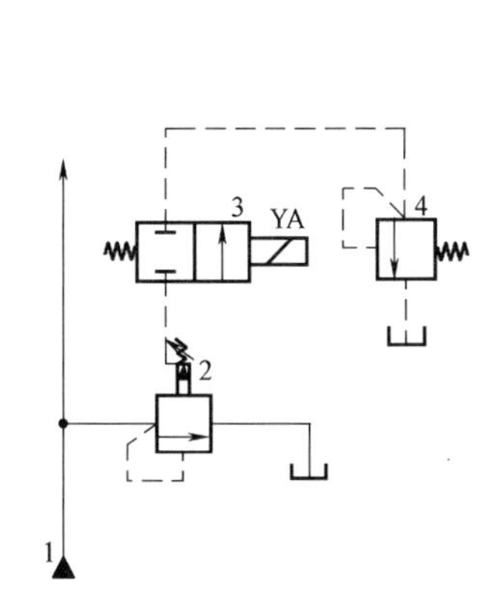

图 6-53 二级调压回路

1—液压源 2、4—溢流阀

3—二位二通电磁换向阀

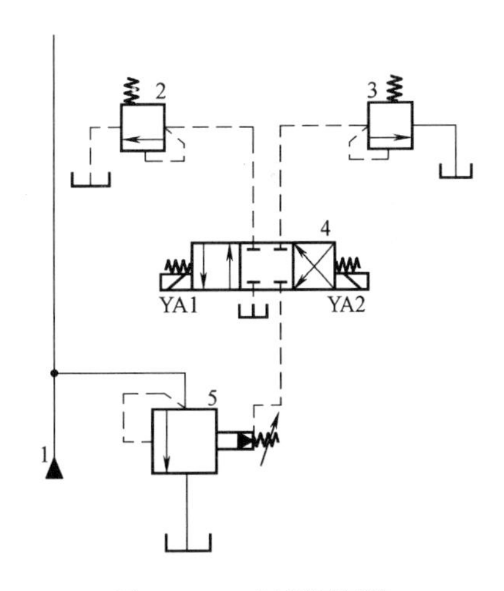

图 6-54 三级调压回路

1—液压源 2、3—调压阀 4—三位四通电磁换向阀 5—溢流阀

2. 合模力的调整

随着制品和塑料品种的变动，制品在分模面上的投影面积和所需的模腔压力不同，合模力一般也要改变。对于全液压式合模装置，只要调节合模缸油压，就可以达到调整合模力的目的。调整方法与调整注射压力方法相似。对于液压-机械式合模装置，则通过调整模板距离，从而改变肘杆等构件的弹性变形量来实现。根据合模装置的结构形式，进行相关部分的调节。由于其调节变化量很微小，且无法用数值直接显示，故比全液压式的调节更困难，必

须精心调试。

3. 注射速度的调整

注射速度也是注射成型工艺的重要参数之一，制品和塑料种类不同，需加以调整。对于黏度高、成型温度范围比较窄的结晶型塑料，壁薄、流程长的制品，采用较高的注射速度；对于流动性能好、成型温度范围比较宽的非结晶型塑料，壁厚及带嵌件的制品，宜采用较低的注射速度。如图6-55所示为注射速度调节回路。采用不同大小的液压泵组合向注射缸供油，以实现不同注射速度的方法也是较常用的（图6-43）。

4. 合模速度的调整

合模过程中，为使动模板运行平稳，防止模具撞击，又尽可能缩短合模时间，要求模板移动速度按慢-快-慢的规律变化，而且能根据不同的制品，进行合模速度大小和速度变换位置的调整。采用不同大小的液压泵组合向合模缸供油的方法，可以方便地实现合模速度的变化。速度变换位置的调定，可通过限位开关与液压系统的速度换接回路相配合来实现。如图6-56所示位置时为快速合模，电磁换向阀（二位二通换向阀）5的电磁铁YA2通电时转为慢速合模，YA2得电与否的电信号来自限位开关。

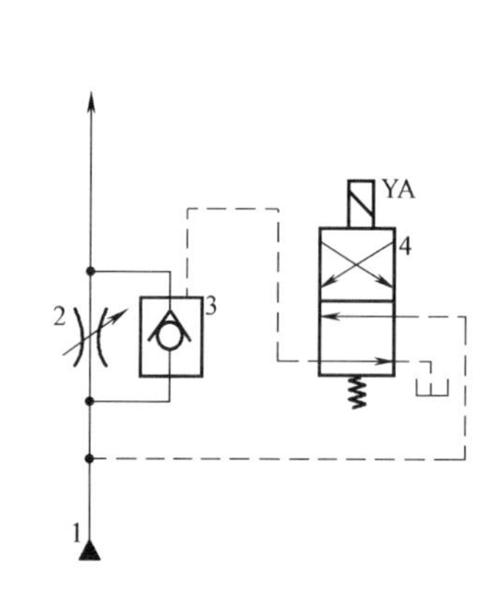

图6-55　注射速度调节回路

1—液压源　2—可调节流阀　3—液控单向阀

4—二位四通电磁换向阀

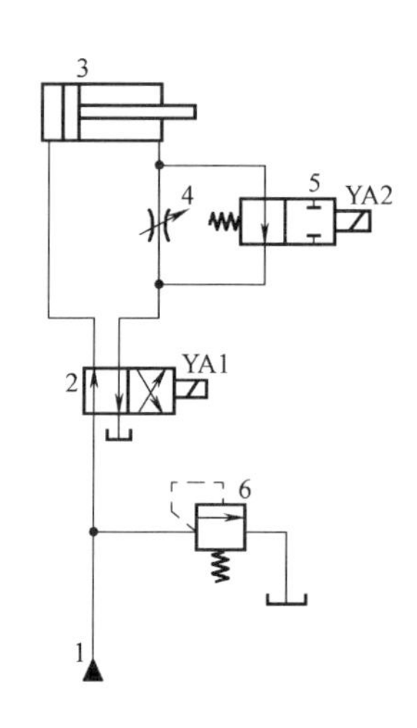

图6-56　速度换接回路

1—液压源　2—二位四通电磁换向阀　3—液压缸

4—节流阀　5—二位二通电磁换向阀　6—溢流阀

5. 塑化状况的控制

塑料塑化状况的好坏、快慢，直接影响制品的质量和一个工作循环中各工序的平衡。有关塑化状况的控制和调整，主要有以下几个方面：

（1）注射螺杆背压的调整　螺杆背压的调节是通过注射油路中背压阀的调节来实现的。背压大，螺杆后退时间延长，即延长塑化时间。在其他塑化条件（如加热温度、螺杆转速等）不变的情况下，使塑料塑化完全，熔料密实，有利于提高制品质量。但必须考虑到延长塑化时间，螺杆剪切作用时间增长，对熔料温度上升的影响。

（2）螺杆转速的调整　调整螺杆转速，将改变塑料在料筒中的停留时间，塑料受剪切程度也随之改变。螺杆转速快，在其他塑化条件不变的情况下，将缩短塑化时间，但必须考虑到螺杆剪切作用的加强，易使部分塑料过热，以及存在塑化不完全的塑料进入模腔的可能

性。所以综合考虑各影响因素，特别对于热敏性塑料或高黏度的塑料，以较低的螺杆转速为宜。

（3）料筒温度的调整　目前应用较多的是电阻加热器对料筒（包括喷嘴）的分段加热及温控。为了准确控制各区段的温度，通常将料筒分成若干加热区，并且喷嘴单独设置加热器。根据不同塑料性能和其他影响塑化的因素，必须调整各区段的加热温度。温度的调整、检测和控制通常采用温度指示调节仪和热电偶，进行温度自动控制，但必须根据各种不同的塑料，预先调定各区段加热所需的温度，以保持料筒在某一温度下进行加热。注射喷嘴通常采用单相交流调压器，通过调节输出电压改变输出电流来实现喷嘴温度的调节控制。

6. 工作循环时间

注射机完成一次工作循环所需要的时间由合模时间、注射时间、保压时间、冷却时间、预塑时间、开模时间、顶出制品时间以及辅助时间等组成。这些单元时间之间，有的是依次顺序关系，有的是交错进行。它们都直接关系到制品质量和机器生产率。所以每当更换不同的塑料或模具时，均需恰当调整这些时间，在保证质量的前提下尽可能短，以提高生产效率。

在半自动和全自动操作中，各单元时间的长短控制，主要是调整注射机电气控制系统的时间继电器，有的则需对限位开关位置做必要的调整。

6.6.2　数控注射机的调整

数控注射机中，注射成型周期的顺序（顺序控制）及维持过程温度、时间、压力和速度（过程控制）均实现了数字控制，各参数值以数字（或曲线）的形式显示于显示屏上，通过控制面板上的各类控制键，直接进行输入调节和控制。

数控注射机的操作面板如图6-57所示，通常由显示屏、参数输入区、工作方式选择与手动动作控制区、自动循环状态显示区及电源键等组成。现以TTI-95G型注射机为例加以说明。该机型的键盘由八个功能按键、十个数字键、三个光标移动键、显示屏及电源键组成。工作时显示屏上可以适时显示系统的状态参数、异常状态产生的原因提示等信息。八个功能键除储存键外，其余皆能直接进入相应的控制页面。数字键（0～9）除可当作数值输入外，在单独使用时，具有显示屏画面显示功能。表6-10列出了各按键的功能作用。在注射机安装结束进行试运行时，先接通电源，检查电动机起动后的转向、液压系统是否正常，有无泄露现象，正常后可进行液压系统总压力的调节。完成上述准备工作后，可进行微机控制系统的调试和参数设定。

1. 注射成型各动作时间的设定

接通计算机电源约半分钟后，显示屏上可看到图6-58所示的画面，所有设定数值会显示“0”，全程计时的数字则每半秒钟会增加5，总开模数为开机前总开模数的数值。黑色区域在机器工作时可显示异常状态及原因。此时按2键或时间功能键（时间），会进入时间参数设定页面，如图6-59所示。所有时间设定值乘以0.1，即得实际秒数，设定范围为0～99.9s。

参数设定方法是进入时间页面后，时间页面上第一个输入项的最前位置会出现闪动的光标，表示计算机正等待操作者输入新数据。这时可以通过数字键输入所需要的时间参数，每输入一个数字，光标会右移一位。数据输入后，按▼键，光标会跳到下一个输入项的最前位置，这时可以设定第二个时间参数。当数据输入出错时，应将光标移至该项位置方可修改。如此类推，将各时间参数设定为所需数值。参数设定完成后，按◇键，退出输入数据

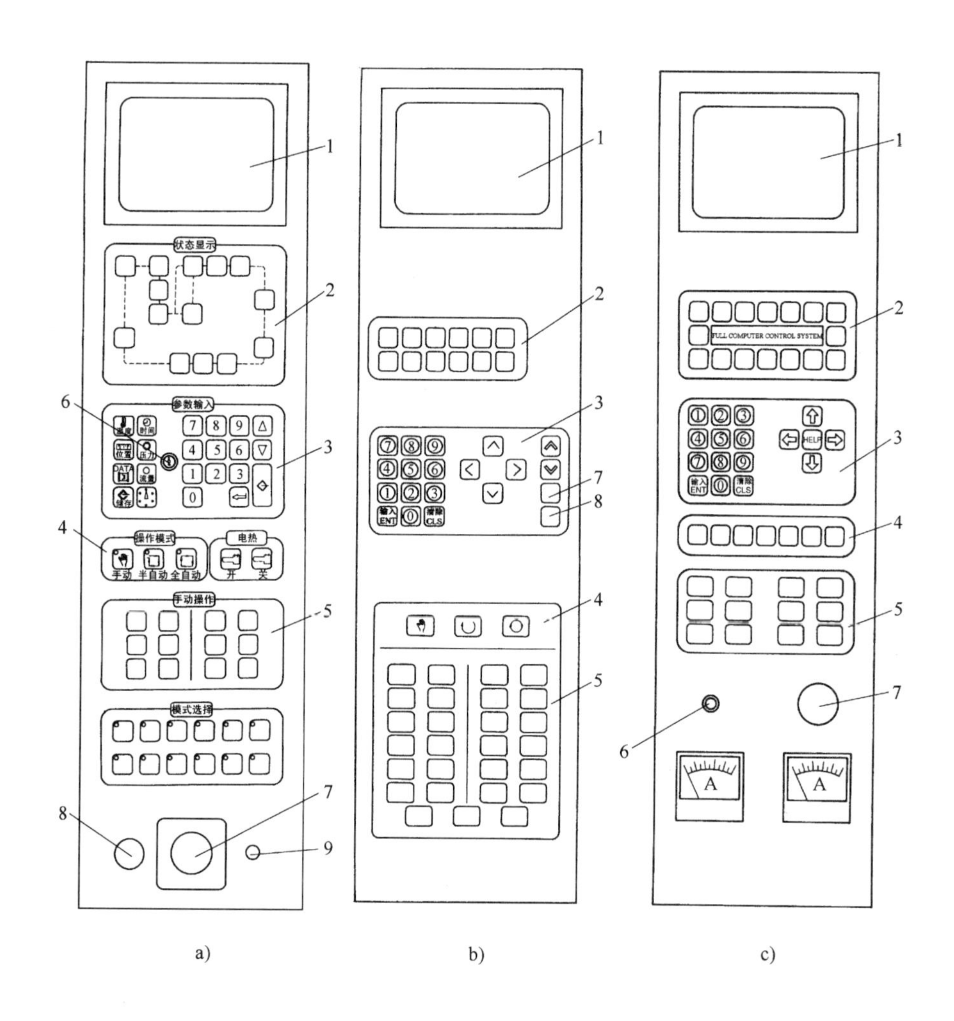

图 6-57　数控注射机的操作面板

a）TTI-95G 系列注射机　b）利广 G 系列双 CPU 控制注射机　c）利源 LY 系列注射机
1—显示屏　2—自动循环状态显示区　3—参数输入区　4—工作方式选择　5—手动控制区
6—电源锁　7—总停按钮　8—起动按钮　9—电源指示

状态，显示屏显示原先的页面。当光标未出现时，则表示不在输入状态下，操作者只能查看参数，不能输入和修改。新输入的参数只在暂存器中，立刻对机器动作起作用，但断电后即消失，要将新参数永久保存，必须按储存功能键(储存)，把参数储存在所属的资料档案内。任何时间按储存功能键(储存)都会把当前机器在运行时所用的参数进行储存。

在自动操作时，如果开模、锁模实际动作的时间超过了设定时间，则机器进入警报状态，显示屏显示开、锁模未到定位。若在锁模动作时，则会立刻停止锁模，并作开模动作，

表6-10　TTI-95G操作面板按键功能

分类	按　键	功 能 作 用
功能键	时间	进入时间页面
	压力	进入压力页面
	流量	进入流量页面
		进入使用功能页面
	温度	进入温度设定页面
	位置	进入行程设定页面
	DATA	进入模具参数储存页面
	储存	将现正使用的模具参数储存到内存记忆的对应模具中
数字键	0	当急停按下时，作总开模数清零用，其他情况下不起任何作用
	1	荧光屏显示正常的操作状态画面
	2	显示所有动作设定的时间画面
	3	显示所有动作设定的压力画面
	4	显示所有动作设定的流量画面
	5	显示所使用的功能选择画面
	6	显示料筒各部分温度记录的画面
	7	显示所有动作设定的行程画面
	8	显示模具号码画面
	9	显示各输入/输出点的状态
光标键	▲	光标上移到前一行的开始位置
	▼	光标下移到后一行的开始位置
		把当前参数中的最后一个数字删除
		若光标在参数设定项的开始位置，表示退出参数设定模式，并返回进入参数设定模式前的页面。否则，存入参数并保留在当前页面内
操作模式键		手动操作模式
		半自动操作模式
		全自动操作模式
电热键	ON	料筒电加热接通
	OFF	料筒电加热断开

（续）

分类	按　键	功 能 作 用	分类	按　键	功 能 作 用
手动操作键		开模动作	手动操作键		射胶（注射）
		闭模动作		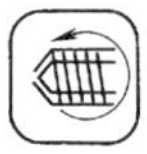	熔胶（预塑）
	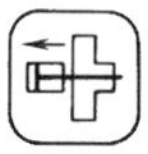	顶针（顶杆）退回			射台前进
		顶针（顶杆）顶出			射台后退
	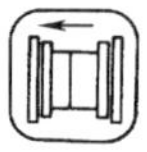	调模后退			插芯动作
	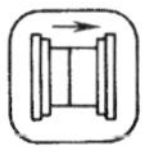	调模向前			抽芯动作

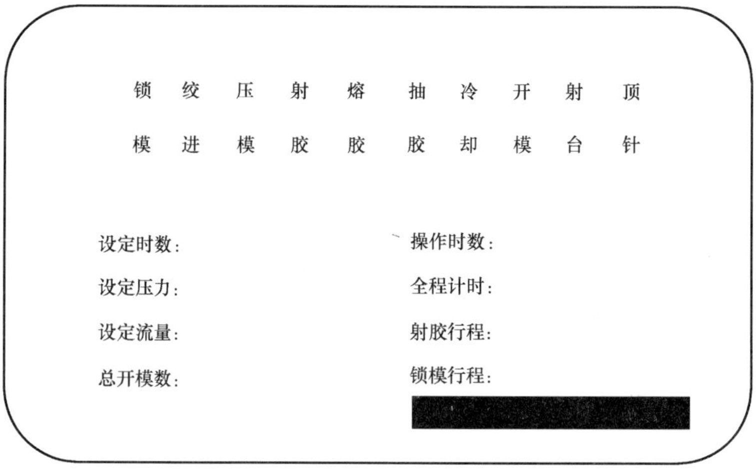

锁模　绞进　压模　射胶　熔胶　抽胶　冷却　开模　射台　顶针

设定时数：　　操作时数：
设定压力：　　全程计时：
设定流量：　　射胶行程：
总开模数：　　锁模行程：

图 6-58　开机时荧光屏显示的页面

此时应重新设定新的数值。其余各时间参数的定义可参看机器说明书，不再细述。

2. 注射成型各动作压力的设定

按[3]键或按压力功能键[压力]，进入压力参数设定页面，页面形式与时间页面相似。设定的压力参数有锁模压力、锁模低压、锁模高压、开模压力、注射一级压力、注射二级压力、注射三级压力、预塑压力、抽胶压力、射台压力、顶针压力、绞牙压力及调模压力等。压力最高设定值为 14MPa，所设定的数值和压力表显示的压力值在 2 ~ 12MPa 范围内是相同的，高于 12MPa 会略有偏差。

开模锁模计时:	40	熔胶计时	:	0
抽芯进退计时:	0	抽胶计时	:	0
射胶一级计时:	10	冷却计时	:	0
射胶二级计时:	10	顶计次数	:	0
射胶三级计进:	10	绞牙进计时	:	0
顶进延迟计时:	3	绞牙退一计进	:	0
储料延迟时间:	3	绞牙退二计时	:	0
顶退延迟半时:	3	警报计时	:	100

图 6-59　时间参数设定页面

压力参数设定方法基本上与时间参数设定方法相同。但当操作者输入的数值大于 14MPa 时，光标会停留在该数据最前的位置，让操作者再次输入正确的压力。如果操作者按▼或▲键，光标虽然跳到下一项或上一项，而且显示的数值是新输入的数值，但原来的数值仍然保留，即计算机拒绝输入的参数。各压力参数的定义可参看机器说明书。

3. 注射成型各动作流量的设定

按4键或流量功能键流量，进入流量（速度）参数设定页面，页面形式与时间页面相似。设定的流量参数有锁模速度、低压移模速度、高压锁模速度、开模一慢、开模快速、开模二慢、射台速度、调模速度、注射一速、注射二速、注射三速、预塑速度、抽胶速度、顶针速度、绞牙速度及换模速度等。流量（速度）最高设定值为 100，表示百分数为 100%。各速度参数的定义可参看机器说明书。速度参数设定方法与压力参数一样，但最高数值为 100，同样，计算机会拒绝接受大于 100 的速度数值。

4. 机器使用功能的选择

按5键或使用功能键，进入机器使用功能页面，如图 6-60 所示。

锁模速度:1	1—高速	2—快速	
射台动作:1	1—使用	2—不用	
机 械 手:2	1—使用	2—不用	
顶针种类:2	1—停留	2—多次	3—定次
绞牙动作:1	1—使用	2—不用	3—抽芯
抽芯动作:1	1—时间	2—行程	
射胶方式:1	1—时间	2—行程	

图 6-60　机器使用功能页面

各使用功能含义如下：

（1）锁模速度 “1”表示锁模高速，此时开、锁模有回油补偿，锁模速度会加快；“2”表示正常开、锁模，无回油补偿。此两种选择锁模速度都以流量设定页面中锁模高速的数值进行工作，但在锁模动作中会有快、慢之分，若机器在油路设计中无差动设计，则无分别。

（2）射台动作 用于半自动或全自动工作状态，表示射台是否参与工作循环的选择。“1”表示冷却时间到，开模前射台会后退，直至压合射台后退限位开关，再行开模；“2”表示射台在开模之前不后退，冷却完毕后即开模。

（3）机械手 用于全自动状态，选择使用机械手时，当开模完毕后，机械手自动开启，从原始位置向顶出位置移动，当顶出开始时，机械手会一直工作，直至回复原始位置。顶杆退回，若用时间控制自动循环，顶杆退回压合限位开关开始第二次循环，如果用电眼（红外监测）控制自动循环，则必须使检物电眼为ON状态，才会开始第二次循环，如果物品检测时间超过6s仍未通过，就会显示脱模失败，同时发出报警信号。

（4）顶针种类 在采用电眼全自动循环中，“1”停留，表示顶针向前压合终止限位开关后停止；“2”多次，表示顶针按多次顶出，只要检物电眼为ON，就开始第二次循环；“3”定次，表示顶针按设定的工作次数完成后，检物电眼为ON时才可开始第二次循环。其他情况下，选择“2”或“3”均按设定顶出次数完成后，开始第二次循环。

（5）绞牙动作 “1”使用，为选用装置，通常不用；“2”不用，表示不使用绞牙或抽芯装置；“3”抽芯，表示使用抽芯动作。在锁模过程中，当插芯A组行程开关压合时，合模动作停止，进行插芯动作，插芯结束会继续合模动作；而开模过程中，当抽芯A组行程开关压合时，便会进行抽芯A组动作，动作结束继续开模动作。

（6）抽芯动作 “1”时间，表示由时间页面内设定的“抽芯进退计时”进行控制；“2”行程，表示由行程开关控制抽芯动作。

（7）射胶（注射）方式 “1”时间，表示一至三级注射的切换由设定时间来控制；“2”行程，表示一、二级注射的终止切换由行程开关的位置控制，三级注射的终止由设定的一级注射时间决定。

5. 注射成型各部分温度的储存

按[6]键或温度功能键[温度]，进入温度设定页面，页面上显示出喷嘴及各加热段的设定温度和现在的实际温度。温度设定值单位为1℃，本页面的温度资料只作参考和储存用，并不进行温度控制的实际操作，温度控制由外设温度表执行。温度值储存方法同时间、压力及流量参数设定方法一样。当按照上述步骤一一进行操作后，就可以对机器进行手动、半自动、全自动等操作了。

6. 行程编码

按[位置]键便可进入行程设定页面。该页面用于设定各动作的起始和终了的位置，机器各部位安装有电子尺，对行程进行检测。行程设定项目有预塑停止位置、二级注射起始位置、三级注射起始位置、注射螺杆终止位置、开模停止位置、开模二慢速起始位置、低压保护起始位置、开模快速起始位置。

行程的设定及显示，皆以编码器的脉冲数为准，而实际位置可由公式计算取得。如TTI-

95G 注射机螺杆位置编码器设定的脉冲数为 100，则螺杆的实际位置等于系数 K 乘以脉冲数，即

$$螺杆行程 = K \times 脉冲数 = 0.05235 \times 100\text{mm} = 5.235\text{mm}$$

式中，K 为系数，对于 TTI-80 至 TTI-570 型注射机，$K = 0.05235$；对于 TTI-650 至 TTI-1600 型注射机，$K = 0.10471$。

模板位置等于系数 K_1 乘以脉冲数，仍以 TTI-95G 为例，若模板行程位置脉冲数为 100，则

$$模板位置 = K_1 \times 脉冲数 = 0.05235 \times 100\text{mm} = 5.235\text{mm}$$

式中，K_1 为系数，对于 TTI-80 至 TTI-270 型注射机，$K_1 = 0.05235$；对于 TTI-300 至 TTI-570 型注射机，$K_1 = 0.10471$；对于 TTI-650 至 TTI-1600 型注射机，$K_1 = 0.15706$。

7. 确定所生产制品模具编号

按(8)键或模具参数储存功能键(DATA)，进入模具参数储存页面。该页面用于显示或调用已有的各模具编号使用的注射成型参数，从页面指定位置输入模具编号，即可调出属于该模具的所有参数，放到暂存存储器中，更新原来的工作参数，机器再工作时便以新参数作为依据。在开机时，模具编号所显示的数值为上一次关机前所使用的模具编号。本机可储存 63 组不同模具的资料，若操作者所设定的数值超过 63，计算机会拒绝接受新模具编号，旧编号维持不变。

8. 检测页面

按(9)键，进入输入/输出状态检测页面，如图 6-61 所示。页面左边一列大数字表示百位，上面的一行大数字表示十位，框格左边的小数字表示个位。小框格表示各输入/输出点的状态，□表示没有输入，■表示有输入，如图 6-61 中的 X525 为有输入。按(▲)或(▼)键，可转为内部状态检测页面，如图 6-62 所示，页面的定义与输入/输出状态检测页面相同。

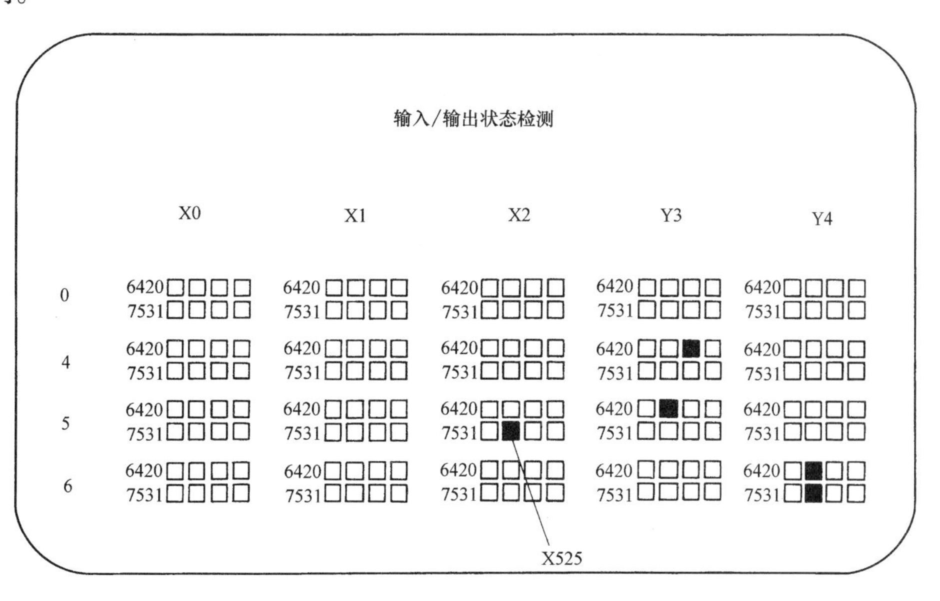

图 6-61　输入/输出状态检测页面

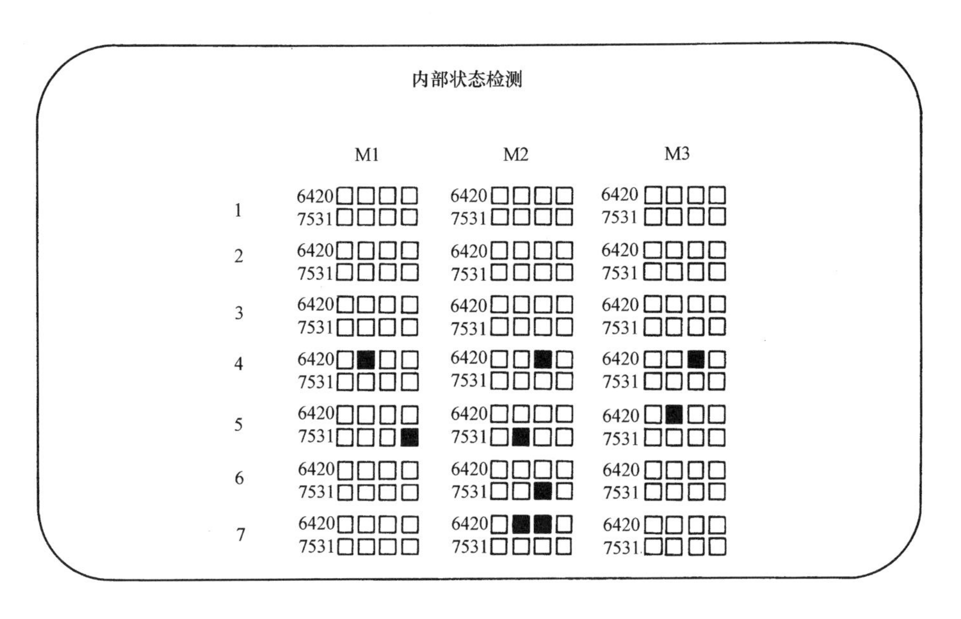

图 6-62 内部状态检测页面

6.6.3 注射机的安全设施

在生产过程中必须时刻注意安全操作，操作者应严格按照操作规程操作，确保安全生产，不发生事故。在注射机设计制造方面也采取了一定的保护措施，包括人身安全保护、机器设备安全保护、模具安全保护和电气及液压系统的保护等。

1. 人身安全保护

在注射机的操作与检修过程中，操作者或检修人员的手甚至整个身体有时需要进入机器的运动部位中去，如取出制品、调试模具等。为防止人员被夹伤，在机器的工作部位设置了安全门。当打开安全门时，移动模板即开启或停止运动；当要进行合模时，必须关闭安全门后才能动作。通常采用的安全门双重保护装置有：电气机械双重保护装置和电气液压双重保护装置。

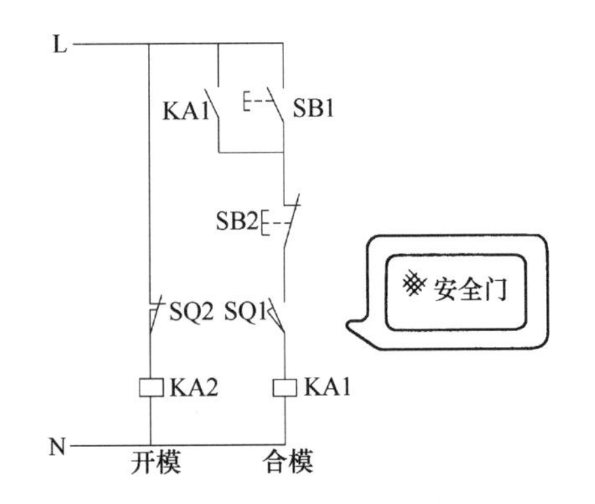

图 6-63 安全门的电气保护装置原理图

1）电气安全保护装置。如图 6-63 所示为安全门的电气保护装置原理图，图中 SQ1、SQ2 为限位开关 SQ 的常开和常闭触头，共同组成互锁电路。只有当安全门完全关闭，压合了限位开关 SQ 后，其常开触头 SQ1 闭合，常闭触头 SQ2 打开时，按动合模按钮 SB1，才有可能实现合模动作。当安全门开启时，限位开关 SQ 复位，SQ1 触头断开，并自动接通触头 SQ2，实现自动开模。每台塑料注射机的前、后安全门均设置有电气保护装置，有的设备生产厂家为了提高电气保护装置的可靠性，往往会在每个安全门下安装两个限位开关进行安全保护。

2）机械安全保护装置。如图6-64所示为安全门机械保护装置的原理图。图6-64a为机械撞杆式保护装置，当安全门打开时，滚轮3沿安全门上的滑道5运动，使可调限位杆4下降至注射机动、定模板之间，起阻碍注射机动、定模板闭合的保护作用，此时，即使电气安全保护装置失效，注射机仍无法进行合模动作；当安全门关闭时，滚轮的运动会使可调限位杆4抬起，不会阻碍注射机动模板的合模动作。图6-64b为机械撞杆式保护装置的另一种形式，当打开安全门时，挡块7自由下落至圆锥阶梯柱上表面，注射机开模时，挡块7能在圆锥阶梯柱上滑动，因圆锥阶梯柱沿合模方向为台阶，挡块7能阻碍圆锥阶梯柱沿合模方向移动，此时，即使电气安全保护装置有故障，注射机动模板也无法进行合模。当安全门关闭时，挡块7被滑道5下压翘起，不再阻碍圆锥阶梯柱沿合模方向移动，注射机动模板可进行合模动作。图6-64c为机械拉杆式保护装置，其圆锥阶梯柱安装在注射机动模板和尾板之间，并紧固于注射机动模板上，可随注射机动模板移动。当安全门关闭时，安全门撞块14撞上打杆轴承13，使挡块联动机构11摆动，从而压住机械锁挡块10尾部使其翘起，不会阻挡圆锥阶梯柱的运动，注射机动模板可以进行合模动作；当安全门开启时，机械锁挡块可自由下落于圆锥阶梯柱上表面，阻碍圆锥阶梯柱沿合模方向运动，从而拉住注射机的动模板，使之无法进行合模动作。

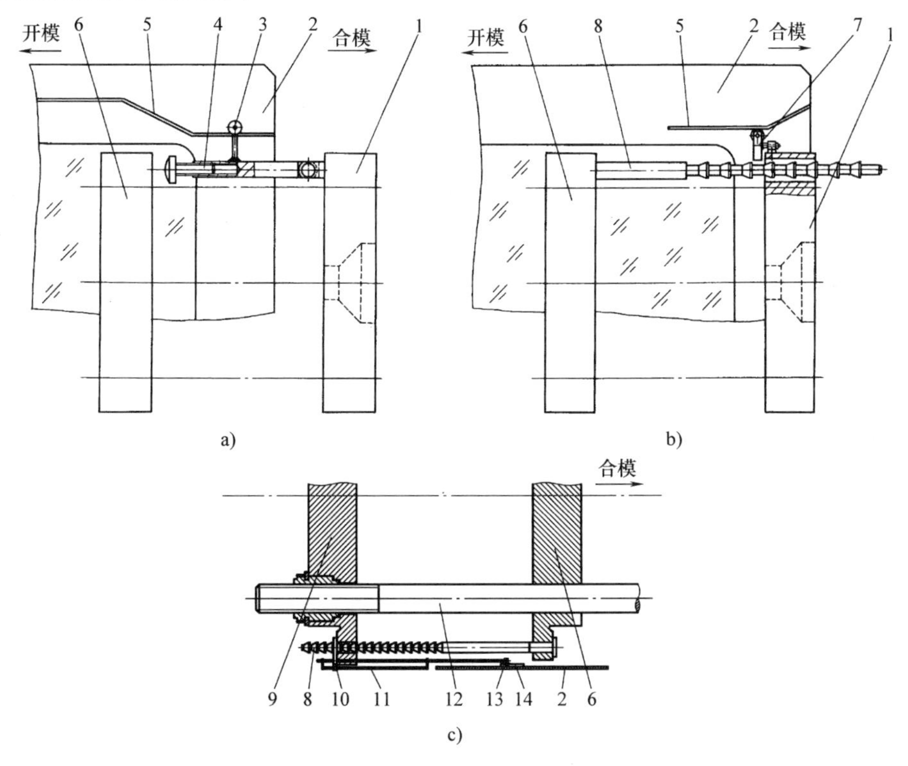

图6-64　机械安全保护装置

a)、b）机械撞杆式保护装置　c）机械拉杆式保护装置

1—定模板　2—安全门　3—滚轮　4—可调限位杆　5—滑道

6—动模板　7—挡块　8—圆锥阶梯柱　9—尾板　10—机械锁挡块

11—挡块联动机构　12—注射机拉杆　13—打杆轴承　14—安全门撞块

塑料注射机工作时，只有电气安全保护装置和机械安全保护装置同时处于正常合模状态

时，注射机的动模板才能顺利地进行合模动作，这种电气与机械安全保护装置的组合称为电气机械双重保护装置。

3）电气液压双重保护装置。如图6-65所示为电气液压双重保护的安全门。它除了电气保护外，在合模的换向液压回路中增设凸轮换向阀。当打开安全门并压下凸轮换向阀2时（图示位置），液控换向阀的左边控制油路与回油接通，即使按下合模按钮，也无法进行合模动作。这样，即使在电气保护装置失灵的情况下，如果安全门没有关闭，合模动作还是不会进行的，这就是电气液压双重保护装置。

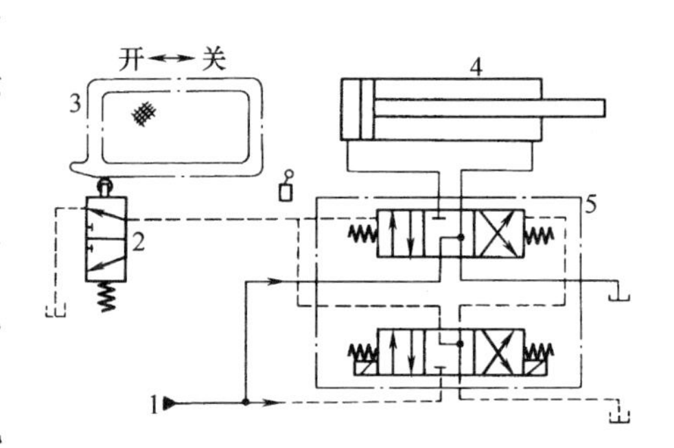

图6-65　电气液压双重保护安全门

1—液压源　2—凸轮换向阀　3—安全门　4—合模液压缸　5—三位四通电液换向阀

人身安全保护还有防止热烫伤、合模运动机构挤伤等方面，如为防止加热料筒灼伤或防止人、物进入运动部件内而加防护罩。此外安全门的设置还有阻隔熔料溅出的作用。

2. 机器设备安全保护

注射机在设计中，除了考虑到正常使用情况下有关问题外，还要考虑到非正常情况下所造成机器事故的可能性，而采取必要的防护措施。如合模装置采用电气或液压行程开关进行的过行程保护；防止塑料内混有异物或“冷启动”而对螺杆进行过载保护；机器液压系统和润滑系统指示和报警保护，以及机器动作程序的联锁保护；电气和液压的过载保护（电气线路上的限流器、热继电器；液压系统的溢流阀）等。

3. 模具安全保护

注射模一般都较精密，造价高，制造周期长，对模具的安全保护应予以重视。当模具内留有制品或残留物以及嵌件放置位置不正确时，模具不允许闭合或升压合紧，以防模具损坏。目前主要的防护方法是在机器控制上采用低压试合模保护（简称低压护模）。

低压试合模是一种液压保护模具的方法。它将合模压力分为两级控制，在移模初期为低压快速移模，当模具即将闭合时，液压回路切换为低速低压合模，只有当模具完全闭合（或分型面间隙很小）后液压回路才切换为高压锁模，达到注射成型时所需锁模压力。常见的低压试合模系统有以下形式：

（1）充液式低压试合模系统　如图6-66所示为充液式低压试合模系统原理图。当快速合模至压合行程开关SQ1后，电磁铁YA3失电，即系统压力由阀2控制，进入低速低压试合模阶段，时间继电器开始计时。如无异物则模具安全闭合，行程开关SQ2将被压合，使YA3通电，系统压力切换为阀1控制，进行升压锁模。若模具内存有异物，则模具不能完全闭合，无法压合SQ2，系统一直处于低压状态，当时间继电器计时到规定的合模时间，便自动接通YA1，则模具自行开模，同时发出报警。

（2）程序试合模系统　如图6-67所示为程序试合模系统原理图，它是一种按指定程序合模的保护系统。该系统合模装置的定模板可做少量浮动，正常状态下合模，应先压合行程开关SQ1，然后再压合行程开关SQ2，最后升压锁模。如模内有异物，合模时行程开关压合的顺序相反，则机器就自动停机并报警。

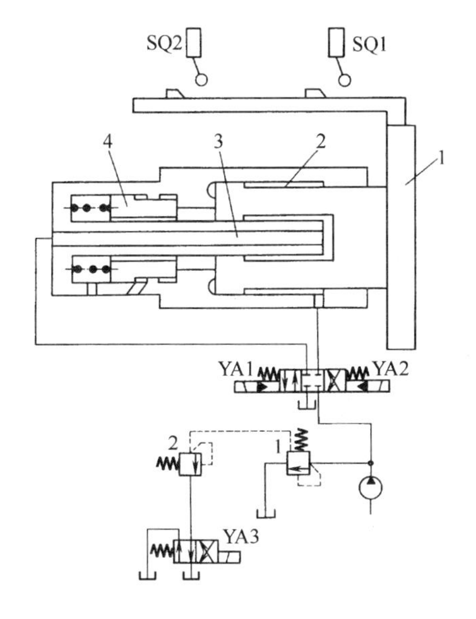

图6-66 充液式低压试合模系统原理图

1—动模板 2—合模液压缸

3—移模液压缸 4—充液阀

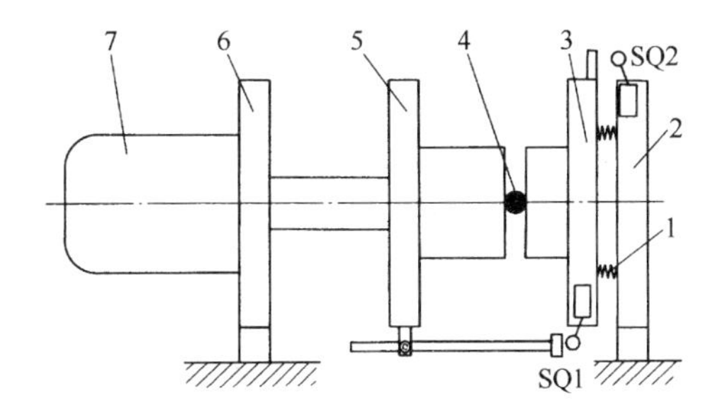

图6-67 程序试合模系统原理图

1—弹簧 2—模板架 3—定模板 4—异物

5—动模板 6—后模板 7—合模液压缸

6.6.4 注射机的故障分析与维护

塑料制品注射成型与塑料原料、注射工艺、模具及注射设备紧密相关，其中任何一部分出现故障，均可能造成注射制品不合格，而因注射机调整、使用不当造成废品甚至无法成型的占相当大的比例。以下对注射机故障进行简要分析。

1. 注射机的一般故障及排除

注射机在安装调试及使用过程中出现故障在所难免，一般不外乎机械、油路及电气的故障。表6-11列出了注射机可能出现的故障及排除方法。

表6-11 注射机的故障及排除方法

故 障	引起原因	排除方法
液压泵电动机不起动	电源供应断开	检查电源三相供应是否正常，自动断路器是否跳闸。电源箱内控制电动机起动的磁力开关是否吸合
	电动机烧坏，发出烧焦味或出烟	按照规格修理或更换
	液压泵卡死	清洗或更换液压泵
液压泵电动机及液压泵起动，但不起压力	压力阀的接线松脱或线圈烧毁	检查压力阀是否通电
	杂质堵塞压力阀控制油口	拆下压力阀清除杂质
	压力油不洁，杂物积聚于过滤器表面，防止压力油进入泵	清洗过滤器，更换压力油
	液压泵内部漏油，原因是使用过久，内部损耗或压力油不洁而造成损坏	修理或更换液压泵
	液压缸、接头漏油	消除泄漏地方
	液压阀卡死	检查液压阀阀芯是否活动正常

（续）

故　障	引起原因	排除方法
不锁模	安全门微动开关接线松脱或损坏	接好线头或更换微动开关
	锁模电磁阀的线圈可能进入阀芯缝隙内，使阀芯无法移动	清洗或更换锁模、开模控制阀
	方向阀可能不复位	清洗方向阀
	顶杆不能退回原位	检查顶杆动作是否正常
螺杆不注射	注射电磁阀的线圈可能已烧，或有异物进入方向阀内，卡死阀芯	清洗或更换注射电磁阀
	压力过低	调高注射压力
	注射时的温度过低	调整温度表以升高温度至要求点。若温度不能升高，检查电加热圈或熔断器是否烧毁或松脱
	注射组合开关接线松脱或接触不良	将组合开关接线接好
螺杆不预塑，预塑太慢	行程开关失灵或位置不当	调整行程开关位置
	节流阀调整不当	调整到适当的流量
	预塑电磁阀的线圈可能烧坏，或有异物进入方向阀卡死阀芯	清洗或更换预塑控制阀
	温度不足，引起电动机过载	检查加热圈是否烧毁（此时禁止开动预塑电动机，否则会损坏螺杆）
螺杆转动，但塑料不进入料筒内	背压过高，节流阀损坏或调整不当	调整或更换注射单向节流阀
	冷却水不足，以致温度过高，使塑料进入螺杆时受阻	调整冷却水量，取出已黏结的塑料块
	料斗内无料	加料于料斗内
注射装置不移动	注射装置限位行程开关被调整撞块压合	调整
	注射装置移动电磁阀的线圈烧坏或有异物进入方向阀内卡死阀芯	清洗或更换电磁阀
不能调模	调模机构锁紧装置未松开	松开锁紧装置
	调模机构不清洁或无润滑油而黏结	清洗调模机构，修复黏结部位，加二硫化钼润滑脂润滑
	调模电磁阀的线圈损坏，或有异物进入方向阀内卡死阀芯	清洗或更换电磁阀
开模发出声响	开模行程开关没有固定牢，或行程开关失灵	调整或更换行程开关
	慢速电磁阀固定不牢或阀芯卡死	调整至有明显慢速
	开模停止行程开关的撞块调整位置太靠前，使开模停止时活塞撞击液压缸盖	调整开模停止行程开关撞块到适当的位置
	脱螺纹机构、抽芯机构磨损，某一部位固定螺钉松脱	调整或更换
压力油温度过高	液压泵压力过高	应调至塑料所需压力
	液压泵损坏及压力油浓度过低	检查液压泵及油质
	压力油量不足	增加压力油量
	冷却系统有故障使冷却水量不足	修复冷却系统

（续）

故　障	引起原因	排除方法
半自动失灵	若手动状态下，每一个动作都正常，而半自动失灵，则大部分是由于电气行程开关及时间继电器故障未发出信号	首先观察半自动动作是在哪一阶段失灵的，对照动作循环图找出相应的控制元件，进行检查加以解决
全自动动作失灵	红外检测装置失灵，固定螺钉松动或聚光不好引起	使红外检测装置恢复正常
	时间继电器失灵或损坏	调整或更换时间继电器
料筒加热失灵	加热圈损坏	更换
	热电偶接线不良	固紧
	热电偶损坏	更换
	温度表损坏	更换

2. 注射机调整与制品成型质量的关系

注射机调整不当，对制品的成型质量影响很大，生产中应熟悉它们的相互关系，以便迅速排除故障，提高制品成型质量。表6-12列出了制品缺陷与注射机相关因素的关系及解决办法，仅供参考。

表6-12　制品缺陷与注射机相关因素的关系及解决办法

解决办法		制品缺陷														
		成品不完整	收缩过大	毛边	成品变形	气泡	烧伤痕迹	擦伤	成品表面不光洁	色调不匀	脱模刮痕	难于脱模	速度慢	熔接痕	流纹	黑纹
压力	锁模压力			↗									↗			
	注射压力	↗	↗	↘	↗	↗	↘		↗		↘	↘	↗			
	保压压力		↗			↗	↘									
	背压压力	↗				↗				↗				↗	↗	
速度	预塑速度									↗			↗	↗	↗	↘
	注射速度	↗	↗	↘	*	↘		↗					↗	↗		↘
温度	喷嘴温度	↗	↘	↘	↘	↘	↘	↗	↗		↘	↗	↗	↗	↗	↘
	料筒中段温度	↗	↘	↘	↘	↘	↘	↗	↗		↘	↗	↗	↗	↗	↘
	料筒末段温度				↗	↗				↗						↘
时间	注射时间			↘												
	保压时间	↗	↗	↗		↗		↗					↘			
	冷却时间		↗	↗	↗						↘	↘	↘			
模具	水道宽度	↗	↗			↗	↗	↗	↗					↗	↗	
	模温	↗		↘	*	*									*	
冷却水量		↘	↘		↗	↗		↘				↘	↗		*	
喷嘴口径		↗	↗			↗	↗	↗	↗							↗

注：↗表示增加；↘表示减少；*表示调整。

3. 注射机的维护

为能够达到最佳机器性能和延长使用寿命，应该定时检查机器，进行相应的维修。如注射机的各种密封圈，使用较长时间后，会失去密封作用发生漏油，应及时更换。注射机停止使用较长时间，或需要注射成型不同塑料时，必须先将料筒内残余料清除。

注射成型时，压力油的温度最好保持在30～50℃，压力油温过高可能造成氧化加速，使压力油质变坏；压力油浓度减低，引起润滑功能降低，液压泵、液压阀容易损坏，还易使密封圈老化，降低密闭性能。经常检查压力油的油质，在潮湿天气时，必须每月检查压力油的浓度。防止杂物进入油箱，造成过滤器堵塞。

注射机使用过程中，操作规程要求定期进行如下例行检查：

（1）每日的例行检查　检查液压油的油温，有需要时调整冷却水供应，以保持油温在30～50℃；检查中央润滑系统油量，有需要时增加润滑油。

（2）每周的例行检查　润滑各活动部分；检查各行程开关的螺钉有否松脱；各油嘴及接头部分有否漏油。

（3）每月的例行检查　各电路的接点有否松脱；压力油是否清洁，如压力油不足，应加以补充；清洗过滤器；各润滑部分如有缺油现象，应加以润滑；检查各排气扇是否工作，及时清理隔尘网上的尘埃或更换隔尘网，以免影响电源箱的散热。

（4）每年的例行检查　更换压力油，可延长液压阀、液压泵及各密封圈的寿命；清理热电偶接触点；检查电源箱内所有电线接头，检查各电线外壳是否硬化，以防漏电；检查所有指示灯；清洁电动机及各液压阀，电动机外壳的尘埃应清理干净，以免影响散热。

复习思考题

6-1　注射机由哪几部分组成？各部分的功用如何？

6-2　注射成型循环过程是怎样的？

6-3　分析比较卧式注射机与立式注射机的优缺点。

6-4　注射机的基本参数有哪些？与注射模具有何关系？

6-5　怎样表示注射机的型号？常见的注射机型号表示方法有几种？

6-6　简述柱塞式和螺杆式注射装置的结构组成和工作原理，并比较二者的优缺点。

6-7　柱塞式注射装置中分流梭的作用是什么？

6-8　注射螺杆有哪些基本形式？螺杆各参数对注射成型有何影响？

6-9　注射螺杆与挤出螺杆有何区别？为什么？

6-10　螺杆头有哪些形式？如何选用？

6-11　喷嘴有哪些类型和特点？如何选用？

6-12　什么情况下注射成型选用固定加料、前加料和后加料方式？

6-13　试述液压-机械合模装置的工作原理和特点。

6-14　液压式合模装置为何多采用组合液压缸结构？各种液压合模装置的适用范围有何不同？

6-15　注射机的液压系统通常由哪几部分组成？如何调整系统压力和注射压力？

6-16　注射机设计时采用了哪些安全保护措施？

第 7 章 新型专用注射机

随着塑料工业的发展和科技水平的不断提高，塑料成型机械也得到较快的发展，为满足不同塑料的加工要求和制品的使用要求，适应塑料注射成型新工艺的需要，出现了许多新型专用注射机，许多专用注射机已在生产中普遍使用，为此对部分专用注射机进行简要介绍。

7.1 双（多）色注射机

为了在一个生产周期内完成双（多）色或不同种塑料复合制品的生产，同时为了缩短制品生产周期，减少装配工序和简化制品结构，降低生产成本，需要使用双（多）色注射机。常见的双（多）色塑料制品有键码、汽车车灯、便携式电子产品、手机壳、各种把手、日用品等，近年来，因双（多）色制品的需求量猛增，促进了双（多）色注射成型工艺及设备的飞速发展。

双色（或多色）注射工艺有“混色”注射、“清色”注射和夹芯注射三种。双混色和夹芯注射装置由两个料筒和一个公用喷嘴组成，每个料筒分别预塑不同颜色的塑料，注射时通过液压系统和控制系统的协同作用，按生产要求适当调整两个注射装置的先后注射次序和注射塑料的比率，即可获得具有不同混色情况和自然过渡色彩的双色塑料制品。

双清色注射机由两个具有独立喷嘴的注射装置和一个带回转机构的公用合模装置组成，可以生产没有过渡色彩、颜色有明显界限的双清色制品。双清色注射成型时，动模安装于具有回转机构的注射机动模板上，定模安装于注射机定模板上，合模→注射→保压→冷却→开模后，处于第二种颜色塑料注射位置的动模部分顶出制品；接着回转机构带着动模和第一种颜色的制品一同回转 180°，实现两模具动模部分换位，再次合模后，两个注射装置同时进行注射，经冷却、开模、顶出制品，之后继续循环往复工作，如此可获得两种颜色分界清晰的双色制品。

7.1.1 双（多）色注射机分类与主要技术参数

目前，双（多）色注射机结构形式有许多，其类型可按塑料注射装置（塑化料筒）的排布方式不同分为 V 形、L 形、P 形、R 形等，如图 7-1 所示为双（多）色注射机注射装置排布简图。

V 形双色注射机的主注射装置为典型卧式机排布，副注射装置位于定模板上方垂直设置（图 7-1a），机身占地面积小，但对厂房的高度空间要求较大，该类型的副注射装置的注射量通常比主注射装置要小，以减小机身高度。L 形双色注射机的副注射装置布置在操作者正对的后侧（图 7-1b），与 V 形比较可知，其机身低，占地面积大，但两个注射装置的注射量可以一样大。L 形双色注射机上所用的注射模浇注系统一个垂直于分型面，另一个平行于分型面，适合于塑件从侧面进料的场合。V 形双色注射机的进料方式可与 L 形相同，也可两种料均垂直于分型面进料。

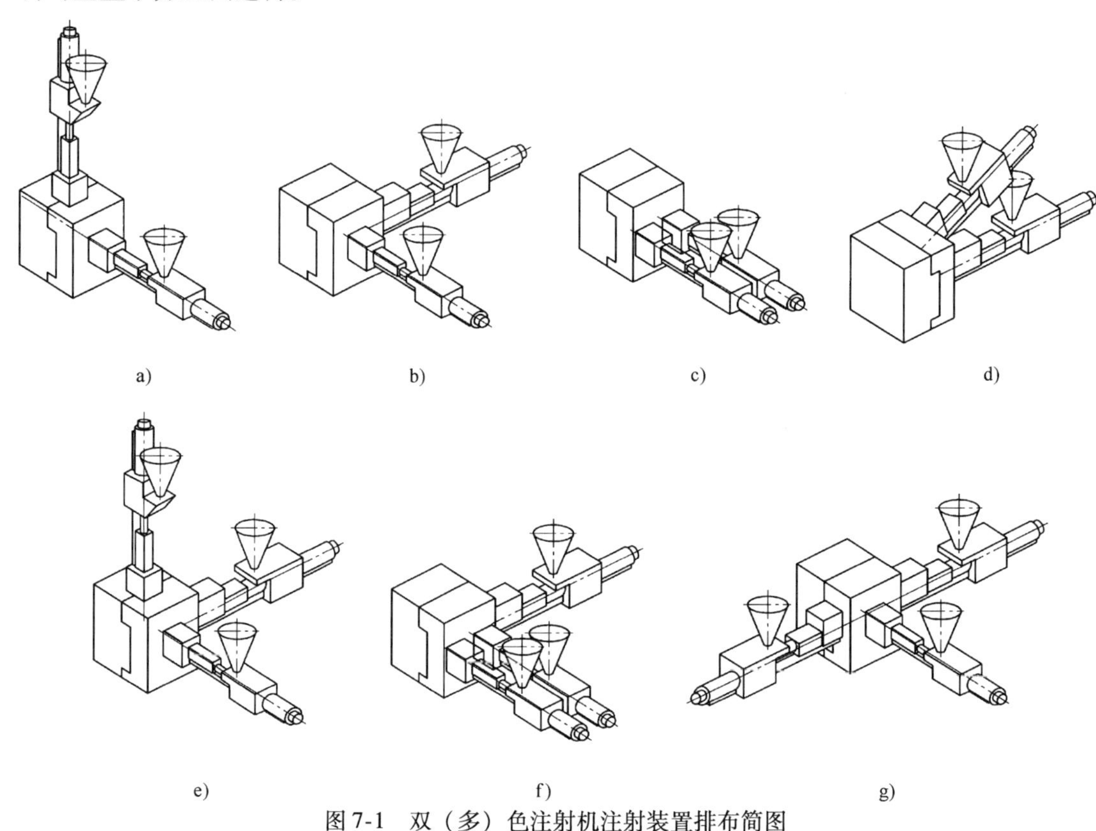

图7-1 双（多）色注射机注射装置排布简图

a）V形双色 b）L形双色 c）P形双色 d）R形双色 e）VL形三色 f）PL形三色 g）LL形三色

P形双色注射机的主、副注射装置为水平平行排布（图7-1c），机身宽度稍大，其模具浇注系统均垂直于分型面，适合于一模多腔的中小型双色制品的生产。R形双色注射机与P形相似，两注射装置并行同向排布（图7-1d），不同的是其副注射装置位于主注射装置上方，二者之间呈一夹角（通常夹角为12.5°），且副注射装置注射量一般小于主注射装置。

图7-1e～g为三色注射机注射装置的排布方式，是在双色注射机基础上再增加一个注射装置构成的，相应的有VL形、PL形和LL形。目前，市场上已有四色注射机销售。表7-1为部分国产双色注射机的主要技术参数。

7.1.2 双（多）色注射机结构组成

图7-2所示为不同类型双色注射机的外形结构图，其基本结构与卧式注射机相似，不同之处在于除主注射装置外，还增设了副注射装置，且副注射装置安放的位置依不同类型结构有所不同。双色注射机的合模装置通常配有模具换位装置，如托芯转盘或平面转盘；未配置模具换位装置的双色注射机可以在模具上设置换位机构，也可另配移位机械手来实现第一次注料后塑件的移位。

双（多）色注射机比标准单色注射机多了一组以上的注射系统，因此，其液压和电气控制系统与标准单色机不同。比如BT150-022MI型双色注射机，其液压系统由两台电动机分别驱动一个变量液压泵，大流量液压泵向主注射装置供高压油，小流量泵向副注射装置供高压油，主、副注射机构的注射压力和速度均由各自独立的比例压力/流量阀所控制。模具

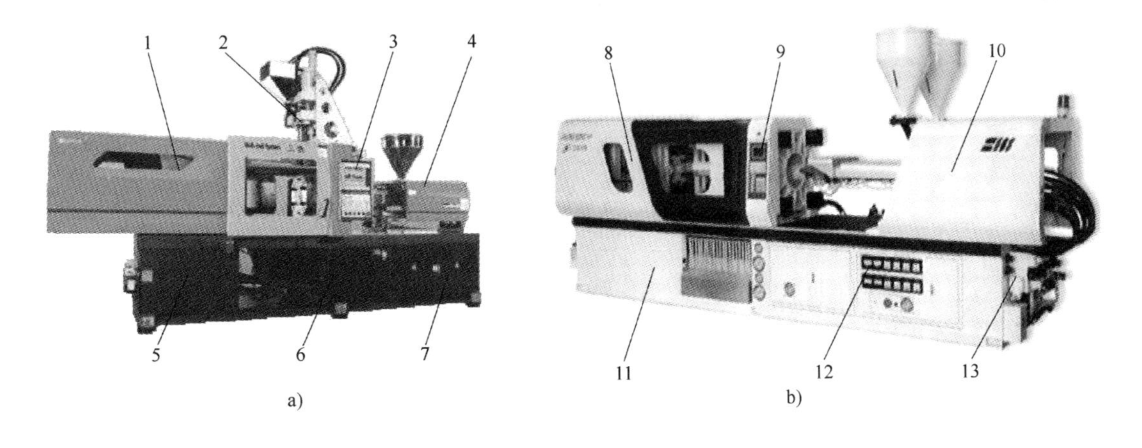

a)　　b)

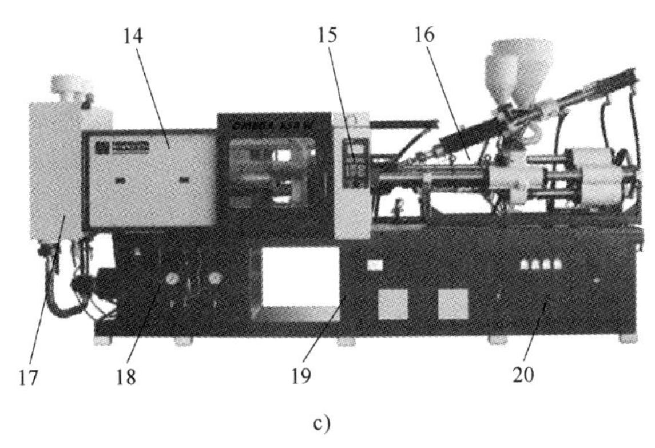

c)

图7-2　不同类型双色注射机外形结构图

a) V形　b) P形　c) R形

1、8、14—合模装置　2、4、10、16—注射装置　3、9、15—操作面板　5、13、18—液压系统　6、11、19—机身　7、12、20—电气控制系统　17—储液箱

的开模、合模、塑件顶出、模具换位等动作则由大、小液压泵共同供油，协调工作。双（多）色注射机的控制系统通常采用数字化控制，所有动作（包括合模装置、注射装置、模具与转盘动作）和各个注射装置中不同塑料的注射成型工艺参数控制均由计算机控制，控制系统的CPU要完成感应器传送来的大量信息处理工作，进行统一监控，使机械和模具完全合为一体，互相配合，确保安全、稳定地生产。

此外，双（多）色注射机有多个注射装置，它与模具上的浇注系统位置应相适应，即注射装置的喷嘴位置在各个方向上应有一定的调节量，使得不同模具上浇口套的位置允许有少量的位置变化，不至于影响模具在双（多）色注射机上安装使用。如图7-3所示为TTI-140FT型（L型）双色注射机的模板尺寸图，其副注射装置的喷嘴位置在后侧安全门方向，相对于主注射装置喷嘴位置（模板中心）在前后、左右和高度三个方向均有一定调节量，以便副注射装置的喷嘴与模具上的浇口套球面对接，保证第二色料能准确注入模具型腔。

7.1.3　双（多）色注射成型工艺辅助装置

1. 公用喷嘴

双（多）色塑料制品的种类繁多，其注射成型方法和对模具、设备的要求也各不相同。对于混色和夹芯塑料制品，注射成型均需要使用一个公用喷嘴，其常见结构如图7-4所示，注料控制由公用喷嘴的分配阀加以控制。

表 7-1 部分国产双色注射

技术参数	型号	BT120-022MI					BT150-022MI					BT200-022MI				
		主注射装置			副注射装置		主注射装置			副注射装置		主注射装置			副注射装置	
理论注射容积	/cm^3	120	163	212	44	45	270	342	422	44	55	389	481	692	44	55
理论注射量(PS)	/g	113	153	199	40	50	254	321	397	40	50	365	452	650	40	50
螺杆直径	/mm	30	35	40	25	28	40	45	50	25	28	45	50	60	25	28
注射压力	/MPa	220	161	124	180	160	209	166	134	180	160	217	176	122	180	160
螺杆长径比	L/D	23:1	20.5:1	18:1	19:1	18:1	23:1	20.5:1	18:1	19:1	18:1	23:1	20.5:1	17:1	19:1	18:1
螺杆行程	/mm	170			90		215			90		245			90	
螺杆转速	/(r/min)	0~180			0~300		0~200			0~300		0~160			0~300	
合模力	/kN	1200					1500					2000				
开模行程	/mm	340					410					460				
模板尺寸	/mm×mm	590×590					670×670					740×740				
拉杆间距	/mm×mm	410×410					460×460					510×510				
模板最大距离	/mm	790					960					1110				
容模量(最小/最大)	/mm	250/500					300/550					350/650				
定位圈直径	/mm	ϕ100					ϕ100					ϕ100				
喷嘴球头半径	/mm	R10			R8		R10			R8		R10			R8	
喷嘴孔径	/mm	ϕ3.5			ϕ3		ϕ4			ϕ3		ϕ5			ϕ3	
顶出行程	/mm	100					130					150				
顶出力	/kN	34.3					42					49				
顶杆数	/根	4+1					4+1					4+1				
顶杆直径	/mm	ϕ25+ϕ50					ϕ25+ϕ50					ϕ25+ϕ50				
顶杆孔距	/mm	200×200					200×200					200×200				
液压系统压力	/MPa	17.5			14		17.5			14		17.5			14	
液压泵电动机功率	/kW	11			5.5		15			5.5		18.5			5.5	
电功率	/kW	8.85			2		9.76			2		9.76			2	
温度控制段数		5			2		5			2		5			2	
油箱容量	/L	200					250					300				
外形尺寸(L×W×H)	/m×m×m	4×2.5×1.7					4.8×2.4×1.7					5.4×2.4×1.85				
机器重量	/kg	4500					5000					6500				

机的主要技术参数

BT260-080MI					
主注射装置			副注射装置		
588	848	1154	120	163	212
522	800	1085	113	153	199
50	60	70	30	35	40
232	161	118	220	161	124
25:1	21:1	18:1	23:1	20.5:1	18.5:1
300			170		
0 ~ 190			0 ~ 180		
2600					
520					
835 × 835					
580 × 580					
1270					
400/750					
ϕ100					
*R*10					
ϕ6			ϕ3.5		
180					
77					
8 + 1					
ϕ25 + ϕ50					
200 × 200					
17.5			14		
22			7.5		
14			6.5		
6			4		
500					
6.3 × 2.7 × 1.9					
12000					

BT320-080MI					
主注射装置			副注射装置		
988	1346	1758	120	163	212
928	1266	1652	113	153	199
60	70	80	30	35	40
225	165	126	220	161	124
25:1	21:1	18.1:1	23:1	20.5:1	18:1
350			170		
0 ~ 175			0 ~ 180		
3200					
580					
950 × 950					
670 × 670					
1380					
450/900					
ϕ150					
*R*10					
ϕ7			ϕ3.5		
180					
77					
8 + 1					
ϕ30 + ϕ80					
200 × 200					
17.5			14		
30			7.5		
18.65			6.5		
6			4		
600					
6.9 × 2.8 × 2.0					
15000					

BT380-120MI					
主注射装置			副注射装置		
1538	2010	2544	182	238	301
1446	1890	2366	171	225	283
70	80	90	30	40	45
212	162	128	222	169	134
24:1	21:1	18.5:1	23:1	20.5:1	18:1
400			190		
0 ~ 133			0 ~ 187		
3800					
655					
1060 × 1030					
730 × 700					
1375					
500/1000					
ϕ150					
*R*10					
ϕ8			ϕ4		
205					
111					
12 + 1					
ϕ30 + ϕ80					
200 × 200					
17.5			17.5		
37			11		
20			8.85		
6			5		
1100					
7.4 × 3.35 × 2.14					
19000					

BT480-120MI					
主注射装置			副注射装置		
1877	2411	3011	182	238	301
1764	2267	2830	171	225	283
75	85	95	30	40	45
208	162	130	222	169	134
24:1	21:1	19:1	23:1	20.5:1	18:1
425			190		
0 ~ 150			0 ~ 187		
4800					
755					
1165 × 1135					
830 × 800					
1555					
550/1100					
ϕ150					
*R*10					
ϕ9			ϕ4		
250					
111					
12 + 1					
ϕ30 + ϕ80					
200 × 200					
17.5			17.5		
45			11		
23.9			8.85		
6			5		
1200					
8.1 × 3.6 × 2.3					
22000					

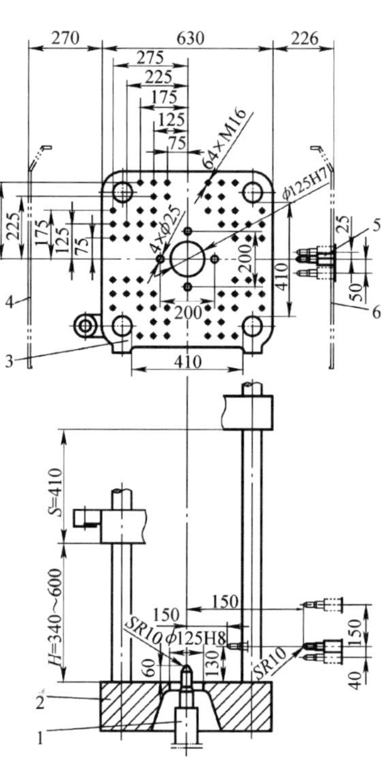

图 7-3　L 型双色注射机模板尺寸图
1—主喷嘴　2—定模板　3—动模板
4—前安全门　5—副喷嘴　6—后安全门

2. 分流阀装置

对于双清色制品，注射成型又可分为“分流阀技术”和“移模技术”两种工艺。采用分流阀工艺时，模具的动模无须转换位置，模腔分为第一色塑料模腔和第二色塑料模腔两部分，两部分模腔分别与两个注射装置的流道系统相连，两模腔之间由分流阀相隔，分流阀技术原理如图 7-5 所示。当第一色塑料注射时，分流阀的阀芯先将模腔阻断，注入的塑料熔体仅填充第一色料的模腔，待第一色料凝固后，打开分流阀，注入第二色塑料熔体，保压冷却后开模取出制品。

用分流阀技术生产双清色塑料制品，设备可以不配模具换位装置，简化了设备结构和控制系统，但模具的结构设计会受到一定的限制。相对移模技术而言，模具流道系统设计、分流阀位置、形状及阀芯运动方向等均有局限性。该工艺适宜成型双色料以截面为分界的制品，不宜成型双色料沿壁厚方向分层的制品。

3. 移模装置

采用移模技术生产双清色制品，需要在双色注射机动模板上配置模具换位转盘。转盘的配置可大大简化双色注射模具的结构，现有模具换位转盘主要有托芯转盘和平面转盘

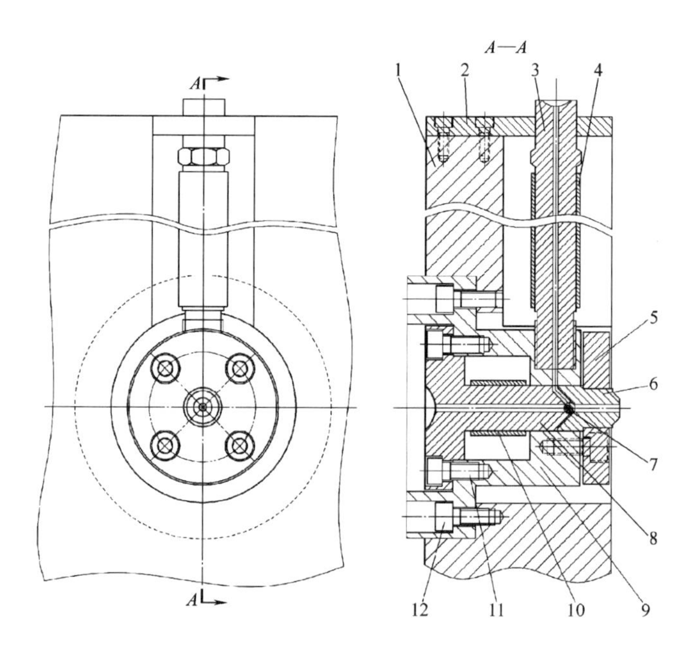

图 7-4　公用喷嘴结构
1—注射机定模板　2—副喷嘴固定板　3—副喷嘴　4、10—加热器　5—喷嘴压板
6—公用喷嘴　7—分配阀　8—主喷嘴　9—定位圈　11、12—螺钉

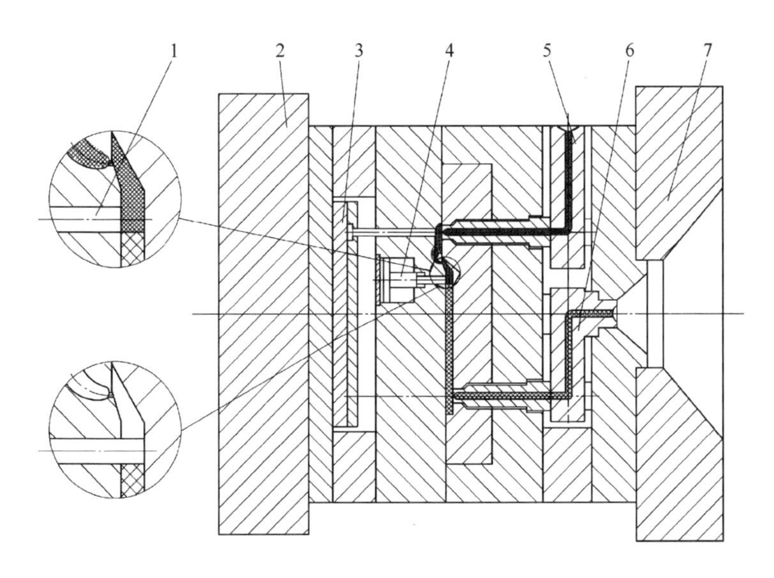

图 7-5　分流阀技术原理图

1—分流阀阀芯　2—注射机动模板　3—模具推出机构　4—分流阀驱动液压缸
5—副注射喷嘴　6—主注射喷嘴　7—注射机定模板

两种结构，图 7-6 为模具换位转盘结构示意图。图 7-6a 所示为托芯转盘，工作时双色注射模动模部分不转动，只将模具的可转位型芯托出一段距离（应高于动模分型面）后，由换位液压马达驱动链轮，经过链传动使模具的可转位型芯顺时针转过 180°，再将可转位型芯复位，继续进行合模注射成型。用于托芯转盘的双色注射模的两次注射模腔均做在同一副模架上。模具可转位型芯的回转方向首次为顺时针旋转，第二次为逆时针旋转，如此反复进行；塑件的推出时间可在模具型芯换位之前，或在模具型芯换位之后，可由控制系统进行设定；模具型芯换位的准确性由托芯转盘上的位置检测装置监控。图 7-6b所示平面转盘采用齿轮传动机构，双色注射模动模换位时，由换位液压马达驱动齿轮机构运动换位，换位过程由平面转盘上的位置检测装置监控。用于平面转盘的双色模的两次注射模腔分别做在两副模具上，模具的安装依据装模定位锁定位，以保证两副模具相对于平面转盘的回转轴是回转对称的。

图 7-7 所示为托芯转盘移模装置工作原理图，其注射成型过程为合模→注射→保压→冷却→开模→型芯（连同塑件）移出动模→型芯旋转 180°→塑件（已成型件）脱模→型芯复位→合模，进入下一循环。

图 7-8 所示为平面转盘移模装置工作原理图。其注射成型过程为合模→两色料同时注射→保压→冷却→开模→换位（动模旋转 180°）→顶出→合模，如此循环。塑件若要求先顶出再进行模具换位，则注射机顶出机构的顶杆位置应与图 7-8 所示位置对调才行。

除双色注射机外，现已开发出三色和四色注射机，用于汽车车灯、儿童玩具等产品的生产。由于多色注射机的塑化注射装置数量增多，设备结构较为庞大和复杂，相应的控制系统功能也要增强。同时，模具换位装置每次旋转的角度不再是 180°，且旋转方式不再是顺、逆时针往复转动，而是沿同一个方向旋转，因此，模具的冷却系统进水方式需要随之改变。

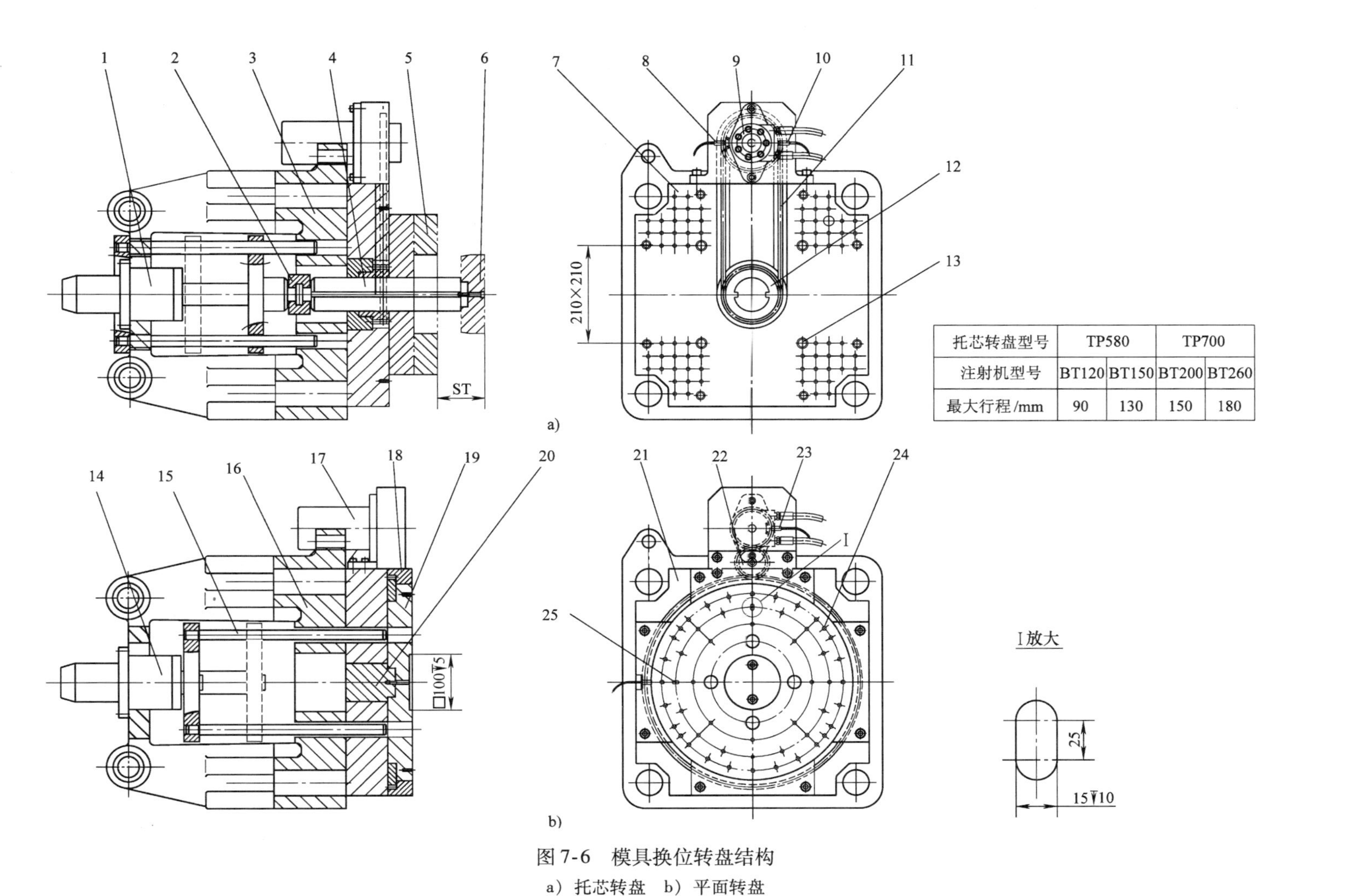

托芯转盘型号	TP580		TP700	
注射机型号	BT120	BT150	BT200	BT260
最大行程/mm	90	130	150	180

图7-6　模具换位转盘结构

a）托芯转盘　b）平面转盘

1、14—顶出缸　2—托芯连接头　3、16—注射机动模板　4—托芯　5—动模　6—模具旋转镶块　7、21—转盘座　8、10、23—位置检测装置　9、17—换位液压马达　11—传动链　12—传动链轮　13—锥度定位销　15—顶杆　18—转盘压板　19—齿轮转盘　20—回转轴　22—传递齿轮　24—冷却水接口　25—定位槽

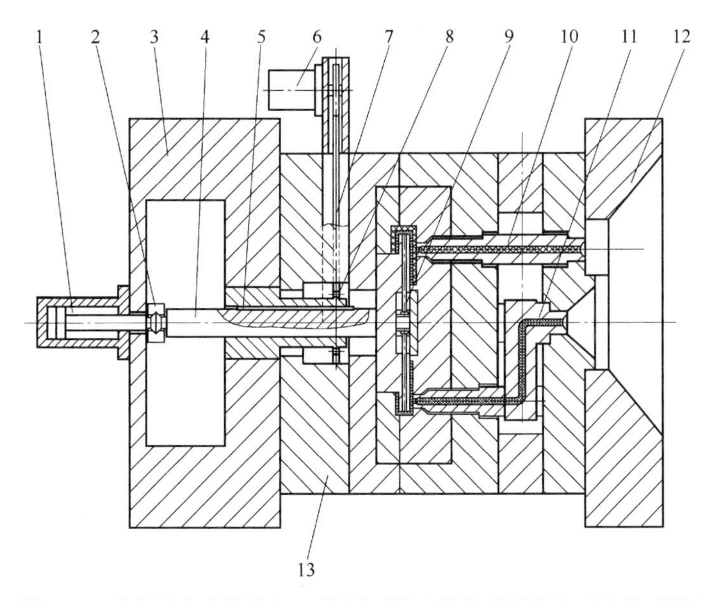

图7-7 托芯转盘移模装置工作原理图（模具采用热流道浇注系统）

1—顶出缸 2—U形接头 3—注射机动模板 4—托芯杆 5—平键 6—液压马达 7—传动链 8—链轮 9—推件机构 10—第二色注料喷嘴 11—第一色注料喷嘴 12—注射机定模板 13—托芯转盘

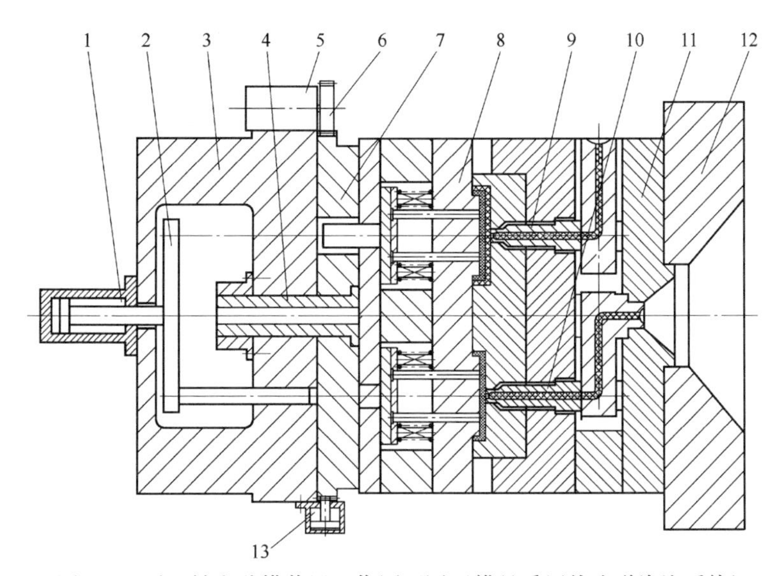

图7-8 平面转盘移模装置工作原理图（模具采用热流道浇注系统）

1—顶出缸 2—注射机顶出机构 3—注射机动模板 4—转盘回转轴 5—液压马达 6—传动齿轮 7—平面转盘 8—动模 9—第二色注料喷嘴 10—第一色注料喷嘴 11—定模 12—注射机定模板 13—平面转盘锁紧气缸

7.2 全电动注射机

7.2.1 全电动注射机的特点与应用

全电动注射机是指使用伺服电动机为动力源，配以滚珠丝杠、同步带以及齿轮等元器件来驱动设备的各个机构，完成塑料注射成型各种动作要求的注射机。其最为突出的特点是控制系统采用了全闭环控制，可实现塑件的精密注射成型。随着近年来微型、精密薄壁塑件生产需求的不断增大，对设备的高精度、高效率、节能环保等方面提出了很高的要求，而全电动注射机具有节能、节材、环保、高效、精密、高速（标准规格的注射速度为300mm/s，高速达到700～750mm/s）等特点，能够较好地适应塑料精密注射成型工艺的要求，因而获得了快速的发展。

1983年日本FANUC公司研制出世界上第一台直流伺服电动机驱动的全电动式精密注射机，主要以伺服电动机取代肘杆式精密注射机的全部液压装置，使注射机的注射成型精度大为提高。目前，生产全电动注射机的厂家众多，除日本FANUC、日精树脂等老牌公司之外，日本的住友（SUMITOMO）公司，东芝（TOSHIBA）公司，三菱（MITSUBISHI）公司，美国的辛辛那提公司，德国的巴特菲尔德（Battenfeld）公司，费罗玛提克米拉克隆（Ferromotik Milacron）公司，加拿大的赫斯基（Husky）公司，意大利的Bodini Presse公司、Mir公司和Negri Bossi公司等世界著名厂商也都完成了全电动注射机的开发并投入市场。国内香港力劲集团、广东东华机械、宁波海天机械、宁波高新协力机电公司等塑料机械生产厂家也开发出了全电动注射机。

全电动注射机与液压系统驱动的注射机相比，具有以下特点：

（1）高精度　全电动注射机由于采用伺服电动机经一级带传动或直接驱动滚珠丝杠运动，实现注射成型过程所需的各种动作，其运动精度不受液压油黏度变化影响，工艺参数稳定性好，设备整体精度和制品成型精度均比液压驱动注射机高得多。伺服电动机本身可保证提供高精度的位置、速度控制，滚珠丝杠的精度能达到微米级（0.001mm），由滚珠丝杠和同步带等组成的传动系统结构简单且效率很高。

（2）低能耗　全电动注射机可节省50%～70%的能源，而且在冷却水利用方面也有类似的效果。

（3）高重复定位精度　全电动注射机的传动系统为伺服电动机驱动滚珠丝杠，再加上数字化全闭环回路控制系统，使运动部件的运动精度得到补偿修正，从而提高了重复定位精度，它的重复精度误差约为0.01%。

（4）低噪声　由于伺服电动机工作时不会发出液压系统增压和高压油换向时的噪声，其运行噪声值低于70dB，大约是液压驱动注射机噪声值的2/3，这不仅使操作者受益，而且还能降低隔声生产车间的投资建设成本。

（5）精密的注射控制　塑化螺杆位置由数字精密控制，原料的注入量与制品非常接近。

（6）生产周期短　例如日本NISSEI公司生产的ES200全电动注射机，产品生产周期可缩短至0.63s，合模时间0.1s，开模时间0.13s，注射时间0.05s，塑化时间0.25s，整个生产周期全自动连续进行。

对于全电动伺服电动机及其驱动器，每个生产厂家都不尽相同，设备的自我维修困难，维修费用高。

全电动注射机主要应用于微型件（如0.694g的听力助听器、钟表、玩具、自动化器件、手机产品零件等）、精密件、光学部件、记录数据的介质（光盘CD、数字影像光盘DVD、磁光盘MD及微型光盘MDS）等产品的生产，它在医疗器械、信息、电子、精密仪器、计算机与汽车等产品制造领域得到广泛的应用。

7.2.2　全电动注射机的结构

全电动注射机的主体结构由注射装置、合模装置和床身三部分组成（图7-9），动力源不再是液压系统，而是由伺服电动机及其驱动系统替代，电气控制系统则采用数字式闭环伺服控制系统。

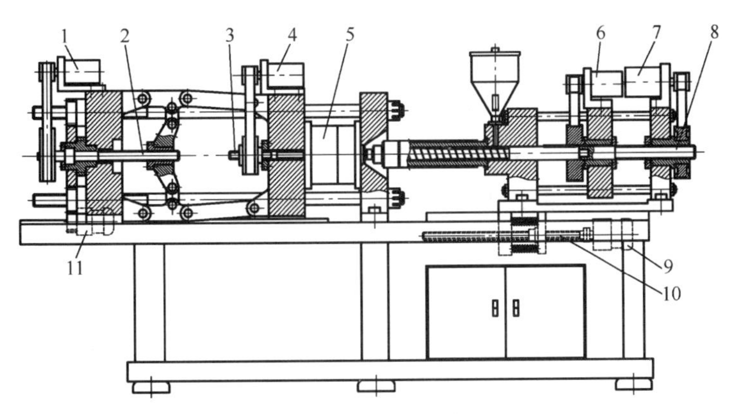

图7-9　全电动注射机结构简图

1—开合模伺服电动机　2、3、8、10—滚珠丝杠　4—顶出伺服电动机　5—模具
6—预塑伺服电动机　7—注射伺服电动机　9—注射座移动电动机　11—调模电动机

为实现塑料注射成型所需的合模、注射、保压、预塑、开模、顶出及注射座移动等动作，全电动注射机配置了四个伺服电动机，分别用于完成合模、注射、预塑和顶出四个方面的动作，而注射座的前移和后退对注射机的成型精度影响不大，因此采用的是常用的交流电动机驱动。伺服电动机通过同步带传动或直接传动来驱动滚珠丝杠的螺母转动，再由滚珠丝杠传动副转换为直线运动，以替代普通注射机液压缸工作。预塑工作则由伺服电动机直接取代普通注射机的液压马达，预塑所需的螺杆转速及塑化量均可由伺服控制系统输出给预塑伺服电动机的指令来控制，实现精确计量。

全电动注射机除用于原料塑化与注射的注射装置、模具开合模的合模装置、床身以及机械传动的滚珠丝杠等部件外，还有两个关键部件就是伺服电动机及智能数字伺服控制系统，以下对这两个部件进行简要介绍。

1. 伺服电动机

伺服一词源于希腊语“奴隶”的意思。伺服系统是使物体的位置、方位、状态等输出量能够跟随输入目标（或给定值）任意变化的自动控制系统。伺服的主要任务是按控制命令的要求，对功率进行放大、变换与调控等处理，进而对驱动装置输出的力矩、速度和位置进行灵活方便的控制。

伺服电动机在自动控制系统中用作执行元件，它把来自伺服控制系统的电信号转换成伺服电动机轴上的角位移或角速度输出。其工作特点为：当信号电压为零时无自转现象，转速随着转矩的增加而匀速下降。伺服电动机具有大扭力、控制简单、装配灵活等优点。

伺服电动机内部包含一个直流电动机、一组变速齿轮组、一个反馈可调电位器及一块电子控制线路板。其中，高速转动的电动机提供了原始动力，带动变速（减速）齿轮组，使之产生高扭力的输出，齿轮组的变速比越大，伺服电动机的输出扭力也越大，但伺服电动机转动的速度也越低。

伺服电动机的工作原理是一个典型闭环反馈系统，减速齿轮组由电动机驱动，其终端（输出端）带动一个线性的比例电位器进行位置检测，该电位器把转角坐标转换为一比例电压反馈给控制线路板，控制线路板将其与输入的控制脉冲信号比较，产生纠正脉冲，并驱动伺服电动机正向或反向转动，使齿轮组的输出位置与期望值相符，令纠正脉冲趋于零，从而达到伺服电动机精确定位的目的。

伺服电动机的控制有三条线，即电源线、地线及控制线。电源线与地线用于提供内部的电动机及控制线路所需的能源，电压通常为4～6V，该电源应尽可能与处理系统的电源隔离（因为伺服电动机会产生噪声）。有时小功率伺服电动机在重负载时会使放大器的电压下降，为此，整个控制系统电源供应的比例必须合理。控制用正脉冲信号的脉宽通常在1～2ms之间，而脉间通常在5～20ms之间。

2. 智能数字伺服控制系统

图7-10所示为全电动注射机的伺服控制系统框图，系统由伺服电动机、数字伺服驱动器、工业控制计算机（简称工控机）、带有串行实时通信系统（SERCOS）接口的I/O模块及信号输入/输出器件等组成。

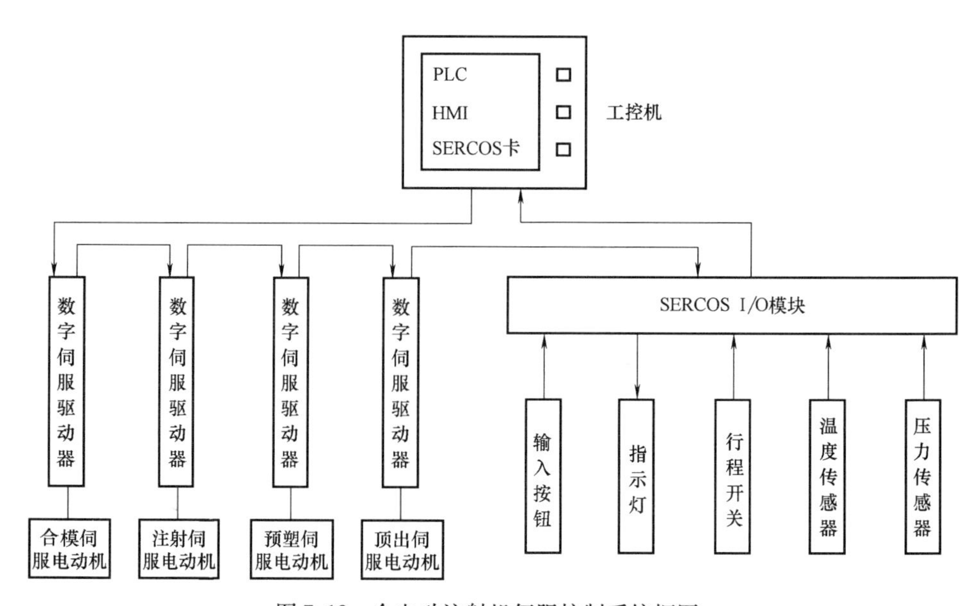

图7-10　全电动注射机伺服控制系统框图

工控机是伺服控制系统的核心。其中的HMI为人机界面（Human-Machine Interface）的缩写，它由硬件和软件两部分组成。硬件包含处理器（PLC）、显示单元、输入单元（触摸屏）、通信接口、数据存储单元、变频器、直流调速器等；软件一般分为两部分，即运行于HMI硬件中的系统软件和运行于PC机Windows操作系统下的画面组态软件。通过输入单元写入工作参数或输入操作命令，可实现人与机器的信息交互，完成伺服系统的控制。控制系统需要完成设定控制参数和目标、显示控制结果、协调机器各环节的动作顺序这三大功能。注射过程的压力、位置和速度的控制是由伺服控制系统中的运动控制器来完成的，它根据伺服控制系统发出的控制指令分别对注射、预塑、合模和顶出伺服电动机进行控制，协调它们之间的动作，并把控制的结果和相关状态反馈给伺服控制系统。

伺服系统的控制流程可以描述为：由伺服控制系统发出将要进行何种控制（例如注射的速度或压力控制）的指令，运动控制器将根据接收到的指令和实际状况，给出控制调节信号至变频器，由变频器驱动伺服电动机旋转，伺服电动机通过永磁带将旋转运动传递给滚珠丝杠螺母，再将旋转运动转换成直线运动，从而实现速度、压力或位置的控制。

串行实时通信系统 SERCOS 接口是目前用于控制系统与驱动器之间通信标准化的（IEC61491 和 EN61491）世界领先的数字接口，它使用一个环形光纤网络作为传输介质。使用最新 SERCON 816 ASIC 芯片的接口，其最大传输速率可达 2MB/s、4MB/s、8MB/s 或 16MB/s，具体数值取决于设备的设计。通过这个接口可实现额定位置、额定速度和额定转矩的传输，它允许所有的驱动器内部数据、参数和诊断数据通过一个 SERCOS 兼容的 CNC 来显示和输入。因此，SERCOS 接口被广泛用于 CNC 和数字驱动器控制单元之间的通信。

7.3 反应注射机

通常热塑性塑料制品的成型主要是物理变化过程，但对于一些热固性塑料和弹性体树脂的成型，却伴随着化学反应。反应（塑料）注射机就是针对这类制品而开发出来的，目前反应注射比较多地用于生产聚氨酯结构泡沫塑料制品。

如图 7-11 所示为反应注射过程原理图。首先将储罐中的不同料按配比要求经计量泵送入混合注射器，之后各组分料在混合注射器内流动过程中进行充分混合，混合后的料在10～20MPa 的压力下注入模腔内，入模后立即进行化学反应，模内的料经反应变为表面致密内有微孔的发泡制品。当一次计量完毕立即关闭混合注射器，各组分料自行循环。由于这种成型方法所需模腔压力低（<4MPa），所需合模力小，所以成型设备和模具都比较简单。为确保工艺过程正常进行，对机器的控制要求严格。

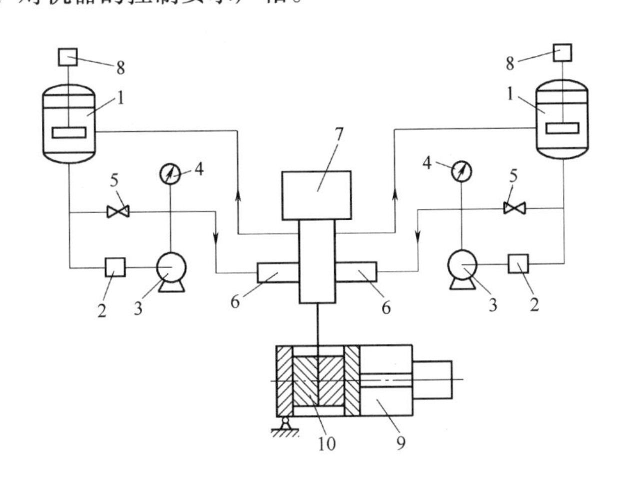

图 7-11 反应注射过程原理

1—原料储罐 2—过滤器 3—计量泵 4—压力表 5—安全阀 6—注射器 7—混合头（能自清洁） 8—搅拌器 9—合模装置 10—模具

反应注射机与普通注射机的最大差异是反应注射装置与合模装置为分体式结构，一台反应注射装置可按成型需要与不同形式的合模装置相配合，只要将输送管道与合模装置适当连接即可。如图 7-12 所示，另一个较大差异是不用螺杆注射熔料，而是用柱塞将混合后的原料从混合注射器注入模具型腔。反应注射机的注射装置由两个独立工作的原料供给系统和混合注射器组成。每个原料供给系统由原料罐、搅拌器、计量泵、温度调节器及液压元器件组成。反应注射机中最重要的是混合注射器，其次是与反应注射装置分离的合模装置。以下对这两个重要部分进行简要介绍。

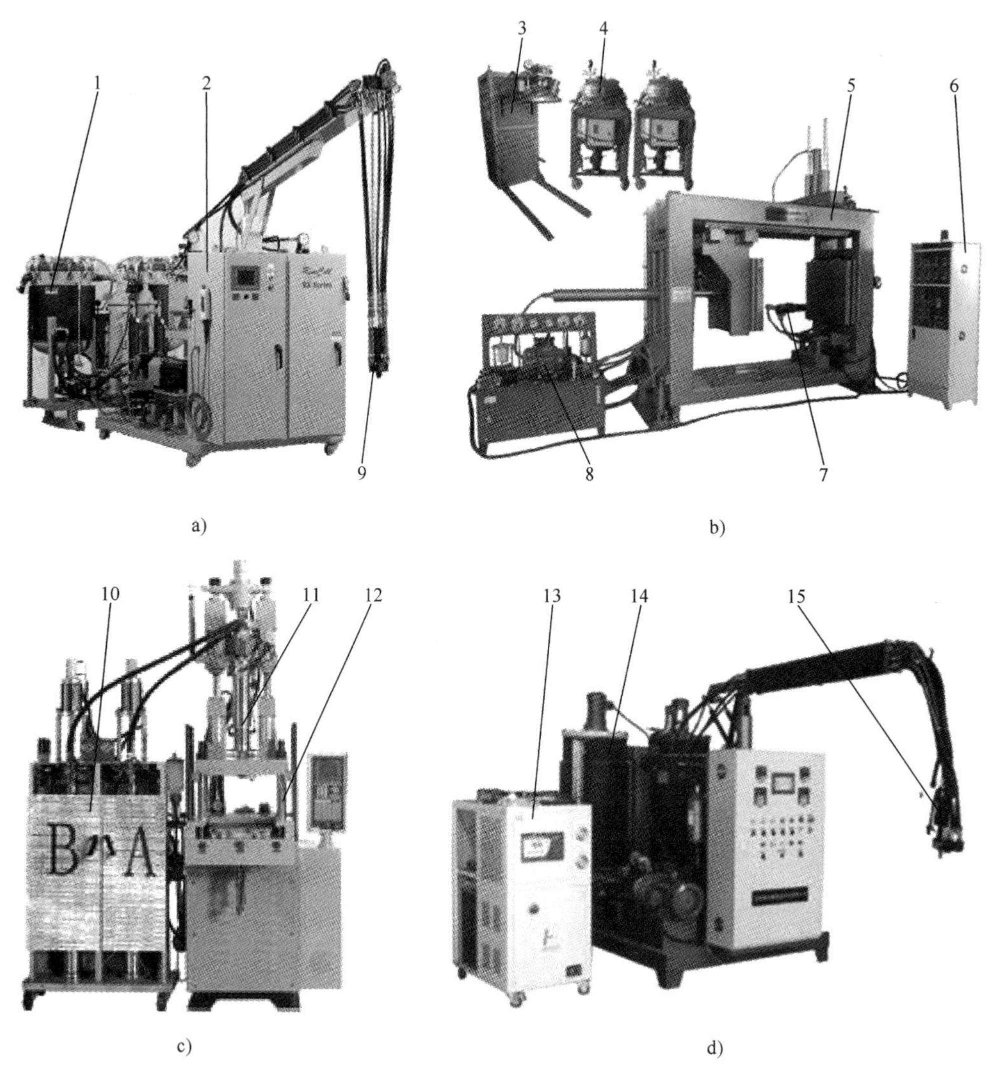

图 7-12 反应注射机

a）聚氨酯反应注射装置 b）环氧树脂反应注射机

c）液体硅橡胶反应注射机 d）聚氨酯高压发泡注射装置

1、4、10、14—原料储罐 2、6—循环控制器 3—搅拌排气装置 5、12—合模装置

7、9、11、15—混合注射器 8—液压系统 13—发泡控制器

1. 混合注射器

混合注射器有以下作用：

1）用冲击方法使反应物相互混合；产生所需压力，以保证反应料能充分进行混合。

2）在反复循环反应物之间喷射。

3）利用活塞的移动从混合注射器腔中自动清除反应物。

混合注射器的工作原理如图7-13所示，图7-13a为反应物自循环位置，此时反应物互不接触，只在自己的循环系统中流动，避免发生化学反应；图7-13b为反应物喷射（待浇注）位置，此时反应物互相冲击混合，用柱塞将反应物注入模腔。目前各公司制造的混合注射器的结构形式主要有直线型和L型两种结构，如图7-14所示。直线型混合注射器仅用

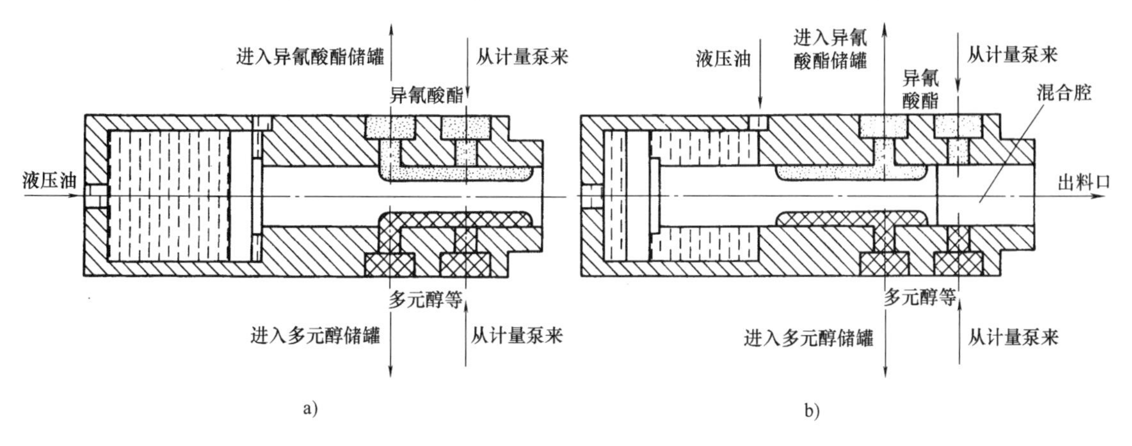

图7-13　混合注射器工作原理

a）反应物自循环位置　b）反应物喷射（待浇注）位置

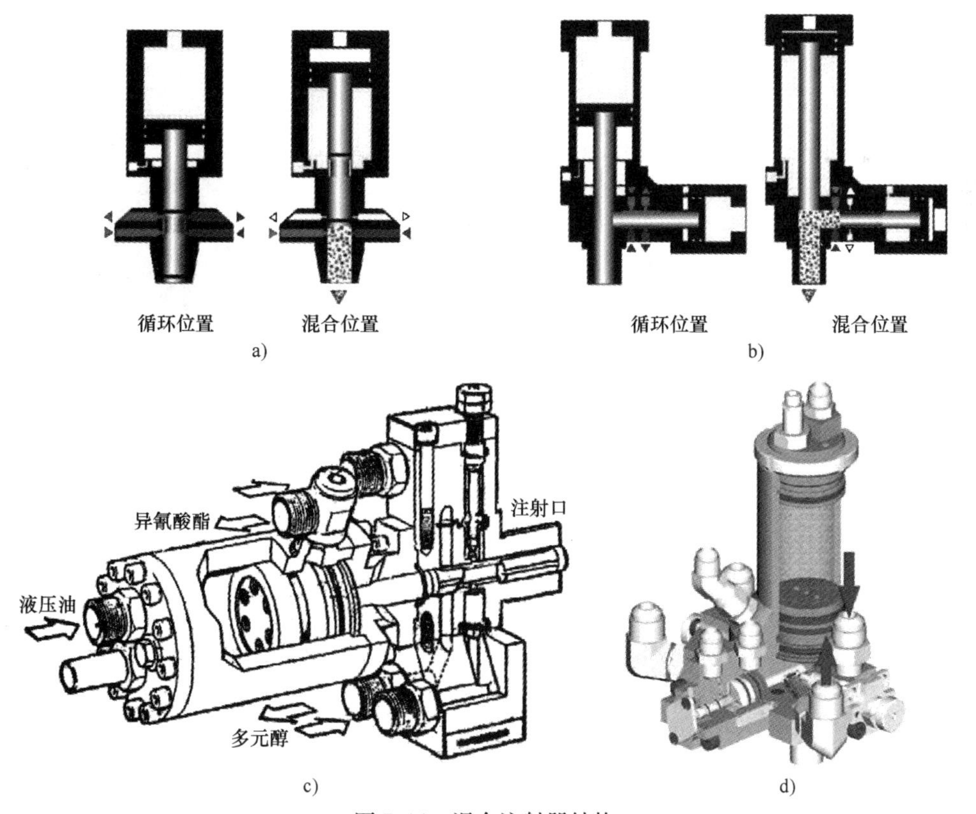

图7-14　混合注射器结构

a）直线型　b）L型　c）直线型模型　d）L型模型

一个液压缸，反应物循环通道直接开设于液压缸活塞杆上，当活塞杆回退时，两种反应物互相冲击混合，混合腔位于活塞杆前端，混合后再由液压活塞杆将反应物注射入模腔。该结构要求活塞杆与混合腔体配合非常精密，长期使用过程中易出现反应物再循环时的跨越现象。L 型混合注射器使用两个以上的液压缸，反应物混合与反应物注射分别使用不同的液压缸控制，混合腔与注射腔呈 90°布置，混合腔活塞杆移动行程短，反应物不易出现跨越现象，且反应物的注射和清除更加方便。目前，属于直线型混合注射器的有克劳斯 - 马菲（Krauss - Maffei）、BASF/依拉斯托格仑（Elastogran）、黑耐克（Hennedke）MP 型等混合注射器；巴特菲尔德（Battenfeld）、黑耐克 MQ 型、恩格里特（Angled）等混合注射器则属于 L 型结构。

2. 合模装置

如图 7-15 所示为肯依 PH 系列合模装置的结构形式。该合模装置是专门为反应注射成型设计的一种长行程液压控制开合模具的装置。带动模具移动的座板在平行的立柱框架之间做上下运动，上、下座板可同时移动，各自由两个液压缸（图中未画出）驱动。整个框架可绕中心轴线 360°旋转，由人工进行调节及锁紧；整个框架沿水平轴可做 90°翻转（图中双点画线状态），由液压装置驱动。这种合模装置也适用于成型深度较大的高密度硬性聚氨酯发泡塑件，如果在模具上安装脱模器，则可实现自动脱模。

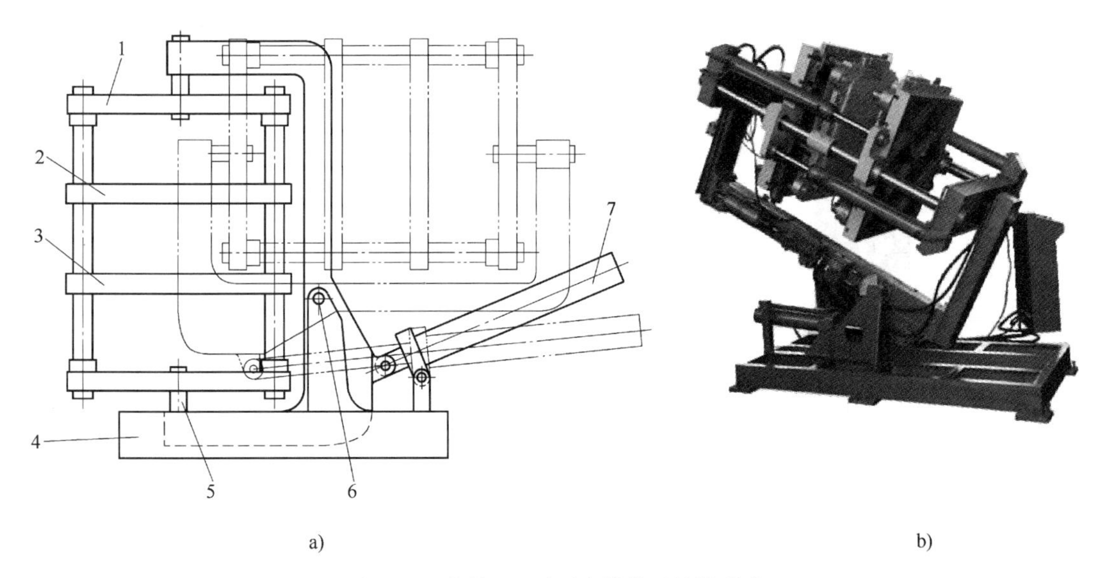

图 7-15　肯依 PH 系列合模装置结构形式

1—立柱框架　2—上座板　3—下座板　4—底座　5—垂直回转轴　6—水平回转轴　7—水平回转液压缸

7.4　高速精密注射机

随着塑料制品应用范围的扩大，超薄、高精度制品（如各种超薄壁食品包装盒、IML 超薄容器、精密电子连接件、高精度结构件和传动齿轮等）的用量不断增加，这类制品的成型精度和要求不断提高，使用普通塑料注射机已无法满足成型要求，因此，发展了精密注射成型工艺和高速精密塑料注射机。高速精密注射机的主要结构组成与普通注射机相似，但为了达到高速、精密注射成型的工艺要求，需要对高速精密注射机的注射装置、合模装置、液压系统和参数控制系统进行一定的改进。目前精密塑料制品的注射成型工艺通常采用高速、高压成型，其工艺要求注射压力高（180～250MPa，甚至达到415MPa以上），注射速度快（达0.3～0.5m/s以上），温度等参数控制更加严格，为此要求高速精密注射机应具备注射功率大、控制精度高、液压系统反应速度快、合模装置刚度大等特点。图7-16所示为高速精度注射机外形图，这类注射机的液压系统大都采用氮气辅助注射装置、高响应伺服阀控制，注射压力可达到300MPa以上，注射速度可达0.8～1.0mm/s，主要用于成型导光板、电子接插件、光学镜片、光盘等薄壁、结构复杂和流动性差的高精密产品。

图7-16 高速精密注射机

1. 注射装置

注射装置具有相当高的注射压力和注射速度。采用高压高速注射成型，塑料的收缩极小，有利于控制制品精度，保证熔料快速充模，增加熔料流程，但制品易产生内应力。为在结构上确保上述要求，加大了螺杆的长径比，提高了螺杆转速、背压的控制；采用带混炼效果的螺杆，提高塑化效率和塑化质量；螺杆头部设有止逆结构，防止高压下熔料的回流，实现精确计量。注射装置的注射动作终止位置重复精度通常可达0.02mm，制品重量重复精度一般小于0.1%。

2. 合模装置

精密注射机一般采用全液压合模装置，动、定模板及拉杆结构需耐高压、耐冲击，并且具有较高精度和刚度。设计合模装置时，应使模板具有若干自由度，在施加合模力的状态下，其平行度可随模具的情况变化。动、定模板的平行度在0.05～0.08mm之间，合模装置还安装了灵敏可靠的低压试合模保护装置（精度达0.1mm），以有效地保护高精度模具，延长模具寿命；合模装置的合模力重复精度通常小于1%，确保合模力参数的稳定。有些高速精密注射机还具有注压功能，可有效提高产品的致密性及表面光洁度，降低制品内应力。合模装置提供的合模力能随注射压力的变化进行反馈控制，使模具受高压的时间短，且开模前能将合模力分段下降至零，可减少开模冲击，避免复杂精密模具的损坏。

3. 液压系统

为提高必要的重复精度和增大从高速到低速的调整幅度，精密注射机通常采用高响应的伺服液压系统，相比传统的标准泵和变量泵，伺服液压系统结合了伺服电动机和液压泵的无级调速特性特点，并配置大容量氮气辅助注射装置，使液压系统参数更加精密、节能。注射和合模油路分别控制，有利于减少油路之间的相互干扰，提高液压系统刚度。同时，高精度、高响应的PID算法模块使系统压力非常稳定，其压力波动小于0.5Pa，压力和流速的响应时间只有0.03s，重复性精度很高。液压元件普遍使用带有比例压力阀、比例流量阀、伺服变量泵的比例系统，以节省能源并提高控制精度与灵敏度。另外，为了使工作油温变化适应黏度变化，工作油设有专门的油温控制器，避免因油温的变化引起液压系统的压力与流量变化，影响工作的稳定性。

4. 控制系统

采用计算机系统或微处理器的闭环控制系统，可实现十级注射速度和压力控制、五级背压控制功能，保证工艺参数稳定的再现性，实现对工艺参数多级反馈控制与调节。对料筒、喷嘴的温度采用 PID 控制，使温控精度保持为 ±0.5℃。

7.5　热固性塑料注射机

与热塑性塑料相比，热固性塑料具有优异的耐热性、耐蚀性、抗热变形能力以及绝缘等电性能，在塑料制品中占有重要地位。长期以来，热固性塑料制品主要采用压缩模塑成型方法生产，该法生产效率低，劳动强度大，工作环境恶劣，制品质量也不易稳定，远不能满足需要。热固性注射成型工艺和专用注射机的出现，为热固性塑料制品的生产开辟了一个新途径。

热固性塑料在成型过程中，既有物理变化，又有化学反应。成型前树脂分子结构多为支链型结构，在一定温度、压力作用下，分子支链发生交联反应，变成网状体型结构，塑料硬化定型，同时释放出小分子量的气体。制品成型过程是将粉状树脂在料筒中进行预热塑化（温度为 90℃左右），使之呈稠胶状，然后用螺杆（或柱塞）在较高的注射压力下将其注入热模腔内（模具温度为 170 ~ 180℃），经过一定时间的固化即可开模取出制品。

热固性塑料注射机的结构与普通注射机相似，但在塑化部件上有较明显的区别。

1. 螺杆

为避免对塑料产生过大的剪切作用和在料筒内的长时间停留，热固型螺杆的长径比和压缩比较小（$L/D = 14 \sim 16$，$\varepsilon = 0.8 \sim 1.2$），螺槽深度相对较深，以减小剪切作用。螺杆结构形式可分为压缩型、无压缩型和变深型，如图 7-17 所示。压缩型螺杆因剪切热大，主要用于不易发生交联作用的热固性塑料；无压缩型螺杆的剪切塑化和输送能力均良好，适用于一般情况；变深型螺杆适用于加工易于交联或玻璃纤维增强的塑料，此螺杆的输送能力较强。为防止注射时塑料的倒流，宜采用图 7-18 所示的止逆结构，料筒的两个直径（D_K，D_S）分别与螺杆头和螺杆体相配合，起到止逆的作用；而热塑性塑料使用的各种止逆结构在此禁止使用。螺杆的驱动通常采用液压马达，若物料在料筒内固化，不致扭断螺杆。

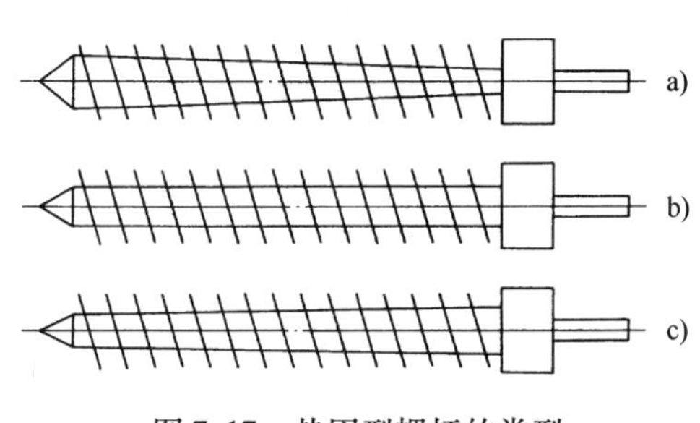

图 7-17　热固型螺杆的类型

a）压缩型　b）无压缩型　c）变深型

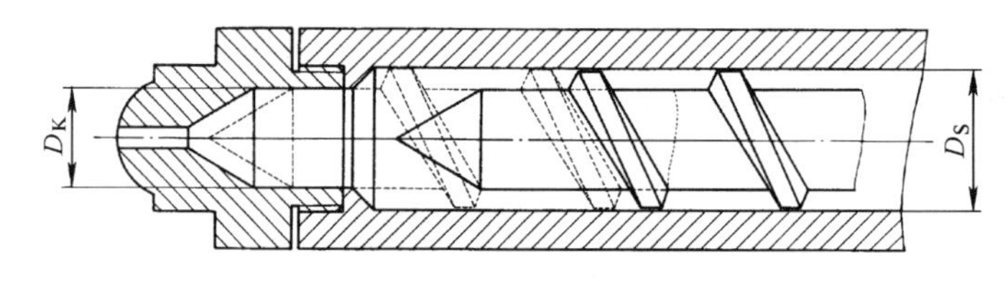

图 7-18　热固型螺杆的止逆结构

2. 喷嘴

采用直通式喷嘴，孔径较小；在保压阶段，因模温较高，喷嘴必须离开模具，以免熔料在喷嘴口固化堵塞。

3. 料筒的加热控制

热固性塑料注射对温度控制要求非常严格，料筒的加热一般采用恒温控制的介质（水或油）加热系统。该系统电加热器不直接加热料筒，而是加热介质（水或油），介质由单独的热水（油）循环系统供给料筒外的夹套，再由夹套内的介质加热料筒，可使料筒加热均匀、稳定，且易于控制。当介质温度偏高时，恒温控制系统能自动排出部分高温介质，吸入定量的低温介质，实现恒温控制。

4. 合模装置

热固性塑料在固化时有气体排出，其合模装置必须有排气动作，一般采用增压式液压合模装置易于实现。生产中只要将锁模压力短时卸除，便可使模腔中的气体经模具的分型面逸出。另外，因模温较高，为防止模具的热量传给注射机，在注射机的动、定模板安装表面需加绝热板。

热固性塑料注射成型生产能力可提高 10 ~ 20 倍，制品质量和劳动强度都有改善，但设备和模具的成本较高，适宜于大批量的制品生产。

7.6 排气式注射机

在注射成型充填塑料时，塑料中因有较多的 $CaCO_3$ 和木粉等而带入大量气体，成型时需将料筒内的气体排出；或是注射成型对水分及挥发物含量要求高的塑料，如聚碳酸酯、聚酰胺、聚甲基丙烯酸甲酯、醋酸纤维素、ABS、AS 等，加工前须进行干燥处理，以减少水分对成型的影响。使用排气式注射机，塑料在塑化时，料筒内的气体可以自动排出，对注射成型极为有利，故排气式注射机获得较普遍的应用。

排气式注射机与普通注射机的区别主要在塑化部件上，其他部分均和普通注射机相同。排气式塑化部件一般采用双阶四段螺杆（图 7-19），即由加料段、第一均化段、排气段和第二均化段组成。熔料由第一均化段进入排气段时，因螺槽深度突然增大，其压力迅速下降，促使熔料内所含气体逸出，已去除水分的熔料进入第二均化段聚集，建立起熔料所需的压力。

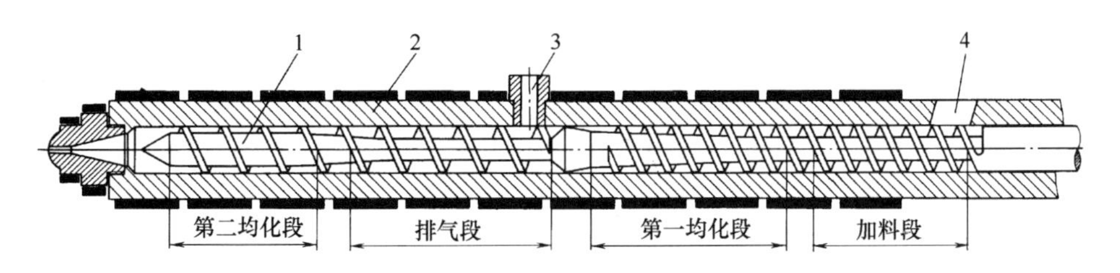

图 7-19 排气式注射机的塑化部件

1—螺杆 2—料筒 3—排气口 4—加料口

排气式注射机的注射装置应能保证生产时排气口不冒料和产量稳定两个基本条件，结构除采用图 7-19 所示的四段螺杆外，还有的采用异径螺杆的排气结构，如图 7-20 所示。

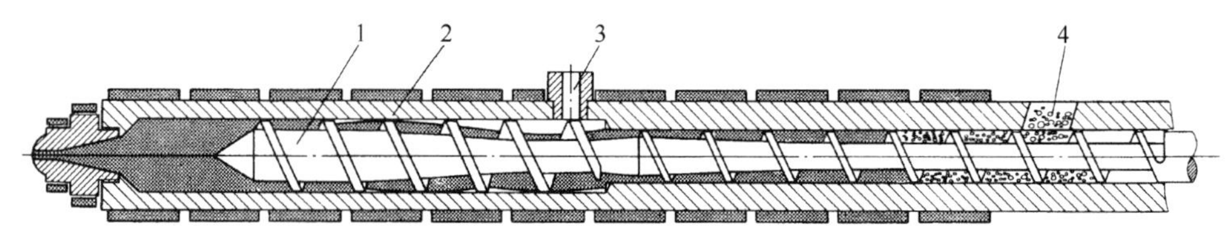

图7-20　异径螺杆排气结构

1—异径排气螺杆　2—异径料筒　3—排气口　4—加料口

7.7　发泡注射机

发泡注射成型按发泡原理分为物理发泡法和化学发泡法；按注射模腔压力的大小分为低压法、中压法、高压法和夹芯结构发泡法。以下对普遍使用的化学发泡低压成型法所用注射机进行简单介绍。

低压法发泡是将80%左右的制品体积的熔料注入模腔，由其自身的发泡压力使熔料发泡并填满模腔，其模腔压力仅为普通注射成型模腔压力的1/15～1/10，故所需的合模力较低，对注射机和模具的使用要求也降低了。

低发泡注射机主要用于成型壁厚大于4mm的低发泡（密度为0.3～0.8g/cm^3）制品。因制品的导热性差，所需的冷却时间较长，为提高机器的生产效率，发泡注射机广泛采用多工位合模装置。而注射装置对塑化能力要求较低，可采用螺杆预塑式或螺杆-柱塞式，但从计量精度（误差一般不超过1%）、塑化均匀、机器功率等方面考虑，后者使用较多。为获得高发泡率和发泡均匀的制品，机器必须具有高的注射速率（注射时间为0.4～1s）和精确的注射量，所以注射装置普遍使用有蓄能器的高速注射装置或低压大流量液压泵直接对注射液压缸供油的装置。喷嘴宜用锁闭型结构，以防含有发泡剂的熔料流涎。为控制熔料在料筒内的发泡速度和保证计量准确，需采用背压调整装置及带止逆环的螺杆头。

因低压法发泡注射所需合模力较小，与普通注射机相比，在合模力相同的情况下，具有较大的注射量和较大的模板尺寸及模板间距。

由于塑料新材料、新工艺的不断发展，塑料注射机也将不断更新和发展，除以上介绍的几种专用注射机外，还有注射吹塑成型机、注射压缩成型机、伸缩型动态注射机、两板式注射机、液压系统与伺服电动机共存的杂混式电动注射机等，在此不一一介绍。

复习思考题

7-1　双（多）色注射机与普通塑料注射机有何区别?

7-2　双（多）色注射成型模具换位有哪几种方式?各有何优缺点?

7-3　简述全电动注射机的主要特点与应用。

7-4　全电动注射机与其他注射机的主要区别有哪些?

7-5　高速、精密注射机的特点与应用有哪些?

7-6　热固性塑料注射机与普通塑料注射机之间的区别有哪些?

7-7　排气式注射机和发泡注射机的特点有哪些?它们分别用于哪些场合?

第8章 其他成型设备

8.1 塑料压延机

8.1.1 概述

1. 压延成型的特点和应用

压延成型是塑料成型加工的主要方法之一，它是将基本塑化的热塑性塑料，连续地加进压延机辊筒的辊隙中，经过加热和滚压而加工成薄膜、片材等制品的一种成型方法。

压延成型主要用于PVC树脂的加工，但随着压延成型设备和成型理论的发展，树脂改性和配方技术的提高，加工技术的进步，塑料压延成型范围有很大扩展。塑料种类从PVC发展到ABS、聚乙烯醇、烯烃类树脂和特殊黏着性树脂的加工等。制品也由软质、半硬质、硬质PVC薄膜、片材、板材和人造革、各种橡胶制品向复合片材、贴合制品、合成纸、无纺布、电气和工业零件片材等方面延伸发展。制品尺寸方面，压延薄膜的最大幅宽可达5m，硬片厚度可达1mm，软板厚度可达数毫米。因此，随着压延成型范围的扩大和制品品种的多样化，压延成型设备也将进一步得到发展。

2. 压延成型工艺流程

为满足不同制品压延成型的要求，在压延成型机的前后配置有多种辅助装置。对于一般压延成型工艺过程，通常以压延机为中心，配以供料系统、前联动装置、后联动装置、供电及电气控制系统和加热冷却系统等部分。

供料系统的作用是完成物料各组分的自动计量、配料和混合塑炼，为压延机供给基本塑化均匀的物料。前联动装置主要用于对有衬基制品的衬基（如人造革的衬布、壁纸的衬纸等）进行压延成型前的干燥和扩幅等处理。后联动装置主要对压延成型的制品进行牵引、压花、冷却定型和切割收卷等工作。供电及电气控制系统为整个压延成型系统提供电能和进行控制。加热冷却系统主要对压延机的辊筒进行加热和冷却，使辊筒达到工艺要求的温度。

对于不同的制品，压延成型工艺流程的主要组成大同小异，但供料系统和后联动装置有较大差别。如图8-1所示为塑料薄膜压延成型工艺流程。

其供料系统的主要组成和作用如下：计量装置将各种添加剂和树脂进行称量和配料。高速捏合机把配好的物料进行充分搅拌，使物料各组分均匀混合。塑化机完成对塑料的塑化，并过滤物料中的杂质。密炼机将处理均匀后的物料进行进一步混合、塑炼，初步塑化物料。供料带一般能向压延机均匀地供料，并对供料带上的物料进行检测，以便及时剔除物料中混入的金属异物，防止压延机辊筒的工作表面被刮损。

后联动装置的主要组成和作用如下：冷却定型装置用一组辊筒对薄膜进行充分冷却，避

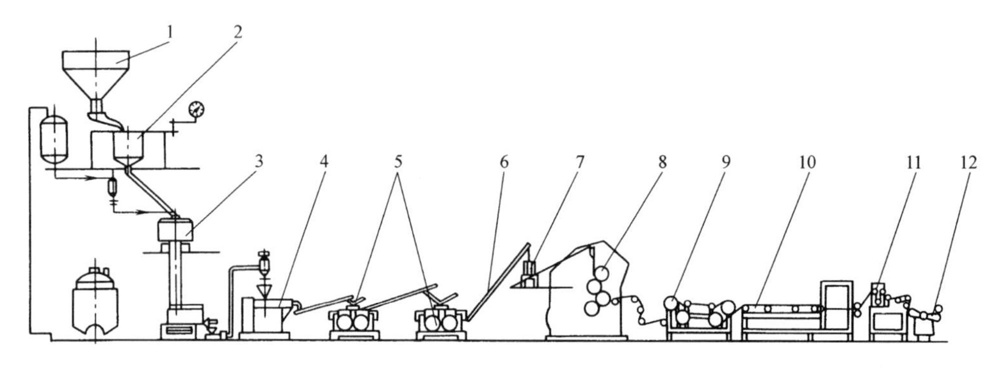

图8-1 塑料薄膜压延成型工艺流程

1—料仓 2—计量装置 3—高速捏合机 4—塑化机 5—密炼机 6—供料带 7—金属检测器 8—四辊压延机 9—冷却定型装置 10—运输带 11—张力调节装置 12—卷取装置

免冷却不足造成薄膜发黏发皱。运输带是让冷却后的薄膜在其上面呈平坦松弛状态，以消除或减少制品的内应力。张力调节装置用于采用中心卷取时调节卷取速度和力矩，以保证卷取速度与压延薄膜的生产速度相吻合。卷取装置完成薄膜的卷取工作，当一卷薄膜卷取结束时，配合切割动作，继续另一工位的卷取动作，实现自动工位转换的连续卷取。

3. 压延机的分类

压延机可按辊筒的数目和辊筒的排列形式分类，如图8-2所示。

按辊筒数目可分为二、三、四、五、六辊和多辊及异径辊压延机等，其中以三、四、五辊压延机应用较广。

按辊筒排列形式可分为I、F、L、Z、S、T、A、M形等，其中以“S”和“Z”形的压延机应用较广。两者的共同特点是，辊筒的排列有利于提高制品精度，便于加料，辊筒结构安排紧凑，机器高度较低等。

图8-3所示为不同压延机物料的走向示意图，由于压延机辊轴数量和排列方式的不同，其物料的走向会不同，物料对辊轴的包辊角度也会发生变化，压延机对物料的压延作用也有差异。

4. 压延机的结构组成

如图8-4所示为三辊压延机的结构组成，图8-5所示为四辊压延机的结构组成。它们的结构组成中都有辊筒、辊距调整装置、传动系统、辊筒轴承及润滑装置、辊筒加热冷却装置、安全装置、挡料装置和机架，此外四辊压延机还设有挠度补偿装置。各主要部分的功能如下：

1）辊筒是压延机对物料进行直接施压的零件，辊筒与辊筒之间调节为一定的间隙，加在辊筒间隙中的物料经多次滚压逐渐压延成型。

2）辊距调整装置用来调节辊筒间隙的大小，以满足制品加工厚度的要求。

3）传动系统为压延机辊筒提供所需的转矩和转速。润滑系统起润滑和冷却辊筒轴承的作用。

4）辊筒加热冷却装置通过对辊筒内部进行加热或冷却，使辊筒的温度适合于加工工艺要求。

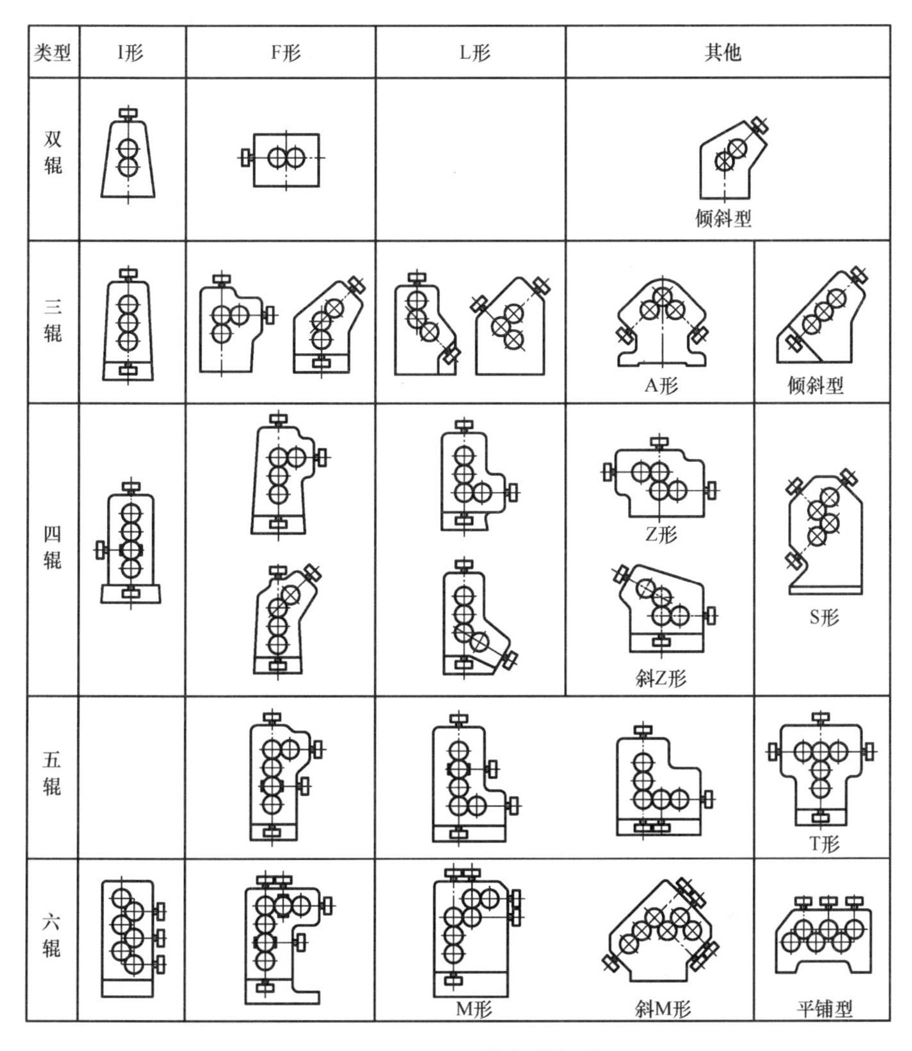

图 8-2　压延机分类示意图

5）安全装置起生产安全保护作用，用于意外情况时的紧急停机。挡料装置有调节压延制品的宽度和防止物料从辊筒端部挤出的作用。

6）挠度补偿装置用以减少辊筒整体变形对制品厚度均匀性和精度的影响。

8.1.2　压延成型原理

压延成型原理主要体现在成型时物料进入辊隙的可能性、物料的混炼作用以及压延的均厚作用等方面。

1. 物料进入辊筒间隙的条件

实际压延成型应保证物料能够进入辊隙。如图 8-6 所示，当黏流态的物料被加到两个具有一定温度、以不同的圆周速度相对旋转的辊筒中间时，辊筒表面对物料分别作用以径向作用力 F_{Q1} 和 F_{Q2} 与切向作用力 F_{T1} 和 F_{T2}。若将它们分别沿 x-y 坐标轴分解，如图 8-7 所示，图中分力 F_{Q1y}、F_{T1y} 和 F_{Q2y}、F_{T2y} 对物料沿 y 轴方向起着压缩作用，通常称挤压力；分力 F_{Q1x} 和 F_{Q2x} 则力图将物料自辊隙中推出，而分力 F_{T1x} 和 F_{T2x} 则力图将物料拉入辊隙。因此，

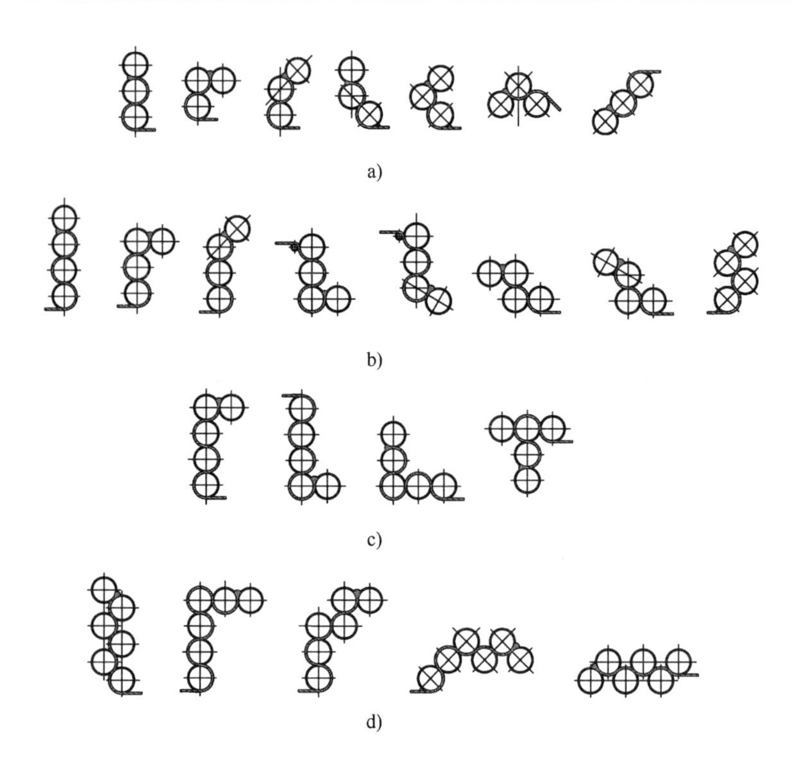

图8-3　压延机物料走向示意图

a）三辊　b）四辊　c）五辊　d）六辊

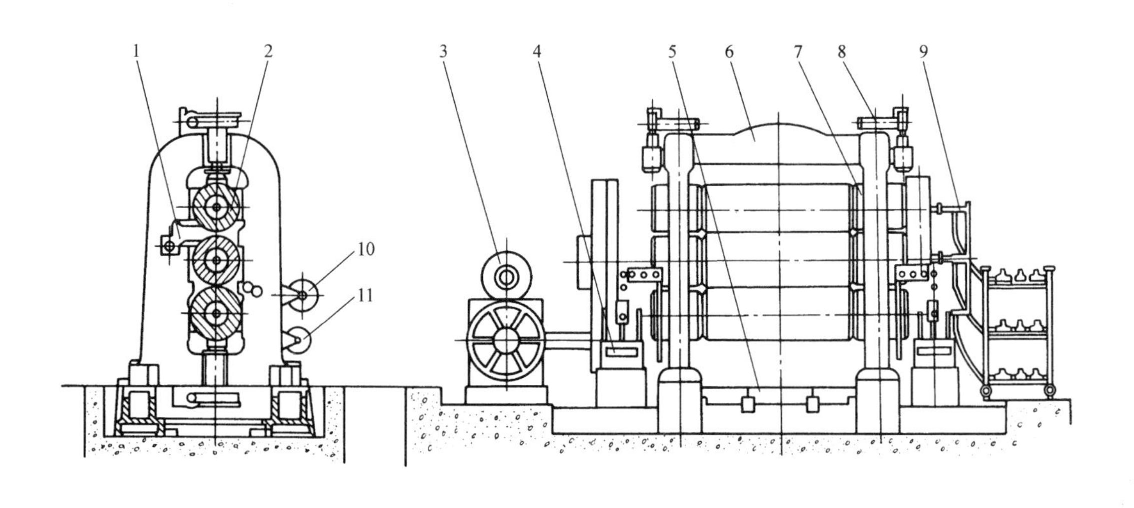

图8-4　三辊压延机

1—挡料装置　2—辊筒　3—传动系统　4—润滑装置　5—安全装置　6—机架　7—辊筒轴承　8—辊距调整装置　9—加热冷却装置　10—导向装置　11—卷取装置

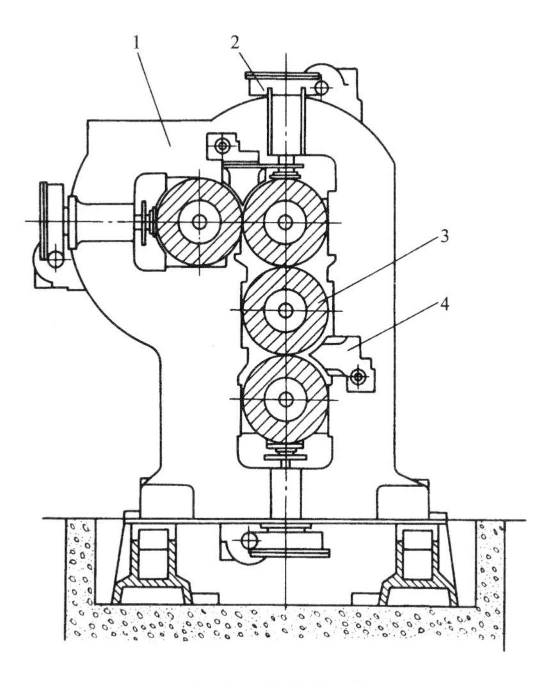

图8-5　四辊压延机

1—机架　2—辊距调整装置　3—辊筒　4—挡料装置

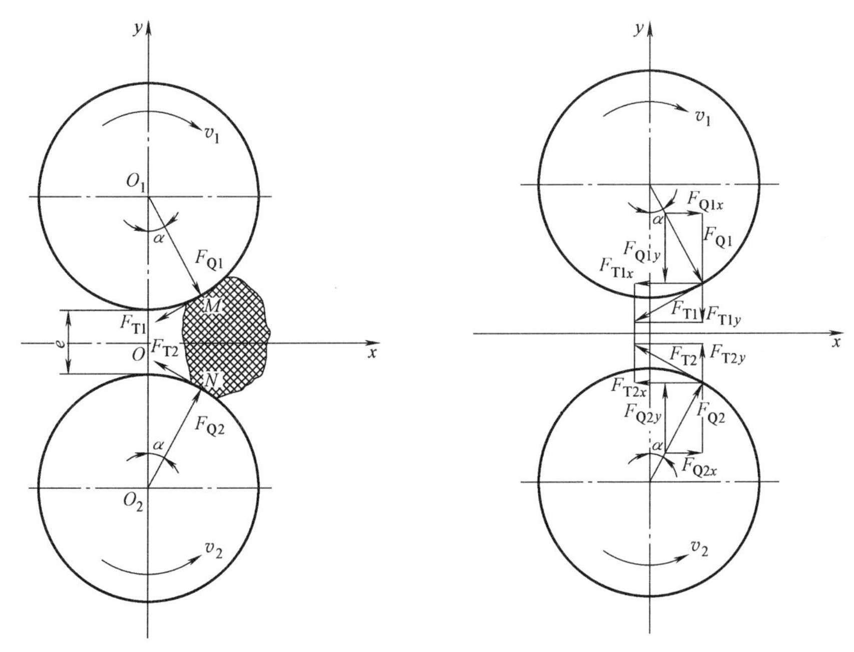

图8-6　辊筒对物料的径向和切向作用力　　图8-7　辊筒的挤压力和钳取力

为使物料能够进入辊隙，必须满足

$$F_{T1x} > F_{Q1x} \text{且} F_{T2x} > F_{Q2x} \tag{8-1}$$

而辊筒对物料的作用力

$$F_{T1x}=F_{T1}\cos\alpha \tag{8-2}$$

$$F_{Q1x}=F_{Q1}\sin\alpha \tag{8-3}$$

$$F_{T1}=F_{Q1}f \tag{8-4}$$

式中，f 为物料与辊筒表面的摩擦因数，$f=\tan\rho$（ρ 为摩擦角）；α 为物料与辊筒表面的接触角，即物料在辊筒上接触点 M、N 和辊筒截面圆心连线 O_1M、O_2N 与两辊中心连线 O_1O_2 的夹角。

将式（8-4）代入式（8-2），再将式（8-2）、式（8-3）代入式（8-1）得

$$F_{Q1}f\cos\alpha>F_{Q1}\sin\alpha$$

所以，$f>\tan\alpha$ 或 $\tan\rho>\tan\alpha$，即 $\rho>\alpha$。由此得出，进行压延成型的必要条件是摩擦角 ρ 必须大于接触角 α。

由于压延成型物料为黏流态，物料与辊筒表面的摩擦角 ρ 较大；而辊筒进料口处存料量较少，物料的接触角 α 较小，因此物料很容易被卷入辊隙。通常把差值（$F_{T1x}-F_{Q1x}$）和（$F_{T2x}-F_{Q2x}$）称为辊筒的钳取力。

2. 剪切力与混炼作用

物料在辊隙中除了受到挤压力和钳取力外，还受到剪切力的作用，如图 8-8 所示。压延成型时，辊筒彼此之间的转速不同，设Ⅰ号辊筒的表面线速度为 v_1，Ⅱ号辊筒的表面线速度为 v_2，当 $v_1>v_2$ 时，两辊筒表面的相对速度使物料的运动速度沿 y 轴方向形成速度梯度。因而物料层间产生相对运动，使物料在辊隙中受到剪切作用，同挤压力综合作用造成物料更强烈的摩擦作用，达到进一步塑化。

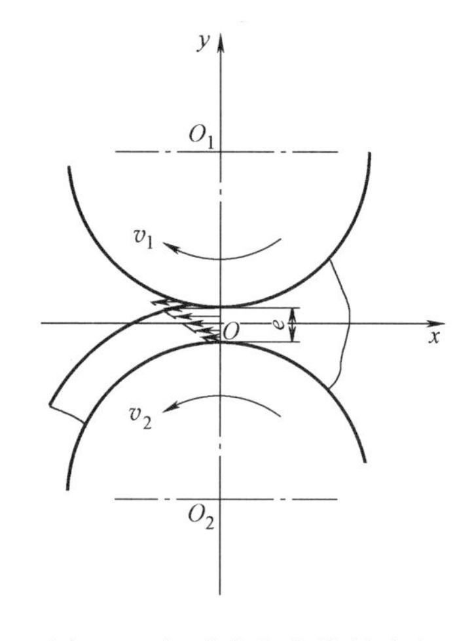

图 8-8 辊隙中各点物料速度分布示意图

3. 均厚作用

均厚作用是指物料经压延机压延成型后，实现压延制品厚度均匀化的作用。压延机的均厚作用从两个方向上保证：一是沿制品的宽度方向，或称沿辊筒的轴线方向；另一是沿制品的输送方向，或称沿辊筒辊隙处的切线方向。沿制品宽度方向的厚度均匀性由压延机辊筒及其调节机构来实现。物料数次经过等距的辊隙，形成制品宽度方向厚度的均匀化。沿制品的输送方向，由于辊筒连续转动，物料在不断通过辊隙的过程中，同时实现制品长度方向厚度的均匀化。

8.1.3 压延机的主要技术参数

表征压延机的主要技术参数有辊筒直径、辊筒长度、长径比、辊筒线速度、辊筒的调速范围、辊筒速比、生产能力、压延制品的最小厚度和厚度公差、辊筒驱动功率等。

1. 辊筒直径和辊筒长度

辊筒直径是指辊筒与物料接触的工作外圆表面的直径，用 D 表示。辊筒长度是指辊筒压延物料时沿辊筒轴线方向允许的长度，也称辊筒的有效长度，用 L 表示。辊筒直径 D 与辊筒长度 L 是表征压延机规格的基本参数。辊筒直径越大，物料被压延作用的区域相应增

大，物料压延充分。在转速相同的情况下，大直径辊筒的线速度也大，相应提高压延产量。辊筒长度越大，表示允许加工制品的宽度越宽，辊筒的有效长度即制品的最大幅宽。

为保证辊筒刚度，压延机辊筒长度与直径之比（称长径比）应有一定的关系。在加工软质塑料时，长径比 L/D 为 2.5 ~ 2.7，最大为 3 左右；加工硬质塑料时，L/D 取 2 ~ 2.2。长径比的取值除了与制品材料的软硬、厚度精度有关外，还与辊筒的选材和加工制造有关。

2. 辊筒线速度和调速范围

辊筒线速度是指辊筒工作表面上任一点的线速度。调速范围是指辊筒的无级变速范围，习惯上用辊筒线速度范围表示。

辊筒线速度是表征压延机生产能力的重要参数，压延机生产能力可由下式求得

$$Q = 60v\rho\alpha$$

式中，Q 为按制品长度计算的压延机的生产能力（m/h）；v 为辊筒线速度（m/min）；ρ 为超前系数，通常取 1.1；α 为压延机利用系数，加工同一塑料时取值为 0.92，经常换料者取值为 0.7 ~ 0.8。

超前现象如图 8-9 所示，在 *abcd* 区物料由辊筒带着向辊隙运动，此时物料的宽度增加，而厚度减小。由于此时物料的厚度仍较大，只有靠近辊面的物料运动速度才与辊筒的速度相近，料层内部的速度低于辊筒的速度，所以 *abcd* 区称为滞后区。当物料运动到 *cd* 截面后，物料的宽度不再增加，而厚度继续减小。此时物料运动的线速度大于辊筒的线速度，所以，*cdef* 区称为超前区。在 *cd* 截面以后，物料速度与辊筒速度之比，称为超前系数。

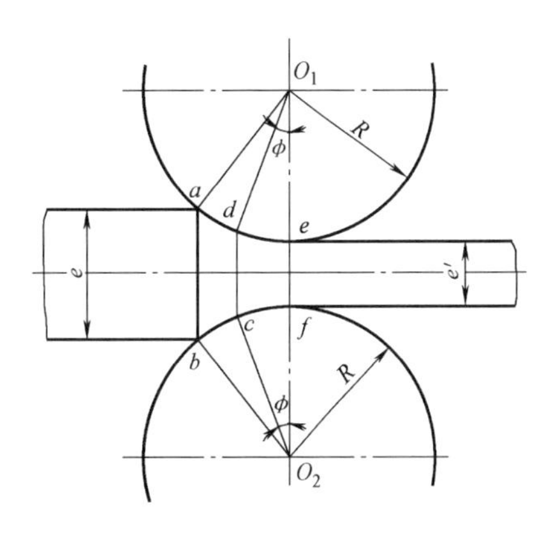

图 8-9 超前现象

调速范围主要是为满足压延机低速起动与较高生产速度之间调节转换的要求，同时为适应加工不同种类物料及不同厚度制品的需要。国产压延机辊筒线速度及调速范围见表 8-1。

表 8-1 国产压延机辊筒线速度及调速范围

辊筒规格 $D \times L$ /mm × mm	线速度及调速范围 /(m/min)	辊筒规格 $D \times L$ /mm × mm	线速度及调速范围 /(m/min)
ϕ230 × 630	8.7	ϕ450 × 1250	4.0 ~ 40
ϕ355 × 1070	11.5 或 23	ϕ610 × 1730	4.4 ~ 54
ϕ360 × 1120	10.0 ~ 30	ϕ700 × 1800	6.0 ~ 60
ϕ450 × 1200	8.36 ~ 25.08	ϕ750 × 2400	7.0 ~ 70

3. 辊筒速比

辊筒速比是指两辊筒线速度的比值，辊筒速比设置主要是为实现对物料的进一步剪切混炼作用。实际中压延辊筒速比在 1:1.5 范围内无级变化，可满足各种物料、不同制品的加工要求。辊筒低速转动压延时（20 ~ 30m/min），加工较厚制品速比可取较大值（1.2 以上）；

而辊筒高速工作时（60 ~ 80m/min 以上），加工薄膜速比应选小值（1.1 以下）。加工其他制品时，可根据辊筒转速与所加工制品厚度、物料性能，在速比范围内对比选择。

当速比选择过大时，会造成物料黏附在速度高的辊筒表面，出现“包辊”现象，甚至引起物料过剪切而变质；如果速比过小，物料黏附辊筒的能力差，容易夹入空气，形成气泡，影响制品质量。

4. 驱动功率

驱动功率是表征压延机经济技术水平的重要参数。目前，驱动功率还没有简便精确的计算公式，一般采用实测和类比的方法确定。

表 8-2 为我国压延机规格系列与基本参数，供参考。

表 8-2 压延机规格系列与基本参数（摘自 GB/T 13578 — 2010）

辊筒规格 $D\times L$ /mm × mm	辊筒个数	辊筒线速度（≤）/（m/min）	制品最小厚度/mm	制品厚度偏差/mm	用途
230 × 630	2	10	0.50	±0.02	供胶鞋行业压延胶鞋鞋底、鞋面沿条等
	3	10	0.20	±0.02	供压延人力车胎胎面、胶管、胶带和胶片等
	4	10	0.10	±0.01	供压延软塑料
			0.20	±0.02	供压延橡胶
			0.50	±0.02	供压延硬塑料或橡胶钢丝帘布
360 × 800	2	35	0.80	±0.03	供压延橡胶
360 × 900 或 360 × 1120	3	20	0.20	±0.02	供胶布的擦胶或贴胶
	4	20	0.14	±0.01	供压延软塑料
			0.20	±0.02	供压延橡胶
			0.50	±0.02	供压延硬塑料
		12	0.50	±0.02	供压延橡胶钢丝帘布
	5	30	0.50	±0.02	供压延塑料
400 × 1300	2	40	0.50	±0.03	供压延胶片
400 × 700 或 400 × 920	2 ~ 4	40	0.20	±0.02	
400 × 1000	5	50	0.50	±0.02	供压延塑料
450 × 600	2	45	0.20	±0.02	供压延磁性胶片
450 × 1000	4	45	0.20	±0.02	供压延橡胶钢丝帘布
450 × 1200	3	40	0.10	±0.01	供压延软塑料
			0.20	±0.02	供压延橡胶
	4	40	0.20	±0.02	供压延胶片
450 × 1430	4	70	0.10	±0.01	供压延塑料
450 × 1350	5	40	0.50	±0.02	供压延硬塑料
500 × 1300	4	50	0.20	±0.02	供压延橡胶钢丝帘布
550 × 1000	2	20	0.40	±0.02	供压延磁性胶片
550 × 1300	4	50	0.20	±0.02	供压延橡胶钢丝帘布；EVA 热熔膜

（续）

辊筒规格 $D \times L$ /mm×mm	辊筒个数	辊筒线速度（≤）/（m/min）	制品最小厚度/mm	制品厚度偏差/mm	用　途
550×1500	3	50	0.20	±0.02	用于帘布贴胶擦胶
550×（1600）	5	60	0.50	±0.02	供压延塑料
550×（1700）	3	50	0.20	±0.02	供压延胶片
	4	70	0.10	±0.01	供压延塑料
		60	0.20	±0.02	供压延胶片
（570）×1730	4、5	60	0.10	±0.01	供压延塑料
610×1400	2	40	0.20	±0.02	供压延胶片
610×1500	2	30	0.50	±0.03	供压延橡胶板材
	3	50	0.10	±0.01	供压延塑料
	4	50	0.20	±0.02	供压延橡胶钢丝帘布
610×1730	3	50	0.20	±0.02	供压延橡胶
			0.10	±0.01	供压延软塑料
		30	0.50	±0.02	供压延硬塑料
	4	60	0.20	±0.02	供压延橡胶
			0.10	±0.01	供压延软塑料
		40	0.50	±0.02	供压延硬塑料
610×1800	3	50	0.20	±0.02	供压延橡胶
	5	60	0.50	±0.01	供压延塑料
610×（1830）	4	60	0.10	±0.01	供压延塑料
610×2030	4	60	0.10	±0.01	供压延塑料
610×2500	4	60	0.10	±0.01	供压延塑料
（610①/570）×2360 或 1900	4	60	0.10	±0.01	供压延软塑料
660×2000	4	70	0.50	±0.01	供压延塑料
660×2300	4	70	0.10	±0.01	供压延软塑料
660×2500	5	70	0.10	±0.01	供压延软塑料
700×1800	3	60	0.20	±0.02	供压延橡胶
		60	0.10	±0.01	供压延塑料
		70	0.10	±0.01	供压延塑料
	4	70	0.20	±0.02	供压延橡胶
		70	0.10	±0.01	供压延软塑料
		50	0.50	±0.02	供压延硬塑料
750×2000 或 2400	2、3	70	0.20	±0.02	供压延橡胶
	4	70	0.20	±0.02	供压延橡胶
		70	0.10	±0.01	供压延软塑料

（续）

辊筒规格 $D\times L$ /mm×mm	辊筒个数	辊筒线速度（≤）/（m/min）	制品最小厚度/mm	制品厚度偏差/mm	用　途
800×2500	3	60	0.20	±0.02	供压延橡胶
	4	60	0.20	±0.02	供压延橡胶
		70	0.10	±0.01	供压延软塑料
850×3400	4	70	0.10	±0.01	供压延软塑料
960×4000	4	70	0.10	±0.01	供压延软塑料

注：塑料压延机辊面宽度允许按 GB/T 321—2005 中优先数系 R40 系列变化。

① 异径辊压延机。

8.1.4　辊筒

1. 对辊筒的要求

辊筒是压延成型机的主要部件，它的质量优劣直接影响到制品的产量和质量。因此，在辊筒的结构设计、选材、加工制造等方面应有如下基本要求，以确保辊筒的质量：

1）应具有足够的刚性，以确保在重载作用下，弯曲变形不超过许用值。

2）辊筒表面具有较好的耐磨性和耐蚀性，以及高的尺寸精度和表面粗糙度要求（$Ra\leq 0.2\mu m$），并且形位公差要求严格。

3）材料应具有良好的导热性和高的传热效率。

4）结构合理，便于加工等。

2. 辊筒的结构

辊筒的结构与其加热冷却方法有密切关系，辊筒的结构主要有空腔式和多孔式两种形式。空腔式辊筒壁厚较厚，工作表面温差大，为使辊筒工作表面全长温度均匀一致，提高制品精度，往往需要采用辅助边缘加热的方法予以补偿。如图8-10所示为空腔式辊筒的辊温分布曲线，目前这种形式的辊筒仅在中、小型压延机上采用。多孔式辊筒结构如图8-11所示，它是在靠近辊筒表层附近沿圆周均匀分布钻出直径30mm左右的通孔，两端通过斜孔与中心孔相通，以便通入加热或冷却介质。该结构的辊筒传热面积大（比空腔式大

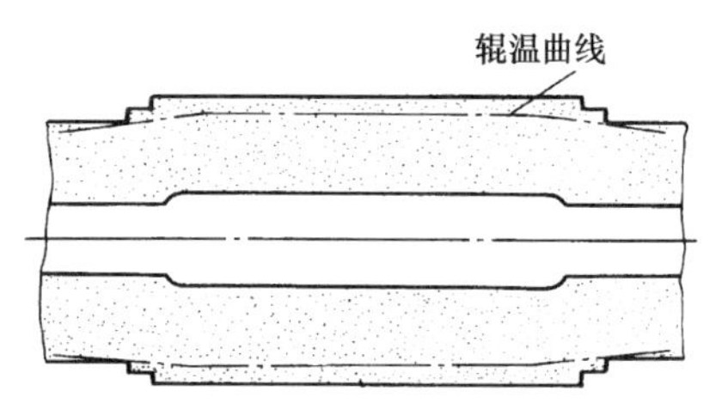

图8-10　空腔式辊筒的辊温分布曲线

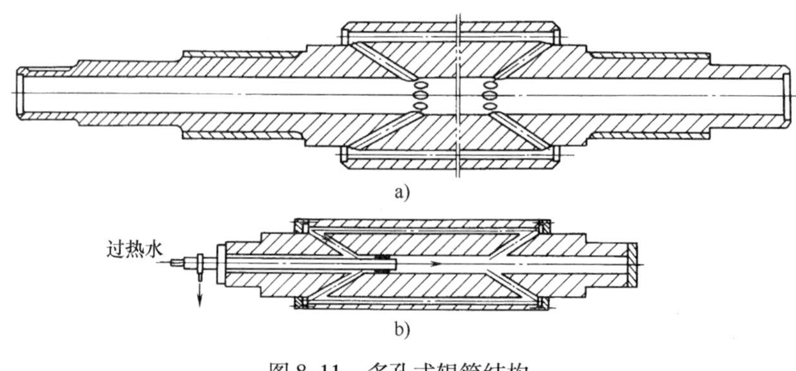

图8-11　多孔式辊筒结构

a）辊筒结构　b）介质走向

2～2.5倍），介质流速大，对温度反应敏感，辊筒表面温差较小（±1℃以内）。但由于钻孔的需要，辊筒轴颈尺寸减小，使辊筒的刚度有所下降，同时这种结构比较复杂，加工比较困难，造价高，故在大、中型精密压延机和高速压延机上使用较多。

多孔式辊筒的中心孔与表层通孔的连接方式有三种常用形式，即放射式、三孔一组式和五孔一组式，如图8-12所示。

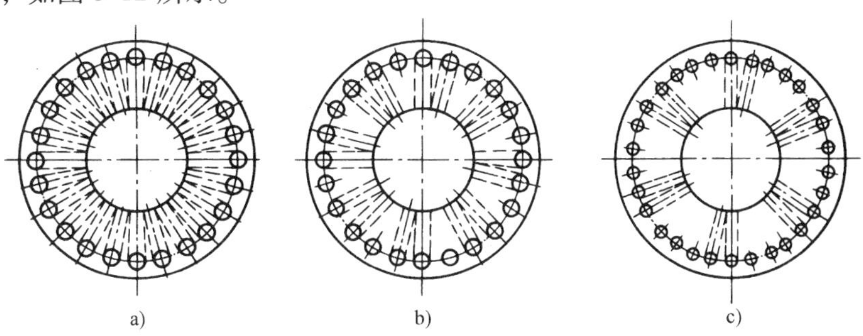

图8-12　多孔式辊筒的形式

a）放射式　b）三孔一组式　c）五孔一组式

放射式为每一表层通孔的两端均加工有与中心孔相通的斜孔。介质从辊筒中心孔经斜孔流过表层通孔而从另一端的斜孔流回中心孔。这种结构介质同时通过所有表层孔道，温差较小，但流通截面大，流速较低，传热效率相对低些。

三孔和五孔一组式是每三（或五）孔为一组，同组孔首尾相连形成串联通道，如图8-13所示。这种形式因流通截面积小，介质流速快，因此传热效率高。但流动阻力大，动力消耗大，介质入口与出口温差较大，易对制品的质量造成不良影响。

3. 辊筒的受力与变形

压延机工作时，辊筒受到物料的反作用力作用，使辊筒有分离趋势，这种力称为分离力，对一个辊筒而言称为横压力，如图8-14所示。由于物料与辊筒的接触面为一圆弧面，所以横压力在横截面上为不均匀的载荷分布（图8-15），随着辊距的减小而逐渐增大，在最

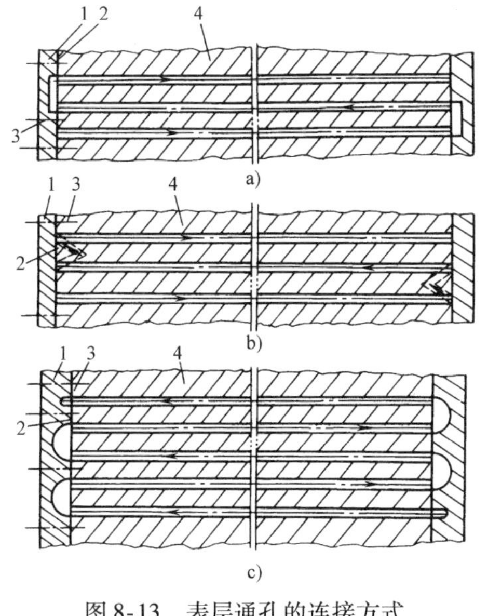

图8-13　表层通孔的连接方式

1—端盖　2—密封垫　3—固定螺钉　4—辊筒

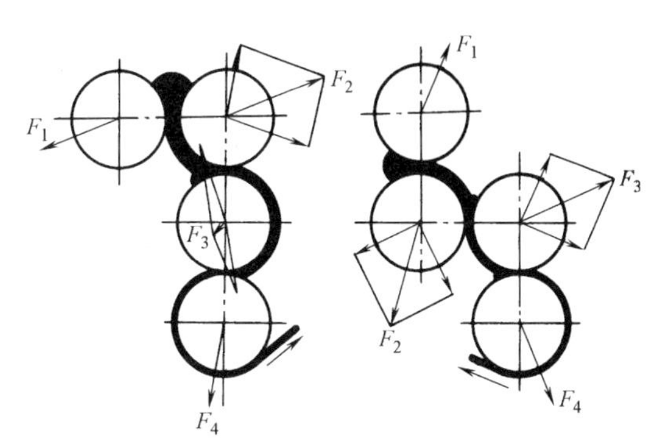

图8-14　四辊压延机的分离力

小间隙（3°~5°）的前方达到最大值，在最小间隙处，由于物料变形接近结束而变小，通过最小间隙后，急剧下降，并趋于零。横压力在纵截面上可近似看成均布载荷。

由于横压力等的综合作用，辊筒会发生弯曲变形，中部变形最大，造成压延出的制品呈中间厚两端薄的截面形状，如图8-16所示，影响制品厚度的精度。

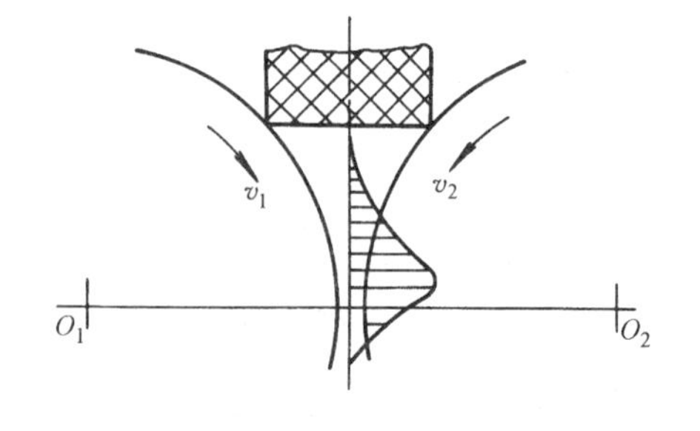

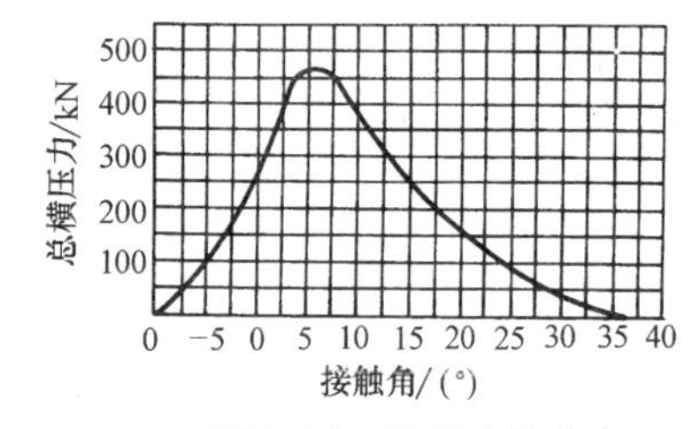

图8-15 横压力的分布

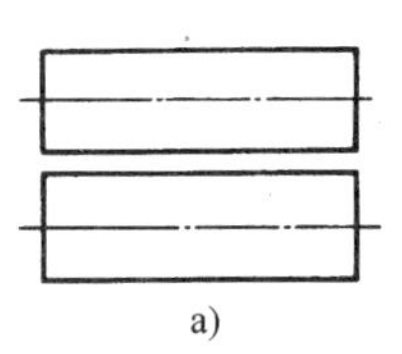

a)

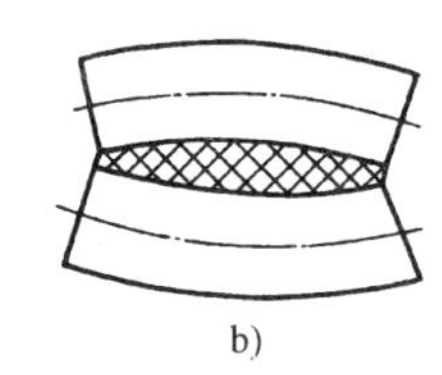

b)

图8-16 辊筒变形对制品精度影响

a）变形前 b）变形后

4. 辊筒挠度及挠度的补偿

辊筒工作时会受到横压力、塑料对辊筒表面的摩擦力、自重等的综合作用，而摩擦力和自重的影响相对较小，通常不予考虑。按力学原理求得的辊筒挠度变形量一般都不超过0.5mm，但该值远大于制品的公差要求［制品公差为±(0.01~0.02)mm］，必须消除变形量，满足制品精度的要求。

消除辊筒变形对制品精度影响的方法是采用辊筒挠度补偿措施，具体有中高度法、轴交叉法和反弯曲法，前两种方法应用较多，而且往往是二者结合起来使用。

（1）中高度补偿法 为消除制品中间厚两端薄的情况，把辊筒加工成中部直径大、两端直径小的鼓形，其中部最大直径 D' 与两端最小直径 D 的差值称为中高度 E，如图8-17a所示。图8-17b为有补偿后辊筒的工作情况，理论上最理想的中高度曲线应与辊筒挠度曲线相符，但实际中因影响横压力的因素很多，横压力是不断变化的，挠度也随着变化，故不必要精确的中高度曲线。中高度补偿法简单易行，但中高度值不可调节，应用上有局限性，一般不单独使用，与其他补偿法配合使用则可实现补偿量的调节，效果较好。

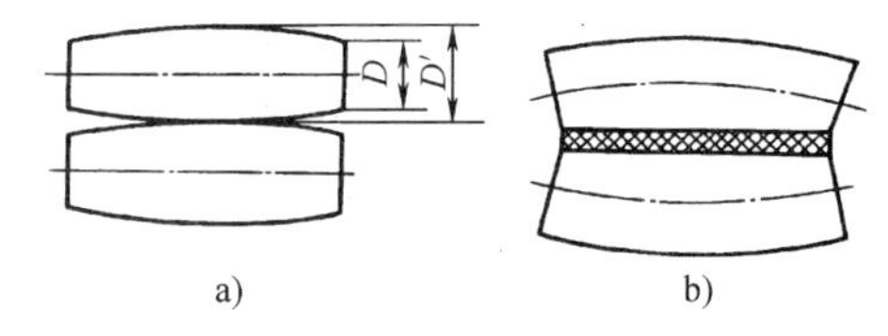

图8-17 中高度补偿法

a）不工作时 b）工作时

（2）轴交叉补偿法 该法是将两个相互平行的辊筒中的一个辊筒，绕其轴线中点的连线旋转一个微小角度（旋转角<2°），使两个辊筒之间的间隙从中间到两端逐渐增大，形成双曲线，以达到补偿辊筒挠度的目的。图8-18中的 e 为辊筒间隙，Δe 为间隙增量。

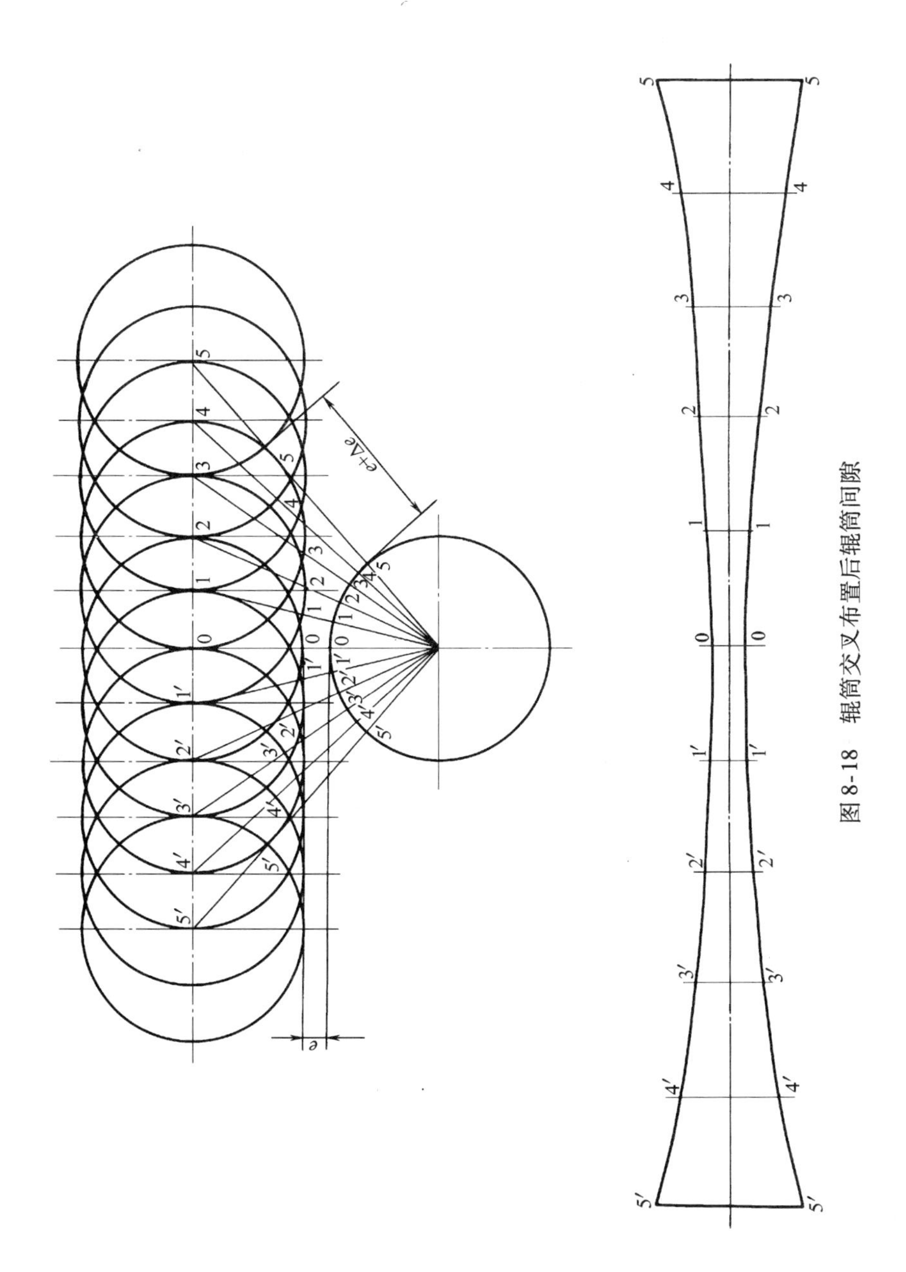

图 8-18　辊筒交叉布置后辊筒间隙

挠度曲线是轴线中部变形大，两端小；轴交叉曲线的趋势则与其相反，即辊筒中部间隙无变化，越靠近两端间隙增量越大。把二者叠加起来（图8-19），使制品厚度的均匀程度提高了，但还不能完全消除制品厚度不均匀的情况。

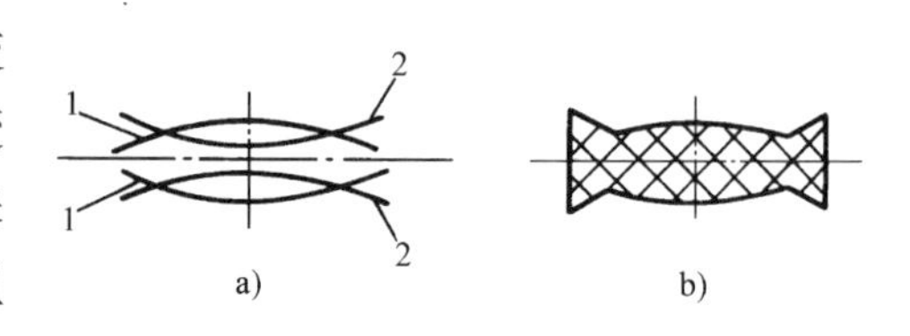

图8-19　轴交叉后制品断面形状示意图
a）挠度曲线与轴交叉曲线叠加　b）制品断面形状
1—挠度曲线　2—轴交叉曲线

轴交叉补偿法广泛应用在四辊压延机上，轴交叉装置必须设在辊筒两端配对使用。四辊压延机通常是对1、4辊设轴交叉装置，使其分别对2、3辊产生交叉，交叉方向如图8-20中箭头所示。

轴交叉装置有很多形式，如图8-21所示为球形偏心轮式的轴交叉装置。辊筒的两个轴承4内装有球形偏心轮5，作为辊颈6的支座，偏心轮内部压入青铜轴瓦3，在偏心轮上固定有蜗轮2，并与蜗杆1相啮合。电动机带动蜗杆即可变更偏心轮的位置，从而使辊筒轴心位置发生变化，辊筒轴线产生交叉。在使用轴交叉装置时，辊筒两端的辊距必须相等，并且两端的交叉值应相同，否则将引起制品的误差。同时，这种轴交叉装置调整后，还要重新调整辊距，因为当偏心轮旋转时，辊筒轴线不是在一个平面上位移，使两辊间间隙发生变动。

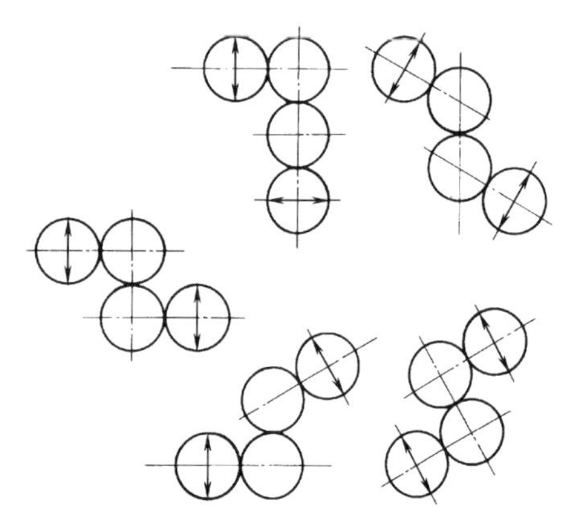

图8-20　四辊压延机的轴交叉方向

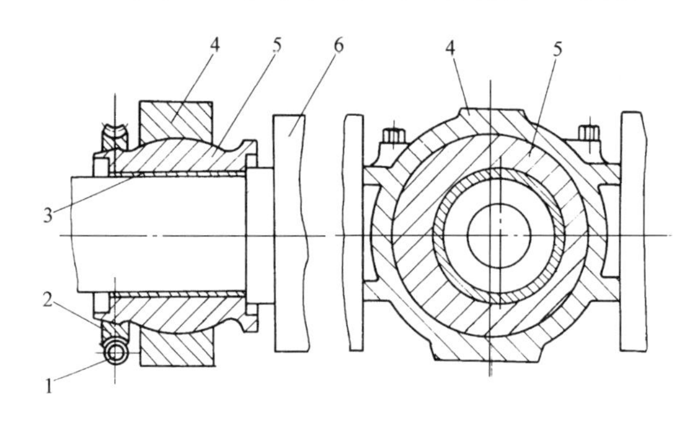

图8-21　球形偏心轮式轴交叉装置
1—蜗杆　2—蜗轮　3—轴瓦　4—辊筒轴承
5—偏心轮　6—辊颈

（3）反弯曲补偿法　如图8-22所示为反弯曲补偿原理图，它是通过专门机构使辊筒产生一定的弹性变形，而使变形的方向恰好与辊筒在工作负荷作用下产生的变形方向相反，从而达到辊筒挠度补偿的目的。反弯曲法可以根据实际需要而改变反弯曲力大小，调节反弯曲量的大小。同时，采用反弯曲装置后可以使辊筒始终位于工作位置，使辊筒轴颈紧贴在辊筒轴承的承压面上，较好地克服了辊筒由于轴承间隙和辊距调节装置的间隙在工作负荷发生变化时产生浮动的问题，有利于提高压延制品的精度。但因受结构限制，反弯曲装置通常与辊筒轴承靠得很近，为使反弯曲装置产生较大的补偿量，必须加大反弯曲力，过大的反弯曲力对辊筒轴承不利，故反弯曲法通常也不单独使用，而往往与其他方法并用。

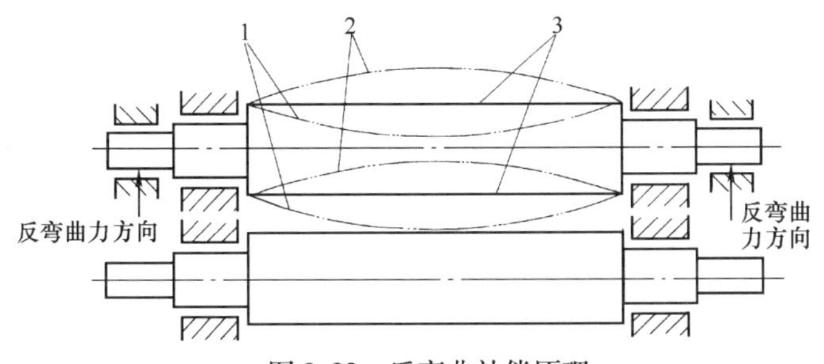

图8-22 反弯曲补偿原理

1—反弯曲作用轮廓线 2—工作负荷作用轮廓线 3—补偿后理想轮廓线

5. 辊距调整装置

为适应不同厚度制品的加工，压延机辊筒的辊隙必须是可调节的。辊距调整装置通常设于辊筒两端的轴承座上。压延机有 $n-1$ 道辊隙（n 为辊筒数），则有 $n-1$ 对辊距调整装置。压延机的辊距可调范围很小，但要求准确度很高。

对辊距调整装置的基本要求是：结构简单，体积小，调节方便，准确度高，具有快慢两级调距速度，能实现粗调和微调等。目前辊距调整装置结构形式有螺旋机械调距和液压调距两类，但机械调距应用较广。机械调距装置有许多结构形式，图8-23为两级蜗轮蜗杆传动的调距装置，它由双向双速电动机、蜗轮、蜗杆、调距螺杆、调距螺母、推力轴承等组成。其工作原理是在传动系统的带动下，使调距螺杆与螺母产生相对转动，带动轴承及辊筒在机架的沟槽内移动，从而达到调节辊隙的目的。因采用双向双速电动机驱动，既可前进又可后退，既能快速粗调又能慢速微调。国产倒L形 ϕ610mm×1730mm 四辊压延机采用的就是这种形式的调距装置，其调距速度快速为5.04mm/min，慢速为2.52mm/min。调节时，双向双速电动机通过弹性联轴器驱动蜗杆3、蜗轮4和蜗杆轴5、蜗轮6，蜗轮6带动调距螺杆7与调距螺母8发生相对转动，因螺母与机架固定连接，迫使调距螺杆边转动边沿其轴线方向移动，从而带动辊筒轴承移动完成调距动作。

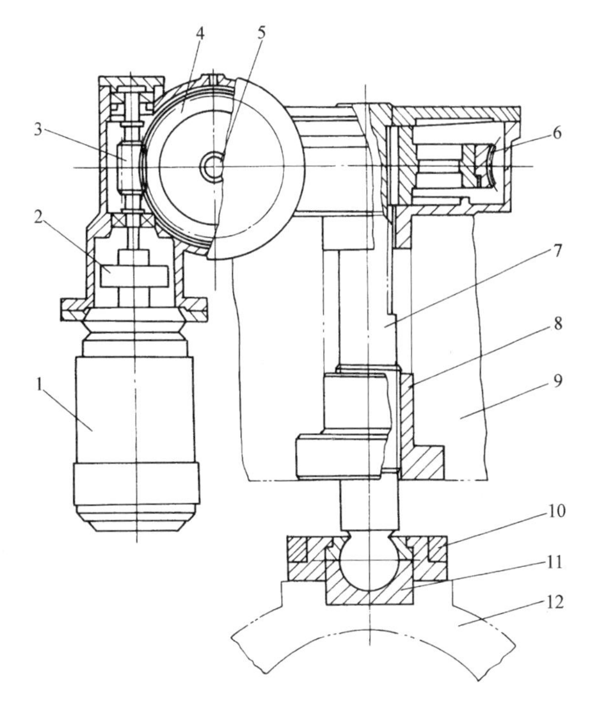

图8-23 两级蜗轮蜗杆传动调距装置

1—双向双速电动机 2—弹性联轴器 3—蜗杆 4、6—蜗轮 5—蜗杆轴 7—调距螺杆 8—调距螺母 9—机架 10—压盖 11—推力轴承 12—辊筒轴承

8.2 塑料中空吹塑成型机

8.2.1 概述

塑料中空吹塑成型机是生产中空塑料制品（如饮料瓶、调味瓶、油桶等包装容器，化工储罐，建筑施工临时隔离墩，儿童玩具，体育休闲产品等）的专用设备。塑料中空制品吹塑成型具有工艺简单、生产效率高、制品质量高、经济性好、应用范围广的特点，广泛用于各种食品、药品、化工原料的包装和储存容器的生产，以及时装模特、建筑模型、游乐设施、水上体育器材、简易房、市政服务设施、汽车配件等制品的生产。

塑料中空吹塑成型机按吹塑型坯的不同加工方法分为挤出吹塑成型机和注射吹塑成型机两大类。挤出吹塑成型机采用类似塑料挤出机的塑化装置，配上管状型坯挤出机头，挤出中空制品吹塑成型所需的管状无底型坯；截取一定长度的管状型坯并移入中空吹塑模具中，通入压缩空气吹胀成型出中空制品。注射吹塑成型机则采用塑料注射机的注射装置，配上型坯注射模，注射成型出有底的型坯，注射成型后的型坯可以直接移入中空吹塑模，或是经过再次加热后移入中空吹塑模，利用压缩空气将型坯吹胀成型出各种中空制品。由于中空制品的材质、形状尺寸和壁厚要求不同，衍生出了许多不同的中空制品吹塑成型方式（如挤出拉伸吹塑、注射拉伸吹塑、双层壁制品挤出吹塑、模压吹塑、二步法吹塑等），并开发出了相应的塑料中空制品吹塑成型设备。

目前，用于吹塑中空制品的塑料品种有聚乙烯、聚氯乙烯、聚丙烯、聚苯乙烯、线形聚酯、聚碳酸酯、聚酰胺，以及部分增强塑料和复合材料等。

8.2.2 塑料挤出吹塑成型机

1. 塑料挤出吹塑成型过程

塑料挤出吹塑成型工艺过程如图8-24所示，它包含型坯挤出、中空吹塑成型、制品取出、去除余料飞边等基本工序；对于带有破孔、添加工艺吹口、厚壁等特殊制品，还需要进行二次机械加工，有些中空制品还要进行喷涂、烫金等装饰处理。型坯挤出工序由挤出机塑

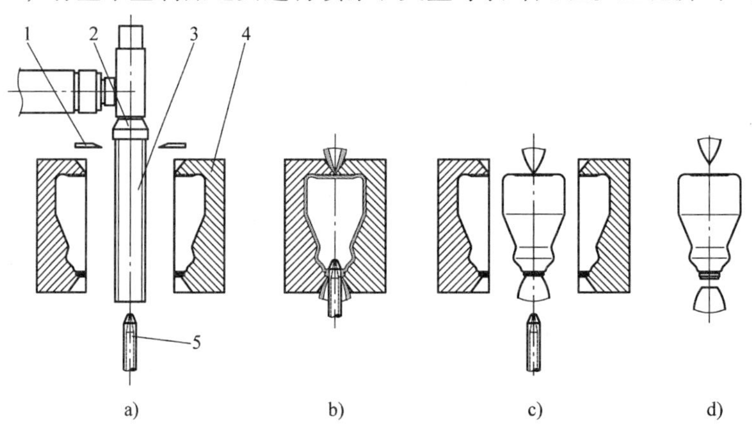

图8-24 塑料挤出吹塑成型工艺过程

a）型坯挤出 b）吹塑成型 c）开模取件 d）去除余料飞边

1—切割装置 2—型坯挤出机头 3—型坯 4—中空吹塑模 5—吹塑芯棒

化装置将物料熔融塑化，塑化后的物料通过机头挤出壁厚均匀的管坯，管坯的直径和壁厚尺寸可根据中空制品的大小来确定；对于形状特别或壁厚分布不均匀的中空制品，还能通过对机头的调节控制，来获得壁厚不同的管坯。中空吹塑成型时，当管坯进入模具准备合模之前，往往先进行预吹气，以防止管坯壁与模腔壁粘连；合模后切割装置迅速将型坯端部切断，同时吹塑芯棒通入压缩空气，使管状型坯吹胀并紧贴模腔内壁，冷却定型一定时间后，即可开模取出制品。

为了提高挤出吹塑成型的生产效率，塑料挤出吹塑机的吹塑装置往往会采用双工位或多个工位循环工作的方式，这样只需在每个工位配备一副中空吹塑模具，中空制品的产量便可以成倍地增加。对于多层复合中空制品，其吹塑成型工艺过程与上述工艺过程相同，只是其挤出管坯由多台塑化挤出装置对不同物料分别进行塑化，并经过复合挤出机头将不同的熔融物料汇合挤出，形成多层复合的管状型坯，吹塑成型后便获得多层复合的中空制品。

2. 塑料挤出吹塑成型机结构

（1）挤出吹塑成型机的基本组成　塑料挤出吹塑机的结构如图8-25所示，它通常由上料系统、物料塑化系统、型坯成型装置、开合模装置及吹塑模具、液压系统、压缩空气供气系统、冷却给水系统、电气控制系统和制品输出装置等组成。

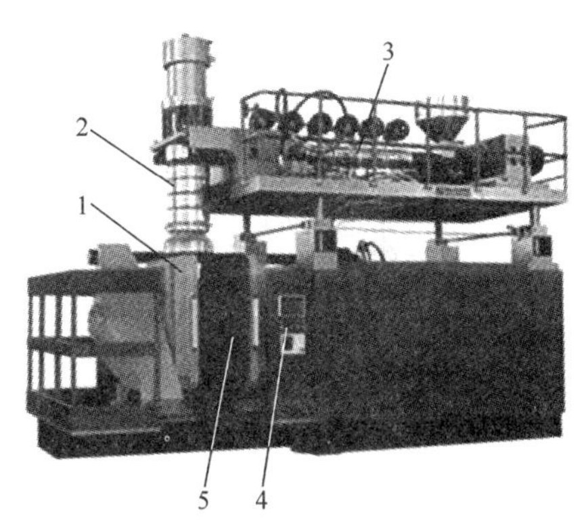

图8-25　塑料挤出吹塑机外形图
1—开合模装置　2—型坯成型装置
3—物料塑化系统　4—电气控制系统
5—吹塑模

（2）挤出吹塑成型机的分类　塑料挤出吹塑成型机按其挤出型坯的出料方式不同，可分为连续式挤出吹塑成型机和间歇式挤出吹塑成型机两类。采用连续式挤出吹塑成型机生产时，物料连续地从机头挤出型坯，给不同的中空吹塑模供料，具有设备结构简单、投资少，容易操作控制的特点；其吹塑工位通常为双工位或多工位，工位之间的转换方式较常用的有往复式、轮换出料式和转盘式三种，如图8-26所示。图8-26a、b均采用两副中空吹塑模交替地移到中间位置，让型坯进入模具，合模后切断型坯，之后移回原位进行吹塑成型、冷却，最后开模取出制品，二者的区别在于模具移动路径有所差别。图8-26c中的两副中空吹

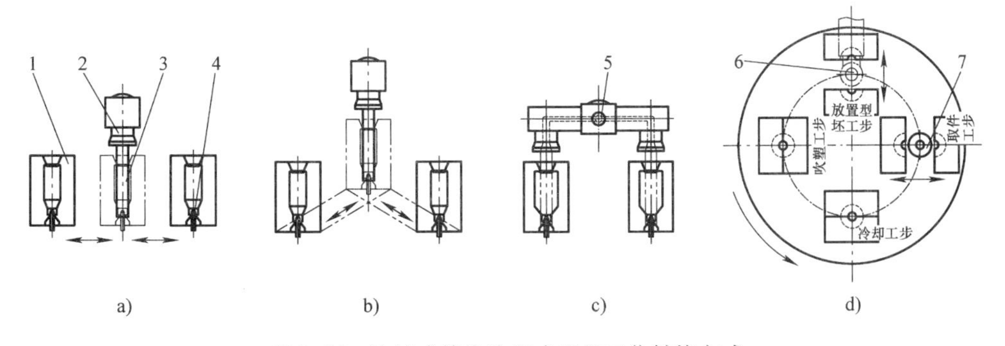

图8-26　连续式挤出吹塑成型机工位转换方式
a）水平往复式　b）升降往复式　c）轮换出料式　d）转盘式
1—吹塑模　2、6—型坯挤出机头　3—管状型坯　4—进气吹管
5—料流切换阀　7—中空制品

塑模固定在原位不移动，型坯挤出机头由料流切换阀控制料流方向，使两个机头交替地挤出型坯，进行中空吹塑制品的成型。图8-26d采用的是四副中空吹塑模，均匀分布在水平圆周上，按放置型坯、吹塑、冷却、开模取件四个节拍进行工作。

采用间歇式挤出吹塑成型机生产时，物料虽然连续塑化，但并未直接通过机头挤出型坯，而是将塑化好的物料挤入机头储料腔，当聚料达到要求时，再将物料快速推出机头。此法可用小型的塑化装置生产大型中空制品，节省设备投资，而且快速挤出物料可减少型坯上下端温差，避免给吹塑成型造成影响。间歇式挤出吹塑配备的储料腔式机头结构，通常有储料机筒式和储料缸式两种，如图8-27所示。间歇式挤出吹塑成型机的吹塑装置多为单工位或双工位配置，挤出吹塑的制品尺寸通常也较大。

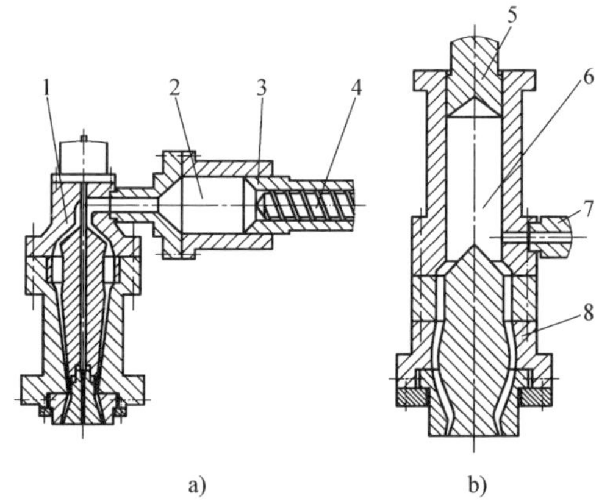

图8-27　间歇式挤出吹塑成型机储料腔结构

a）储料机筒式　b）储料缸式

1、8—机头　2—储料腔　3—塑化料筒　4—螺杆　5—柱塞　6—储料缸　7—料筒机颈

（3）挤出吹塑合模装置　挤出吹塑合模装置用于安装中空吹塑模，并驱动两个半模完成开、合模动作，以便中空制品的吹塑成型与取出制品。挤出吹塑合模装置与塑料注射机的合模装置有所不同，塑料注射机的合模装置分为动、定模板，工作时只有动模板驱动模具运动，而挤出吹塑合模装置的两个模板必须同时闭合或开启，以防止中空制品粘连在其中一个半模内，难以取出。

挤出吹塑合模装置的结构形式如图8-28所示，其结构可分为液压合模装置和液压机械

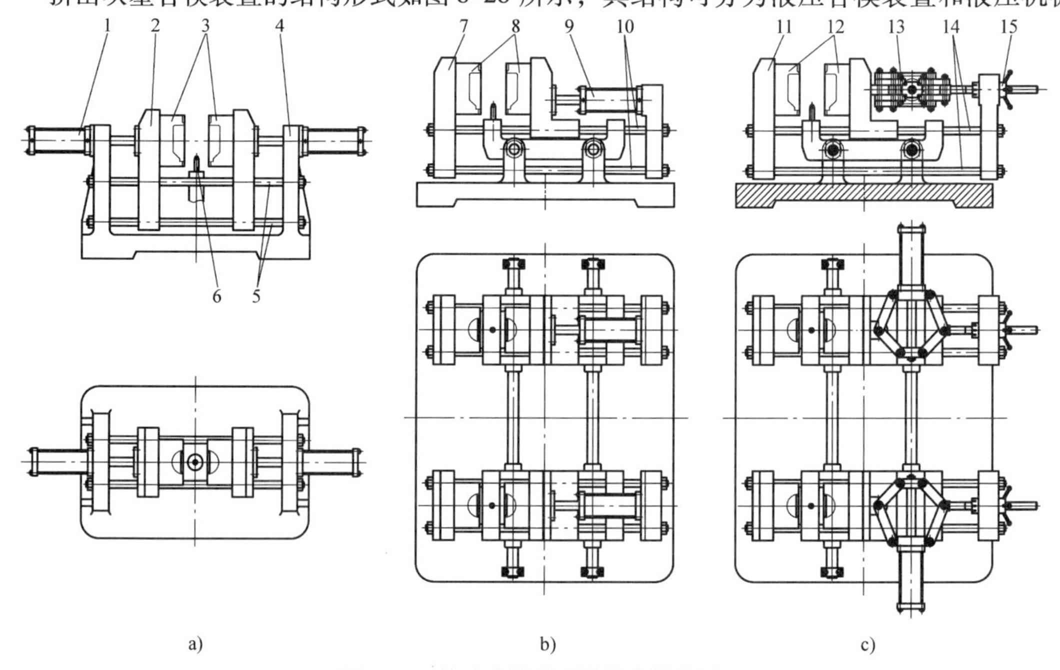

图8-28　挤出吹塑成型机的合模装置

a）液压无拉杆结构　b）液压拉杆结构　c）液压机械结构

1、9—液压缸　2、7、11—模板　3、8、12—吹塑模具　4—机架　5—导杆　6—进气芯棒　10、14—拉杆　13—液压肘杆装置　15—调模锁紧螺母

合模装置两类，其中液压合模装置又可分为液压无拉杆合模装置与液压拉杆合模装置两种。

(4) 挤出吹塑机头结构　挤出吹塑成型机塑化装置前端配有管状型坯挤出机头，其基本结构为直角式机头，以方便管状型坯壁厚调节装置的设置。管状型坯挤出机头通常分为芯棒式挤出机头、储料式挤出机头、复合挤出机头三类，如图8-29所示。图8-29a所示芯棒式管坯挤出机头多用于连续式挤出吹塑成型机，其芯模可随芯杆上下移动，使口模与芯模之间的出料间隙发生变化，从而改变管状型坯的壁厚。图8-29b所示储料式挤出机头主要用于间歇式挤出吹塑成型机，当物料的黏度较低或吹塑件较大时（容量在5L以上），往往需要采用间歇式挤出吹塑方式生产，因此，需要配置储料式挤出机头，目前带储料式机头的挤出吹塑成型机可生产容量为5～10000L的产品。储料式机头的储料容积一般为1～400L，为避免储料时间过长造成熔料分解，储料式机头的设计应遵循物料先进先出的原则，而且机头结构要有利于快速更换物料的材质或颜色，以提高其经济性。当吹塑件不仅要求具有耐受酸碱之外，还要求具有一定的特殊性能（如高强度、高韧性、能发光等）时，必须使用多种材料复合成型才能得到理想的效果，此时需要采用图8-29c所示的复合挤出机头。复合挤出机头可将低成本的聚乙烯再生料作为中间层夹入两个新材料层之间，如聚乙烯的化妆品包装瓶采用聚酰胺制作外层，以优化产品的外观；大型塑料容器则采用乙烯/乙烯醇共聚物（EVOH）作为屏蔽层，以阻隔容器内物质的对外扩散。复合式挤出机头中每个组分均须配置一套独立的塑化装置，现有复合机头挤出的型坯复合层数最多能达到7层。还有一类复合挤出机头采用另一种复合方式，它由不同的塑料按先后顺序，从两个塑化装置中向同一个管状型坯挤出机头供料，使管状型坯的材质按先后挤出顺序排列，吹塑成型后可获得硬-软-硬组合的制品，如汽车发动机空间导气管在不同部位对材质要求不同，安装固定的部位材质要硬，转弯或接头部位则要求材质较软，以提高管接头的密封性和折叠范围内所需的灵活性，这类制品常用的材料组合为聚丙烯与三元乙丙橡胶（EPDM）。

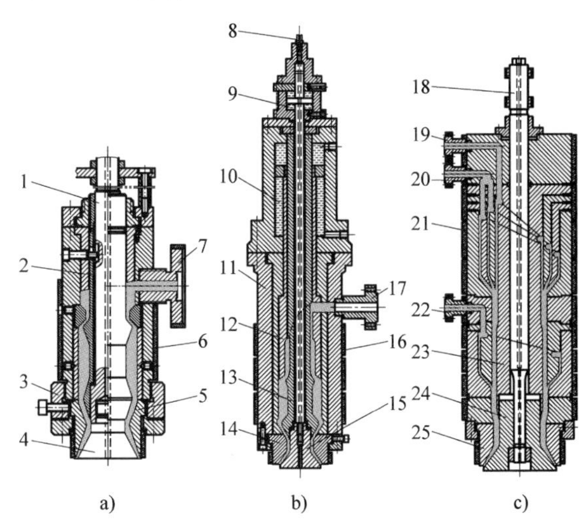

图8-29　管状型坯挤出机头结构

a）芯棒式机头　b）储料式机头　c）复合机头

1、13、23—芯轴　2—芯轴套筒　3—定心环　4、15、24—芯模　5、14、25—口模　6、16、21—加热圈　7、17—进料接头　8—定型用空气接头　9—型坯壁厚调节液压缸　10—储料挤出液压缸　11—机头体　12—储料挤出活塞　18—型坯壁厚调节杆　19—内层进料接头　20—中间层进料接头　22—外层进料接头

管状型坯挤出机头的直径应由吹塑制品的大小而定，不同制品的机头直径会不同，为此每个管状型坯挤出机头均配有多个不同直径的口模和芯模，可以根据吹塑制品的大小选择、更换。当制品所需管坯直径较小时，所使用的口模和芯模直径从熔料入口至出口应逐渐变细，呈锥形状，如图8-30a所示。由于出料口部的间隙逐渐变小，料厚调节较难，往往要求出料口保持一个固定的角度，因此会在出料口处增加一段倒锥形，使之过渡成为蘑菇形结

构，如图 8-30b 所示。

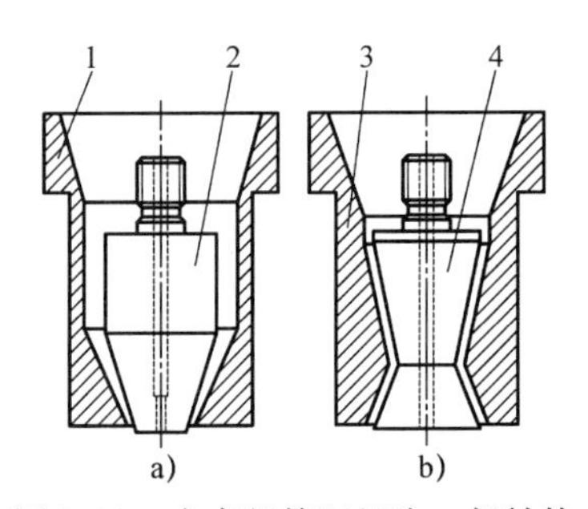

图 8-30 小直径管坯机头口部结构

a）锥形结构 b）蘑菇形结构

1、3—口模 2、4—芯模

无论何种管状型坯挤出机头，为了使挤出型坯出料时稳定，不出现明显的偏摆现象，均会在机头芯模中心加工出定型用的通气孔，挤出成型时，该孔中通入压缩空气，可使挤出的管状型坯从内部保持稳定；管坯入模封口时，输入的气体还能使管坯下部末端得到扩充，不致过早粘连到模壁和进气芯棒。

（5）型坯壁厚控制装置 管状型坯在挤出过程中，在型坯自重作用下，后续挤出的型坯会被拉伸而变薄，为了补偿型坯壁厚，型坯挤出机头需要设置型坯轴向壁厚控制装置，它能使机头的芯模沿轴向移动（图 8-29），使口模与芯模之间的间隙发生变化，从而补偿型坯的壁厚。对于轴向上吹胀比变化较大的吹塑制品，型坯挤出时须特意增加吹胀比较大部位的型坯壁厚，此时也可用相同的方法来改变型坯轴向壁厚的分布。

型坯轴向壁厚控制装置的驱动有电液驱动和机械液压驱动两种方式，如图 8-31 所示。电液驱动方式是将型坯长度沿轴向分为若干个控制点，分别设定各控制点对应的型坯壁厚值，由此转换的控制信号用于控制步进电动机和液压缸工作，实现对型坯壁厚的控制；或是由壁厚控制系统发出壁厚控制信号，控制芯模驱动液压缸的伺服阀或比例阀，使芯模能按设定要求移动，从而获得轴向壁厚不同的管状型坯。目前，型坯壁厚控制系统能定义的控制点数量可达 256 个。图 8-31a 所示为步进电动机与液压缸组合驱动装置，步进电动机输出轴与控制阀阀芯、丝杠相连，丝杠可以驱动液压缸的活塞移动。当步进电动机得到信号转动时，能驱动阀芯和液压缸活塞做相应的移动，使挤出机头的口模与芯模间隙发生变化，以改变挤出型坯的壁厚。图 8-31b 所示为由液压缸驱动机械靠模移动，靠模再控制挤出机头芯模的移动，实现型坯壁厚的控制。当型坯挤出时，电磁阀 V1 得电，靠模左移，驱动滑阀阀芯移动，液压油路随之改变，使液压缸的活塞移动，挤出机头出料口间隙跟着改变，挤出型坯的

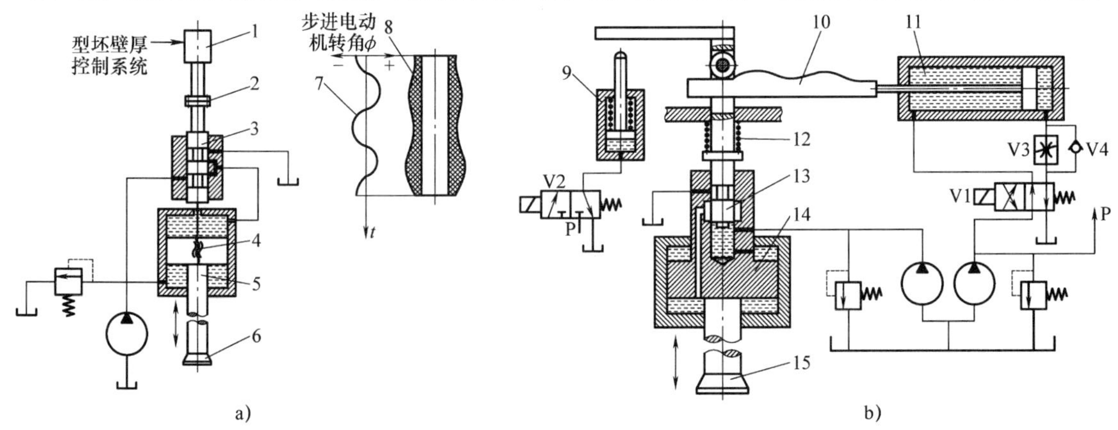

图 8-31 型坯轴向壁厚控制系统原理图

a）电液驱动 b）机械液压驱动

1—步进电动机 2—联轴器 3、13—滑阀阀芯 4—丝杠 5、14—液压缸活塞 6、15—挤出机头芯模 7—型坯控制曲线 8—型坯 9—柱塞缸 10—靠模 11—靠模液压缸 12—弹簧

壁厚也随之改变；结束时，电磁阀 V2 得电，使柱塞缸顶升滑阀阀芯，同时电磁阀 V1 失电，靠模液压缸使靠模快速复位。

对于矩形桶或复杂的工业吹塑制品，其径向壁厚还需要调节，否则吹塑时型坯径向吹胀伸长变化太大，造成吹塑制品径向壁厚很不均匀。因此需要采用径向壁厚控制系统来改变挤出型坯的径向壁厚分布，通常的做法是在机头口模内增加一个柔性环（图 8-32），使用伺服驱动装置让柔性环按要求产生一定的径向变形，以改变机头挤出间隙的截面形状，从而获得径向壁厚不同的型坯。

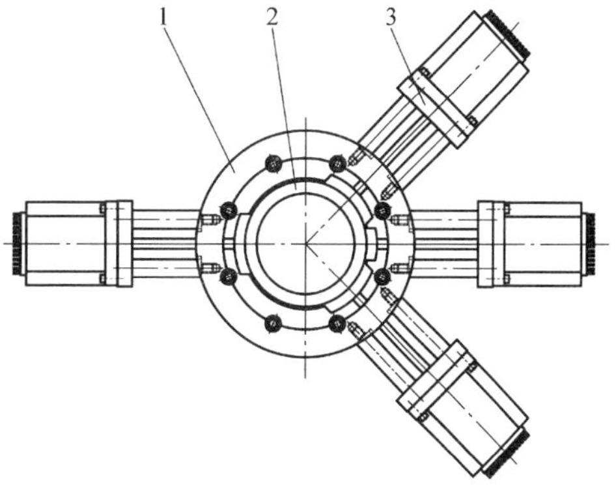

图 8-32　型坯径向壁厚调节装置

1—机头体　2—柔性环　3—伺服驱动装置

8.2.3　塑料注射吹塑机

1. 塑料注射吹塑成型过程

塑料注射吹塑成型工艺过程如图8-33所示，它包含型坯注射成型、吹塑成型、制品取出等基本工序，有些中空吹塑制品成型过程还需要对型坯进行二次加热，以调整吹塑成型时型坯的温度。塑料注射吹塑成型工艺分为一步法成型和二步法成型两种。生产中空制品时，若型坯的注射成型、型坯加热调温（有时不需要该工序）、吹塑成型、制品取出等全部工序一次性连续完成，则称之为一步法成型；若型坯注射成型后，并未直接吹塑成型，而是之后型坯重新加热至所需吹塑成型温度，再进行吹塑成型，这种吹塑成型工艺被称为二步法成型。不同的塑料注射吹塑成型方法所使用的设备有所不同。对于二步法成型，可以用常规的塑料注射机和模具先将型坯生产出来，之后再用专门的吹瓶机进行中空制品的吹塑成型。本节所述内容为一步法成型的注射吹塑成型设备。

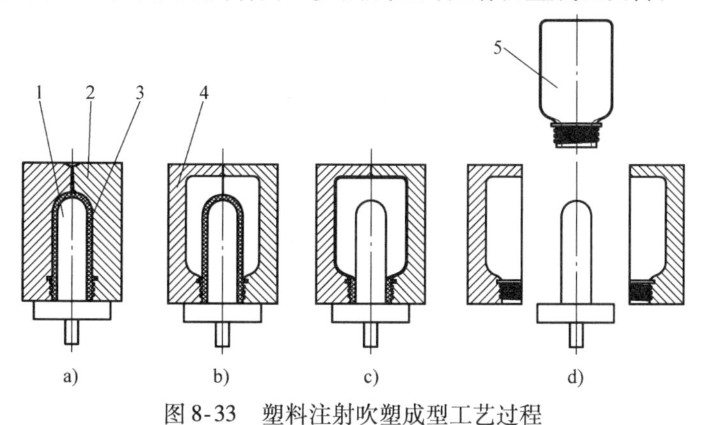

图 8-33　塑料注射吹塑成型工艺过程

a）型坯注射成型　b）型坯移入吹塑模　c）吹塑成型　d）开模取件

1—型芯　2—型坯注射模　3—型坯　4—中空吹塑模　5—中空制品

塑料注射吹塑成型工艺所使用的型坯为注射成型的有底型坯，其壁厚均匀、精确，吹塑成型时无余料，吹塑成型模无须设置余料切除装置，因此，生产效率高，节约原料，生产自动化程度高。注射吹塑成型广泛用于各种液态饮品、药品、化妆品等包装容器生产，特别适用于中小型、无手柄、薄壁中空制品的成型。

2. 塑料注射吹塑成型机结构

（1）塑料注射吹塑成型机结构组成　塑料注射吹塑成型机外形如图8-34所示，它由注射装置、合模装置、型坯注射模、中空吹塑模、转位装置、制品脱模装置、液压气动和电气控制系统等组成。其结构类似于角式塑料注射机，不同之处在于注射吹塑机有多个独立的合模装置，多个合模装置沿圆周均匀分布；型坯注射模的型芯兼起吹塑进气芯棒作用，它能带着型坯和吹塑件，在转位机构的驱动下绕垂直中心轴线旋转换位，实现多个工位循环工作。

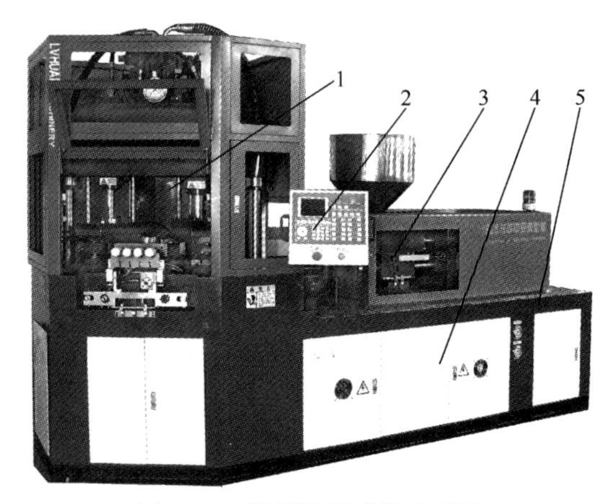

图8-34　塑料注射吹塑成型机

1—合模装置　2—操作控制器　3—注射装置

4—电气控制系统　5—机身

（2）塑料注射吹塑成型机的分类　注射吹塑成型机按各成型工位的转换方式不同，可分为往复式与旋转式注射吹塑机两类，其中旋转式注射吹塑机又可分为双工位、三工位和四工位等几种。目前，生产中应用最多的是三工位的注射吹塑成型机。按注射吹塑工艺不同，可分为注射吹塑机和注射拉伸吹塑机两类，其中注射拉伸吹塑机主要用于高径比较大的中空制品的吹塑成型。

往复式注射吹塑成型过程如图8-35所示，其型坯注射模型芯安装在定模上，在生产过程中位置保持不变，而型坯注射模的型腔部分与中空吹塑模的两个半模交替换位，与定模配合完成型坯的注射成型和中空吹塑成型。这类注射吹塑成型机无须型芯转位装置，型坯注射模和吹塑模是以往复移位方式工作的。

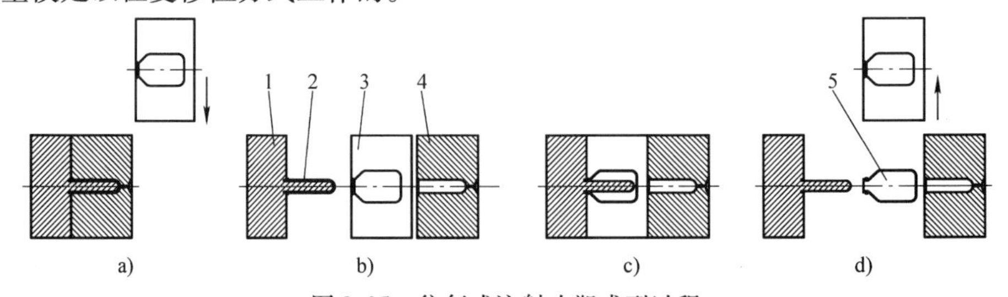

图8-35　往复式注射吹塑成型过程

a）型坯注射成型　b）吹塑模移位　c）制品吹塑成型　d）吹塑模复位，取出制品

1—注射模定模　2—型坯　3—吹塑模　4—注射模动模　5—中空制品

旋转式注射吹塑机有不同的工位数，图8-36所示为双工位旋转式注射吹塑机的布局方式，其注射工位与吹塑工位呈180°对称分布。图8-36a所示布局型坯轴线呈水平放置，生产时吹塑模和型坯注射模均需要左右移开一定距离，让转位装置有一个旋转换位的空间。图8-36b所示布局型坯轴线垂直布置，生产过程中，吹塑模和注射模保持相对固定的位置；中空制品和型坯脱模时，转位装置带着中空制品和型坯上升一段距离，取下中空制品后再旋转换位，下降回位后即可进行下一工作循环。图8-37所示为三工位与四工位的旋转式注射吹塑机布局，无论是型坯注塑、吹塑、制品脱模三个工位，还是型坯注塑、加热调温、吹塑（或拉伸吹塑）、制品脱模四工位，它们都采用圆周均匀分布的形式。

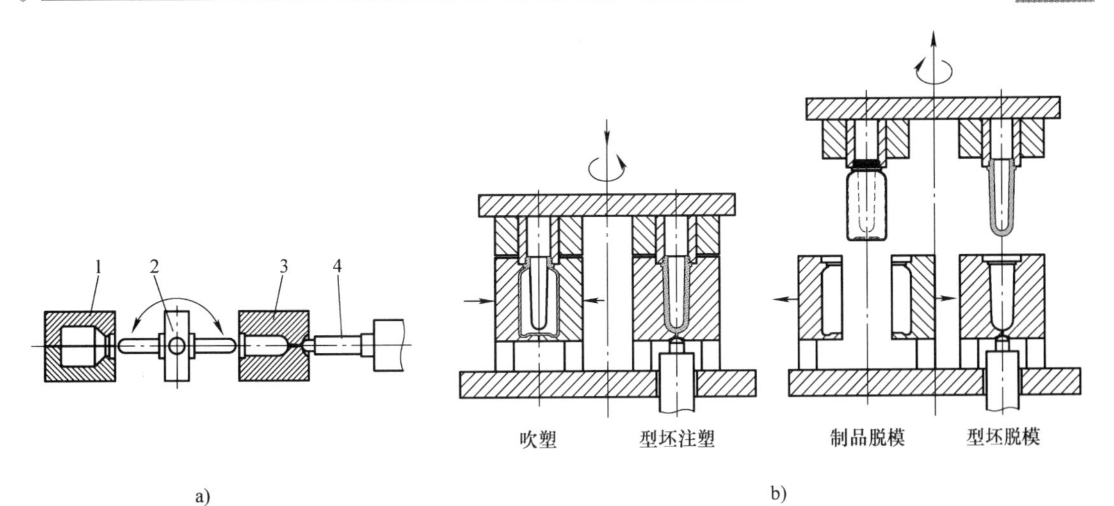

图8-36　旋转式双工位注射吹塑机布局

a）水平布置双工位　b）垂直布置双工位

1—吹塑模　2—转位装置　3—型坯注射模　4—注射装置

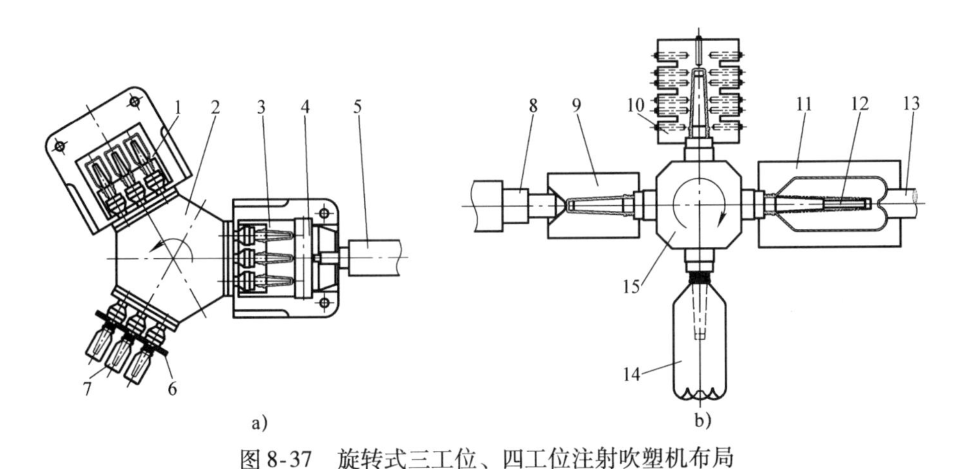

图8-37　旋转式三工位、四工位注射吹塑机布局

a）三工位　b）四工位

1、11—吹塑模　2、15—转位装置　3、9—型坯注射模　4—热流道系统

5、8—注射装置　6—脱模板　7、14—中空制品　10—型坯加热调温模

12—拉伸芯杆　13—瓶底镶块

（3）注射装置与合模装置　塑料注射吹塑成型机的注射装置与普通塑料注射机的注射部分相同，注射装置负责塑料原料的塑化和型坯的注射成型，与之配套的型坯注射模多采用一模多腔并排式结构，并配置一套热流道系统，型坯脱模时流道部分没有凝料，以方便吹塑成型。

塑料注射吹塑成型机的合模装置与立式塑料注射机的合模装置相似，其下模板固定不动，上模板可上下移动，驱动模具的上模开、合模。合模装置采用曲肘连杆式或全液压式合模机构。型坯注射模的型芯兼起吹塑芯棒作用，安装于转位装置上，并由转位装置驱动换位，合模时型芯要求有严格的定位保证。对于吹塑工位的合模装置，由于所需的合模力较小，因此较多采用液压直压式合模机构。

（4）转位装置与制品脱模装置　旋转式注射吹塑成型机均配有型坯转位装置，它能驱动型坯、吹塑制品完成升降和转位运动，其传动原理如图8-38所示。转位装置采用液压缸驱动齿轮齿条机构完成型坯和吹塑制品的转位，升降运动则由气缸驱动。由于齿条每次驱动转位后需要复位，因此，转位装置的升降轴与气缸活塞之间需要设置离合器，只有顶升后离合器闭合，齿条才能驱动转位装置转动；下降时离合器自动脱开，齿条复位，转位装置保持不动。

当吹塑制品转移到脱模工位时，依靠机械或液压的顶出机构可使制品脱模，有时也可采用气缸带动连杆驱动推件板运动，将套在型芯上的吹塑制品推出。

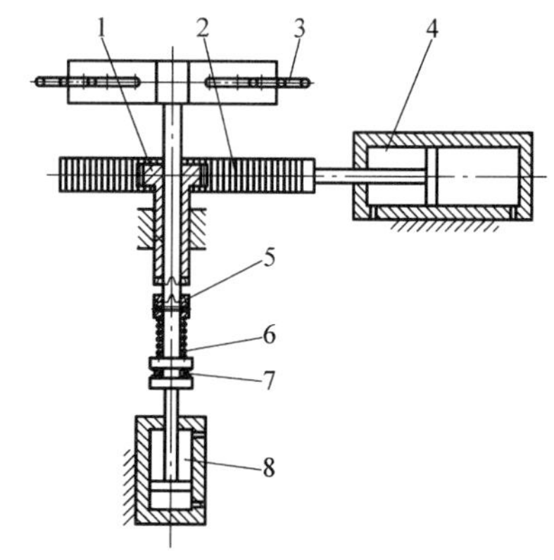

图8-38 转位装置结构示意图
1—齿轮 2—齿条 3—型芯及转位支架
4—液压缸 5—离合器
6—弹簧 7—推力轴承 8—气缸

（5）辅助装置 塑料注射吹塑成型机的安全保护装置有两方面，一是安全防护罩和安全门，当安全门开启时，电气保护装置能使设备停止工作，防止夹伤操作人员；二是制品脱模监测装置，当制品转至脱模工位，由于各种原因若制品不能顺利脱模，监测装置能及时报警并停止工作，以防带有制品的芯棒转到注射工位，造成型坯注射模的损坏。

此外，注射吹塑成型机通常还需配置以下辅助装置：

1）模温控制机。因型坯成型芯棒和型坯注射模型坯等各处的温度要求不同，需要有模温控制机提供不同温度的热介质对其进行温度控制，以保证注射吹塑工艺的顺利进行。

2）冷水机。由于各地气温的差异，直接使用自来水对吹塑模进行冷却，存在效率低、生产周期不稳定等问题，因此需要配置冷水机，将自来水冷冻至5～10℃，再用于吹塑模具的冷却。

3）吹塑空气净化装置。为使吹塑制品内壁不受不洁空气的污染，注射吹塑成型机一般还需配备一台一定容量的冷冻式压缩空气干燥机。

8.3 压铸机

8.3.1 压力铸造的特点及压铸件生产工艺过程

压力铸造简称压铸，它是将熔融合金在高压、高速条件下充型并在高压下冷却凝固成型的一种精密铸造方法，是发展较快的一种少无切削加工制造金属制品的方法。高压和高速是压铸区别于其他铸造方法的重要特征。

压铸有以下主要特点：

1）压铸件尺寸精度和表面质量高。尺寸公差等级一般可达IT11～IT13，最高可达IT9；表面粗糙度可达$Ra3.2\sim0.4\mu m$。制品可不经机械加工或经少量表面机械加工就可直接使用，并且可以压铸成型薄壁（最小壁厚约0.3mm）、形状复杂、轮廓清晰的铸件。

2）压铸件组织致密，硬度和强度较高。因熔融合金在压力下结晶，冷却速度快，故表层金属组织致密，强度高，表面耐磨性好。

3）可采用镶铸法简化装配和制造工艺。压铸时将不同的零件或嵌件先放入压铸模内，一次压铸将其连接在一起，可代替部分装配工作，又可改善制品局部的性能。

4）生产率高，易实现机械化和自动化。

5）压铸件易出现气孔和缩松，不宜进行热处理。因压铸速度极快，型腔内的气体难以完全排除，金属液凝固后残留在铸件内部，形成细小的气孔。而厚壁处难以补缩，易形成缩孔。

6）压铸设备结构复杂，材料及加工要求高，模具制造费用高，适于大批量生产的制品。

压铸件生产工艺过程如图8-39所示。

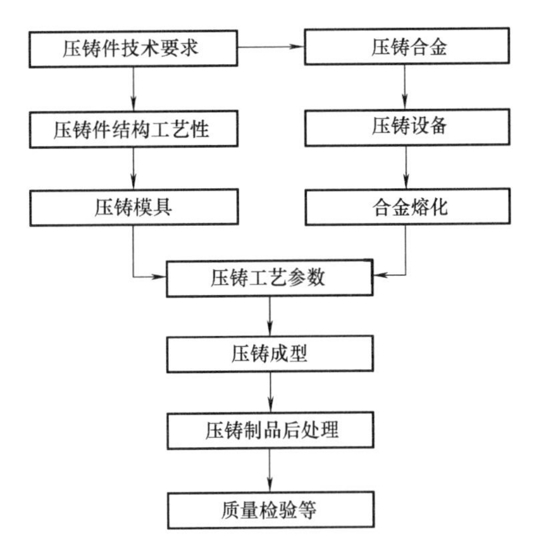

图8-39　压铸件生产工艺过程

8.3.2　压铸机的分类、型号、技术参数与选用

1. 压铸机的分类

压铸机主要按熔炼炉的设置、压射装置和合模装置的布局等情况进行分类。具体类型有：

（1）热压室压铸机　金属熔炼和保温与压射装置连为一体的压铸机。

（2）卧式冷压室压铸机　金属熔炼部分与压射装置分开单独设置，压射冲头沿水平方向运动，合模装置呈水平分布的压铸机。

（3）立式冷压室压铸机　金属熔炼部分与压射装置分开单独设置，压射冲头沿垂直方向运动，合模装置呈水平分布的压铸机。

（4）全立式压铸机　金属熔炼部分与压射装置分开单独设置，压射冲头沿垂直方向运动，合模装置呈垂直分布的压铸机。其中按压射冲头运动方向的不同还可分为上压式和下压式两种。上压式为压射冲头自下而上压射的压铸机；下压式为压射冲头自上而下压射的压铸机。

（5）镁合金压铸机　20世纪末，镁合金在计算机、通信、交通和便携式产品上的大量应用推动了镁合金压铸设备的发展。镁合金压铸机是在原有热压室压铸机和卧式冷压室压铸机的基础上，为适应镁合金压铸对合金材料、安全生产等特殊要求加以改进所设计得到的，增设了气体安全保护装置、合金熔化和自动给料装置等部分。现有镁合金压铸机主要有热压室和卧式冷压室两大类。

不同类型的压铸机对模具的结构形式和安装、使用要求不同，生产上应注意合理选用。

2. 压铸机型号表示

目前，国产压铸机已经标准化，其型号主要反映压铸机类型和锁模力大小等基本参数。压铸机型号表示方法为“J×××”，其中，“J”表示“金属型铸造设备”；J后第一位阿拉伯数字表示压铸机所属“列”，压铸机有两大列，分别用“1”和“2”表示，“1”表示“冷压室”，“2”表示“热压室”；J后第二位阿拉伯数字表示压铸机所属“组”，共分九组，“1”表示“卧式”，“5”表示“立式”；第二位以后的数字表示锁模力（单位为kN）的1/100；在型号后加有A、B、C、D…字母时，表示第几次改型设计。例如：

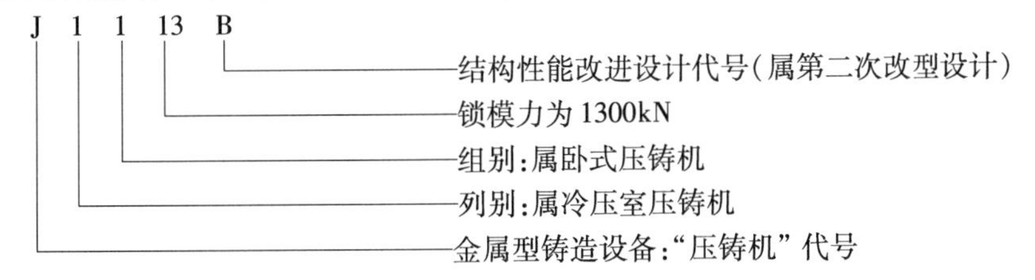

3. 技术参数

压铸机的技术参数主要有锁模力（合型力）、压射力、压射比压、压室（压射室）容量、工作循环次数、合模部分基本尺寸等。表8-3列出了部分国产压铸机的型号与技术参数，供参考。

表 8-3 部分国产压铸机

型号	类型特征	合模机构形式	锁模力/kN	开模行程/mm	拉杆内间距/mm	压铸模厚度/mm	压射力/kN	压射行程/mm	压射比压/MPa			压室直径/mm		
									1	2	3	1	2	3
J113	卧式冷压室	全液压	250	250	340	120～320	40	200	82	57	42	25	30	35
J116	卧式冷压室	全液压	630	320	500	150～350	50～90		56.5～127			30	40	45
J116A	卧式冷压室	液压-机械	630	250	350×350	150～350	46～100	270	48～104	37～80		35	40	
J1113 J1113A	卧式冷压室	全液压	1250	450	650	最小 350	140	320	112	72	50	40	50	60
J1113B	卧式冷压室	液压-机械	1250	350	420×420	250～500	85～150	300	33～115			40	50	60
J1125	卧式冷压室	液压-机械	2500	400	420×520	300～650	125～250		32～127			50	60	70
J1125A	卧式冷压室	全液压	2500	500	420×520	最小 400	114～250	385	128			50	60	70
J1140	卧式冷压室	液压-机械	4000	450	770×670	400～750	400		120	71	51	65	85	100
							200		60	35	25	65	85	100
J1163	卧式冷压室	全液压	6300	800	900×800	最小 600	280～500	340	88	64	27	85	100	130
DCC100	卧式冷压室	液压-机械	1000	300	384×384	150～450	140	280	114	73		40	50	
DCC160	卧式冷压室	液压-机械	1600	350	460×460	200～550	202	340	104	72		50	60	
DCC280	卧式冷压室	液压-机械	2800	460	560×560	250～650	280	400	153	106	78	50	60	70
DCC400	卧式冷压室	液压-机械	4000	550	620×620	300～700	400	500	147	108	82	60	70	80
DCC630	卧式冷压室	液压-机械	6200	650	750×750	350～850	568	600	152	116	92	70	80	90
DCC800	卧式冷压室	液压-机械	7900	760	910×910	400～950	665	760	137	108	88	80	90	100
DCC1250	卧式冷压室	液压-机械	12500	1000	1100×1100	450～1180	1050	880	136	95	70	100	120	140
DCC1600	卧式冷压室	液压-机械	16000	1200	1180×1180	500～1400	1250	930	134	96	76	110	130	150
DCC2000	卧式冷压室	液压-机械	20000	1300	1350×1350	650～1500	1500	960	115	87	64	130	150	175
DC8	热压室	液压-机械	80	100	175×175	80～200	11	80				30	36	
DC12	热压室	液压-机械	120	130	203×203	100～250	17	80				30	36	
DC18	热压室	液压-机械	180	150	226×226	100～300	27	80				30	36	40
JZ213	热压室	液压-机械	250	100	265×265	120～240	30	95	19			45		
J2113	热压室	液压-机械	1250	350	420×420	250～500	85		17			80		
JZ213A	热压室	液压-机械	250	200	240×240	120～320	30	105	19			45		
J1512	立式冷压室	全液压	1150	450	525×410	最小 550	55 220 340	270	43～86			80	100	
J1513	立式冷压室	液压-机械	1250	350	420×420	250～500	135～340	260	40～100	27～68		65	80	

型号及技术参数

压铸件最大投影面积/cm^2			压铸件最大重量/kg			模板最大间距/mm	压室偏心距/mm	压室法兰直径/mm	压室法兰凸出高度/mm	压射冲头推出距离/mm	顶出力/kN	顶出行程/mm	工作压力/MPa	电动机功率/kW	机器重量/t	主机外形尺寸(长×宽×高)/m×m×m
1	2	3	1	2	3											
26	37	51	铝0.18	铝0.26	铝0.35	450	50	70	10	60		15~70	6.5	7.5	2.5	3×0.8×1.6
95			铝0.6			570	60	80	10	80			10	11	3	3.4×1.2×1.4
60~131	78~170		铝0.46	铝0.6			60	80	10	80	50	50	12	11	3	3.4×1.2×1.4
95	150	215	铝2			800	0~125	110	10	105	125		10	13 15	5	4.4×2.2×1.8
110~380			铝1.5				0~100	110	10	100	100	80	12	10	5	4.5×1.1×1.4
380			铝2.5				0~150	110	12	150	120	120	12	15	10	5.6×1.1×1.6
320			铝2.5			900	0~150	110	12	150	120	100	12	17	10	5×1.1×1.6
280	480	670	铝2.4	铝4	铝5.6	1200	0 110 220	130	15	230	180	120	12	22.3	20	7.3×2.4×1.8
560	960	1340	锌6	锌10.5	锌14.5											
610	850	1412	铝5.37	铝7.36	铝12.4	1400	250	165	15	220	250	100	12	26	30	7×2.8×3.9
90	140		铝0.65	铝1.0			120	90	10	100	80	60	14	11	3.6	4.5×1.2×2.2
156	225		铝1.2	铝1.8			140	4″	12	120	100	85	14	15	6	5.2×1.4×2.6
183	264	359	铝1.4	铝2.0	铝2.8		125	4″	12	142	140	100	14	18.75	11	6.3×1.4×2.6
273	372	485	铝2.6	铝3.5	铝4.5		175	4″	12	200	180	120	14	22.5	16	6.5×1.7×2.8
414	541	685	铝4.2	铝5.4	铝6.9		250	165	15	250	295	150	14	37.5	25	7.6×2×2.8
585	740	910	铝6.9	铝8.8	铝10.8		250	200	20	297	360	180	14	45	45	8.5×2.4×3.2
935	1347	1546	铝13.4	铝19.4	铝26.4		0 175 350	240	25	320	500	200	14	2×37	90	10.7×2.7×3.7
1216	1693	2254	铝17	铝24	铝32		175 350	260	25	360	560	250	14	2×45	95	12×3×4
1767	2353	3205	铝24	铝33	铝45		40 245 450	260	30	400	630	280	14	2×50	105	15×4.5×5
			锌0.26	锌0.38			0 30				12	40	6	4	1	2.4×1×1.7
			锌0.26	锌0.38			0 30				12	40	6	4	1.5	2.7×1.2×1.85
			锌0.26	锌0.38	锌0.47		0 30				20	50	7	5.5	2	3.1×1.4×2.0
138			锌0.5				40				20		6.3	7.5	2.5	3.3×1.1×1.9
735			锌3				0~60				100		12	11	5.5	4.7×1.1×2.1
132			锌0.6				0~40				25	50	7	7.5	2.5	3.4×1.8×1.2
160(铜、锌)、250(铝)			4(铜、锌)、1.8(铝)			1100	45	55	15				12	22	4.6	2.6×1.7×1.8
310~125	460~180		4.3(铜)、2.9(锌)、1.3(铝)					55	15		10	80	12	11	5	3.5×1.3×2.5

4. 压铸机的选用

压铸机的结构类型和规格有许多，实际生产中应根据产品的需要和具体情况选择压铸机。通常按压铸成型合金种类可大致确定压铸机的类型，如镁、锌合金及其他低熔点合金压铸成型通常选用热压室压铸机，而铝、铜合金及钢铁材料压铸通常选用冷压室压铸机。其中冷压室压铸机又可根据压铸件的不同结构加以选择，如用中心浇口的制品比较适合于立式冷压室压铸机成型，而用侧浇口的制品较适合于卧式冷压室压铸机成型，带嵌件（如电动机转子）压铸件则较适合于全立式压铸机压铸成型。

选定了压铸机类型之后，具体规格的确定需要对相关参数加以校核才能最终选定，以下对参数校核进行介绍。

（1）锁模力校核　为保证压铸成型时不因胀模力在模具分型面上产生溢料，必须使设备提供的锁模力大于模具的胀模力，所需锁模力的大小与压射比压、压铸制品（含浇注与排溢系统）在开模方向上总的投影面积及胀模合力中心偏移情况有关。即

$$F_{锁} \geqslant KF_{胀}$$

式中，$F_{锁}$ 为锁模力（kN）；$F_{胀}$ 为胀模力（kN）；K 为安全系数，一般为 1～1.3，小型薄壁铸件取小值，大型铸件取大值。

胀模力 $F_{胀}$ 的大小可用下式计算

$$F_{胀} = pA \times 10^3$$

式中，p 为压射比压（MPa）；A 为压铸件及浇注系统、排溢系统在分型面上的投影面积（m^2）。

如图 8-40 所示，当模具带有侧抽芯机构时，其楔紧块的法向分力与胀模力是叠加在一起的，因此计算胀模力时应加上这个力。另外总胀模力中心偏离压铸机合模中心时，将使所

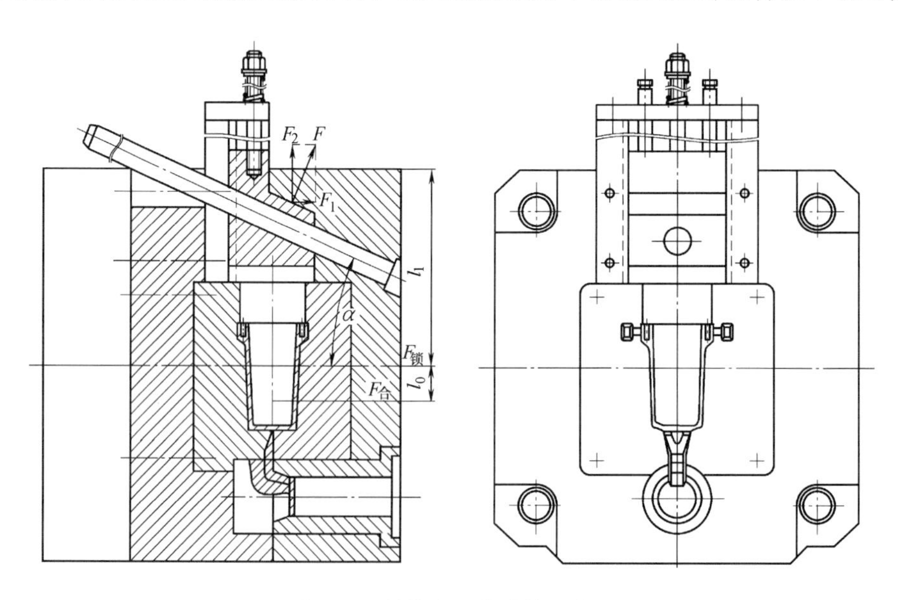

图 8-40　锁模力校核计算示意图

需的锁模力进一步加大，所以校核锁模力时还应将其计算在内，具体计算方法如下：

侧抽芯楔紧块法向分力为

$$F_1 = pA_1 \tan\alpha \times 10^3$$

式中，F_1 为楔紧块斜面的法向分力（kN）；A_1 为侧抽芯成型部分沿抽芯方向的投影面积之和（m^2）；α 为楔紧块斜角。

此时，使模具打开趋势的合力 $F_{合}$ 为

$$F_{合} = F_{胀} + F_1 = p(A + A_1 \tan\alpha) \times 10^3$$

所需的锁模力为

$$F_{锁} \geqslant KF_{合}$$

考虑 $F_{合}$ 中心与锁模力中心偏离因素影响，锁模力应满足下式要求

$$F_{锁} \geqslant KF_{合}(l_1 + l_0)/l_1$$

式中，l_1 为模具边缘至压铸机锁模中心的距离（mm）；l_0 为模具打开趋势合力至压铸机锁模中心的距离（mm）。

（2）压室容量的校核　选定压铸机规格后，压射比压、压室（压射室）直径以及压室额定容量均可确定。因此，每次压铸的金属液总量不得超过压室可容纳的金属液总量，即

$$m_0 > m = (V_1 + V_2 + V_3)\rho/1000$$

式中，m_0 为压铸机压室额定容量（kg）；m 为每次压铸所需的金属液总量（kg）；V_1 为压铸件的体积（cm^3）；V_2 为压铸件浇注系统的总体积（cm^3）；V_3 为压铸件排溢系统的总体积（cm^3）；ρ 为合金密度（g/cm^3）。

（3）开模行程校核　与塑料注射机开模行程校核一样，模具厚度对设备开模行程的影响在不同合模机构的压铸机中有所不同。当压铸机采用全液压合模机构时，设备的开模行程为合模行程减去模具厚度；当压铸机采用曲肘式合模机构时，模具厚度对设备的开模行程无影响，开模行程为定值。校核开模行程的方法可参考塑料注射机选用有关章节。

（4）模具安装尺寸的校核　为保证压铸模具能够在设备上正确安装使用，模具安装尺寸校核主要有以下几个方面：

1）浇口套与压室（冷压室压铸机）、浇口套与喷嘴（热压室压铸机）连接处配合要正确。

2）模具外形尺寸应小于压铸机模板尺寸，且通常长（或宽）方向应小于压铸机拉杆有效间距，以便于模具的安装。对于采用曲肘式合模机构的压铸机，模具的闭合高度应在设备的最大和最小闭合高度之间；对于采用全液压合模机构的压铸机，模具的闭合高度应大于设备动、定模板的最小间距。

3）当模具用螺栓直接固定在压铸机模板上时，模具座板上的孔位应与压铸机模板上的安装螺孔对应。

4）模具顶出机构与压铸机顶出杆的连接结构应适应。

此外，还应对压铸机的开模力、顶出力和顶出行程进行必要的核对，以免出现模具无法正常工作的情况。

8.3.3　几种类型压铸机的成型原理、优缺点与应用

1. 热压室压铸机

热压室压铸机压射部分与金属熔化部分连为一体，并浸在金属液中，如图 8-41 所示。装有金属液的坩埚 6 内放置一个压室，压室与模具之间用鹅颈管相通。金属液从压室侧壁的

通道 a 进入压室内腔和鹅颈通道 c，鹅颈嘴 b 的高度应比坩埚内金属液最高液面略高，使金属液不致自行流入模具型腔。压射前，压射冲头处于压室通道 a 的上方；压射时，压射冲头向下运动，当压射冲头封住通道 a 时，压室、鹅颈通道及型腔构成密闭的系统。压射冲头以一定的推力和速度将金属液压入型腔，充满型腔并保压适当时间后压射冲头提升复位。鹅颈通道内未凝固的金属液流回压室，坩埚内的金属液又向压室补充，直至鹅颈通道内的金属液面与坩埚内液面呈水平状态，待下一循环压射。压铸机合模部分的结构与工作过程同塑料注射机相似，不再多述。

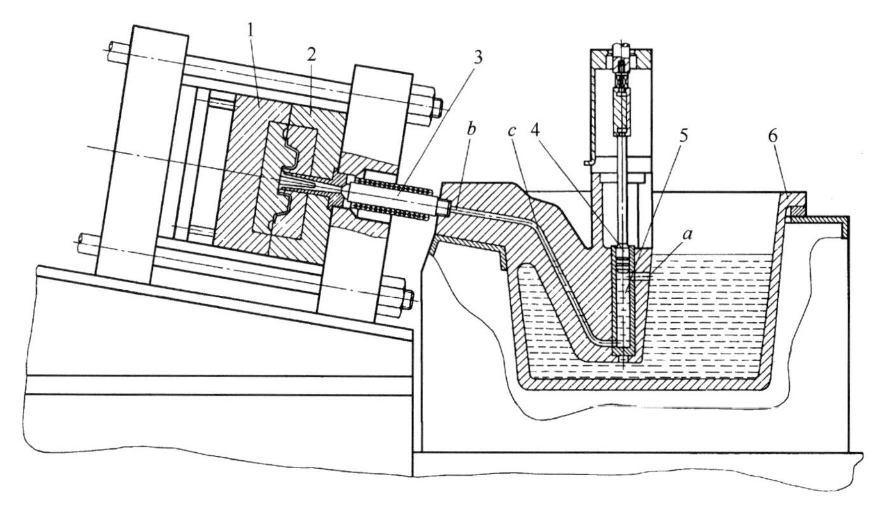

图 8-41 热压室压铸机工作原理图

1—动模 2—定模 3—喷嘴 4—压射冲头 5—压室 6—坩埚

a—压室通道 b—鹅颈嘴 c—鹅颈通道

热压室压铸机容易实现生产过程自动化，且生产率高，金属消耗量少。但压室长时间浸没在高温的金属液中易被侵蚀，不但影响压射构件的使用寿命，而且将增加合金中的杂质成分，导致压铸合金成分不纯。此外，这种压铸机的压射比压较小。目前多用于铅、锡、锌等低熔点合金铸件的生产。

2. 立式冷压室压铸机

如图 8-42 所示为立式冷压室压铸机工作原理图，合模部分呈水平设置，负责模具的开合及压铸件的顶出工作；压射部分呈垂直设置，压射冲头 3 与反料冲头 5 可上下垂直运动。压室与金属熔炉分开设置，不像热压室压铸机那样连成一体。

压铸时，模具闭合，从熔炉或金属液保温炉中舀取一定量金属液倒入压室内，此时反料冲头应上升堵住进料浇口 b，以防金属液自行流入模具型腔（图 8-42a 状态）。当压射冲头下降接触金属液时，反料冲头随压射冲头向下移动，使压室与模具浇道相通，金属液在压射冲头高压作用下，迅速充满型腔 a 成型（图 8-42b 状态）。待压铸件冷却成型后，压射冲头上升复位，反料冲头在专门机构推动下往上移动，切断余料 e 并将其顶出压室，接着进行开模顶出压铸件（图 8-42c 状态）。

立式冷压室压铸机占地面积较卧式压铸机小，金属液杂质上浮，压射时不易进入模腔，有利于提高铸件质量。且模具型腔可沿中心对称布置，使模具压力中心与压铸机锁模中心重合，便于压铸具有中心浇口的铸件。但多了一组余料切除装置，使机器复杂化，生产率较热

压室和卧式冷压室压铸机低。金属液从压室进入模腔须经 90°转折，压力损失大，故要较大的压射力。立式冷压室压铸机可用于锌、铝、镁和铜合金压铸件的生产。

3. 卧式冷压室压铸机

卧式冷压室压铸机工作原理图如图 8-43 所示。压铸机压室与金属合金熔炉也是分开设置的，压室呈水平布置，并从锁模中心向下偏移一定距离（部分压铸机偏移量可调）。压铸时，将金属液 *c* 注入压室中（图 8-43a），而后压射冲头向前压射，将金属液经模具内浇道 *a* 压射入模腔 *b*，保压冷却成型（图 8-43b）；冷却时间到开模，同时压射冲头继续前推，将余料推出压室，让余料随动模移动；压射冲头复位，等待下一循环，动模开模结束，顶出压铸件，再合模进行下一循环工作。图 8-44 为 J1116 型 PC 控制卧式冷压室压铸机外形图。

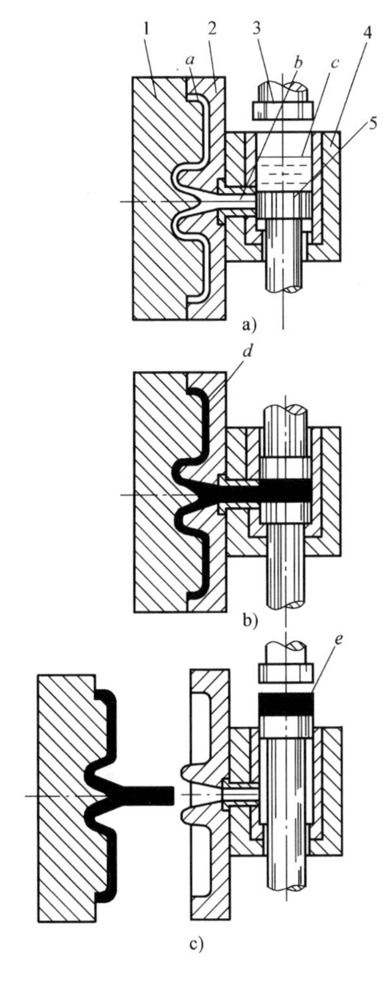

图 8-42　立式冷压室压铸机工作原理图
a）合模　b）压射　c）开模取件
1—动模　2—定模　3—压射冲头
4—压室　5—反料冲头
a—模腔　*b*—浇道　*c*—金属液
d—压铸件　*e*—余料

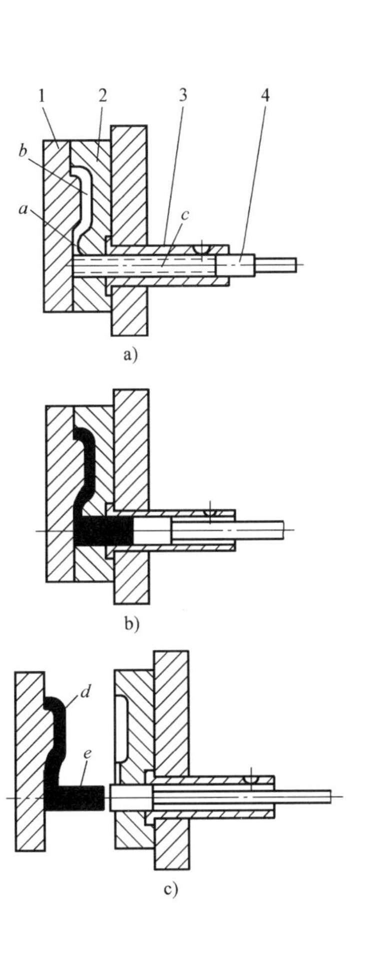

图 8-43　卧式冷压室压铸机工作原理图
a）合模　b）压射　c）开模取件
1—动模　2—定模　3—压室
4—压射冲头
a—内浇道　*b*—模腔　*c*—金属液
d—压铸件　*e*—余料

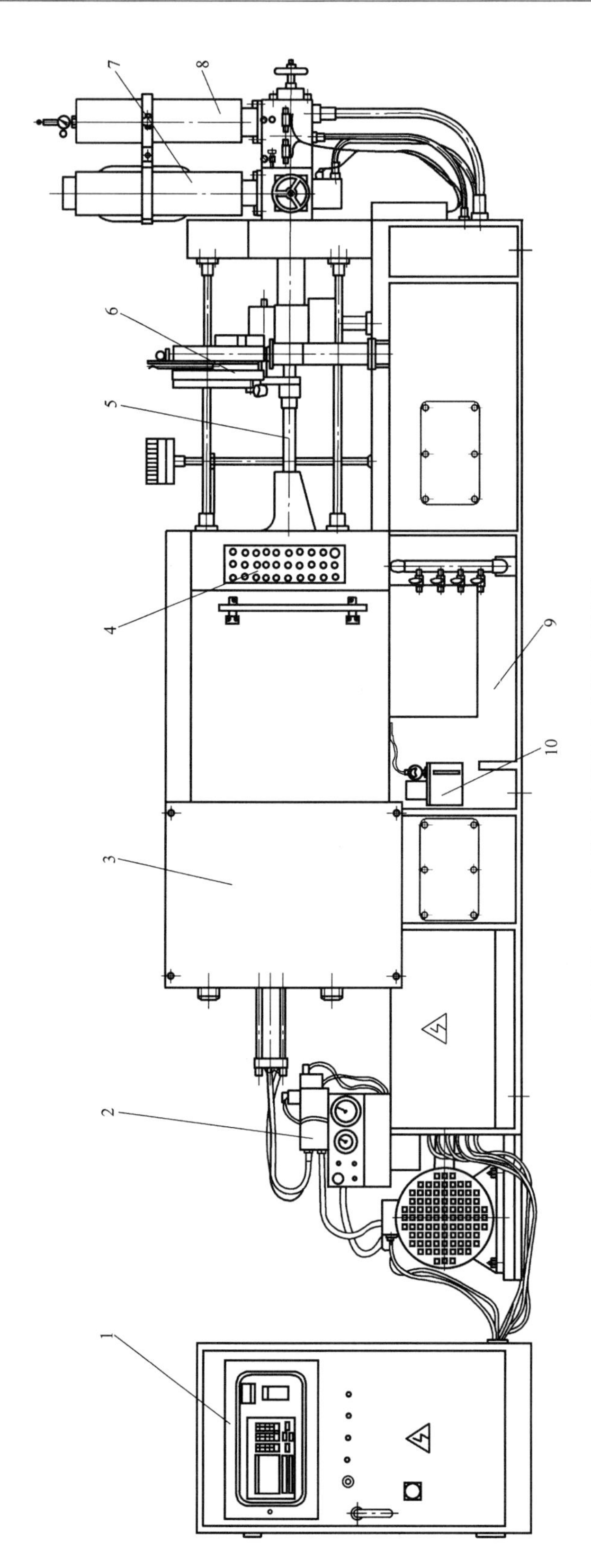

图 8-44　J1116 型 PC 控制卧式冷压室压铸机

1—电气控制柜　2—液压系统　3—合模装置　4—操作面板　5—压射装置　6—舀料机械手
7—快速压射蓄能器　8—增压蓄能器　9—机身　10—自动润滑系统

卧式与立式压铸机相比，其压室结构较简单，故障少，维修方便；易于实现自动化；金属液流程短，压力和热量损失少；铸件致密性好。但压室内的金属液与空气接触，产生氧化表面较大，而且氧化渣等杂质会进入模腔，影响压铸件质量。

在卧式冷压室压铸机上使用的压铸模，通常要求浇注系统的主浇道位置向下偏置，以防压射冲头加压前金属液自行流入模腔。该压铸机可压铸的合金种类较多，适应性较强，特别是压铸铝合金方面应用广泛。但不便于压铸带有嵌件的铸件，成型中心浇口压铸件的压铸模结构复杂。

4. 全立式冷压室压铸机

全立式冷压室压铸机可分为压射冲头上压式和压射冲头下压式两种。

（1）压射冲头上压式压铸机　如图8-45所示为压射冲头上压式压铸机工作原理图，其压铸过程为：合金液2倒入压室3后，模具闭合，压射冲头1上压，使合金液经过浇注系统进入型腔；冷却成型后开模，压射冲头继续上升，推动余料随铸件移动，通过模具顶出机构即可顶出压铸件及浇注系统，同时压射冲头复位。

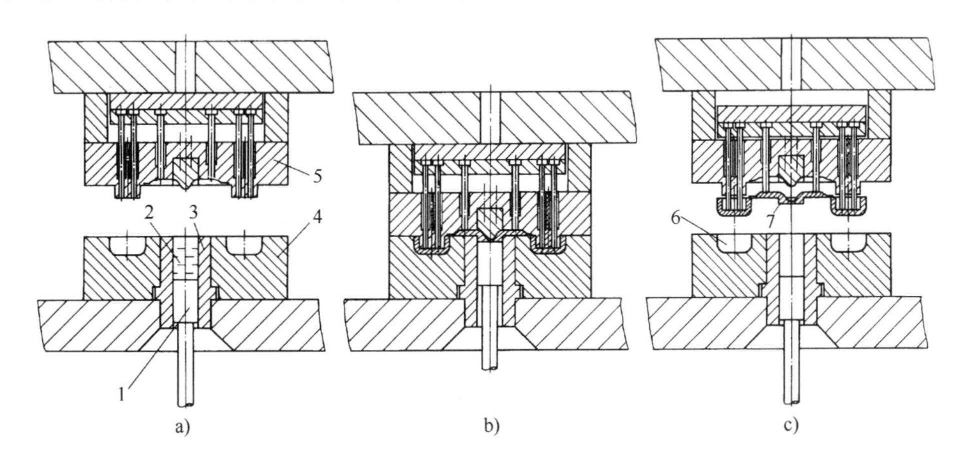

图8-45　压射冲头上压式压铸机工作原理图

a）浇注合金液　b）合模、压射　c）开模、顶出铸件

1—压射冲头　2—合金液　3—压室　4—定模　5—动模　6—型腔　7—余料

（2）压射冲头下压式压铸机　压射冲头下压式压铸机的工作原理图如图8-46所示，模具闭合后，将合金液3浇入压室2内，此时反料冲头在弹簧5作用下上升，封住横浇道6；当压射冲头1下压时，迫使反料冲头后退，合金液经浇道进入模腔；冷却定型后开模，压射冲头复位，顶出机构顶出铸件、浇注系统凝料。顶出机构复位后，反料冲头在弹簧作用下复位。

全立式冷压室压铸机的特点是模具水平放置，稳固可靠，安放嵌件方便，广泛用于压铸电动机转子类零件；合金液进入型腔时转折少，流程短，减少了压力和热量的损失；设备占地面积小，但设备高度大，不够稳定；铸件顶出后常需人工取出，不易实现自动化生产。

5. 镁合金压铸机

现有镁合金压铸机常见的有热压室和卧式冷压室两大类，其基本结构形式与前述的热压室和卧式冷压室压铸机大致相同，主要区别在于镁合金压铸的安全性要求比其他合金压铸高

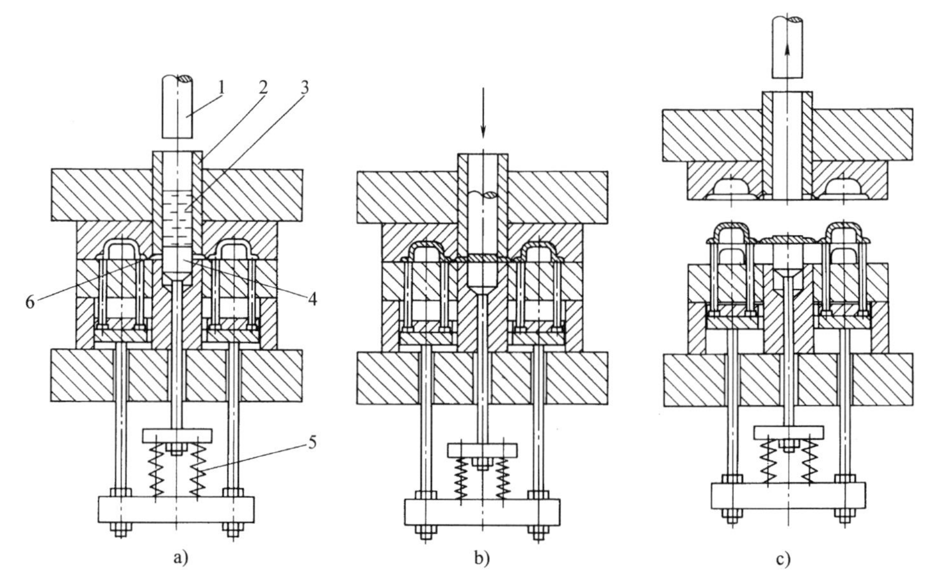

图8-46 压射冲头下压式压铸机工作原理图
a）合模、浇入合金液 b）压射成型 c）开模、顶出铸件
1—压射冲头 2—压室 3—合金液 4—反料冲头 5—弹簧 6—横浇道

得多，压铸过程不得与水接触，否则会出现爆炸的危险。因此，在镁合金压铸过程中，从镁合金的熔化、保温到压铸均需要采用惰性气体保护，防止镁合金液与空气、水接触，保证生产的安全性。

图8-47为DC160M型热压室镁合金压铸机的外形图，全密封的镁合金熔炉与压射装置组合在一起，构成一个密闭的空间，熔炉内镁合金液上部空腔充满保护性气体；合模机构部分也用防护板包裹，压铸成型区域同样充满保护性气体。除设备正常工作所需的控制系统外，还需配备保护气体混合器，对生产过程中所需的保护气体进行可靠控制。热压室镁合金压铸机生产速度高，特别适用于薄壁和轻量化的小型镁合金制品（如电子词典、手提摄像机、各种便携式电子产品等）的生产。

图8-48为DCC630M型卧式冷压室镁合金压铸机的外形图，机身结构与铝合金压铸所用的卧式冷压室压铸机大致相同，但机身合模部分采用全封闭结构，以便对压铸工作区进行充气保护。设备同样需要配备保护气体混合器对生产所需的保护气体进行控制；而镁合金液的熔化处理可以在专用的熔化处理炉中进行，再通过全封闭式定量注料保温熔炉，将镁合金液定量注入压射装置的压室后直接压铸成型。图8-49为欧洲生产的全封闭式定量注料熔炉及液压升降台的结构简图。该注料熔炉配有定量注料泵、液位监测装置、温控装置和保温加热装置，具有自动定量注料、恒定镁合金液温度、气体保护等功能。对于生产规模较小的企业，还可直接用该定量注料保温熔炉进行镁合金的熔化处理和保温注料，实现镁合金制品的生产，无须配置专用的镁合金熔化炉。熔炉配有液压升降装置，便于整个熔炉的移动和升降，使熔炉的注料口可方便地对准压室的注料口注料。

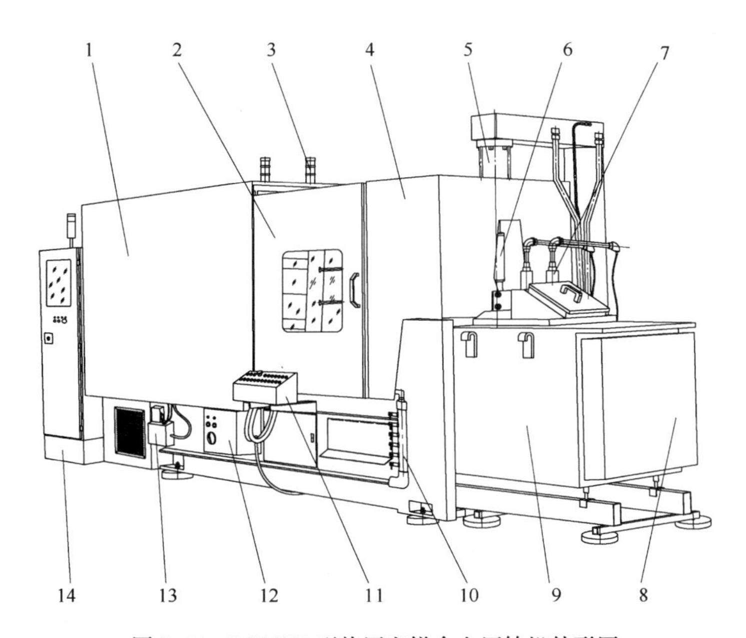

图 8-47　DC160M 型热压室镁合金压铸机外形图

1—防护侧板　2—安全门　3—报警灯　4—前防护板　5—压射液压缸　6—压射装置
7—测温热电偶　8—熔化保温炉控制箱　9—熔化保温炉　10—冷却剂管接头
11—操作控制盒　12—电源开关　13—自动润滑泵　14—控制柜

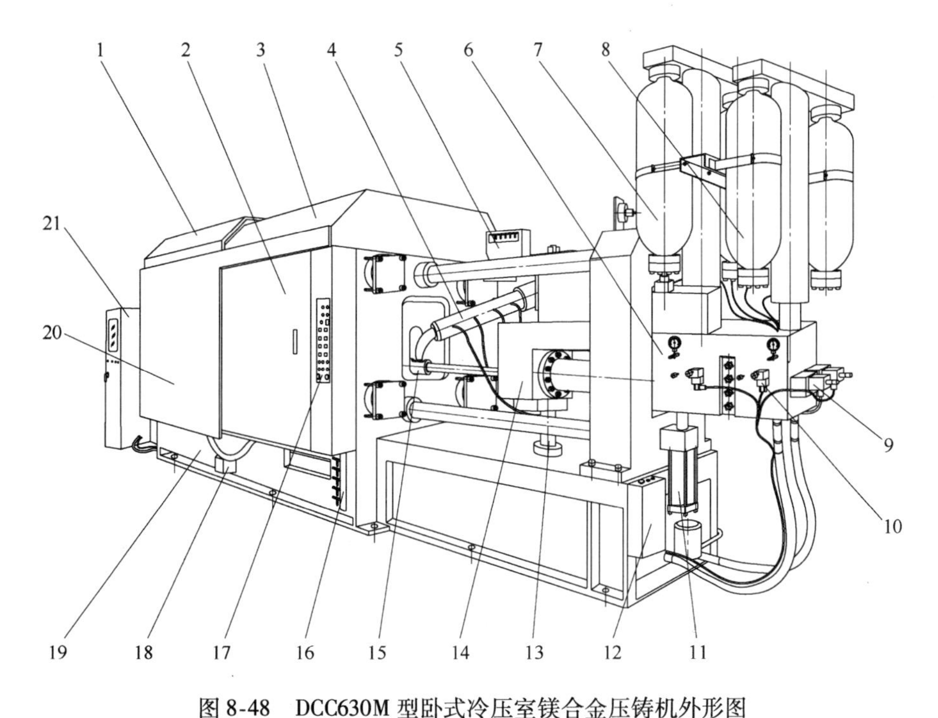

图 8-48　DCC630M 型卧式冷压室镁合金压铸机外形图

1、3、20—机身防护罩　2—安全门　4—定量注料装置　5—保护气体接头　6—压射液压集成块
7、8—高压氮气缸　9、10—液压控制阀　11、13—压射装置升降液压缸　12—电源盒
14—压射机构　15—压室　16—模温加热或冷却介质供应接头　17—控制面板
18—机床润滑系统　19—床身　21—保护气体混合器

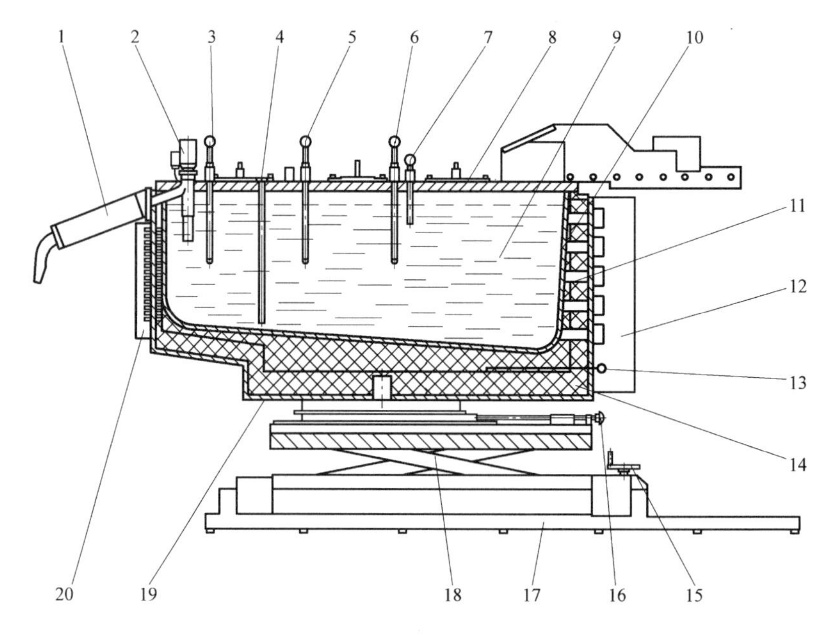

图8-49　全封闭式定量注料熔炉及液压升降台结构简图

1—注料口　2—定量注料泵　3、5、6—温控装置　4、7—液位检测装置　8—加料窗　9—镁合金液　10—坩埚　11—加热装置　12—电热控制箱　13—温控器　14—耐火保温层　15—升降手轮　16—平移微调旋钮　17—液压升降平台　18—升降支架　19—熔炉防护罩　20—定量注料控制盒

为更好地适应镁合金产品压铸工艺的需要，镁合金压铸机在压射速度、压射工艺控制、压铸生产安全性等方面提出了更高要求。由香港力劲集团生产的DC160M热压室镁合金压铸机，其最高压射速度可达6m/s，适合于一般镁合金压铸件的生产。DCC630M型卧式冷压室镁合金压铸机的压射速度更高，最高压射速度可达8m/s，适合于生产高品质要求及轻量化的较大型镁合金制品（如计算机外壳、自行车配件、手提电动工具及各式汽车零件等）的生产。两种机型的功能特点为：整机安全保护功能齐全，安全性高，符合环保要求；系统由计算机控制，具备生产管理、故障诊断功能；采用触摸屏输入数据，使用简便；防护罩可与抽真空装置配套，便于进行真空压铸成型；压射系统还可配套压射监测系统，有利于提高生产过程控制水平。

8.3.4　压铸机的基本结构组成

压铸机的基本结构由以下几个部分组成（图8-50）：合模机构、压射机构、机座、动力部分、液压与电气控制系统及其他辅助装置。此外，还需配备合金熔炉和保温炉。以下分别讨论压铸机的主要机构。

8.3.5　压铸机的主要机构示例

1. 合模机构

压铸机的合模机构主要完成模具的开闭及压铸件的顶出等工作，是压铸机的重要组成部分。合模机构的优劣直接影响到压铸件的精度、模具的使用寿命以及操作安全性等，因此要求它动作既平稳又迅速，锁紧可靠，便于压铸模的装卸和模具的清理，压铸件的取出方便可靠。压铸机的合模机构与塑料注射机相似，也有全液压合模和液压-机械联合合模两大类。

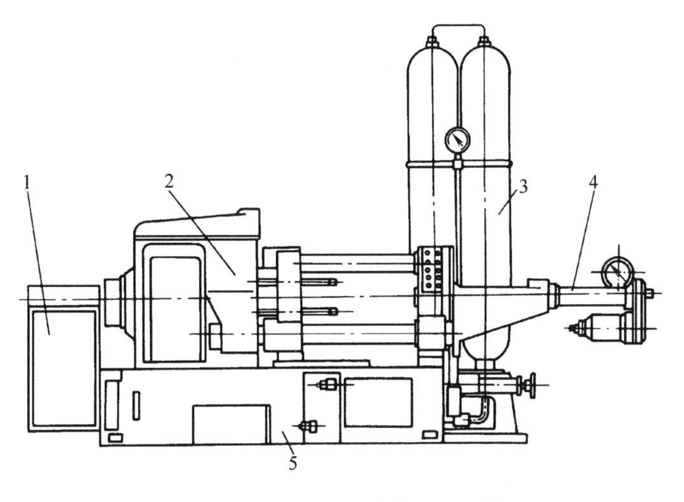

图 8-50　J1113A 型卧式冷压室压铸机

1—电气箱　2—合模机构　3—蓄能器　4—压射机构　5—机座

如图 8-51 所示为 J1113A 型压铸机采用的全液压增压式合模机构。整个机构由合模缸组、活塞组、动模板 5、充液箱 2、填充阀 3 和增压器 7 等组成。V_3 为开模腔，V_1 为内合模腔，V_2 为外合模腔，活塞组中的差动活塞 1 和外活塞及动模板相连。合模时，V_1 通入压力油，这时虽然 V_3 也通入压力油，但差动活塞两边受力不同而向右移动，带着动模板快速右移。随着动模板 5 的移动，V_2 腔容积不断增大形成较大的真空度，自动打开填充阀 3（图 8-52，此时阀 a 孔通压力油），使大量油液从充液箱向 V_2 合模腔充液进行快速合模。当模具将闭紧时，由于动模板 5 拖动着拉杆凸块打开凸轮阀，压力油进入 V_2 腔，V_2 腔内压力升高，填充阀的阀门关闭，转为慢速合模，直至模具闭合。此时 V_2 腔内压力升高到与管路压力一致（约 10MPa），但尚未达到压射时所需要的最大合模力，因为增压器未起作用。如图 8-53

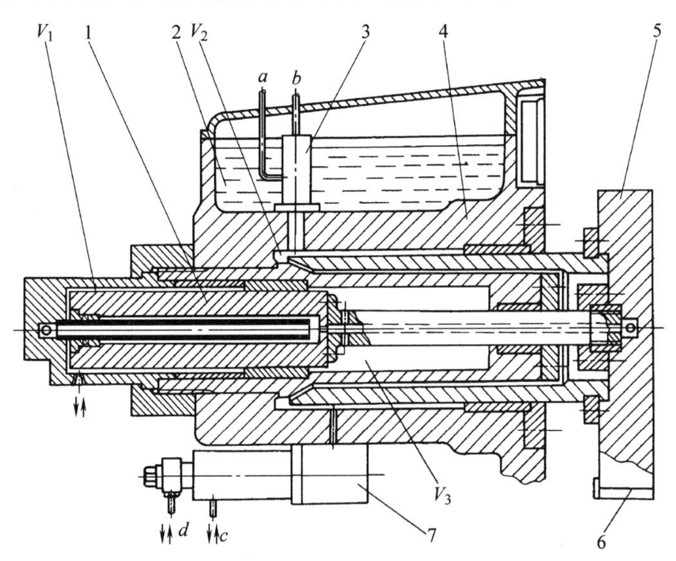

图 8-51　全液压增压式合模机构

1—差动活塞　2—充液箱　3—填充阀　4—合模缸座　5—动模板　6—凸块　7—增压器

所示为增压器结构简图，图中增压器通道 e 与 V_2 腔相通，压射时压力油从通道 c 进入增压器，克服弹簧4的弹力，顶开单向阀芯3，进入增压器液压缸的左腔，推动活塞右移，使 V_2 腔内压力增高，实现了增压，使 V_2 腔压力达23MPa，锁模力达1250kN。

开模时，V_1 腔和增压器从孔 c 回油，压力撤销，合模机构的差动活塞在 V_3 腔常压压力油作用下，带着动模回位开模。此时 V_2 腔内的油液必须迅速排回充液箱，为此压力油从填充阀的上端 b 孔通入，让先导推杆6推开先导阀门4（图8-52），从而打开阀门2，使 V_2 腔中的油液先慢后快地排回充液箱，以实现开模过程的动作先慢后快的目的。

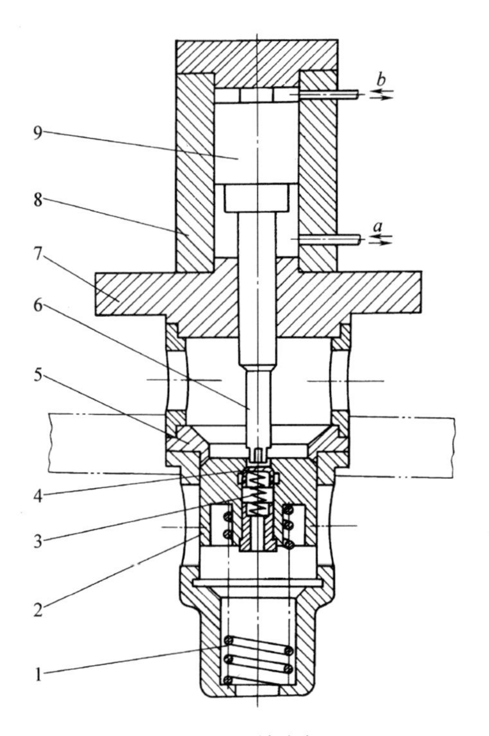

图8-52 填充阀

1、3—弹簧 2—阀门 4—先导阀门 5—阀座 6—先导推杆 7—缸座 8—活塞缸 9—活塞

全液压合模机构以油液为工作介质，又应用组合缸结构，所以工作平稳，推力大，效率高，可以获得比动力源大好几倍的输出力（达10~20倍）。对于不同厚度的压铸模，安装时不需调整合模缸座的位置便可使用，省去了合模缸座位置调节机构，生产中压铸模的受热膨胀也能自动补偿而不影响合模力的大小。机构较简单，操作方便。但全液压合模机构的工作周期较长，尤其是大规格的压铸机，为具有更大锁模力，液压缸径更大，增压时间更长，影响生产率和增加动力消耗，且机构庞大，不便加工、维修。全液压合模机构一般用于小型或中型压铸机；对于大型压铸机的合模机构，广泛采用液压-机械合模机构。

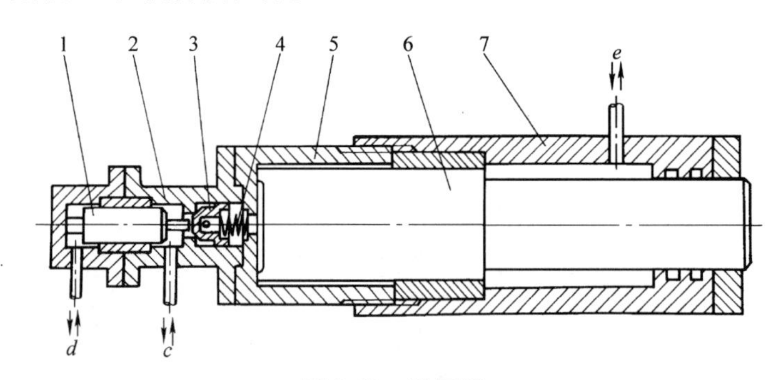

图8-53 增压器

1—活塞 2—单向阀体 3—单向阀芯 4—弹簧 5—活塞杆 6—活塞 7—增压缸

2. 压射机构

压射机构是实现液态金属高速充型，并使金属液在高压下结晶凝固成铸件的重要机构。

（1）增压缸有背压压射装置 如图8-54所示为J1113A型压铸机采用的三级压射增压机构。它由带缓冲器的普通液压缸和增压器组成，联合实现分级压射，具有两种速度和一次增压压射的机构。压室1和压射缸6固定在压射支架16上，支架底部装有升降器17，以便调节压射机构位置，使之与模具浇口套对准。

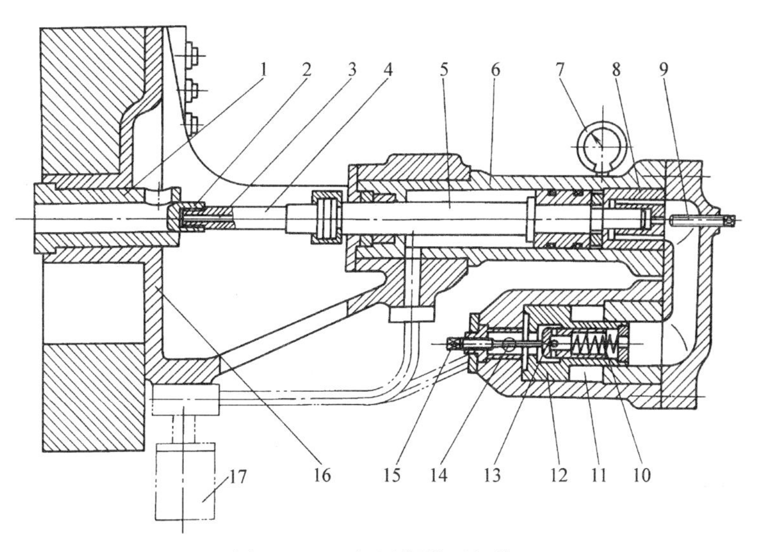

图 8-54　三级压射增压机构

1—压室　2—压射冲头　3—冷却水通道　4—压射杆　5—活塞杆　6—压射缸　7—压力表　8—分油器　9—节流阀杆　10—弹簧　11—背压腔　12—增压活塞　13—单向阀阀芯　14—油孔　15—调节螺杆　16—压射支架　17—升降器

第一级压射：压力油经增压器的油孔 14 进入，由于增压器活塞的背压腔 11 有背压，增压活塞 12 不能前移，压力油经活塞中的单向阀进入压射缸的后腔，汇集在缓冲杆周围的分油器 8 中。由于节流阀杆 9 的作用，只有很小流量的压力油从分油器的中心孔进入，作用在压射活塞的缓冲杆端部截面上，作用力也小。因而压射活塞慢速前进，进行慢速压射，压射冲头缓缓地封闭压室注液口，以免金属液溢出，同时可利于压室中空气的排出并减少气体卷入。

第二级压射：当压射冲头越过注液口（即缓冲杆脱开分油器 8）时，大流量压力油进入压射缸，推动压射活塞快速前进，实现快速压射充模。

第三级压射：金属液充满模腔，压射活塞停止前进的瞬间，增压活塞及单向阀阀芯前后压力不平衡，增压活塞因压差作用而前移，单向阀阀芯在弹簧作用下自行关闭，实现压射增压。

压射结束后，只要压射缸前腔进入压力油，同时增压器的油孔 14 回油即实现压射冲头回程。回程后期由于缓冲杆重新插入分油器中，回程速度降低起缓冲作用。这种压射机构的压射速度和压射力均可按工艺要求进行调节。

压射力的调节：从上述分析可以看出，当压射活塞面积一定时，压射力取决于增压压力，而增压压力的大小又取决于背压腔压力的大小，背压越大增压力越小，反之亦然。背压可通过接通背压腔油路上的单向顺序阀与单向节流阀配合调整。J1113A 型压铸机的压射增压压力最高可达 20MPa，相应的最大压射力达 140kN（无级调节范围是 70～140kN）。

压射速度的调节：第一级低速压射速度，可通过节流阀的调节螺杆 9 调节；第二级高速压射速度，由油孔 14 的调节螺杆调整。

（2）增压缸无背压压射装置　如图 8-55 所示为 J1116 型 PLC 控制压铸机的压射装置，它采用分罐式压射增压结构，是近年来发展和改进的一种压射增压新结构。它用两个蓄能器分别对压射缸和增压缸进行快速增压，完全取消了增压活塞的背压，增压压力通过调整蓄能

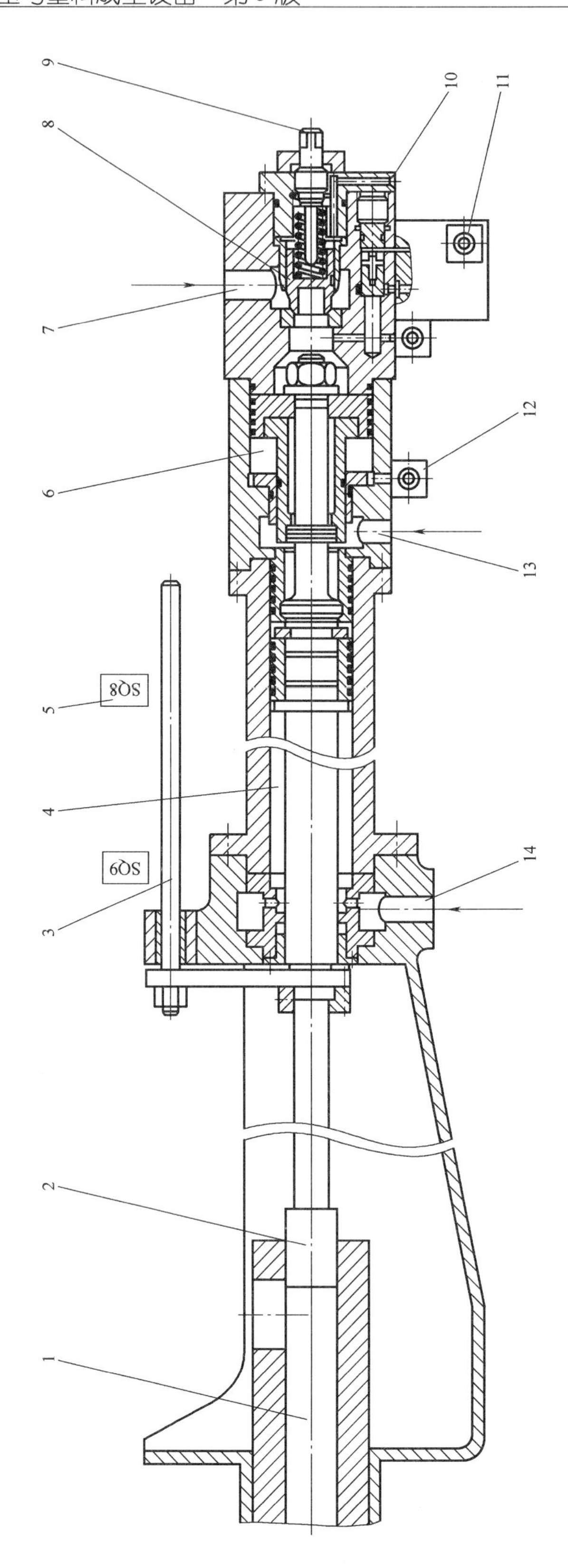

图8-55 J1116型PLC控制压铸机的压射装置

1—压室 2—压射冲头 3—随动杆 4—压射缸 5—快速压射行程感应开关 6—增压缸 7—增压蓄能器入油口 8—增压缸控制阀 9—增压速度调节螺栓 10—增压起始时间调节入油口 11—压射力调节阀 12—增压缸起动阀 13—快速压射与快速压射蓄能器入油口 14—压射冲头回程入油口

器压力来改变，压射速度、压射力和压力建立时间都能分别单独调节，互不影响。

其工作过程为：合模结束信号发出后压射开始，压力油由油口 13 进入压射缸进行慢速压射，当随动杆离开快速压射行程感应开关 5 时，切换为快速压射，此时快速压射蓄能器的压力油通过油口 13 进入压射缸进行快速压射，快速压射工作油同时进入增压缸起动阀 12；当模腔内金属液充满时，快速压射因突然停止引起的压力冲击使阀 12 换向，受阀 12 控制的增压缸控制阀 8 打开，增压蓄能器的压力油进入增压缸，推动增压活塞产生压射增压，这一系列动作是在极短时间内完成的。

这种压射增压系统具有如下优点：

1）压射速度高，反应与升压时间短。

2）反应与升压时间可单独调节。

3）压力稳定，不受压射速度影响。

4）增压压力可通过增压蓄能器上的减压阀直接进行调整。

5）由于压射与增压蓄能器分开，互不干扰。

因此，该压射增压装置允许在很大范围内调整压铸工艺参数，对不同的铸件压铸成型，可以选择较佳的压铸工艺。

3. 机座

压铸机的合模机构、压射机构、液压和电气系统等，一般均安装在机座上，合模及锁模力和压射力都很大，要求机座应具有足够大的刚度和强度，它影响到设备工作的可靠性与使用寿命，也关系到压铸件的质量。

4. 动力部分与辅助装置

压铸机的动力部分主要有液压泵和蓄能器。液压泵是液压传动系统的动力源，它向压铸机液压系统提供一定压力和流量的压力油。压铸机采用的液压泵有柱塞泵和叶片泵等。叶片泵应用最为普遍，输出压力为（60 ~ 200）$\times 10^5$Pa 不等。蓄能器是一种液压能的储存装置，它能在适当的时候把液压能储存起来，以便在需要时重新释放出来，使能量的利用更为合理。压铸机液压系统中，根据需要设置 1 ~ 2 个蓄能器。

压铸机的辅助装置是根据需要在压铸机上增设的某些专门的机构。如部分卧式冷压室压铸机的金属液保温炉及自动舀料机构，以提高自动化程度；还有为便于模具侧向抽芯而增设的液压抽芯装置，为方便装模而设的合模部分拉杆与定模板自动分离操纵机构等。

5. 压铸机的液压系统

压铸机为完成压铸工艺过程，通常采用电气操纵液压驱动形式。它是电气元件和液压元件联合在压铸机上的具体应用。以下对不同的液压系统进行简要介绍。

（1）J1113A 型压铸机的液压系统　图 8-56 为 J1113A 型卧式冷压室压铸机的液压原理图，液压系统的工作原理如下：

1）液压系统的压力控制和液压泵自动卸载原理。液压系统的工作油压为 9 ~ 10MPa，每次开动液压泵之前先打开最小压力阀 7 和两个截止阀 9。为使液压泵先无载起动，在起动液压泵的同时，使电磁铁 YA4 接通，二位四通电磁换向阀 3 工作，由于二位二通液控换向阀 4 的换向（此时控制压力油由蓄能器提供），回路卸压，双级叶片泵 1 无载起动。经过约 0.5min 使电磁铁 YA4 断电，二位四通电磁换向阀 3 复位时，二位二通液控换向阀 4 也复位，

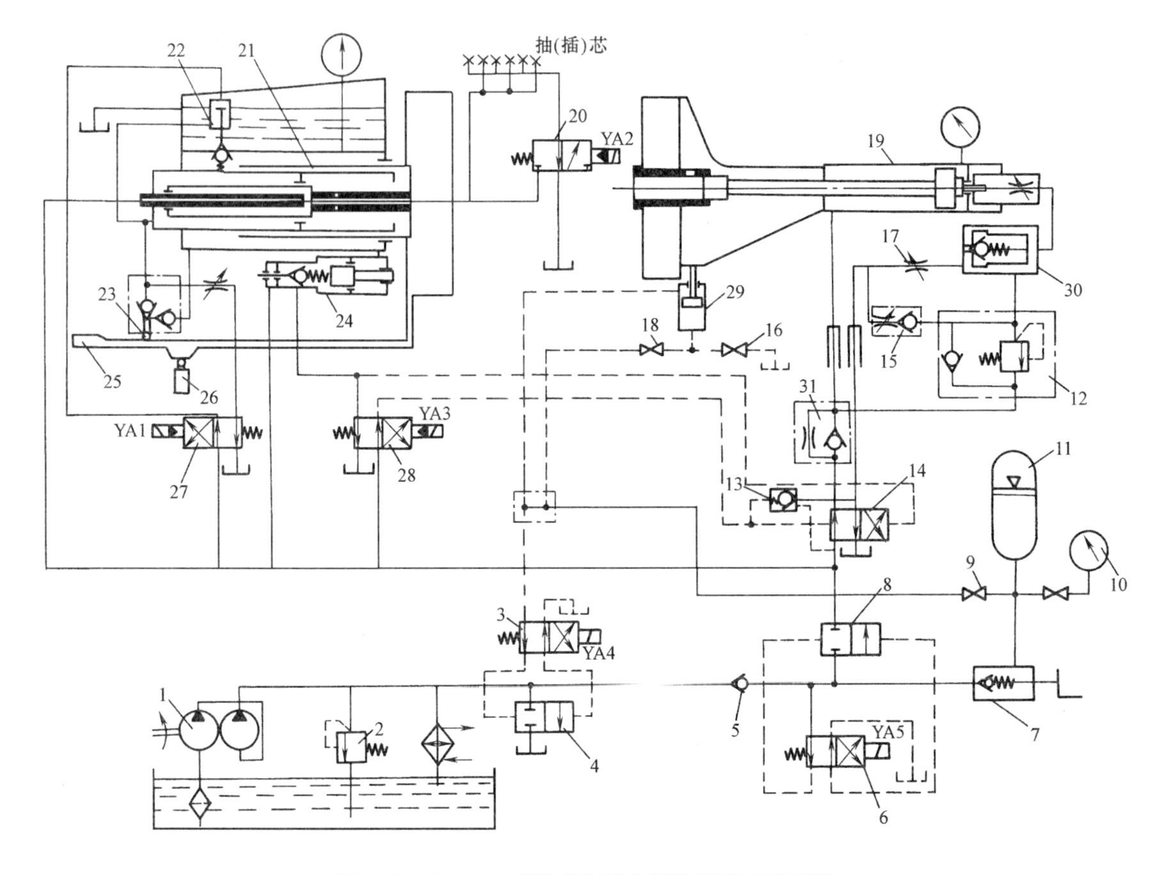

图8-56 J1113A型卧式冷压室压铸机液压原理图

1—双级叶片泵 2—溢流阀 3、6—二位四通电磁换向阀 4、8—二位二通液控换向阀 5—单向阀 7—最小压力阀 9、16、18—截止阀 10—压力表 11—蓄能器 12—单向顺序阀 13—液控单向阀 14—二位四通液动换向阀 15、31—单向节流阀 17—可调节流阀 19—压射缸 20—二位三通电液换向阀 21—合模缸 22—充液油箱及充液阀 23—凸轮阀 24—增压缸 25—拉杆凸块 26—行程开关 27、28—二位四通电液换向阀 29—升降液压缸 30—压射增压缸

则实现液压泵负载运转。液压泵输出的压力油经单向阀5，推开最小压力阀7，充入蓄能器11（为防止蓄能器内氮气外逸，通过调整最小压力阀弹簧力，当罐内压力下降到7MPa时能自动关闭，液压泵输出压力只有大于此值时才能打开最小压力阀向罐内充液）。罐内压力达到10MPa上限时，压力表上限触点接通，二位四通电磁换向阀3工作，液压泵又卸载运转，此时机器动作所需的工作液全部由蓄能器供给。当压力降到9MPa下限时，压力表下限触点接通，电磁铁YA4断电，阀3及阀4又复位，液压泵重新负载运转。如此，机器正常工作期间，液压泵则反复自动作负载与卸载运转，保证提供9~10MPa的压力油。液压泵输出的压力，由溢流阀2限制在11~12MPa，防止压力过高，负载过大，造成泵损坏。

2）合模与插芯。当蓄能器内压力达到工作压力后，接通电磁铁YA5，二位四通电磁换向阀6与二位二通液控换向阀8换向，压力油由蓄能器（或兼有泵）经二位二通液控换向阀8进入管路和有关机构。

按动“合模”按钮，电磁铁YA1和YA2同时通电，二位四通电液换向阀27和二位三通电液换向阀20同时换向，通过阀27及凸轮阀23后的压力油分两路：一路进入填充阀（见图

8-51，压力油从填充阀的 a 孔引入），将其活塞顶起，使单向阀不受阀杆的限制，靠弹簧力闭合。另一路进入合模缸的内合模腔（图8-51中的 V_1 腔），推动差动活塞以及与其连接的动模板和外活塞右移，进行快速合模。由于外活塞的右移，外合模腔（图8-51中的 V_2 腔）的空间扩大造成负压，自动打开填充阀的阀门2（图8-52），充液油箱中的大量油液向 V_2 腔补充。压铸模将闭合时（距离可按需要调整），拉杆凸块顶起凸轮阀中的凸轮，使泵送压力油经阀8、阀27、阀23进入外合模腔（V_2 腔），此时 V_2 腔压力增高，填充阀内的阀门2又关闭，合模速度降低，当压铸模闭合后合模缸内压力升到10MPa，与管路压力一致。在合模动作开始的同时，通入阀20的压力油完成插芯动作，此时增压缸左腔处于回油位置，增压器未增压。

3）锁模与压射。合模完毕后，合模缸内的压力所提供的合模力不足以抵抗压射时的胀模力，为此本机设有增压器，在压射时使合模缸内压力提高，产生足够大的锁模力。

按“压射”按钮时，电磁铁YA3通电，二位四通电液换向阀28换向，压力油经阀28进入增压器24的缸左腔，增压器工作，使合模缸内压力增到23MPa左右，锁模力达1250kN左右。同时，经阀28的压力油控制油路使二位四通液动换向阀14换向，经过阀14的压力油分两路：一路经可调节流阀17进入压射增压缸30，推开增压缸内的单向阀到压射缸进行压射（图8-54）；另一路经单向节流阀15进入增压缸的背压腔，压射速度先慢后快（第一、二级压射速度均可调整），可调整单向顺序阀12和单向节流阀15，改变背压力的大小即改变压射力的大小，压射活塞停止前进的瞬间，压射增压活塞前移，实现增压压射。

4）开模与抽芯。压铸件冷却结束，电磁铁YA1和YA2断电，阀27和阀20复位，内合模缸卸压，填充阀缸下腔也回油卸压，压力油经阀27进入填充阀缸上腔，推动活塞下移，推开单向阀阀门，外合模腔油液回流充液油箱22。这样，合模缸和抽芯缸内的压力油分别从阀27与阀20回油箱。在常压压力作用下，机器同时进行开模与抽芯。

5）压射冲头回程。开模、抽芯完毕，拉杆下部凸块压住行程开关26，电磁铁YA3断电，阀28复位，合模增压缸卸压，合模增压活塞复位，阀14换向，压力油经阀14、单向节流阀31进入压射缸前腔，后腔油液经压射增压缸30、可调节流阀17、阀14流回油箱，实现压射冲头回程。增压活塞的背压腔仍进压力油，增压活塞复位。

6）机器中停。机器工作过程中，若遇突然事故，为保护机器、模具和操作者的安全，必须设置使机器中途停止的安全措施。

从液压系统原理图中可以看出，由蓄能器或液压泵输出的压力油，必须经过二位二通液控换向阀8驱动机器运转，如果阀8被关闭，机器工作的能源也就被切断，各机构无法动作。而阀8受二位四通电磁换向阀6控制，阀6的换向是由电磁铁YA5通电与否来实现的，因此在操作过程中，如遇突然事故应立即按下中停开关使YA5断电，使阀6复位，控制压力油使阀8也复位，切断动力源，机器停止运转。

（2）J1116型PC控制压铸机液压系统　如图8-57所示为J1116型PLC控制压铸机的液压系统图，该液压系统大部分采用插装式锥阀或组合阀，压射部分采用分罐式压射增压装置，能实现三级压射控制，具有手动调整和自动循环两种工作模式。其液压控制原理如下：

1）系统工作压力的控制和自动卸压。双联叶片泵42的两个输出口都受压力控制阀控制，泵PF20工作压力为3MPa，受阀37控制；泵PF10工作压力为12MPa，受阀34控制。当管内压力小于3MPa时，两泵输出的工作油分别经阀31、40进入压力管同时供油；管内压力超过3MPa时，阀37导通回油管，阀39打开，阀40关闭，PF20泵输出油经阀39流回油箱，自动卸压，此后PF10泵单独供压。

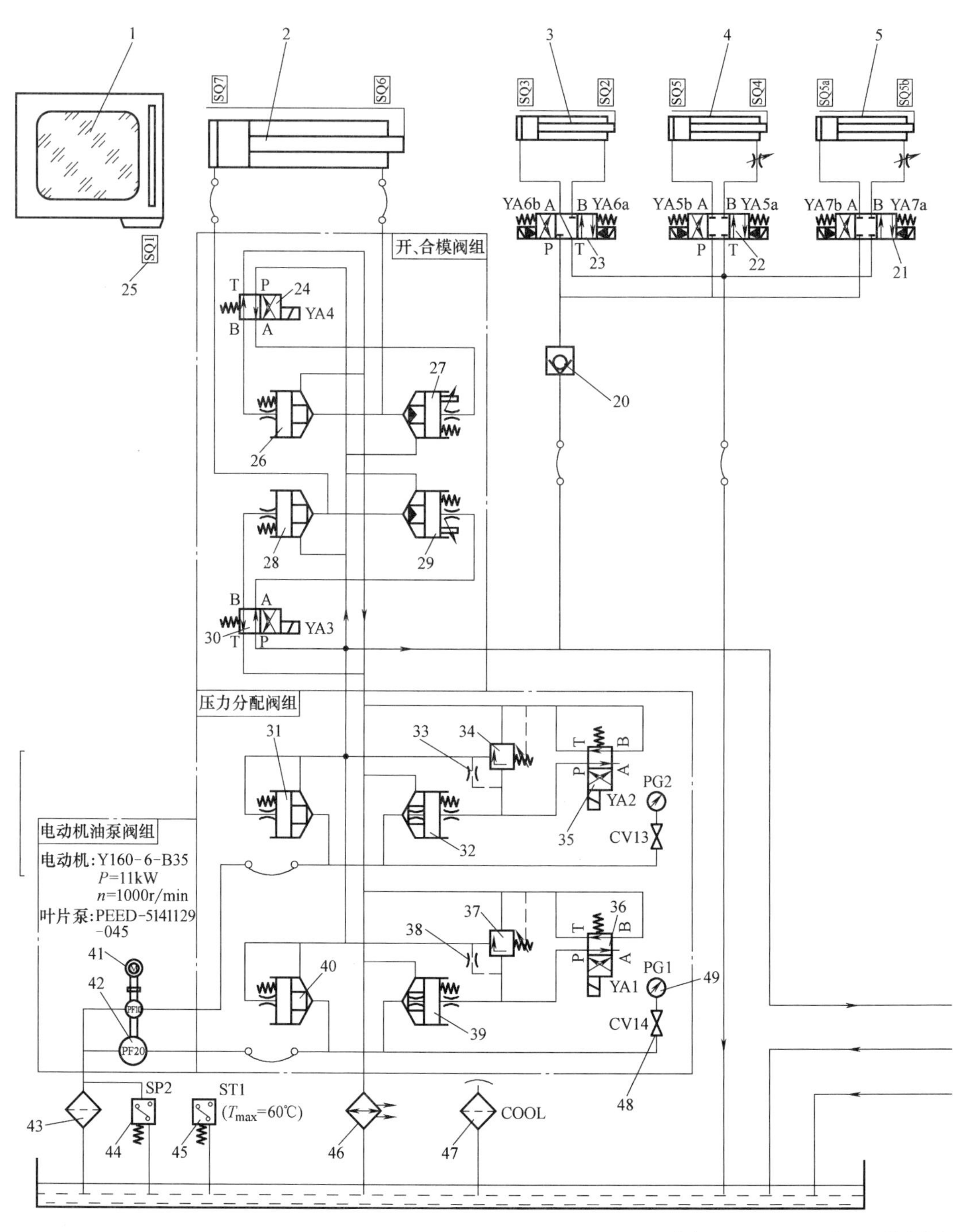

图8-57　J1116型PLC控制压

1—安全门　2—合模缸　3—顶出缸　4、5—抽芯缸　6—压射缸
10—快速压射蓄能器　11—升降缸　12—减压阀　13、58—二位
15—单向节流阀　16、18—液控单向阀　17、24、30、35、
19—三位四通手动换向阀　20、56—单向阀　21、22、23—三位
26、27、28、29、31、32、39、40、50、51、54、55—插装阀
34、37—可调压力阀　41—电动机　42—双联叶片泵
45—温度继电器　46—油冷却器　47—空气过滤器

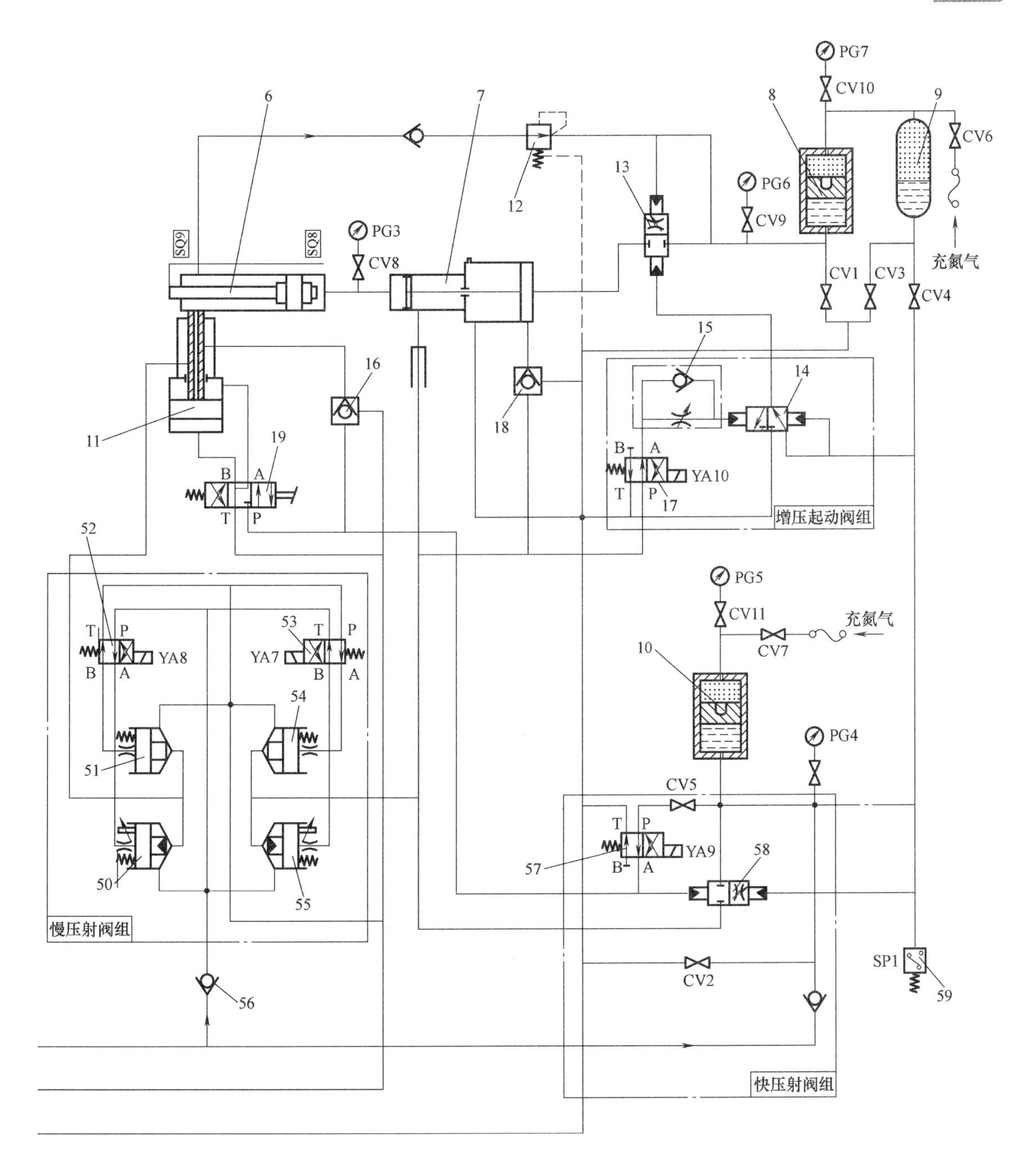

铸机的液压系统图
7—增压缸 8—增压蓄能器 9—增压氮气瓶
二通液动换向阀 14—二位三通液动换向阀
36、52、53、57—二位四通电磁换向阀
四通电液换向阀 25—行程开关
33、38—节流阀
43—过滤器 44、59—压力继电器
48—截止阀 49—压力表

每次起动电动机的同时，电磁阀 YA1、YA2 得电吸合，内部延时继电器计时，阀 32、39 背部的压力油经阀 35、36 回油，阀 32、39 开启，泵的输出油经阀 32、39 回油，泵卸压起动。延时 5s，YA1、YA2 断开，阀 32、39 关闭，液压泵升压。

自动工作状态时，当顶出回程动作完成后，控制液压泵限时卸压的延时器计时，计时到液压泵自动卸压（原理与起动卸压相同）。

2）不带液压抽、插芯动作的工作循环。

① 合模。关闭安全门压合 SQ1 行程开关，同时按下两个合模按钮，YA1 得电吸合使泵 PF20 卸压，泵 PF10 单独供油。YA3 得电吸合使阀 28 关闭，阀 29 打开，压力油经阀 31→阀 29→合模缸后腔推动活塞慢速合模。合模缸前腔油经阀 26 回油。当随动杆脱开 SQ7 开关时，YA1 断电，泵 PF20 升压，两泵同时供油，转为快速合模。模具完全闭合，曲肘撑直，SQ6 行程开关脱开，发信号允许压射。合模速度可由阀 29 带的节流阀调节。

② 压射。SQ6 发信号后操作压射才有效。浇注金属液后操作压射按钮，冷却延时器计时，YA7 得电吸合，使阀 54 关闭，阀 55 打开，压力油经阀 56→阀 55→压射缸后腔推动活塞作慢速压射，慢速压射速度可由阀 55 带的节流阀调节。压射缸前腔油经升降液压缸管路→阀 51 回油箱。压射活塞的随动杆脱开 SQ8 行程开关时，YA9 得电吸合，使快速压射阀 58 和液控单向阀 16 打开，快速压射蓄能器 10 的压力油经阀 58、滑管进入压射缸后腔做快速压射，前腔油经阀 16 大量排出。

③ 压射增压和调整。驱动快速压射的压力油另一路经阀 17→阀 15 进入增压起动阀 14，当金属液充满型腔时，快速压射突然停止引起压力冲击，使阀 14 因压差作用而换向，受阀 14 控制的阀 13 因关闭压力撤销而换向，增压蓄能器 8 的压力油通过阀 13 进入增压缸后腔，推动增压活塞产生压射增压。调节减压阀 12 可改变增压蓄能器 8 的储存压力，即可改变压射力的大小。调节单向节流阀 15，可改变增压起始时间。调节阀 13 的开口大小，可改变增压速度。

④ 开模和压射跟踪。铸件冷却计时器 KT1 延时到，YA3 断电，YA4 得电吸合，压力油经阀 27 进入合模缸前腔，推动活塞开模，合模缸后腔油经阀 28→阀 30 回油箱，开模速度可由阀 27 的节流阀调节。压射活塞因模具开启仍以快速跟踪顶出余料，当压射缸随动杆脱开 SQ9 行程开关，YA7 和 YA9 同时断电，切断压射缸后腔进油，跟踪停止，开模动作仍继续。

⑤ 铸件顶出、退回及压射回程。开模结束，合模缸随动杆退回，接触 SQ7 行程开关发信号，YA6a 得电吸合（若延时顶出选择开关 SA3 有效，则 KT2 计时器先计时，延时到，YA6a 吸合），压力油经阀 20→阀 23 进入顶出缸后腔，推动活塞顶出压铸件。

顶出缸随动杆接触 SQ2，YA6a 断开，内部延时继电器 T604 开始计时，顶出活塞限时停止，以便清理或润滑模具顶杆。T604 延时结束，YA6b 和 YA8 同时得电吸合，阀 23 换向，压力油经阀 20→阀 23 进入顶出缸前腔，顶出活塞回退；同时阀 52 换向，阀 51 关闭，阀 50 打开，压力油经阀 56→阀 50 进入压射缸前腔，压射冲头回退。顶出回程终止，SQ3 发信号，压射冲头回退终止，SQ8 发信号，允许进行下次循环。

3）带液压侧抽芯时用先插芯后合模方式工作（适于动模侧抽芯）。

① 插芯。关闭安全门，SQ1 行程开关压合，按合模按钮，YA5a 得电吸合，压力油经阀 20→阀 22 驱动活塞进行插芯动作，到位后抽芯缸随动杆使 SQ4 行程开关发信号，机器自动

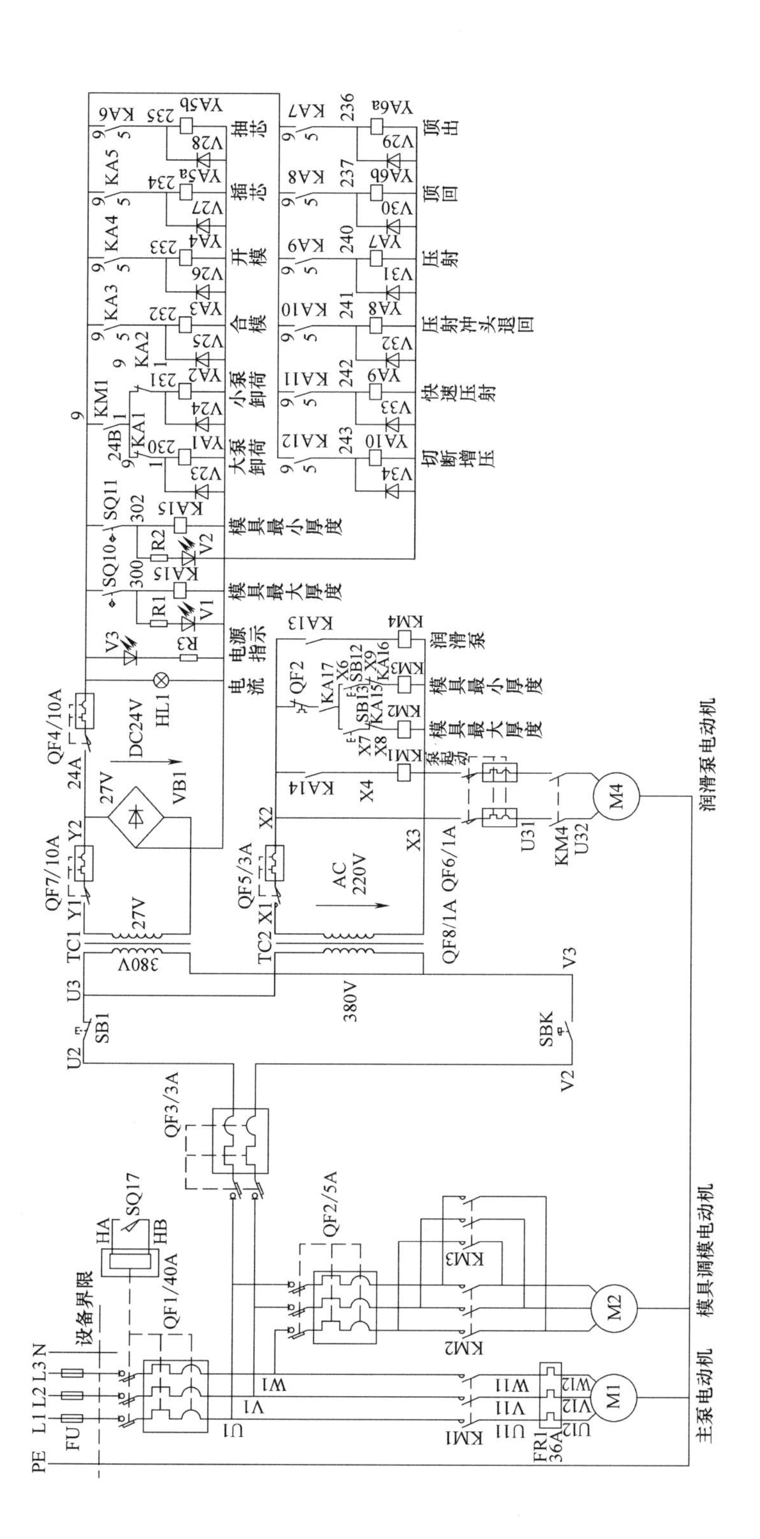

图 8-58　J1116 型压铸机电气原理图（一）

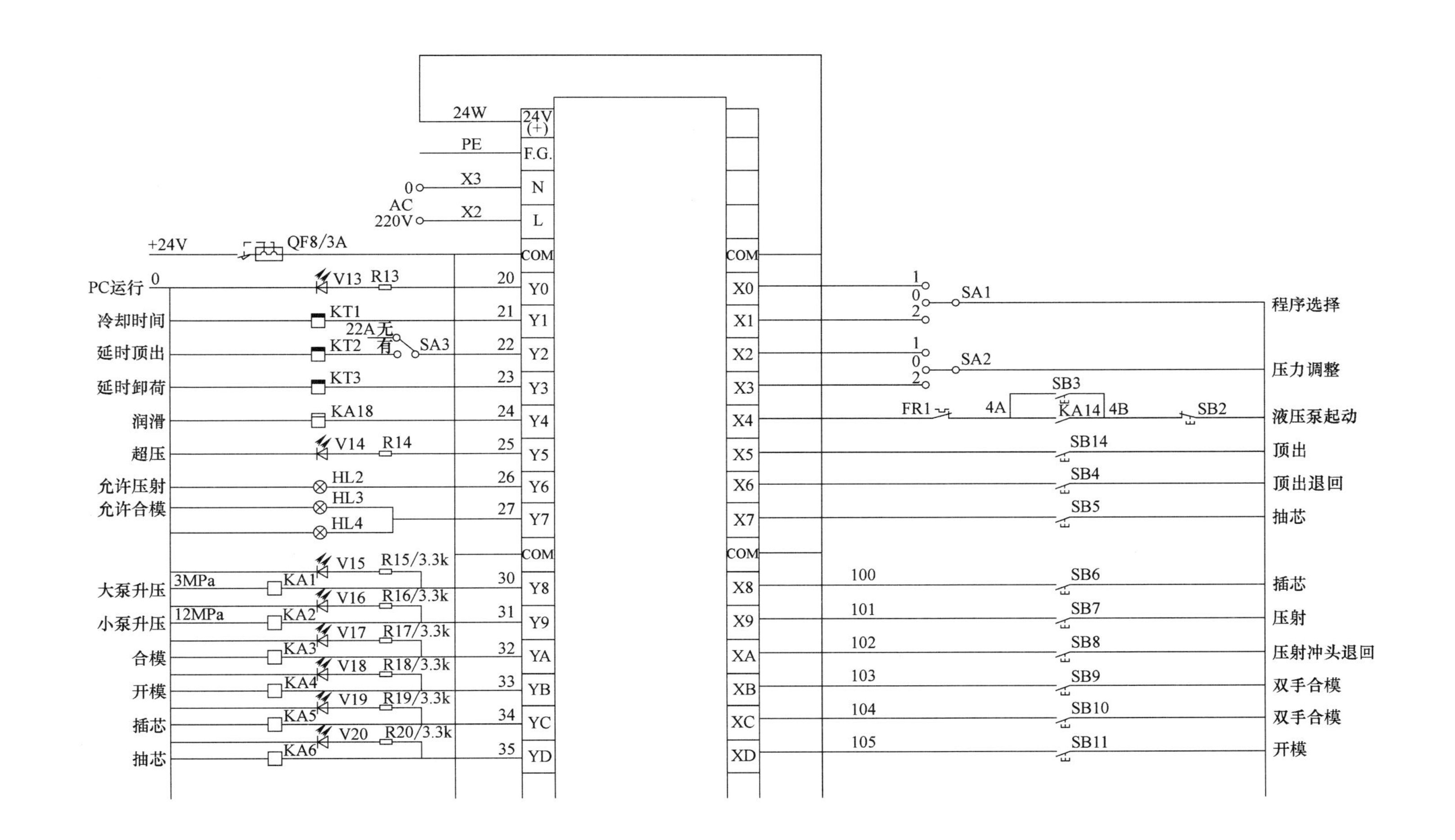
24W
PE
X3
X2
0
AC 220V
24V (+)
F.G.
N
L
COM
Y0
Y1
Y2
Y3
Y4
Y5
Y6
Y7
COM
Y8
Y9
YA
YB
YC
YD
+24V
QF8/3A
PC运行
冷却时间
延时顶出
延时卸荷
润滑
超压
允许压射
允许合模
大泵升压
小泵升压
合模
开模
插芯
抽芯
3MPa
12MPa
V13
R13
KT1
22A
无
有
SA3
KT2
KT3
KA18
V14
R14
HL2
HL3
HL4
V15
R15/3.3k
V16
R16/3.3k
V17
R17/3.3k
V18
R18/3.3k
V19
R19/3.3k
V20
R20/3.3k
KA1
KA2
KA3
KA4
KA5
KA6
20
21
22
23
24
25
26
27
30
31
32
33
34
35
COM
X0
X1
X2
X3
X4
X5
X6
X7
COM
X8
X9
XA
XB
XC
XD
SA1
SA2
SB3
FR1
4A
KA14
4B
SB2
SB14
SB4
SB5
100
101
102
103
104
105
SB6
SB7
SB8
SB9
SB10
SB11
程序选择
压力调整
液压泵起动
顶出
顶出退回
抽芯
插芯
压射
压射冲头退回
双手合模
双手合模
开模

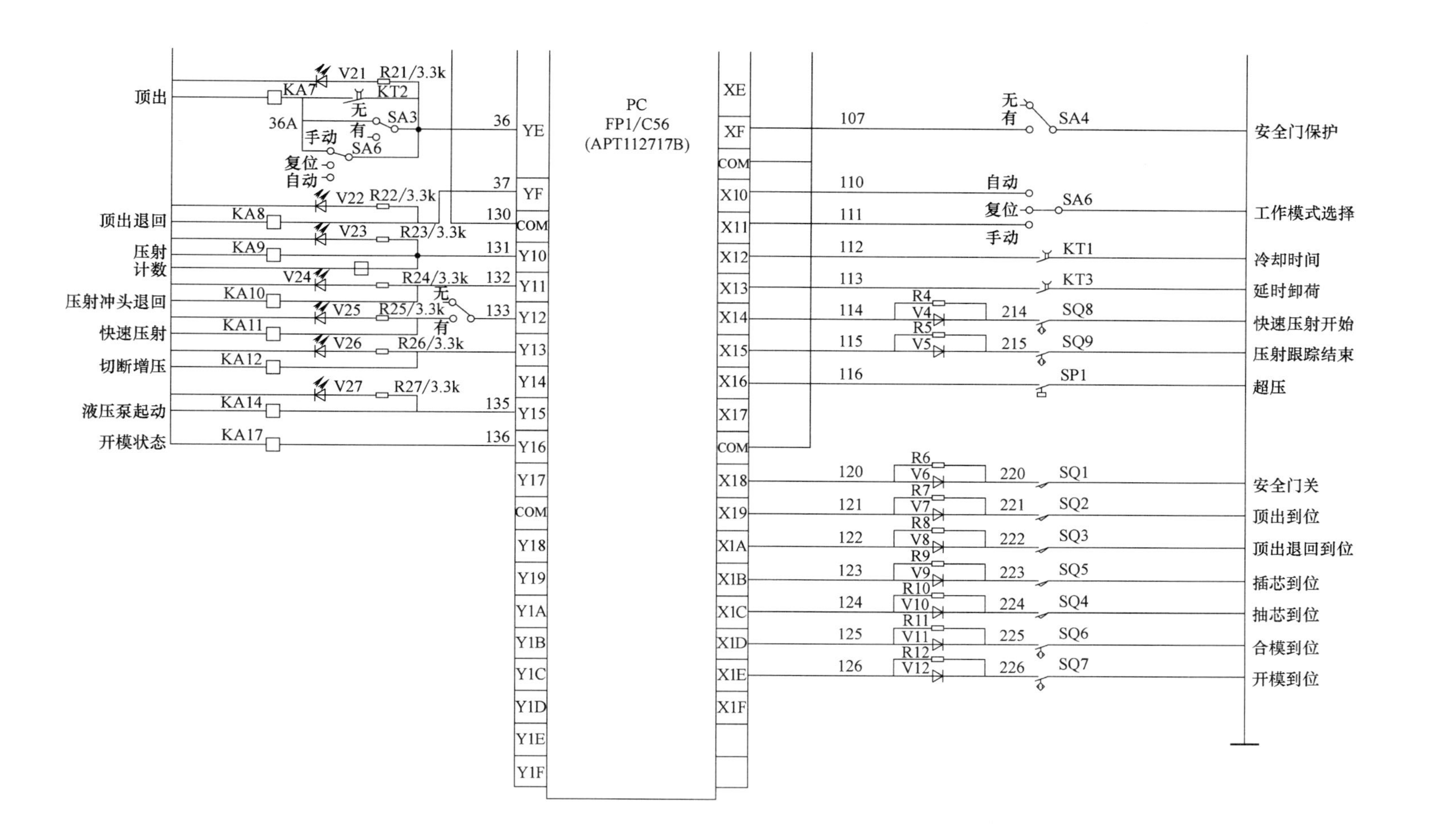

图 8-59　J1116 型压铸机电气原理图（二）

合模，继续工作循环。

② 抽芯。开模终止，随动杆退回使 SQ7 行程开关发信号，YA5a 断开，YA5b 吸合，进行抽芯，抽芯结束，抽芯缸随动杆使 SQ5 行程开关发信号，YA6a 得电吸合，进行顶出压铸件，继续工作循环。

4）带液压侧抽芯时用先合模后插芯方式工作（适于定模侧抽芯）

① 插芯。关闭安全门，SQ1 行程开关压合，按合模按钮开始合模，到位后随动杆脱开 SQ6 行程开关，SQ6 发信号，YA7a 得电吸合，插芯开始，插芯到位后，抽芯缸随动杆使 SQ5b 行程开关发信号，操作压射动作才有效，继续工作循环。

② 抽芯。压铸件冷却延时计时器（KT1）延时结束，YA7a 断开，YA7b 得电吸开，进行抽芯，抽芯结束，随动杆使 SQ5a 行程开关发信号，YA3 断开，YA4 得电吸合，进行开模动作，继续工作循环。

在带有液压侧抽芯压铸成型时，应将操纵箱上选择液压抽芯开关切到有侧抽芯位置，并选定“先插芯后合模”或“先合模后插芯”工作方式，使侧抽芯动作编入设备的整个动作循环中。

6. 电气控制系统

为增强压铸机的控制稳定性和可靠性，提高生产效率和节约能源，便于操作和维护，目前许多厂家生产的压铸机都采用了可编程序控制。图 8-58、图 8-59 为 J1116 型压铸机的电气原理图，该压铸机采用日本松下公司的 FP1 系列 PLC 机进行主机的可编程序控制，具有较好的可靠性和灵活性。图中的电气元件及相关操作说明如下：

QF1 ~ QF8 为空气开关，TC1、TC2 为变压器，FR1 为热继电器，KM1 ~ KM3 为接触器，KM4 为交流接触器，KT1 ~ KT3 为延时继电器，V1 ~ V22 为发光二极管，V23 ~ V34 为二极管，HL1 ~ HL4 为信号灯，KA1 ~ KA17 为中间继电器，SQ1 ~ SQ5 为行程开关，SQ6 ~ SQ11 为接近行程开关，SA1 ~ SA6 为选择转换开关，SB1 ~ SB14 为按钮，SBK 为钥匙钮。

（1）液压系统工作压力调整　该机可单独调节高压泵和低压泵的工作压力，调节时，将电气控制箱面板上的压力调整旋钮 SA2 转到“1”位，调节阀 34 可改变高压泵 PF1 的工作压力，通常调整至 12MPa；将 SA2 转到“2”位，调节阀 37 可改变低压泵 PF2 的工作压力，通常调整至 3MPa。一旦压力调整完毕，把旋钮 SA2 转位至“0”位置，进行正常生产，此时高、低压泵不再受 SA2 控制。

（2）模具闭合高度调整　装模时，按动 SB12 或 SB13 可使模具闭合高度调节电动机 M2 正转或反转，驱动调模机构工作，使合模缸座前进或后退，可以改变设备动、定模板间距，即模具闭合高度改变。SQ10、SQ11 为动模板调节行程极限位置保护。

（3）工作方式选择与控制　该机设有手动、自动、复位三种工作方式，由选择开关 SA6 控制。

1）手动操作。按下 SB3 起动按钮，液压泵空载起动 3s 后油压升至工作压力，然后高低压泵均卸荷，处于空载状态。直至某动作按钮按下，液压泵开始升压完成相应动作。

将工作方式选择开关 SA6 转至“手动”位置，设备处于手动状态，原则上操作任何动作按钮都能获得相应的动作，但为了安全，设备采用了一定的保护措施，即某动作只有满足一定的条件时，按下动作按钮才能获得相应的动作。

① 合模。双手同时按下合模按钮 SB9、SB10（两按钮按下时差不大于0.5s），YA3 得电工作且自动保持至该动作结束。此时顶出缸应处于回退位置即 SQ3 压合，压射缸处于压射回退位置状态，若安全门旋钮 SA4 在“有”位置而没有关闭安全门，则 YA3 不能自动保持，松开按钮动作即停止。

② 开模。按下开模按钮 SB11，YA4 得电工作且自动保持直至 SQ7 压合。开模过程中若再按一次 SB11，开模动作会中途停止，再次按动 SB11，开模动作继续。

③ 插芯与抽芯。按下插芯按钮 SB6，YA5a 得电工作且自动保持，此时顶出缸应处于顶出回退位置，即 SQ3 压合状态。按下抽芯按钮 SB5，YA5b 得电工作，松开按钮动作停止。

④ 顶出与退回。按下顶出按钮 SB14，YA6a 得电工作，松开按钮顶出动作停止。此时设备应处于开模位置，即 SQ7 接近，若有侧抽芯，还必须使侧抽芯处于抽芯到位状态。按下顶出退回按钮 SB4，YA6b 得电工作且自动保持，直至压合 SQ3 停止动作。

⑤ 压射与快速压射。当合模合足后，按下压射按钮 SB7，若安全门旋钮在“有”位置，而安全门未关闭，则压射无动作；若安全门已关闭，则进行压射动作；若安全门旋钮在“无”位置，而安全门未关闭，压射以点动方式工作。另外为便于维修、调试，该机在开模状态，同时按下开模按钮 SB11 和压射按钮 SB7 时可实现慢速压射动作。当安全门关闭时，使快速压射选择旋钮处于“有”位置，压射时 SQ8 脱开随动杆，YA9 得电工作且自动保持。

⑥ 压射回退。按下压射回退按钮 SB8，YA8 得电且自动保持。

2）复位操作。当 SA6 开关处于“复位”位置时，设备将所有动作自动处于原始状态。

3）自动操作。当 SA6 开关处于“自动”位置时，设备将转入自动工作状态，此时，仍需操作者在每个周期开始时双手按合模按钮，设备自动完成一个完整的工作循环。转入自动工作状态之前，应使设备处于原始状态。

7. 辅助装置

压铸机的辅助装置是根据需要在压铸机上增设的某些专门的机构，如冷压室压铸机的金属液保温炉及自动舀料机构、自动取件机械手、液压侧抽芯装置、为方便装模而设的合模部分拉杆与定模板自动分离操纵机构等。以下对自动浇注装置进行简要介绍。

冷压室压铸机均需要把金属液从保温炉输送到压（射）室，早期多为人工操作，目前多用自动浇注装置。这类装置常用的有三大类，即气压注料装置、取料机械手以及电磁泵。电磁泵按线性马达的原理工作，它没有运动部件，金属流动速度可以在非常精密的范围内进行调节，但因电磁泵由特殊陶瓷材料制造的主体需要经常更换，费用很高，故应用不多。

（1）气压注料装置　该类装置又有真空型和低压型两种。图 8-60 为真空型注料装置示意图，它是用一台与压室连通的真空泵把金属液吸入压室。合模后打开真空泵阀门，金属液沿供液管而上吸入压室。当延时时间到时，压射冲头慢速压射，并自动切断真空泵及金属液供应，电磁阀关

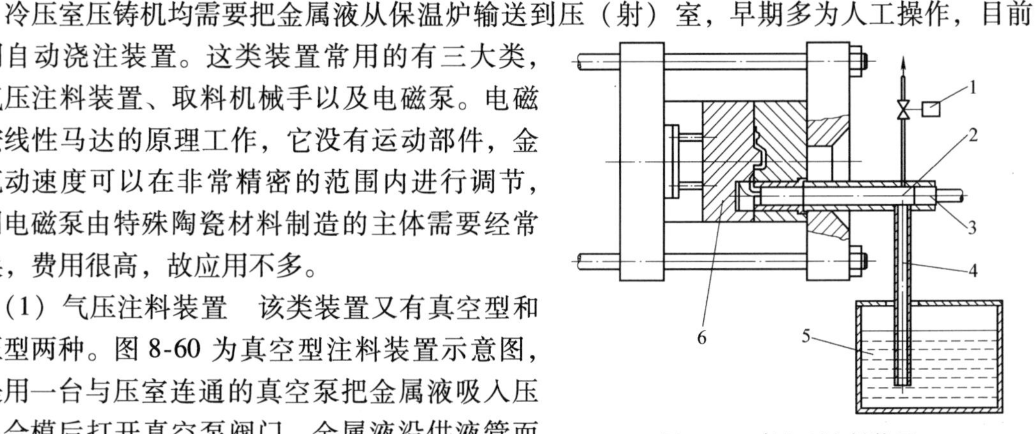

图 8-60　真空型注料装置

1—电磁阀　2—压室　3—压射冲头　4—供液管　5—保温炉　6—压铸模

闭，等待下一个循环。

低压型注料装置是把低压空气加在保温炉内熔池液面上，迫使金属液沿管道上升进入压室，该装置比真空系统简单，供液管不必与压室直接相连，为保证每次供给的金属液量相同，必须改变空气压力来补偿液面的变动。

（2）取料机械手　常见形式有“潜水鸭”式、直线滑道式和转臂式等。图8-61为“潜水鸭”式取料机械手示意图，装在转轴上的浇杯与金属液流槽做成一体，浇杯浸没在液面下舀取金属液，调整浇杯的高低可以改变舀取金属液的重量。其优点是结构简单，特别适于压射较大铸件的情况；缺点是金属液流槽短，保温炉必须紧靠压铸机安装。

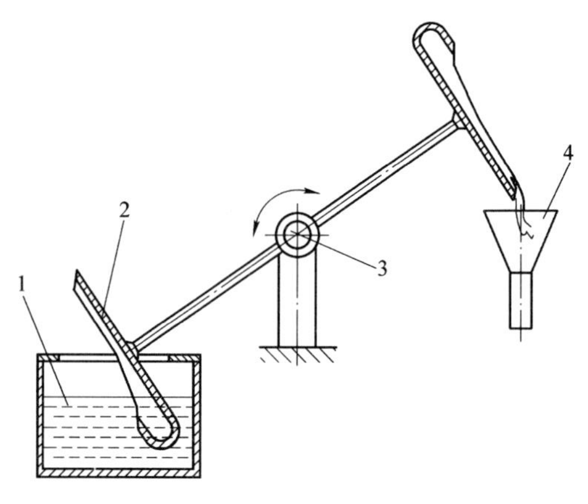

图8-61　“潜水鸭”式取料机械手

1—保温炉　2—浇杯　3—转轴　4—通至压室的漏斗

为克服“潜水鸭”式取料机械手的缺点，研制了直线滑道式和转臂式取料机械手。图8-62为直线滑道式取料机械手简图，滑道上挂一浇杯，取料时浇杯下降到熔池预定深度后上升，然后沿滑道移到压室附近，倾倒浇杯，金属液就注入压室。图8-63为转臂式取料机械手示意图，转臂绕熔炉和压室之间的转轴转动，用浇杯勺取金属液，移动到压室附近时，转动浇杯将金属液倒入压室。为保证每次勺取的金属液量相同，常用低压探针探测熔池金属液面的位置，以确定浇杯下降的深度。

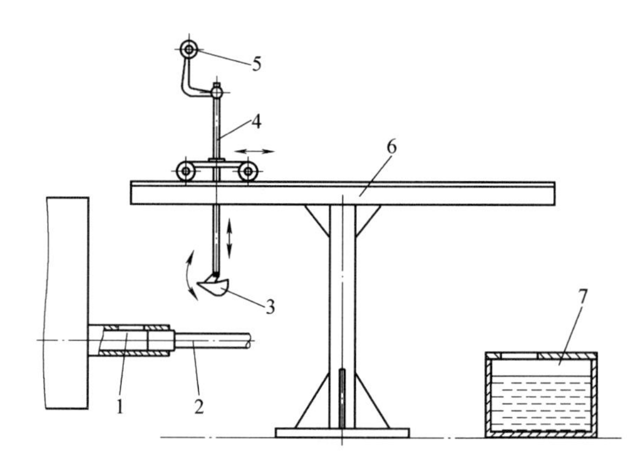

图8-62　直线滑道式取料机械手

1—压室　2—压射冲头　3—浇杯　4—移动及升降机构　5—平衡块　6—直线滑道　7—保温炉

为克服夹带氧化物的问题，研制了由底部充填金属液的浇杯，如图8-64所示。该浇杯浸入溶池，但上表面始终处于液面之上。拔起底部锥塞后金属液充入浇杯，重新塞上锥塞，将浇杯移至压室注入孔正上方位置后，拔起锥塞浇注金属液。为防止锥塞泄露金属液，现设计了锥塞转动塞紧结构，可有效防止塞孔处泄露问题的发生。

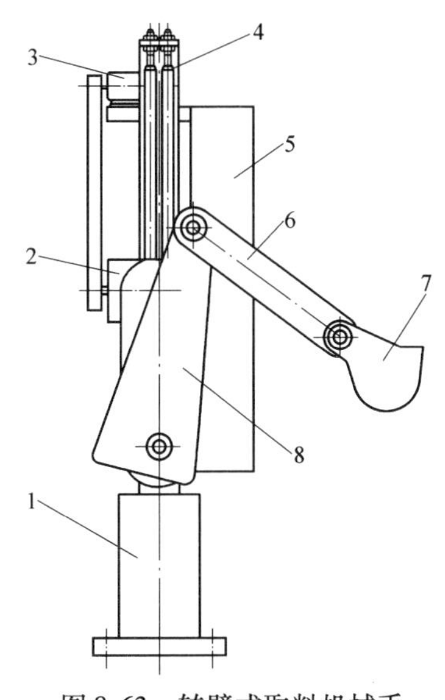

图8-63　转臂式取料机械手
1—支架　2—转臂驱动机构　3—转臂驱动电动机
4—转臂升降机构　5—电气控制箱
6、8—转臂　7—浇杯

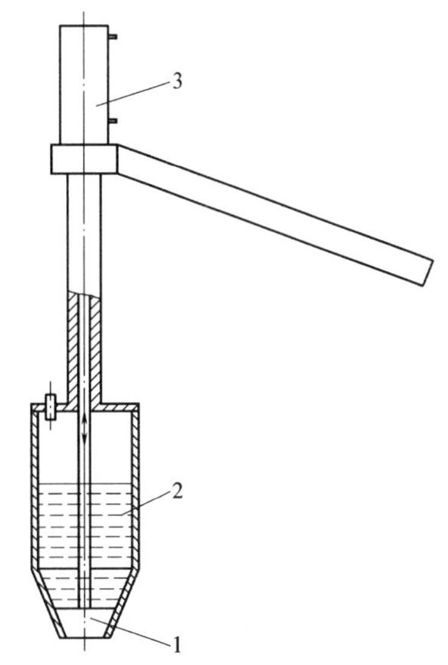

图8-64　底部充填式浇杯
1—锥塞　2—浇杯　3—操纵气缸

8.3.6　新型压铸工艺装备简介

1. 半固态压铸成型

(1) 半固态压铸成型工艺特点　半固态压铸是当金属液凝固时对其进行强烈搅拌，并在一定的冷却条件下获得50%左右甚至更高的固体组分的金属熔料时，对其进行压铸的方法。半固态金属熔料中固体质点为球状，相互之间分布均匀且彼此隔离地悬浮在金属母液中。常见的压铸方法有两种：一是将半固态的金属熔料直接加入压室压铸成形，该法称为流变压铸法；另一种是将半固态金属熔料制成一定大小的锭块，压铸前重新加热到半固态温度，然后送入压室进行压铸，该法称为触变压铸法。

半固态压铸与普通压铸比较有以下优点：

1）有利于延长模具寿命。半固态压铸金属熔料对模具表面的热冲击大为减小，据测约降低了75%，受热速率约下降86%。同时压铸机的压室表面的受热程度也降低了许多。

2）半固态熔料黏度大，充型时无涡流，较平稳，不会卷入空气，成型收缩率较小，压铸件不易出现疏松、缩孔等缺陷，提高了压铸件质量。

3）半固态熔料输送方便简单，便于实现机械化与自动化。

因而，半固态压铸工艺的出现，为高温合金（如铜合金、钢铁材料）的压铸开辟了新路。

(2) 半固态压铸成型设备　半固态压铸成型工艺除原有的冷压室压铸机之外，还必须配备半固态金属熔料制备装置；若采用触变压铸法成型，还要配置对锭料重新加热到半固态温度使用的重温炉。图8-65为半固态压铸成型辅助设备示意图。

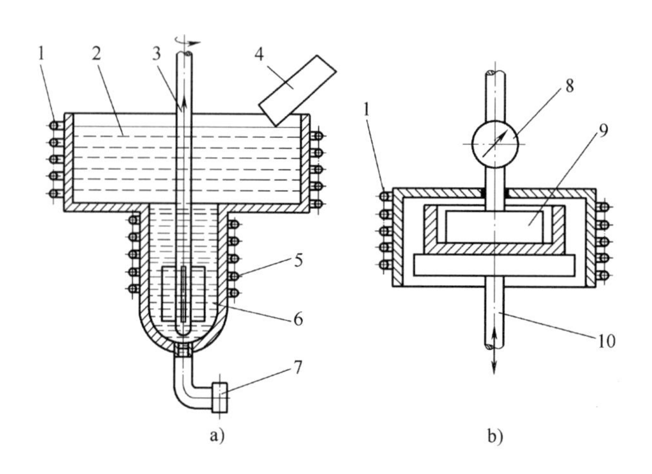

图8-65 半固态压铸成型辅助设备示意图

a）半固态金属熔料连续制备器 b）加热半固态锭料的重温炉

1—感应加热器 2—金属液 3—搅拌器 4—供液槽 5—冷却装置 6—半固态金属液 7—出液口 8—软度计 9—半固态锭料 10—锭料加热托架

2. 真空压铸成型

（1）真空压铸成型工艺特点 真空压铸是用真空泵装置将模具型腔中的空气抽出，达到一定的真空度后再注入金属液进行压铸的工艺方法。真空压铸有以下特点：

1）消除或减少了压铸件内部的气孔，提高了压铸件的强度和质量，可进行适当的热处理。

2）改善了金属液充填能力，压铸件壁厚可以更薄，形状复杂的压铸件也不易出现充不满现象。

3）减少了压铸时型腔的反压力，可用较低的压射比压和压铸性能较差的合金生产铸件，扩大了压铸机允许压铸的零件尺寸，提高了设备的成型能力。反压力的减少，使结晶速度加快，缩短了成型时间，一般可提高生产率10%～20%。

4）真空压铸密封结构复杂，还需配备快速抽真空系统，控制不当则效果不明显。

（2）真空压铸成型设备 真空压铸工艺要求在很短时间内模腔应达到预定的真空度，故真空系统应根据抽真空容积的大小确定真空罐的容积和足够大的真空泵。真空压铸成型区抽真空的方法常见的有以下两种：

1）利用真空罩密封压铸模。如图8-66所示，在压铸机动、定模板之间加真空密封罩，将压铸模整体密封在罩内。压铸时，金属液注入压室，压射冲头慢速移动，当压射冲头密封注料口时，起动抽真空系统把密封区域内的空气全部抽出；达到预定的真空度后，压射冲头切换为快速压射；保压冷却后，真空阀换向使密封罩与大气连通，进行开模取件。这种方法每次抽气量大，抽真空系统要求高，为尽可能减少抽气量，压铸模结构零件不应使真空罩尺寸过大，带液压抽芯的模具受到了限制。

2）型腔直接抽真空。如图8-67所示，压铸模分型面上总排气槽与抽真空系统相连通。压铸时，金属液注入压室，压射冲头密封注料口后开始抽真空，达到一定真空度后，压力继电器使液压装置关闭总排气槽，防止压射时金属液进入真空系统，此时压射冲头转为快速压射，完成压铸成型。此种方法抽气量少，对抽真空系统要求较低，容易实现，但对模具分型

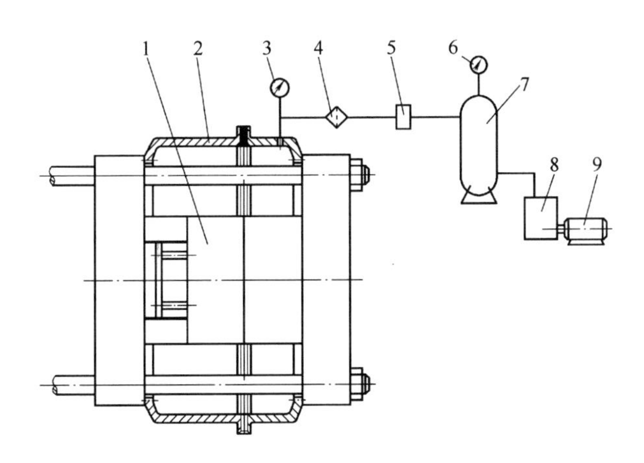

图 8-66　利用真空罩抽真空示意图

1—压铸模　2—真空罩　3—真空表　4—过滤器　5—真空阀　6—电真空表　7—真空罐　8—真空泵　9—电动机

面的密封要求提高了。

上述两种方法因抽真空时压室与型腔通过浇注系统相通，为防止金属液因真空度的提高被吸入模腔，因此真空度不宜太高，压室内的空气难以完全抽出，影响了真空压铸的效果。目前国外开发了一种新型的真空压铸装置，如图 8-68 所示。该装置通过控制阀使抽真空时压室内的金属液与模具型腔隔离开，并通过专门通道同时将压室内的气体抽出，压射时阀芯换位，使压室与型腔连通，同时切断抽真空通道，完成压铸成型。采用此法可以提高模腔的真空度，且压室内的空气完全被抽出，提高了压铸件的质量。其工作过程如下：

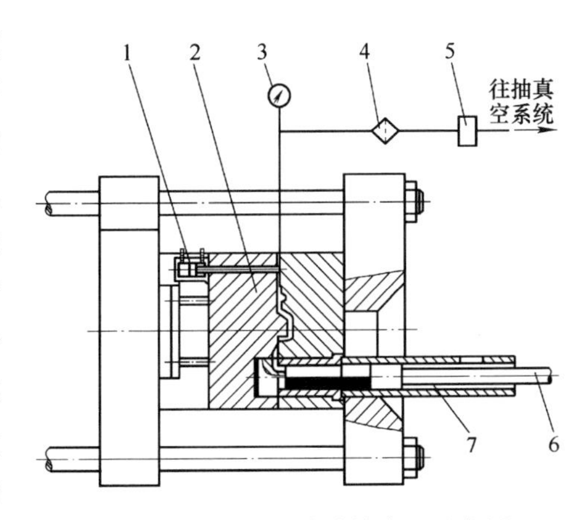

图 8-67　分型面直接抽真空示意图

1—排气槽开闭液压缸　2—压铸模　3—电真空表　4—过滤器　5—真空阀　6—压射冲头　7—压室

开始压铸时，缓冲装置使阀芯处于图 8-68a所示位置，阀芯的左端将阀体与大气隔开，阀芯的右端将型腔与压室隔开，而使抽真空回路与型腔相通。在注料孔中浇入定量的金属液，压射冲头密封注料口后转入慢速移动，同时起动真空源，对模腔进行抽真空，由于压室与抽真空回路有专设的通道相连，所以对模腔抽真空的同时也能对压室抽真空。当模腔内真空度达到要求时（一般为 0.04MPa），此时随着压射冲头的不断前进，金属液充满压室（图 8-68b 所示状态），压力升高，阀芯受压克服了缓冲装置的阻力，阀芯换位至图 8-68c 所示位置，使模腔与压室连通，同时切断抽真空通道与模腔的通路，此刻压射冲头由慢速迅速转为快速压射状态，将金属液快速充填模腔，完成压铸成型。值得注意的是，抽真空的速率应根据不同的模腔和压室容积认真选定；压射冲头由慢速转为快速状态的间隔时间应尽可能短，几乎与阀芯换向同时，以确保真空压铸效果。图 8-68d 所示为压室的抽真空专用通道，它位于压室的内壁的正上方，宽度为 20mm，

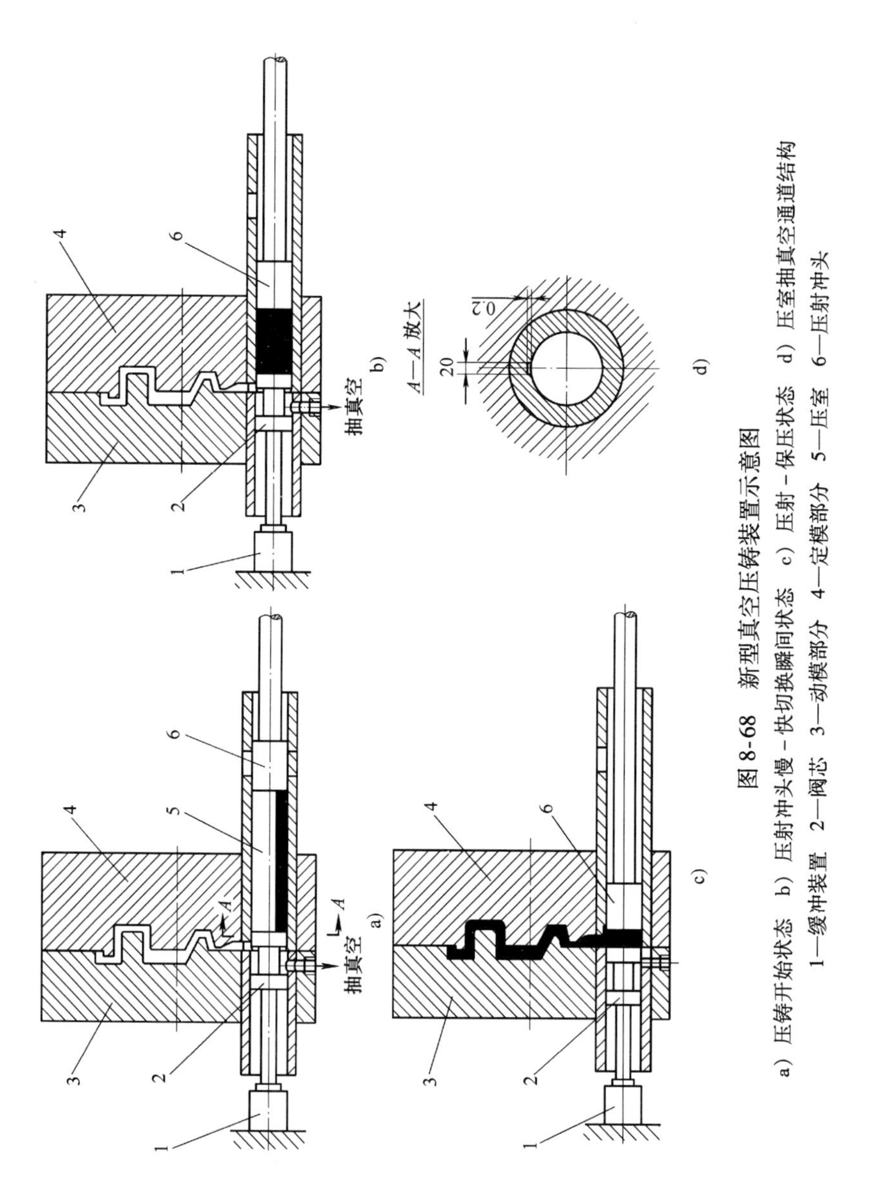

图8-68　新型真空压铸装置示意图

a）压铸开始状态　b）压射冲头慢－快切换瞬间状态　c）压射－保压状态　d）压室抽真空通道结构

1—缓冲装置　2—阀芯　3—动模部分　4—定模部分　5—压室　6—压射冲头

深度为0.2mm。

3. 充氧压铸

充氧压铸是将干燥的氧气充入压室和压铸模型腔，以取代其中的空气。当铝（或锌）金属液压入压室和模具型腔时与氧气发生氧化反应，形成均匀分布的Al_2O_3（或ZnO）小颗粒，从而减少或消除了气孔，提高了压铸件的致密性。此类压铸件可进行热处理以改善零件的力学性能，目前该压铸方法主要用于铝、锌合金压铸。

图8-69为充氧压铸装置示意图。图8-69a中氧气从模具上开设的通道加入，尽快取代模腔和压室中的空气。图8-69b中氧气从压射装置的反料冲头中加入，此法用于立式冷压室压铸机中，结构简单，密封可靠，易保证质量。

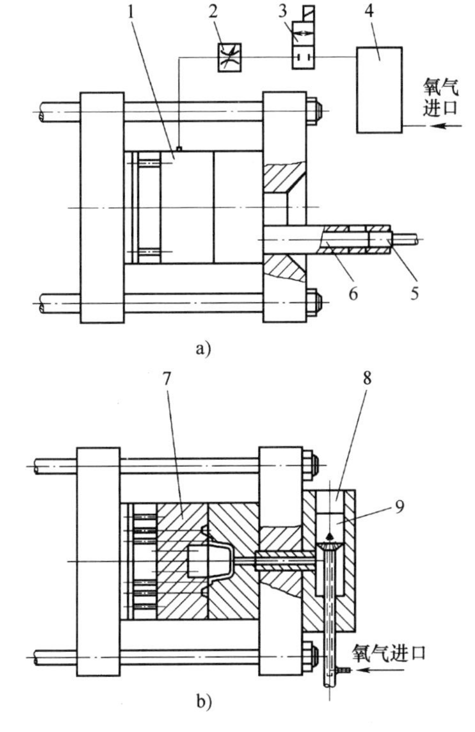

图8-69　充氧压铸装置示意图

a）氧气从模具中加入　b）氧气从反料冲头中加入

1、7—压铸模　2—节流阀　3—电磁换向阀　4—氧气干燥箱

5—压射冲头　6、8—压室　9—反料冲头

4. 精速密压铸

精速密压铸是精确、快速、密实压铸方法的简称，它采用两个套在一起的内外压射冲头进行压射，故又称套筒双冲头压铸法。压射开始时，内外冲头同时压射，当模腔填充结束压铸件外壁部分凝固后，延时装置使内压射冲头继续前进，推动压室内未凝固金属液补缩压实压铸件。由于内压射冲头动作在压铸件部分凝固情况下进行，因此，不会增大胀模力，造成飞边的出现。精速密压铸的特点有：

1）充模平稳，压射、充填速度低，不易形成涡流和喷溅现象，可减少压铸件的气孔数量。

2）浇注系统内浇口应选择在压铸件厚壁处，且内浇口厚度大，接近压铸件壁厚，以利于内压射冲头的补缩压实。

3）浇注系统与压铸件不易分离，需要切割装置进行分离。

4）较适于中大型压铸机上生产厚壁大铸件。

精速密压铸要求压铸机的压射装置能驱动套筒双压射冲头，按工艺要求顺序工作。如图8-70为精速密压铸装置示意图，图8-70a为套筒双压射冲头结构简图，图8-70b为在压铸模具上设置补压冲头机构来代替内压射冲头，以起到补压的作用，用于普通压铸机上进行精速密压铸。

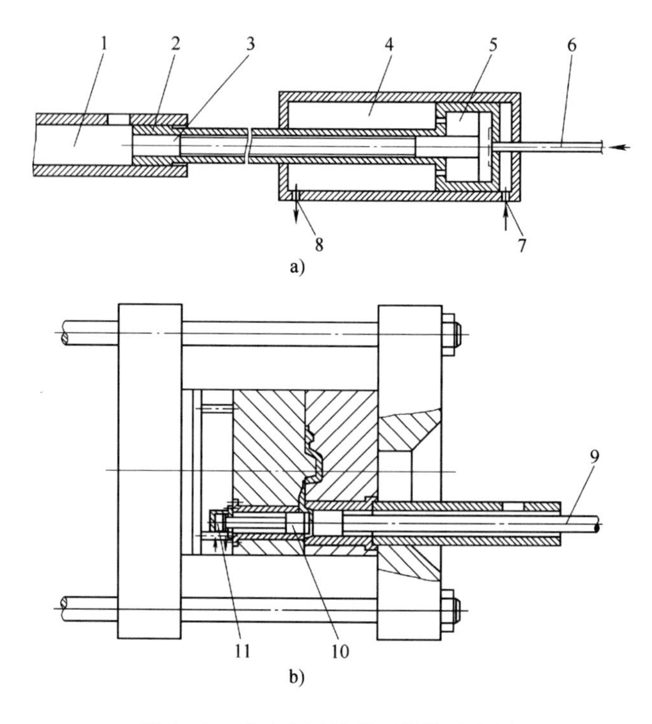

图 8-70 精速密压铸装置结构示意图

a）套筒双压射冲头结构 b）模具带补压冲头的结构

1—压室 2—外冲头 3—内冲头 4—外压射缸 5—内压射缸 6—内压射缸进油管 7—外压射缸进油口 8—出油口 9—压射冲头 10—补压冲头 11—补压液压缸

复习思考题

8-1 压延工艺流程由哪几部分组成?

8-2 前联动装置的用途是什么？加工哪些压延制品需要前联动装置?

8-3 压延辊筒为什么设有速比？其大小对压延生产有何影响?

8-4 压延过程对物料为什么有进一步塑化作用?

8-5 设计辊筒结构尺寸时应注意哪几方面的问题?

8-6 辊筒受哪些力作用？辊筒变形对制品有何影响?

8-7 辊筒挠度补偿的方法有哪些？试简要说明。

8-8 辊距调整装置如何实现粗调和精调?

8-9 塑料中空制品有哪些成型方法?

8-10 塑料挤出吹塑成型机与塑料注射吹塑成型机有何异同点？它们的应用场合有何不同?

8-11 塑料挤出吹塑成型机的合模装置与塑料注射机的有何不同?

8-12 金属压铸成型有何特点？对压铸合金和压铸制品有何要求?

8-13 压铸机的类型有哪些？各有何特点?

8-14 压铸机与塑料注射机相比，有何异同点?

8-15 压铸机如何实现金属液的高速、高压成型?

8-16 压铸机选用应注意哪几个方面问题？试为某压铸模选用适合的压铸机。

8-17　何谓三级压射？简述 J1113A 型压铸机三级压射的工作原理。

8-18　分罐式压射增压装置较传统的增压系统有何优点？

8-19　压铸机全液压合模装置与曲肘式合模装置有何区别？

8-20　不同形式的自动取料装置的特点如何？使用时有何局限？

8-21　新型压铸成型工艺及装备的主要特点及应用场合有哪些？

参 考 文 献

［1］ 王兴天．塑料机械设计与选用手册［M］．北京：化学工业出版社，2015.

［2］ 康娜莉亚·弗里彻，等．塑料装备与加工技术［M］．杨祖群，译．长沙：湖南科学技术出版社，2014.

［3］ 张家港市绿环降解成套设备有限公司．IB28注吹中空成型机使用说明书．

［4］ 浙江东方州强塑模实业有限公司．DHD－1L挤出吹塑成型机使用说明书．